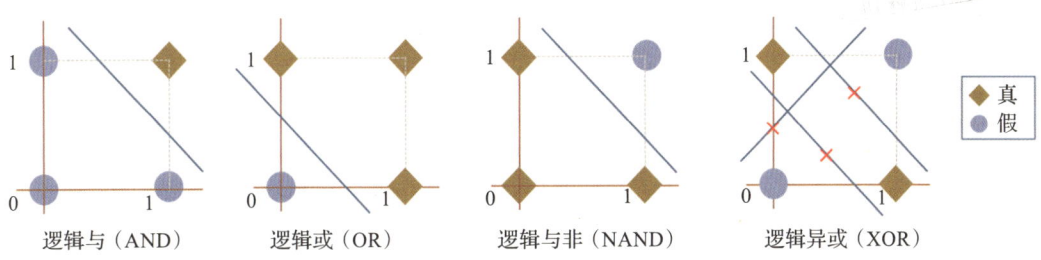

图 4-3　单层感知机模拟各类逻辑函数示例

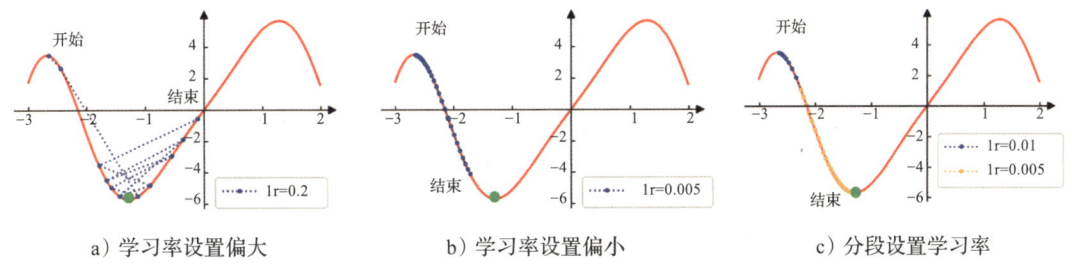

a) 学习率设置偏大　　　　b) 学习率设置偏小　　　　c) 分段设置学习率

图 4-5　对函数 $f(x)=x^2\sin(2x)+5\sin(x)$ 采取不同学习率策略进行优化

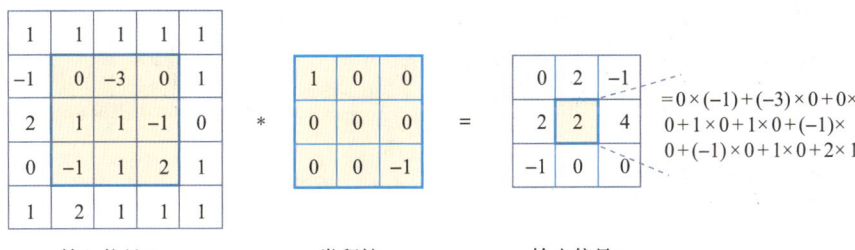

图 4-14　二维卷积运算示意

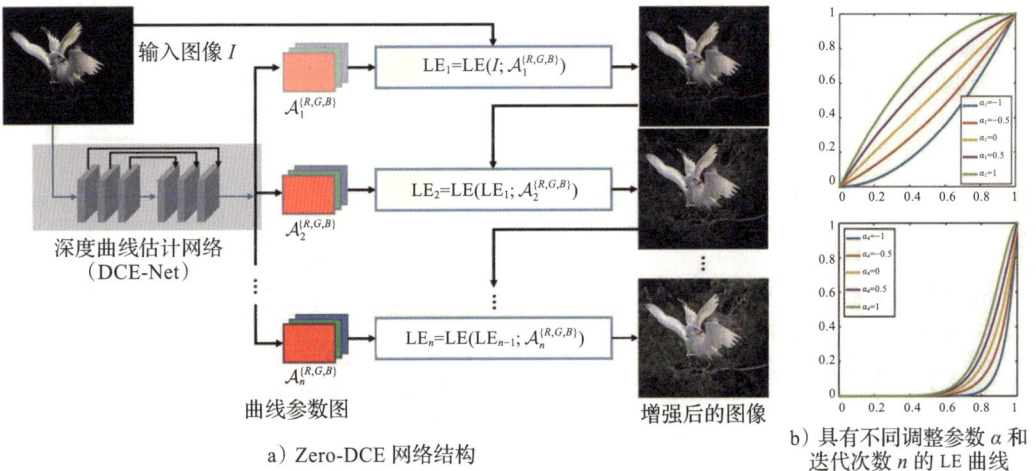

a) Zero-DCE 网络结构　　　　b) 具有不同调整参数 α 和迭代次数 n 的 LE 曲线

图 6-17　Zero-DCE 的三个关键设计

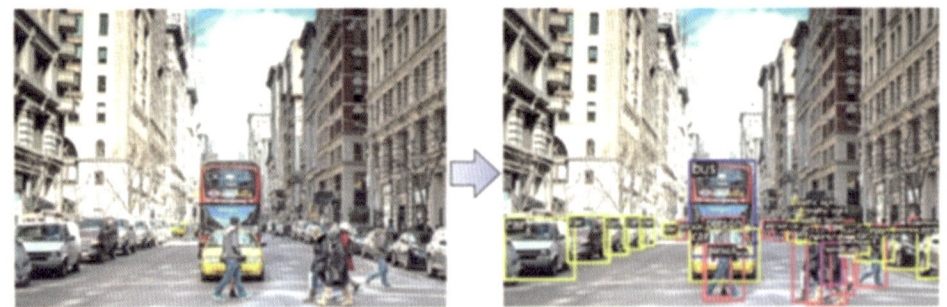

图 6-23　目标检测任务示意图

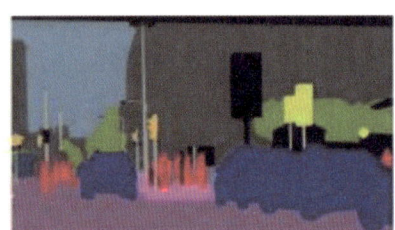

a）原图　　　　　　　　　　b）语义分割

c）实例分割　　　　　　　　d）全景分割

图 6-27　三种图像分割任务效果示例

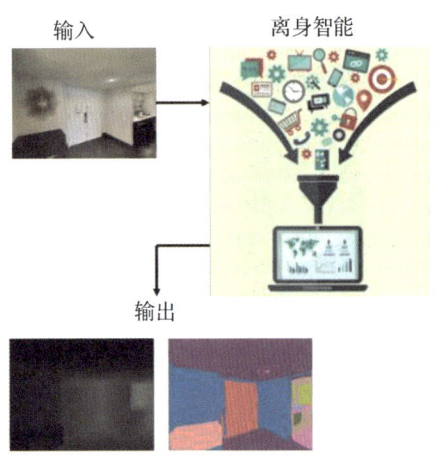
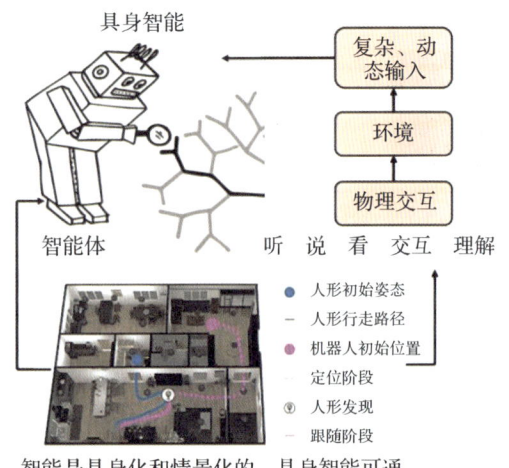

单一的符号智能往往与真实世界相脱节，　　智能是具身化和情景化的，具身智能可通
认知与身体解耦　　　　　　　　　　　　过与真实世界的交互完成任务

图 7-1　离身智能与具身智能

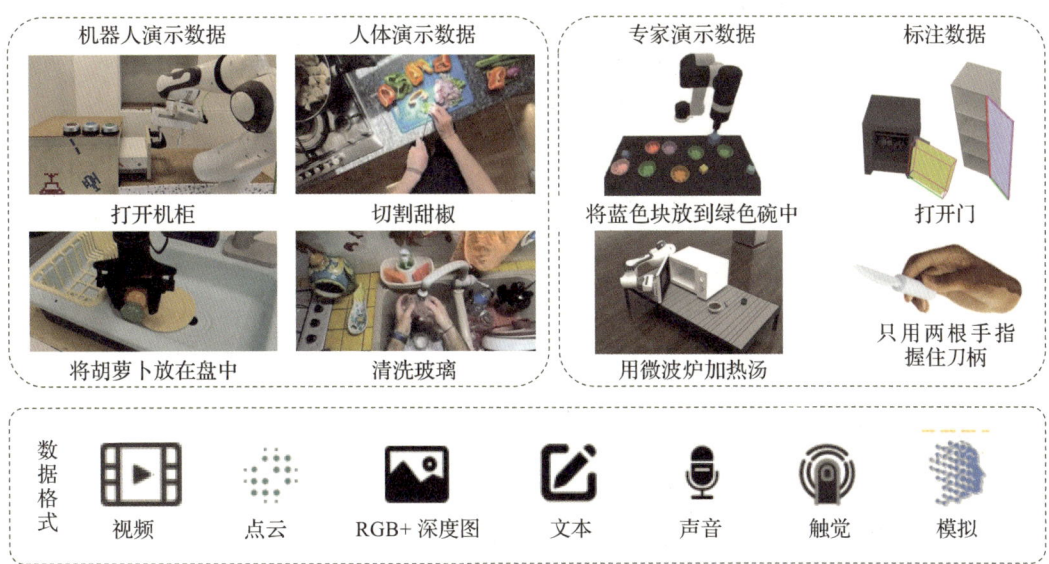

图 7-11 演示数据集示例

a）目标导航路径　　　　　　　　　b）智能体观测视角与环境

图 7-19 视觉目标导航示例

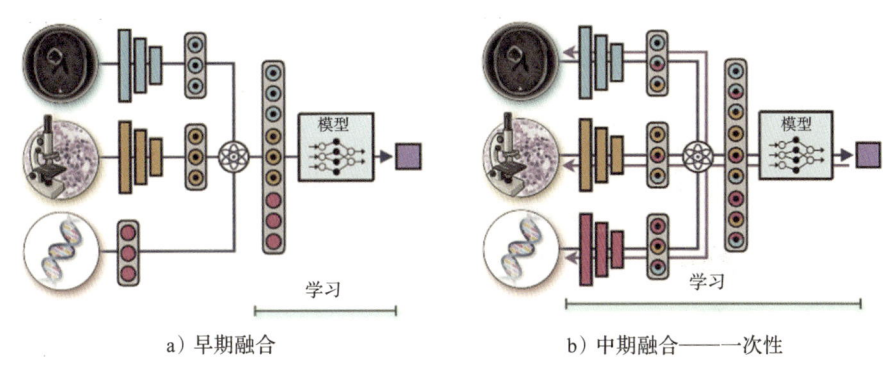

a）早期融合　　　　　　　　b）中期融合——一次性

图 8-12 基于人工智能的多模态数据融合策略

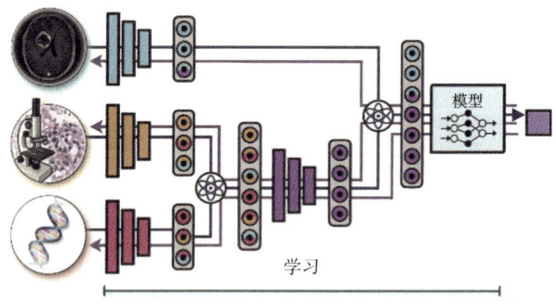

c) 中期融合——渐进式

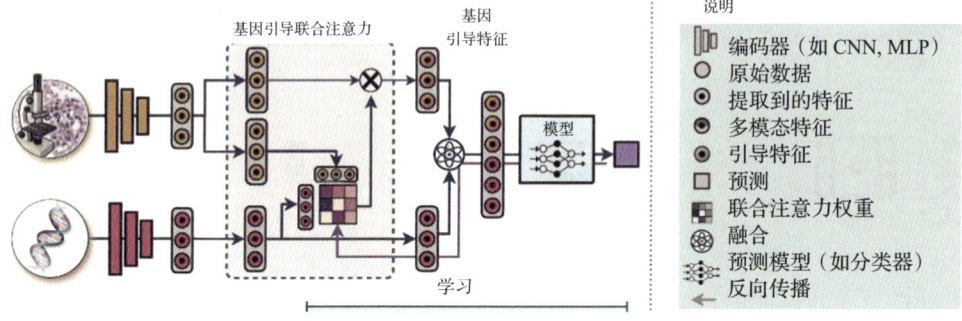

d) 中期融合——引导式

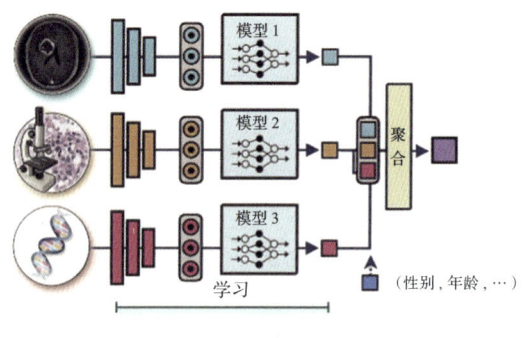

e) 晚期融合

图 8-12 基于人工智能的多模态数据融合策略（续）

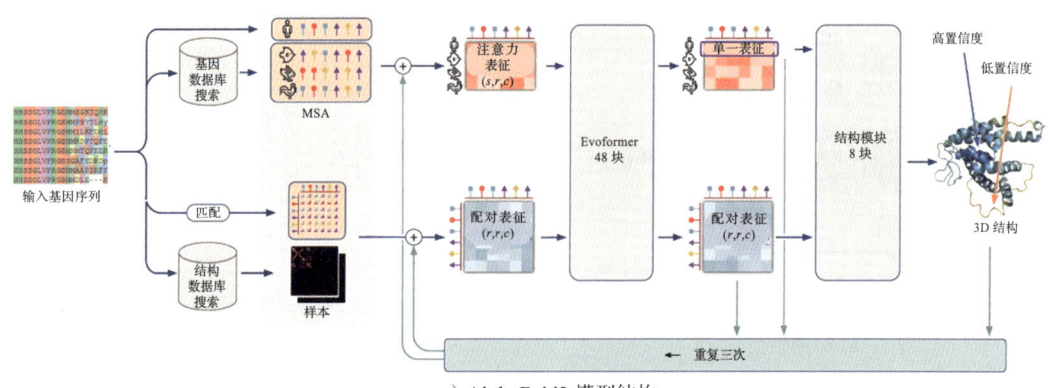

a) AlphaFold2 模型结构

图 8-15 AlphaFold2 的模型结构及 AlphaFold3 预测结果

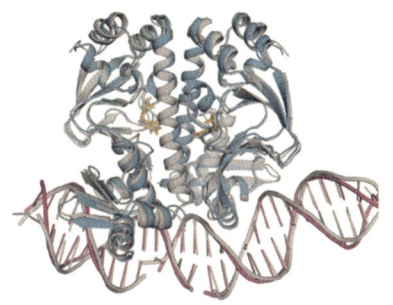 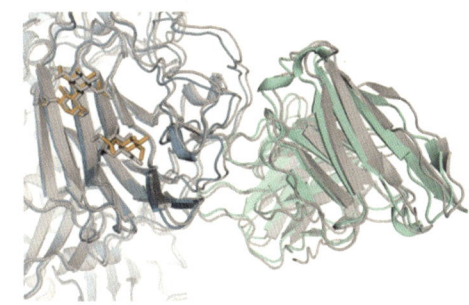

b）AlphaFold3 准确预测分子相互作用的结构，蓝色表示预测蛋白质链，绿色表示预测抗体，橙色表示预测配体，紫色表示预测 RNA，灰色表示原始结构

图 8-15　AlphaFold2 的模型结构及 AlphaFold3 预测结果（续）

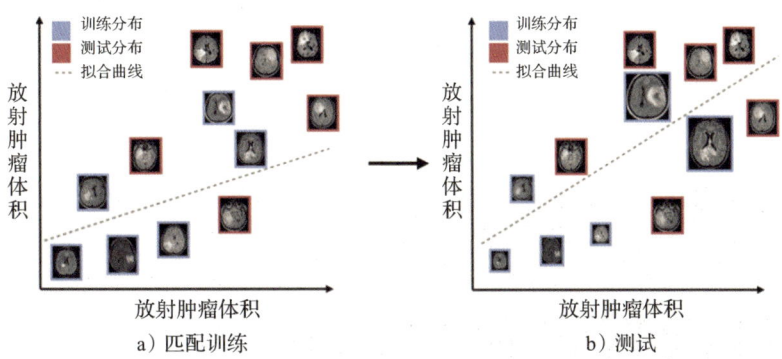

图 8-18　利用重要性加权匹配训练和测试数据分布

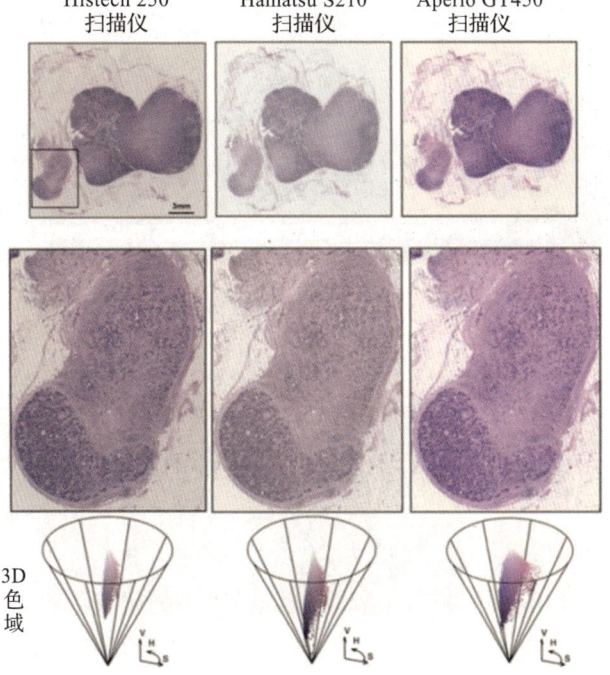

图 8-19　不同玻片扫描仪下特定部位 H&E 染色体变化示例

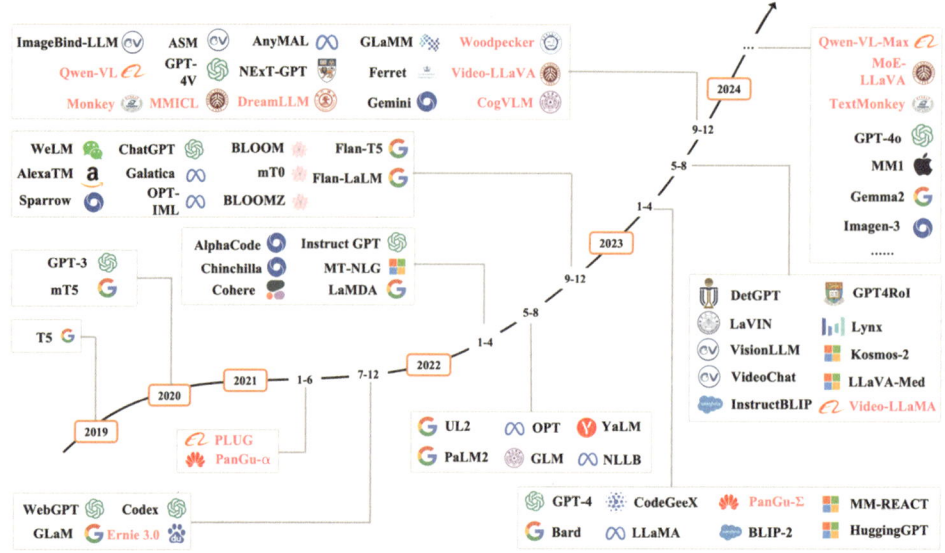

图 10-1 超 100 亿参数规模的大语言模型发展时间线（红色字体为国产大模型）

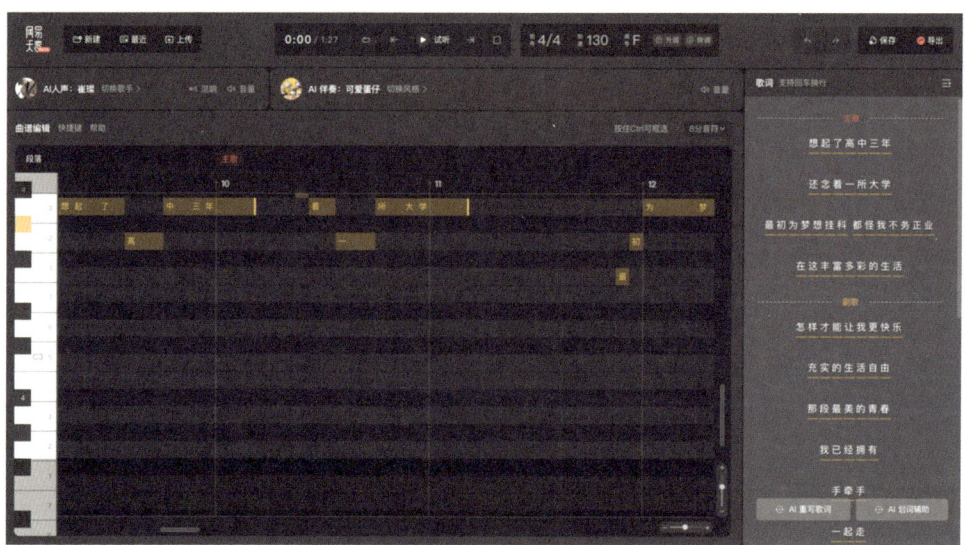

图 10-12 网易天音根据"大学生、不想挂科、丰富多彩、生活自由、青春"作为关键词，进行作词、作曲和 AI 人声模拟创作

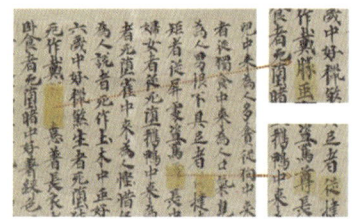

a）AI 古籍修复　　　　　　　　　　　　b）AI 永乐宫壁画修复

图 10-17　利用人工智能技术修复文物和复原古画

普通高等学校人工智能通识系列教材

人工智能通识

丛润民 李锋 张伟 周晓飞 董子昊 李华 著

Artificial Intelligence for Everyone

机械工业出版社
CHINA MACHINE PRESS

本书是一本面向高等学校学生的基础性通识类教材，旨在引领学生进入人工智能这一前沿领域。全书内容分为"涨知识"与"开眼界"两大板块。在前五章构成的"涨知识"板块中，系统地介绍了人工智能的概念、发展历程，以及知识推理和问题求解方法，并介绍了三种典型的人工智能技术，即机器学习、深度学习和强化学习，包括其基础理论、核心思想、关键技术等，帮助学生建立对人工智能的宏观认知和体系框架。在后五章组成的"开眼界"板块中，通过对典型应用的介绍，展示了人工智能在视觉感知、具身智能、智慧医疗、智慧生活等方面的广阔应用前景，并在最后一章探讨了大模型、生成式人工智能、AI for Science 等前沿技术热点，旨在开阔学生的视野。

作为一本入门级教材，本书旨在帮助学生建立对人工智能的宏观认知体系，重在培养学生的人工智能科学素养和科技思维，适合作为理工农医、人文社科等不同专业学生的通识课程教材。

图书在版编目（CIP）数据

人工智能通识 / 丛润民等著. -- 北京：机械工业出版社，2025.4. -- （普通高等学校人工智能通识系列教材）. -- ISBN 978-7-111-77977-3

I. TP18

中国国家版本馆 CIP 数据核字第 20251NQ784 号

机械工业出版社（北京市百万庄大街22号 邮政编码100037）
策划编辑：李永泉　　　　　　　　　　责任编辑：李永泉　侯　颖
责任校对：王　捷　张雨霏　杨　霞　景　飞　责任印制：任维东
河北宝昌佳彩印刷有限公司印刷
2025年6月第1版第1次印刷
185mm×260mm · 25.5 印张 · 4 插页 · 582 千字
标准书号：ISBN 978-7-111-77977-3
定价：69.00 元

电话服务　　　　　　　　　网络服务
客服电话：010-88361066　　机　工　官　网：www.cmpbook.com
　　　　　010-88379833　　机　工　官　博：weibo.com/cmp1952
　　　　　010-68326294　　金　书　网：www.golden-book.com
封底无防伪标均为盗版　　　机工教育服务网：www.cmpedu.com

前　言

人工智能（Artificial Intelligence，AI）是以机器为载体模拟人类智能的理论、技术和方法，因此也被称为机器智能（Machine Intelligence）。对人类智能的模拟可通过以符号主义为基石的逻辑推理、以问题求解为核心的探询搜索、以数据驱动为主导的机器学习、以行为主义为动力的强化学习和以博弈对抗为焦点的决策智能等方法来实现。在这个"智行天下，能动未来"的 AI 时代，全球正经历着由 AI 引领的新一轮科技革命和产业变革浪潮。在移动互联网、大数据、超级计算、传感网、脑科学、大模型等新理论和新技术的驱动下，人工智能技术作为一种新质生产力已经对经济发展、社会进步、全球治理等各方面产生重大而深远的影响。唯有紧跟时代步伐，积极把握智能技术的发展机遇，我们才能顺势而为，将创新发展的主动权牢牢掌握在自己手中。

2022 年 9 月，中共中央办公厅、国务院办公厅印发了《关于新时代进一步加强科学技术普及工作的意见》（以下简称《意见》）。《意见》明确指出，高等学校应设立科技相关通识课程，满足不同专业、不同学习阶段学生需求，鼓励和支持学生开展创新实践活动和科普志愿服务。如今，人工智能技术已经逐步赋能各行各业，对行业的发展产生了深远的影响。作为一门具有明显交叉融合优势的学科，人工智能具备典型的通识培养价值，有助于提高各学科学生的智能化认知水平和基础科技素养。因此，从通识教育的角度出发，培养高等学校学生的人工智能科技素养显得尤为重要且迫切。

本书是一本旨在引领学生进入人工智能领域的基础性、通用性教材，核心内容可分为"涨知识"和"开眼界"两大功能性板块。本书前五章内容组成"涨知识"板块，通过对该部分内容的学习，学生可以了解人工智能的概念和发展简史、掌握人工智能领域的基本知识和技术架构、了解人工智能的关键核心技术，从而建立对人工智能的宏观认知和体系框架。本书后五章内容组成"开眼界"板块，旨在通过对典型应用的介绍让学生对人工智能产生具象化的理解，了解人工智能的应用前景和前沿热点，开阔眼界。作为一本入门级的人工智能教材，本书尤为注重宏观知识体系的构建，致力于以简洁明了的方式引领初学者踏入这一领域。在编写过程中，作者充分考量了来自不同学科背景的学生在学习上的差异化需求，有意减少了复杂的数学公式推导和理论证明，转而采用大量生动的案例和更加通俗易懂的语言，以深入浅出的方式介绍人工智能的核心技术和关键应用，帮助初学者建立对人工智能的直观认知。此外，作者对全书内容进行了高度提炼，精选出 50 个核心知识点，并依托先进的数字人技术，制作了配套的知识点讲解视频，以期帮助同学们更加直观、高效地理解和掌握关键知识内容。通过学习本书，同学们能够完善知识结构，培养科学思维、创新精神和前瞻视野。本书是一本适合理工农医、人文社科等不同专业学生的通识类教材。

作者

目录

前言

板块一 涨知识——人工智能基础理论

第 1 章 人工智能概述   2

- 1.1 什么是人工智能   2
  - 1.1.1 人工智能的定义与评估   2
  - 1.1.2 人工智能基础   5
- 1.2 人工智能发展史   6
- 1.3 大模型时代下的人工智能   14
  - 1.3.1 ChatGPT——走向通用性 AI 之路   15
  - 1.3.2 百花齐放的多模态大模型   18
- 1.4 人工智能伦理与规范   24
- 1.5 人工智能技术展望   25
  - 1.5.1 人工智能的未来发展   26
  - 1.5.2 人工智能融入寻常百姓家   28
- 1.6 小结   28
- 参考文献   29

第 2 章 知识推理与问题求解   31

- 2.1 知识表示   31
  - 2.1.1 知识表示方法   32
  - 2.1.2 逻辑关系与规则   39

	2.1.3	知识图谱	43
2.2	知识推理		45
	2.2.1	概率推理	45
	2.2.2	因果推理	49
	2.2.3	知识图谱推理	53
2.3	搜索求解		54
	2.3.1	搜索问题的定义	54
	2.3.2	盲目搜索	57
	2.3.3	启发式搜索	58
2.4	博弈论		61
	2.4.1	博弈论的起源与发展	62
	2.4.2	博弈论的定义与基础	63
	2.4.3	经典博弈案例分析	66
2.5	小结		73
	参考文献		74

第 3 章　机器学习基础　75

3.1	机器学习概述		75
3.2	经典算法		76
	3.2.1	监督学习	76
	3.2.2	无监督学习	82
3.3	模型评估与选择		86
	3.3.1	经验误差与过拟合	86
	3.3.2	评估方法	88
	3.3.3	性能度量	89
3.4	当代机器学习概述		94
	3.4.1	深度学习	94
	3.4.2	强化学习	98
	3.4.3	图学习	101
	3.4.4	联邦学习	104
	3.4.5	迁移学习	109
3.5	小结		114
	参考文献		114

| 第 4 章 | 深度学习 | 117 |

- 4.1 从感知机到深度神经网络 …… 117
  - 4.1.1 感知机 …… 119
  - 4.1.2 前馈神经网络 …… 120
  - 4.1.3 激活函数 …… 122
- 4.2 深度学习中的优化与学习 …… 124
  - 4.2.1 损失函数 …… 125
  - 4.2.2 梯度下降算法 …… 126
  - 4.2.3 反向传播算法 …… 129
- 4.3 深度学习框架 …… 131
  - 4.3.1 Theano …… 132
  - 4.3.2 Caffe …… 133
  - 4.3.3 TensorFlow …… 134
  - 4.3.4 PyTorch …… 137
  - 4.3.5 PaddlePaddle …… 138
  - 4.3.6 MindSpore …… 138
- 4.4 卷积神经网络 …… 141
  - 4.4.1 卷积神经网络的核心组成 …… 142
  - 4.4.2 卷积神经网络的架构探索 …… 145
- 4.5 序列到序列模型 …… 151
  - 4.5.1 序列数据与序列任务 …… 152
  - 4.5.2 循环神经网络的原理与结构 …… 153
  - 4.5.3 基于门控单元的循环神经网络 …… 157
- 4.6 Transformer 模型 …… 159
  - 4.6.1 Transformer 的核心组成 …… 159
  - 4.6.2 Transformer 的架构设计 …… 161
- 4.7 深度生成模型 …… 164
  - 4.7.1 概率生成模型 …… 164
  - 4.7.2 变分自编码器 …… 165
  - 4.7.3 生成对抗网络 …… 166
- 4.8 小结 …… 169
- 参考文献 …… 170

第 5 章　强化学习　173

- 5.1　强化学习基础　173
  - 5.1.1　强化学习的发展历史　173
  - 5.1.2　强化学习的基本概念　176
  - 5.1.3　马尔可夫决策过程　178
  - 5.1.4　贝尔曼方程　182
- 5.2　经典强化学习方法　184
  - 5.2.1　基于价值函数的方法　185
  - 5.2.2　基于策略的方法　194
- 5.3　深度强化学习　197
- 5.4　强化学习的应用　203
  - 5.4.1　智能机器人与强化学习　203
  - 5.4.2　自动驾驶与强化学习　205
  - 5.4.3　金融服务与强化学习　207
  - 5.4.4　游戏 AI 与强化学习　209
- 5.5　小结　211
- 参考文献　212

板块二　开眼界——人工智能应用实践

第 6 章　智能之眼——视觉感知　216

- 6.1　计算机视觉及其发展史　217
- 6.2　图像增强　222
  - 6.2.1　图像增强概述　222
  - 6.2.2　典型图像增强任务　224
- 6.3　图像分类　235
  - 6.3.1　图像分类概述　235
  - 6.3.2　细粒度图像分类　237
- 6.4　目标检测　239
  - 6.4.1　目标检测概述　239
  - 6.4.2　经典目标检测方法　240
- 6.5　图像分割　244
  - 6.5.1　图像分割概述　244

	6.5.2 经典语义分割模型	247
6.6	三维视觉	251
	6.6.1 三维视觉概述	251
	6.6.2 典型三维视觉任务	252
6.7	小结	261
参考文献		262

第 7 章 智能之躯——具身智能 268

7.1	具身智能概述	268
	7.1.1 具身智能的基本概念	269
	7.1.2 具身智能的核心要素	270
	7.1.3 具身智能与传统人工智能	273
	7.1.4 具身智能的意义与价值	274
7.2	具身智能的核心技术	275
	7.2.1 具身智能的系统框架	276
	7.2.2 具身智能的典型实现路径	277
	7.2.3 仿真到真实的迁移	281
7.3	具身智能的典型应用	284
	7.3.1 智能机器人操作任务	284
	7.3.2 服务机器人导航任务	290
7.4	具身智能的发展前沿与展望	295
	7.4.1 具身智能大模型	295
	7.4.2 具身智能的未来挑战	296
7.5	小结	298
参考文献		298

第 8 章 AI 卫士——智慧医疗 299

8.1	智慧医疗概述	299
	8.1.1 智慧医疗的概念	300
	8.1.2 智慧医疗数据	302
	8.1.3 智慧医疗关键技术	306
8.2	智慧医疗的应用	311
	8.2.1 临床诊断与治疗	311

	8.2.2	远程医疗与在线问诊	314
	8.2.3	药物研发与个性化医疗	316
	8.2.4	中医药应用	318
8.3	智慧医疗面临的挑战与前景		321
	8.3.1	智慧医疗面临的挑战	322
	8.3.2	智慧医疗的发展前景	326
8.4	小结		329
参考文献			330

第 9 章　AI 助手——智慧生活　332

9.1	智慧生活概述与人工智能实现		332
	9.1.1	智慧生活概览	332
	9.1.2	人工智能在日常生活中的角色	333
9.2	智"衣"新尚——智能穿戴与 AI 时尚助手		335
	9.2.1	核心技术与框架——以智能穿戴为例	335
	9.2.2	应用案例介绍——AI 时尚助手	338
9.3	"食"悦智融——智慧农业与食品安全		342
	9.3.1	核心技术与框架——以智慧农业为例	342
	9.3.2	应用案例介绍——食品安全监管与溯源	347
9.4	乐享智"住"——智能家居与智慧社区		351
	9.4.1	核心技术与框架——以智能家居为例	352
	9.4.2	应用案例介绍——智慧社区	353
9.5	智"行"天下——交通大数据与自动驾驶		357
	9.5.1	核心技术与框架——以智能交通规划为例	357
	9.5.2	应用案例介绍——自动驾驶系统	360
9.6	小结		365
参考文献			365

第 10 章　人工智能前沿　367

10.1	大模型的兴起与演进		367
	10.1.1	大模型的基本概念与发展历程	368
	10.1.2	大模型的优势与挑战	370
	10.1.3	大模型的训练与优化	371

	10.1.4　多模态大模型	379
10.2	生成式人工智能	382
	10.2.1　扩散模型	382
	10.2.2　生成式设计与艺术创作	385
	10.2.3　大模型技术治理与社会影响	390
10.3	AI for Science	391
	10.3.1　人工智能在科学中的定义与背景	392
	10.3.2　人工智能与自然科学	392
	10.3.3　人工智能与人文社会科学	395
10.4	小结	396
参考文献		397

板块一

涨知识——人工智能基础理论

第 1 章

人工智能概述

人工智能（Artificial Intelligence，AI）作为当今技术发展的前沿，正在重新定义人类社会的各个方面。它不仅是科技进步的产物，更是推动社会变革的重要引擎。人工智能既可以成为人们日常生活中的辅助工具，又可以为复杂系统提供核心的决策支持。它正在具体且实质性地改变着人们的生活方式、工作模式及思考问题的方式，成为推动人类文明发展的重要技术力量。本章主要阐述人工智能的基本概念、发展历程及未来趋势。首先，将探讨人工智能的定义，并介绍支撑人工智能发展的关键技术，例如机器学习、深度学习、自然语言处理等。俗话说"学史可以看成败、鉴得失、知兴替"，所以还将回顾人工智能的发展简史。从早期对机器智能的探索，到如今人工智能在各个领域的广泛应用，都将一一呈现，其中会涉及关键事件和里程碑，例如达特茅斯会议、专家系统的诞生、AlphaGo 的胜利等。接着，将解密现今大火的大模型技术，让读者感受大模型技术的新进展和新应用。最后，将介绍人工智能快速发展带来的伦理和规范问题，并展望人工智能的未来发展趋势。

1.1 什么是人工智能

人工智能作为一门新兴的技术科学，其核心在于研究与开发用于模拟、延伸及扩展人类智能的理论、方法、技术与应用系统。作为计算机科学的一个重要分支，人工智能致力于使计算机能够模拟人类智能的特定过程与行为，通过这些模拟实现原本需要人类智能才能完成的功能。如图 1-1 所示，人工智能可以帮助人类进行日常规划、居家清洁等工作，也能够与人类交流互动。人工智能已成为新一轮科技革命和产业变革的驱动力量。具体而言，人工智能探索的是如何让计算机像人类一样进行思考、解决问题、学习新知识等复杂活动，其最终目标不仅是理解智能的本质，更是创造出能够像人类一样或以类似人类智能的方式做出反应的机器系统。这一领域的工作不仅涉及技术层面的创新，还深刻影响着人们对智能、认知乃至人类自身的理解。

什么是人工智能

人工智能能够超越人类智能吗？快来知识点视频中找寻答案吧！

1.1.1 人工智能的定义与评估

人工智能是一门研究与开发用于模拟、延伸和扩展人的智能的理论、方法、技术及应用系统的新技术科学。

图 1-1 人工智能概览

在模拟人类智能方面,人工智能通过构建智能系统来模拟人类的思维过程。例如,机器学习算法可以学习并改进自身的性能,从而逐渐提高处理任务的能力。自然语言处理则关注于让计算机理解和生成人类语言,实现与人类的自然语言交互。这些技术的发展使得人工智能系统能够更好地模拟人类的智能行为。

在延伸人类智能方面,人工智能可以辅助人类完成一些复杂或烦琐的任务。例如,在医疗领域,人工智能可以帮助医生分析病例、诊断疾病,提高医疗服务的效率和质量。在交通领域,自动驾驶技术可以辅助驾驶员驾驶车辆,减少交通事故的发生。这些应用都展示了人工智能在延伸人类智能方面的潜力。

在扩展人类智能方面,人工智能可以探索新的智能形式和智能应用。例如,人工智能可以处理和分析大量的数据,发现数据中的规律和模式,从而帮助人类解决一些复杂的问题。此外,人工智能还可以应用于创意领域,如音乐创作、绘画等,创造出具有独特风格的作品。

在思想层面,人工智能通过数据分析、自然语言处理和预测优化,帮助人类从大量数据中洞悉关键要素、自动生成文本并预测趋势,提升决策的准确性。在行为层面,人工智能驱动的自动化操作和智能助手能高效执行重复性任务、提供个性化服务,如设置提醒、控制智能家居等,极大地提升了生活和工作的便利性。

人工智能是智能学科的重要组成部分,它试图了解智能的本质,并生产出一种新的能以与人类智能相似的方式做出反应的智能机器,其核心目标是开发能够执行通常需要人类智能才能完成的任务的机器或系统。这些任务包括但不限于理解自然语言、识别图像和声音、学习和适应新信息、推理和解决问题、进行规划和决策,以及控制机器人等。那如何评估一个机器是否具有智能呢?英国计算机科学家艾伦·图灵(Alan Turing)于1950年提出的图灵测试与完全图灵测试给出了答案。图灵测试的核心思想是通过与人类的对话来评估机器的智能水平。在图灵测试中,多名人类评判员与两个隐藏的参与者进行对话——一名人类和一个机器。人类评判员通过打字的方式与两个参与者交流,但无法直接看到他们。如果超过30%的人类评判员无法一致地区分出哪个是人类参与者、哪个是机器参与者,那么机器就可以说通过了图灵测试，表明它能够展现出与人类相似的智能水平。图灵测试示意图如图 1-2 所示。

通过图灵测试的机器需要具备以下能力。

- **自然语言处理能力**：机器必须能够理解复杂的自然语言，包括语法、词汇、语义和上下文。它不仅需要理解表面上的文字，还要能够推断出潜在的含义、隐喻、讽刺等复杂的语言现象。同时，机器还需要能够生成流畅、连贯且符合语境的文字回应，表现出类似人类的表达能力。
- **知识表示能力**：机器需要将获取到的知识以结构化的形式表示出来，如语义网络、框架、描述逻辑等。这种结构化表示有助于机器在对话过程中快速检索和运用相关知识。
- **推理能力**：机器需要具备广泛的知识基础，并能够根据所掌握的知识进行推理。例如，机器应能够理解并回答关于常识、科学、文化、历史等各类问题，甚至在一些未知问题上表现出推理和假设的能力。
- **学习与适应能力**：机器应能够从与人类的交互中学习适应不同的交流风格和偏好。通过不断调整自己的表现，更好地迎合对话者的期望，从而更好地融入对话环境。

> 艾伦·图灵，英国数学家、逻辑学家，被誉为"计算机科学之父""人工智能之父"。图灵在二战期间破解了德军的"Enigma"密码，极大地缩短了战争进程。他提出了"图灵机"概念，为现代计算机的理论奠定了基础。1950年，图灵发表了论文——《计算机器与智能》，提出了著名的"图灵测试"，用于探索机器能否具有智能。这一测试至今在人工智能领域具有深远的影响。图灵的思想和工作不仅奠定了现代计算机科学的基础，还深刻影响了人们对人工智能和人类智能本质的理解。

图灵测试：
多名人类评判员在隔开的情况下，通过设备向一个机器和一名人类进行提问，多次问答后，若超过30%的人类评判员不能确定被测者是人类还是机器，那么就说该机器具备智能。

──→ 向发问者应答   ----▶ 向应答者提问

图 1-2　图灵测试示意图

图灵测试

ChatGPT-4 通过图灵测试了吗？快来知识点视频中找寻答案吧！

图灵测试要求机器具备自然语言处理、知识表示、推理、学习与适应等多方面的能力，以便在对话中模拟人类行为，达到无法区分的程度。机器一旦通过了图灵测试，则可以被认为能够表现出与人类相当的智慧，具备一定的"智能"。

完全图灵测试是对普通图灵测试的拓展。普通图灵测试主要关注文字对话能力，避免人类评判员与被测试机器发生物理上的互动。然而，一些人工智能系统可能涉及人机在物理层面上的交互，因此完全图灵测试的概念应运而生。换言之，完全图灵测试的意义在于更全面地评估机器的智能水平，它不仅考察机器在文字对话中的表现，还考察机器在物理交互中的能力。为了通过完全图灵测试，机器除了需要在文字对话中表现出与人类相似的智能水平外，还需要具备以下两项额外能力。

- ❑ 感知能力：机器需要具备感知能力，以便与人类进行物理层面的交互。这通常需要借助计算机视觉技术来实现。
- ❑ 操纵物体的能力：机器需要具备操纵物体的能力，以便在执行任务时与人类进行互动。这通常需要借助机器人技术来实现。

综上所述，图灵测试与完全图灵测试都是评估机器智能的重要方法。图灵测试主要关注机器的文字对话能力，而完全图灵测试则进一步拓展到物理交互层面，以更全面地评估机器的智能水平。

1.1.2 人工智能基础

人工智能是一个广泛的科学领域，它融合了多种学科和技术，如数学、计算机科学、认知心理学、哲学等。这些不同学科的基础要素不仅决定了 AI 系统的功能和性能，还影响了其应用的广度和深度。

数学为人工智能奠定了理论基础。线性代数、微积分、概率论和统计学等数学知识都是人工智能领域的重要基础知识。比如，数学中的求导方式对于理解反向传播算法至关重要，线性代数中的矩阵表达方式通常用于处理多维数据，概率论和统计学知识则用于分析数据分布、建模不确定性及识别数据中的模式。

人工智能更多地隶属于计算机科学的范畴，那么计算机科学也必然是其实现的重要基础，如算法设计与分析、数据结构、计算机体系结构、计算理论和编程技能等。编程语言（如 Python、R、Java 和 C++）是支撑 AI 算法实现的具体化工具，而并行计算、分布式系统和高性能计算则为大规模数据处理和复杂模型训练提供了必要的计算能力。机器学习是人工智能的重要手段和方法之一，也是人工智能实现的重要基石。借助于机器学习（包括深度学习技术），计算机具有自主学习的能力，进而能更好地模拟人的智能。数据科学则为人工智能提供了大量的数据，并且通过数据分析和挖掘技术捕获数据中蕴藏的规律，为人工智能算法的设计和优化提供"燃料"。

认知心理学主要研究人类的高级心理过程，主要是认识过程，如注意、知觉、表象、记忆、创造性、问题解决、言语和思维等，其研究成果可以帮助人工智能系统更好地理解和适应人类的认知习惯和规律，从而减少错误，提高模型的认知准确性。此外，随着 AI 技术的广泛应用，伦理和社会科学也成为 AI 基础的一部分。这些领域关注 AI 技术的社会影响、伦理问题及相关的法律和政策框架，确保 AI 的发展是可持续的、负责任的。

总而言之，如图 1-3 所示，人工智能是一个复杂且多维度的系统，它涵盖了从理论到实践的多个领域，这些学科或者技术相辅相成、相互促进，共同推动着人工智能快速进步。同时，人工智能技术也在不断反哺这些基础学科，例如利用人工智能技术可以求解数学中的偏微分方程、可以辅助大学生进行心理筛查等。

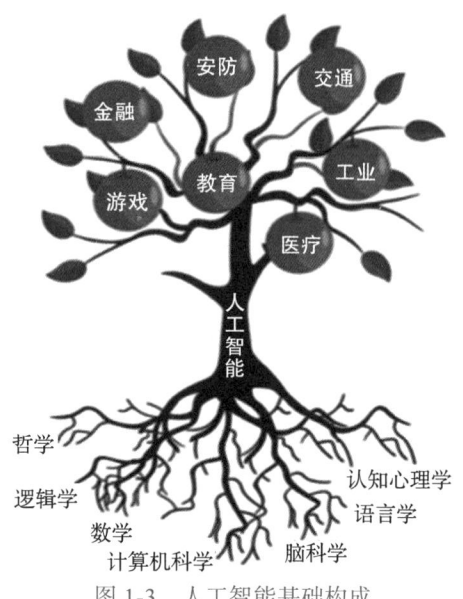

图 1-3　人工智能基础构成

1.2　人工智能发展史

在当今科技快速发展的时代，人工智能无疑是最热门的话题之一。从智能手机上的语音助手到自动驾驶汽车，再到能与人类进行深度对话的 AI 系统，我们似乎正处在一个 AI 无所不能的时代。然而，人工智能的发展之路并非一帆风顺，而是经历了跌宕起伏的"三起两落"。这段发展历程既充满激情与希望，又不乏挫折与反思。图 1-4 展示了人工智能发展过程中的关键节点与成果。

人工智能发展史

为什么图灵和麦卡锡都被称为"人工智能之父"呢？快来知识点视频中找寻答案吧！

1. 第一次兴起：20 世纪 50 年代末到 60 年代初

1950 年，英国数学家艾伦·图灵在他的论文——《计算机器与智能》（Computing Machinery and Intelligence）中首次提出了人工智能的概念，并给出了著名的图灵测试，书中探讨了"机器能思考吗？"这一问题。这篇论文不仅为人工智能奠定了理论基础，还为他赢得了"人工智能之父"的称号。1956 年，人工智能夏季研讨会在美国汉诺斯小镇的达特茅斯学院召开，约翰·麦卡锡（John McCarthy）、马文·明斯基（Marvin Minsky）、克劳德·艾尔伍德·香农（Claude Elwood Shannon）、纳撒尼尔·罗切斯特（Nathaniel Rochester）等人在会议上正式提出了"人工智能"这一术语。这也标志着人工智能作为一个独立学科诞生。图 1-5 所示为当时部分与会代表在达特茅斯大厅前的合影。紧接着，1958 年，康奈尔大学的心理学教授弗兰克·罗森布拉特（Frank Rosenblatt）在一台 IBM-704 计算机上模拟实现了名为"感知机"（Perceptron）的神经网络模型[1]。这是第一个可以自动学习权重的神经元模型。作为一个简单的二元分类器，感知机可以根据输入数据进行学习并做出决策，其工作

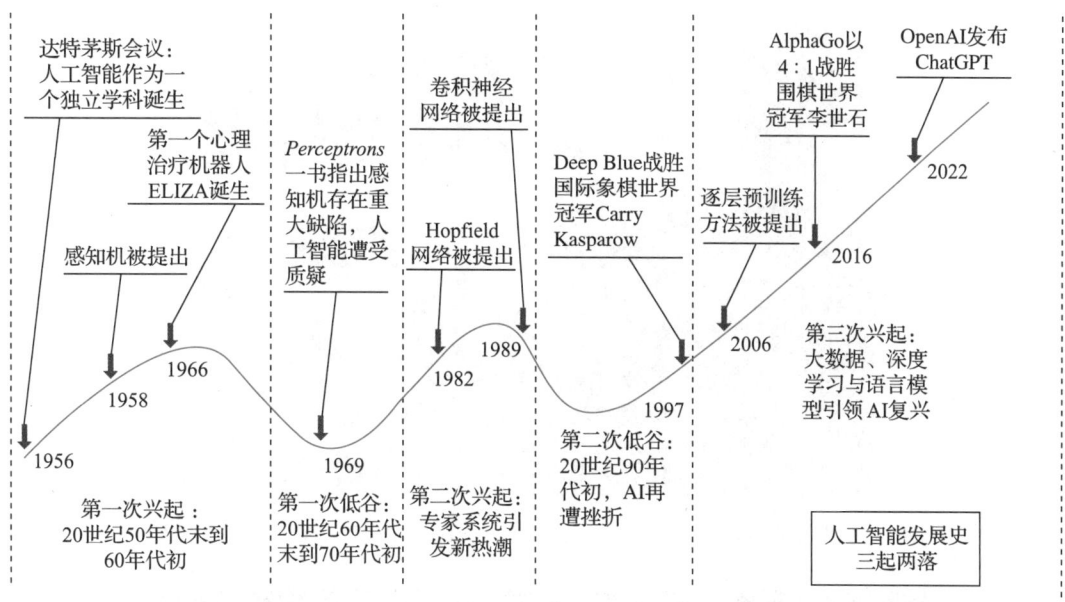

图 1-4　人工智能发展过程中的关键节点与成果

原理类似于生物神经元,通过加权求和与激活函数来输出结果。尽管感知机只能处理线性可分问题,但它也为后来的神经网络研究奠定了基础。感知机的成功激发了人们对人工智能的广泛兴趣,许多研究人员和机构开始投入到这一领域的研究。

1966 年,麻省理工学院科学家约瑟夫·维森鲍姆(Joseph Weizenbaum)开发出第一个心理治疗机器人 ELIZA,用于模拟心理治疗师与患者的对话。ELIZA 一经推出便获得了人们高度的评价,甚至有些病人更喜欢与机器人聊天。但事实上,它的实现逻辑非常简单,当病人说出某个关键词时,机器人就利用一个有限的对话库来回复特定的话给病人。尽管如此,它依然展示出人工智能在自然语言处理方面的潜力,再次坚定了人们对于发展人工智能的信心。图 1-6 给出了 ELIZA 心理治疗机器人的一个对话示例。

在这一时期,人工智能研究热潮涌动,感知机和 ELIZA 的成功激发了人们对人工智能的广泛兴趣,人工智能迎来它的第一个春天。科学家们豪情满怀。基于当时人工智能在各个领域的初步发展,甚至有人大胆预测,20 年内就能造出超越人类的 AI。

> 约翰·麦卡锡、马文·明斯基、克劳德·艾尔伍德·香农,都是计算机科学和人工智能领域的重要人物。约翰·麦卡锡被誉为人工智能之父,他于 1956 年首次提出了"人工智能"这一术语,并开发了 LISP 编程语言,为 AI 研究奠定了基础。马文·明斯基则是 AI 领域的另一位先驱,他在 1956 年与约翰·麦卡锡等人共同发起了达特茅斯会议,推动了 AI 的起步。克劳德·艾尔伍德·香农被称为信息论的奠基人,他提出的信息论理论对计算机科学和通信技术产生了深远影响。这些学者的开创性工作奠定了现代计算机科学和人工智能的基础。

图1-5 达特茅斯人工智能研讨会中部分与会代表在达特茅斯大厅前的合影

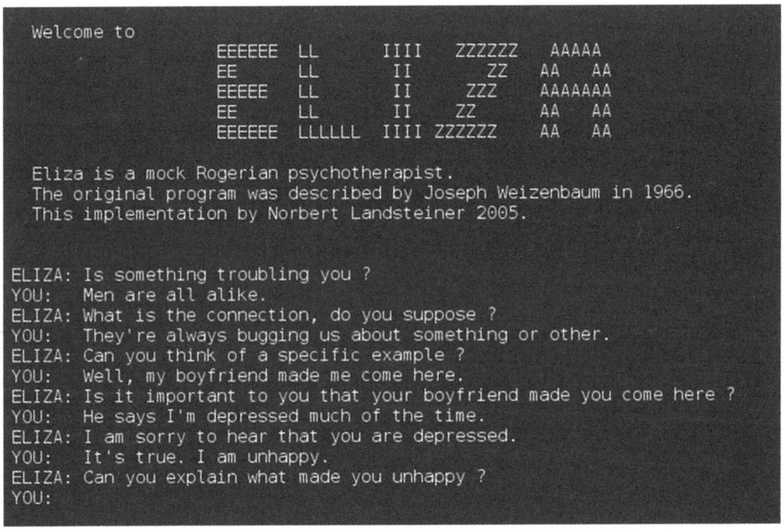

图1-6 ELIZA心理治疗机器人的对话示例

2. 第一次低谷：20世纪60年代末到70年代初

人工智能发展初期的突破性进展大大提升了人们对人工智能的期望，人们开始尝试更具挑战性的任务，然而计算能力的限制及关键理论的缺失使得人们的愿景不断落空，曾经被寄予厚望的 AI 突然变得"笨拙"起来。加之 20 世纪 70 年代经济衰退，导致政府和企业对高风险研究项目的资助减少。同时，早期的 AI 研究者和媒体对 AI 的潜力进行了过度宣传，导致公众和资助者对 AI 的期望过高。正所谓"期望越高，失望越大"，许多 AI 研究项目被迫中止，研究人员转向其他领域，AI 技术的发展速度显著放缓，逐步进入低谷时期。

1973年，法国著名数学家詹姆斯·莱特希尔（James Lighthill）向英国政府提交了一份报告,严厉批评了当时的 AI 研究,认为其未能实现预期目标。这份报告被称为"莱特希尔报告",它直接导致了英国政府进一步大幅削减 AI 研究经费,其他国家也纷纷开始效仿,这对 AI 研究产生了深远的影响。不仅如此,在技术上,人工智能的发展也严重碰壁。1969 年,"符号主义"代表人物、图灵奖获得者马文·明斯基(Marvin Minsky)等人在他们的著作 *Perceptrons: an introduction to computational geometry*[2] 中指出了感知机无法解决非线性可分问题的缺陷。这使得许多研究人员开始质疑神经网络的有效性,导致他们对这一领域的研究兴趣大幅下降。因此,在经济因素与技术因素的双重影响下,一场人工智能寒冬悄然降临。

3. 第二次兴起:专家系统引发新热潮

在 20 世纪 80 年代到 90 年代初,人工智能迎来了第二次兴盛。在这一时期,计算能力和存储能力的提升为更复杂的 AI 模型提供了支持,许多新的技术和方法在这一时期得到了发展和应用,人工智能再次走向复兴。

引发此次 AI 复兴热潮的关键是专家系统的商用化。专家系统是一种基于知识库和推理机的计算机系统,能够模拟人类专家的决策过程。早期的专家系统是基于规则的,这种系统通过预先定义的规则来进行推理和决策。在基于规则的专家系统中,知识通常以"如果……那么……"的形式表示,即如果满足某些条件,则执行某些操作或得出结论。这些规则通常由领域专家提供,并经过系统开发者的整理和优化。系统通过匹配输入信息与规则库中的规则来模拟专家的决策过程。

例如美国斯坦福大学研究团队研发的 MYCIN 系统,它是早期模拟决策系统和专家系统的代表之一,用于诊断血液传染病并推荐抗生素治疗。其系统架构如图 1-7 所示。MYCIN 系统使用约 600 条规则来推理可能的诊断和建议治疗方案。MYCIN 系统从功能与控制结构上可分成两部分:一是以患者的病史、症状和化验结果等作为原始数据,运用医疗专家的知识进行正向推理,找出导致感染的细菌,若是多种细菌,则用 0~1 的数字给出每种细菌的可能性;二是在上述基础上,给出针对这些可能细菌的药方。MYCIN 系统采用了"知识库"(Knowledge Base)、"推理机"(Inference Engine)的系统结构,引入了"可信度"(Credibility)来表示对相应属性值的信任程度,其取值范围为 [−1, 1]。MYCIN 系统以此进行非确定性知识推理,能对用户的咨询提问进行回答解释,并给出答案的可信度估计。

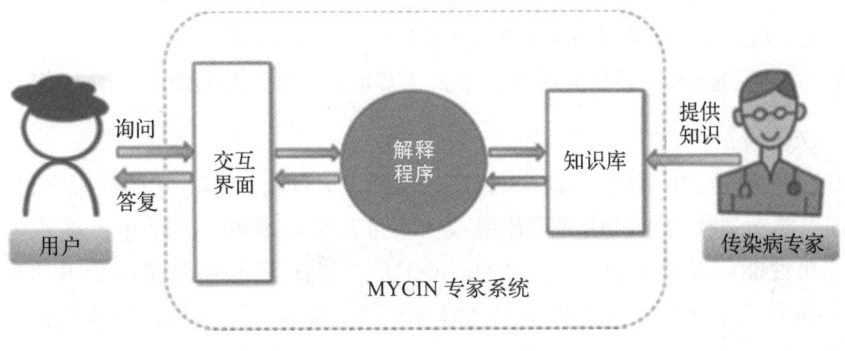

图 1-7 MYCIN 专家系统架构

基于规则的专家系统虽然具有一些明显的优点，如易于理解和实现、能够处理复杂的逻辑关系和因果关系等，但是受限于早期计算机的处理性能，该类专家系统的发展相对缓慢，难以处理复杂规则和大规模数据，因而并没有得到广泛的应用。进入 20 世纪 80 年代，得益于计算能力的提升，这一瓶颈被逐渐打破，许多具有复杂规则的专家系统开始在计算机上得到应用。这些系统能够处理更为复杂的逻辑关系和推理过程，从而在实际应用中展现出更高的智能水平和实用性，进一步推动了人工智能技术的兴起和发展。

在此次热潮中，人工神经网络也发生了巨大的变化。1982 年，美国物理学家约翰·霍普菲尔德（John Hopfield）发明了 Hopfield 网络[3]。它是一种单层、全连接的反馈神经网络，用于联想记忆。该网络对理解复杂系统和作为深度学习早期基础有重要贡献。1983 年，杰弗里·辛顿（Geoffrey Hinton）与泰伦斯·谢诺沃斯基（Terrence Sejnowski）一起发明了玻尔兹曼机（Boltzmann Machine），也被称为随机 Hopfield 网络。这是第一个能够学习不属于输入或输出的神经元内部表征的神经网络。它的本质是一种无监督模型，用于对输入数据进行重构以提取数据特征进行预测分析。

> 约翰·霍普菲尔德因在人工神经网络和机器学习领域做出的基础性贡献，与杰弗里·辛顿共同获得 2024 年诺贝尔物理学奖。他提出的 Hopfield 网络为信息存储和重建提供了基础，推动了机器学习的发展，对物理学与计算机科学交叉领域产生了深远影响。

在此期间，保罗·韦尔博斯（Paul Werbos）于 1974 年在他的博士论文中首次提出了"超越回归"（Beyond Regression），也就是反向传播（Back Propogation，BP）算法，他成为 BP 算法的第一人，荣获 IEEE 神经网络先驱奖。但在当时 BP 算法并未引起广泛的关注，真正让 BP 算法家喻户晓的是 1986 年由大卫·莱姆哈特（David Rumelhart）、杰弗里·辛顿（Geoffrey Hinton）和罗纳尔多·威廉姆斯（Ronald Williams）共同在 *Nature* 上发表的论文"Learning representations by back-propagating errors"[4]。它不仅展示了 BP 算法的原理，还证明了其在多层神经网络中的强大能力，为多层神经网络的学习训练提供了切实可行的方法，极大地推动了神经网络的研究。此外，1993 年，BP 算法夺得了国际模式识别竞赛冠军，进一步证明了它的有效性。而且，多层感知器（Multi-Layer Perceptron，MLP）与 BP 算法的结合，有效解决了单层感知机不能做非线性分类的问题，开启了神经网络研究的新一轮高潮。1989 年，杨立昆（Yann LeCun）和约书亚·本吉奥（Yoshua Bengio）等人提出了一个卷积神经网络（Convolutional Neural Network，CNN），即著名的 LeNet-5[5]，并使用 BP 算法完成网络训练。LeNet-5 成功应用于美国邮局的手写字符识别系统中。

第二次兴盛期的技术突破和应用展示了人工智能在解决实际问题中的巨大潜力。

4. 第二次低谷：20 世纪 90 年代初，AI 再遭挫折

尽管专家系统的应用领域变得越来越广，但随着时间的推移，它的局限性也逐步暴露，常识性错误、更新迭代和维护成本高昂等成为不可跨越的难题。1987 年，苹果和 IBM 公司生产的台式机性能超过了 LISP（List Processor）机器，这意味着使用通用计算机来运行 LISP 程序和进行人工智能研究变得更加高效和经济。随着通用计算机性能的提升和价格的下降，专用 LISP 机器的市场需求急剧下降。这导致了 LISP 机器硬件销售市场的严重崩溃，

LISP 机器制造商被迫退出市场，而许多依赖于 LISP 机器的人工智能项目和实验室失去了重要的硬件支持，导致研究进度受阻，人工智能领域进入第二次寒冬。面对硬件市场的变化，人工智能研究者开始寻找新的研究方向和技术路径。在这一时期，机器学习逐渐成为人工智能领域的主流技术。它利用统计和优化的方法来训练模型，可以实现各种智能任务。支持向量机（Support Vector Machine，SVM）和决策树（Decision Tree）等传统机器学习算法在这一时期大放异彩，逐渐取代了神经网络在许多应用中的地位。SVM 的学习策略是间隔最大化，这使得它在处理高维数据时具有较好的泛化能力。此外，SVM 的数学基础扎实，能够通过求解凸二次规划问题来找到最优解。这些优势使得 SVM 在许多实际应用中表现出色，逐渐取代了当时的神经网络。此外，尽管计算能力有所提升，但仍不足以支持大规模神经网络的训练和应用，这也进一步加速了寒冬的到来。

> LISP 机器是专为运行 LISP 语言而设计的计算机。LISP 语言由麻省理工学院的约翰·麦卡锡（John McCarthy）在 1958 年提出，它是一种强大的编程语言，特别适用于人工智能领域的符号处理任务。随着 LISP 语言的发展和应用，人们开始探索如何设计专门的计算机来更高效地运行 LISP 程序，这就是 LISP 机器的起源。

5. 第三次兴起：大数据、深度学习与语言模型引领 AI 复兴

进入 21 世纪，人工智能技术迎来了前所未有的发展机遇，标志着其第三次兴起的到来。这一次的复兴不仅巩固了 AI 在科技领域的核心地位，更深刻地改变了人们的生活方式和工作方式。这一时期的快速发展，主要得益于算法、数据和算力三大核心驱动力的共同作用。首先，算法的创新是人工智能第三次兴起的关键因素。深度学习算法的崛起，如深度置信网络（Deep Belief Network，DBN）[6]、卷积神经网络（CNN）、受限玻尔兹曼机（Restricted Boltzmann Machine，RBM）[7]、循环神经网络（Recurrent Neural Network，RNN）[8] 等，为人工智能处理复杂数据提供了强有力的工具。这些算法通过构建多层神经网络结构，能够学习并提取数据中的深层次特征，从而在图像识别、语音识别、自然语言处理等多个领域实现了突破性的进展。深度学习算法的成功应用，不仅提高了人工智能系统的准确性和效率，更拓宽了其应用场景和范围。2006 年，辛顿和他的研究团队提出了逐层预训练的方法，为训练深度神经网络提供了有效的解决方案，成为深度学习发展的重要里程碑。具体来说，在传统的随机初始化方法中，深层网络的梯度往往在反向传播过程中变得极小，导致底层参数几乎无法更新，即所谓的梯度消失问题。逐层预训练为每一层提供了一个更优的初始状态，使得整个网络的训练变得可行，有效缓解了深层神经网络训练中的梯度消失问题。

然而，就像一位天才厨师有了完美食谱却缺少烹饪设备，当时的计算机还难以应对如此复杂的运算需求。正当 AI 似乎要在理论与实践的鸿沟中再次跌落时，算力的革命悄然而至。GPU（Graph Processing Unit）、FPGA（Field Programmable Gate Array）、ASIC（Application Specific Integrated Circuit）及神经拟态芯片等高性能计算硬件的发展，极大地增强了计算机的运算能力，为处理复杂的人工智能算法提供了强有力的硬件支持。例如，GPU 原本是为了让游戏玩家体验更逼真的画面而生，却意外成为 AI 发展的"救命稻草"。GPU 相比于

CPU 拥有更多独立的大吞吐量计算通道，适合计算密集和数据并行的程序，并可以提供最佳的内存带宽，而且线程并行带来的延迟几乎不会造成影响。这些芯片的发展不仅提高了人工智能模型的训练速度和推理效率，还推动了人工智能技术的落地和应用。GPU 等计算芯片的不断迭代，为 AI 的训练和部署，尤其是深度学习，提供了强大的计算能力。这些芯片就像是给 AI 装上了越来越强劲的引擎，让它能够轻松处理海量数据、训练更加复杂的模型。从 2016 年的 NVIDIA GTX 1080 到 2020 年的 A100，仅仅在 4 年时间里，GPU 的性能就提升了约 3 倍。这种性能的飞跃使得研究人员能够：①训练更大规模的模型，例如，从最初的 AlexNet（约 6000 万个参数）发展到 GPT-3（约 1750 亿个参数）；②使用更大的数据集，从最初的 ImageNet（约 1400 万张图片）到可以处理数十亿规模的数据集；③更快的迭代实验，加速了模型优化和创新的过程。这种算力的提升不仅加快了深度学习的发展速度，还使得一些在过去被认为不可能完成的任务变为现实。例如，GPT 系列的大规模语言模型的训练就需要强大的 GPU 集群提供支持。

与此同时，随着大数据、云计算和物联网等技术的快速发展，数据量呈现爆炸式增长，为人工智能算法的训练和优化提供了充足的数据支持。这些数据资源不仅使得人工智能模型能够学习到更加准确和泛化的特征表示，还推动了人工智能技术在各个领域的广泛应用。最为典型的代表就是 ImageNet 数据集。它是由美国斯坦福大学的李飞飞教授 等人于 2009 年创建发布的，包含了超 1400 万幅图片，涵盖了 2 万多个类别，可用于支撑图像分类、定位、检测等方向的研究。加之前面提到的强大的算力支撑，使得人工智能技术能够在这片数据海洋中自如遨游，不断学习和进化。这里不得不提到深度学习技术蓬勃发展的直接见证者——ImageNet 竞赛 ILSVRC，其全称为 ImageNet Large Scale Visual Recognition Challenge。起初，统计机器学习算法在比赛的前两届中拔得头筹，最低 Top-5 分类错误率达到了 25.8%，如图 1-8 所示。

> 李飞飞，华裔美国计算机科学家、人工智能领域领先专家、斯坦福大学计算机科学教授、斯坦福视觉实验室主任。她在计算机视觉和机器学习方面有着卓越贡献，主导了著名的 ImageNet 项目，该项目通过构建大型图像数据库，极大地推动了深度学习在计算机视觉中的应用。李飞飞的研究不仅为人工智能领域带来了重要的技术进步，还推动了无监督学习和转移学习等技术的发展。她致力于将人工智能技术应用于实际问题，并关注人工智能的伦理和社会影响。李飞飞的工作对现代计算机视觉和人工智能研究具有深远影响。

2012 年，辛顿和他的学生亚历克斯·克里热夫斯基（Alex Krizhevsky）设计的 AlexNet 横空出世，在 ImageNet 竞赛上大获全胜，将最低 Top-5 分类错误率降低至 16.4%，相比于 2011 年的冠军方案性能提高约 10%。这是历史上第一次有模型在 ImageNet 数据集获得如此出色的表现，引爆了神经网络的研究热情。AlexNet 包含 5 个卷积层和 3 个全连接层，总计约 6000 万个参数，这在当时可以说是非常深的网络架构了。这种网络架构为之后的深度卷积神经网络的设计提供了重要的指导。创新的网络架构再加上现代 GPU 的加持，使得 AlexNet 就像一位借助外骨骼装甲的超级英雄，以压倒性的优势击败了所有对手，在深度学习历史上留下了浓墨重彩的一笔。在 2015 年更是出现了 152 层的"超深"神经网络，并在所参加的五个赛道比赛中横扫对手，获得冠军。随着技术进步和研究方向的饱和，传统图像分类任务的挑战不再具有足够的创新性和吸引力，2017 年，ImageNet 举办了最后一届竞赛，尽管 ImageNet 竞赛已经停办，但其带来的影响依然深远，为计算机视觉领域奠定了重要的基础。

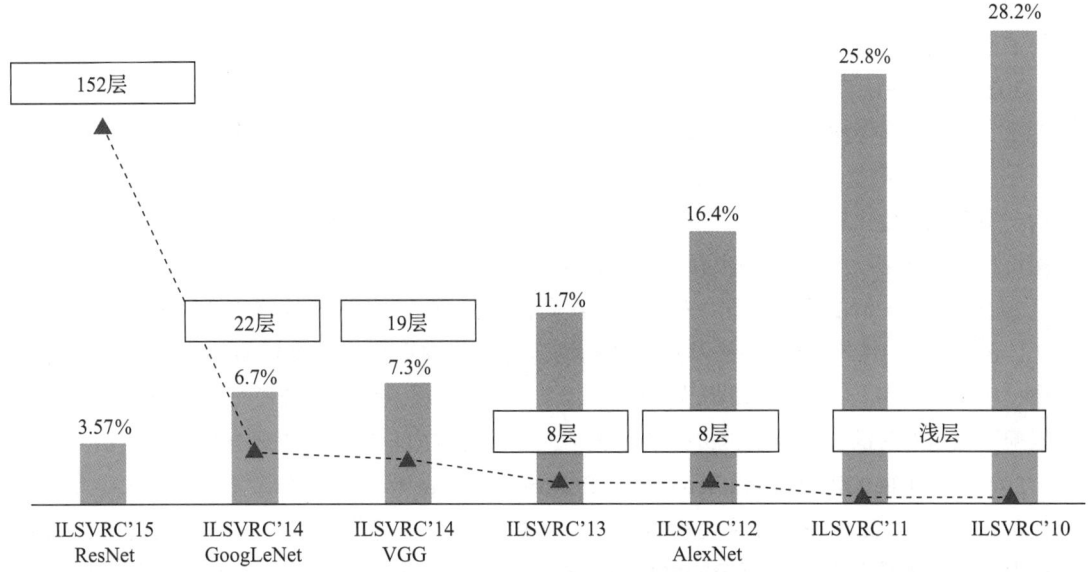

图 1-8　2010 年—2015 年 ILSVRC 中模型错误率情况

在 2015 年这一具有里程碑意义的年份里，为庆祝人工智能概念诞生六十周年，深度学习领域的三位杰出先驱——杨立昆、本吉奥与辛顿携手发布了深度学习的权威综述 *Deep Learning*[9]。该著作深刻阐述了深度学习作为一种先进的特征学习技术，其核心在于将原始数据通过一系列简单却高度非线性的模型转换，逐步提炼为更高层次、更为抽象的表征形式，这一过程显著增强了数据间的区分度与理解力。通过精心设计的多层转换组合，即便是极为复杂的函数也能被学习并模拟。同年，微软亚洲研究院的何凯明等人凭借深度残差网络（Deep Residual Network，ResNet）[10] 的突破性创新，在 ImageNet 竞赛中大放异彩，赢得了图像分类和物体识别任务的双料冠军。此外，谷歌在这一时期开源了 TensorFlow 框架，它是一个基于数据流编程（Dataflow Programming）的符号数学系统，其前身可追溯至谷歌内部的神经网络算法库 DistBelief。它采用 Python 语言编写，并支持多种深度学习算法。该框架的核心是 TensorFlow API，它提供了一个灵活的编程环境，使得研究人员和开发者可以轻松构建、训练和部署各种深度学习模型。TensorFlow 的开源无疑为全球的 AI 研究者和开发者提供了一个强大的工具，极大地降低了深度学习的门槛。TensorFlow 框架一经推出便被广泛应用于各类机器学习算法的编程实现。同年 12 月，埃隆·马斯克（Elon Musk）等人在美国旧金山共同创立非营利性研究机构 OpenAI，该公司怀揣着确保通用人工智能（即一种能够高度自主并在广泛经济活动中超越人类能力的系统）惠及全人类的崇高愿景，开始踏上了探索之旅。OpenAI 不仅致力于前沿技术的研发，还推出了包括 OpenAI Gym、GPT 在内的多款热门产品，极大地推动了 AI 技术的普及与应用。

进入 2016 年，谷歌提出了联邦学习（Federated Learning）的概念，它巧妙地解决了数据隐私与分布式学习之间的难题，允许算法在多个持有本地数据的边缘设备或服务器上独立训练，而无须直接交换数据样本。同年，AlphaGo 在围棋界掀起了惊涛骇浪，它以 4:1 的战绩击败了围棋世界冠军、职业九段棋手李世石。这一壮举不仅彰显了深度学习与强化学习技术的非凡实力，更在全球范围内引发了关于人工智能潜力与未来的热烈讨论。

2020 年，谷歌 DeepMind 团队的 AlphaFold2[11] 人工智能系统在蛋白质结构预测领域实现了重大突破，它犹如一座里程碑，标志着该领域迈入了一个全新的时代。在万众瞩目的国际蛋白质结构预测竞赛中，AlphaFold2 以卓越的表现脱颖而出，精准地预测了蛋白质的三维结构，其精确度之高，几乎可与冷冻电子显微镜、核磁共振及 X 射线晶体学等尖端实验技术相抗衡，展现了人工智能在生命科学领域的非凡实力。

2021 年，OpenAI 引领了另一场技术革命，推出了两款颠覆性的神经网络模型——DALL-E[12] 与 CLIP[13]。DALL-E 以其独特的创造力，能够根据文字描述直接生成生动逼真的图像，实现了文字与视觉艺术的无缝融合；而 CLIP 则展现了强大的跨模态理解能力，能够精准匹配图像与对应的文本类别，进一步拓宽了人工智能在内容理解与生成方面的应用边界。

2022 年，ChatGPT（Chat Generative Pre-trained Transformer）的横空出世标志着大模型时代的来临。以 ChatGPT 为代表的通用大语言模型是人工智能领域的一项重大突破，它们通过海量数据的深度学习与复杂神经网络的构建，展现出了前所未有的自然语言处理能力和智能交互水平。这些大模型不仅能够进行流畅、连贯的对话，还能在多个领域提供精准的信息解答、创意生成与问题解决方案，极大地拓宽了人工智能的应用边界。ChatGPT 及其同类大模型的崛起，标志着人工智能正逐步从特定任务的执行者转变为能够理解、学习与创造的智能伙伴，引领着科技行业向更加智能化、人性化的方向迈进。

1.3 大模型时代下的人工智能

大模型（Large Model）又称基础模型（Foundation Model），是指一类集成了海量参数与复杂结构的机器学习架构，它们擅长驾驭巨量数据，胜任各类复杂任务。在媒体聚光灯下频繁亮相的大语言模型（Large Language Model，LLM）便是大模型家族中璀璨的一员，它在自然语言处理、文本创作及智能对话等多个领域展现了卓越的性能，产生了广泛与深远的影响[14]。最新研究发现，当模型参数量与训练数据集规模达到某一临界阈值后，模型在特定任务上的表现将实现质的飞跃，并自发地展现出诸多原先难以预见的复杂能力与特性。这种从海量数据中自动萃取并创造出新层次特征与模式的能力，被形象地称为"涌现能力"，它成为大模型相较于小型模型最为本质的区别与优势。大模型的发展，无疑是人工智能领域近年来最为显著的进步之一，它不仅推动了 AI 技术的飞速发展，更深刻地影响了专业知识、行业发展、社会进步，以及就业和经济等多个方面。

1.3.1 ChatGPT——走向通用性 AI 之路

ChatGPT 是由 OpenAI 公司研发的先进聊天机器人程序,自 2022 年 11 月 30 日面世以来,便以其卓越的对话能力和自然语言处理技术引起了广泛关注。ChatGPT 的核心是一个名为 GPT(General Pre-trained Transformer)的深度学习预训练 Transformer 模型,它通过在海量的文本数据上进行预训练来学习语言的语法、词汇和一定范围内的世界常识。在训练阶段,模型通过自监督学习来预测句子中的下一个词或填补句子的空白。这种训练方式使得 ChatGPT 能够掌握并理解语言结构,并进一步学习蕴含在文本信息中的知识。此外,最新的 GPT-4 中还引入了多模态功能,模型可以通过联合处理图像和文本数据进行训练,从而理解和生成与图像相关的文本描述。图 1-9 分别展示了 ChatGPT 在文本问答和图像理解上的能力。

ChatGPT:走向通用性 AI 之路

图 1-9 ChatGPT 进行文本问答(左)与图像内容总结(右)

ChatGPT 不仅是一个简单的聊天工具,还能够执行多种语言任务,包括但不限于辅助撰写论文、邮件、脚本、文案,以及进行翻译与编写代码等,它代表了人工智能在理解和生成自然语言方面的重大进展。图 1-10 展示了利用 ChatGPT 编写求解最大公约数的代码。2024 年,ChatGPT 的语音功能和桌面版应用程序的推出,进一步扩展了其应用范围,使得用户可以更加便捷地与 AI 进行交互。

虽然 ChatGPT 具有强大的自然语言处理能力,但其输出质量在很大程度上取决于用户输入的提示词。通过合理的提示词设计,用户可以更好地引导模型生成连贯、准确且有用的回答。思维链(Chain of Thought,CoT)就是一种指导用户设计提示词的技术。如图 1-11 所示,这个技术通过要求模型将一个复杂问题逐步分解为一个个子问题并依次进行求解,并显式输出中间每一步的推理步骤,从而模拟人类的思考过程,生成更复杂和精确的输出。CoT 大幅度提高了 LLM 在复杂推理任务上的表现,并且输出的中间步骤方便使用者了解模型的思考过程,提高了大模型推理的可解释性。目前,思维链推理已经成为大模型处理复杂任务的常用手段。

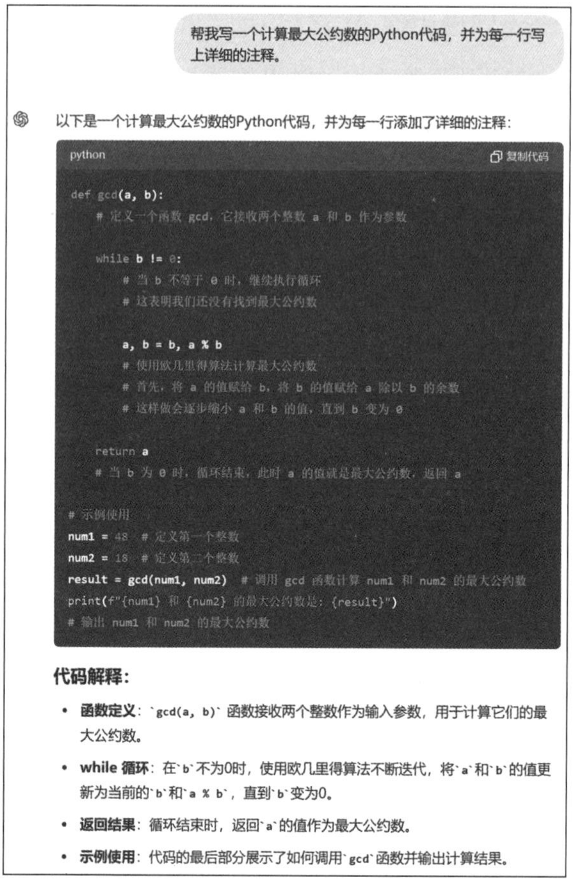

图 1-10　使用 ChatGPT 编写代码

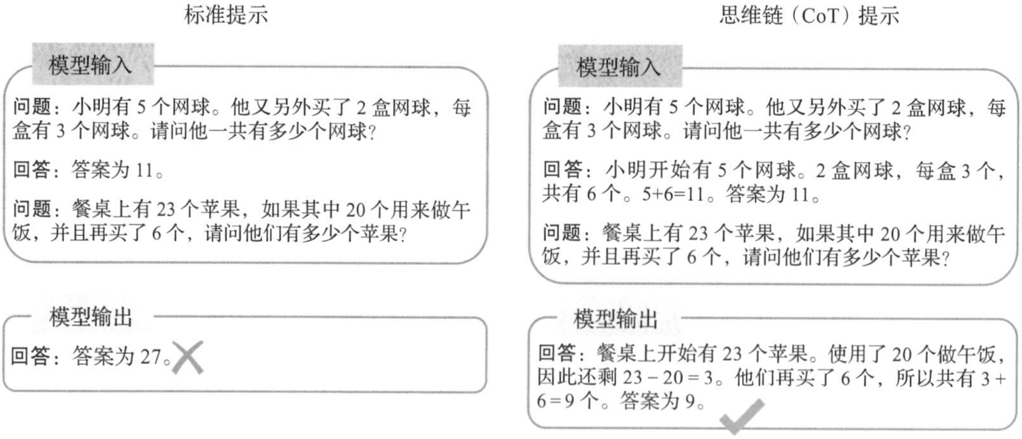

标准提示

模型输入

问题：小明有 5 个网球。他又另外买了 2 盒网球，每盒有 3 个网球。请问他一共有多少个网球？

回答：答案为 11。

问题：餐桌上有 23 个苹果，如果其中 20 个用来做午饭，并且再买了 6 个，请问他们有多少个苹果？

模型输出

回答：答案为 27。✗

思维链（CoT）提示

模型输入

问题：小明有 5 个网球。他又另外买了 2 盒网球，每盒有 3 个网球。请问他一共有多少个网球？

回答：小明开始有 5 个网球。2 盒网球，每盒 3 个，共有 6 个。5+6=11。答案为 11。

问题：餐桌上有 23 个苹果，如果其中 20 个用来做午饭，并且再买了 6 个，请问他们有多少个苹果？

模型输出

回答：餐桌上开始有 23 个苹果。使用了 20 个做午饭，因此还剩 23 − 20 = 3。他们再买了 6 个，所以共有 3 + 6 = 9 个。答案为 9。✓

图 1-11　标准提示与思维链提示对比

除了 ChatGPT 外，很多国产的大模型同样具有强大的性能。例如智谱 AI 的智谱清言模型基于 GLM 模型开发，具备内容创作、图像理解、信息归纳总结等能力；科大讯飞的星火大模型则在语音识别和语音合成等任务上展现出卓越的效率和优秀的表现力；百度的文心一言大模型有着出色的联网搜索能力,在文学创作、问题解答等方面表现出色;阿里的通义千问大模型(见图 1-12)有着强大的思维启发能力,能够对复杂问题进行拆解,帮助用户启发创意,辅助用户学习各种知识;月之暗面(Moonshot AI)的 Kimi Chat 大模型(见图 1-13)则专注于长文本处理,支持对 20 万汉字的长文本进行文档总结和内容拆解。

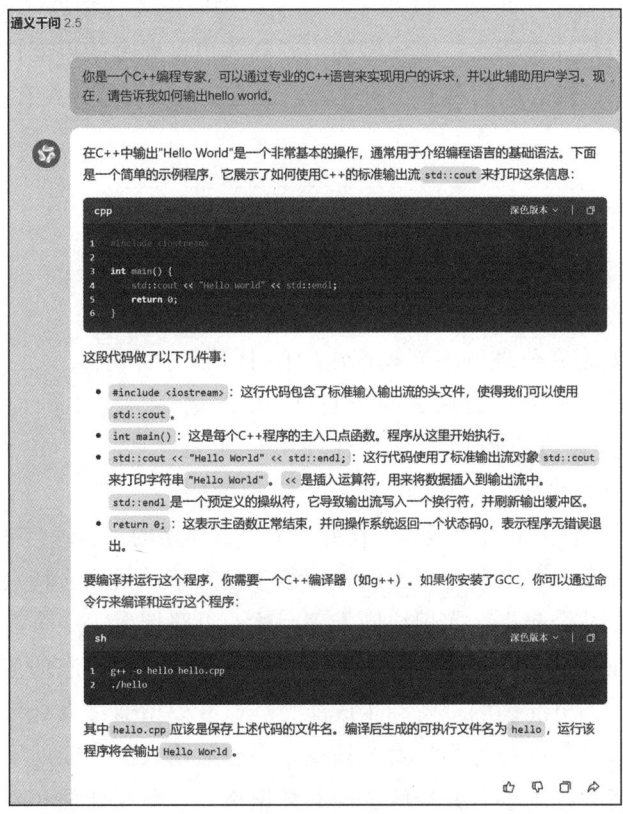

图 1-12　使用通义千问大模型学习 C++

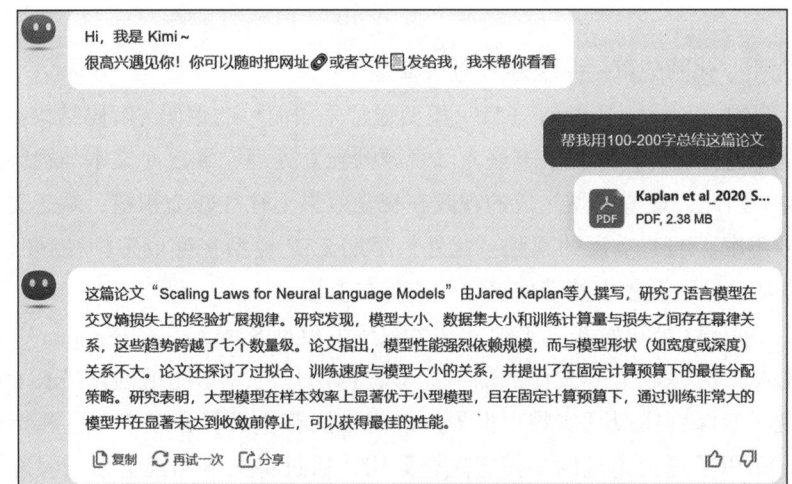

图 1-13　使用 Kimi Chat 大模型进行论文总结

大模型等技术上的突破性成就让研究人员开始畅想通用人工智能的道路。毕竟，如果一个 AI 系统能够理解和生成人类语言，那么获取知识、进行推理，甚至产生创意似乎都不再是遥不可及的梦想。大模型的出现无疑开启了 AI 应用的新纪元，从智能写作助手到代码自动生成，从虚拟客服到个性化教育，这些大模型正在悄然改变着人们的工作和生活方式。它们就像是给每个人配备了一位能干的程序员朋友，随时准备搜集并生成信息、回答问题、提供建议，抑或只是陪你聊聊天。大模型的出现释放出了无穷的可能性，它们正在重塑人们与技术交互的方式，挑战人们对智能的理解，也迫使人们思考人类在 AI 时代需要扮演的角色。

1.3.2　百花齐放的多模态大模型

尽管大语言模型在处理文本数据方面表现出色，但它们无法直接处理图像、视频、音频等多种模态信息之间的相互作用，也无法充分理解不同模态之间的上下文关系。因此，在一些需要跨模态理解的任务中，如图像问答、视频描述等，大语言模型的表现往往不尽如人意。而且，随着模型和数据集规模的不断扩大，传统的

大模型时代下的人工智能

多模态模型训练会产生巨大的计算成本。恰好，大语言模型的预训练与微调技术的突破让人们看到了新的解决方案，可以利用现成的预训练单模态基础模型，特别是大语言模型，将其与其他模态的模型结合起来，实现协同推理。这一思路催生了一个新的研究领域：多模态大模型（Large Multimodal Model，LMM）。它通过融合多种模态的信息，能够在更广泛的场景中提供更全面、更准确的理解和生成能力。这些模型通过大规模的数据训练，学习如何联合理解和生成跨多种模态的信息，被视为通往通用人工智能的下一个重要步骤。多模态大模型的关键能力在于整合并理解不同的数据格式。与在处理和生成文本数据方面有专长的大语言模型相比，多模态大模型则可以应用于需要理解和整合不同类型数据信息的任务。

1. 以文为引，化影成真——文生视频大模型

早期文生视频（Text to Video，T2V）模型通常采用简单的编码 - 解码结构在较小规模的人工标注数据上进行训练，并将文本嵌入和视频帧独立处理，缺乏对文本与视频之间复杂关系的深度理解。因此，这些模型生成的视频在视觉效果上往往较为粗糙，缺乏真实感，而且无法生成高分辨率、细节丰富的视频。此外，早期 T2V 模型在生成多帧视频时，帧与帧之间的过渡不自然，导致视频中的动作显得不连贯或僵硬。

2024 年，OpenAI 公司发布人工智能文生视频大模型 Sora，它是在 OpenAI 的文本到图像生成模型 DALL-E 基础上开发而成的，能够根据用户的文本提示创建最长 60s 的逼真视频。Sora 展现了其深度模拟真实物理世界的能力，能够生成包含多个角色和特定运动的复杂场景。Sora 采用了更为先进的多模态融合架构，通过将文本和视觉信息深度结合，模型能够更好地理解文本的复杂语义，并将其准确映射到视频生成过程中，使得生成的视频能够

精确反映文本描述的内容和细节。Sora 还采用了更复杂的生成网络和图像增强技术，如高分辨率生成网络（High-Resolution Generation Network）和超分辨率重建（Super-Resolution Reconstruction）技术。通过多层次的生成对抗网络（Generative Adversarial Network，GAN），Sora 能够生成高分辨率且细节丰富的视频，克服了早期模型在生成质量上的缺陷。此外，为了保证视频帧与帧之间的连贯性，Sora 还引入了时间一致性模块，通过平滑处理相邻帧之间的过渡，确保动作和场景在时间轴上自然流畅。

此外，得益于在大规模多模态数据集上的自监督学习过程，Sora 不仅学习了广泛领域的文本 – 视频映射，还在未标注的数据中挖掘潜在的模式，显著提升了模型的泛化能力。这使得 Sora 不仅能够从静态的文本描述中提取信息，并将其映射到视频生成过程中，还能够动态理解文本的上下文和隐含意义。例如，对 Sora 模型输入这样一段文字提示："一个时髦的女人走在东京的街道上，到处都是温暖发光的霓虹灯和城市标志。她穿着皮夹克、长裙、靴子，拿着一个钱包，戴着太阳镜，涂着口红。她走起路来自信而随意。潮湿和反光的街道创造了一个彩色灯光的镜子效果。许多行人走来走去。"Sora 便会对文本描述进行深入理解并生成对应的 60s 的视频，图 1-14 展示了其中一帧的生成效果，画面的完整程度、画面质量、细腻程度都堪称完美。完整视频详见 https://openai.com/index/sora/。

然而，Sora 的出现也引发了一些法律风险和监管问题。例如，Sora 作品是否存在侵犯他人著作权的可能，成为业界关注的焦点。同时，Sora 生成的视频内容可能涉及对现有作品的再创作，这也在一定程度上挑战了传统的版权保护框架。Sora 的问世也对视频制作行业带来了潜在的冲击。一方面，Sora 的高效率和成片效果可能会降低视频制作的门槛，激发更多人的创造力；另一方面，Sora 的发布也引发了对滥用视频生成技术的担忧，担心 AI 生成的"深度伪造"内容可能导致虚假和错误信息的广泛传播。

图 1-14　Sora 生成的视频中的一帧

在 OpenAI 发布 Sora 大模型之后，国内多家公司也在积极布局文生视频大模型，如由快手研发的可灵（Kling）大模型（见图 1-15）。可灵大模型主体采用 Diffusion Transformer 架构，并结合 3D 时空联合注意力机制更好地建模了复杂时空运动，从而生成符合运动规律并具有较大幅度的视频内容，同时能够符合运动规律。得益于高效的训练基础设施、强大的推理优化和可扩展的基础架构，可灵大模型能够生成长达 2min 的视频，且帧率达到 30fps。而在训练策略上，可灵大模型也积极追求创新，通过采用可变分辨率训练策略，让模型在推理过程中可以做到同样的内容输出多种多样的视频宽高比，满足更丰富场景中的视频素材使用需求。

图 1-15　可灵大模型生成的视频中截取的一张图片。提示词："特写镜头，清晨的阳光，一只鹦鹉站在邮箱上，鹦鹉有着密集光滑的羽毛、弯曲的喙，背景是嘈杂的街道。"

Sora 引领视频内容创作步入了新纪元，为创意产业带来了无限可能。无论是 Sora 大模型还是可灵大模型，又或者与之类似的 DreamFusion[15]、ProlificDreamer[16] 等文生 3D 模型，以及 Stable Diffusion[17]、DALL-E 等文生图模型，都可以让用户将自己的心中所想快速地变成实际的画面，让想象力变得具象化。可以预见的是，这些生成类大模型在不久的将来一定会成为艺术工作者、视觉设计师和广告工作者们必不可少的辅助工具。

2. AI 观天识象术——盘古气象大模型

随着全球气候变化的加剧和极端天气事件的频发，提高天气预报的精度和时效性变得尤为重要。传统的数值天气预报方法虽然取得了一定的成果，但在处理复杂的气象数据和捕捉细微的气象变化方面仍存在不足。在人工智能驱动的气象科学领域，盘古气象大模型通过深度剖析海量气象数据，提供了更为精准且及时的天气预报服务，显著增强了人类应对自然灾害的预见能力。盘古气象大模型是由华为云研发的创新 AI 气象预报系统，是 AI4Science 领域的代表性技术突破。作为首个精度超过传统数值预报方法的 AI 模型，盘古气象大模型不仅在预测速度上实现了革命性的提升——提速高达 10000 倍以上，而且在预测精度上也展现出显著的优势。图 1-16 所示为盘古气象大模型发布会现场。

盘古气象大模型的设计思路十分明确：由于气象数据与图像数据之间存在诸多的相似之处，那能否利用当

> AI4Science，即"人工智能驱动的科学研究"（AI for Science），是一个新兴领域，它利用人工智能技术来解决科学研究中复杂的问题和挑战。AI4Science 是科学发现的第五范式，它结合了前四种范式（经验科学、理论科学、计算科学、数据科学）的优势，通过人工智能和计算科学的融合，加速自然规律的发现。随着计算能力的快速增长和机器学习算法的进步，这一领域得到了广泛关注。

前计算机视觉（Computer Vision，CV）领域的大模型对气象数据进行分析与预测？答案是肯定的。但是直接将现有的 CV 大模型架构应用于气象预测还有诸多不足之处。在前人研究成果（如英伟达的 FourCastNet）的基础上，盘古研究团队发现，导致 CV 大模型预报精度不足的主要原因有两个：①现有的气象预报模型都是基于 2D 神经网络的，无法很好地处理不均匀的 3D 气象数据；② AI 方法缺少数学物理机理约束，因此在训练的迭代过程中会不断累积迭代误差。为此，盘古气象大模型设计了 3D Earth-Specific Transformer（3D EST）模块来处理复杂的不均匀 3D 气象数据，并且使用层次化时域聚合策略来减少预报迭代次数，从而减少迭代误差，大幅提升了模型预测的准确率。该大模型仅需在一块 V100 显卡上运行 1.4s，就能完成 24h 全球气象的预报，位势、湿度、风速、温度、海平面气压等复杂信息可以在一块屏幕上一目了然。

图 1-16 盘古气象大模型发布会现场

2023 年 10 月，盘古气象大模型成功预测了飓风"奥帝斯"的实际运行路径，其预测曲线与飓风实际运行路径几乎一致，精度达到了气象预报的新高度。这一预测结果展示了盘古气象大模型在复杂气象条件下的卓越性能。

盘古气象大模型的研究成果[18]已在国际学术顶级期刊 *Nature* 上发表，获得了审稿人的高度评价："华为云盘古气象大模型让人们重新审视气象预报模型的未来，模型的开放将推动该领域的发展。"这也是近年来中国科技公司首篇作为唯一署名单位发表的 *Nature* 正刊论文。随着盘古气象大模型的不断优化和升级，其在气象预报领域的应用前景广阔。例如，新增的降水预测功能将进一步提升预测精度，对暴雨红色预警的预测从提前 3 小时升级至提前 24 小时。此外，华为云与泰国气象局联合开发的泰国盘古气象大模型，以及与深圳市气象局合作打造的区域气象预报大模型，是盘古气象大模型在国际和地区气象服务中的重要应用实例。总之，盘古气象大模型的推出，不仅代表了华为云在 AI 气象预报领域的技术实力，也为全球气象预报服务带来了创新和突破，预示着未来气象预报将更加精准、高效。

3. 万物皆可分——分割大模型 SAM

SAM（Segment Anything Model），作为 Meta 公司的一项里程碑式创新成果，在计算机视觉领域开创了前所未有的图像分割新纪元。设想一下，只需指尖轻点或随意勾勒几笔，计算机便能即时洞悉图像奥秘，精准分离并识别出画面中的任意目标物体——这一设想在 SAM 技术[19]的加持下，已不再是遥不可及的科幻梦想。而且 SAM 具有令人惊叹的零样本学习能力，即便面对全新、未见过的物体类别，也能仅凭用户提供的简单线索，迅速勾勒出物体的精确轮廓。无论是自然界中的飞禽走兽、繁茂植被，还是日常生活中琳琅满目的物品，SAM 皆游刃有余，展现出其惊人的适应性和灵活性。图 1-17 直观地展示了 SAM 在图像分割任务中的卓越表现，每一笔细腻的分割线条都是其强大实力的见证。这一技术突破彻底颠覆了传统图像处理的认知，无疑为计算机视觉领域注入了新的活力，开启了智能图像处理的新篇章。

在 SAM 横空出世之前，针对特定图像任务构建高精度的目标分割模型，往往依赖于技术专家对海量数据进行烦琐且成本高昂的手工标注，这一过程不仅耗时费力，还极大地限制了模型开发与迭代的效率。SAM 的问世则彻底革新了这一领域的运作模式。SAM 内置的数据标注引擎，以其强大的自动化能力，在浩瀚的图像海洋中自动生成精确的分割标签，随后通过简单的人工审核流程，这些标签便融入训练集，为 SAM 的持续优化与升级提供源源不断的数据支撑。这一循环训练机制不仅催生了包含数亿张图像及其精准分割标签的庞大数据集 SA-1B，更让 SAM 在训练过程中不断汲取新知识，深化其对图像特征与模式的理解，从而实现分割准确性与泛化性的飞跃。自 Meta 推出 SAM 以来，其影响力已跨越学科界限，在科学探索、医学诊断，乃至众多工业领域激发出新的活力。众多知名数据标注平台纷纷将 SAM 纳入其生态系统，将其作为图像对象分割标注的首选工具，这一举措节省了数百万小时的人工注释时间。SAM 的应用场景广泛而深远，从海洋生态保护的珊瑚礁精细分割与声呐图像智能分析，到紧急救援中的卫星图像快速解译，从医疗领域细胞图像的精准分割，到农业中作物生长分割和病害检测，SAM 以其卓越的性能正在发挥着越来越重要的作用。

图 1-17　使用 SAM 分割场景中的物体

尽管 SAM 在捕捉图像中对象目标方面展现出了优越能力，但必须认识到，图像仅是瞬息万变现实世界的静态缩影。为了更全面地捕捉动态场景的本质，Meta 随后推出了 SAM 2[20]，这一创新成果在统一的框架下，实现了基于用户动态提示的图像/视频智能分割。与 SAM 侧重于静态图像的处理不同，SAM 2 允许用户在视频的任意帧中灵活插入输入提示（如点、框或初始掩码），以此界定并预测目标对象的时空掩码。SAM 2 的核心优势在于其即时响应与高效传播机制：一旦接收到用户提示，它便能迅速在当前帧上生成初始掩码，并沿时间轴扩展至整个视频序列，精准描绘出目标对象的动态轮廓。更令人瞩目的是，用户还能在视频播放过程中随时添加额外提示，对初始掩码进行迭代优化，这一过程可按需重复，直至达到用户期望的精确度。这极大地增强了交互的灵活性与结果的准确性。从架构层面看，SAM 2 不仅是 SAM 在视频领域的自然延伸，更是对图像与视频分割效率的一次革命性提升。相比 SAM，SAM 2 在标注速度上实现了约 6 倍的提升，并将所需的人机交互减少了大约 3 成，这极大地提升了其作为数据标注工具的效率。

尤为值得一提的是，鉴于 3D 图像本质上可被视为一系列连续变化的 2D 图像（即特殊视频），SAM 2 的推出也为 3D 图像分割领域提供了新的解决思路，预示着其在复杂空间数据解析中的广阔应用前景。不仅如此，许多重要的工程应用也都需要在视频数据和 3D 数据中进行准确的对象分割，例如混合现实、机器人、医疗手术机器人、自动驾驶汽车和视频编辑等。在工业领域，如自动驾驶汽车中使用的系统，它可以为视觉数据提供更快的注释工具，以训练下一代计算机视觉系统。对于内容创作者来说，SAM 2 可以在视频编辑中实现创意应用，并为生成视频模型增加可控性。图 1-18 生动地展示了 SAM 2 在视频处理中的卓越表现，进一步印证了其在动态场景理解和分析中的非凡能力。正如社交网站 Facebook 的创始人兼首席执行官马克·艾略特·扎克伯格（Mark Elliot Zuckerberg）指出的那样，SAM 与 SAM 2 等开源 AI 大模型"比任何其他现代技术都更有潜力提高人类生产力、创造力和生活质量"。

图 1-18　第一行使用 SAM 2 进行视频数据标注，第二行使用 SAM 2 辅助视频编辑实现个性化创作

然而，大模型技术的发展也面临着诸多挑战。排在首位的便是计算资源消耗问题，训练

一个通用基础大模型便要消耗数百万度电。此外，模型的偏见、幻觉等问题，以及可能被滥用以生成虚假信息等伦理问题，都是亟待解决的难题。这一次，我们无法断然笃定地回答 AI 发展的持续性问题，但至少有一点是确定的：AI 的发展历程告诉我们，科技的进步往往不是一帆风顺的，我们需要保持热情，同时也要脚踏实地地不断探索和创新。

> 大模型的偏见是指模型在处理数据时表现出的某种偏好或倾向性，这种偏好可能导致模型在特定情况下做出不公平或不准确的预测。幻觉问题则是指模型在生成内容或决策时，可能会产生一些看似合理但实际上是错误或虚假的内容，这通常源于模型的过拟合或训练数据的不足。

1.4 人工智能伦理与规范

人工智能伦理是确保人工智能技术发展与应用过程中符合道德规范和社会责任的一系列原则和标准，它强调隐私保护、公平性、责任归属及持续的伦理审查。这些原则和标准旨在引导人工智能技术的发展，使其在提升效率和创新的同时，不会损害个人、社会和环境的利益，确保技术进步与人类的伦理价值观相协调，促进构建公正、安全和可持续的人工智能未来。

1. 隐私与安全

隐私保护与安全性是人工智能领域的重要议题。以智能家居为例，智能设备在便捷人们生活的同时，也捕捉并分析了用户的日常习惯与偏好，若缺乏适当的安全措施，这些信息极易遭受非法窥探与数据泄露的威胁。进一步而言，在医疗健康领域，患者的敏感医疗记录更是极为重要的隐私，任何不当的使用或泄露，便可能引发患者的恐慌或造成身份信息的盗用、伪造医疗证明等严重后果。鉴于人工智能系统的运行高度依赖于海量数据，其中不乏敏感的个人信息，因此，如何在促进技术进步的同时确保这些数据的安全，已经成为当下人工智能领域亟待解决的重大课题。为应对这一挑战，亟须实施一系列严格而有效的数据保护措施。这包括但不限于：采用先进的数据加密技术，为数据披上坚不可摧的安全外衣；实施精细的访问控制策略，确保只有授权人员才能访问敏感信息；运用数据匿名化技术，在保障数据可用性的同时，最大限度地减少个人身份泄露的风险。这些举措旨在为人工智能技术的发展营造一个既安全又可信的环境，让技术创新更好地服务于社会，惠及每一个人。

2. 公平与偏见

人工智能算法的公平性与偏见议题，在诸多关键领域内已引发了全球性的深切关注与讨论。在金融服务领域，若 AI 信贷审批算法基于含有偏见的历史数据运行，便可能在无形中构筑起一道壁垒，系统性地限制特定群体的信贷获取机会，这就是人工智能可能存在的不公平性问题。类似地，当 AI 工具被用于预测犯罪风险时，若其训练数据未能摆脱既有的社会偏见，如人种的偏见，便可能加剧对特定人群的误判与不公，侵蚀司法公正的基石。再者，在招聘过程中，如果 AI 简历筛选算法未能妥善规避性别、年龄等敏感因素的干扰，不仅难以成为公平竞争的催化剂，反而可能成为职场歧视的隐形推手，进一步固化并加剧职场中的不平等现象。这些案例深刻揭示了算法偏见可能引发的连锁反应，在无形中加深了社会的不平等问题，也会大大降低公众对于科技的信任程度。

为了有效识别并减弱人工智能之中可能存在的这些偏见，我们亟须采取一系列综合而有力的措施。首先，应实施严格的数据清洗与预处理流程，确保训练数据的均衡性与代表性，从根本上削弱偏见滋生的土壤。其次，应鼓励并推广公平导向的算法设计原则，将公平性作为算法开发的核心考量之一，力求在算法逻辑层面融入公正与平等的价值追求。此外，还应建立健全算法评测机制，对算法的性能与潜在偏见进行全方位、多层次的评估与监测，及时发现并纠正算法中的不公之处。通过这些举措的协同作用，相信未来一定可以构建一个更加公正、透明的人工智能生态系统，让科技真正成为推动社会进步、促进人类福祉的强大力量。

3. 责任归属与透明度

人工智能技术在迅猛发展的过程中，责任归属与透明度问题已成为必须面对的关键问题。以自动驾驶汽车为例，当交通事故发生时，责任链条错综复杂，交织着汽车制造商、软件编程者、车辆持有人，乃至外界环境因素的多重影响，这种多元主体的复杂性极大地模糊了责任界定的清晰度。同样，在医疗领域，AI 辅助诊断系统的误判亦非单一因素所致，算法设计者、数据偏差、临床决策者的判断，以及用户界面设计的合理性均可能成为责任归属的考量点。这些案例深刻揭示了 AI 系统内在的不透明性与决策过程难以言喻的"黑箱"现象，以及在风险事件发生后，责任追溯所面临的重重困难。为破解这一困境，需从法律、技术、社会三大维度协同发力。在法律层面，亟待构建一套清晰明确的法规体系，精准界定 AI 系统各参与方的权责边界，为技术应用提供坚实的法律支撑与保障。在技术层面，则需致力于提升 AI 算法的透明度与可解释性，确保决策逻辑清晰可溯，这样既便于监管审查，也有利于增强公众对 AI 技术的信任基础。在社会层面，需要加强 AI 伦理教育，提升全民伦理素养与责任意识，鼓励社会各界广泛参与监督和讨论，共筑 AI 伦理防线。

综上所述，应对人工智能伦理挑战是一项系统工程，需集合多方智慧与力量。首要之务在于建立健全法律法规框架，加强政府与国际组织的合作，制定并推广符合伦理标准与社会责任的 AI 发展政策。同时，推动提升技术的透明度与可解释性，让 AI 决策过程透明化。此外，深化 AI 伦理教育，不仅要针对开发者与使用者，更应普及全社会，以教育推动伦理意识的觉醒与责任感的升华。通过这些方法的结合，可以更有效地应对人工智能带来的伦理挑战，确保技术进步的同时促进社会福祉和公平正义。

1.5 人工智能技术展望

展望未来，人工智能的发展前景无疑是光明的。随着计算能力的增强、算法创新的推进，以及数据量的增加，AI 将在更多领域展现其潜力。从更智能的个人助理到更精准的医疗辅诊，再到更高效的工业自动化，AI 的应用将更加广泛和深入，赋能能力也将更加强大。同时，也期待 AI 能够在解决复杂社会问题（如环境保护、资源管理等）方面发挥更大的作用。

1.5.1 人工智能的未来发展

1. 人工智能的涌现能力与通用人工智能：开启智能新纪元的钥匙

在科技日新月异的今天，人工智能作为一股不可忽视的力量，正以前所未有的速度重塑着人类世界。而大模型技术带来的"涌现能力"正引领着人工智能向更高级别的形态——通用人工智能（Artificial General Intelligence，AGI）迈进。涌现能力，简而言之，是指当系统达到一定复杂程度后，能够自然而然地展现出原先设计中并未明确指定的新特性或功能。在人工智能的语境下，这意味着随着算法、数据量、计算能力的不断提升，AI系统可能会发展出超越其基础编程目标的智能表现，包括但不限于更强的学习能力、更复杂的决策制定，甚至是对抽象概念的理解和推理。而通用人工智能被看作人工智能发展的终极目标之一。它不仅能在特定领域表现出色，如图像识别、自然语言处理或游戏对战，而且能像人类一样，具备跨领域的知识整合能力、创造力、情感理解及自我学习与进化的潜力。AGI的实现将极大地拓展人类智慧的边界，开启一个全新的智能时代。

人工智能的涌现能力与AGI之间存在着密不可分的联系。一方面，涌现能力为AGI的实现提供了可能。随着AI系统的不断进化，那些原本未被预设的智能特性可能会逐渐浮现，推动AI向更加通用、更加智能的方向发展。另一方面，对AGI的追求也在激励着研究者们不断探索和提升AI的涌现能力，通过优化算法、增加数据多样性、提升计算效率等手段，为AI系统创造更多展现其潜力的机会。然而，值得注意的是，人工智能的涌现能力也伴随着一定的不确定性和风险。如何在促进AI技术发展的同时，确保其不会失控或对人类社会造成负面影响，是我们必须面对和解决的重大课题。因此，在探索人工智能的涌现能力与AGI的道路上，我们需要保持谨慎与理性，坚持伦理与法律的底线，共同构建一个安全、可持续、有益于全人类的智能未来。

2. 人工智能的可控性与可解释性：构建信赖基石的双轮驱动

随着AI技术的广泛应用，确保AI的可控性和安全性是技术发展的核心方向之一。未来，也许我们将拥有比人类聪明得多的模型。这样的未来将会带来很多全新的、直击根本的技术挑战。正如原OpenAI公司联合创始人、首席科学家伊尔亚·苏茨克维（Ilya Sutskever）所说："我们得保证任何人构建的任何超级智能都不会失控，这一点显然非常重要。"可控性是AI技术走向成熟的重要标志之一。它要求AI系统在设计之初就融入安全机制，确保在复杂多变的环境中仍能保持稳定的性能。通过设定明确的规则和边界条件，以及采用先进的监控和干预技术，研究人员和开发者们可以实时掌握AI系统的运行状态，并在必要时进行干预和调整，以防止其偏离预定的轨道或产生不良后果。可解释性则是构建AI信任体系的关键一环。在许多应用场景中，人们需要了解AI决策的依据和逻辑，以便对其进行评估和监督。然而，当前的许多AI系统，尤其是基于深度学习的模型，往往具有高度的复杂性和不透明性，其决策过程难以被人类直接理解。因此，提高AI的可解释性成为当前研究的重要方向之一。

可控性和可解释性作为AI技术发展的两个重要维度，相互关联、相互促进。一方面，可控性的提升有助于降低AI系统的潜在风险，为可解释性提供更加坚实的基础；另一方面，可解释性的增强则有助于提升 AI 系统的透明度和可信度，进而促进其在更多领域的应用和推广。因此，在未来的 AI 发展中，应将可控性和可解释性作为双轮驱动的核心要素，共同推动 AI 技术健康、稳定和可持续发展。

3. 让 AI 与人类分工合作：打造人机协作新模式

当前，在部署大语言模型或构建通用人工智能系统的过程中，人们日益清晰地认识到，这些系统的能力集合与人类智能并不完全吻合。尽管现有的人工智能大模型在特定领域内展现出了非凡的实力，比如语言翻译的精准度和知识库的广度令人赞叹，但在算术运算、复杂逻辑推理等领域，它们的能力却相对有限。鉴于此，未来对 AI 任务分配的精细规划变得尤为关键，这不仅关乎将哪些类型的任务优先分配给 AI 系统，还涉及执行这些任务的顺序策略。合理的任务分配能够最大化 AI 的效能，同时确保人类能够聚焦于那些 AI 难以企及或无法替代的领域，如创新思维、情感共鸣、道德判断及深度的人际交往等。

OpenAI 的 Superalignment 计划便是致力于开发一个能够与人类智慧相媲美、具备高度自动对齐能力的研究工具，确保 AI 系统的行为与人类的价值观和利益保持一致。其核心理念在于，通过自动化手段处理与对齐相关的繁重工作，即那些旨在确保 AI 系统行为与人类价值观和社会期望保持一致的任务，释放人类专家的精力，使他们能更专注于策略制定、伦理监督及创新探索等核心环节。因此，未来的发展方向应当是精心策划 AI 与人类之间的任务分工，既要发挥 AI 在数据处理、模式识别等方面的优势，也要确保人类在创造力、同理心和社会责任感等方面的独特价值得到充分体现。这样的分工合作模式，将为人类与 AI 共同塑造一个更加智能、和谐且可持续的未来奠定坚实基础。

4. AI 生成内容：人人都是艺术家

人工智能生成内容（AI-Generated Content，AIGC）将成为未来 AI 技术发展的重要方向，它不仅能极大地提高创作效率，还能推动新的艺术表达和内容形式的诞生。未来的 AIGC 技术也将更加智能化，能够理解用户需求并生成高度定制化的内容。此外，随着 AI 模型的优化，AIGC 的内容质量也将不断提高，甚至达到或超越人类的创作水平。在媒体行业，AIGC 的应用可以帮助新闻机构快速生成报道，提高新闻的时效性和覆盖面；在广告领域，AIGC 能够精准定位受众需求，创作出更加个性化和引人入胜的广告内容；在娱乐产业，AIGC 更是为电影、游戏、音乐等创作领域注入了新的活力，让作品更加丰富多彩，满足观众日益增长的审美需求。然而，AIGC 的发展也伴随着挑战与争议。如何确保生成内容的原创性、真实性和伦理性，如何平衡 AI 与人工创作的关系，以及如何在享受 AIGC 带来的便利的同时，保障创作者的权益，都是亟待解决的问题。

尽管如此，AIGC 作为人工智能技术与内容创作深度融合的产物，其潜力巨大，前景可期。随着技术的不断进步和应用场景的持续拓展，我们有理由相信，AIGC 将在未来成为推动社会进步和文化繁荣的重要力量。

5. 还有足够的数据训练 AI 吗

在 2024 年的国际机器学习大会（International Conference on Machine Learning，ICML）上，

Epoch 研究所的 AI 研究员巴勃罗·比利亚洛沃斯（Pablo Villalobos）及其研究团队发表了引人注目的见解："鉴于训练大语言模型所需的数据量持续飙升，人类历史上累积的公共文本数据资源正逼近其供应极限。"他们预测，大语言模型训练耗尽人类历史上产生的所有公共文本数据的年份中位数是 2028 年，而到 2032 年，这一资源枯竭的风险将急剧增加，几乎成为不争的事实。鉴于此严峻前景，研究团队前瞻性地提出了若干应对策略，旨在未雨绸缪，为未来 AI 的发展探明道路。首先，高质量合成数据的生成技术将成为关键，通过算法模拟真实世界的数据分布，为 AI 模型提供源源不断的、多种多样的训练素材。其次，从数据资源丰富的领域进行迁移学习，即将在某一领域习得的知识和技能迁移至数据稀缺的领域，实现知识的有效复用与扩展。最后，探索非公开数据的合理利用路径，在确保隐私保护和数据安全的前提下，解锁更多潜在的数据源，以支撑 AI 的持续发展。综上所述，面对数据资源日益紧张的挑战，创新的数据生成、迁移学习技术及对非公开数据的审慎应用，或将共同构成未来 AI 训练数据获取的多元化解决方案。

1.5.2 人工智能融入寻常百姓家

人工智能正以前所未有的深度融入人们的日常生活，成为推动生活品质跃升的核心驱动力。在智能家居领域，依托先进的智能化和自动化技术，家电将实现远程操控与智能自适应调节，这不仅让居家环境达到前所未有的舒适度，还将显著提升能源利用效率，引领绿色生活新风尚。在交通出行方面，随着自动驾驶技术日益精进，旅程将变得更加安全无忧且高效便捷。车辆间实时共享交通信息，智能规划最优线路，甚至实现车队的协同行驶，有效减少交通事故的发生，大幅缓解交通拥堵问题，让每一次出行都成为享受。在医疗领域，人工智能的介入将深刻改变医疗服务的面貌。AI 辅助诊断系统凭借强大的数据分析能力，能迅速解读医学影像，精准捕捉疾病迹象，帮助医生做出更为精确的诊断决策。同时，在药物研发与个性化治疗方案的制订上，AI 也展现出巨大潜力，为患者带来更加精准、高效的治疗体验。教育领域同样将迎来智能化变革。智能教育平台将依据每位学生的学习进度与能力差异，量身定制学习资源与教学计划，实现教育的个性化与高效化。而 AI 教师助手的引入，则能即时解答学生疑问，助力学生更好地掌握知识与技能，开启学习新模式。在安全监控领域，AI 技术的应用更是为家庭与社区安全筑起了一道坚实的防线。智能监控系统能够敏锐捕捉异常行为，迅速发出警报，并通过先进的面部识别技术，发现潜在威胁，与智能家居系统紧密协作，构建起全方位的家庭安全防护网。

综上所述，人工智能的未来发展无疑将深刻影响并改善人们的生活方式。从家居到出行，从医疗到教育，AI 将成为人们生活中不可或缺的智能伙伴，走进寻常百姓家中，持续提升生活品质，引领人们迈向一个更加便捷、智能、美好的世界，让我们一起携手期待吧！

1.6 小结

本章深入剖析了人工智能这一极具深度和魅力的领域，从它的本质定义出发，逐步揭开其技术基础的神秘面纱，并追溯其发展历史，从而构建读者对 AI 全面而深刻的理解。

在审视人工智能的当前趋势时，聚焦于其技术应用的广阔天地，特别是自然语言处理、计算机视觉、机器学习、大模型等领域的突破性进展，它们正以前所未有的力量，赋能千行百业，引领着社会变革的浪潮。然而，与之相伴的，还有伦理与规范层面的挑战，要求在技术发展的同时，必须构建完善的法律框架与伦理准则，确保 AI 技术能够以负责任的方式前行，维护个人隐私、促进社会公平，并保持高度的透明度。展望未来，人工智能依旧潜力无限，核心关键技术必将进一步突破，应用范围和领域也必将进一步深化。

综上所述，人工智能是一场永不停歇的探索之旅，它不断挑战着人们的想象力与道德边界。在迈向 AI 驱动的未来之路上，保持对技术的深刻理解与审慎态度，将是我们携手共创智能、和谐世界的必由之路。

参考文献

[1] ROSENBLATT F. The perceptron: a probabilistic model for information storage and organization in the brain [J]. Psychological review, 1958, 65(6): 386-408.

[2] MINSKY M, PAPERT S. Perceptrons: An introduction to computational geometry [M]. Cambridge: MIT Press, 1969.

[3] HOPFIELD J J. Neural networks and physical systems with emergent collective computational abilities [J]. Proceedings of the National Academy of Sciences. 1982, 79(8): 2554-2558.

[4] RUMELHART D E, HINTON G E, WILLIAMS R J. Learning representations by back-propagating errors [J]. Nature, 1986, 323(6088): 533-536.

[5] YANN L C, BOTTOU L, BENGIO Y, et al. Gradient-based learning applied to document recognition [J]. Proceedings of the IEEE, 1998, 86(11): 2278-2324.

[6] HINTON G E, OSINDERO S, TEH Y W. A fast learning algorithm for deep belief nets [J]. Neural computation, 2006, 18(7): 1527-1554.

[7] NAIR V, HINTON G E. Rectified linear units improve restricted boltzmann machines [C]// Proceedings of the 27th International Conference on Machine Learning. 2010: 807-814.

[8] SUTSKEVER I. Sequence to Sequence Learning with Neural Networks [Z]. arXiv preprint arXiv:1409.3215, 2014.

[9] BENGIO Y, GOODFELLOW I, COURVILLE A. Deep learning [M]. Cambridge: MIT Press, 2017.

[10] HE K, ZHANG X, REN S, et al. Deep residual learning for image recognition [C]// Proceedings of the IEEE/CVF Conference on Computer Vision and Pattern Recognition. 2016: 770-778.

[11] SENIOR A W, EVANS R, JUMPER J, et al. Improved protein structure prediction using

potentials from deep learning[J]. Nature, 2020, 577(7792): 706-710.

[12] REDDY M D M, BASHA M S M, HARI M M C, et al. DALL-E: Creating images from text[J]. UGC care group I journal, 2021, 8(14): 71-75.

[13] RADFORD A, KIM J W, HALLACY C, et al. Learning transferable visual models from natural language supervision [C]// Proceedings of International Conference on Machine Learning. 2021: 8748-8763.

[14] MCMAHAN B, MOORE E, RAMAGE D, et al. Communication-efficient learning of deep networks from decentralized data[C]//Proceedings of the 20th International Conference on Artificial Intelligence and Statistics. 2017: 1273-1282.

[15] POOLE B, JAIN A, BARRON J T, et al. DreamFusion: Text-to-3D using 2D diffusion [Z]. arXiv preprint arXiv:2209.14988, 2022.

[16] WANG Z Y, LU C, WANG Y K, et al. ProlificDreamer: High-fidelity and diverse text-to-3D generation with variational score distillation [Z]// arXiv preprint arXiv: 2305. 16213, 2023.

[17] ROMBACH R, BLATTMANN A, LORENZ D, et al. High-resolution image synthesis with latent diffusion models [C]// Proceedings of the IEEE/CVF Conference on Computer Vision and Pattern Recognition. 2022: 10684-10695.

[18] BI K, XIE L, ZHANG H, et al. Accurate medium-range global weather forecasting with 3D neural networks [J]. Nature, 2023, 619(7970): 533-538.

[19] KIRILLOV A, MINTUN E, RAVI N, et al. Segment anything [C]// Proceedings of the IEEE/CVF International Conference on Computer Vision. 2023: 4015-4026.

[20] RAVI N, GABEUR V, HU Y T, et al. SAM 2: Segment anything in images and videos [Z]. arXiv preprint arXiv:2408.00714, 2024.

第 2 章
知识推理与问题求解

开篇的第 1 章详尽勾勒了人工智能技术的宏伟蓝图,从基础概念到历史演进,再到当前的发展态势及其在多元化领域的广泛应用,为读者提供了一个关于人工智能的广阔视角,奠定对其技术本质的初步认知。然而,洞悉 AI 的全貌仅是探索之旅的起点。要深入掌握人工智能的核心技术,需要详细探讨其中的具体方法和技术。本章将聚焦于人工智能的两个关键领域——知识推理与问题求解,它们是实现智能行为的重要基础。知识推理涉及如何表示和推理知识,使计算机能够模拟人类的思维过程,进行逻辑推理和决策;而问题求解则涉及如何利用这些知识和推理方法解决实际问题,如路径搜索、游戏策略、诊断推理和博弈等。

本章首先将通过知识表示将现实世界中的信息转化为计算机可以理解和处理的形式,以便人工智能系统能够进行后续的推理和决策。随后,将介绍知识推理的三种典型方法——概率推理、因果推理和知识图谱推理。概率推理通过处理不确定性和概率信息,使人工智能系统能够在不确定环境中做出合理决策。因果推理则关注事物之间的因果关系,帮助人工智能系统理解和预测因果事件。知识图谱推理则是利用知识图谱中的结构化信息进行复杂的推理和知识发现。接着,将讨论人工智能中的基本问题求解方法——搜索求解,该方法已被广泛应用于求解路径规划、组合优化和博弈问题等。最后,将介绍博弈论的起源与发展、定义与基础,并分析经典的博弈案例,为读者呈现更直观的博弈论的研究内容。

2.1 知识表示

现实世界充满了复杂的概念、关系和事件,而要让计算机能够处理这些信息,必须找到一种合适的方式来表示它们。这种表示不仅要准确反映实际情况,还要便于计算机进行存储、检索和操作。知识表示的目的就是将现实世界中的信息组织和编码成计算机能够理解和处理的形式。有效的知识表示不仅是人工智能系统理解世界的基石,更是其进行逻辑推理与问题解决的先决条件。理解,即人工智能系统从精心设计的表示中提炼出有意义信息的能力。例如,当输入一段文本时,人工智能系统需要理解其中的句子结构、词汇意义及上下文关系。这就需要一种合适的表示方法来支持这种理解。推理,则是人工智能系统能够根据已有的知识推导出新的知识的能力。例如,在医学诊断过程中,人

AI 理解之基:知识表示

工智能系统可以通过整合和分析病人的身体状况与相关医疗数据来大致推测出病人患有何种疾病,帮助医生做出更准确的诊断和治疗决策;又如,在司法实践中,人工智能系统则能依据用户输入的案件细节,运用逻辑推理判断是否存在违法行为,为办案人员提供有力支持。

在人工智能的演进历程中,研究人员不懈探索,孕育了多元化的知识表示策略,每种策略均独具特色,并适用于特定的应用场景。其中,作为先驱,符号表示法使用符号和逻辑规则来表示知识,具有高度形式化的特点,但因其基于精确的逻辑和规则,通常难以直接处理模糊或不确定的信息。随后兴起的语义网络与框架表示法为知识表示领域注入了新的活力。语义网络通过节点和弧来表示概念及其相互关系,直观且易于理解,特别适合表示概念层次结构和关联关系。框架则是一种更为灵活的表示方法,它不仅可以表示对象的属性,还可以揭示对象之间的复杂关系和约束,其高度结构化的设计便于动态调整与扩展,因此在诸多 AI 应用中占有一席之地。

随着自然语言处理和大数据技术的发展,本体论成为一种越来越重要的知识表示方法。它通过定义领域内的概念及关系,提供了一种标准化的知识表示框架,极大地促进了跨系统的信息流通与协同工作,特别是在语义网络、知识管理及信息集成等领域展现出非凡的应用潜力。近年来,知识图谱作为一种新型的知识表示方法,受到了广泛关注。它以图论为基础,将知识以实体为节点、关系为弧的形式编织成网,其规模之宏大、结构之复杂,远超传统语义网络。知识图谱不仅能够详尽记录实体间的直接联系,还能够依托推理算法深入挖掘隐藏的知识关联,为搜索引擎、智能问答、个性化推荐等领域带来了革命性的改变。

综上所述,知识表示作为人工智能研究的基石,其发展水平直接关乎 AI 系统的认知能力、推理效率与问题求解能力。本节将深入剖析几种主流知识表示方法的内在机制,以及其在实践中的具体应用,以期呈现一个全面而深入的知识表示图景。

2.1.1 知识表示方法

在深入探讨知识表示之前,先明确"知识"这一概念。知识是人类通过观察、学习和思考现实世界中各种现象之后总结得到的事实、概念与规则的集合,是把有关信息关联在一起所形成的信息结构。而知识表示就是将人类智慧结晶进行形式化或模型化,使之能够被计算机理解和处理。在这一进程中,陈述性知识表示方法尤为关键,它以一种清晰、结构化的数据形式来承载知识,巧妙地实现了知识表示与知识应用的分离,这种处理方式既简洁又严谨,为知识的存储、检索与应用提供了坚实的基础。为了更全面地理解陈述性知识表示,接下来聚焦于几种核心方法,即符号表示法、语义网络表示法、框架表示法及本体论表示法。

1. 符号表示法

符号表示法是人工智能中最早被广泛应用的一种知识表示方法,它使用符号和规则来表示知识,能够精确地进行逻辑推理和决策。符号表示法的核心思想是将现实世界中的实体、属性和关系用符号来表示,并通过逻辑规则进行操作,从而实现对知识的表达和推理。以下是符号表示法的主要内容和应用。

（1）逻辑符号

逻辑符号是符号表示法的基础工具，用于表示命题和逻辑关系。基本的逻辑符号如下。

- 与（AND，∧）表示两个命题同时为真。例如，$P \land Q$ 表示"P 和 Q 都为真"。
- 或（OR，∨）表示两个命题至少有一个为真。例如，$P \lor Q$ 表示"P 或 Q 为真"。
- 非（NOT，¬）表示命题的否定。例如，$\neg P$ 表示"P 不为真"。
- 蕴含（IMPLIES，→）表示一个命题蕴含另一个命题。例如，$P \to Q$ 表示"如果 P 为真，则 Q 为真"。
- 等价（EQUIVALENT，↔）表示两个命题在逻辑上等价，即它们在所有可能的情况下具有相同的真值。例如，$P \leftrightarrow Q$ 表示"P 和 Q 同时为真或同时为假"。

（2）命题逻辑

命题逻辑是一种用来表示和推理关于命题的逻辑系统，它使用命题和逻辑连接词来构建复杂的逻辑表达式，其主要特点是每个命题都是一个整体，不包含内部结构。

> **示例 2-1**
>
> 如果 P 表示"今天下雨"，Q 表示"我带伞"，则 $P \land Q$ 表示"今天下雨且我带伞"。

- 命题是一个可以为真或假的陈述。例如，"今天下雨"是一个命题，清晰地表述了一个可验证的事实状态。如果一个命题不能分解成更简单的命题，则称它为原子命题（或基本命题、本源命题）。如果一个命题是由若干个原子命题使用适当的逻辑连接词所组成的新命题，则称它为分子命题（或复合命题）。
- 通过逻辑连接词可以将多个命题组合起来形成复杂的逻辑表达式。例如，如果原子命题 P 表示"今天下雨"，原子命题 Q 表示"我带伞"，则分子命题 $P \land Q$ 表示"今天下雨且我带伞"。

对于一个命题，可以构造一个真值表。例如对于示例 2-1 中的分子命题 $P \land Q$，其真值表见表 2-1。其中，0 代表命题为假；1 代表命题为真。

表 2-1 分子命题 $P \land Q$ 的真值表

P："今天下雨"	Q："我带伞"	$P \land Q$："今天下雨且我带伞"
0	0	0
0	1	0
1	0	0
1	1	1

（3）谓词逻辑

谓词逻辑是对命题逻辑的扩展，它允许使用变量、量词（如表示"所有"的符号 ∀ 和表示"存在"的符号 ∃）及谓词来表示更复杂的知识。比较而言，命题逻辑只考虑逻辑连接词的逻辑特性，不考虑命题本身；而谓词逻辑既考虑逻辑连接词的逻辑特性，还深入分析了命题内部,考虑了谓词及其量词的逻辑特性,如示例 2-2 所示。

> **示例 2-2**
> "武汉是个美丽的城市"用谓词逻辑表示为"美丽的城市(武汉)"。

引入了变量、量词等概念后,谓词表达式的表达能力比命题逻辑强得多,能够表示对象之间的关系和属性。具体来说,逻辑表达式新引入的语法元素如下。

- **变量**:代表对象,可以取不同的值。例如,在谓词"人(x)"中,x 是一个变量,可以表示任何一个人。
- **谓词**:表示对象的属性或对象之间的关系。具体来说,一个谓词可以与一个个体相关联,此种谓词称作一元谓词,它刻画了个体的性质。例如,谓词"猫(y)"表示 y 是一只猫。此外,一个谓词也可以与多个个体相关联,此种谓词称作多元谓词。例如,"喜欢(x, y)"则表示喜欢 x、喜欢 y。
- **量词**:用于描述对象集合的性质。常见的量词包括"所有"($\forall$)和"存在"($\exists$)。例如,表达"所有的计算机都要用电"的公式是 $\forall x$(计算机(x) → 用电(x))。
- **个体域**:表示谓词中变量的取值范围。比如在谓词"人(x)"中,x 的取值范围是"人"这种类型的所有个体。个体域可以是有限的,也可以是无限的。

如果一个谓词中的所有个体都是常量、变量或函数,那么就称它为一阶谓词。如果谓词 P 中的某个个体本身又是一个一阶谓词,那么 P 为二阶谓词,以此类推。一阶谓词逻辑表达式已经足够用来表示相对复杂的逻辑关系,并能以一种相对精确的方式模拟人类思维活动的规律。通过谓词和量词,谓词逻辑得以成为知识的形式化表示、定理的自动证明等研究的基础。

谓词逻辑表示知识的过程可以简化为三个步骤:①定义谓词、个体和个体域;②为变量赋值(个体作为值);③使用连接词连接谓词,形成谓词公式。

示例 2-3 给出了一些谓词逻辑表达式的例子。

> **示例 2-3**
> #武汉是个美丽的城市,但不是沿海城市
> 一阶谓词逻辑表达式为
> $$是个美丽的城市(武汉) \land \neg 是个沿海城市(武汉)$$
> #机器人站在墙边,手里没有拿东西,桌子上放着积木
> 一阶谓词逻辑表达式为
> $$在旁边站着(机器人,墙) \land 手空着(机器人) \land 在上面(积木,桌子)$$
> #命题 A:对于任意个体 x 和 y,只要 x 和 y 相等,那么 x、y 具有相同的性质
> #定义 P(z) 表示 z 具有性质 P,E(u, v) 表示 u 和 v 相等
> 命题 A 的二阶谓词逻辑表达式为
> $$\forall x, y, [E(x, y) \to \forall P(P(x) \leftrightarrow P(y))]$$

总之，符号表示法作为人工智能中的重要知识表示方法，可以通过逻辑符号和逻辑规则的组合实现对复杂知识的表示和推理。理解和掌握符号表示法，对于设计和实现高效的人工智能系统具有重要意义。下面来探讨另一种重要的知识表示方法——语义网络表示法。

2. 语义网络表示法

语义网络是一种有向图结构，用于表示知识中的概念及其相互关系，它由节点和节点之间的弧组成。节点可以表示实体、属性或事件；弧则表示这些节点之间的关系，如"属于……类型"（A-Kind-Of，AKO）、"是一个"（Is-A，ISA）、"有……属性"（Have）和"由……构成"（Composed-Of，CO）。一般可将两个对象的关系划分为以下四类。

> 节点：通常是指静态的对象，彼此之间没有指向关系。
> 弧：有向图中连接两个节点的媒介通常叫作"弧"。
> 边：无向图中连接两个节点的媒介通常叫作"边"。

- **从属关系**：如 ISA 与 AKO 分别表示一个对象是另一个对象的实例或类型。
- **包含关系**：如 IS-PART 表示一个对象是另一个对象的一部分。
- **属性关系**：如 OWNER 和 COLOR 分别表示一个对象的所有者和颜色属性。
- **时间和位置关系**：如使用 BEFORE 和 LOCATE 分别表示之前及位于的关系。

语义网络表示法直观且易于理解，适用于表示概念层次结构和关系。图 2-1 给出了一个简单的语义网络的例子。可以看到，桃树属于果树这一类型，果树又属于树这一类型，而树又具备枝叶和根的属性。

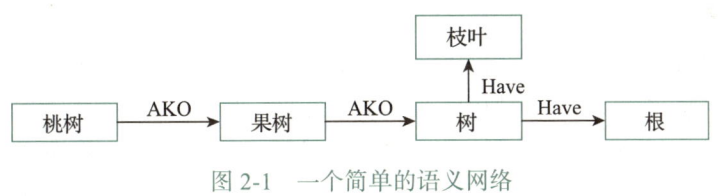

图 2-1　一个简单的语义网络

语义网络表示一元关系和二元关系都非常方便，但本质上最多只能表示二元关系。因此，当想要表达更复杂的多元关系时，就需要将多元关系分解成多个二元甚至一元关系，然后用语义网络表示。任何复杂的语义关系都可以通过许多基本的语义关系予以关联来实现。具体来说，语义网络表示知识的过程可以分为三步：①确定对象和对象的属性；②确定对象间的关系；③根据语义网络中涉及的关系，确定对象节点、动作节点、情况节点等，并用弧将它们连接起来。

语义网络问题求解系统主要由两部分组成：一部分是由语义网络构成的知识库，另一部分是用于问题求解的推理机。在利用语义网络进行问题求解时，通常通过匹配机制来实现，具体过程如下所示。

> 推理机：由计算机程序实现的智能推理机制，是专家系统的核心组件。它基于特定控制策略（如正向推理、反向推理或混合推理），通过调用知识库中的领域知识，对用户输入的问题信息进行逻辑推导和决策判断，最终生成问题解决方案。

1）根据待求解的问题，构建一个网络片段。这个网络片段中包含空的节点和弧，它们代表了问题中需要求解的部分。

2）使用这个构建好的问题网络片段，在知识库中搜索与之可匹配的网络结构。这一步骤的主要目标是找到包含所需信息的知识片段，并特别关注解决不确定性匹配问题，即如何在存在不确定性或模糊性的情况下找到最佳匹配。

3）当问题网络片段与知识库中的某个片段成功匹配时，这个匹配的网络片段即为所求问题的解。匹配过程可能涉及节点的对应、弧的对应，以及它们所携带信息的对应，确保找到的解是准确且符合问题要求的。

此外，知识图谱是在语义网络的基础上发展起来的一种当前常用的知识表示方式，具体将在 2.1.3 节中详细介绍。

3. 框架表示法

1975 年，享誉全球的美国人工智能先驱、图灵奖得主马文·明斯基（Marvin Minsky）提出了框架理论[1]。这一里程碑式的理论深刻洞察了人类认知机制，指出人类对现实世界中纷繁复杂事物的理解是以一种框架化的结构储存于记忆之中的。当面临一个新事物时，人们就从记忆中找出一个合适的框架，并根据实际情况对其细节加以修改、补充，从而形成对当前事物的认识。例如，一个人走进一个教室之前就能依据以往对"教室"的认识，想象到这个教室一定有四面墙，有门、窗、天花板和地板，有课桌、凳子、讲台、黑板等。尽管他对这个教室的大小、门窗的个数、桌凳的数量和颜色等细节还不清楚，但对教室的基本结构是可以预见的。因为他通过以往看到的教室，已经在记忆中建立了关于教室的框架，该框架不仅指出了相应事物的名称（教室），还指出了事物各有关方面的属性（如有四面墙、有课桌、有黑板等）。通过对该框架的查找，就很容易得到教室的各个特征。在他进入教室后，观察得到教室的大小、门窗的个数、桌凳的数量和颜色等细节，把它们填入教室框架中，就得到了教室框架的一个具体事例。这是他关于这个具体教室的视觉形象，称为事例框架。

框架就是一种描述某类场景中对象属性的结构化数据结构，可用于表示某一类对象的典型特征。而框架表示法就是一种描述所论对象（一个事物、事件或概念）属性的结构化的知识表示方法，目前已在多种系统中得到应用。一个框架由若干个被称为"槽"（Slot）的结构组成，每一个槽又可根据实际情况划分为若干个"分面"（Facet）。一个槽用于描述对象某一方面的属性，而一个分面用于描述相应属性的一个方面。槽和分面所具有的属性值分别被称为槽值和分面值。在一个用框架表示知识的系统中一般都含有多个框架，一个框架一般都含有多个不同槽和不同分面，分别用不同的框架名、槽名及分面名表示。对于框架、槽和分面，都可以为其附加上一些说明性的信息，一般是一些约束条件，用于指出什么样的值才能填入到槽和分面中去。示例 2-4 给出了一个用于描述教师个人信息的框架。

> 分面是一种用于细化和区分复杂属性的方法，可以理解为属性的一个维度或方面，它允许将一个复杂的属性拆分成多个更具体、更易于管理的部分。例如，在电子商务网站的商品搜索中，商品属性可能包括颜色、尺寸、价格等多个方面。通过使用 Facet，可以将这些属性进一步细化为具体的选项，如颜色可以分为红色、蓝色、绿色等，尺寸可以分为 S、M、L 等，价格可以分为低价、中价、高价等区间。这样，用户就可以通过选择不同的 Facet 选项来快速定位自己需要的商品。

> **示例 2-4**
>
> 框架名：＜教师＞
>   姓名：姓、名
>   年龄：××岁
>   性别：范围（男、女）　　默认值：男
>   住址：＜住址框架＞

在上述示例中，"姓名""年龄""性别"和"住址"属于槽，"张三""30岁""男"和"北京市朝阳区 123 街道"属于槽值，虽然没有明确给出分面，但可基于属性的分类判断，它包含"个人信息"和"居住信息"两个分面。

框架在知识表示领域展现出显著优势，具体体现在以下几个方面。

- 明确的表示能力：框架可为实体、属性、关系和默认值等核心元素提供直观且明确的表示方式。值得一提的是，默认值的设定尤为重要，它模拟了人类基于过往经验对未知情境的自然预测，是表达常识性知识的理想工具。在推理过程中遭遇不确定信息时，默认值的引入使得推理过程更加贴近人类的思维模式，增强了推理的灵活性和实用性。
- 过程信息的便捷附加：框架允许轻松附加过程信息。这一特性不仅丰富了推理机制，还赋予框架进行矛盾检测的能力，这对于维护知识库的一致性和准确性至关重要。过程附件的引入使得框架在复杂情境下的推理和决策更加稳健和高效。
- 层次结构与继承特性：框架的层次化设计巧妙地融入了继承机制，使得低层框架能够自动继承高层框架的属性及附加过程。这一特性不仅简化了知识表示的过程，还显著提高了推理效率。

框架作为构建基于规则系统的基石，为实体、概念及关系的详尽描述提供了强大支撑。它不仅融入了继承性和附加过程等灵活的推理机制，极大地丰富了知识推理的维度，还为规则的有效组织与管理创造了条件。更进一步来说，框架自身即可直接用于规则的表示，构建出基于框架的独立系统，或与规则体系深度融合共同表示知识。在自然语言处理、医疗、专家系统等领域，框架的应用展现出其独特的价值。以医疗领域为例，病人框架能够系统地整合病人的基本信息与关键测试数据，为医生提供全面而直观的病患概览；而病人数据框架则专注于指导如何高效、准确地收集和分析病人的各项数据，为诊断与治疗决策提供坚实的数据基础。这样的应用实例充分证明了框架结构在提升知识表示精度、优化推理过程及增强系统实用性方面的卓越能力。

4. 本体论表示法

本体论（Ontology）[2] 作为对特定领域内概念及其相互关系的精确形式化表达，其核心使命在于定义、分类与组织这些概念，旨在促进跨系统间知识的交换与共享，同时实现数据的深度互联与高效互通。本体论的提出，深刻根植于对知识共享与复用及对数据间互联互通的需求。它构建了一个共享的"知识宇宙观"，使得不同自治系统（如多样化的网站、异构

的机器设备等)在遵循这一共同"世界观"的基础上,能够达成相近乃至一致的"理解"与交互。在语义网(Semantic Web)体系下,本体论得到了前所未有的发展与应用。该领域不仅孕育了众多专门的本体定义语言与资源交换标准,还促进了跨平台、跨领域的信息整合与智能服务。计算机领域的本体尤为注重构建反映人类认知规律的概念框架,深入揭示概念间错综复杂的语义联系,并常伴随以严谨的公理系统作为支撑,以确保知识表示的一致性与精确性。这一过程,不仅推动了计算机科学与人工智能的边界拓展,也为实现更加智能、更加人性化的信息系统奠定了坚实的基础。

> 语义网的概念由万维网联盟的蒂姆·伯纳斯-李(Tim Berners-Lee)在1998年提出,它是一种智能网络,不仅能够理解词语和概念,还能理解它们之间的逻辑关系,从而使交流变得更加有效率和价值。需要说明的是,虽然语义网和语义网络在名称上相似,但它们属于不同的概念。语义网更侧重于整个互联网的信息交换和处理,语义网络则更侧重于知识表示和认知模型的建立。

本体的概念源自哲学领域,它在哲学中的定义为"对世界上客观事物的系统描述,即存在论",关心的是客观现实的抽象本质。而在计算机领域,本体可以在语义层次上描述知识,可以看成描述某个学科领域知识的一个通用概念模型。德国计算机科学家鲁迪·斯图德尔(Rudi Studer)在1998年给出了本体的定义,即"本体是共享概念模型的形式化规范说明"[3]。这个定义包含了四层含义,即共享(Share)、概念化(Conceptualization)、明确性(Explicitness)和形式化(Formalization)。

- 共享是指本体中体现的知识是共同认可的,反映在领域中公认的术语集合。
- 概念化是指本体对于事物的描述表示成一组概念。
- 明确性是指本体中全部的术语、属性及公理都有明确的定义。
- 形式化是指本体能够被计算机所处理,是计算机可读的。

本体刻画了人们认知一个领域的基本框架,框架与实例之间的关系好比人的骨骼与血肉的关系。可以这样理解:本体是从客观世界中抽象出来的一个概念模型,这个模型包含了某个学科领域内的基本术语和术语之间的关系(或者称为概念及概念之间的关系)。本体不等同于个体,它不仅是对个别实体的描述,更是团体的共识,是对整个领域内知识结构的抽象和概括。图2-2所示是一个简单的本体示例。

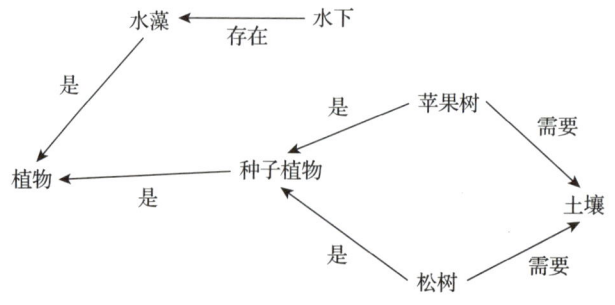

图 2-2　一个简单的本体示例

一个本体可以由类（Class）、关系（Relation）、函数（Function）、公理（Axiom）和实例（Instance）五种元素组成。

- 类：描述领域内的实际概念，既可以是实际存在的事物，也可以是抽象的概念，如大学、电影、人等。
- 关系：用于描述类（概念）之间的关系，如 part-of、kind-of 等。
- 函数：一类特殊的关系，关系中的前 $n-1$ 个元素可以唯一决定第 n 个元素，如 mother-of 关系就是一个函数，mother-of(x, y) 表示 y 是 x 的母亲，x 可以唯一确定它的母亲 y。
- 公理：代表本体内存在的事实，可以对本体内的类或者关系进行约束，如概念甲属于概念乙的范围。
- 实例：表示具体某个类的实际存在，如清华大学是大学的一个实例。

斯坦福大学医学院曾开发出七步法来构建领域本体[4]：①确定领域本体的范畴，即明确本体将覆盖的具体领域边界；②复用现有的本体，通过复用减少重复劳动，并增强本体的互操作性和一致性；③列出领域内的术语，将其作为构建本体框架的基本元素；④定义类和类的等级关系，以反映现实世界的逻辑结构；⑤定义类的关键属性，用于进一步描述和区分不同的实例；⑥定义属性的分面，对于复杂属性通过分面的方式进行细化和区分，以便更灵活地管理和查询信息；⑦创建并填充具体的实例，使本体具有实际应用价值。本体作为知识表示的强大工具，在语义网、知识管理和信息集成等多个领域发挥着举足轻重的作用。以医疗领域为例，本体不仅能够有效表示疾病、症状、治疗方法等核心要素，还能清晰阐述它们之间的复杂关系，为临床决策支持、患者健康管理，以及跨机构信息交换提供坚实的知识基础。

2.1.2 逻辑关系与规则

在知识表示中，逻辑关系与规则扮演着至关重要的角色。逻辑关系定义了概念、事实及它们之间的内在联系，如蕴含、等价等，这些关系构成了知识体系的逻辑框架。规则则是对这些逻辑关系的具体表述，它明确了在特定条件下应如何应用知识，包括条件 - 结论的推理规则、操作步骤等。通过逻辑关系与规则的精准表达，知识得以系统化、结构化，便于存储、检索与推理，为智能系统的决策与行为提供了坚实的基础。

1. 逻辑推理基础

推理（Reasoning）是"使用理智从某些前提（Premise）产生结论（Conclusion）"的行为，是由一个或几个已知的判断（前提）推出新判断（结论）的过程。进一步来说，逻辑推理是从已知事实和规则中推导出新知识的过程。在人工智能领域，逻辑关系与规则是知识表示的核心部分。通过逻辑推理，人工智能系统能够从已有的知识中得出新的结论。这种能力对于问题求解、决策支持及知识发现等应用至关重要。根据推理的性质和应用场景，可以将逻辑推理分为多种类型。具体而言，按推理方式可以分为演绎推理、归纳推理、溯因推理，按推理所需知识的确定性可以分为确定性推理和不确定性推理，按进展来划分可以分为单调推理和非单调推理，按推理中是否用到与推理有关的启发性知识可以分为启发式推理和非启发式推理，按推理的方向可以分为正向推理、逆向推理、混合推理和双向推理。这里主要介绍演绎推理和归纳推理两种推理方式。

(1) 演绎推理

演绎推理（Deductive Reasoning）[5]是一种由一般原则出发，逐步推导出具体结论的推理方法，它立足于既定的普遍规则与前提之上，从而确保所得结论的必然正确性。演绎推理的一个核心特征是结论的必然性，即如果前提为真，结论必然为真。这种逻辑推理方式有着广泛的应用。在数学中，演绎推理通常用于证明定理和推导数学结论，例如，通过已知的公理和定理，数学家可以演绎出新的数学结果。在专家系统中，演绎推理用于从知识库中的规则和事实中得出结论，进而模拟专家的决策过程。自动定理证明系统可以使用演绎推理自动验证数学命题的真伪，这些系统在形式验证和计算机科学中的应用尤为重要。在法律领域，演绎推理用于从法律条文和已知事实中推导出法律结论，法官和律师据此便可判决案件。演绎推理的基本结构可以表示为一个三段论（Syllogism），包括两个前提和一个结论，具体形式如示例 2-5 所示。

示例 2-5

大前提（Major Premise）：一个普遍性的声明或规则。

例：所有人都有生日。

小前提（Minor Premise）：一个关于特定个体的声明。

例：苏格拉底是人。

结论（Conclusion）：根据前提得出的必然结果。

例：苏格拉底有生日。

在演绎推理中，逻辑有效性和逻辑健全性是两个重要的概念。

- **逻辑有效性**：如果推理的形式正确，那么无论前提的实际真假，结论都是有效的。也就是说，只要前提为真，结论就必须为真。例如，所有哺乳动物都有脊椎（大前提），鲸鱼是哺乳动物（小前提），因此鲸鱼有脊椎（结论）。
- **逻辑健全性**：如果一个推理是健全的，那么结论必然为真。例如，地球上的所有鸟都会飞（大前提）(实际上不为真)，企鹅是鸟（小前提），因此企鹅会飞（结论）(结论错误)。

尽管演绎推理在逻辑推理中具有重要地位，但它也有一定的局限性。

- **依赖于前提的真实性**。演绎推理的结论之稳固建立在前提真实性的基础上。如果前提本身存在谬误，即便推理过程逻辑严密、无懈可击，所得结论也可能偏离实际，失去其实用价值。
- **不适用不确定性问题**。演绎推理擅长于处理确定性知识，而在面对现实世界中的不确定性和模糊性挑战时，却显得力不从心。它难以直接应用于那些需要概率评估或模糊逻辑处理的问题。
- **知识扩展性有限**。演绎推理的运作范围严格限定在已知前提的框架内，它无法自主生成或推导出超越这些前提范围的新知识。换言之，它更像是一个精确的演绎者，而非创新性的探索者。

（2）归纳推理

归纳推理（Inductive Reasoning）[6]是一种从具体实例或观测中推导出一般规律或普遍结论的推理方法。与演绎推理不同，归纳推理的结论并不是必然真实的，而是具有一定的概率性和不确定性。例如，通过观察多次实验中的现象，可以归纳出一种自然规律，但是这个结论不一定是确定的，它依赖于所观察到的实例的代表性和数量。即使所有观察到的实例都符合某一规律，也不能保证所有未观察到的实例也会符合这一规律。因此，归纳推理可以说依赖于经验数据，通过经验观察和实验获得支持。在科学发现中，归纳推理是建立理论的基础，人们通过归纳推理从有限的观察中推测出未知的现象，扩展自身对世界的认识。

归纳推理可以被分为简单归纳、统计归纳、类比归纳、因果归纳等类型。

- 简单归纳（Simple Induction）：从多个特定实例得出一个普遍结论。例如，观察到许多天鹅是白色的，因此推断所有天鹅都是白色的。
- 统计归纳（Statistical Induction）：从统计数据中推导出关于总体的结论，通常涉及样本和总体的关系。例如，根据调查数据发现，90%的受访者喜欢某种产品，因此推断总体中90%的消费者也喜欢该产品。
- 类比归纳（Analogical Induction）：基于两个或多个对象在某些方面的相似性，推断它们在其他方面也具有相似性。例如，已知地球和火星在某些物理特性上相似，因此推测火星上可能存在类似地球的生命形式。
- 因果归纳（Causal Induction）：通过观察到的相关性推断因果关系，寻找现象之间的因果联系。例如，观察到吸烟与肺癌的发病率相关，推断吸烟可能是导致肺癌的原因之一。

归纳推理在科学研究、数据分析与统计、机器学习和日常决策中有着重要应用。例如在数据科学和统计学中，归纳推理用于从数据中发现模式和趋势；机器学习算法则通过归纳推理从训练数据中学习模式，进而用于分类、回归和预测。尽管归纳推理在许多领域中非常有用，但它也有一些局限性和潜在的问题。归纳推理的结论不具有逻辑上的必然性，即使观察到的所有实例都支持某个规律，也不能绝对保证该规律在未来或未观察到的情况下继续成立。此外，归纳推理的结论依赖于样本的代表性，如果样本不具有代表性，推导出的结论可能不准确。有时，归纳推理还可能会过度推广，从有限的观察中得出不合理的广泛结论，在这种情况下，结论可能会错误地代表更广泛的现象。

总之，归纳推理是人类认识世界的重要工具，尽管它本质上带有不确定性，但通过科学的方法和严谨的实验设计，可以大大提高其可靠性和准确性。在现代科学研究和技术发展中，归纳推理仍然是不可或缺的思维方式。

2. 规则推理系统

规则推理系统（Rule-Based Reasoning System）[7]是基于一系列"如果-那么"（IF-THEN）规则来进行推理和决策的系统。它通过应用预定义的规则，从已知事实中推导出新的事实或采取行动。在多个关键领域，如专家系统、决策支持系统及自动控制系统，规则推理系统均具有重要的应用价值。作为人工智能发展历程中的一个里程碑，它不仅是早期 AI 技术成功应用的典范，更是推动智能化决策与自动化操作向前迈进的重要力量。

规则推理系统的核心是规则集，每条规则通常由以下两个部分组成。

- 前件（Antecedent）：也称为条件（Condition），是一个或多个判断条件的组合，定义了规则的触发条件。
- 后件（Consequent）：也称为结论（Conclusion），是当前件为真时执行的动作或推导出的结论。

示例 2-6 是一个规则推理系统的简单示例。

> **示例 2-6**
> 规则："如果一个人感冒了，那么他会咳嗽"。
> 事实："张三感冒了"。
> 基于上述规则和事实，可以推理出"张三会咳嗽"。

规则推理系统的推理过程主要包括以下几个步骤。

1）**定义事实库（Working Memory）**。事实库用于存储当前已知的事实或信息。事实库中的信息是动态的，可以随着推理的进行而更新。

2）**定义规则库（Rule Base）**。规则库用于存储系统中的所有规则。规则库通常是静态的，即规则在系统启动时已定义好。

3）**匹配（Matching）**。匹配是指系统检查事实库中的事实是否满足规则前件中的条件。在这一步骤中，系统会找到所有与当前事实匹配的规则。

4）**冲突解决（Conflict Resolution）**。当多个规则的前件都匹配当前事实时，系统需要决定优先执行哪些规则，这种情况称为"冲突"。常见的冲突解决策略包括优先级策略（根据规则的预设优先级来选择执行的规则）、最近匹配策略（选择最近更新的事实所匹配的规则）和随机选择（随机选择一个匹配的规则执行）。

5）**执行（Execution）**。根据冲突解决的结果，执行选择的规则。执行规则后，系统可能会更新事实库，添加新的事实或删除旧的事实。

6）**循环（Looping）**。重复上述过程，直到没有规则可以匹配，或者达到某个终止条件。

规则推理系统可以分为前向推理和后向推理两种。

- 前向推理（Forward Chaining）也称为数据驱动推理，从事实库中的已知事实开始，通过匹配规则前件逐步推导出新的结论，常用于诊断系统和自动控制系统。例如，从病人的症状（已知事实）开始，通过规则推理诊断可能的疾病。
- 后向推理（Backward Chaining）也称为目标驱动推理，从假设的目标开始，回溯寻找支持该目标的前提条件，常用于问题求解和专家系统。例如，从一个推测的疾病开始，寻找支持该诊断的症状表现和测试结果。

规则推理系统的推理过程是透明的、可解释的，每一个推理步骤都可以被追踪和理解。

这对于需要解释决策原因的应用非常重要。此外，可以通过添加、修改或删除规则来更新系统的规则库，实现系统的维护和扩展，这使其在专家系统、决策支持系统、自动控制系统及法律和法规遵从等领域发挥着重要作用。例如，在医疗领域，借助规则库中的详尽规则，规则推理系统能够智能地提供专业的医疗建议，辅助医生做出更为精准的诊断与治疗决策；在贷款审批领域，规则推理系统则能根据申请人的全面财务信息和风险评分，自动且高效地做出贷款审批决策；在税务系统中，规则推理系统则能够依据最新的税法规定，自动、准确地计算出应缴税款，极大地提升税务处理的效率与准确性。

2.1.3 知识图谱

知识图谱是在语义网络的基础上发展起来的一种知识表示方式，是一种表示实体及其关系的结构化知识库。它通过三元组(实体,关系,实体)的形式表示知识，将知识以节点（实体）和弧（关系）的方式组织为一种图形结构。自 2012 年 Google 率先提出这一概念以来，知识图谱便迅速成为优化搜索引擎性能、提升信息检索精度的关键利器，并逐渐渗透到社会的各个方面。目前，随着智能信息服务领域的蓬勃兴起，知识图谱的应用边界不断拓宽，其在智能搜索、智能问答、个性化推荐、情报分析乃至反欺诈等多个领域均展现出非凡的价值与潜力。具体来说，实体和关系的概念如下。

- 实体：具有可区别性且独立存在的某种事物。实体是知识图谱中的最基本元素，不同的实体间存在不同的关系。
- 关系：作为连接不同实体的桥梁，描绘了实体之间错综复杂的相互作用与内在联系。通过关系可以把知识图谱中的节点连接起来，形成一张大图。

作为一种精心设计的结构化语义知识库，知识图谱擅长高效地描绘物理世界中错综复杂的概念及其相互之间的关联关系。它广泛覆盖了多种实体类型与多样化的关系种类，为展现复杂且多层级的知识架构提供了坚实的支撑。通过对错综复杂的文档与数据进行有效的加工、处理、整合，知识图谱将这些原始信息转化为简单、清晰的(实体,关系,实体)的三元组。这一过程不仅简化了知识的表达，还促进了知识之间的互联互通，最终汇聚成庞大的知识网络。借助这一网络，知识图谱便可以实现对知识的快速检索、灵活响应与智能推理，为各类智能应用提供强大的知识支撑与决策辅助。例如，"小明的性别为男"这一知识可以在知识图谱中被表示为(小明,性别,男)。

知识图谱与语义网络在知识表示领域虽有所共通，但二者在多个维度上展现出显著的差异。语义网络，作为知识表示的早期探索，同样采用节点和弧来描绘概念及其相互关系，但其重心往往偏向于概念间关系的构建，对概念自身属性的刻画则相对薄弱。此外，语义网络的结构设计较为自由，缺乏统一的标准与易于扩展的框架，这在一定程度上限制了其应用的广泛性与深度。相比之下，知识图谱作为知识表示技术的集大成者，不仅继承了语义网络在关系表达上的优势，更在标准化、可扩展性及对实体覆盖的广度与深度上实现了质的飞跃。它通常拥有数以亿计的实体与关系，可以构建一个庞大而精细的知识网络。例如，Google 在 2012 年发布的知识图谱含近 5 亿个实体和 10 亿多条关系。此外，知识图谱富含各类语义关系，一个语义关系可以被赋予权重或概率，从而更精准地表达语义。

图 2-3 展示了知识图谱的三个构建阶段，具体如下。

1）信息抽取。在构建知识图谱的过程中，结构化数据（如数据库记录）能够直接通过读取操作获取其所需信息，而面对非结构化或半结构化数据（如文本、图像等），则需借助信息抽取技术来解析并提取出有价值的信息。这一步骤旨在从多样化的数据源中捕获关键信息，随后将这些信息与结构化数据整合，共同作为知识融合阶段的初始输入，为后续阶段奠定基础。

2）知识融合。在该阶段，系统首先会将来自结构化数据源与信息抽取得到的信息进行汇总，整合成初步的知识体系。随后，这一过程会与第三方知识库中的已有知识进行深度融合，旨在消除冗余、解决冲突，并通过实体对齐技术确保每个实体在知识图谱中具有唯一的标识符，从而构建出一个统一、一致的知识表示。

3）知识加工。基于知识融合的结果，可以开始构建知识图谱的本体结构，初步形成知识图谱的框架。然而，此时的知识图谱往往还存在诸多不完善之处，如知识缺失、错误关联等。因此，需要通过知识推理技术来自动填充知识空白、纠正错误，进一步完善知识图谱，同时进行质量评估以筛选出高质量的知识，确保知识图谱的准确性和可靠性。

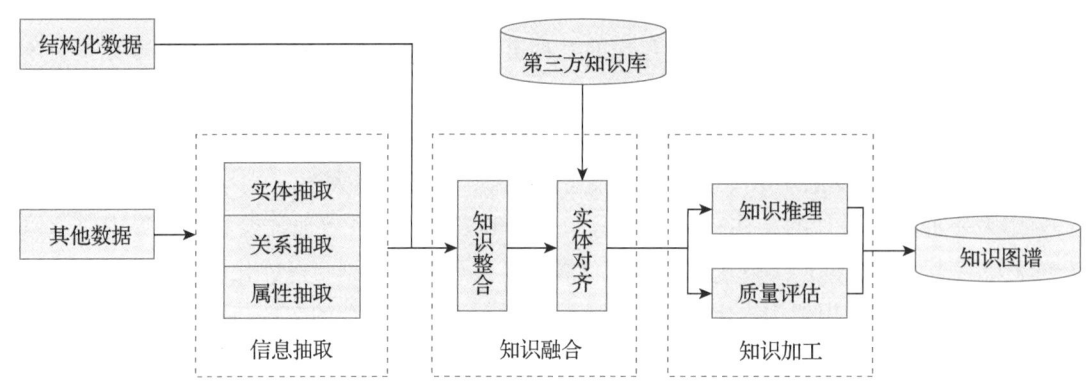

图 2-3 知识图谱的三个构建阶段

随着自然语言处理和大数据技术日新月异的进步，知识图谱在智能助理、精准医疗、金融风控等多个关键领域的应用日益广泛，展现了其巨大的潜力与价值，但其发展也面临一些挑战。

- 高质量模式构建的困境。为了扩大知识覆盖面，知识图谱在构建过程中不得不平衡知识数量与质量的关系，这往往导致部分知识模式设计得相对宽松或不完善。例如，面对复杂多变的现实世界，严格的定义规则难以涵盖所有情况，从而引发数据语义理解的模糊性和数据质量控制的难题。如何在保持知识图谱开放性的同时，确保数据的准确性和一致性，成为亟待解决的问题。

- 封闭世界假设不再成立。传统数据库与知识库的应用通常建立在封闭世界假设[8]的基础之上，但这一假设在知识图谱的广阔应用场景中显得力不从心。知识图谱需要能够处理那些未被明确记录但逻辑上可能存在的信息，这对系统的推理能力和知识完备性提出了更高要求。如何构建更加灵活、开放的知识表示体系，以适应现实世界的复杂性，是知识图谱面临的重要挑战。

> **封闭世界假设（Closed World Assumption，CWA）** 是当前不是已知的事物都为假的假定。封闭世界假设简化了推理过程，不需要处理太多不确定性，但当面对动态、不完全或不确定信息时，可能不适用。

- **大规模自动化知识获取的挑战**。知识图谱的规模庞大，依赖传统的人工构建方式既不现实也不高效。因此，如何实现高效、准确的自动化知识获取成为关键。这包括从海量文本中自动抽取信息、利用众包平台进行知识标注等。然而，自动化过程也带来了数据噪声和错误的问题，如何有效过滤并提升数据质量，是自动化知识获取面临的难题。

此外，知识图谱还面临着确保数据准确性、一致性、高效存储与检索，以及适应知识动态更新的挑战。为了应对这些挑战，学术界和工业界正致力于提升知识图谱的可扩展性、可维护性和可解释性，探索更加先进的推理算法和学习机制，以期实现更加智能、高效的知识发现与应用。总之，知识图谱作为一种新型的知识表示方法，不仅在理论上具有重要的研究价值，而且在实际应用中具有广阔的前景。

2.2 知识推理

知识推理是人工智能的重要组成部分，它是基于已有的知识进行推导、判断和决策的过程。通过推理，人工智能系统能够从有限的事实或信息中推断出新的知识，进而做出决策或解决问题。知识推理的核心是如何利用和操作知识库中的信息以达到特定的目的。无论是在专家

寻根溯源之法：知识推理

系统中进行诊断和建议，还是在自然语言处理领域中理解和生成语言，推理都是必不可少的能力。知识推理不仅依赖于知识表示的形式，也与推理规则、算法和策略密切相关。不同的推理方法适用于不同类型的问题和应用场景，选择合适的推理方法是设计高效智能系统的关键之一。本节将介绍几种主要的知识推理方法——概率推理、因果推理和知识图谱推理，包括它们的基本原理、应用领域，以及它们在人工智能系统中的作用。通过对这些方法的理解，可以更好地设计和实现智能系统，使其在处理复杂信息和解决实际问题时更加高效和准确。

2.2.1 概率推理

在现实世界中，信息往往是不完整和模糊的，因此概率推理成为理解和推断这些不确定性信息的重要工具。通过概率推理，能够精确地量化不确定性的范围，并据此构建出更为合理和稳健的决策框架。对于人工智能系统，特别是那些旨在解决问题的智能体而言，它们的

工作机制可以被视为在已知样本集的基础上，利用神经网络等算法提取深层次的抽象特征，进而获得对新的未知样本进行预测与推理的能力。在这一过程中，样本的分布规律就可以通过概率分布来刻画，同时推理过程所蕴含的不确定性也能通过概率模型来量化和表达。这一转变赋予了机器学习领域全新的视角，将原本的学习任务转化为求解相关变量的概率分布问题，从而更加灵活地应对现实世界中的不确定性。然而，在实际应用中，各个变量之间通常存在着显式或隐式的相互依赖关系，若直接尝试从训练数据中求解所有变量的联合概率分布，将面临极高的计算复杂性和资源消耗，这在很多情况下是不可行的。

为了解决这个问题，引入了图的概念。通过利用变量之间的依赖关系或者条件独立性假设，可以借助图模型来表示这些变量之间的关系，进而大大降低参数求解所需的计算成本。具体来说，如果每个变量有 k 种可能的取值，总共有 n 个变量，而 m 代表单个条件概率分布中涉及的最大变量数（通常 $m \ll n$），那么使用图模型表示可以将联合概率求解的复杂度从 $O(kn)$ 降低到 $O(km)$，从而实现高效、紧凑且简洁的表示和计算。

这种图模型的独特优势在于其融合了"概率"与"结构"的精髓，从而构成了一个高度集成且强大的表示框架。概率图模型可被视为一种"概率+图结构"的复合体，它不仅巧妙地利用图论中的节点与边来组织并表达变量之间的概率关联，还深刻揭示了这些变量间错综复杂的相互依赖关系。这种结构化的概率表示方法具有多重优势。首先，它使得复杂的概率关系得以以直观、可视化的形式展现，极大地降低了理解和分析的难度。其次，利用图结构中的路径、子图等概念，能够便捷地进行局部乃至全局的推理，从而支撑起高效的计算与查询流程。再次，概率图模型中的结构信息还为模型的学习与推断提供了有益的约束和指导，有助于提升算法的准确性和效率。鉴于上述优势，概率图模型在机器学习领域得到了广泛的认可与应用。

1. 贝叶斯网络

贝叶斯网络[9]是一种用于表示和推理随机变量之间条件依赖关系的概率图模型，它由节点和有向边（下面简称"边"）组成。其中，节点表示随机变量，边表示变量之间的条件依赖关系。贝叶斯网络的核心价值在于其能够利用变量之间的条件独立性假设来极大地简化复杂的联合概率分布，使得高维空间中的概率推理变得可行和高效。这一特性使得贝叶斯网络在处理具有不确定性、复杂依赖关系的数据时展现出显著的优势。在金融市场分析领域，贝叶斯网络的应用尤为广泛。通过将不同的经济指标（如 GDP 增长率、失业率、通货膨胀率等）作为网络中的节点，并依据历史数据和专家知识构建它们与股市表现之间的条件依赖关系，贝叶斯网络能够捕捉这些指标对股市的潜在影响。当新的经济数据发布时，投资者可以利用贝叶斯网络进行反向推理，即根据当前观测到的数据更新网络中的概率分布，从而推断出股市的未来走势。

贝叶斯网络的形式化定义如下。

- 定义与结构：有向无环图表示变量间的依赖关系。
- 构建过程：选择节点，添加边，生成条件概率表。

- 推理过程：信念传播算法、精确推理、近似推理。

在贝叶斯网络中，每个节点都配备了一个条件概率表（Conditional Probability Table，CPT），该表详细描述了该节点在给定其父节点状态的情况下的概率分布。结合网络中所有节点的条件概率表，可以计算出整个网络中任意一组变量的联合概率分布。

贝叶斯网络的推理机制主要涵盖前向推理（也称为因果推理）和后向推理（也称为诊断推理或证据推理）。

- 前向推理是从已知的原因出发，推断可能的结果或效应。其计算过程是通过条件概率表从网络的上游节点（即原因节点）向下游节点（即结果节点）传播已知的信息，从而计算出目标变量的概率分布。例如，在一个简单的贝叶斯网络中，如果知道某人感冒了（原因），可以推断出他可能会出现的症状（结果）。
- 后向推理从目标或结论出发，逆向推导出需要的前提条件或已知事实，是一种目标驱动的方法。后向推理的计算过程也是通过条件概率表逐步传播已知信息，但是是从网络的下游节点（即结果节点）向上游节点（即原因节点）传播，从而计算出目标变量的概率分布。例如，如果观察到某人出现了感冒的症状（结果），可以利用后向推理来推断他可能患有的疾病（原因）。

下面通过一个简单的例子来说明贝叶斯网络的概念和推理方法。假设要构建一个贝叶斯网络来预测某公司员工对公司的满意程度，设置四个随机变量。

- 管理质量（M）：可以是"高"或"低"。
- 工作环境（E）：可以是"好"或"差"。
- 薪酬水平（S）：可以是"高"或"低"。
- 员工满意度（D）：可以是"满意"或"不满意"。

将这些随机变量组织成一个简单的贝叶斯网络，如图 2-4 所示。在这个网络中，管理质量（M）是父节点，而工作环境（E）和薪酬水平（S）都是它的子节点，这意味着 E 和 S 直接依赖于 M；同样地，员工满意度（D）是 E 和 S 的直接子节点，意味着 D 依赖于 E 和 S。图中的表格即贝叶斯网络的条件概率表。局部马尔可夫性意味着每个节点仅依赖于其父节点的状态。在这个网络中，员工满意度（D）的条件概率分布仅依赖于工作环境（E）和薪酬水平（S）的状态，而不依赖于管理质量（M），这便体现了局部马尔可夫性。

通过贝叶斯网络进行推理。在贝叶斯网络中，联合概率分布可以表示为各节点条件概率的乘积。具体来说，对于所有四个变量（M, E, S, D），根据局部马尔可夫性，联合概率分布可以表示为：$P(M, E, S, D) = P(M) \times P(E|M) \times P(S|M) \times P(D|E, S)$。

> 局部马尔可夫性（Local Markov Property）是概率图模型中的一个重要概念。它描述了在特定条件下，节点的独立性假设。在图模型（例如马尔可夫随机场或贝叶斯网络）中，每个节点代表一个随机变量，节点之间的边表示这些随机变量之间的依赖关系。局部马尔可夫性表明：一个节点在给定其邻居节点的条件下，与其他节点条件独立。换句话说就是，一个节点的行为仅依赖于它直接相连的节点，而与图中其他不相邻的节点无关。

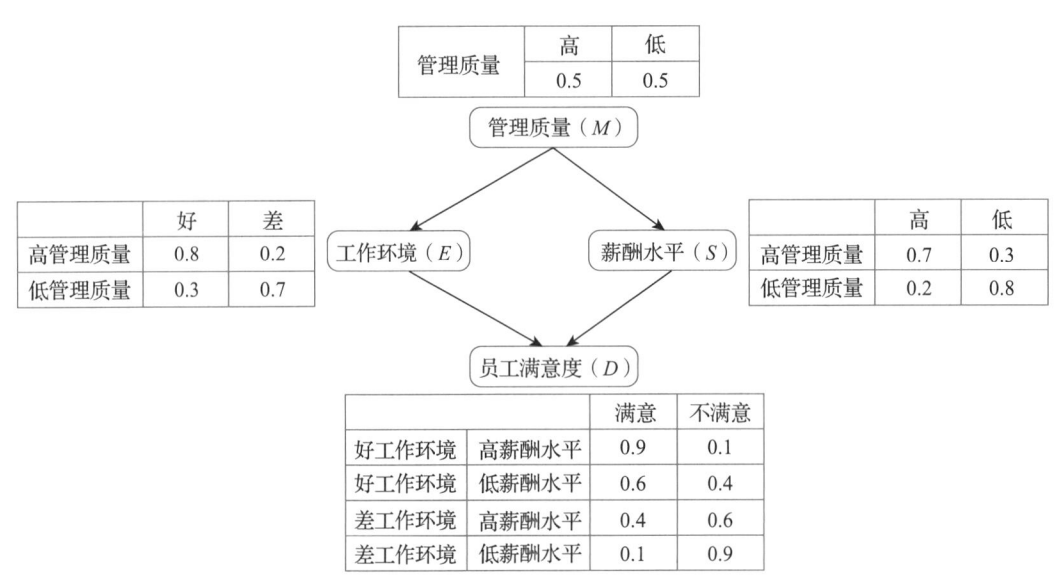

图 2-4 贝叶斯网络示例

假设同时满足高管理质量、好工作环境、高薪酬水平和员工满意这四个条件,那么其联合概率分布表示为:P(M= 高管理质量, E= 好工作环境, S= 高薪酬水平, D= 员工满意)=P(M= 高管理质量) × P(E= 好工作环境 |M= 高管理质量) × P(S= 高薪酬水平 |M= 高管理质量) × P(D= 员工满意 |E= 好工作环境, S= 高薪酬水平) = 0.5 × 0.8 × 0.7 × 0.9 = 0.252。所以,同时满足高管理质量、好工作环境、高薪酬水平和员工满意这四个条件的概率是 0.252。

2. 马尔可夫模型

马尔可夫模型[10]是一种用于描述随机过程的数学模型,它假设系统的未来状态只依赖于当前状态,而与过去的状态无关,这种假设被称为马尔可夫性。马尔可夫模型可以分为两类,即离散时间马尔可夫链(Discrete-time Markov Chain,DTMC)和连续时间马尔可夫链(Continuous-time Markov Chain,CTMC)。两者的核心差别在于系统是在离散的时间点上还是在连续时间范围内进行状态转移。马尔可夫模型的基本组成部分如下。

❑ 状态空间:系统可能处于的所有状态的集合。
❑ 转移概率矩阵:描述系统从一个状态转移到另一个状态的概率。
❑ 初始状态分布:描述系统在初始时刻处于各个状态的概率分布。

在马尔可夫模型中,推理的主要任务是计算系统在未来某个时刻处于某个状态的概率。这可以通过转移概率矩阵的幂运算来实现。例如,如果想计算系统在 t 步后处于状态 j 的概率,可以将转移概率矩阵乘以初始状态分布,并重复 t 次。此外,马尔可夫模型还可用于计算系统在长期稳定状态下的概率分布,这称为稳态分布,具体可以通过求解转移概率矩阵的特征向量来获得。

为了更好地理解马尔可夫模型,下面来看一个简单的例子。假设有一个简单的生态系统,其中存在三种动物:兔子、狐狸和狼。每种动物的数量每天都会变化,并且它们的变化依赖于前一天的数量,其状态转移的概率如下。

- 如果今天是兔子多，明天兔子多的概率是 0.7，狐狸多的概率是 0.2，狼多的概率是 0.1。
- 如果今天是狐狸多，明天兔子多的概率是 0.1，狐狸多的概率是 0.6，狼多的概率是 0.3。
- 如果今天是狼多，明天兔子多的概率是 0.3，狐狸多的概率是 0.4，狼多的概率是 0.3。

用一个转移概率矩阵来表示这些变化的概率：

$$P = \begin{pmatrix} 0.7 & 0.2 & 0.1 \\ 0.1 & 0.6 & 0.3 \\ 0.3 & 0.4 & 0.3 \end{pmatrix}$$

假设初始状态分布为

$$\pi_0 = (0.8 \quad 0.1 \quad 0.1)$$

这表明，系统在初始时刻有 80% 的概率是兔子的数量多，有 10% 的概率是狐狸的数量多，有 10% 的概率是狼的数量多。通过计算初始状态分布与转移概率矩阵的乘积来推断系统在第二天的状态分布为

$$\pi_1 = \pi_0 \cdot P = (0.8 \quad 0.1 \quad 0.1) \cdot \begin{pmatrix} 0.7 & 0.2 & 0.1 \\ 0.1 & 0.6 & 0.3 \\ 0.3 & 0.4 & 0.3 \end{pmatrix} = (0.6 \quad 0.26 \quad 0.14)$$

这表示系统在第二天兔子多的概率为 60%，狐狸多的概率为 26%，狼多的概率为 14%。

2.2.2 因果推理

因果推理是一种用于确定变量之间因果关系的方法，它不仅关注变量之间的关联，还关注变量之间的因果关系。以"冰激凌销量上升是否导致了溺水事件增多"这一问题为例，要准确回答就需要运用因果推理，分析冰激凌销量上升与溺水事件增多之间是否存在实质性的因果关系，而非仅基于两者同时发生的表面关联来做出判断。

1. 辛普森悖论

辛普森悖论[11]是指在分组数据中，某些趋势在整体数据中消失或反转的现象。下面来看一个有趣的例子。如表 2-2 所列，在分析某药物对男性和女性的疗效时发现，男性和女性分别服用药物后的康复率都高于未服用药物的康复率。当将男性和女性的数据合并后，得到表 2-3 的结果。在合并后的数据中，服用药物的总体康复率（78%）反而低于未服用药物的总体康复率（83%）。这就是辛普森悖论的典型例子。

产生辛普森悖论的主要原因在于数据中存在潜在的混杂变量，而这些变量在不同分组中可能具有不同的影响力。产生辛普森悖论的具体原因如下。

- 混杂变量的存在。混杂变量是指那些同时影响因变量和自变量的变量。在上述例子中，性别就是一个混杂变量，因为它同时影响药物的使用和康复率。
- 分组数据的异质性。分组数据的异质性是指不同分组的数据特征不同。在上述例子中，男性和女性的康复率不同，这导致了合并数据时的反转现象。
- 样本量的差异。不同分组的样本量差异也可能导致辛普森悖论的产生。如果某个分

组的样本量较大,它对整体数据的影响力也较大,从而可能掩盖其他分组的趋势。

表 2-2 男性和女性分别服用药物后的康复率

性别	服用药物	康复人数	总人数	康复率
男性	是	192	263	73%
男性	否	55	80	69%
女性	是	81	87	93%
女性	否	234	270	87%

表 2-3 男性和女性的数据合并后的服用药物后的康复率

服用药物	康复人数	总人数	康复率
是	273	350	78%
否	289	350	83%

辛普森悖论在因果推理中具有重要意义,因为它提醒人们在分析数据时需要谨慎,特别是要注意潜在的混杂变量。以下是辛普森悖论在因果推理中的几项重要启发。

- ❑ **识别和控制混杂变量**。在进行因果推理时,要仔细分析数据,识别并控制潜在的混杂变量。通过控制混杂变量,可以更准确地确定变量之间的因果关系。
- ❑ **分组分析的重要性**。在进行数据分析时,不仅要关注整体数据,还要进行分组分析,以便更好地理解不同分组之间的差异,从而避免因混杂变量导致的错误结论。
- ❑ **谨慎解释相关性**。在解释变量之间的相关性时需要谨慎。相关性并不一定意味着因果关系,需要进一步分析数据才能确定变量之间的因果关系。

2. 因果干预

因果干预是指通过人为干预来改变某个变量的值,从而观察其他变量的变化。与观察性研究不同,因果干预通过主动改变变量的值来确定因果关系。这种方法在科学实验中很常见,例如在药物实验中,通过控制实验组和对照组来确定药物的效果。do 算子是因果干预的数学表示,用于描述在干预条件下的概率分布。具体来说,do 算子表示对某个变量进行干预,并观察其他变量的变化。例如,$do(X = x)$ 表示将变量 X 固定为 x,并观察其他变量的变化。

下面来看一个直观的例子。假设想知道吸烟是否会导致肺癌,可以通过因果干预来进行实验,即让一组人吸烟另一组人不吸烟,然后观察两组人患肺癌的概率。通过这种干预,可以更准确地确定吸烟与肺癌之间的因果关系。假设有一个因果图模型用于表示吸烟、焦油暴露和肺癌之间的关系:吸烟会导致焦油暴露,焦油暴露会导致肺癌。可以用示例 2-7 中的因果图表示这个关系。

示例 2-7

吸烟 → 焦油暴露 → 肺癌

现在,想知道如果干预吸烟行为(即让某人不吸烟),会对肺癌的概率产生什么影响。

用 do 算子表示在干预条件下（即不吸烟）患肺癌的概率：$P[$肺癌$|do($吸烟$=0)]$。通过计算这个概率，可以确定吸烟对肺癌的因果影响。表 2-4 列出了一组简单的样本数据。

表 2-4 肺癌样本数据示例 1

吸烟	焦油暴露	肺癌	样本数
是	是	是	30
是	是	否	10
是	否	是	5
是	否	否	5
否	是	是	10
否	是	否	20
否	否	是	5
否	否	否	15

下面通过 do 算子计算在干预条件下患肺癌的概率。首先，计算在不干预条件下（即观察性研究）患肺癌的概率。

$P($肺癌$|$吸烟$=1) = (30+5)/(30+10+5+5) = 35/50 = 0.7$

$P($肺癌$|$吸烟$=0) = (10+5)/(10+20+5+15) = 15/50 = 0.3$

接下来，计算在干预条件下（即不吸烟）患肺癌的概率。

$P[$肺癌$|do($吸烟$=0)] = P($肺癌$|$焦油暴露$=1) \cdot P[$焦油暴露$=1|do($吸烟$=0)] + P($肺癌$|$焦油暴露$=0) \cdot P[$焦油暴露$=0|do($吸烟$=0)]$

其中：

$P($焦油暴露$=1|do($吸烟$=0)) = (10+20)/(10+20+5+15) = 30/50 = 0.6$

$P($焦油暴露$=0|do($吸烟$=0)) = (5+15)/(10+20+5+15) = 20/50 = 0.4$

$P($肺癌$|$焦油暴露$=1) = (30+10)/(30+10+10+20) = 40/70 \approx 0.57$

$P($肺癌$|$焦油暴露$=0) = (5+5)/(5+5+5+15) = 10/30 \approx 0.33$

因此：

$P[$肺癌$|do($吸烟$=0)] = 0.57 \times 0.6 + 0.33 \times 0.4 \approx 0.474$

通过因果干预和 do 算子可以推断出，在干预条件下（即不吸烟）的情况下，患肺癌的概率为 0.474。这种推理过程有助于确定变量之间的因果关系，而不仅是观察它们之间的相关性。

3. 因果效应差

因果效应差（Causal Effect Difference）是指在不同干预条件下，因变量的期望值之间的差异。它用于量化因果关系的强度，有助于理解干预对结果的影响。因果效应差的计算方法通常基于 do 算子，可以表示为

$$\Delta = E[Y|do(X=1)] - E[Y|do(X=0)]$$

其中，$E[Y|do(X=1)]$ 表示在 $X=1$ 的干预条件下因变量 Y 的期望值；$E[Y|do(X=0)]$ 表

示在 $X = 0$ 的干预条件下因变量 Y 的期望值。

为了更好地理解因果效应差的概念和计算方法，下面来看一个具体的例子。假设想评估某种新药对病人康复的效果，数据见表2-5。

表 2-5 某种新药的康复率

服用药物	康复人数	总人数	康复率
是	80	100	80%
否	60	100	60%

下面通过计算因果效应差来评估药物的效果。首先，计算在不同干预条件下，康复的期望值：

$$E[康复 | do(服用药物 = 1)] = 80/100 = 0.8$$
$$E[康复 | do(服用药物 = 0)] = 60/100 = 0.6$$

接下来，计算因果效应差：

$$\Delta = E[康复 | do(服用药物 = 1)] - E[康复 | do(服用药物 = 0)] = 0.8 - 0.6 = 0.2$$

因此，因果效应差为0.2，这表示服用药物可以使康复率提高20%。

因果效应差与因果干预和do算子密切相关。通过因果干预和do算子，可以确定在不同干预条件下，因变量的期望值，从而计算得到因果效应差。此外，因果效应差还有助于理解辛普森悖论中的混杂变量对结果的影响。例如，在辛普森悖论的例子中，可以通过计算不同分组的因果效应差来评估混杂变量对结果的影响。

4. 反事实推理

反事实推理是一种用于推断在不同条件下可能发生结果的方法。它通过假设某个变量的不同值来推断其他变量的变化。反事实推理在因果推理中具有重要意义，因为它有助于理解不同条件下的因果关系，并评估干预措施的潜在影响。为了更好地理解反事实推理的概念和应用，下面来看一个具体的例子。假设想知道如果某人没有吸烟，他是否会患肺癌，样本数据见表2-6。通过反事实推理来进行推断，即假设该人没有吸烟，然后推断他患肺癌的概率。

表 2-6 肺癌样本数据示例 2

吸烟	肺癌	样本数
是	是	30
是	否	70
否	是	10
否	否	90

首先，计算在观察条件下（即实际情况）患肺癌的概率：

$$P[肺癌 | do(吸烟 = 1)] = 30/(30 + 70) = 0.3$$
$$P[肺癌 | do(吸烟 = 0)] = 10/(10 + 90) = 0.1$$

接下来，进行反事实推理。假设某人没有吸烟，然后推断他患肺癌的概率。具体可以用以下公式表示反事实推理：

$$P[\text{肺癌} | \text{do}(\text{吸烟} = 0)]=0.1$$

这表示如果该人没有吸烟，他患肺癌的概率为 10%。

2.2.3 知识图谱推理

知识图谱推理是指利用图结构中的节点（实体）和弧（关系）进行推导，常见的推理任务包括实体链接、关系预测、路径推理等。由于知识图谱通常包含大量的事实和关系，推理技术需要在高效性和准确性之间平衡。知识推理的几个基础任务主要包括知识补全、知识纠错、推理问答等。

- 知识补全旨在通过某种算法补全知识图谱中缺失的属性或者关系。
- 知识纠错用于发现图谱中的错误知识并进行修正。
- 推理问答通常应用于涉及多个实体、多个关系来完成的相对复杂的问答任务（如比较）。

知识图谱推理的方法可以分为基于符号的推理和基于机器学习的推理。

1. 基于符号的推理（Symbol-based Reasoning）

逻辑推理：作为知识图谱推理的传统方法，逻辑推理依赖于一阶逻辑或描述逻辑等规则体系。通过预先定义一系列逻辑规则，系统能够在知识图谱的框架内执行复杂的逻辑推导。例如，利用规则"如果一个人是某个国家的总统，则他必定是该国的公民"来自动检索并确认图谱中所有总统身份的实体是否同时标注为对应国家的公民，从而验证或发现新的实体关系。

路径推理：此方法侧重于利用知识图谱的图结构特性，通过探索实体间的路径来推断它们之间可能存在的隐含关系。路径推理不仅限于寻找最短路径，还可能涉及多条路径的综合分析，以更全面地评估实体间的关联强度或潜在关系。这在处理复杂关系网络和进行实体链接时尤为有效。

2. 基于机器学习的推理（Machine Learning-based Reasoning）

基于嵌入方法的推理：通过将知识图谱中的实体和关系映射到低维向量空间，机器学习模型能够学习实体和关系之间的相似性和相关性。它通过优化特定的目标函数来学习有效的嵌入表示，进而实现对未观测关系的预测和推理。

基于图神经网络的推理：图神经网络是近年来在知识图谱推理中广受关注的方法。它通过迭代更新节点的表示（嵌入）来捕捉图中复杂的关系和结构信息，能够处理图节点间的复杂交互，在关系预测、节点分类、链接预测等任务中展现出卓越的性能。

基于规则学习的推理：这类方法旨在融合基于符号的推理和基于机器学习的推理的优势，通过从数据中自动学习逻辑规则，并将这些规则应用于知识图谱的推理过程中。例如，利用深度学习模型从图谱数据中挖掘出隐含的逻辑规则，随后利用这些规则进行高效的推理，从而提高推理的透明度和可解释性。

基于大语言模型的推理：随着大语言模型的兴起，它在知识图谱推理中的应用也受到了广泛关注。它不仅能够辅助知识图谱的构建和补全，还能利用其强大的文本理解和生成能力为推理过程提供丰富的上下文信息。同时，知识图谱也为大语言模型提供了可靠的外部知识源，有助于缓解模型在生成文本时可能出现的幻觉问题。

> 幻觉（Hallucination）问题是指模型在生成文本时，产生不准确、虚假的或与事实不符的信息的现象。这种现象会导致错误输出，尤其在需要精准信息的场景下该问题更为严重。

综上所述，知识图谱推理作为人工智能领域的重要分支，正不断融合多种技术以提升推理的准确性、高效性和可解释性。随着大规模知识图谱的构建和使用，如何有效地管理和利用这些资源显得尤为重要，这也将成为推动知识图谱推理技术发展的重要驱动力。在智能搜索、个性化推荐、医疗诊断等领域，知识图谱推理将继续发挥其独特的优势，推动人工智能技术向前发展。

2.3 搜索求解

在面对纷繁复杂的挑战时，人类展现出卓越的能力，能够灵活运用逻辑推理与直觉洞察找到解决问题的"钥匙"。相比之下，计算机则依赖于精心设计的算法，特别是搜索求解算法，来模拟这一过程。搜索求解的核心在于探索潜在解决方案的空间，以期发现满足问题条件的最优或可行解。从棋盘策略游戏中的精妙一着，到日常出行中的最短路径规划，搜索算法都是支撑这些任务高效完成的关键技术。本节将逐步展开讲解搜索的基本要素和方法。首先，介绍如何将一个问题转化为计算机可以理解和处理的搜索问题。接着，将探讨两种主要的搜索策略——盲目搜索和启发式搜索。通过本节的学习，读者将不仅掌握搜索算法的基本概念与分类，还能深刻理解不同搜索策略的优势与局限，为在实际问题中灵活应用搜索算法打下基础。

上下求索之刃：搜索求解

如何快速走出迷宫？快来知识点视频中找寻答案吧！

2.3.1 搜索问题的定义

本小节将着眼于如何将现实世界中的问题形式化为搜索问题。其中，问题的定义是至关重要的第一步，因为它决定了能否有效地利用计算机来找到解决方案。下面将深入解析问题的状态、动作等基本概念，并通过具体实例——城市交通网络中的路径规划问题，来直观地展示如何将实际问题转化为计算机能够理解和处理的形式。

假设有一张详尽的城市交通网络图，这张图上的节点代表不同的城市，而连接节点的边则代表了从一座城市到另一座城市所需的时间成本。在这样一个背景下，如何在任意两座城市之间找到一条最优路径（即总耗时最少的路径）便成为搜索算法需要解决的一个典型问题。以图 2-5 为例，该图直观地展示了城市间的连接及相应的时间或成本。若目标是找到从城

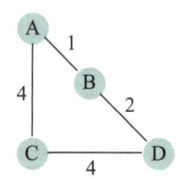

图 2-5 搜索问题

市 A 到城市 D 的最快路径，通过观察不难发现，沿着 A 到 B 再到 D 的路径是耗时最少的。这个过程实质上就是搜索算法在状态空间（即城市间的所有可能路径）中搜索，以找到满足特定条件（耗时最少）的行动序列。简单来说，搜索是计算机为了达成特定目标（如从 A 到 D 找到耗时最少的路径）而进行的、对可能行动序列的探索过程。搜索算法的输入是明确定义的问题（包括起始状态、目标状态、状态转移规则等），而输出则是满足问题要求的一个或多个解（在此例中为最优路径）。

在定义和解决一个搜索问题时，通常需要明确以下几个核心要素。

- 初始状态（Initial State）。
  - 定义：描述问题开始时的具体条件或配置。
  - 作用：作为搜索算法的起点，是算法开始搜索的第一个状态，也是搜索过程的出发点，决定了搜索的方向和范围。
  - 示例：在图 2-5 所示的例子中，A 点即为初始状态。
- 操作符（Operators）。
  - 定义：一组能够改变当前状态到另一个可能状态的规则或动作。
  - 作用：定义了状态之间转换的方式，是搜索过程中决策的基础。
  - 示例：在图 2-5 中，从 A 到 B、从 B 到 D 的移动即为动作。
- 状态空间（State Space）。
  - 定义：所有可能状态的集合，包括初始状态、目标状态，以及所有通过操作符可达的中间状态。
  - 作用：限定了搜索的范围，是搜索算法探索的领域。
  - 示例：在图 2-5 中，所有节点（A, B, C, D）及其之间的连接构成了状态空间。
- 目标状态（Goal State）或目标测试（Goal Test）。
  - 定义：描述或检查一个状态是否满足问题解决方案条件的规则或标准。
  - 作用：指导搜索过程何时停止，并验证最终状态是否为所求解。
  - 示例：在图 2-5 中，D 点即为目标状态。
- 路径成本（Path Cost）。
  - 定义：从初始状态到达某个状态所经过的路径上所有动作的成本之和。
  - 作用：在某些搜索问题中用于评估不同路径的优劣，特别是在寻找最优解时。
  - 示例：在图 2-5 中，如果每个动作的成本相同，则 A 到 D 的最短路径成本最低。

状态（State）是对搜索算法和搜索环境当前所处情形的描述，初始状态、动作和转换模型共同定义了问题的状态空间。状态空间包含了所有可能的状态，包括初始状态、中间状态和目标状态。它是搜索算法的搜索范围。解空间则是状态空间的一个子集，包含了所有能够到达目标状态的路径。解空间定义了所有可能的解决方案，而搜索算法的目标通常是在解空间中找到最优解。状态转移（State Transition）则是指通过执行某个动作，从一个状态转变为另一个状态的过程。在搜索算法中，每个动作都对应着一个明确的状态转移规则，这些规则决定了在给定当前状态下，执行特定动作后会达到的新状态。状态转移规则是搜索算法的核心组成部分，它们不仅决定了状态空间（即所有可能状态的集合）的构造方式，还指导着搜索算法如何遍历这个空间以找到问题的解。通过不断地应用状态转移规则，搜索算法能够系统地探索状态空间，直到找到满足目标条件的状态为止。状态转移具有以下性质。

- 确定性：在多数搜索问题中，执行一个特定的动作会导致一个唯一且确定的新状态。这种性质使得搜索过程具有可预测性和可控性。
- 非确定性：在某些复杂的搜索问题中，执行某个动作可能会引发多个可能的新状态。这通常涉及概率模型或不确定性因素。这类问题需要采用特殊的搜索策略来处理。
- 可逆性：在某些情况下，状态转移是可逆的，即存在反向动作可以使得系统从当前状态恢复到之前的状态。这种性质在某些搜索算法中可用于剪枝或回溯，以减少搜索空间。

在接下来的讨论中，认为所讨论的搜索算法的状态转移均具备确定性。在上面的例子中，搜索算法找到了从 A 点到 D 点的一条代价最小的路径（A → B → D），这是一条最短路径。路径就是从初始状态到目标状态的一系列状态序列。而在一个路径中，搜索算法经历了多次状态转移，每次转移都伴随着相应的代价。路径成本是完成这条路径所需的总成本，总成本由单步成本组成。路径成本是衡量路径优劣的标准之一，对于寻找最优路径至关重要。在上面的案例中，（A → B → D）这条路径的代价是 3，即前文定义的路径时间开销（1+2）。

目标测试是判断搜索过程是否成功的关键机制，它用于检查当前状态是否满足问题的目标条件。一旦达到目标状态，搜索过程通常可以终止。但需要注意的是，即使搜索算法通过目标测试，也并不意味着它一定找到了最优解。在某些情况下，可能需要额外的策略（如启发式搜索）来确保找到最优路径。搜索树是一种直观且强大的工具，用于可视化搜索过程。在搜索树中，每个节点代表一个状态，节点之间的边代表从一个状态到另一个状态的动作。对于最短路径搜索问题，搜索树能够清晰地展示算法如何逐步探索状态空间，并找到从初始状态到目标状态的最优路径。

如图 2-6 所示，构建了一棵搜索树来表示从 A 点到 D 点的所有可能路径，根节点即初始状态为 A 点，从 A 点出发的每一条边都在树中生成一个新的节点，重复这个过程，直到达到 D 点或者所有的路径都已探索完毕。从图中不难发现，同一个点的字母符号可能在树中出现多次，这在搜索树中是不同的节点，它们到根节点形成的多条完整路径代表着搜索算法从初始状态到目标状态的不同路径。搜索树有助于理解和跟踪搜索算法的进展。通过构建搜索树，可以直观地看到哪些状态已经被访问过，哪些路径正在被探索，并能够轻易地计算路径的权值之和，以辅助判断最优路径。在实际应用中，搜索树可以根据具体问题的需求进行扩展和优化。比如，通过引入启发式信息来指导搜索方向，减少不必要的搜索空间，从而提高搜索效率。对于复杂的问题，搜索树还可能结合其他算法和技术进一步改进搜索过程，如剪枝、回溯、动态规划等。

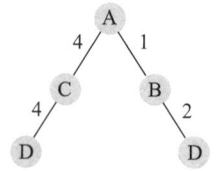

图 2-6　搜索树

2.3.2 盲目搜索

盲目搜索（或称为无信息搜索）是指在没有特定领域知识的情况下进行的搜索过程。这类方法通常适用于简单或小规模的问题。本小节将介绍广度优先搜索和深度优先搜索这两个经典的盲目搜索算法。

1. 广度优先搜索

广度优先搜索（Breadth-First Search，BFS）作为一种盲目搜索算法，其核心理念是从初始状态出发，逐层地探索状态空间图中的节点，直至寻得目标状态。BFS 的一大特性在于它倾向于首先访问那些与初始状态"距离"较近的节点，随后再逐渐扩展到更远的节点。该过程（见图 2-7）可细分为以下三大阶段。

- 初始化阶段。在广度优先遍历中，通常使用一个队列（Queue）来存储待访问的节点。初始时，将起始节点放入队列，并标记为已访问。
- 遍历阶段。只要队列非空，就从队列顶部取出一个节点。将该节点的所有未被访问的邻近节点加入队列，并将它们标记为已访问。
- 终止阶段。遍历过程持续进行，直到队列为空或者找到目标节点。若在此过程中仍未找到目标状态，则搜索算法宣告失败，表示在给定的状态空间图中，不存在从初始状态到目标状态的路径。

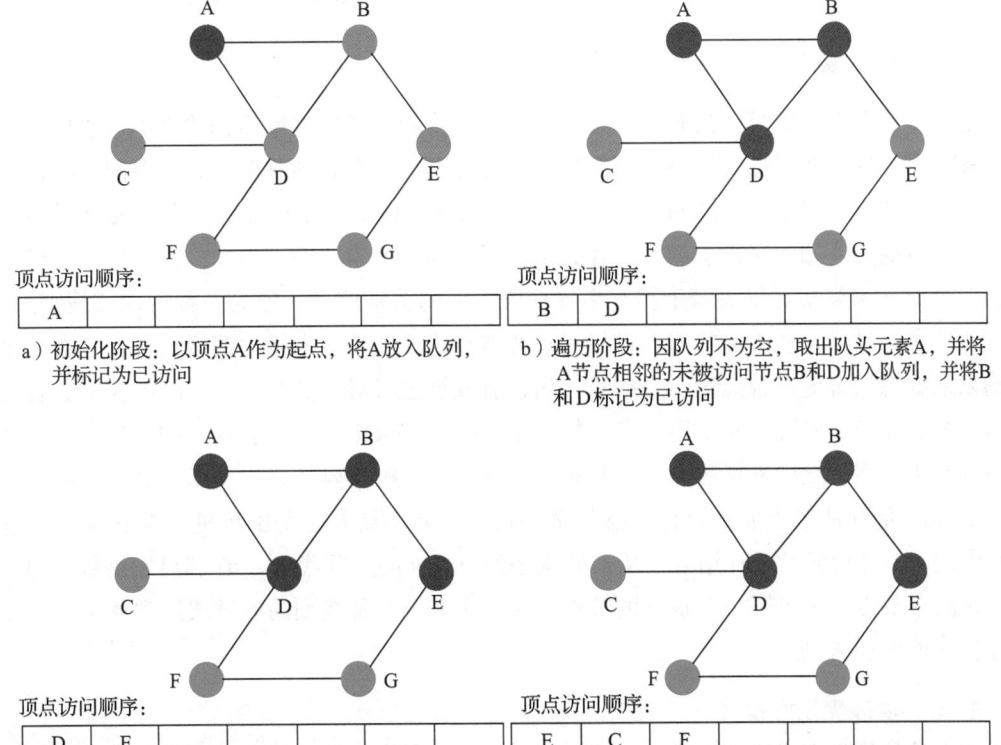

图 2-7 广度优先搜索示例

2. 深度优先搜索

深度优先搜索（Depth-First Search，DFS）是一种旨在彻底遍历或搜索树及图结构的算法。与 BFS 算法形成鲜明对比的是，DFS 倾向于尽可能深地探索树的每一个分支，直至抵达叶子节点（即无子节点的节点），随后才回溯以探索其他未探索的路径。尽管与 BFS 在遍历策略上有所不同，DFS 同样遵循一个清晰的三阶段工作流程。

- 初始化阶段。在这一阶段，算法首先创建一个空栈作为辅助数据结构，随后确定一个起始节点作为搜索的起点，并将其压入栈中。同时，初始化一个空集合用于跟踪哪些节点已被访问过，以避免重复访问和形成无限循环。将起始节点出栈，计入集合中并标记为已访问，并将未访问相邻节点压入栈中。
- 遍历阶段。当栈非空时，DFS 算法进入遍历阶段。此时，从栈顶弹出一个节点（即当前正在探索的节点）。如果该节点恰好是目标节点，则搜索成功，算法将回溯构建并返回从起始节点到目标节点的路径；若当前节点非目标节点，算法将生成该节点的所有未探索的相邻节点（即应用所有可能的操作或转换规则），并对这些相邻节点进行检查：若某相邻节点尚未被访问过，则将其压入栈中以便后续探索。
- 终止阶段。随着遍历的深入，栈中的节点将逐渐减少。当栈最终变为空时，意味着所有可达的分支都已被彻底探索过，且未能在其中找到目标节点。此时，DFS 算法宣告搜索失败，表示在给定的树或图中，不存在从起始节点到目标节点的路径。

2.3.3 启发式搜索

上一小节中介绍的盲目搜索技术，其特点是不依赖于特定领域的先验知识，直接进行搜索操作。尽管这类技术确实能够找到问题的解决方案，但在处理复杂或大规模问题时，其效率往往并不理想。与此形成鲜明对比的是启发式搜索（Heuristic Search），该方法巧妙地融合了问题领域的专业知识来指引搜索路径，从而显著提升搜索效率。启发式搜索中的"启发式信息"是那些为算法提供决策依据、引导搜索方向的关键信息。作为一种智能的搜索策略，启发式搜索通过评估从当前状态到目标状态的潜在路径的质量来优化搜索过程。它尝试通过预测未来状态的价值来智能地引导搜索方向，有效规避了对不必要搜索空间的探索。启发式搜索的核心在于如何设计和使用启发函数（Heuristic Function），以有效地缩小搜索范围并快速找到解决方案。在搜索算法对每个状态做选择与决策时需要结合启发函数和评价函数。启发函数 $h(n)$ 估计从节点 n 到目标状态的最小代价，并不需要总是准确的，但它应该尽量接近真实成本；评价函数 $f(n)$ 结合了从初始状态到节点 n 的实际代价 $g(n)$ 和启发函数 $h(n)$，用于决定哪个节点应该是下一个扩展的节点。接下来介绍两种典型的启发式搜索算法——贪心最佳优先搜索和 A^* 搜索。

1. 贪心最佳优先搜索

贪心最佳优先搜索（Greedy Best-First Search，GBFS）是一种启发式搜索算法，其核心思想在于根据辅助信息，每次选择到目标节点直线距离最短的节点作为扩展节点。与盲目搜索算法相比，GBFS 利用启发函数来评估每个节点的"接近度"，从而指导搜索方向。如图 2-8

所示，假设要在一个简单的地图上寻找从城市 A 到城市 J 的最短路径，每个城市代表一个节点，连接城市的边代表道路。图 2-8 右侧表格为辅助信息，记录了各个城市到城市 J 的直线距离。启发函数 $h(n)$ 根据辅助信息选择当前城市到目标城市 J 的最短直线距离。

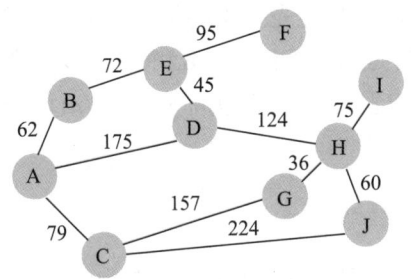

辅助信息——各个城市到城市J的直线距离	
A　300	B　285
C　224	D　164
E　215	F　153
G　96	H　60
I　135	J　0

图 2-8　路径搜索示例

如图 2-9 所示为整个搜索过程图。具体搜索过程如下。

初始状态为从 A 城市出发，去搜索一条去往 J 城市的最短路径。

A 城市与三个城市相邻，分别是 B、C、D，从 A 城市出发要选择这三个城市中其中一个城市作为它的后续节点。B、C、D 到城市 J 的直线距离分别是 285、224 及 164。根据启发式函数可知，应选择直线距离最短的城市作为下一个节点。城市 D 到城市 J 的直线距离最短，因此拓展城市 D。

D 城市与两个城市相邻，分别是 E 和 H。它们与城市 J 的直线距离分别是 215 和 60。根据启发式函数和评价式函数可知，选择直线距离最短的城市作为下一个节点。城市 H 到城市 J 的直线距离为 60，距离更短，因此拓展城市 H。

H 城市与三个城市相邻，分别是 G、I、J。它们与城市 J 的直线距离分别是 96、135 和 0。其中，城市 J 为目标城市，因此直接选择城市 J 作为下一个节点。于是，采用贪心最佳优先搜索，得到了 A→D→H→J 这一最短路径。

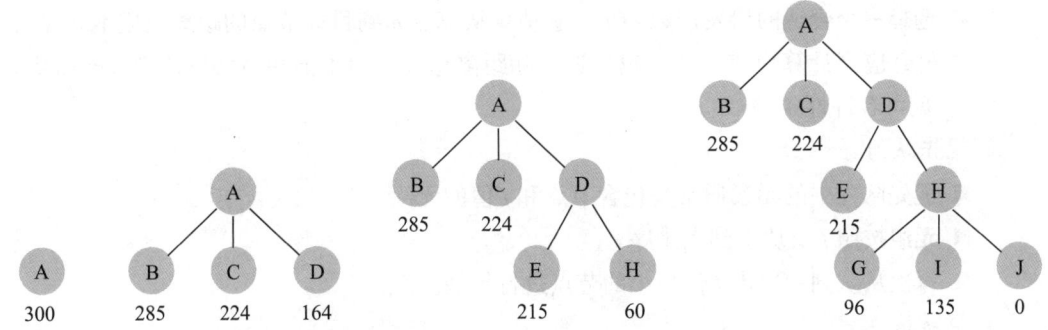

图 2-9　使用 GBFS 搜索城市 A 到城市 J 最短路径的过程

GBFS 是一种快速但不保证找到最优解的搜索算法。上述例子得到的最短路径是 A→D→H→J，但它比 A→C→J 的路径要长 56。并且，GBFS 还存在死循环的风险，例如考虑城市 E 到城市 J 的路径，由最短路径可知选择城市 F 作为下一个节点，而在 F 城市后又会选择 E 城市，这是一条存在死循环的路径。因此在实际应用中，通常只会把 GBFS 用于那些优先要求搜索速度且无死循环存在的问题求解上。

2. A* 搜索

A* 搜索是贪心最佳优先搜索的改进，它兼具贪心最佳优先搜索的优点，并通过使用启发函数来指导搜索方向，从而有效地寻找从起点到终点的最佳路径。A* 搜索算法不仅考虑了目标的估计距离（启发函数 $h(n)$），还考虑了从起点到当前节点的实际成本（$g(n)$），其搜索过程如下。

1）初始化阶段。
- 选择一个起始节点，并设置其 g 值为 0。
- 创建一个空的优先队列（使用 f 值作为优先级），并将起始节点加入其中。
- 创建一个空集合，用于记录已访问的节点。

2）遍历阶段。当优先队列非空时，执行以下步骤。
- 从优先队列中弹出具有最小 f 值的节点。
- 如果该节点是目标节点，则搜索结束，返回从起始节点到该节点的路径。
- 如果该节点不是目标节点，则生成所有可能的相邻节点（即应用所有可能的操作）。
- 对于每个相邻节点：如果该节点尚未被访问过，则计算其 g 值、h 值及 f 值，并将其添加到优先队列中；如果该节点已经被访问过，但通过当前节点到达它的路径更短，则更新其 g 值、h 值及 f 值，并更新其父节点为当前节点。

3）终止阶段。如果优先队列为空，说明搜索完毕但未找到目标节点，返回失败。

注意 其中，$g(n)$ 是从起始节点到节点 n 的实际代价；$h(n)$ 是启发函数，估算从节点 n 到目标节点的成本；$f(n)$ 则是评价函数，定义为 $f(n) = g(n) + h(n)$。

另外，还需要关注以下细节。
- 启发函数。
  - 选择一个合适的启发函数 $h(n)$，它估算从节点 n 到目标节点的距离或成本。
  - $h(n)$ 应当计算快速，并且越接近实际距离越好，但不能超过实际距离（即需要满足可容许性条件）。
- 优先队列。
  - 优先队列中的元素通常是包含节点和 f 值的元组。
  - 元组按照 f 值从小到大排序。
  - 每次从队列中取出 f 值最小的节点进行扩展。
- 更新路径。
  - A* 算法会检查是否已经存在到达某个节点的路径，并比较新路径与旧路径的成本。
  - 如果新路径的成本更低，则更新该节点的父节点，从而更新整个路径。

一般地，对于一个好的启发函数，以下两个性质是必须拥有的。
- 可容许性（Admissibility）。启发函数 $h(n)$ 是可容许的，即它从任何节点 n 到目标节点的估计成本永远不会超过实际成本。换句话说，$h(n)$ 必须是一个下界，即 $h(n) \leq d(n, t)$，其中 $d(n, t)$ 表示从节点 n 到目标节点 t 的实际成本。
- 一致性（Consistency 或 Monotonicity）。启发函数 $h(n)$ 是一致的（也称为单调的），如果对于任意节点 n 和其邻居 m，都有 $h(n) \leq c(n, m) + h(m)$，其中 $c(n, m)$ 是从节点 n 到节点 m 的实际成本。这意味着从任何节点到其邻居的启发式成本估计不会突然增加。

这样看来，A* 算法具备以下一些优势。
- 最优性保证。可容许性和一致性的条件确保了 A* 算法能找到最优解。如果启发函数同时满足这两个条件，那么 A* 算法在终止时会找到一条从起点到终点的最优路径。
- 效率高。当 $h(n)$ 接近 $d(n, t)$ 时，A* 算法会更快地收敛到最优解，因为它会沿着接近最优路径的方向搜索。

正因如此，在日常应用中，通常会把 A* 算法用于地图导航、游戏 AI、机器人路径规划等对解的最优性有较高要求的场景。

最后，来讨论一下局部最优问题。这是许多搜索算法面临的一个挑战，尤其是在使用启发函数指导搜索时。局部最优问题指的是搜索过程中算法可能陷入一个局部最优解而无法找到全局最优解的情况，进而影响算法的整体性能和效果。这通常发生在搜索空间中存在多个局部最优解的情况下，而算法可能过早地停留在其中一个局部最优解上，而未能继续探索以找到真正的全局最优解。局部最优解发生的可能原因或因素有启发函数的设计不当、搜索策略的局限性、搜索空间的特性等。启发函数的设计对于解决局部最优问题至关重要。一个好的启发函数应当能够有效地指导搜索过程，帮助算法避免陷入局部最优解。在设计启发函数时需要考虑前文提到的可容许性和一致性，并能够提供关于目标节点位置的良好估计，而且应当尽可能接近实际成本，以帮助算法更快地收敛到最优解。

2.4 博弈论

博弈论是研究决策者在特定规则和条件下进行策略选择和互动的学科，也被看作应用数学或运筹学的一个分支。作为一种重要的数学理论，博弈论不仅在经济学、政治学和军事战略中有广泛应用，还在现代人工智能技术的发展中起到了关键的理论支撑作用。究其原因，是现代人工智能技术解决的问题和经典博弈论研究的问题本质上存在相似之处。无论是多智能体系统中的决策问

田忌赛马的制胜启示：博弈论

为什么麦当劳和肯德基总是毗邻开店？快来知识点视频中找寻答案吧！

题（无人驾驶、智能电网），还是机器人在动态环境中的策略选择（AlphaGo[12]），都涉及多个参与者之间的策略互动。理解博弈论的基本原理和方法，能帮助读者更好地设计和优化人

工智能系统中的决策机制。本节将着重介绍博弈论的起源与发展、定义与数学基础，并分析经典的博弈案例，为读者呈现更直观的博弈论的研究内容。

2.4.1 博弈论的起源与发展

博弈论的起源最早要追溯到春秋时期，我国著名的军事家孙武在他的著作《孙子兵法》中提出了和现代博弈论核心思想非常相近的战略原则。比如，他在《谋攻篇》中提到，"上兵伐谋，其次伐交，其次伐兵，其下攻城"。这说明在面对敌人时，最高明的策略是从谋略上取胜，其次是通过外交手段取胜，再次是通过军事手段取胜，而最下策才是攻打城池。这种层次化的策略选择与博弈论中决策者在不同情境下选择最优策略的理念非常相似。又比如，《谋攻篇》中的"知己知彼，百战不殆；不知彼而知己，一胜一负；不知彼不知己，每战必殆。"这句话其实强调了信息的重要性和不确定性，与博弈论中的信息不对称和不确定性有直接的关联。在博弈论中，掌握对手的信息和行为可以显著影响策略的选择，进而影响博弈的结果。但是，在孙武所处的这个时代并没有出现系统的博弈论。人们本质上还是在根据经验来把握博弈的局势，努力使自身利益最大化。即便是孙武，也只是站在战略家的角度，分析了在一场战争博弈中通过合理的策略选择来让自己获得优势从而取胜。换言之，他只考虑到自己为了获胜应该做什么，并没有考虑到对方会采取什么样的措施来应对。只有自己一人当然构成不了博弈，就好比一个人是玩不了石头剪刀布的。那自然也就不涉到后面要涉及的博弈论中最重要的概念——纳什均衡。至于构成博弈的具体要素，会在后续章节中介绍，此处只需了解博弈至少要有两个参与方的视角即可。

真正将博弈论系统理论化的是策墨洛（Zermelo）、波雷尔（Borel）和约翰·冯·诺伊曼（John von Neumann）。策墨洛实现了用数学方法研究博弈现象的第一次尝试，他提出并证明了关于有限两人零和完全信息博弈的定理，即在有限游戏中，排除运气成分等外界干扰，博弈双方当中总存在使得一方必胜（必不败）的策略。这一结果是博弈论的早期重要成果之一，被称为 Zermelo 定理。而波雷尔是第一个将概率和混合策略概念引入博弈理论的人。冯·诺伊曼则被广泛认为是现代博弈论的奠基人，他在 1928 年发表的论文《关于社会博弈的理论》中提出了极小极大定理（Minimax Theorem），这是零和博弈理论的核心定理。该定理证明了在零和博弈中，存在一种混合策略使得一方的最小损失达到最大可能的保证。1944 年，冯·诺伊曼又与奥斯卡·摩根斯坦（Oskar Morgenstern）合著了《博弈论与经济行为》[13]。该书系统地建立了博弈论的数学框架，介绍了包括合作博弈和非合作博弈在内的广泛内容，标志着博弈论正式作为一门拥有完整体系结构的独立学科诞生。

再之后，约翰·福布斯·纳什（John Forbes Nash）提出了"纳什均衡"（Nash Equilibrium）[14]的概念。这使得对非合作博弈的分析成为可能。纳什均衡被广泛应用于政治学、生物学，尤其是经济学领域。在博弈论未被应用在经济学领域之前，传统经济学分析的思路较为狭隘，而博弈论的引入清晰地呈现出经济主体之间的辩证关系，这使得经济学的分析有了新的思路。而纳什本人也因"纳什均衡"在经济学中的广泛应用获得 1994 年的诺贝尔经济学奖。

进入 21 世纪后，博弈论在计算机科学等领域的应用也逐渐增多。网络安全、人工智能及机制设计等领域都开始利用博弈论的原理来优化决策过程。例如，设计网络协议时，博弈论可以帮助设计者理解并预测网络参与者的行为，从而提高系统的安全性和效率。研究者们不仅关注静态博弈和完全信息博弈，还开始探讨动态博弈、不完全信息博弈及其在现实世界中的应用。比如，在多智能体的不完全信息竞争博弈中，如何设计算法使得所有智能体都获得尽可能多的收益等。

读到这里，想必读者已经对博弈论的由来和发展有了大致的了解，下面将详细介绍博弈的基本概念、构成要素及纳什均衡。

2.4.2 博弈论的定义与基础

1. 博弈论的定义

如何定义一个博弈呢？博弈由两个字构成：博和弈。博有赌博的意思，而弈指代下棋尤其是围棋。在我们身边可以很轻易地找出一些博弈的例子，如图 2-10 所示。

田忌赛马　　　　　　　国际象棋　　　　　　　股票

图 2-10　博弈的典型案例

那么，单纯从构词的角度来看，博弈在广义上可以被看作"游戏"。博弈描述的是一个组织或一个团体，其中的每个个体根据自身所掌握的信息，在一定的大环境及约束条件下，同时或有先后之分地，一次甚至多次，从符合规则和自身选择的行为或者说是策略中做出抉择，选择一个尽可能最大化自己收益的策略加以实施以获得某种收益的过程。

从这段对博弈的描述中，不难总结出以下三个构成博弈的核心要素。

- 局中人（Player）：博弈中参与决策的个体或团体。
- 策略（Strategy）：每个玩家可选择的行动方案或计划。所有玩家的可选策略构成博弈整体的策略空间。
- 收益（Payoff）：根据每个玩家所选择的策略组合，每个玩家所获得的结果或回报。

可以说，任何类型的博弈都离不开这三个要素。而在这里，需要指出的是，构成博弈的三要素和深度强化学习智能体的设计原则也十分类似，这也为博弈论和强化学习的结合奠定了理论基础。在后续介绍强化学习的章节，会更加深入地探讨二者的联系。

现在回到构成博弈的要素上来。从上面对博弈的描述中，其实还可以提取出诸如规则（Rules）、次序（Order）等其他相对不那么重要的关键词。这些是构成博弈的要素吗？对此，博弈论研究者们有不同的理解。在本书中，姑且不将其归纳为构成博弈的核心要素，而是将其理解为约束（Constraint），主要用于限定博弈过程的细节方面。因为对于不同种类的博弈，这些次要元素是可变的。一套规则不可能适用于所有种类的博弈，也不是所有种类的博弈都需要明确限定局中人做出决策的先后次序。比如，在猜拳游戏中，规则是只能出三种手势，并且要求玩家同时出手势。那么这套规则和次序适用于炒股吗？显然并不适用。股票买卖交易的规则更为复杂，不同的交易所可能还有不同的规则，也没有对股民是否要同时买入/卖出做出明确规定。

2. 博弈的分类

依据不同的分类标准，可以得到很多种不同类型、不同性质的博弈。比如，按最简单的博弈参与人数来分类，博弈分为两人博弈（棋类游戏）和多人博弈（股票）。下面主要介绍三种相对重要的博弈的分类角度：信息完备性、收益总和及合作关系。

按照信息完备性，博弈分为完全信息博弈和不完全信息博弈。完全信息博弈指的是所有参与者对博弈的规则、策略和可能的收益完全了解，如国际象棋；而不完全信息博弈指的是至少有一名参与者对局中的一些信息不了解，比如在各类公平的赌博游戏（德州扑克、斗地主等）中，任何一个参与方不会完全知晓其他参与者手里有什么牌，因此这类赌博游戏就是一种不完全信息博弈。

按照收益总和分类，博弈分为零和博弈和非零和博弈。零和博弈指的是在宣布博弈结束时，所有参与博弈的局中人所获得的收益的总和为零。围棋就是一个非常简单的零和博弈的案例。当从收益计算的角度来看围棋时，胜者的正收益（围住对方棋子的数目）与负者的负收益（被对方围住的棋子数目）之和为零；相应地，胜者的负收益与负者的正收益之和也同样是零。因此，虽然围棋游戏有胜负，但是从全局的角度来看，参与方的收益之和总是为零。而非零和博弈中局中各方的收益之和不必是零。一个简单的非零和博弈的例子就是团队的分工合作。在团队工作或项目管理中，如果团队成员积极分工协作，各自发挥专长，提高整体工作效率和成果，就能确保每个成员都能从团队的成功中获益，形成非零和的局面。

按照合作关系，博弈分为合作博弈和非合作博弈。合作博弈指的是局中人可以形成联盟，共同决策并分享收益；而非合作博弈指的是局中人独立决策，各自最大化自身收益。

将上述不同种类的博弈加以组合，就可以得到一些非常经典的博弈案例。比如 2.4.3 小节要讨论的囚徒困境[15]就是一个典型二人非合作完全信息零和博弈，拍卖博弈是一个多人非合作不完全信息非零和博弈。

3. 纳什均衡

纳什均衡描述了一种博弈的均衡状态。即在纳什均衡下，所有参与者（玩家）都选择了使自己收益最大化的策略，并且没有任何一个参与者可以通过单方面改变自己的策略而获得更多的收益。其形式化描述如下。

假设有一个包含 n 个玩家的博弈，其中玩家 i 的策略集合为 $s_i \subseteq S$，S 为策略空间，收益函数为 u_i。那么策略组合 $(s_1^*, s_2^*, \cdots, s_n^*)$ 是一个纳什均衡 E_q，当且仅当每个玩家 i 及其他们的替代策略 $s_i \subseteq S$ 都有

$$u_i(s_1^*, s_2^*, \cdots, s_i^*, \cdots, s_n^*) \geqslant u_i(s_1, s_2, \cdots, s_i, \cdots, s_n)$$

也就是说，在其他玩家的策略 $(s_1^*, s_2^*, \cdots, s_{i-1}^*, s_{i+1}^*, \cdots, s_n^*)$ 不变的情况下，玩家 i 选择 s_i^* 可以使得他的收益 u_i 最大化。这个概念初看可能有点抽象，下面通过猜拳游戏这个简单例子来帮助理解。

首先，需要理解"策略空间"的含义。策略空间指的是所有玩家可选策略的集合。比如猜拳游戏中的"剪刀""石头""布"三种手势构成玩家的策略空间。其次，要知道纳什均衡可以是一种纯策略（Pure Strategy）的，也可以是混合策略（Mixed Strategy）的。纯策略指的是玩家每次总是选择同一个确定性的策略。例如，在猜拳游戏中，始终选择出"石头"。而混合策略指的是玩家根据一个预先设定的概率分布在多个策略之间进行选择。当纯策略的纳什均衡不存在时，就可以考虑寻找混合策略的纳什均衡。例如，玩家可以选择 1/3 的概率出"石头"、1/3 的概率出"剪刀"、1/3 的概率出"布"。而采用混合策略有其对应的现实意义。首先是增加自己策略的不可预测性，防止自己的行动被对手预测，增加对手获胜的难度；其次是采取混合策略可以提高灵活性以适应不同的对手和环境；最后，收益函数是一个从策略到收益的单射函数，对于不同的博弈可以自定义这种函数，对此读者不必过多纠结。而至于为什么猜拳游戏不存在纯策略的纳什均衡，下一小节具体讲解。

至此，对纳什均衡的定义及衍生的混合策略的定义应有了一个比较清晰的认知。接下来，要明确纳什均衡的存在条件。因为不是所有的博弈都可以找到一个纳什均衡点。如果有了纳什均衡存在条件的先验知识，就可以为求解博弈均衡点免去很多不必要的麻烦。具体来说，纳什均衡的存在主要依赖于以下几个基本条件。

- 有限策略空间。每个玩家都有一个有限的策略集合，即每个玩家的策略选择是有限的。
- 完备信息。所有玩家对游戏的规则、其他玩家的策略集合和收益计算有完备的了解。也就是说，所有玩家都完全清楚游戏的规则。
- 理性假设。所有玩家都是理性的，即他们会做出最大化自己收益的策略。

由于纳什均衡存在条件的证明较为复杂，这里不做过多赘述，感兴趣的读者可以自行参考相关文献。现在，明确了纳什均衡的概念，也了解了纳什均衡存在的条件。那么，假设有一个有限策略的完备信息博弈，应该怎么求解这个博弈的纳什均衡呢？这里提供一个求解纳什均衡的方法——最佳响应框架（Best-Response Framework）。最佳响应框架用于分析和解决非合作博弈中的策略选择问题。该框架的基本思想是通过寻找每个参与者在给定其他参与者策略情况下的最佳响应策略，从而找出均衡点。具体求解步骤如下。

1）明确局中人的策略空间 S，即确定博弈参与者所有的可能策略。

2）随机初始化每个玩家的策略。

3）计算策略组合收益。根据收益函数计算当前所有玩家的策略的收益 $u_i^1(s_1, s_2, \cdots, s_i, \cdots, s_n)$。

4）确定最佳响应策略。对于每个局中人，找出在其他参与者策略固定的情况下使其收益最大的策略。

5）更新策略。

6）检查收敛性。检查所有玩家的策略是否已经是最佳响应策略：如果是，算法终止，当前策略组合为纳什均衡；如果不是，则返回继续迭代。

算法 2-1 给出了最佳响应框架的形式化描述。

算法 2-1：最佳响应框架

输入：局中人集合 Set(n)，策略空间 S，收益计算函数 u，最大迭代次数 T
输出：策略空间 $(s_1^T, s_2^T, \cdots, s_n^T)$
1　采用随机方法，初始化每个局中人的策略 s_i
2　$t \leftarrow 0$; flag = False
3　while $t \leq T$ or flag = False do
4　　for each $i \in \text{Set}(n)$ do
5　　　计算 i 在当前策略组合 $(s_1^t, s_2^t, \cdots, s_n^t)$ 下的收益 u_i^t
6　　　在其他局中人策略 s_{-i}^t 不变的情况下，确定 i 的最佳响应策略 $s_i^* = \text{argmax}\, u_i^*(s_i, s_{-i}^t)$
7　　for $\forall i \in \text{Set}(n)$ do
8　　　if $s_i^t = s_i^*$ do
9　　　　flag = True
10　　　else
11　　　　$t = t + 1$；$s_i^t = s_i^*$
12　　　　continue
13　return $(s_1^T, s_2^T, \cdots, s_n^T)$

最佳响应框架适用于所有一般的有限策略完全信息博弈的纳什均衡的求解，特别是策略空间较大的博弈。对于一些策略空间是离散的并且非常有限的博弈，可以采用收益矩阵的形式求解纳什均衡。

2.4.3　经典博弈案例分析

本小节主要介绍一些经典的博弈案例及它们的解法。涉及的博弈案例有猜拳游戏、囚徒困境、枪手博弈。由于介绍的博弈案例基本上都是策略空间较小的博弈，并不需要多次迭代来求解均衡，因此采用通过分析收益矩阵（可以看成收益函数）直接获得混合策略均衡的范式求解每个案例的纳什均衡。

> 在博弈论中，收益矩阵（或称为支付矩阵、得益矩阵）是一个描述参与者在各种可能选择组合下的收益或损失的表格。在矩阵中，通常每一行代表一个参与者的所有可能策略，而每一列则代表另一个参与者的所有可能策略。通过矩阵，可以清晰地看到所有可能的策略组合及其对应的收益。

1. 猜拳游戏

猜拳游戏是一个典型的二人完全信息零和博弈。讲解该博弈的主要目的是说明为什么有些博弈不存在纯策略的纳什均衡，而只能转向求解混合策略的纳什均衡。

首先列出猜拳游戏的收益矩阵，见表 2-7，其中有数字的单元格中，第一个数字代表 A 的收益，第二个数字代表 B 的收益。

表 2-7　猜拳游戏中 A 和 B 的收益矩阵

A \ B	石头	剪刀	布
石头	0, 0	1, −1	−1, 1
剪刀	−1, 1	0, 0	1, −1
布	1, −1	−1, 1	0, 0

如果玩家 A 选择出石头，那么玩家 B 可以选择出布来最大化自己的收益；而如果 A 选择出布，那么 B 可以选择出剪刀最大化自身收益；若 A 选择出剪刀，B 可以选择出石头最大化自身收益。换言之，不论局中人一方选择什么策略，另外一方总有动力改变策略以提升自己的收益。对应到最佳响应框架中，在算法 2-1 的循环中，每一次 i 的最佳响应策略 s_i^* 相较于上一时刻的最佳响应策略 s_i^t 永远都在变化。也就是说，使用最佳响应框架无法让算法收敛。

那么，该如何求解猜拳游戏的混合纳什均衡呢？

根据混合策略的定义，假设玩家 A 以 p_R^A、p_S^A、p_P^A 的概率分别选择出石头、剪刀和布，玩家 B 以 p_R^B、p_S^B、p_P^B 的概率分别选择出石头、剪刀和布。对于两个玩家策略的概率分布做以下约束：

$$p_R^A + p_S^A + p_P^A = 1$$
$$p_R^B + p_S^B + p_P^B = 1$$

首先，计算玩家 A 的收益期望。对于玩家 A，选择出石头的预期收益为

$$E^A(R) = p_R^B \cdot 0 + p_S^B \cdot 1 + p_P^B \cdot (-1) = p_S^B - p_P^B$$

选择出剪刀的预期收益为

$$E^A(S) = p_R^B \cdot (-1) + p_S^B \cdot 0 + p_P^B \cdot 1 = p_P^B - p_R^B$$

选择出布的预期收益为

$$E^A(P) = p_R^B \cdot 1 + p_S^B \cdot (-1) + p_P^B \cdot 0 = p_R^B - p_S^B$$

接下来，计算玩家 B 的收益期望。对于玩家 B，选择出石头的预期收益为

$$E^B(R) = p_R^A \cdot 0 + p_S^A \cdot 1 + p_P^A \cdot (-1) = p_S^A - p_P^A$$

选择出剪刀的预期收益为

$$E^B(S) = p_R^A \cdot (-1) + p_S^A \cdot 0 + p_P^A \cdot 1 = p_P^A - p_R^A$$

选择出布的预期收益为

$$E^B(P) = p_R^A \cdot 1 + p_S^A \cdot (-1) + p_P^A \cdot 0 = p_R^A - p_S^A$$

根据纳什均衡的定义可知，在混合策略的纳什均衡中，每个玩家的策略的预期收益应该相等。因此，对于玩家 A，有

$$p_S^B - p_P^B = p_P^B - p_R^B = p_R^B - p_S^B$$

对于玩家 B，有

$$p_S^A - p_P^A = p_P^A - p_R^A = p_R^A - p_S^A$$

结合对玩家策略的概率分布的约束，可以解方程得到

$$p_S^B = p_P^B = p_R^B = p_R^A = p_S^A = p_P^A = \frac{1}{3}$$

于是，A 和 B 均以 1/3 的概率选择出石头、剪刀和布三种手势的混合策略组合为猜拳游戏的纳什均衡。通过这个案例，详细说明了什么情况下博弈不存在纯策略的纳什均衡，以及对于纯策略纳什均衡不存在的博弈，如何寻找一种混合策略的纳什均衡。接下来，通过其他的经典博弈案例介绍最为一般的均衡求解范式。

2. 囚徒困境

囚徒困境是一种经典非零和两人静态博弈，同时也是合作博弈和非合作博弈中的一种特殊类型。这个问题最早由梅里尔·弗勒德（Merrill Flood）和梅尔文·德雷舍尔（Melvin Dresher）在 20 世纪 50 年代提出，后来由阿尔伯特·塔克（Albert W. Tucker）推广，主要描述了两个理性个体在面对合作与背叛时的两难困境。

信任与背叛的无声较量：囚徒困境

这个问题具体描述了以下场景：当两个共谋犯同时被抓捕入狱且不能互相交流时，若这两个人互不揭发对方，便会由于无法找到确切的证据对两人判处同样的罪行，假设会判 1 年。但是，若其中一方选择揭发对方的罪行，而另一方选择沉默，法官可能会将揭发者从轻处置，或者基于揭发者提供的证据，将揭发者释放；而沉默的一方则会由于不配合警方的调查，根据揭发者提供的确凿证据立案，被判处 10 年。还有一种情况便是共谋犯互相揭发、指证，那么便会提供完整的证据，最后双方都判刑 8 年。最终的结果往往更加偏向于最后一种，即由于无法交流、互不信任，最后互相揭发。这种情况恰好印证了纳什均衡的理论。下面来具体分析一下这个问题。

对于上述场景描述，可以提炼出以下三方面的博弈构成：①局中人是 A 和 B；②博弈的策略空间是合作或者背叛；③假如 A 和 B 都选择合作，那么二者的收益都是 -1，若都选择背叛，则二者收益均为 -8，而若一方选择背叛、另外一方选择合作，那么选择合作的人的收益为 -10，选择背叛的一方的收益为 0。为了更加直观地描述这个博弈，采用表 2-8 所示的收益矩阵来表示这个博弈，其中有数字的单元格中，第一个数字代表 A 的收益，第二个数字代表 B 的收益。

表 2-8 囚徒困境中 A 和 B 的收益矩阵

A\B	合作	背叛
合作	-1, -1	-10, 0
背叛	0, -10	-8, -8

对于这种简单类型的博弈，可以通过选择严格优势的策略来直观地检查博弈中是否存在纳什均衡。首先，需要明确严格优势/劣势策略的定义。

如果一个纯策略 s_i 是严格优势策略，对于玩家其他的可选策略 s_i'，无论其他局中人选择

什么策略，s_i 都会带来更高的收益。形式上，对于其他局中人的策略组合 s_{-i}，都有

$$u_i(s_i, s_{-i}) \geqslant u_i(s'_i, s_{-i})$$

相应的，如果一个纯策略 s_i 是严格劣势策略，对于玩家其他的可选策略 s'_i，无论其他局中人选择什么策略，s'_i 都会带来更高的收益。形式上，对于其他局中人的策略组合 s_{-i}，都有

$$u_i(s'_i, s_{-i}) \geqslant u_i(s_i, s_{-i})$$

回顾纳什均衡的定义，不难发现，如果在一个博弈中，对于所有的局中人，能找到一个严格优势策略，那么这个策略就是纳什均衡。

在知晓了严格优势/劣势策略的定义之后，再来回顾一下囚徒困境的收益矩阵（见表 2-9）。不难发现，对于 A 来说，不论 B 选择何种策略，A 选择"背叛"总能获得更高的收益。因此，对于 A 来说，"背叛"就是一个严格优势策略。

而对于 B 来说（见表 2-10），不论 A 选择何种策略，B 选择"背叛"的收益相对于"合作"的收益也是更高的。

表 2-9　粗体数字代表 A 的优势策略，斜体数字代表 A 的劣势策略

A \ B	合作	背叛
合作	*−1, −1*	*−10*, 0
背叛	**0**, −10	**−8**, −8

表 2-10　粗体数字代表 B 的优势策略，斜体数字代表 B 的劣势策略

A \ B	合作	背叛
合作	−1, *−1*	−10, **0**
背叛	0, *−10*	−8, **−8**

综合来看，"背叛"对于双方来说都是严格优势策略（见表 2-11）。因此，（背叛，背叛）为囚徒困境的纳什均衡。

表 2-11　"背叛"为所有局中人的严格优势策略

A \ B	合作	背叛
合作	−1, −1	−10, **0**
背叛	**0**, −10	**−8**, **−8**

对于这种结果，做延伸思考：为什么纳什均衡的策略组合中不会出现严格劣势策略？毕竟就囚徒困境而言，双方如果都选择合作，带来的收益比都选择背叛要多得多。其实从收益表中也可以看出来，若双方都选择合作，那对于任何一方，其实都有动机来选择背叛来单方面提高自己的收益（0＞−1）。因此，严格劣势策略并不能促成博弈走向均衡态。这个结果其实也非常符合现实意义。尽管合作对双方最有利，但由于缺乏沟通和信任，每个人都有背叛对方的动机，从而导致双输的结局，即相互背叛。从囚犯个人的角度来说，每个人都希望通过背叛对方获得更好的结果，而由于彼此之间缺乏信任和沟通，即便被抓之前对方承诺保持沉默，也可能背叛自己以获得自由。

3. 枪手博弈

在聊完囚徒困境这个简单的两人博弈之后，接下来将目光放到一个稍微复杂的博弈案例——枪手博弈。枪手博弈（也称作"决斗者问题"或"三人决斗"）是博弈论中的一个经典问题，用于分析多个参与者在竞争环境下的策略选择。这个博弈的背景设定在决斗场景中，三位决斗者分别站在一个三角形的三个顶点，进行轮流射击，直到只剩下最后一位幸存者。

具体描述如下：假设三名决斗者分别是 A、B 和 C，他们站成一个三角形，每人持有一把枪。三名决斗者的射击准确率不同，假设 A 的射击准确率 $P_A = 0.3$，B 的射击准确率 $P_B = 0.5$，C 的射击准确率 $P_C = 1$。游戏规则是决斗者按顺序轮流射击，顺序为 $A \to B \to C$，然后再轮到 A。每名决斗者在自己的回合中可以选择射击或不射击，且每次只能瞄准一名对手。在这个博弈中，每个人的目标都是成为最后的幸存者。

枪手博弈是一种零和三人非合作动态非对称完全信息博弈。这里需要说明的是，对称博弈指的是所有局中人的策略空间和收益结构式完全相同。而非对称博弈恰恰相反，并且由于每个局中人的策略集不尽相同，收益结构也更加复杂，因此分析非对称博弈相较于对称博弈通常要更加困难。而从枪手博弈的描述中可知，由于该博弈是三人博弈，很难再建立像囚徒困境案例中的收益矩阵。此外，枪手博弈属于动态博弈。动态博弈是在多个时间点上进行的博弈，相较于静态博弈，动态博弈由于具有时序性，在寻找纳什均衡的处理方式上也有很大的不同。下面来介绍一种简单的处理动态博弈的方式——博弈树。

博弈树是一种用于表示动态博弈的图形工具，它可以清晰地展示博弈过程中各个阶段的决策点、可能的选择及最终的结果。博弈树的关键要素和基本结构如下。

- 节点：标识决策点，每个节点代表一个玩家在某个时刻面临的选择。
- 边：连接节点的线条，表示玩家在每个节点上的可能选择和行动。
- 终端：代表博弈的终点，每个终端节点对应一个博弈的最终结果和相应的收益。
- 信息集：表示玩家在做决策时所能观察到的信息。在完全信息博弈中，每个决策点都是独立的信息集；在不完全信息博弈中，一个信息集可能包含多个节点。

博弈树的分析主要采用回溯推理的方式。从树的终端节点开始，逐步向前推理，确定每个玩家在每个节点上的最优策略。当推理进行到最后时（即抵达了树的起点），往往可以得到一个纳什均衡的状态。

在画博弈树之前，首先简单分析一下枪手博弈。局中人的目标都是活下来，并为了这个目标寻找更好的策略。对于 A 来说，若 A 开枪射杀了 B，则下个开枪的是 C，C 便会 100% 射杀自己，所以对于 A 来说，开枪射杀 B 不是一个好策略；而若 A 开枪射杀了 C，则下一轮 B 有 50% 的概率射杀自己；若 A 开枪未打中，则下一轮可以坐山观虎斗，所以 A 最好的策略是故意打空一枪。对于 B 来说，若 A 已经将 C 射杀，则 B 与 A 互相射击，B 的生存率高于 A；而若 A 没有射杀 C，B 只能选择射杀 C，因为只要 C 活着，一定会优先射杀 B。而对于 C 来说，优先消灭威胁大的 B，再射杀 A 是最好的策略。只要自己有开两枪的机会则直接获胜。基于此，画出图 2-11 所示的博弈树。

有了博弈树，接下来需要求解收益矩阵。从枪手博弈的描述中可以发现并没有和枪手收益相关的直接描述。那么如何求解枪手博弈中每个局中人的收益呢？这里需要注意，枪手博弈是一个零和博弈，所有人追求的就是成为最后的生还者，那么"胜率"就成为衡量收益的标杆。求叶子节点的"胜率矩阵"也很简单，谁赢了，他的胜率就是 1，败者是 0。下面按照 A、B、C 的顺序表示三个枪手的胜率。例如 C 获胜，对应的收益矩阵就是（0,0,1）。将收益矩阵标注到博弈树的所有叶子节点上，如图 2-12 中所有蓝色的节点。

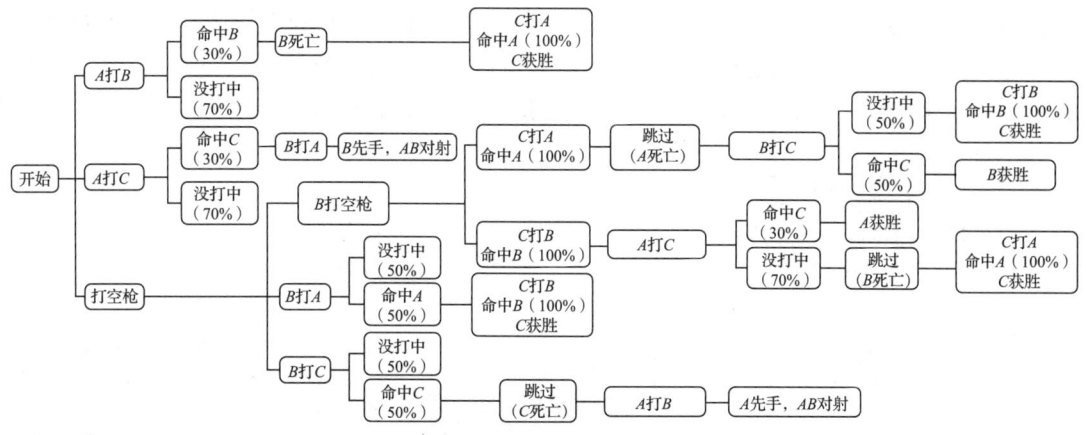

图 2-11　枪手博弈完整的博弈树

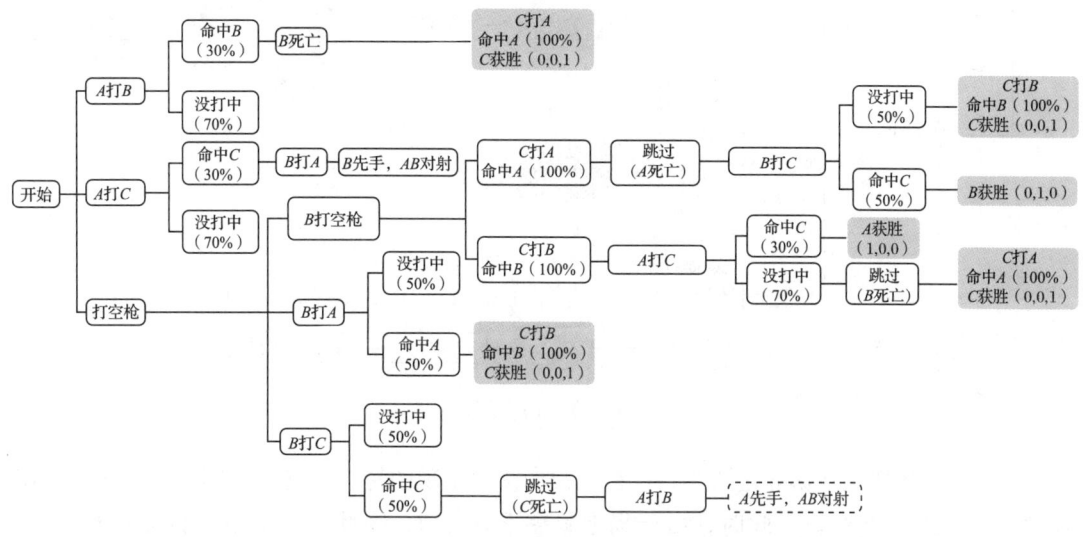

图 2-12　标注收益矩阵

下面使用反向归纳法求解纳什均衡。在这个博弈中，有两个规则需要注意。

- 概率问题。当一个选择可能有多个结果时，这个选择的支付矩阵是多个结果的支付矩阵的加权平均。如 B 选择打 C，命中率是 50%，命中后的支付矩阵是 (0,1,0)，而未命中的支付矩阵是 (0,0,1)，那么，这个选择的支付矩阵就是 (0,1,0)·50% + (0,0,1)·50% = (0,0.5,0.5)。也就是说，这个选择有 50% 的概率 B 获胜，有 50% 的概率 C 获胜。
- 最优选择。当一个人面临多个选择时，他一定会从每个选择的支付矩阵中选择他自己胜率最高的那个。这也就是他这个子博弈的纳什均衡解。

基于上述两个规则，可以推导得到图 2-13 所示的博弈树。

图 2-13 所示的是用叶子节点反向归纳后得到的博弈树，所有已经求出支付矩阵的节点被标记为灰色。图中加下横线和加下波浪线处是一处分支选择。加下横线的是被选中的分

支，加下波浪线的是被淘汰的分支（由于此时是 C 做决策，因此分支的选择依照 C 的收益最大化策略进行）。而当问题推导到这里的时候可以发现，无法继续进行回溯了。因为前面有两个节点没有展开（图中虚线框节点）。那么接下来从这两个节点开始回溯。

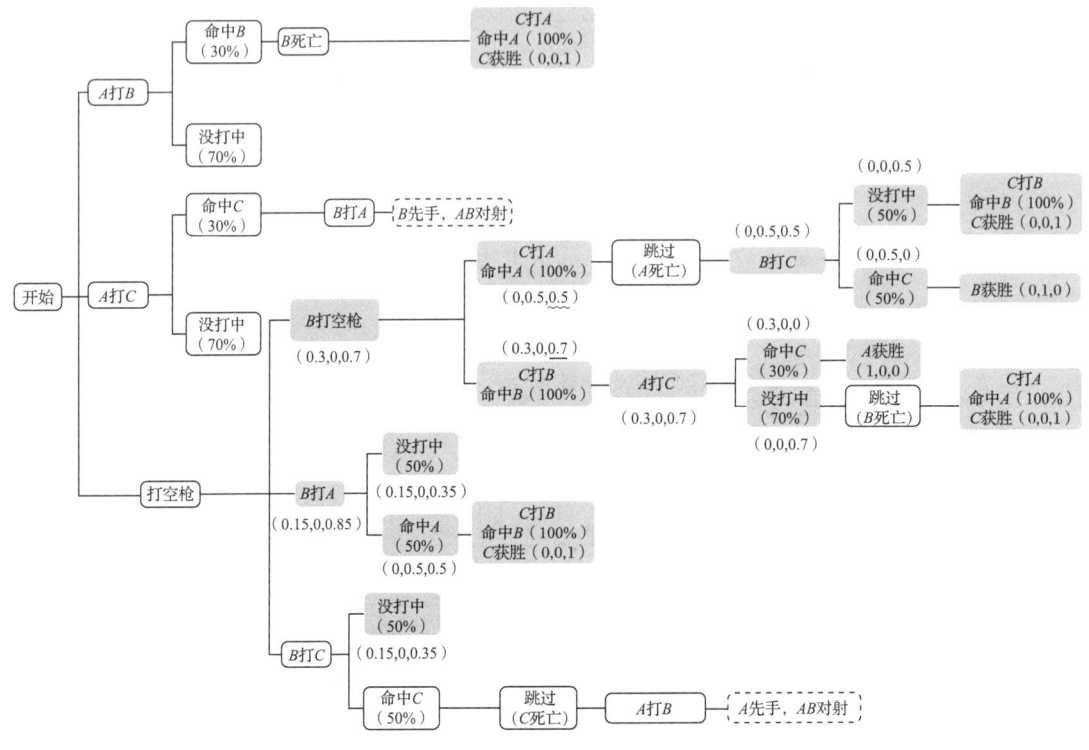

图 2-13　枪手博弈树的推导

这两个子博弈是在博弈过程中，C 首先被淘汰后出现的特殊情况，分别是：B 先手，AB 对射；A 先手，AB 对射。此时，由于场上只剩下 A 和 B，因此二人的射击目标只有对方，但由于 A、B 二人都不能保证百发百中，因此射不到对方的情况理论上永远存在（一般这种情况被称作菜鸡互啄），如果无限推演下去，因为没有出口，博弈树只会陷入死循环。此时该如何计算双方的胜率呢？以 A 先手 AB 对射为例，分析一下每轮情况。设 A 的命中率为 a，B 的命中率为 b，A 先手，则每轮发生的情况的概率见表 2-12。

表 2-12　C 首先被淘汰后 A、B 二人的推演

	回合 1：A	回合 2：B	回合 3：A	回合 4：B	…
命中的概率	a	$(1-a)b$	$(1-a)(1-b)a$	$(1-a)(1-b)(1-a)b$	…
空枪概率	$1-a$	$(1-a)(1-b)$	$(1-a)(1-b)(1-a)$	$(1-a)(1-b)(1-a)(1-b)$	…

那么如何计算 A 的胜率呢？A 的胜率即所有回合数的命中概率之和。这里需要用到微积分进行计算。考虑到本书受众并不一定完全了解积分的相关内容，这里直接给出经过最终计算回溯得到的博弈树，如图 2-14 所示。

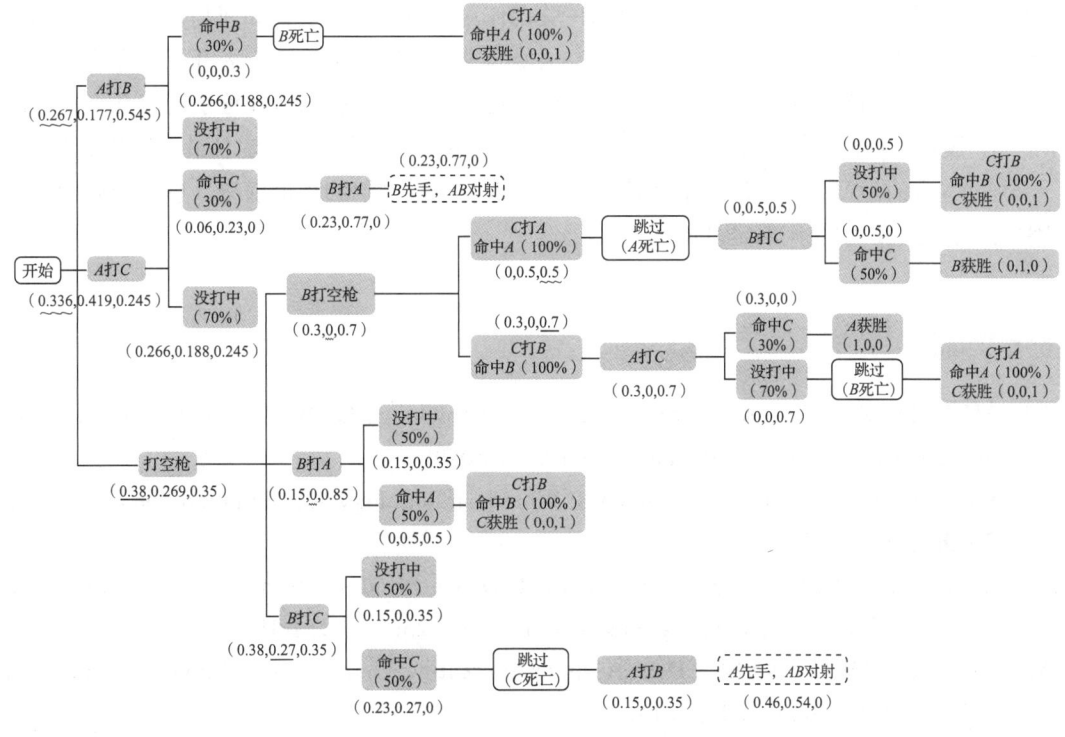

图 2-14　回溯后的完整博弈树

这样，通过反向归纳法得到了 A 第一回合的三个选择的支付矩阵。比较三种选择下 A 的胜率（A 打 B 为 26.7%，A 打 C 为 33.6%，打空枪为 38.1%），终于可以得出这个问题的答案：A 的最优策略是打空枪，生存概率是 38.1%（99/260）。这个答案同样也论证了一开始的预期——A 最好的策略貌似是故意打空枪。有趣的是，这场博弈中，A、B、C 的胜率分别为 38.1%、26.9% 和 35.0%（纳什均衡状态下），枪法最差的 A 生存下来的概率更高。

2.5　小结

本章开篇即以知识表示的多样性和逻辑推理的基本原理为基石，引导读者理解如何用计算机模拟人类的思维过程并进行逻辑推理和决策制定。随后，详细剖析了构建智能系统不可或缺的两大核心技术支柱，即知识推理与问题求解策略。

在知识推理部分，详尽阐述了知识推理的多元方法论，聚焦于概率推理、因果推理及基于知识图谱的推理技术。概率推理以其处理不确定性的独特优势，赋予 AI 系统在模糊或不确定环境下做出明智决策的能力；因果推理则如同解锁自然法则的钥匙，帮助系统洞察并预测事件间的因果链条，深化对复杂现象的理解；而知识图谱推理，则通过精准构建并利用实体间的关联网络，为解析复杂问题提供了前所未有的深度与广度。

在问题求解部分，聚焦于搜索算法与博弈论的精妙应用。逐一剖析了盲目搜索（如广度优先搜索、深度优先搜索）与启发式搜索（如 A* 算法）的精髓，展示了这些算法如何在路径规划、组合优化及博弈策略制定中发挥关键作用，引领读者学会如何高效、系统地探索解空间，以逼近或找到最优解。进一步地，从博弈论的起源讲起，逐步揭开了博弈论的神秘面纱，介绍了它的基本概念和分类，并通过分析猜拳游戏、囚徒困境和枪手博弈几个经典博弈案例，展示了如何求解博弈的纳什均衡，即在多方策略互动中寻找稳定且最优的策略组合。

通过本章的学习，希望读者能搭建起知识推理与问题求解的理论框架，进而为后续深入探索人工智能的广阔应用奠定基础。

参考文献

[1] MINSKY M. A framework for representing knowledge [J/OL]. MIT-AI Memos, 1974, 306[2024-8-10]. http://holl.handle.net/1721.1/6089.

[2] GUARINO N, OBERLE D, STAAB S. What is an ontology?[J]. Handbook on ontologies, 2009(1): 1-17.

[3] STUDER R, BENJAMINS V R, FENSEL D. Knowledge engineering: principles and methods [J]. Data & knowledge engineering, 1998, 25(1-2): 161-197.

[4] NOY N F, MCGUINNESS D L. A guide to creating your first ontology[J]. Biomedical informatics research, 2001, 2: 14.

[5] JOHNSON-LAIRD P N. Deductive reasoning [J]. Annual review of psychology, 1999, 50(1): 109-135.

[6] HAYES B K, HEIT E, SWENDSEN H. Inductive reasoning [J]. Wiley interdisciplinary reviews: Cognitive science, 2010, 1(2): 278-292.

[7] GIARRATANO J C, RILEY G. Expert systems: principles and programming [M]. Belmont, California: Brooks/Cole Publishing Co., 1989.

[8] PRATT I. Closed world assumptions [J]. Artificial intelligence, 1994(11), 65-84.

[9] STEPHENSON T A. An introduction to Bayesian network theory and usage [EB/OL]. (2000-3-1)[2024-12-4]. https://publications.idiap.ch/publications/show/784.

[10] FOSLER-LUSSIER E. Markov models and hidden Markov models: A brief tutorial [R]. Berkeley: International Computer Science Institute, 1998: 1-9.

[11] BLYTH C R. On Simpson's paradox and the sure-thing principle [J]. Journal of the American statistical association, 1972, 67(338): 364-366.

[12] SILVER D, HUANG A, MADDISON C J, et al. Mastering the game of Go with deep neural networks and tree search [J]. Nature, 2016, 529(7587): 484-489.

[13] NEUMANN J V, MORGENSTERN O. Theory of games and economic behavior[M]. Princeton: Princeton University Press, 1944.

[14] NASH J F. Equilibrium points in n-person games [J]. Proceedings of the national academy of sciences, 1950, 36(1): 48-49.

[15] FLOOD M M. Some experimental games [J]. Management science, 1958, 5(1):5-26.

第 3 章

机器学习基础

随着信息技术的飞速发展和数据规模的爆炸性增长,机器学习作为一种从数据中提取知识并实现自动预测与决策的核心技术,已经得到了广泛的应用和关注。一般来说,机器学习通过设计算法,使计算机能够从大量数据中学习模式和规律,从而具备应对新问题和复杂环境的能力。其应用范围涵盖金融、医疗、自动驾驶、自然语言处理、图像识别等诸多关键领域,并展现出强大的技术优势。特别是近些年,随着硬件资源计算能力的提升和学习算法的不断创新,机器学习逐渐从理论研究走向实际应用,成为推动人工智能发展的重要力量。本章将首先介绍机器学习的基础概念和经典算法,全面阐述其核心内容;接着讨论模型评估与选择的重要性,帮助读者掌握如何通过有效的评估策略选择合适的模型;最后概述当前机器学习的核心技术及其广泛应用,引导读者探索机器学习技术的前沿发展与未来趋势。

3.1 机器学习概述

机器学习(Machine Learning,ML)是一门专注于利用经验,通过计算技术来模拟和实现人类学习过程的学科。这里的"经验"常以数据的形式呈现,而机器学习的核心在于开发能够从数据中提取知识和规律的"学习算法"。利用这些学习算法,机器学习便可以通过经验数据来训练模型,并借助学习到的规律(知识)对未知或无法观测的数据进行预测。

机器学习:数据与经验的转化大师

这一过程不仅是数据的简单转换,更是将无序的输入数据转化为有价值的知识信息,从而构建出能够智能应对新情境、新挑战的模型。从这一角度看,机器学习的工作机制与人类通过积累经验来学习和适应复杂环境的过程高度相似。计算机科学领域历来重视算法的研究与发展,机器学习不仅继承了计算机科学对算法精妙的设计与优化,更在此基础上进行了创新性的扩展,赋予了算法自我学习与适应环境变化的能力。这一特性使得机器学习在数据挖掘、计算机视觉、语音识别、预测建模等众多领域展现出了强大的应用潜力,成为人工智能的核心研究领域,也是实现智能化的关键技术之一。

在机器学习实践中,数据是不可或缺的基石。例如,要构建一个房价预测模型,首要任务便是搜集全面且丰富的房价数据集。这一数据集汇聚了多栋房屋的详尽信息,包括但不限于街道类型、建造年份、房价等多元化属性,以及每栋房屋对应的实际销售价格。在数据集中,每一条记录都代表了一栋房屋的描述,称为一个样本(Sample)。样本中详细列出的房屋属性称为特征（Feature），比如街道类型、建造年份及房价等，它们是构建预测模型时不可或缺的输入变量。而对应任务的目标，即房屋的价格，称为标签（Label）。当学习过程依赖于这种带有明确标签的数据集时，则称之为监督学习（Supervised Learning）。在这种模式下，机器学习算法通过对比预测结果与真实标签，不断调整自身参数以优化预测性能。相反，若学习过程中不提供数据标签，而是让模型自主探索数据内部的潜在结构与统计规律，则属于无监督学习（Unsupervised Learning）的范畴。

还可以从另一个维度重新审视这一问题。房价预测本质上是对连续数值的预测，这类任务在机器学习领域被统称为回归任务。类似地，气温预测与股市走势预测同样属于回归任务的范畴。与此同时，在日常生活中，人们还频繁地进行定性评估，比如评判房价的高低、预测明天是否降雨或股市的涨跌趋势。这类预测离散输出的任务被称为分类任务。针对这两类任务类型，可采用不同的经典算法进行学习。例如，对于回归任务，线性回归、逻辑回归便是不错的选择；对于分类任务，则常采用线性判别分析、k 近邻算法、决策树、支持向量机等方法。实际上，分类模型与回归模型在底层逻辑上存在共通之处，通过适当调整，某些经典算法（如逻辑回归和决策树）能够灵活应用于两类任务。

模型训练完成后，选择合适的评估策略以衡量模型的性能至关重要。当然，评估方法也是多种多样的。然而，在机器学习实践中，一个不容忽视的要点是确保模型不仅在训练数据集上有优异表现，在未知新样本上也需要表现出色。这种能力称为"泛化"。它是衡量模型有效性和实用价值的核心指标。一个具备强大泛化能力的模型能够广泛适应不同的样本空间，而不仅局限于训练集内的特定模式。近年来，随着数据量的爆炸性增长及计算机软硬件技术的飞速进步，机器学习领域迎来了前所未有的发展机遇。本章将不仅介绍基础的机器学习经典算法和评估方法，还将概览当前机器学习的前沿算法，包括但不限于：深度学习，它是引领人工智能浪潮的核心驱动力，以其强大的特征表征能力，在众多领域取得了突破性进展；强化学习，它模拟了生物体在环境中通过试错学习最优行为的过程，为智能体自主决策与适应复杂环境提供了可能；图学习，专注于处理图结构数据，解锁了社交网络、生物信息学等领域中的隐藏价值；联邦学习，作为隐私保护的利器，实现了数据在不离开本地的前提下进行联合建模与学习；迁移学习，它利用源域知识辅助目标域任务，极大地降低了新任务的学习成本。通过本章的学习，期望读者不仅掌握机器学习的基础框架与核心技术，更能洞察其未来发展趋势，形成对机器学习领域的全面了解。

3.2 经典算法

上一节中介绍了监督学习、无监督学习和回归任务、分类任务的基本概念，本节将具体介绍对应的经典算法，带领读者深入探索机器学习的核心技术与实现方法。

3.2.1 监督学习

监督学习是机器学习中的一类常用且重要的方法，它利用一组已知输入和对应标签的数据集来训练模型，使模型能够学习到一个从输入到输出的映射关系。在这个过程中，模型会不断地根据预测结果与实际输出之间的差异进行调整和优化，直到达到一定的性能标准。下面以房价预测为例介绍回归问题解决方案，以邮件类型识别为例介绍分类问题解决方案。

1. 回归问题——以房价预测为例

回归问题，作为机器学习领域内最为基础且广泛存在的一类问题，在金融、医疗、零售及自然科学等众多领域中扮演着重要的角色。回归分析的核心在于构建一个数学模型，实现基于一系列特征（即自变量）来精准预测一个连续性的目标值（即因变量）的目的。以房价预测为例，回归模型能够利用诸如房屋所在街道的类型、建造年份等特征信息，实现对于房价的有效预测。在处理回归问题时，可采用多种经典算法，如线性回归、多项式回归、岭回归（Ridge Regression）[1]、Lasso回归[2]等，每种算法都有各自的优缺点。下面来简要介绍线性回归。

线性回归是最古老也是最简单的回归算法之一，其历史可以追溯到18世纪，该算法在统计学中占据着重要地位，成为许多复杂算法的基础。线性回归的基本思想是通过找到最佳拟合直线来模拟因变量和自变量之间的关系。以房价预测为例，假设目前有一个真实的数据集，其中包含了每套房屋的特征，如房屋的街道类型和建造年份，以及对应的预测标签，即房屋的实际价格。为便于讨论，可以将一个房屋样本输入表示为一个向量 $\boldsymbol{x}=(x_1,x_2)^{\mathrm{T}}$，其中，$x_1$ 表示街道类型，x_2 表示建造年份，对应的房屋标签用 y 表示。线性回归模型通过对房屋特征（街道类型和年份）进行线性加权求和计算预测出房屋价格。其数学模型可以表示为

$$\hat{y}=\boldsymbol{w}^{\mathrm{T}}\boldsymbol{x}+b=w_1\cdot x_1+w_2\cdot x_2+b \tag{3-1}$$

其中，$\hat{y}$ 是模型预估的房价，即模型的预测值；$\boldsymbol{w}=(w_1,w_2)^{\mathrm{T}}$ 称为权重（Weight），表示房屋各种属性特征对预测值的影响；b 为偏置（Bias），也称为偏移量（Offset）或截距（Intercept），它是一个常数，一般会被加到预测值中，用于调整线性回归模型的输出使其更接近实际值。

这里，将其推广至更一般的情况。假设每个样本有 d 个属性描述，可以将其向量化表示为 $\boldsymbol{x}=(x_1,x_2,\cdots,x_d)^{\mathrm{T}}$，那么房价预测值可以表示为

$$\hat{y}=\boldsymbol{w}^{\mathrm{T}}\boldsymbol{x}+b=w_1\cdot x_1+w_2\cdot x_2+\cdots+w_d\cdot x_d+b \tag{3-2}$$

在实际的数据集中，通常不止一个样本，假设数据集由 n 个样本构成，可以用一个二维矩阵 $\boldsymbol{X}\in\mathbb{R}^{n\times d}$ 表示数据集的所有样本。其中，$\boldsymbol{X}$ 的每行对应一个样本，该行的每列对应样本的一种特征。这样一来，模型的预测值 $\hat{\boldsymbol{y}}\in\mathbb{R}^n$ 可以通过矩阵-向量乘法得到，即

$$\hat{\boldsymbol{y}}=\boldsymbol{X}\boldsymbol{w}+\boldsymbol{b} \tag{3-3}$$

其中，$\boldsymbol{b}\in\mathbb{R}^n$ 表示向量形式的偏置，以适应矩阵运算。

回到任务目标——预测房价，即利用训练数据集的特征 $\boldsymbol{X}$ 和相应的标签 $\boldsymbol{y}$ 来训练线性回归模型以实现任务目标。换言之，通过学习确定模型的权重向量 $\boldsymbol{w}$ 和偏置 b，当模型面对生活中的真实房屋数据 $\boldsymbol{X}$ 时，可以预测出与真实房价 $\boldsymbol{y}$ 更接近的预测值 $\hat{\boldsymbol{y}}$。为此，通常将数据集分为训练集（Training Set）和测试集（Test Set）两部分。训练集的样本用来训练模型的

参数；测试集用来检验模型的性能，即利用学习得到的模型参数对测试样本进行预测（如该任务中的房价），并通过评价指标评测预测结果与真实值（真实房价）的接近程度。在机器学习的算法训练中，一般采用损失函数衡量预测值和真实值之间的差异，它是一个非负实值函数。损失函数的值越小，说明模型的性能越好，所以通常倾向于将学习任务看作一个最小值优化问题。在训练模型时，希望寻找一组参数 (w^*, b^*) 能使得所有训练样本上的总损失达到最小，即

$$\{w^*, b^*\} = \underset{w,b}{\arg\min} L(w,b) \tag{3-4}$$

其中，L 表示损失函数。在房价预测这类预测标签为实数值的任务中，可采用均方误差定义每个样本的损失：

$$L^i(w,b) = \frac{1}{2}(\hat{y}^i - y^i)^2 \tag{3-5}$$

其中，$\hat{y}^i$ 表示第 i 个样本的预测值；y^i 表示第 i 个样本的真实值。总损失值则是模型在训练集的 n 个样本上的损失均值：

$$L(w,b) = \frac{1}{n}\sum_{i=1}^{n} L^i(w,b) = \frac{1}{2n}\|y - Xw - b\|^2 \tag{3-6}$$

一般采用最小二乘法来求解参数的一个最优估计值。首先，将偏置 b 合并到参数 w 中，生成增广权重向量 $\hat{w} = (w; b) \in \mathbb{R}^{d+1}$。相应地，在特征矩阵 X 后拼接一个元素全为 1 的列向量，生成增广特征矩阵 $\hat{X}$。为方便表述，直接用 w 和 X 来表示增广权重向量和增广特征矩阵。那么，损失函数 $\|y - Xw\|^2$ 则被转化为关于 w 的凸函数，可以通过对其求导，并使其导数为 0，得到解析解：

$$w^* = (X^T X)^{-1} X^T y \tag{3-7}$$

> 最小二乘法是一种数学方法，用于找出最适合一组数据的直线或曲线。它通过调整直线或曲线的位置，使得所有数据点与该线之间距离的平方和最小。换句话说，它找到一个最佳拟合的方程，使得预测值与实际值之间的误差尽量小。这个方法常用于数据分析和回归模型中，用来解释变量之间的关系。

通过上述分析，可以清晰地认识到线性回归模型所具备的诸多优势：模型的简洁性使得模型易于理解与实施，计算效率高，特别适用于处理大规模数据集；同时，其强大的可解释性赋予模型参数明确的统计含义，能够直观地揭示特征对目标变量的影响机制。然而，任何模型都有其局限性，线性回归模型也不例外。首先，它基于特征与目标变量间线性关系的假设在一定程度上限制了其捕捉复杂非线性关系的能力；其次，线性回归模型对异常值较为敏感，可能影响参数估计的稳健性；再者，当特征之间存在多重共线性时，线性回归的参数估计可能变得不稳定。为了克服这些局限性，可以根据具体问题的需求选择更加合适的回归算法。例如，岭回归通过引入正则化项有效缓解了多重共线性问题；Lasso 回归则在岭回归的基础上进一步实现了特征选择的功能；而对于处理非线性关系或数据缺失问题，决策树回归[3] 和随机森林回归[4] 等算法则展现出了更强的灵活性和适应性。线性回归模型的应用领域极为广泛，

跨多个学科与行业。在经济学中，可利用线性回归模型预测消费支出与收入之间的动态关系，帮助经济学家把握未来消费趋势；在金融领域，线性回归是预测股票价格和风险管理的有力工具，助力金融分析师精准把握市场脉搏；在社会学研究中，线性回归更是探索社会现象间复杂关联性的重要手段，如揭示教育水平对个体收入水平的影响等。这些应用实例不仅彰显了线性回归模型的实用价值，也进一步证明了其在数据分析与决策支持中的重要地位。

> 多重共线性（Multicollinearity）是统计学中，特别是回归分析中的一个重要概念。它指的是在回归模型中，两个或两个以上的自变量（解释变量或预测变量）之间存在高度线性相关的情况。换句话说，当这些自变量在样本数据中以相似的方式变化时，就发生了多重共线性。

2. 分类问题——以邮件类型识别为例

虽然回归和分类都是监督学习问题，但两者有一些重要区别：两者的输出类型不同，即回归模型预测连续值（如价格、温度等），而分类模型预测离散标签（如是或否）；两者的评估指标不同，回归通常使用均方误差等作为评估指标，分类则使用准确率等。例如有一个电子邮件数据集，人们可以使用分类模型判断这封邮件是否是垃圾邮件（离散标签），也可以使用回归模型预测用户对邮件的打开概率（连续值）。目前，常见的分类算法有决策树、朴素贝叶斯、支持向量机、集成学习等。下面来重点介绍经典分类算法——支持向量机。

支持向量机（Support Vector Machine，SVM）[5]自1995年正式被提出以来，迅速跃升为机器学习领域的核心技术，并直接催发了21世纪初期"统计学习"的热潮。作为统计机器学习领域的标志性成就，SVM模型及其理论体系在应对小样本、非线性及高维模式识别挑战时展现出显著优势，并且在多个学科与领域获得广泛应用。例如，在计算机视觉领域，SVM可以用于图像分类和目标检测；在自然语言处理领域，SVM可以用于文本分类和情感分析；在生物信息学中，SVM支持基因表达数据的分类和分析。具体实例包括：①文本分类，以垃圾邮件检测为例，SVM通过学习邮件特征，可以实现有效区分合法邮件与垃圾邮件，提升邮件过滤效率；②图像分类，在人脸识别、物体识别等领域，SVM通过构建最优超平面，实现图像的高效分类与识别；③生物信息学应用，在基因数据分析中，SVM辅助识别特定疾病相关的基因表达模式，为疾病诊断和治疗提供科学依据；④在金融风控领域，它用于信用评分与欺诈检测，增强金融系统的安全性与稳定性；⑤在推荐系统中，SVM则依据用户行为数据，提供个性化内容推荐，优化用户体验。

从技术层面看，SVM作为一种二分类模型，其核心在于构建一个能够最大化两类样本间隔的超平面。如图3-1所示，以邮件类型识别为例，假设给定邮件训练集为 $D = \{(x_1, y_1), (x_2, y_2), \cdots, (x_m, y_m)\}, y_i \in \{-1, +1\}$。其中，标签 y_i 取 -1 或 $+1$ 分别代表正常邮件或垃圾邮件。将 D 中所有实例 x 均看成特征空间中的一个点，若能用一个超平面将 D 中两类不同数据完全隔开，则称样本数据集 D 为线性可分，该平面称为划分超平面。实际上，可以采用不同的划分方式实现对两类训练样本的分类，图3-1a给出了三种具体划分方式。那么接下来的问题就是哪种划分更好呢？图3-1b中的蓝色圆圈表示每个超平面对误差的容忍范围，当误差超出这个圆圈的范围时，分类结果可能会出现错误。从图中可以看出，第三种划分方式下的圆圈面积最大,因此第三个超平面对误差的容忍能力最强,能够更好地应对观测误差。

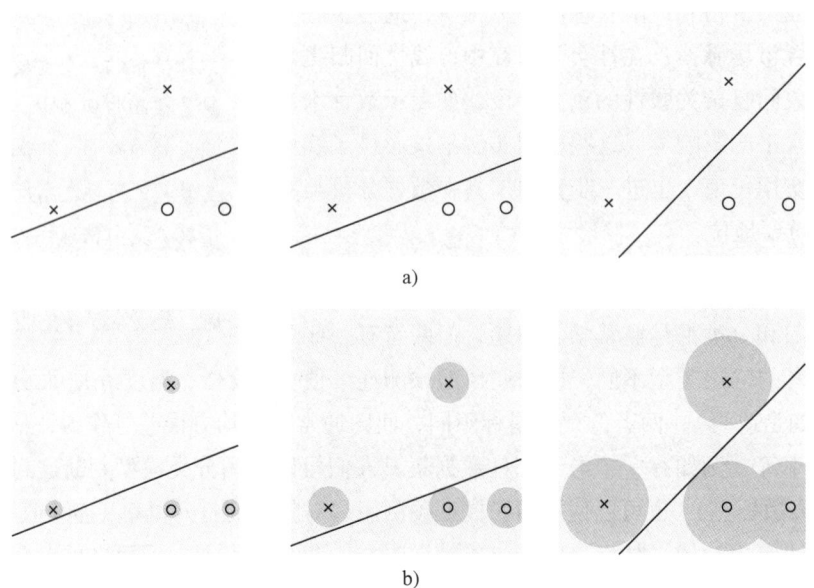

图 3-1 使用超平面分割样本示例

在样本空间中,划分超平面可通过如下线性方程来描述:

$$\boldsymbol{w}^\mathrm{T}\boldsymbol{x}+b=0 \qquad (3\text{-}8)$$

其中,$\boldsymbol{w}$ 是这个平面的法向量,表示超平面的方向;b 是位移项或偏置,表示超平面和原点之间的距离。因此,要确定一个超平面,只需要确定方向 $\boldsymbol{w}$ 和偏置 b 即可。这里,将这个超平面记为 $(\boldsymbol{w}, b)$,样本空间中任意点 $\boldsymbol{x}_i$ 到超平面的距离 dis 可以定义为

$$\mathrm{dis}=\frac{|\boldsymbol{w}^\mathrm{T}\boldsymbol{x}_i+b|}{\|\boldsymbol{w}\|} \qquad (3\text{-}9)$$

如果超平面 $(\boldsymbol{w}, b)$ 能正确地将训练样本分类,那么对于训练集中所有的样本,有

❑ $y_i = +1$ 时,即邮件是垃圾邮件时,则 $\boldsymbol{w}^\mathrm{T}\boldsymbol{x}_i + b > 0$;
❑ $y_i = -1$ 时,即邮件是正常邮件时,则 $\boldsymbol{w}^\mathrm{T}\boldsymbol{x}_i + b < 0$。

这里,还可以再要求"严格"一些,即令

$$\begin{cases} \boldsymbol{w}^\mathrm{T}\boldsymbol{x}_i + b \geqslant +1, y_i = +1 \\ \boldsymbol{w}^\mathrm{T}\boldsymbol{x}_i + b \leqslant -1, y_i = -1 \end{cases} \qquad (3\text{-}10)$$

如图 3-2 所示,可以找到一些距离超平面最近的几个训练样本点,使得式(3-10)成立,这些样本点就被称为"支持向量"(Support Vector),两个不同类支持向量到超平面的距离之和定义为间隔(Margin),计算公式为

$$r = \frac{2}{\|\boldsymbol{w}\|} \qquad (3\text{-}11)$$

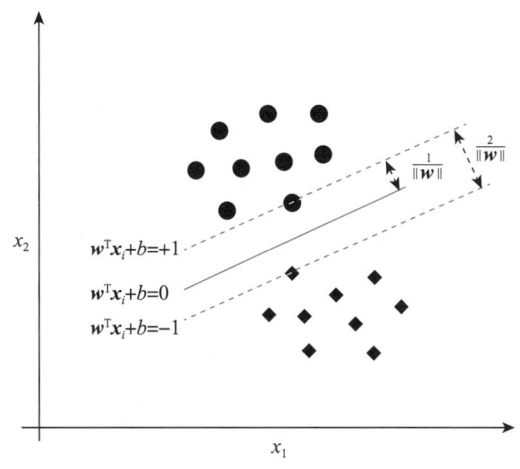

图 3-2 支持向量和间隔

因此，SVM 的优化目标便是找到拥有最大间隔 r 的划分超平面。换句话说，找到参数 w 和 b，使得 r 最大。这个问题可以描述为

$$\max_{w,b} r = \frac{2}{\|w\|}$$
$$\text{s.t. } y_i(w^T x_i + b) \geq 1, i = \{1, 2, \cdots, m\} \tag{3-12}$$

不难发现，为了最大化间隔 r，只需要最大化 $\|w\|^{-1}$，等价于最小化 $\|w\|^2$。因此，可以将式（3-12）改写为

$$\min_{w,b} \frac{1}{2} \|w\|^2$$
$$\text{s.t. } y_i(w^T x_i + b) \geq 1, i = \{1, 2, \cdots, m\} \tag{3-13}$$

这就是支持向量机的基本型。通过求解该公式，就可以得到拥有最大间隔的超平面了。

对式（3-13）可以使用拉格朗日乘子法进行求解。具体地，首先，对式（3-13）的每一个约束条件添加拉格朗日乘子 $\alpha_i \geq 0$，则其拉格朗日函数为

$$L(w, b, \alpha) = \frac{1}{2} \|w\|^2 + \sum_{i=1}^{m} \alpha_i (1 - y_i(w^T x_i + b)) \tag{3-14}$$

其中，$\alpha = (\alpha_1, \alpha_2, \cdots, \alpha_m)$。

再分别对 w 和 b 求偏导，并令其为零，可以得到

$$\begin{cases} w = \sum_{i=1}^{m} \alpha_i y_i x_i \\ 0 = \sum_{i=1}^{m} \alpha_i y_i \end{cases} \tag{3-15}$$

将式（3-15）中的 w 带入式（3-14）中，可以得到式（3-13）的对偶问题，即

$$\max_{\boldsymbol{\alpha}} \sum_{i=1}^{m}\alpha_i - \frac{1}{2}\sum_{i=1}^{m}\sum_{j=1}^{m}\alpha_i\alpha_j y_i y_j \boldsymbol{x}_i^{\mathrm{T}}\boldsymbol{x}_j^{\mathrm{T}}$$
$$\mathrm{s.t.} \sum_{i=1}^{m}\alpha_i y_i = 0$$
$$\alpha_i \geqslant 0, i=\{1,2,\cdots,m\}$$
(3-16)

通过求解式（3-16），可以得到所有拉格朗日乘子 α_i。继而可以求出 $\boldsymbol{w}$ 和 b，得到模型

$$f(\boldsymbol{x}) = \boldsymbol{w}^{\mathrm{T}}\boldsymbol{x} + b = \sum_{i=1}^{m}\alpha_i y_i \boldsymbol{x}_i^{\mathrm{T}}\boldsymbol{x}_i + b \tag{3-17}$$

值得注意的是，在实际应用中，求解式（3-17）往往需要巨大的计算成本。为了解决这一问题，顺序最小优化（Sequential Minimal Optimization，SMO）算法[6]应运而生，它是支持向量机学习过程中的一种快速算法。其核心优势在于，能够将复杂的原始二次规划问题[7]分解为只涉及两个变量的简化问题，然后逐一解析这些简化问题，直至所有变量均得到优化。SMO算法不仅提高了求解效率，而且保证了整体优化结果的准确性。

对于给定的线性可分的训练样本数据集（如邮件数据），可以通过构建一个SVM来完成二分类机器学习任务。但是，采用上述方法建立的SVM模型要求划分超平面 $\boldsymbol{w}^{\mathrm{T}}\boldsymbol{x} + b = 0$ 能够将训练样本数据集 D 中所有两类不同的样本完全区分开，不能出现误分类。这对训练数据集 D 的线性可分性要求非常苛刻。但是如前所述，真实场景的数据中往往存在一定的噪声数据，因此通常只存在大致将两类数据划分开的超平面，这就导致无法完成SVM模型的建立。为此，研究人员提出了一种面向软间隔的SVM模型构建方法[8]，它并不要求所有训练样本都能被正确分类，而是允许少量训练样本被错分。这样一来，对于存在少量噪声但总体上可用划分超平面区分开的数据集而言，软间隔SVM模型提供了一个简单且泛化性较好的训练方法。但是该方法仍然无法划分线性不可分数据集。为此，研究人员提出了一种基于核函数的方法[9]，通过将样本数据映射到高维空间，使得数据在高维空间中变得线性可分，这样便可构造SVM模型了。

3.2.2 无监督学习

监督学习模型的构建需要利用含有标签信息的训练样本集。然而，当标签样本稀缺或加标签成本高昂时，获取足够量的标签数据变得不切实际，从而限制了监督学习算法的适用性。值得注意的是，即便那些未加标签的样本，也潜藏着丰富的信息与价值。因此，研究者们转而探索如何直接对这些未加标签数据进行建模分析，以实现相应的学习任务。这一过程无须预先加标签，故称为无监督学习（Unsupervised Learning）。它作为机器学习的一个重要分支，通过深入剖析数据内部规律，能够自主地将未知类别的样本分为若干聚类，展现出强大的数据处理能力。无监督学习算法尽管在技术上可能较为复杂，但其免除了对标签数据的依赖，显著降低了执行成本。近年来，随着数据洪流的不断涌现及计算能力的飞跃式提升，无监督学习的研究与应用迎来了前所未有的发展机遇，已成为挖掘海量数据中隐藏价值、探索新知识领域的核心技术之一。在无监督学习的众多算法中，聚类算法（如 K-means、层次聚类）、降维算法（如主成分分析、t-SNE[10]）和生成模型（如自编码器[11]、生成对抗网络[12]

是三大主流方向。其中，K 均值聚类（K-means Clustering）算法以其直观易懂、实现简便的特性而受到广泛关注。这里重点介绍 K 均值聚类算法，深入解析其原理与应用。

在自然界与人类社会中，常能观察到"物以类聚，人以群分"的现象，这一规律同样深刻影响着人们的思维与工作方式，促使人们将性质相近的事物归在一起。机器学习领域中的聚类技术，正是这一思想的延伸与深化，它依据样本数据间的相似性，将数据集划分为若干独立的子集，即"簇"，使得同一簇内的样本高度相似，而不同簇间则差异显著。聚类分析作为一种无监督学习算法，其独特之处在于无须事先标注样本的类别信息，只依赖于样本间的相似度自行探索数据中的潜在规律。以西瓜数据集为例，聚类分析能够自动区分出"浅色瓜"与"深色瓜"、"有籽瓜"与"无籽瓜"等不同的特征群组，这些簇的划分不仅反映了数据内在的模式，还赋予了聚类结果以探索性的意义。聚类分析具有广泛的应用，涵盖信息推荐、数据挖掘等多个领域。

为了应对复杂多变的数据场景，研究者们提出了多种聚类算法，包括原型（划分）聚类[13]、密度聚类[14]、层次聚类[15]等。特别是划分聚类方法，通过预设簇的数量，并采用特定策略将数据划分为指定数量的簇，实现了对数据的有效归类。其中，K 均值聚类[13]和模糊 C- 均值聚类[16]就是两种典型的划分聚类算法。K 均值聚类的核心思想是，通过迭代优化，将数据集中的样本分配到 K 个簇中，使得每个样本点到其所属簇质心的距离总和最小。这里的 K 即希望得到的簇的数量；而质心则是簇内所有样本点的均值点，代表了簇的核心位置。K-means 算法不仅操作直观，而且计算效率高，是理解和应用聚类分析的理想起点。

一般来说，K-means 算法的执行通常包括以下几步。

1）初始化质心：随机选择 K 个样本数据点作为初始的簇质心。

2）分配簇：计算每个样本数据点与各个簇质心的距离，将其分配给最近的簇。

3）更新质心：重新计算每个簇的质心，即取簇内所有样本数据点的平均值作为新的质心。

4）迭代：重复上述分配和更新步骤，直到满足某种终止条件（如簇质心不再发生显著变化或达到预设的迭代次数）。

具体地，给定样本集 $D = \{x_1, x_2, \cdots, x_m\}$，初始随机划分为 K 个簇，即 $C = \{C_1, C_2, \cdots, C_K\}$。K 均值聚类算法尝试最小化平方误差，即

$$E = \sum_{k=1}^{K} \sum_{x_i \in C_k} \| x_i - \mu_k \|_2^2 \qquad (3\text{-}18)$$

其中，$\mu_k = \frac{1}{|C_k|} \sum_{x_i \in C_k} x_i$ 表示簇 C_k 的均值向量。直观来看，式（3-18）在一定程度上刻画了簇内样本和簇内均值向量之间的紧密程度，E 值越小则簇内样本相似度越高。然而最小化式（3-18）并不容易，因为找到它的最优解需要考察样本集 D 所有可能的簇划分，这是一个 NP 难问题[17]。所

> NP 难问题是计算机科学中的一类复杂问题，其共同特点是没有已知的快速算法可以在多项式时间内解决它们。虽然精确求解异常困难，但对于给定候选解的正确性验证却能在多项式时间内完成。NP 难问题通常需要非常多的计算资源，随着问题规模的增大，求解时间可能会急剧增长。找到这些问题的最优解非常困难，因此通常采用近似算法来寻找可行解。

以，K-means 算法采用了贪心策略，通过迭代优化来近似求解式（3-18）。流程如算法 3-1 所示。第 1 行初始化均值向量；第 4～8 行和第 9～16 行依次分别对当前簇划分和均值向量进行迭代更新；若迭代更新后聚类结果保持不变，则将当前聚类划分结果返回。这里要注意的是，K-means 算法的初始聚类中心是随机产生的，这会导致同一批数据在多次使用该算法时，得到不同的聚类划分结果。因此，在实际应用中，通常采用多次随机初始化聚类中心，重复使用算法对同一数据进行聚类分析，然后从中选择效果最好的聚类划分结果，以此来降低因算法不稳定而带来的影响。

> 贪心策略是一种算法思路，在解决问题时每一步都选择当前看起来最优或最有利的选项，而不考虑可能导致的后续影响或整体最优解。也就是说，它通过局部最优解来构建全局解。虽然贪心策略简单且通常能快速得到一个可行解，但它不一定总能找到问题的最优解，尤其在复杂问题中，局部最优不一定就是全局最优。

算法 3-1　K-means 算法

输入：样本集 $D = \{x_1, x_2, \cdots, x_m\}$，聚类簇数 K

过程：

1　从 D 中随机选择 K 个样本作为初始化均值向量 $\{\mu_1, \mu_2, \cdots, \mu_K\}$
2　repeat
3　　令 $C_k = \varnothing (1 \leqslant k \leqslant K)$
4　　for $i = 1, 2, \cdots, m$ do
5　　　计算样本 x_i 与各均值向量 $\mu_k (1 \leqslant k \leqslant K)$ 的距离：$d_{ik} = \|x_i - \mu_k\|_2$；
6　　　根据距离最近的均值向量 i 确定 x_i 的簇标记：$\lambda_i = \underset{k \in \{1, 2, \cdots, K\}}{\arg\min} \, d_{ik}$；
7　　　将样本 x_i 划入相应的簇：$C_{\lambda_i} = C_{\lambda_i} \cup \{x_i\}$；
8　　end for
9　　for $k = 1, 2, \cdots, K$ do
10　　　计算新均值向量：$\mu_k' = \frac{1}{|C_k|} \sum_{x_i \in C_k} x$；
11　　　if $\mu_k' \neq \mu_k$ then
12　　　　将均值向量 μ_k 更新为 μ_k'
13　　　else
14　　　　保持均值向量不变
15　　　end if
16　　end for
17　until 所有均值向量均未更新

输出：簇划分 $C = \{C_1, C_2, \cdots, C_K\}$

K-means 算法是机器学习中常用的聚类方法之一，其优势表现在以下三个方面。

- **直观性强**。K-means 算法基于一个清晰的原理——通过不断迭代将数据分配到 K 个不同的聚类中,目标是最小化每个点与其聚类中心之间的距离总和。这个直接的方法不仅易于理解,也便于初学者快速掌握。
- **计算高效**。在 K-means 算法的迭代过程中,主要执行的操作包括计算距离和计算均值,这些操作简单且执行迅速。因此,K-means 算法特别适用于快速处理大型数据集,常用于实时数据处理和大规模数据分析。
- **实现简便**。实施 K-means 算法的过程包括初始化、分配簇、更新和多次迭代。这些步骤结构明确,易于编程实现和调试。因此,K-means 算法实现的简便性降低了技术门槛,使得开发者可以轻松将其应用于实际项目中。

但是,K-means 算法也存在一定的局限性。

- **对初始聚类中心的依赖性**。K-means 算法的性能高度依赖于初始聚类中心的选择。不恰当的初始聚类中心可能导致聚类结果偏离最优路径,甚至产生不稳定现象。为解决这一问题,可采用 K-means++ 算法 等启发式策略来优化初始聚类中心的选取,从而提高算法的稳健性和准确性。
- **容易陷入局部最优解**。K-means 算法在迭代过程中倾向于采用贪心策略,这虽能加速收敛,但也容易使算法陷入局部最优解而无法达到全局最优。为克服这一局限,建议采取多次重启算法的策略,每次使用不同的初始聚类中心,或结合全局优化技术,以增强算法的搜索能力和解的质量。
- **聚类数 K 的预设问题**。在应用 K-means 算法前,必须预先设定聚类数 K,这一参数的确定往往依赖于问题的复杂性和数据的具体特征。不恰当的 K 值可能导致聚类结果无法真实反映数据的内在结构或实际需求。因此,在实践中,应借助轮廓系数等评估指标来辅助选择合适的 K 值,以确保聚类结果的合理性和有效性。

总的来说,K-means 算法以其直观性强、计算高效和实施简便的优势,在聚类分析领域占据重要地位。然而,

> K-means++ 算法是 K-means 的改进版,主要用来优化初始聚类中心的选择。K-means++ 算法首先随机选择一个聚类中心,然后根据与已选聚类中心的距离,优先选择那些离已选聚类中心较远的数据点作为新的聚类中心。这样可以更好地分散初始聚类中心,有助于算法更快收敛并得到更好的聚类结果。

> 多次重启算法的做法就是运行 K-means 多次,每次从不同的随机初始聚类中心开始,得到多个聚类结果,然后选择其中最好的结果,也就是误差最小的那个。这样可以减少陷入局部最优解的风险,提高聚类的稳定性和准确性。

> 轮廓系数是 K-means 算法中用于评估聚类效果的一个指标。它结合了两个因素:簇内的紧密度(一个点与同一簇中其他点的距离)和簇间的分离度(该点与最近的其他簇中点的距离)。轮廓系数的取值范围是 $-1\sim1$。值越接近 1 表示聚类效果越好,簇内点越紧密且簇间分离得越清晰;值接近 0 说明点可能位于两个簇的边界;负值则表示聚类不当,点被错误分配。

其初始聚类中心的敏感性、易陷入局部最优，以及聚类数 K 的预设问题也限制了其应用的广泛性。因此，在实际应用中，需综合考虑问题的具体需求和数据的特性，合理选择初始聚类中心、优化聚类数 K 的设定，并采取适当的优化策略，以充分发挥 K-means 算法的潜力，实现更优的聚类效果。

3.3 模型评估与选择

当模型经过训练后，对其性能进行全面而有效的评估便成为不可或缺的一环，这一过程直接关乎验证机器学习是否成功达成既定目标及其达成的程度。因此，针对已训练完成的模型实施科学严谨的性能评估，不仅是机器学习流程中的一项基本任务，更是确保模型质量、指导后续优化方向的关键所在，是机器学习领域必须正视并妥善解决的核心问题之一。

模型"封神榜"

3.3.1 经验误差与过拟合

在机器学习中，错误率被定义为分类错误样本数占总样本数的比例。例如，在 m 个样本中有 a 个样本分类错误，则错误率 $E = \frac{a}{m}$。精度则是错误率的互补，即正确分类的样本比例，具体表达为 1 减去错误率。更宽泛地说，误差泛指模型预测输出与真实标签之间的偏差。机器学习模型在训练集上的误差称为训练误差或经验误差，在新样本（即测试集）上的误差称为泛化误差或测试误差。然而，由于事先并不知道新样本的数据分布，那么就希望机器学习模型能够学习成一个经验误差很小（即在训练集上表现良好）的学习器。在实际操作中，可以通过增加参数量、学习轮数等方法实现这个目标，甚至在个别任务中，训练集的分类精度可以达到 100%。但这种"过拟合"现象往往导致模型在测试集上的性能急剧下滑。这是因为模型过分依赖训练数据的特定细节，而忽略了更广泛适用的规律。

为此，研究人员致力于构建能在测试集上也表现优异的模型。这要求模型在训练过程中，不仅要学习具体样本的特征，更要提炼出能够泛化至所有潜在样本的普遍规律。当模型仅能通过训练集进行学习时，如何调整其学习策略以优化在未知测试集上的表现，成为一个核心问题。统计学习理论为解决此问题提供了一些启发。它指出，若训练集与测试集的抽样完全随机无偏，则直接提升模型泛化能力的手段有限。但若两者收集过程遵循一定的假设或规律，则可据此设计更为有效的算法策略，从而增强模型的泛化能力。这一理论为探索如何在不牺牲训练集性能的前提下，提升模型对新数据的适应能力提供了重要思路。

在深入探讨机器学习模型的性能评估与泛化能力时，引入了一个核心概念——数据生成过程（Data Generating Process，DGP），这是一个概率分布模型，它遵循独立同分布（Independent and Identically Distributed，IID）的假设。这一假设不仅简化了数据分析的复杂性，还为探索训练误差与测试误差之间的微妙关系提供了一个坚实的数学基础。在 IID 假设下，每个数据点（无论来自训练集还是测试集）都被视为从同一个潜在的数据生成分布（记

作 p_{data}) 中独立抽取的样本。基于这一概率框架，可以从理论上推导出训练误差与测试误差之间的期望等价性。在理想情况下，当固定模型参数并从 p_{data} 中重复采样生成训练集和测试集时，两者的误差期望应当是相等的。这是因为它们都是基于同一分布进行的独立采样和评估。然而，现实世界的机器学习应用并不遵循这一理想路径。往往先基于训练集调整模型参数，以期最小化训练误差，然后再在测试集上评估其性能。在这一过程中，模型可能会因为过分拟合训练数据中的噪声或特定细节，而导致在测试集上的表现不如预期，即测试误差的期望往往高于训练误差。

为了应对这一挑战，需要双管齐下：既要努力降低训练误差，确保模型能够充分学习训练数据中的有效信息；又要设法缩小训练误差与测试误差之间的差距，即提高模型的泛化能力。这实际上触及了机器学习的两大核心难题——欠拟合与过拟合。欠拟合通常发生在模型复杂度不足时，此时模型无法捕捉到数据中的基本模式，导致在训练集和测试集上的表现均不佳。过拟合则是模型复杂度过高带来的副作用，模型虽然能完美拟合训练数据，却也因此学习了过多的噪声和细节，使得其在测试集上的泛化能力大打折扣。图 3-3 给出了关于过拟合与欠拟合的一个便于直观理解的类比。为了加深理解这两者之间的区别与联系，再看这样一个类比：欠拟合好比学生在备考时只掌握了基础知识，却忽略了重要的考点；过拟合则好比学生过分沉迷于细节和特例，以至于在考试中面对新题型时束手无策。因此，在机器学习的实践中，需要找到那个既能充分学习数据模式，又能避免陷入过拟合陷阱的"黄金分割点"。

图 3-3 过拟合、欠拟合的直观类比

过拟合的成因复杂多样，其中最为显著的是模型拥有过高的学习能力，在面临有限的数据集时，不仅捕捉到了数据的本质特征，还错误地学习了训练样本中的特异性及噪声信息。相对而言，欠拟合则往往源自模型的学习能力受限。解决欠拟合的方法相对直接，例如，在决策树模型中加深树的深度，或在神经网络训练中增加迭代轮次等，均能有效提升模型性能。然而，过拟合作为机器学习领域的一项重大难题，几乎存在于所有学习算法之中，因此，各类算法均内置了若干防止过拟合的策略。但需明确的是，过拟合无法从根本上消除，只能通过各种手段减轻其影响或降低其风险。

在实际应用中，面对众多学习算法及其多样的参数配置，如何为特定任务挑选最合适的算法与参数组合，构成了机器学习中的"模型选择"难题。理想状态下，期望通过评估各候选模型的泛化误差来做出决策，即选择那个在未知数据上表现最佳的模型。但现实是，泛化误差在真实环境下难以直接获取，而训练误差由于过拟合的干扰，不宜直接作为评估标准。因此，在实际操作中，必须发展出有效的策略来间接评估并选择最适合当前任务的模型。

3.3.2 评估方法

通常情况下，为了精准评估学习器的泛化能力并据此做出合理选择，依赖于实验测试的方法。在这一过程中，引入一个独立的"测试集"，该集合用于检验学习算法对于未知样本的判别能力，并将所得"测试误差"作为泛化误差的近似值。在此过程中，一个核心前提是测试样本应独立同分布于样本的真实分布，且与训练集完全隔离，确保测试过程的公正性与准确性。设想一个教学场景作为类比：如果一位教师使用为学生准备的 100 道练习题中的 10 道作为期末考试的题目，那么考试结果显然无法全面反映学生的真实学习成效，因为学生可能仅通过记忆这 100 道题就获得高分，而非真正掌握了知识的精髓与应用能力。这里的关键在于，需要一个能够广泛适应的模型，类似于学生们不仅应掌握练习题，还能将所学知识应用于新情况，即会"举一反三"。训练样本是为学生提供的练习材料，而测试则相当于正式的考试。如果测试样本已经被用于训练，就相当于考试题目提前泄露，那么得到的性能评估就可能过于乐观。而在真实场景中，可能只有一个包含 m 个样例的数据集 $D = \{(\boldsymbol{x}_1, y_1), (\boldsymbol{x}_2, y_2), \cdots, (\boldsymbol{x}_m, y_m)\}$。这时，既需要使用该数据集进行训练，又需要使用该数据集进行测试，就会面临前面提到的问题。为此，需要对数据集 D 进行适当地处理，获得训练集 S 和测试集 T。实际上有多种策略可用于数据集的划分，包括但不限于留出法、交叉验证法和自助法。本小节将重点介绍留出法和交叉验证法这两种常见且有效的方法。留出法随机将数据集分割为两部分，简单直接地实现了训练集与测试集的分离；交叉验证法则通过多次划分数据集并迭代训练测试过程，提供了更为稳健的评估结果，适用于对模型性能要求较高的场景。

1. 留出法

留出法（Hold-out Method）是一种直接且基础的数据集划分策略，它将原始数据集 D 明确划分为两个互不重叠的集合：训练集 S 与测试集 T。在 S 上进行模型的训练过程，随后在 T 上评估其测试误差，以此作为对模型泛化能力的一种近似估计。实施留出法时，首要关注的是确保样本采样的均衡性。具体而言，训练集与测试集在样本类别分布上应保持一致性，以避免因分布偏差导致误差估计失真。例如，若 D 中包含 600 个正样本和 400 个负样本，且采用 3:1 的比例划分，则应努力使训练集 S 包含约 450 个正样本和 300 个负样本，而测试集 T 则相应包含 150 个正样本和 100 个负样本，以此维持类别比例的平衡。

此外，训练集与测试集的划分比例亦需审慎考虑，因为它直接关系到模型训练与评估的效果。若训练集 S 占比过高，虽能更全面地反映整体数据集 D 的特征，但可能导致测试集 T 规模过小，进而使得评估结果易受随机波动影响，缺乏稳定性。反之，若测试集 T 占比过大，虽能提供更丰富的测试样本，但训练集 S 的代表性将减弱，可能无法充分训练模型，影响评估结果的保真度。因此，一种折中的做法是将数据集 D 的约 2/3 至 4/5 分配给训练集，剩余部分作为测试集，以在模型训练与评估之间取得平衡。

值得注意的是，即便确定了合适的划分比例，不同的划分方式也可能导致评估结果的差异。单次使用留出法往往因随机性而难以保证结果的稳定性和可靠性。因此，推荐采用多次随机划分与重复实验的策略，通过计算多次实验结果的平均值降低随机性对评估结果的影响，从而获得更加稳健和可信的模型性能评估。

2. 交叉验证法

交叉验证（Cross-validation）通常也称为 k 折交叉验证（k-fold Cross-validation），是一种强大的模型评估技术。该方法先将数据集 D 等分为 k 个大小一致的互不重叠的子集，即 $D = D_1 \cup D_2 \cup \cdots \cup D_k$ 且 $D_i \cap D_j = \varnothing, i \neq j$。随后，通过迭代方式，每次选择 $k-1$ 个子集合并作为训练集，而将剩余的一个子集作为独立的测试集，此过程重复 k 次，确保每个子集都有机会作为测试集被评估。最终，模型性能通过这 k 次测试结果的平均值来衡量，这一机制有效提升了评估的稳定性和准确性。k 值的选择至关重要，常见的取值有 5、10 和 20 等，具体取值取决于数据集的大小和评估需求[18]。与留出法类似，为了进一步减少因单次划分随机性带来的偏差，k 折交叉验证常伴随 p 次随机划分的重复执行，这种方法被称为 p 次 k 折交叉验证（如 10 次 10 折交叉验证），它显著增强了评估结果的稳健性。

在特殊情况下，如果 k 与样本总数 m 一致，这种策略叫作留一法（Leave-One-Out，LOO）。在留一法中，每个子集仅包含一个样本，意味着每次迭代都将一个样本留作测试，其余所有样本用于训练。由于训练数据几乎与原始数据集等大（仅少一个样本），留一法通常能提供接近使用完整数据集训练的模型性能评估。然而，其显著缺陷在于计算成本高昂，尤其是在大数据集上，因为需要训练 m 个模型。此外，尽管留一法在理论上精确，但其评估结果也可能受到特定数据集特性的影响，并非在所有情况下都优于其他交叉验证方法。

3.3.3 性能度量

评估学习器的泛化能力是一个多维度、精细化的过程，它不仅依赖于科学严谨的实验评估策略，更离不开恰当的性能评估标准，这一标准通常称为性能度量。性能度量深刻地反映了模型在满足特定任务要求方面的能力，是连接模型与实际应用需求的关键桥梁。值得注意的是，在对比不同的学习模型时，选择不同的性能度量标准往往会导致不同的评估结论。这一现象深刻体现了"没有免费的午餐"的精髓：在机器学习领域，不存在一种绝对优越或普遍适用的模型，一个模型的优劣评价是高度情境化的，它不仅与算法本身或数据有关，更紧密地关联于任务的具体需求。因此，在选择和应用性能度量时，应充分考虑任务的特性，以确保评估结果的准确性和有效性。

给定样本集合 $D = \{(\boldsymbol{x}_1, y_1), (\boldsymbol{x}_2, y_2), \cdots, (\boldsymbol{x}_m, y_m)\}$ 和机器学习模型 f。如果这是一个回归任务，可以使用均方误差（Mean Squared Error，MSE）来进行性能度量，定义为

$$E(f) = \frac{1}{m}\sum_{i=1}^{m}(f(\boldsymbol{x}_i)-y_i)^2 \qquad (3\text{-}19)$$

其中，m 表示样本个数。更广义地，如果考虑数据的分布 $\mathcal{D}$ 和概率密度函数 $p(\cdot)$，均方误差也可以表示为

$$E(f;\mathcal{D}) = \int_{\mathcal{D}}(f(\boldsymbol{x})-y)^2 p(\boldsymbol{x})\mathrm{d}\boldsymbol{x} \qquad (3\text{-}20)$$

下面来详细讨论分类任务中常见的性能度量方法。

1. 错误率与精度

在 3.3.1 小节的开篇，就介绍了错误率和精度这两个性能度量标准，它们对于多分类任务也同样适用。错误率（Error Rate）定义为在所有样本中，被错误分类的样本所占的比例，是衡量分类器性能的一个直观指标。相对而言，精度（Accuracy）则从正面角度反映了分类器将样本正确分类的能力，即分类正确的样本数占总样本数的百分比。这两个指标互补，共同构成了评价分类器性能的基础框架。考虑样本集合 D，错误率 $E(f;D)$ 和精度 $\mathrm{Acc}(f;D)$ 分别定义为

$$E(f;D) = \frac{1}{m}\sum_{i=1}^{m}(f(\boldsymbol{x}_i)\neq y_i) \qquad (3\text{-}21)$$

$$\mathrm{Acc}(f;D) = \frac{1}{m}\sum_{i=1}^{m}(f(\boldsymbol{x}_i)=y_i) = 1-E(f;D) \qquad (3\text{-}22)$$

在更广泛的情境中，考虑到数据的分布 $\mathcal{D}$ 和概率密度函数 $p(\cdot)$，可以用积分形式表示错误率和精度，即

$$E(f;\mathcal{D}) = \int_{\boldsymbol{x}\in\mathcal{D}}(f(\boldsymbol{x})\neq y)p(\boldsymbol{x})\mathrm{d}\boldsymbol{x}, \qquad (3\text{-}23)$$

$$\mathrm{Acc}(f;\mathcal{D}) = \int_{\boldsymbol{x}\in\mathcal{D}}(f(\boldsymbol{x})=y)p(\boldsymbol{x})\mathrm{d}\boldsymbol{x} = 1-E(f;\mathcal{D}) \qquad (3\text{-}24)$$

2. 查准率、查全率与 F 值

尽管错误率和精度在评估分类任务时被广泛应用，但它们却未必能全面满足所有复杂场景的需求。以毒蘑菇检测分类器为例，即便模型精度高达 95%，面对关乎生命安全的决策，仍难以全然信赖其预测结果，因为任何误判都可能导致不可估量的风险，远超过其准确性带来的益处。再来看垃圾邮件过滤系统，其面临的挑战更为微妙。此系统中，两类错误——将正常邮件误判为垃圾邮件（假正例）与将垃圾邮件误判为正常邮件（假反例）——的成本截然不同。误阻正常邮件的代价，如错失重要信息而引发用户不满，显著高于让少量垃圾邮件通过的成本。因此，对其进行评估时需更注重于错误决策的总体成本，而非单一的错误率指标。

在此背景下，错误率和精度显得力有未逮，而查准率（Precision）与查全率（Recall）则成为衡量分类性能不可或缺的标尺。它们能够更细致地刻画模型在不同类型错误间的权衡能力。对于二分类问题，样本的分类结果可依据真实类别与预测类别的对应关系，细分为

真正例（True Positive）、假正例（False Positive）、真反例（True Negative）和假反例（False Negative）四类。这四类样本的数量（分别用 TP、FP、TN、FN 表示）总和构成了样本总数，并通过"混淆矩阵"这一直观工具加以展示，见表 3-1。

表 3-1　分类结果混淆矩阵

真实情况	预测结果	
	正例	反例
正例	TP（真正例）	FN（假反例）
反例	FP（假正例）	TN（真反例）

查准率 P 和查全率 R 定义为

$$P = \frac{\text{TP}}{\text{TP}+\text{FP}} \tag{3-25}$$

$$R = \frac{\text{TP}}{\text{TP}+\text{FN}} \tag{3-26}$$

查准率与查全率是一对相互制衡的指标。简而言之，查准率评估的是预测为正例的样本中，真正属于正例的比例，它体现了预测结果的精确性。而查全率则是衡量在所有实际正例样本中，被成功预测为正例的比例，反映了筛选的全面性。为了更直观地理解，设想这样一个场景：你正站在一筐苹果前，任务是挑选出成熟的果实。若你追求高查准率，意味着你精挑细选，确保每一颗被选中的苹果都足够成熟。然而，这种高标准可能让你错过了一些同样成熟但外观稍有不同的苹果，导致查全率下降。相反，如果你追求高查全率，力求不遗漏任何一颗可能成熟的苹果，那么你可能会将一些尚未完全成熟的果实也纳入囊中，从而牺牲了查准率。这一平衡的艺术，在于调整你的"挑选标准"或称"门槛"。提高门槛，就如同设定了更为严苛的成熟标准，能有效提升查准率，但相应地，那些接近成熟却未达到严苛标准的苹果将被排除在外，降低了查全率。反之，降低门槛，放宽对成熟度的要求，虽然能捕获更多接近成熟的苹果，提高了查全率，但也使得挑选结果中混入了不那么成熟的果实，降低了查准率。

在多种应用场景中，可以依据学习器对样本的预测概率进行有序排列，这一过程使得最顶端的样本被视为具有最高正例概率，而底部样本则被视为最不可能为正例。通过这种排列机制，当逐一将样本视为正例进行预测时，能够连续地计算出相应的查全率与查准率。将这一系列点以查准率为纵轴、查全率为横轴绘制于图表上，便构成了所谓的查准率-查全率曲线，业内通常简称为 P-R 曲线。该曲线以图形化的方式直观地展示了学习器在整个样本集上的查准率与查全率性能，如图 3-4 所示。在比较不同的学习器时，如果一个学习器的 P-R 曲线完全覆盖了另一个学习器的 P-R 曲线，即 P-R 曲线越靠近右上角，则认为这个学习器的表现更佳。如图 3-4 所示，学习器 A 的表现优于学习器 C；然而，如果两个学习器的 P-R 曲线相交，如图中的学习器 A 和 B，就不能简单地断定哪个更优，而是需要在特定的查准率或查全率水平上进行比较。一种策略是比较两者 P-R 曲线下的面积大小，这在某种程度上反映了学习器在实现高查准率和高查全率方面的综合能力。该面积越大，认为该学习器的性能越优。

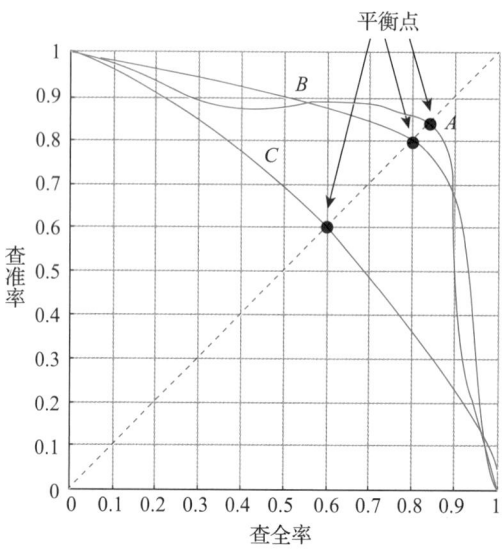

图 3-4　P-R 曲线示例

由于直接计算面积有一定难度，因此，在实际应用中，往往会采用 F1 值来综合评估模型的查准率和查全率，其计算公式为

$$F1 = \frac{2 \times P \times R}{P + R} = \frac{2 \times \text{TP}}{\text{样例总数} + \text{TP} - \text{TN}} \qquad (3\text{-}27)$$

在某些应用场景中，对查准率和查全率的重视程度各不相同。比如，在商品推荐系统中，为了最大限度减少对用户的打扰，推荐系统更倾向于确保推荐内容确实符合用户的兴趣，在这种情况下查准率的重要性更高；反之，在寻找逃犯的信息检索系统中，系统更注重不遗漏任何可能的逃犯，因此，查全率显得更为关键。将 F1 值推广至更一般的形式，即 F 值，它允许对查准率和查全率的偏好进行调整，计算公式为

$$F = \frac{(1 + \beta^2) \times P \times R}{\beta^2 \times P + R} \qquad (3\text{-}28)$$

其中，$\beta > 0$，用于衡量查全率和查准率的相对重要性[19]。当 $\beta = 1$ 时，F 值等同于 F1 值。当 $\beta > 1$ 时，查全率对结果的影响更大；而当 $\beta < 1$ 时，查准率对结果的影响更大。

3. ROC 与 AUC

ROC 曲线的全称是"受试者工作特征"（Receiver Operating Characteristic）曲线，是分析学习器泛化性能的有效工具。它源于二战时期对雷达信号检测的研究，用于检测敌机，随后逐渐扩展到心理学、医疗等多个领域，并最终被应用于机器学习领域[20]。如图 3-5 所示，ROC 曲线与 P-R 曲线类似，ROC 曲线也是基于学习器的预测结果对进行排序。两者的不同之处在于，ROC 曲线的纵轴是"真正例率"（True Positive Rate，TPR），横轴是"假正例率"

（False Positive Rate，FPR）：

$$\text{TPR} = \frac{\text{TP}}{\text{TP} + \text{FN}} \tag{3-29}$$

$$\text{FPR} = \frac{\text{FP}}{\text{TN} + \text{FP}} \tag{3-30}$$

其中，真正例率（TPR）又称灵敏度或召回率，表示在所有实际正例中，被正确预测为正例的比例；假正例率（FPR）则是指在所有实际负例中，被错误预测为正例的比例。

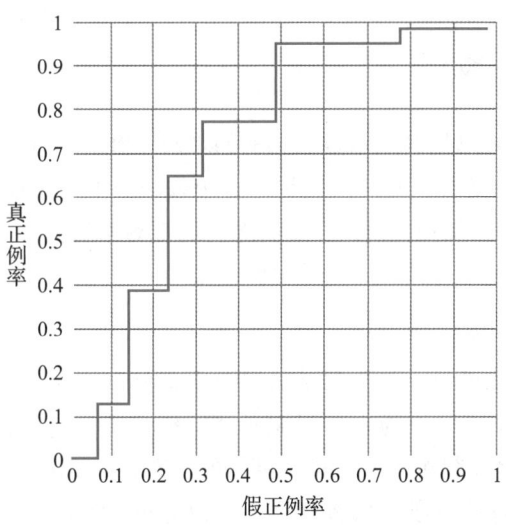

图 3-5　ROC 曲线示例（曲线下面积即为 AUC 值）

绘制 ROC 曲线的流程相对直观：首先，基于模型对包含正反例的样本集进行预测分数的排序。起始阶段，将分类阈值设定至最高水平，即假设所有样本均为反例，此时真正例率与假正例率均为 0，在 ROC 坐标系的原点 (0,0) 上标记初始点。随后，逐步调低分类阈值，按照预测值由高到低的顺序，逐一将样本标记为正例。每当一个真正例被正确识别，ROC 曲线便在纵轴方向上增加相应的单位；而若是一个假正例被误判，则曲线在横轴方向上发生位移。通过连续地记录并连接这些点，便绘制出了完整的 ROC 曲线。

在评估不同学习器性能时，ROC 曲线与 P-R 曲线有着异曲同工之妙。若某一学习器的 ROC 曲线能够完全"包裹"住另一学习器的 ROC 曲线，毋庸置疑，前者的性能更为卓越。然而，当两条 ROC 曲线出现交叉时，判断优劣便较为复杂。此时，一个有效的解决方案是引入 AUC（Area Under the ROC Curve）值作为衡量标准[21]。AUC 值通过计算 ROC 曲线与横坐标轴围成的面积得出，能够量化地反映学习器的整体性能。

从理论层面剖析，AUC 实质上是对样本预测结果排序质量的一种量化评估，它与排序过程中的误差紧密相连。假设存在 m^+ 个正例和 m^- 个反例，其中 D^+ 和 D^- 分别代表正例和反例的集合，那么排序的"损失"可以定义为

$$L_{\text{rank}} = \frac{1}{m^+ m^-} \sum_{\boldsymbol{x}^+ \in D^+} \sum_{\boldsymbol{x}^- \in D^-} \left(\mathbb{I}(f(\boldsymbol{x}^+) < f(\boldsymbol{x}^-)) + \frac{1}{2} \mathbb{I}(f(\boldsymbol{x}^+) = f(\boldsymbol{x}^-)) \right) \quad (3\text{-}31)$$

其中，$\mathbb{I}(\cdot)$ 为一个指示函数，当括号里的式子为真时，整个式子的值为 1，当括号里的式子为假时，整个式子的值为 0。由式（3-31）可以看出，如果正例的预测值低于负例，则会获得一个"罚分"，如果二者预测值相同，则会获得 0.5 个"罚分"。所以，L_{rank} 实际上反映的就是 ROC 曲线之上的面积。因此，AUC 可表示为

$$\text{AUC} = 1 - L_{\text{rank}} \quad (3\text{-}32)$$

3.4 当代机器学习概述

自 21 世纪伊始，随着海量高质量数据集的涌现及 GPU 计算能力的飞跃，深度学习及相关技术如雨后春笋般蓬勃发展，并广泛应用于各个领域。本节将概述当前机器学习新方法，涵盖深度学习、强化学习、图神经网络、联邦学习、迁移学习等。

3.4.1 深度学习

深度学习（Deep Learning）作为机器学习的一个分支，近年来发展十分迅速，已成为人工智能研究的核心领域之一。深度学习的概念起源于人工神经网络的研究，其尝试建立模拟人脑进行分析学习的神经网络，以此模仿人脑的机制来解释数据，例如图像、视频、声音和文本等。与机器学习不同的是，深度学习算法可以自动从图像、视频、文本或声音等数据中学习表征，无须引入

织就认知的"深层脉络"：深度学习

机器学习和深度学习有什么关系？快来知识点视频中找寻答案吧！

人类领域的知识。深度学习中的"深度"一词表示用于识别数据模式的多层神经网络。深度学习模型的典型例子是前馈神经网络或多层感知机（包含多个隐藏层）。图 3-6 展示了简单的深度学习模型。深度学习技术不断推动语音识别、人机交互、虚拟现实、人脸识别等领域取得新突破。

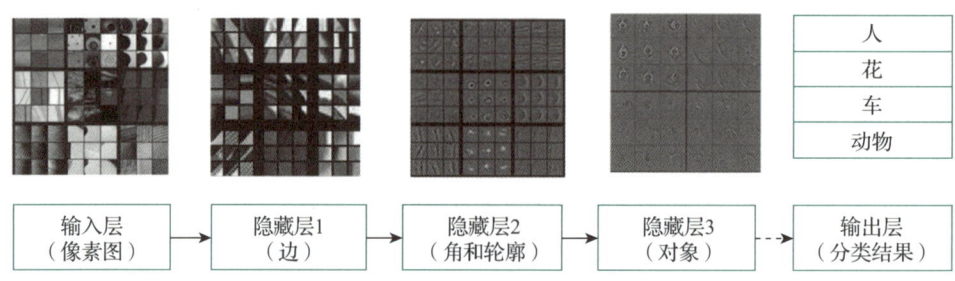

图 3-6 简单深度学习模型示例[22]

深度学习的发展历程可分为五个阶段，包括提出、陷入低谷、复兴、再度遇冷，最终迎

来大爆发。1943 年，M-P 模型作为首个基于简单逻辑运算的人工神经网络模型被提出，拉开了深度学习的序幕。1958 年，感知机模型被提出，并在模式识别等领域的初步应用，但 1969 年，马文·明斯基（Marvin Minsky）在《感知机：计算几何导论》一书中指出该模型无法处理"异或"问题，且当时的计算能力不足，神经网络研究陷入了长达十几年的"冰河期"。虽然期间提出了反向传播算法，但并未引起广泛关注。1982—1983 年，Hopfield 网络和玻尔兹曼机的提出标志着神经网络的复兴，反向传播算法开始吸引越来越多的目光。1989 年，杨立昆（Yann LeCun）等人将其应用于卷积神经网络，并在美国邮政手写体数字识别任务中展现了显著效果。然而，20 世纪 90 年代中期，计算能力和数据规模的不足使得神经网络的训练依然困难，统计学习理论和支持向量机等机器学习方法的崛起，再次让神经网络的研究陷入低潮。直到 2006 年，深度学习迎来了新的崛起，杰弗里·辛顿（Geoffrey Hinton）等人提出了逐层预训练与微调的深度信念网络，解决了深度神经网络训练困难的问题。与此同时，GPU 的普及和大规模数据集（如 ImageNet）的出现，为深度学习的发展提供了强大支撑。2012 年，杰弗里·辛顿团队的 AlexNet 在 ImageNet 竞赛中以碾压优势夺冠，标志着深度学习成为主流技术。此后，VGG 与 ResNet 等深度学习模型先后被提出，并在图像分类、目标检测等多个任务中表现出色。在自然语言处理领域，2018 年推出的 BERT 模型极大地提升了各类自然语言理解任务的性能，而随后的 GPT 系列模型则进一步推动了大型模型的发展，尤其是 GPT-3，它凭借其惊人的 1750 亿参数，展现了卓越的语言生成与理解能力。随着计算能力的不断增强和数据量的迅猛增长，深度学习已成为驱动科技创新的重要力量，并将在未来持续引领人工智能领域的前沿探索与发展。

1. 深度学习的关键技术

以前馈神经网络为例，介绍一下深度学习涉及的一些基础术语与概念。为了有效利用图像、视频、文本或声音等观测数据，神经网络通过节点层间的数据传递来实现信息处理。图 3-7 展示了前馈神经网络的结构，每一层的每个节点都能接收来自前一层神经元的信号，并将处理后的数据传递给下一层。在输入层与输出层之间，所有神经网络层均被称为隐藏层。随着数据在层间不断传递，每一层都会提取比上一层更高级的特征数据，从而有效表征物体或目标，直至最终输出结果。例如，一个经过鸟类图像训练的神经网络能够准确识别新的鸟类图像。通常，神经网络的层数和节点数量越多，其输出结果就越准确。更多的层数意味着神经网络能够学习更复杂的特征，从而能够实现更精细的区分。例如，随着层数的增加，神经网络能够从区分乌鸦和鸡这样的基础任务，升级到区分渡鸦和乌鸦这样更细致的任务。然而，层数的增加也带来了更大的参数量和对计算资源的需求。此外，深度学习算法通常需要基于大量的数据进行训练。一般来说，训练数据越多，模型的准确性就越高。在训练过程中，神经网络首先接收输入数据，随后隐藏层利用权重（这些权重是表示输入数据之间连接强度的参数，且会在训练期间动态调整）对数据进行处理。最终，神经网络输出预测结果或分类标签。此过程中，权重会根据训练所用的输入数据及其对应的期望输出进行迭代调整，不断优化预测性能。

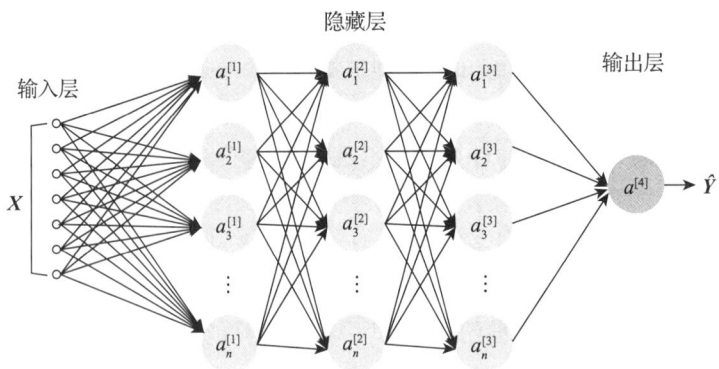

图 3-7 前馈神经网络结构

下面简要介绍四个代表性的深度学习模型，详细内容将在第 4 章中具体讲解。

（1）卷积神经网络（Convolutional Neural Network，CNN）
- 优势：CNN 特别适合处理图像数据。通过卷积层、池化层和全连接层等结构，它能自动提取图像中的特征，如边缘、纹理和形状等。
- 代表模型：VGG[23]、ResNet[24] 等。
- 应用：图像分类、目标检测、图像分割等。

（2）循环神经网络（Recurrent Neural Network，RNN）
- 优势：RNN 特别适用于处理序列数据，如时间序列、文本和音频等。通过隐藏状态的循环连接，它能够记住序列中的历史信息，从而捕捉数据之间的时间依赖性。
- 代表模型：长短期记忆网络[25]、GRU[26] 等。
- 应用：自然语言处理（如机器翻译、文本生成）、语音识别、时间序列预测等。

（3）Transformer
- 优势：Transformer 是用于处理序列数据的模型，基于自注意力机制（Self-Attention），能够高效捕捉序列中任意两个位置之间的依赖关系。此外，它的多头自注意力机制可以提取多尺度的上下文信息。与 RNN 相比，Transformer 可以并行处理数据，训练效率更高，特别适合长序列数据。
- 代表模型：BERT[27]、GPT[28] 等。
- 应用：自然语言理解、机器翻译、文本生成、对话系统等。

（4）生成对抗网络（Generative Adversarial Network，GAN）
- 优势：GAN 通过生成器和判别器的对抗训练，能够生成高质量、逼真的数据。生成器负责生成数据，而判别器负责区分生成数据和真实数据，通过这种博弈过程，逐步提升生成数据的质量。
- 代表模型：DCGAN[29]、StyleGAN[30] 等。
- 应用：图像生成、图像修复、图像超分辨率、视频生成、音乐生成等。

2. 深度学习的应用实践

深度学习作为一个具有强大特征提取与感知表达能力的机器学习模型，它的成功应用极大地促进了计算机视觉、语音识别、自然语言处理等领域的发展。

计算机视觉是深度学习技术应用最广泛的领域之一，涵盖图像分类、目标检测、语义分割、图像增强等技术，使计算机能够从图像和视频中提取有用数据，如同赋予计算机视觉感知能力，让它们能"看见"并理解周围的世界，如图 3-8 所示。在工业领域，基于深度学习的计算机视觉系统可迅速检查产品或监控生产流程，识别肉眼难以发现的缺陷，广泛应用于能源、制造等行业。自动驾驶利用计算机视觉技术检测道路上的行人和车辆，感知道路、交通标志和障碍物，为实时控制提供信息，提升驾驶的安全性。在医疗健康领域，基于深度学习的计算机视觉系统可以处理和分析医学影像，如 CT、MRI 和 X 射线，帮助医生检测肿瘤和病变，提升诊断效率与准确性。它还能通过环境感知和技能评估改进手术性能、识别手术阶段，并在生物图像分析中提高医疗诊断的准确性。随着技术进步，基于深度学习的计算机视觉系统在医疗中的应用将继续扩大，推动疾病诊断、治疗规划、药物研发等领域的创新。在社交媒体中，基于深度学习的计算机视觉系统能分析用户上传的图像和视频，理解对象、场景和活动，形成个性化推荐内容，并通过与用户互动进行精准推送。它还可以改善图像质量、进行人脸识别和智能相册管理，提升用户体验。在电子零售中，基于深度学习的计算机视觉系统可识别商品特征，实现自动分类和库存管理；分析顾客购物行为，为顾客提供个性化推荐，提升销售额和满意度。它还可以监控自助结账区以减少损失，并优化店铺布局，实现无接触购物。

 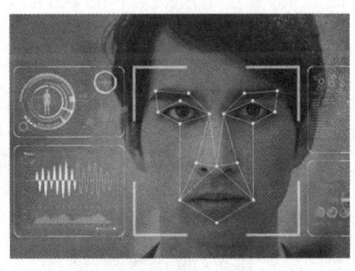 

a) 自动驾驶应用　　　　　　b) 人脸识别应用　　　　　　c) 电子零售应用

图 3-8　深度学习在计算机视觉领域的应用

语音识别技术旨在让计算机听懂人类语言，实现设备的智能控制和高效交互。基于深度学习的语音识别技术被广泛应用于智能手机，如苹果的 Siri，通过语音控制手机功能、发送消息和进行搜索。在智能家居中，语音识别集成在智能音箱、智能家电中，提供便捷控制服务，提升用户体验，如图 3-9 所示。在智慧医疗方面，语音识别技术能将医生的口头描述转为文本，帮助记录病历、提供导诊服务等，提升医疗效率和安全性。

自然语言处理技术让计算机能理解和生成自然语言，广泛应用于社交媒体监控、机器翻译和新闻生产。在社交媒体中，自然语言处理技术可分析用户情感、捕捉热点话题和趋势，为企业提供数据洞察。在机器翻译中，它支持多语言翻译，可实现实时应用，如在线聊天和语音翻译。在新闻领域，自然语言处理技术可用于自动生成摘要、分类新闻内容，并推荐相关报道，提高用户的满意度。在人机对话领域，ChatGPT 便是极为成功的代表性应用，它不仅能生成符合语境的回答，还能根据对话历史调整回应，展现了强大的语言生成和理解能力。随着技术进步，自然语言处理技术将进一步提升智能化程度，推动人机交流的发展。

a）百度人工智能音箱

b）智能家居场景

图 3-9　深度学习在语音识别领域的应用

总的来说，深度学习的应用已经渗透到计算机视觉、语音识别和自然语言处理等许多领域，它们在提高效率、准确性和实用性等方面都展现了巨大的潜力。通过这些技术的进步，能够更好地解析和理解复杂数据，推动了信息技术的快速发展。

3.4.2　强化学习

强化学习（Reinforcement Learning，RL）是机器学习的一个关键领域，讨论的问题是智能体（Agent）如何在复杂、不确定的环境（Environment）中最大化它能获得的奖励（Reward）。在强化学习中，智能体通过试错逐步优化其策略，以在特定状态下选择最佳动作。这一过程类似于人类学习行为，人们也会根据行为效果（奖励或惩罚）来调整自己的行为。价值函数在此过程中发挥着重要作

在试错中成长：强化学习

人形机器人怎么学会走路的呢？快来知识点视频中找寻答案吧！

用，它衡量了智能体在给定状态下执行某个动作后期望获得的长期奖励，是策略评估的基础。强化学习已广泛应用于游戏 AI、自动驾驶、机器人控制、资源管理和金融等多个领域，展现出强大的决策能力和适应性。

1. 强化学习概述

如图 3-10 所示，在强化学习过程中，智能体与环境不断交互。智能体在环境中获取某个状态，然后会根据该状态输出一个动作，这个动作也称为决策（Decision）。这个动作会在环境中被执行，环境会根据智能体采取的动作，输出下一个状态及当前动作带来的奖励。智能体的目标就是通过不断地探索和利用环境反馈的信息，学会一种策略（Policy），使得在整个交互过程中累积的总奖励最大化。这个过程可以通过多种算法来实现，常见的有 Q-learning、

策略梯度方法（Policy Gradient）、近端策略优化（Proximal Policy Optimization，PPO）等。

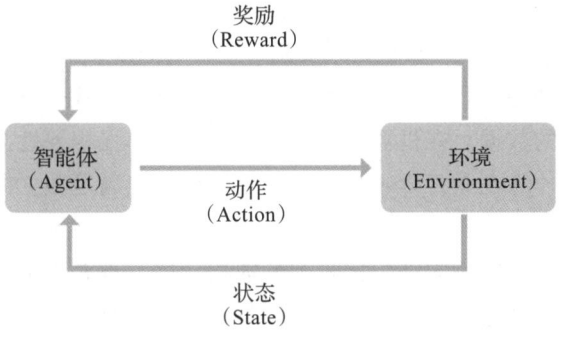

图 3-10　强化学习示意图

强化学习与监督学习有着明显的区别。在监督学习过程中，存在两个假设：第一，输入的数据（有标签数据）都是相互独立的，因为如果数据有关联，学习器就不易学习。第二，需要告诉学习器正确的标签，这样学习器才能通过这些标签来修正预测。而在强化学习中，监督学习的两个假设都无法满足。例如雅达利（Atari）游戏 Breakout（见图 3-11），这是一个打砖块的游戏，玩家需要用挡板反弹小球，使小球撞击屏幕顶部的砖块。每当小球击中一个砖块，砖块就会消失，玩家得分。游戏的最终目标是在小球掉落到底部之前，尽可能多地消除砖块。在玩游戏的过程中，可以发现上一帧与下一帧之间有非常强的连续性，得到的数据是相关的时间序列数据，不符合独立同分布的假设。另外，强化学习中没有立即的反馈，游戏不会告诉我们哪个动作是正确的。比如当木板向右移动时，这个动作可能会导致球向上或向左一些，但不会立刻给出反馈。因此，强化学习的困难之处在于智能体不能获得即时反馈。

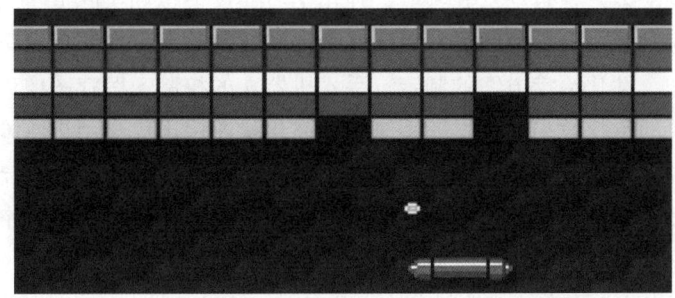

图 3-11　雅达利游戏 Breakout

强化学习的训练数据来自于一个完整的游戏过程。假设从第 1 步开始，采取一个动作，例如将木板向右移动，接住球；接着在第 2 步采取另一个动作……这样形成的训练数据是一个玩游戏的序列。假设在第 3 步，将这个序列输入网络，希望网络输出一个决策，即在当前状态下选择向右移动还是向左移动。然而，此时没有标签指示这个动作是否正确，必须等到游戏结束时，才可能知道当前决策是否有助于赢得游戏。而这个游戏可能会在 10s 之后才结束，因此现在的动作对赢得游戏有无帮助并不明确。换言之，在强化学习中，面临着延迟奖励（Delayed Reward）的问题，这使得训练网络变得非常困难。

通过上述与监督学习的比较，可以总结出强化学习的一些特征。
- 强化学习依赖试错探索，通过与环境的不断互动获取对环境的理解。
- 强化学习智能体从环境中获得延迟奖励，而非即时反馈。
- 在强化学习的训练过程中，时间因素非常重要，因为数据是具有时间相关性的，而非独立同分布的数据。在机器学习中，数据之间的强相关性会使训练过程变得不稳定。这也是为什么在监督学习中，希望数据尽可能满足独立同分布，从而降低数据之间的相关性。
- 智能体的动作直接影响它随后接收到的数据，这一点尤为关键。在智能体的训练过程中，许多数据是通过学习中的智能体与环境交互获得的。如果智能体在训练中不稳定，收集到的数据质量可能很差，而数据的质量直接影响训练效果。因此，如何让智能体的动作在训练过程中不断稳步提升，是强化学习中非常重要的课题。

强化学习是一个高度系统化、专业化的方法，它专注于智能体如何在与环境的交互中学习最佳行为策略。在第5章，将对强化学习进行详细介绍，涵盖其基本概念、核心要素、主要算法及在实际应用中的案例。

2. 强化学习的应用

强化学习在许多领域得到了广泛应用，展现了其强大的潜力和实际价值。在游戏领域，强化学习通过与环境的反复交互，实现了自动化策略的学习和优化，如 AlphaGo Zero 在围棋中的突破，展示了超越人类智能水平的策略能力。在机器人控制方面，强化学习被用于训练机器人完成复杂任务，如自主导航、机械臂抓取物体等，通过学习不断调整动作以适应多变的环境。在金融领域，强化学习被用于算法交易、投资组合优化和风险管理，通过实时学习市场变化来优化决策。在自动驾驶领域，强化学习通过模拟和实际道路测试，帮助自动驾驶汽车学习如何应对复杂的交通状况，提高安全性和驾驶效率。在医疗健康领域强化学习也有广泛应用，例如个性化治疗方案的制定、手术机器人的控制、医疗图像诊断等，通过优化决策过程改善患者的治疗效果。在推荐系统中，强化学习用于优化用户体验，通过持续学习用户反馈来提升推荐的精准度和相关性。此外，强化学习在能源管理、物流优化、工业自动化等领域也发挥着重要作用，通过实时优化资源分配和过程控制，提升效率、降低成本。这些应用展示了强化学习强大的适应能力和广泛的应用前景。

下面具体介绍强化学习在智能控制中的典型应用。足式机器人是常见的运动型机器人，具有一定长度的"腿部"，能够跨越障碍，在任何地形上行动，有像人和动物一样活动的潜力。足式机器人具有很广泛的应用场景，可以在复杂环境中进行救援、帮助运送货物、替代人类探索危险环境等，如图3-12所示。目前，比较先进的足式机器人有麻省理工学院的 MIT Cheetah 和波士顿动力的 Spot 机器人系列等。通过结合强化学习，足式机器人可以具备以下功能。

- 自主运动控制。足式机器人的一大挑战在于需要平衡灵活性和稳定性，尤其是在不同地形下行走时。通过强化学习，足式机器人可以通过不断与环境的交互来学习如何调整步伐和重心，从而实现自主运动。例如，利用强化学习，机器人能够在崎岖不平的地面、砂石、泥泞甚至雪地中平稳行走。这样的自主运动能力使机器人在实际任务中能够更好地应对不确定的环境，提高任务完成的成功率。
- 跌倒后的自主恢复。足式机器人在执行任务时，可能会因为环境因素或意外碰撞而跌倒。传统的机器人控制方式难以应对这些情况，但通过强化学习，机器人可以学习如何在跌倒后自主恢复站立并继续执行任务。例如，波士顿动力的 Spot 机器人可以通过一系列调整迅速从跌倒状态恢复，并继续前行。这种功能尤其在救援任务中非常关键，确保机器人在复杂危险环境中能持续运作。
- 跨越障碍和多样化地形的适应能力。足式机器人在复杂地形中活动时，必须具备跨越障碍物、上下坡道等能力。通过强化学习，机器人能够通过模拟训练，逐步学会如何面对各种地形挑战。比如，机器人在遇到障碍时，能够判断是否应选择跨越、绕行或其他策略。强化学习帮助机器人更灵活地适应环境变化，这不仅依赖于预设程序，而是通过自身经验进行实时调整。
- 多任务适应性。通过强化学习，足式机器人不仅能够完成单一任务，还能够处理多个任务。例如，一个机器人在进行救援任务时，除了需要行走和跨越障碍外，还可能需要搬运物体、开门或移动障碍物。强化学习使机器人具备在复杂任务环境中灵活应对的能力，能够在任务目标和实际环境之间迅速做出判断和调整，完成多样化任务。

图 3-12 强化学习在足式机器人上的应用[31]

3.4.3 图学习

图神经网络（Graph Neural Network，GNN）[32]是一类专门用于处理图结构数据的深度学习模型，其核心思想是通过消息传递机制来聚合节点的邻居信息，并更新节点的特征表示。这一过程通常会进行多轮迭代，以捕获图中更远距离的信息。GNN 的变体多样，包括图卷积网络、图注意力网络等，每种变体都有其独特的结构和应用场景。GNN 在图数据分析和优化问题中展现出强大的能力，已被广泛应用于社交网络分析、推荐系统、生物信息学、交通网络优化等多个领域，为解决复杂的图数据分析问题提供了新的方法和机会。

打造数据的"社交圈"：图学习

最多通过六个人你就可以认识任何一个陌生人，这是为什么呢？快来知识点视频中寻答案吧！

1. 图神经网络概述

深度学习在计算机视觉和自然语言处理等领域已经取得了显著成功，这些领域的任务通常涉及在欧几里得域中表示的数据。然而，在处理诸如物理系统建模、分子指纹学习、蛋白质作用位点预测等众多复杂任务时，面临的是非欧几里得结构的图数据。这些数据蕴含着元素之间丰富且复杂的关系信息。遗憾的是，传统的深度学习技术，例如卷积神经网络，主要用于处理规则的欧几里得数据，往往难以应对图数据。图数据的结构复杂多变、大小各异、节点无序，且每个节点拥有不同的邻域结构。生活中，有许多事物都可以自然地用图来表示。如图 3-13 所示的关系图，就清晰地描绘了三国时期司马懿周围的人物关系网络。通过图结构，能够直观地表达现实世界中的事物及其相互之间的关联关系。此外，在常规的社交网络分析、蛋白质结构预测等领域，图结构同样是一种强有力的建模工具，能够帮助人们更好地理解和处理这些领域的复杂任务。

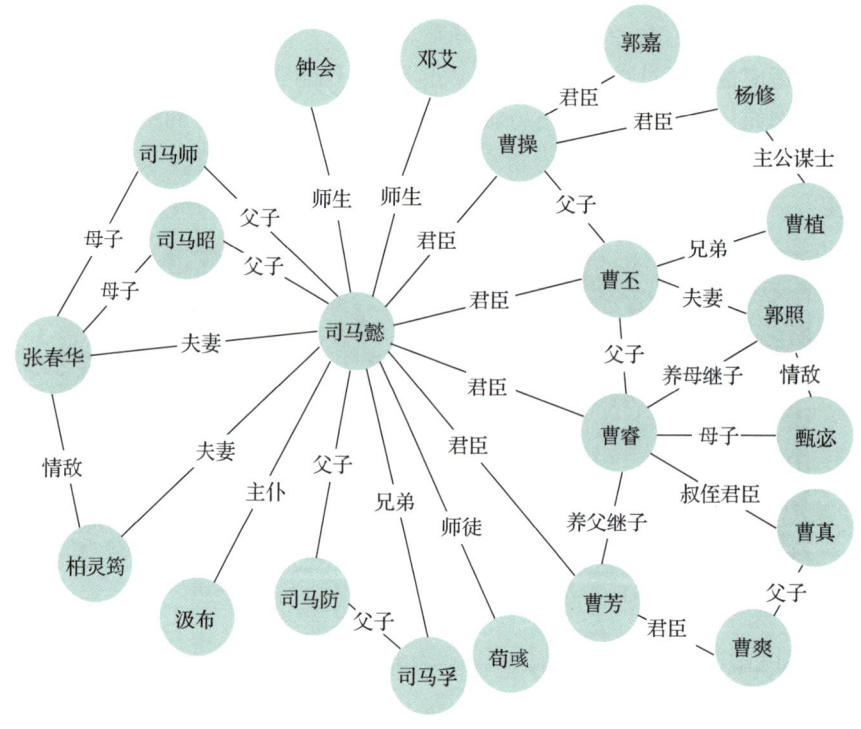

图 3-13　图示例

因此，研究人员将目光移向了图神经网络，它是基于深度学习的图数据处理方法。为了深入理解 GNN，下面先来了解一些图论的基本概念。如图 3-14 所示，图是由节点和边组成的，它主要用于表示物体之间的关系。其中，节点可以代表一个对象、一个位置或任何其他可以形成关系的实体；边表示两个节点之间的一种联系或路径，可以是有向的或无向的。边可以进一步被赋予权重，代表距离、成本、时间或其他指标。除此之外，根据任务所需或边的类别，对图进一步分类，分为无向图和有向图、加权图和多重图等。

图神经网络通过有效利用这种图结构信息，捕捉节点之间的关

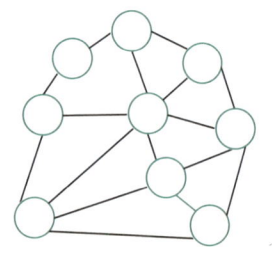

图 3-14　图的结构示例

系和相互作用，从而实现对图数据的信息挖掘。在图神经网络中，消息传递机制是一个核心概念。通过这一机制，每个节点收集来自其邻居节点的信息，并结合自身的特征进行状态更新。这种信息交换和状态更新的过程使得图神经网络能够捕捉到图数据中复杂的节点关系和相互作用。

如图 3-15 所示的图神经网络，用 l_v 来表示节点 v，x_v 表示该节点的输入特征，$\mathrm{co}[l_v]$ 和 $\mathrm{ne}[l_v]$ 分别表示节点 v 的边集合和输入特征集合。以节点 l_1 为例，$\mathrm{co}[l_1] = \{l_{(1,2)}, l_{(1,3)}, l_{(1,4)}, l_{(1,6)}\}$，$\mathrm{ne}[l_1] = \{x_2, x_3, x_4, x_6\}$。GNN 的目标是利用节点的输入特征，对其邻居节点特征进行编码，获得该节点的状态表示 h_v，并进一步获得该节点的输出：

$$\begin{cases} h_v = f(x_v, x_{\mathrm{co}[l_v]}, h_{\mathrm{ne}[l_v]}, x_{\mathrm{ne}[l_v]}) \\ o_v = g(h_v, x_v) \end{cases} \quad (3\text{-}33)$$

其中，f 为局部转移函数，其参数由全部节点共享；g 为局部输出函数。局部函数的计算可通过深度学习的前馈神经网络实现。

为了简化表达，将所有的输入特征、节点特征、状态和输出堆叠，以矩阵的形式表示：

$$\begin{cases} H = F(H, X) \\ O = G(H, X_N) \end{cases} \quad (3\text{-}34)$$

其中，X、X_N、H 和 O 分别表示为图神经网络的输入特征、节点特征、状态和输出；F 和 G 分别为全局转移函数和全局输出函数，二者分别是由局部函数对所有节点堆叠计算所得。

不难看出，GNN 的学习实际上是一个最优化局部转移函数 f 与局部输出函数 g 参数的过程。因此，在实际优化中，使用图神经网络中每个节点的输出作为监督信号。假设一个节点数为 p 的图，损失函数可以定义为

$$L(f, g) = \sum_{i=1}^{p} (t_i - o_i) \quad (3\text{-}35)$$

其中，t_i 表示节点 l_i 对应的标签或目标。可以使用梯度下降策略求得参数的最优解。在运行算法后，便训练好了一个针对特定监督任务或半监督任务的模型。同时，也获得了图中所有节点的状态。

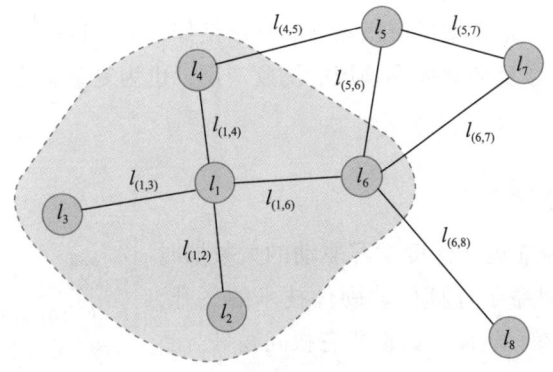

图 3-15　图神经网络示例

图神经网络的研究发展迅速，涌现了多种变体，包括图卷积网络、图注意力网络和图时序网络等。这些变体通过引入如注意力机制、时间动态变化等技术，进一步提升了GNN在处理复杂图数据上的效能和精度。

2. 图神经网络的应用

由于图神经网络在建模复杂结构数据方面的强大能力，GNN已被广泛应用于许多领域和应用场景。例如，GNN可以用于分析社交网络中的用户行为、识别社区结构、预测社交关系的发展，甚至检测网络中的异常行为。在蛋白质互作网络、基因调控网络的分析中，使用GNN有助于理解生物分子间的复杂相互作用和功能。在计算机视觉任务中，GNN可用于在图像中识别和分析对象间的关系，如场景图生成、物体检测和分割等。在自然语言处理任务中，GNN用于语义角色标注、关系抽取、文本分类等任务，能够捕捉词语之间的依赖和语义关联。在智能交通领域，GNN可以用于交通流量预测、路径规划和智能交通系统的设计。这些应用展示了GNN在处理具有复杂关系和高度互联的数据方面的潜力。下面具体说明图神经网络在化学和生物学方面的典型应用。

分子和蛋白质作为结构化的实体，可以通过图结构的方式进行抽象化表示。在这种图结构中，节点通常表示原子或残基，边则表示化学键或分子链。通过图神经网络，这些复杂的结构能够被转化为高维的向量表示，从而为多种任务提供支持，特别是在药物研究、化学反应预测、蛋白质相互作用分析等领域具有广泛应用。例如，在药物研究中，利用图卷积网络（Graph Convolutional Network，GCN）可以分别学习配体和受体蛋白的残基特征，这种分布式的特征学习能够捕捉到残基之间复杂的相互作用。将这类残基特征整合后，可以精确定位蛋白质的作用位点，这一过程对药物靶点识别等任务尤为重要。在蛋白质研究方面，GCN被广泛应用于建模蛋白质的三维结构及其氨基酸残基之间的相互作用，如图3-16所示。GCN不仅能够精准地捕捉蛋白质中局部和全局的相互作用模式，还能够通过学习不同氨基酸残基之间的关系，帮助优化蛋白质的序列设计。GCN通过建模蛋白质的图结构，并对节点和边进行特征提取，能够预测和设计特定结构下功能更强的蛋白质，从而为生物工程和药物研发提供新的工具。GCN在多元药物副作用预测中也展现了强大潜力，通过构建药物与蛋白质的相互作用网络，能够精准捕捉药物之间的相互作用及其潜在副作用。此外，GCN还能应用于化学反应机制分析。它能够通过图表示预测化学反应的产物、反应路径和反应能量，有助于更深入地理解反应机制并设计新型催化剂。这一系列技术的进步推动了药物研发、疾病诊断、化学反应建模等领域的深度应用，也为复杂生物系统的研究开辟了新的方向。

3.4.4 联邦学习

21世纪初，人工智能迈入深度学习驱动的大数据时代，海量数据的收集得益于计算机软硬件技术的飞升，极大地促进了AI的发展。然而，数据所有权问题日益凸显，人们愈发关注数据使用的权力归属。数据常由不同

数据孤岛的破局者：联邦学习

组织部门产生并持有，传统的集中存储、训练模型的方式已然失效。随着 AI 技术的广泛应用，用户隐私和数据安全备受关注，如 Facebook 数据泄露事件引发的广泛抗议。因此，数据隐私和安全问题成为全球焦点，各国纷纷建立健全相关法律法规，如我国实施的《网络安全法》、欧盟推出的《通用数据保护条例》，均强调保护个人隐私和数据安全，赋予用户"被遗忘权"。

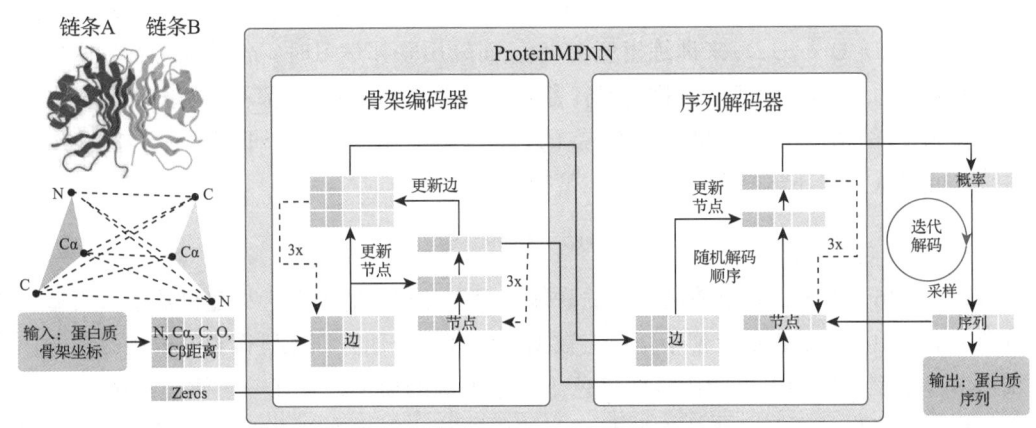

图 3-16　图神经网络在蛋白质序列设计中的应用

在人工智能领域，传统的数据处理模式面临着新的挑战。一方面，简单的数据交易模式已经难以适应新的数据法律法规和挑战；另一方面，各方在协同处理大数据时往往难以获得明显的益处，且数据的原始拥有者容易失去对数据的掌控。这些问题加剧了数据的碎片化和孤岛现象。为此，研究人员提出了一种新的数据处理模式——联邦学习（Federated Learning）。该模式的核心思想是，拥有数据的各方可以各自训练一个模型，然后通过模型聚合的方式得到一个全局模型。在模型聚合的过程中，各方交换模型信息的过程会被精心设计，以确保用户隐私和数据安全。通过这种方式，各数据源被有效整合在一起，既保护了用户隐私和数据安全，又实现了数据的协同处理。

1. 联邦学习概述

联邦学习是一种创新的机器学习模式，旨在处理分布式数据集，主要包括模型训练和模型推理两个关键阶段。在模型训练阶段，相关信息（或加密后的信息）在各方之间交换，但数据本身并不进行交换，从而确保每个站点上的受保护的隐私内容不会泄露。训练完成后，得到的联邦学习模型可以部署在联邦学习系统的各个参与方中，或者在多方之间共享。在推理阶段，该模型可用于处理新的实例样本。以医院为例，联邦医疗影像系统可以接收来自其他医院的新患者数据。在这种情况下，各方会协作进行预测，并设计公平的价值分配机制，以确保协同模型带来的增益能够合理分配。

具体而言，联邦学习是一种算法框架，用于构建能够将某一方的数据实例映射到预测输出的机器学习模型。一般来说，联邦学习的特点包括以下几个方面：①多方协作，两个或更多的参与方共同协作，构建一个共享的机器学习模型；②数据本地化，每个参与方都拥有可用于模型训练的数据，且这些数据在训练过程中不会离开数据拥有者；③信息加密交换，联邦学习模型相关的信息能够以加密的方式在各方之间传输和交换，确保任何一个参与方都无法推测出其他参与方的原始数据；④性能逼近理想模型，联邦学习模型的性能应能够充分逼近通过将所有训练数据集中后进行训练得到的理想模型的性能。

假设有 N 个数据所有者集合 $\{F_1, F_2\cdots, F_N\}$，每位所有者均希望通过共享自己的数据集 $\{D_1, D_2\cdots, D_N\}$ 来共同训练一个机器学习模型。采用传统方法时，所有的数据会被集中存放，使用 $D = D_1 \cup D_2 \cup \cdots \cup D_N$ 来训练模型 M_{SUM}。而采用联邦学习时，各数据所有者协作训练一个模型 M_{FED}，过程中保证任何数据拥有者 F_i 所持有的数据集 D_i 都不会暴露给其他人。此外，模型 M_{FED} 的精度 V_{FED} 应接近于 M_{SUM} 的精度 V_{SUM}。设 δ 是一个非负实数，在满足以下条件时，可以认为联邦学习算法具有 δ 精度损失：

$$|V_{\text{FED}} - V_{\text{SUM}}| < \delta \tag{3-36}$$

由式（3-36）可知，如果使用安全的联邦学习在分布式数据源上构建机器学习模型，这个模型在未来数据上的性能近似于把所有数据集中到一个地方训练所得到的模型的性能。尽管联邦学习模型在性能上可能会略微逊色于集中训练的模型，存在一个微小的精度损失 δ，但这个损失是可以接受的。因为在联邦学习的框架下，各个参与方 F_i 无须将他们的数据集 D_i 暴露给服务器或其他任何参与方，从而极大地增强了数据的安全性和隐私性。权衡利弊，额外的安全性和隐私性所带来的价值，显然远超于那点微小的精度损失。

此外，根据应用场景的不同，联邦学习系统可能涉及或不涉及中央协调方。图 3-17 展示了一种包含中央协调方的联邦学习系统示例。在此场景中，中央协调方是一台服务器，负责将初始模型发送给各参与方 A~C。参与方 A~C 分别使用各自的数据集训练该模型，并将模型权重更新发送回服务器（中央协调方）。随后，服务器将从参与方处接收到的模型聚合起来（例如，使用联邦平均算法），并将聚合后的模型发回给参与方。这一过程会循环进行，直至模型达到收敛状态、完成预设的最大迭代次数或达到最长的训练时间限制。值得注意的是，在整个训练过程中，参与方的原始数据始终保持在本地，不会被传输至其他任何地方。这一设计不仅有效保护了用户的隐私和数据安全，还大幅度降低了因传输原始数据而产生的通信成本。为了进一步增强安全性，服务器和参与方还可以采用先进的加密技术（如同态加密），来确保模型信息在传输过程中的保密性，从而有效防止潜在的信息泄露风险。当然，联邦学习系统也可以被设计为对等（Peer-to-Peer，P2P）网络的方式，即不需要中央协调方，如图 3-18 所示。这进一步增强了安全性，因为各方可以直接通信而无须依赖第三方。这种架构的优点是提高了安全性，但可能需要更多的计算操作来对消息内容进行加密和解密。

联邦学习因其独特的设计而带来了显著的益处。它无须直接进行数据交换或集中收集，从而有效保障了用户的隐私和数据安全。在这一框架下，多个参与方能够协同训练一个机器学习模型，使得各方都能获得一个比自己独立训练时更优的模型。以私有商业银行为例，联邦学习在检测多方借贷活动方面展现出了巨大潜力，这是银行和互联网金融长期面临的难题。通过联邦学习，银行无须构建中央数据库，任何参与联邦学习的金融机构都能向系统内的其他机构发起新用户查询请求,这过程只需获取关于本地借贷的信息,无须了解用户的具体细节。这不仅保护了用户隐私和数据完整性,还成功实现了识别多方贷款的重要业务目标。然而,联邦学习也面临着诸多挑战。首先,当大量参与方(如智能手机)同时与中央聚合服务器通信时,通信链路可能会变得缓慢且不稳定。尽管理论上每一部智能手机都可以参与联邦学习,但这无疑会增加系统的不稳定性和不可预测性。其次,联邦学习系统中的不同参与方可能拥有非独立同分布的数据,即数据样本的数量和质量可能各不相同。这种数据分布的不均衡可能导致联邦模型产生偏差,甚至训练失败。最后,由于参与方通常地理位置分散,身份认证变得尤为困难,这使得联邦学习模型容易受到恶意攻击。

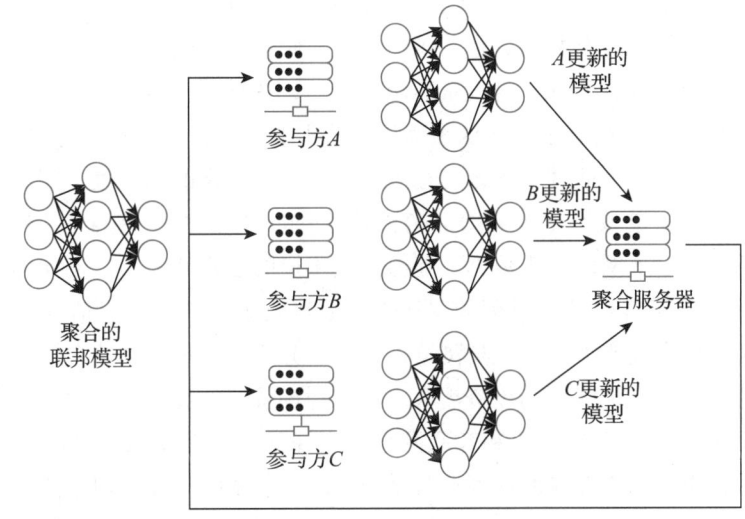

图 3-17 联邦学习系统示例:客户 - 服务器架构

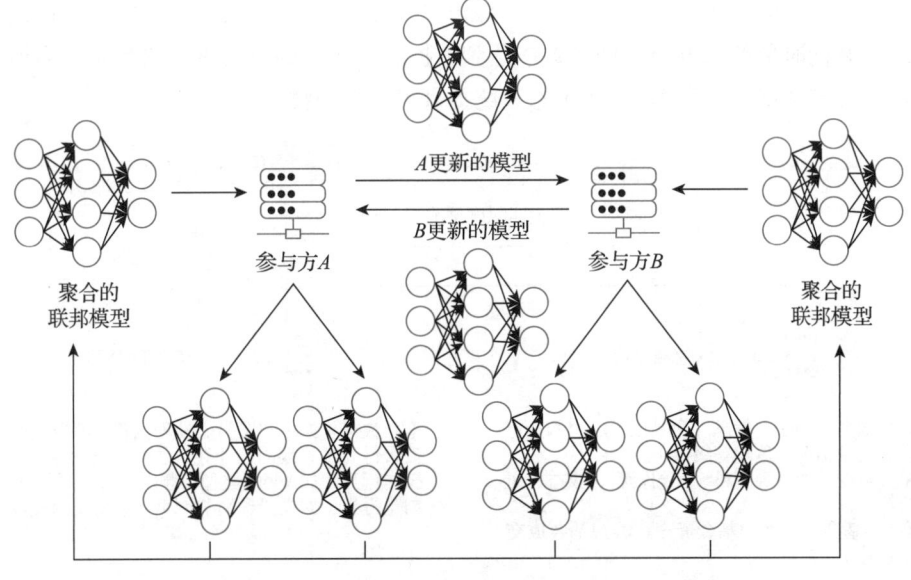

图 3-18 联邦学习系统示例:对等网络架构

2. 联邦学习的应用

联邦学习凭借其能够从多个数据源进行模型训练，同时确保数据隐私性和安全性的能力，在销售、金融、医疗等多个行业中展现出了巨大的应用潜力。在计算机视觉领域，它助力多家企业在不共享数据的前提下，协同构建高效的目标检测模型；在医疗领域，联邦学习成功解决了多家医疗机构间敏感数据的隐私问题，推动了诊断模型的构建；在自然语言处理领域，它应用于移动设备上的词库外单词学习和唤醒词检测，有效保护了用户隐私；在推荐系统中，联邦学习则用于解决冷启动和数据隐私问题，不仅提升了推荐精度，还减轻了中央服务器的运算负担。

除了上述领域，金融行业也是联邦学习最典型的应用场景之一。如图 3-19 所示，以基金推荐为例，通过对券商自有数据进行分析形成客户画像和基金画像，再结合个性化推荐算法，能够为不同客户推荐更匹配自身投资需求的产品，达到了一定程度的"千人千面"的效果。但券商自有的数据毕竟有限，无法覆盖客户离开自家 App 后的行为方向，也无法覆盖非自家客户的潜在客户，因此客户画像的精度和广度具有一定的局限性。相比之下，金融公司拥有客户的账户、交易及基金等数据，能够对客户的购买能力、基金的特性等进行画像。而互联网公司拥有客户上网的行为数据，能够反映用户的爱好和习惯。例如客户在搜索引擎中检索的关键字反映了客户某个时刻的关注点，通过收集客户的检索信息可以挖掘客户短期或长期的兴趣爱好；又比如通过收集浏览器数据，分析那些经常浏览金融、财经网页的人群，因为他们相对来说有更强烈的投资需求。在这种场景下，面临两个主要问题：第一，为了保护数据隐私和安全，金融公司和互联网公司之间的数据壁垒难以跨越，因此数据无法直接聚合；第二，由这两方存储的数据通常是异构的，传统的机器学习不能直接处理异构数据。因此，传统机器学习方法并不能有效地解决这两个问题。联邦学习则是解决这两个问题的关键。首先，对各公司样本进行加密处理，再将加密样本对齐。之后，基于联邦学习，可以为双方建立本地的定制化模型，并且不会公开他们的数据。最后，联合两个本地模型进行加密训练，并同时更新双方模型的参数以达到数据交互的目的。可见，联邦学习为构建跨企业、跨数据及跨领域的大数据和 AI 生态系统提供了良好的技术支持。

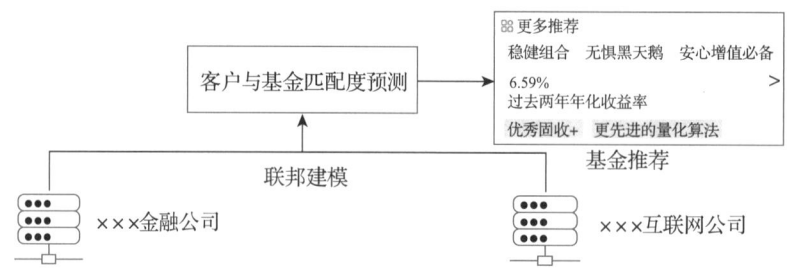

图 3-19 联邦学习在基金推荐场景的应用

3.4.5 迁移学习

在过去几十年的人工智能发展历程中，机器学习已经成为推动技术和社会进步的关键驱动力。从艾伦·图灵提出的"机器会思考吗？"出发，人工智能研究不断探索如何使机器从外部世界获取和利用知识。尤其是在机器学习领域，相关研究已经从依赖规则的专家系统转变为依赖数据的学习模型，这使得机器能够在多个领域

让模型举一反三：迁移学习

锯子是怎么被发明出来的？快来知识点视频中找寻答案吧！

（如电子商务、医疗和教育等）自动做出决策。然而，机器学习面临的最大挑战之一是如何在数据匮乏的环境中维持模型的性能和适应性。高质量、大体量的数据是现代机器学习算法成功的基石。但是在实际应用中，尤其是在新兴或快速变化的领域，很难获得足够的训练数据。例如，在医学影像分析中，尽管已有大量图像可以用来训练模型，但新类型疾病的出现或新的成像技术往往缺乏相应的标签数据。此外，模型在特定环境下训练得到的模型可能难以适应一个全新样本。例如，从日间的图像数据迁移到夜间或不同光照条件下的环境，模型的性能往往大幅度降低。

为此，一些研究人员开始探索迁移学习的潜力，它能够将一个领域学到的知识有效地应用到另一个相关但数据稀缺的领域。不同于依赖大量训练数据的传统机器学习，迁移学习被视为一种创新的学习范式，其核心在于挖掘不同领域间的共性与差异，并利用这些共性来提升新领域的学习成效。为了直观理解迁移学习的核心原理，下面通过一个生动的例子来说明。想象在不同国家开车的情景：在美国和中国，驾驶员坐在车的左侧，车辆靠右行驶；而在英国，驾驶员则坐在车的右侧，车辆靠左行驶。对于习惯了在美国驾驶的人来说，在英国驾驶时，这种驾驶习惯的转变可能会带来挑战。然而，迁移学习能够识别出这两种驾驶场景中的不变性，并将其作为共同特征加以利用。仔细观察会发现，无论驾驶员坐在哪一侧，他们总是离道路中心最近，也就是说，驾驶员总是坐在离路边最远的位置上。这个不变性使得驾驶员能够顺利地将驾驶技能从一个国家"迁移"到另一个国家。因此，迁移学习的关键在于识别不同领域和任务之间的"不变性"。在实际操作中，需要精确评估不同任务或领域之间的差异或相似性，并据此调整迁移策略。如果两个领域之间的差异过大，简单地迁移模型可能会导致性能下降。因此，在选择源领域和目标领域时，必须谨慎考虑，以确保迁移学习的成功实施。

迁移学习不仅能够解决数据稀缺的问题，还能提高模型在新场景中的适用性和鲁棒性。在真实场景中，尤其是在资源受限的情况下，迁移学习提供了一种有效利用已有的知识和数据的方式，降低了对大规模标签数据的依赖。此外，通过将在一个领域中学到的知识迁移到另一个领域，不仅增强了模型的泛化能力，还拓宽了机器学习的应用边界。这种学习策略的成功实施，极大地推动人工智能技术在更广泛领域中的落地和普及。

1. 迁移学习概述

迁移学习是指利用源域 $\mathbb{D}_s$（Source Domain）中学到的知识来帮助目标域 $\mathbb{D}_t$（Target Domain）的学习任务。具体来说，定义 $\mathbb{D}_s = \{(\boldsymbol{x}_{s_i}, y_{s_i})\}_{i=1}^{n_s}$ 为源域数据集，类似地，$\mathbb{D}_t = \{(\boldsymbol{x}_{t_i}, y_{t_i})\}_{i=1}^{n_t}$ 为目标

域数据集。在大多数情况下，$0 \leq n_t \ll n_s$。基于上述定义的符号，迁移学习可以定义为：给定源域 $\mathbb{D}_s$ 和学习任务 $\mathbb{T}_s$、目标域 $\mathbb{D}_t$ 和目标任务 $\mathbb{T}_t$，迁移学习的目的是获取源域 $\mathbb{D}_s$ 和学习任务 $\mathbb{T}_s$ 中的知识以帮助提升目标域中的预测函数 $f_t(\cdot)$ 的学习能力，其中 $\mathbb{D}_s \neq \mathbb{D}_t$ 或者 $\mathbb{T}_s \neq \mathbb{T}_t$。整个迁移学习过程如图 3-20 所示，通常包括两个阶段：首先，在一个大型源域数据集（如 ImageNet）上对模型进行预训练，使其学习到通用的特征表示；接着，在新任务中，通过小幅修改模型并在目标域数据集上微调模型的部分或全部参数，将预训练模型的知识迁移到目标任务上。这样做能够有效减少新任务对大规模标注数据的需求，加速模型的训练，并提高模型在新任务中的性能。通过从源域获取更多知识可以有效解决目标域中训练数据不足的问题，这是迁移学习的一个关键概念。

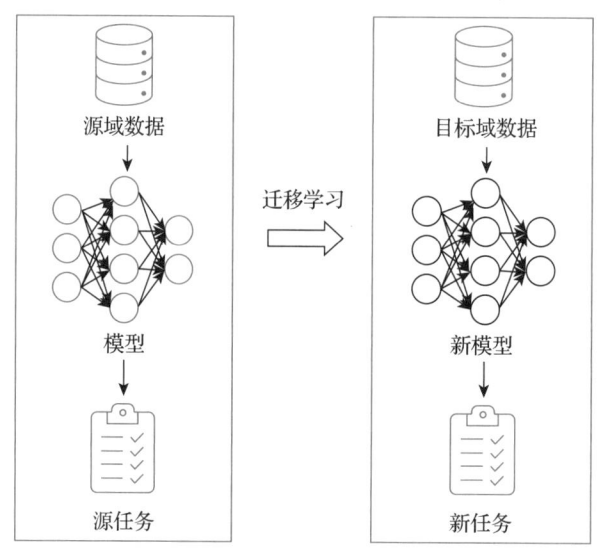

图 3-20 迁移学习过程示例

那么标准机器学习和迁移学习有什么不同呢？标准机器学习建立在训练集与测试集源自相同样本空间和概率分布的前提之上，这意味着模型的有效性局限于同一分布环境内。相反，迁移学习则放宽了这一限制，它允许训练和测试数据不仅可能来自不同的样本空间，还可能具有各异的概率分布。迁移学习的核心在于，它能够将从源任务习得的知识迁移到目标任务中，即便目标任务的数据分布或特征空间与源任务并不完全吻合。

根据迁移的性质，迁移学习可以分为正迁移和负迁移。正迁移是指一种学习对另一种学习产生积极的促进作用。例如，学会了骑自行车的人，在学习骑摩托车时会发现两者在平衡和控制技巧上有诸多相似之处，从而更容易掌握骑摩托车的技巧。这就是一个典型的正迁移例子。相反，负迁移则是指一种学习对另一种学习产生消极的阻碍作用。比如，学习了汉语拼音后，可能会对英语国际音标的学习产生干扰，因为两者在发音规则和书写上有很大的不同，这就是负迁移的一个例子。其次，根据迁移的层次，迁移学习可以分为纵向迁移（垂直迁移）和横向迁移（水平迁移）。纵向迁移发生在不同抽象概括层次的学习之间。比如，先学习苹果、梨等具体水果的概念，再学习水果这一更抽象的概念，这就属于自下而上的纵向迁移。而自上而下的纵向迁移则是先学习水果这一抽象概念，再学习苹果、梨等具体水果。横向迁移则发生在同一抽象概括层次的学习之间，比如学习直角、钝角后再学习锐角，这些概念在抽象层次上是一致的，因此属于横向迁移。再者，根据迁移的先后，迁移学习可以分为顺向迁移和逆向迁移。顺向迁移是指先前学习对后继学习产生影响，比如学习了三角形的概念后，对学习直角三角形的概念产生了积极影响，这就是顺向迁移。而逆向迁移则是指后继学习对先前学习产生影响，比如学习了直角三角形的概念后，加深了对三角形概念的理解，这就是逆向迁移。最后，根据迁移的内容，迁移学习可以分为一般迁移和具体迁移。一般迁移是指将学习的一般原理、方法、策略和态度迁移到另一种学习中去，比如将学习数学时培养的逻辑思维能力应用到物理学习中。而具体迁移则是指迁移发生时，习得的经验要素及其结构没有发生变化，只是将这些经验要素重新组合并移用到另一种学习中去，比如学习"木"字对学习"森"字的影响。综上所述，迁移学习的分类方式多种多样，每种分类方式都有其独特的视角和应用场景。

接下来，以2014年提出的深度自适应网络（DAN）[33]为例来对迁移学习的步骤进行简要介绍。DAN模型结构如图3-21所示。其主要步骤分为以下几个阶段，每个阶段都在不同层次上优化特征的可迁移性，以解决源域和目标域数据分布差异的问题。

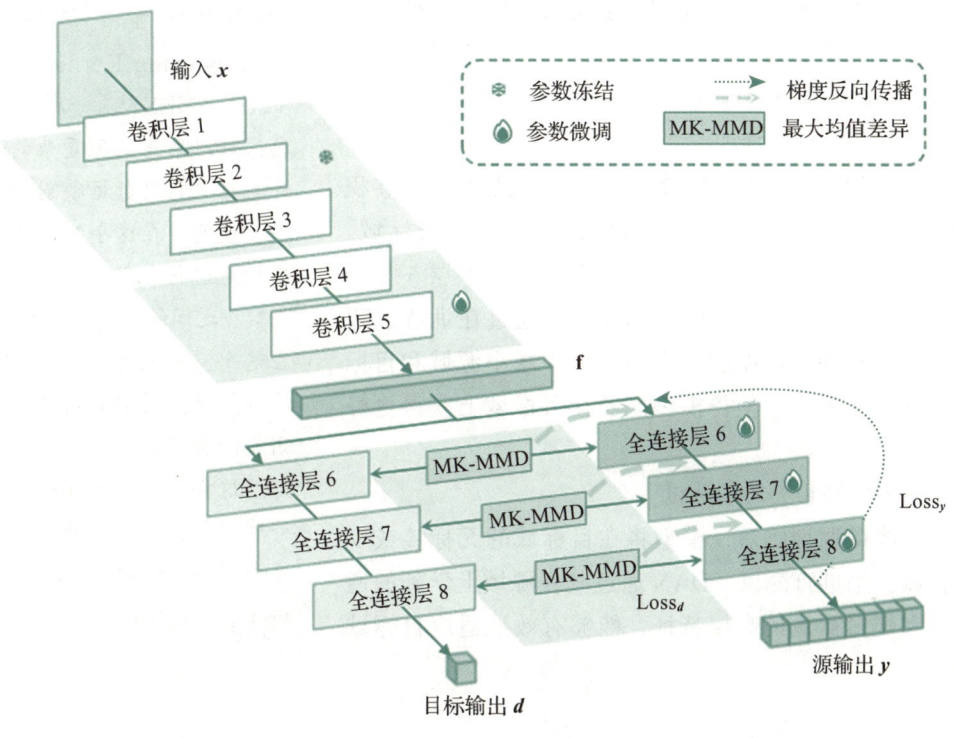

图 3-21　深度自适应网络结构

（1）利用源域数据进行模型预训练

在源域中，通常会有大量标签数据，这些数据可以用于训练深度神经网络，尤其是卷积神经网络（CNN）。CNN的低层特征（如DAN中的卷积层1~3）能够捕捉到图像中的通用特征，如边缘和纹理。这些低层特征对于不同的任务具有较好的通用性，因此可以在后续的迁移过程中保持不变。DAN 采用了在 ImageNet 数据集上预训练的 AlexNet 作为基础模型。这样，网络能够学习到丰富的表征，进而为向目标域的迁移奠定基础。

（2）特征学习与表示优化

经过在源域预训练后，模型具备了一定的通用特征表示能力，但高层次特征（如 DAN 中的全连接层 6~8）直接依赖于源域的任务，因此需要在迁移到目标域时进行优化和适应。为了提升高层次特征的可迁移性，DAN 提出了多层次的适应策略。引入最大均值差异（Maximum Mean Discrepancy，MMD）作为域间分布匹配的度量标准。DAN 将源域和目标域的特征映射到再生核希尔伯特空间，在这个空间中，源域和目标域的特征分布通过最小化 MMD 被强制对齐。这样做的目的是减小源域与目标域之间的分布差异，确保在这些高层次特征上也能实现良好的迁移。多层适应策略不仅针对单一层次，而是针对多个全连接层，逐步减小层与层之间的分布偏差，提升整体迁移效果。

（3）微调与模型训练

在迁移到目标域时，DAN 选择冻结低层特征（卷积层 1~3），因为这些通用特征能够直接迁移至目标域。同时，对中高层次的特征层（卷积层 4~卷积层 5 及全连接层）进行微调，以适应目标任务。通过在训练过程中加入正则化项，模型能够在目标域中减小源域和目标域之间的分布差异，使得模型能够在目标域上获得更好的性能。

（4）模型在目标域的测试

在完成微调训练后，模型将在目标域的无标签或少量标签数据上进行测试。DAN 通过其在源域上学到的通用特征和经过微调的高层特征，能够有效地适应目标域的任务。

> 最大均值差异是一种用来衡量两个数据分布之间差异的统计方法。简单来说，它通过比较两个分布在高维空间中的均值，来判断它们有多相似。如果两个分布的均值差异很小，就表示它们很接近；如果差异大，说明它们有较大不同。在迁移学习中，MMD 被用来将源域和目标域的特征分布对齐，从而减少它们之间的差异，帮助模型更好地适应新任务。

> 再生核希尔伯特空间（Reproducing Kernel Hilbert Space，RKHS）是一种数学工具，可以用来处理复杂的函数和数据。它将数据映射到一个高维空间，在这个空间里可以方便地进行各种运算，比如比较数据之间的相似性。关键是，在这个空间里可以用核函数来计算数据点之间的内积，而不用实际去计算高维空间中的坐标。这样，就能处理原本很难处理的数据结构，使得算法在这个高维空间中更容易找到规律。

2. 迁移学习的应用

迁移学习作为一种强大的工具，在众多领域展现出了很高的应用价值。在计算机视觉领域，迁移学习使用在大型数据集（如 ImageNet）上预训练的卷积神经网络模型，并将其调整到特定的图像识别任务，如医学图像分析或动物识别。这种技术极大地减少了对新任务标签数据的依赖，加速了模型的开发和部署。在自然语言处理任务中，迁移学习可以将预训练的语言模型（如 BERT、GPT）应用到文本分类、情感分析、机器翻译等任务。在语音识别任务中，预训练的声学模型可以通过迁移学习调整到特定口音或方言的语音识别任务上。在推荐系统中，迁移学习可以利用用户在不同领域的行为模式，提高推荐的准确性和个性化。在医疗诊断中，迁移学习可以将在大量患者数据上训练的模型调整到特定医疗诊断任务，尤其是数据稀缺的情况下。下面具体介绍一些迁移学习的具体应用。

在计算机视觉领域，从目标识别到行为识别，许多图像理解任务已经运用了迁移学习。通常，这些计算机视觉任务需要大量有标签的数据来训练模型，例如使用众所周知的 ImageNet 数据集对模型进行训练。然而，当计算机视觉的应用场景稍有变化（例如从室内到室外、从静止摄像机到移动摄像机），就需要调整模型以适应新情况。而迁移学习是解决这些适应问题的常用技术。图像分割任务旨在将图像中的不同区域划分为具有特定含义的部分，例如在自动驾驶汽车中分割道路、车辆、行人等。通过迁移学习，研究人员可以使用在类似任务（如物体检测）上预训练的模型，并通过微调将其用于图像分割任务。此外，行为识别也是迁移学习的一个重要应用领域，尤其是在视频分析和监控系统中。行为识别任务往往需要处理大量的时空数据，例如识别行走、跑步、打斗等行为。这些任务通常需要复杂的时空特征提取，训练模型时需要大量带有行为标签的视频数据。通过迁移学习，研究人员可以使用在大型视频数据集上预训练的模型，将其迁移到特定场景的行为识别任务中，减少了标注工作量，提升了模型的性能。

在工程领域，迁移学习作为一种先进的机器学习技术，同样可以应用于机械臂的辅助训练。机械臂作为工业自动化和智能制造中的重要设备，其对操作和控制的精度要求极高。然而，在实际环境中，直接在真实机器人上进行模型训练往往面临诸多挑战。比如，反复调整机械臂的动作需要大量的时间，而硬件设备的磨损、维护及实验环境的限制也进一步增加了训练的复杂性和成本。为了解决这一难题，谷歌 DeepMind 团队提出了一种创新的解决方案，即结合迁移学习方法，先在模拟环境中进行学习，再将模拟学习中获得的知识迁移到现实世界的机器人训练中。这种方式的优势在于，大大降低了真实训练所需的时间和费用，利用计算机模拟环境中的大量数据进行快速迭代和优化，同时确保知识能够在两个环境中高效共享。具体而言，模拟环境作为源域，现实世界的机器人作为目标域，两者共享相同的特征空间，从而使得模型能够在两个环境之间实现平稳过渡。图 3-22 生动地展示了这一过程：左侧部分显示了机械臂在模拟环境中进行训练的场景，通过大量的仿真实验，机械臂逐步学习并优化了其移动策略。当将这一学习成果迁移到现实世界的机械臂上时，真实的机械臂在经过较少的训练后，能够快速适应并表现出优秀的操作效果。这不仅节省了大量的时间和费用，也为未来机器人技术在工业、医疗等领域的广泛应用奠定了坚实基础。

随着迁移学习的不断发展，研究人员还在探索如何将迁移学习与其他先进技术相结合，如元学习和自监督学习，以进一步提升其在各领域的应用效果。未来，迁移学习有望在更多复杂的任务中发挥更大的作用，例如在无人驾驶、智能监控和虚拟现实等领域。

a）训练迁移过程　　　　　　　　　b）通过迁移学习训练机械臂

图 3-22　迁移学习的应用

3.5　小结

机器学习是一门通过计算技术模拟人类学习过程的学科方向，它使用数据作为经验，通过学习算法从数据中提取知识，构建能够对新情况进行预测的模型。机器学习不仅包括有监督学习，还包括无监督学习，涵盖了回归和分类等任务，并广泛应用于多个领域。本章简要介绍了一些经典的机器学习算法，包括监督学习中的线性回归、逻辑回归、支持向量机等，以及无监督学习中的 K 均值聚类算法。这些算法是机器学习领域的基础，适用于不同的数据和任务类型。

接下来，为了全面评估机器学习算法在处理特定任务时的性能表现，简要概述了一系列核心概念，如经验误差、过拟合现象、泛化能力等。在评估方法方面，介绍了留出法和交叉验证法。前者通过划分数据集为训练集和测试集来评估模型，后者则通过多次划分数据集并计算平均性能来提供更稳健的评估。此外，为了量化模型性能，还介绍了错误率、精度、查准率、查全率、F 值等度量标准，以及 ROC 曲线和 AUC 值，它们分别从不同角度提供了对模型性能的全面评估。

此外，随着计算机软硬件技术的飞速发展，机器学习领域的前沿理论也取得了显著进步。在此背景下，本章对当代机器学习技术进行了概览式介绍，涵盖了深度学习、图神经网络、联邦学习及迁移学习等关键技术。这些技术不仅极大地拓展了复杂数据处理的能力边界，还为解决现实世界中的各种问题提供了全新的视角和方案。

参考文献

[1]　HOERL A E, KENNARD R W. Ridge regression: applications to nonorthogonal problems[J]. Technometrics, 1970, 12(1): 69-82.

[2] TIBSHIRANI R. Regression shrinkage and selection via the lasso[J]. Journal of the royal statistical society series B: statistical methodology, 1996, 58(1): 267-288.

[3] LOH W Y. Classification and regression trees[J]. Wiley interdisciplinary reviews: data mining and knowledge discovery, 2011, 1(1): 14-23.

[4] BREIMAN L.Random forest[J]. Machine learning, 2001, 45:5-32.

[5] VAPNIK V N. Pattern recognition using generalized portrait method[J]. Automation and remote control, 1963, 24(6): 774-780.

[6] PLATT J C. Sequential minimal optimization: A fast algorithm for training support vector machines[R]. Redmond: Microsoft Research, 1998.

[7] KARUSH W. Minima of functions of several variables with inequalities as side constraints[D]. Chicago: Univ. of Chicago, 1939.

[8] CORTES C. Support-Vector Networks[J]. Machine learning, 1995, 20: 273–297.

[9] BOSER B E, GUYON I M, VAPNIK V N. A training algorithm for optimal margin classifiers[C]//Proceedings of the Fifth Annual Workshop on Computational Learning Theory. Pittsburgh: COLT, 1992.

[10] LAURENS V D M , HINTON G.Visualizing data using t-SNE[J].Journal of machine learning research, 2008, 9(2605):2579-2605.

[11] KINGMA D P. Auto-encoding variational bayes[Z]. arXiv preprint arXiv:1312.6114, 2013.

[12] GOODFELLOW I, POUGET-ABADIE J, MIRZA M, et al. Generative adversarial networks[J]. Communications of the ACM, 2020, 63(11), 139–144.

[13] SINAGA K P, YANG M S. Unsupervised k-means clustering algorithm[J]. IEEE Access, 2020, 8: 80716-80727.

[14] JI C H, LEI Y M. Parallel clustering by fast search and find of density peaks[C]// International Conference on Audio, Language and Image Processing. New York: IEEE, 2016.

[15] DASGUPTA S, LONG P. Performance guarantees for hierarchical clustering[J]. Journal of computer and system sciences, 2002, 70(4):555-569.

[16] BEZDEK J C, EHRLICH R, FULL W. FCM: The fuzzy c-means clustering algorithm[J]. Computers & Geosciences, 1984, 10(2–3):191-203.

[17] ALOISE D, DESHPANDE A, HANSEN P, et al. NP-hardness of Euclidean sum-of-squares clustering[J]. Machine learning, 2009, 75: 245-248.

[18] DIETTERICH T G. Approximate statistical tests for comparing supervised classification learning algorithms[J]. Neural computation, 1998, 10(7): 1895-1923.

[19] RIJSBERGEN C J V. Information retrieval [J]. Journal of the American society for information science, 1979, 30(6):374-375.

[20] SPACKMAN K A. Signal detection theory: Valuable tools for evaluating inductive learning[C]//Proceedings of the Sixth International Workshop on Machine Learning. Ithaca: 6th IWML, 1989.

[21] BRADLEY A P. The use of the area under the ROC curve in the evaluation of machine learning algorithms[J]. Pattern recognition, 1997, 30(7): 1145-1159.

[22] ZEILER M D, FERGUS R. Visualizing and understanding convolutional networks[C]//European Conference on Computer Vision Zurich: ETH, 2014.

[23] SIMONYAN K, ZISSERMAN A. Very deep convolutional networks for large-scale image recognition[Z]. arXiv preprint arXiv:1409.1556, 2014.

[24] HE K, ZHANG X, REN S, et al. Deep residual learning for image recognition[C]//Proceedings of the IEEE Conference on Computer Vision and Pattern Recognition. Las Vegas: IEEE, 2016.

[25] HOCHREITER S. Long short-term memory[J]. Neural computation, 1997, 9(8):1735-1780.

[26] CHUNG J, GULCEHRE C, CHO K, et al. Empirical evaluation of gated recurrent neural networks on sequence modeling[Z]. arXiv preprint arXiv:1412.3555, 2014.

[27] DEVLIN J. BERT: Pre-training of deep bidirectional transformers for language understanding[Z]. arXiv preprint arXiv:1810.04805, 2018.

[28] BROWN T B. Language models are few-shot learners[Z]. arXiv preprint arXiv:2005.14165, 2020.

[29] RADFORD A. Unsupervised representation learning with deep convolutional generative adversarial networks[Z]. arXiv preprint arXiv:1511.06434, 2015.

[30] KARRAS T, LAINE S, AILA T. A style-based generator architecture for generative adversarial networks[C]//The IEEE/CVF Conference on Computer Vision and Pattern Recognition. New York: IEEE/CVF, 2019.

[31] LEE J, HWANGBO J, WELLHAUSEN L, et al. Learning quadrupedal locomotion over challenging terrain[J]. Science robotics, 2020, 5(47), eabc5986.

[32] SCARSELLI F, GORI M, TSOI A C, et al. The graph neural network model[J]. IEEE transactions on neural networks, 2009, 20(1): 61-80.

[33] LONG M, CAO Y, WANG J, et al. Learning transferable features with deep adaptation networks[C]//International Conference on Machine Learning. Princeton: IMLS, 2015.

第 4 章

深度学习

深度学习(Deep Learning,DL),作为机器学习领域中一颗璀璨的"明珠",不仅引领着人工智能的复兴,更将人类对智能的追求推向了前所未有的高度。自 20 世纪 40 年代人工神经网络的初步构想形成以来,深度学习一直在等待其潜力的全面释放。进入 21 世纪,随着数据量的激增和计算能力的飞升,深度学习终于迎来了它的春天,其独特的光芒照亮了机器学习的未来之路。深度学习最引人注目的优势在于其自动特征学习能力。与以往需要专家手动设计特征的机器学习技术不同,深度学习模型能够直接从原始数据中自主学习到有用的特征表示。这个特性使得深度学习在图像、声音和文本等非结构化数据的处理上具有无可比拟的优势。此外,深度学习模型的非线性映射能力使其能够捕捉数据中的复杂关系,而端到端的学习方式则进一步简化了从数据输入到决策输出的流程。

深度学习的核心在于其能够通过"层层递进、逐层抽象"的机制,从原始数据中自动识别和学习复杂的模式。它通过构建多层结构的神经网络,模拟人脑处理信息的方式,将低层的简单特征逐步组合,抽象成高层的复杂特征,从而生成数据的分布式特征表示。这一过程不仅赋予了机器类人的学习能力,更使其在图像识别、自然语言处理等众多领域引发了革命性的技术变化。随着深度学习技术的快速发展,模型的深度也从早期的多层感知机发展到如今拥有数百甚至上千层的庞大网络。网络层数的增加极大地增强了模型的特征表示能力,使得机器在面对各类任务时,能够做出更加精准的预测和分析。

本章将深入探讨深度学习技术,揭示典型卷积神经网络、序列到序列模型、Transformer 模型、深度生成模型的基本原理和工作机制,帮助读者掌握构建复杂模型的基础知识,以应对实际问题中的挑战。

4.1 从感知机到深度神经网络

神经网络的发展历程是人工智能领域中一段引人入胜的历史。它起源于对人类大脑工作机制的好奇和模仿,经历了多次起伏和重大突破,如今它已成为推动智能科技前行的核心原动力。20 世纪 40 年代,科学家们开始探索人类大脑神经元的连接模式(见图 4-1),并试图用数学模型来描述这些复杂的网络。沃伦·麦卡洛克(Warren McCulloch)和沃尔特·皮茨(Walter Pitts)提出的 M-P(McCulloch-Pitts)神经元

从感知机到深度神经网络

如何解决"异或"线性不可分问题?
快来知识点视频中找寻答案吧!

模型[1]成为神经网络研究的起点。该模型虽然简单,但证明了人工神经元网络可以执行基本逻辑运算,为模拟人类大脑神经元的工作原理提供了一个数学框架。

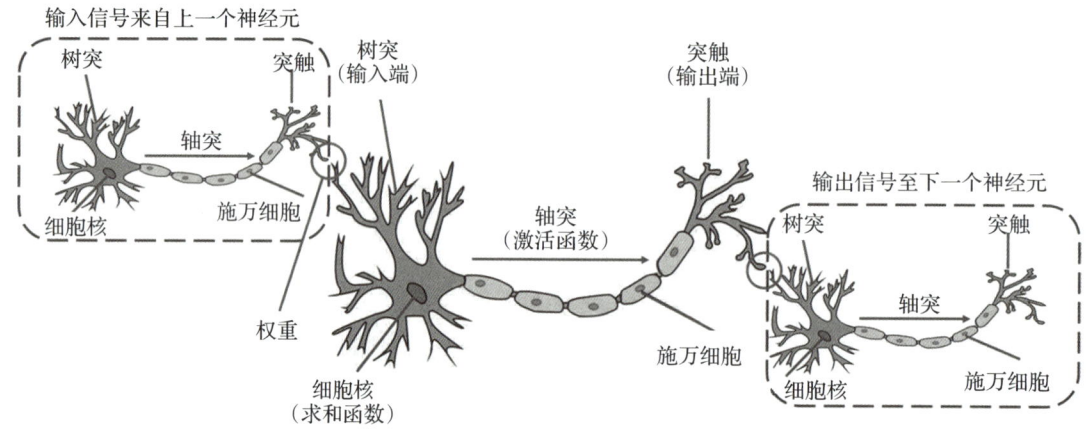

图 4-1　人类大脑神经元的连接模式

M-P 模型基于几个核心假设:神经元接收二进制输入信号,通过权重调整这些信号的重要性,并借助激活函数决定是否需要被激发,以输出信号。模型的计算过程简洁明了,即输入信号乘以权重后求和,如果总和超过设定的阈值,则神经元被激发,否则保持静默。M-P 模型的结构包括输入端、权重、加权求和及激活函数,这种基础架构为后来的神经网络设计提供了原型。虽然在处理复杂问题上的局限性显而易见,但 M-P 模型的历史意义不容小觑,它不仅启发了后续的多层感知机和深度学习模型,也为理解神经网络如何通过学习权重来识别模式和执行任务提供了基础。

20 世纪 40 年代末,唐纳德·赫布(Donald Olding Hebb)在 *The Organization of behavior: a neuropsychological theory*[2] 中提出了 Hebb 学习规则,这是首次提出神经元之间连接强度变化的调整方法,为人工神经网络的权值调整奠定了理论基础。随后,美国心理学家弗兰克·罗森布拉特(Frank Rosenblatt)在 1958 年提出了感知机(Perceptron)[3],其设计灵感来源于生物神经系统的工作方式,尤其是人类大脑神经元的激发机制。感知机是一种简单的线性二分类模型,它仅包含输入层和输出层,使用一种简单的迭代算法来更新权重,即感知机学习规则。这一规则基于预测错误来指导权重的调整,当模型对某个训练样本预测错误时,它会根据错误的方向和大小来更新权重,以减少未来的预测错误。这一过程不断重复,直到模型在训练集上达到一定的性能标准或达到预设的迭代次数。感知机是人工神经网络的第一个实际应用,是人工智能领域早期探索的见证,标志着神经网络进入了新的发展阶段。

> 唐纳德·赫布,加拿大心理学家,认知心理生理学的开创者。Hebb 学习规则的核心思想可以概括为:"当神经元 A 的一次活动与神经元 B 的一次活动紧密相连时,即 A 的兴奋能促使 B 的兴奋,则 A 和 B 之间的连接强度会增加。"用更通俗的话来说,如果两个相邻的神经元经常同时被激活,那么这两个神经元之间的连接将会变得更强。

随着研究的深入，感知机在处理复杂问题时的局限性也逐渐显现。1969 年，美国科学院和工程院两院院士、图灵奖获得者马文·明斯基（Marvin Minsky）等人编写了 Perceptrons: an introduction to computational geometry[4] 一书，从数学角度证明了感知机的局限性，指出其不能解决简单的异或（XOR）等线性不可分问题。同时，多层神经网络的训练问题尚未解决，神经网络研究遭遇了第一次低谷。尽管神经网络的研究遭遇了挑战，但是一些基础理论的突破与发展也在不断为其再次复兴积蓄力量。在此期间，最为关键的便是反向传播（BP）算法的提出，它为多层神经网络的学习训练提供了切实可行的方法，推动了神经网络的研究。1993 年，Wan 等人使用 BP 算法赢得了国际模式识别竞赛，进一步证明了 BP 算法的有效性。但是，由于受到计算能力的限制和梯度消失、梯度爆炸等技术难题的困扰，神经网络在 20 世纪 90 年代又经历了一段发展缓慢的时期。

> 弗兰克·罗森布拉特（Frank Rosenblatt）是美国心理学家。罗森布拉特一生最富戏剧性的经历是和数学家、人工智能奠基人之一马文·明斯基之间的争论。争论的焦点是由生物启发的计算方法的价值。罗森布拉特认为感知机是无所不能的，明斯基则不以为然，他觉得它至少解决不了异或问题。2014 年，IEEE 计算智能学会设立了罗森布拉特奖，用于奖励在生物及语言启发计算领域做出卓越贡献的人。

21 世纪初，随着计算能力的显著提升和大数据的广泛应用，深度学习逐渐崭露头角，神经网络的重要分支——卷积神经网络（Convolutional Neural Network, CNN）开始兴起并不断发展，自 20 世纪 80 年代日本科学家福岛邦彦（Kunihiko Fukushima）提出了一种包含卷积层和池化层的神经网络结构（即 Neocognitron 模型）[5] 之后，杨立昆（Yann LeCun）、杰弗里·辛顿（Geoffrey Hinton）、亚历克斯·苏茨克维（Alex Sutskever）等众多科学家的不断探索进一步推动了现代卷积神经网络的发展，从而引发了深度学习研究的热潮。卷积神经网络的发展还得益于硬件技术的进步，尤其是 GPU 的普及，这使得神经网络的训练速度得到了极大提升。同时，云计算技术的发展为神经网络的训练和应用提供了更加便捷和高效的服务。伴随着深度学习理论的完善，以循环神经网络为代表的序列到序列模型、Transformer 模型、深度生成模型等被相继提出，神经网络在各个领域的应用不断深化，从计算机视觉到自然语言处理，从医疗诊断到游戏智能，深度学习正在不断拓展其应用边界，将人工智能的理解能力推向了新的高度。

4.1.1 感知机

弗兰克·罗森布拉特于 1958 年提出的单层感知机模型[3] 是第一个具有学习能力的人工神经网络，能够通过调整权重来识别简单的模式。单层感知机是对生物神经元的简单数学模拟，包含了与生物神经元相对应的部件，如权重（突触）、偏置（阈值）及激活函数（细胞体），其基本工作原理是将输入信号乘以相应的权重，求和后加上偏置，然后通过一个阶跃函数来决定是否产生输出。如果加权和超过某个阈值，感知机输出 1（激发），否则输出 −1（不激发）。

如图 4-2 所示，以简单的单层感知机模型为例，给定 N 个样本的训练集 $\{x_n, y_n\}_{n=1}^{N}$，其中 $y_n \in \{+1, -1\}$，其模型输出的形式化定义为

$$\hat{y} = \text{sgn}(\boldsymbol{\omega}^\text{T} \boldsymbol{x} + b) \tag{4-1}$$

其中，sgn（·）是符号函数。单层感知机算法旨在找到一组参数 $\boldsymbol{\omega}$，使其对每个样本有

$$y_n \cdot (\boldsymbol{\omega}^\text{T} x_n + b) > 0, \ \forall n \in \{1, 2, \cdots, N\} \tag{4-2}$$

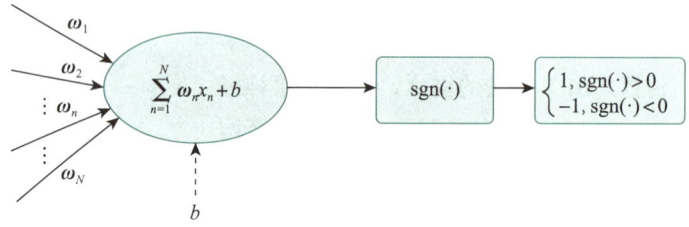

图 4-2　单层感知机模型结构

实际上，该算法是一种由错误样本驱动更新的学习算法。首先初始化权重向量 $\boldsymbol{\omega}$（通常初始化为全 0 向量），对于分类结果错误的样本 (x_n, y_n)，如果此时 $y_n \cdot (\boldsymbol{\omega}^\text{T} x_n + b) < 0$，则更新权重。因此，单层感知机的参数并不是预先设定好的，而是通过不断迭代训练更新得到的。

可以看出，单层感知机可以作为一个简单的二类线性分类器用来区分线性可分数据。如图 4-3 所示，单层感知机通过模拟逻辑与（AND）、逻辑或（OR）和逻辑与非（NAND）函数对数据进行二分类。但是，由于逻辑异或（XOR）属于非线性可分的逻辑函数，单层感知机仅模拟一个线性函数，无法将逻辑异或问题准确划分为两类。可见，单层感知机在处理简单的二类线性问题时具有较好的表现，但在处理非线性问题时存在明显的局限性，这也是其应用较为单一的核心原因。

> 逻辑与表示两个条件都是真（1），结果才为真；逻辑或表示两个条件有任意一个为真，结果即为真；逻辑与非先对两个条件进行逻辑与运算，再进行非运算。

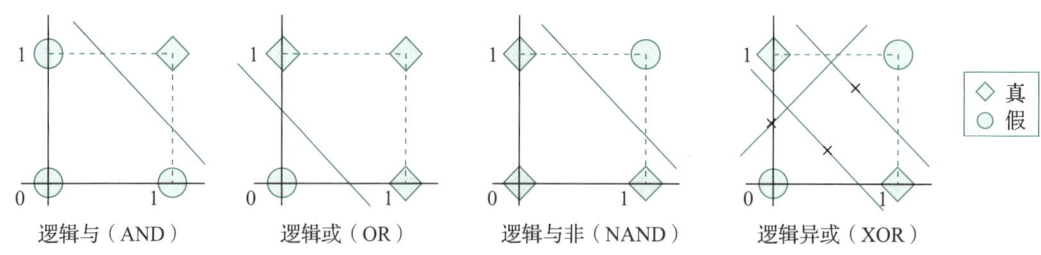

图 4-3　单层感知机模拟各类逻辑函数示例（详见彩插）

4.1.2　前馈神经网络

为了克服单层感知机的局限性，研究者们开始不断探索解决方案。20 世纪 60 年代，多层感知机（Multi-Layer Perceptron，MLP）[6] 的概念被提出，它通过增加一个或多个隐藏层，

使得神经网络能够学习和模拟更加复杂的函数，从而解决单层感知机无法解决的"异或分类"问题。这一创新显著提升了神经网络的表达能力。具体来说，相对于朴素的单层感知机，MLP 不仅包含了输入层和输出层，还引入了若干隐藏层，各个隐藏层中的神经元接收相邻前序隐藏层中所有神经元传输的信息，经加工处理产生信号后，继续传输给相邻后序隐藏层中的所有神经元。如图 4-4 所示，MLP 内部是一种逐层进行前馈运算的链式网络结构，整个网络的输出与网络本身之间没有反馈连接，信号从输入层向输出层单向传播，可用一个有向无环图表示。因此，MLP 也被称为前馈神经网络（Feedforward Neural Network，FNN），其相邻层所包含的神经元之间通常使用全连接的方式进行连接，即相邻层之间神经元相互成对连接，但同一层的所有神经元相互之间不存在任何连接。

> 有向无环图是一个没有定向循环的有向图。它允许边从一个顶点指向另一个顶点，但这些边不能形成一个闭合的环。方向性指的是每条边都有明确的方向，表示一种单向关系或依赖无环性表示图中不存在环，即从任何顶点出发进行深度优先搜索或广度优先搜索，都能确保最终会到达一个无法继续扩展的顶点（即没有出边的顶点），而不会陷入无限循环。

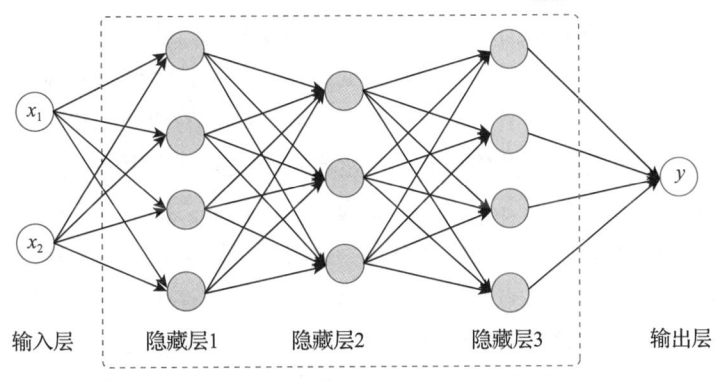

图 4-4 多层感知机模型结构

那么，为什么前馈神经网络就可以解决非线性问题了呢？以模拟逻辑异或函数为例，假设有一个包含 3 层隐藏层的前馈神经网络，各隐藏层的权重和偏置参数向量分别表示为 $(\omega^{(1)}, b^{(1)})$、$(\omega^{(2)}, b^{(2)})$ 和 $(\omega^{(3)}, b^{(3)})$，对于输入向量 x，模型的输出按照如下形式进行前馈计算：

$$y = \omega^{(3)}\left(\omega^{(2)}\left(\omega^{(1)} x + b^{(1)}\right) + b^{(2)}\right) + b^{(3)} \qquad (4-3)$$

对于每一个二进制组合，模型都能通过特定的权重和偏置使得：当输入为（0，0）或（1，1）时输出均为 0，当输入为（1，1）时输出为 0，而当输入为（1，0）或（0，1）时输出为 1。如果将每一个隐藏层的输出看作对前一层信号的仿射变换，则整个网络可以看成一个嵌套的仿射函数，即

$$y = \omega^{(3)}\omega^{(2)}\omega^{(1)} x + \omega^{(3)}\omega^{(2)} b^{(1)} + \omega^{(3)} b^{(2)} + b^{(3)} = Wx + B = f(W, B; x) \qquad (4-4)$$

其中，W 和 B 分别表示整个网络复合函数 $f(W, B; x)$ 学习到的所有权重和偏置的集合。

此外，在构建 MLP 时，相邻隐藏层之间会引入非线性映射函数作为激活函数，对隐藏

层学习到的参数进行调整。MLP 的多层结构加上非线性激活函数的使用，使其具备了实现非线性变换的能力。这种组合允许 MLP 学习输入数据中的复杂模式，并且通过训练过程调整权重和偏置，使得模型能够拟合非线性的数据分布。而且，通过增加隐藏层数量和神经元数量，MLP 的表达能力得到了进一步增强。

一般来说，前馈神经网络模拟复杂非线性函数的能力取决于网络隐藏层的数目和每层神经元的数目。其中，前者通常用来描述网络的"深度"，后者则对应于"宽度"。在这种链式架构中，需要考虑的是如何选择网络的深度和每一层的宽度。可以预见，即使只有一个隐藏层的网络，若给定足够的神经元和正确的权重，也足够适应任意的训练集。更深层的网络通常能够对每一层使用更少的神经元和更少的参数，并且经常容易泛化到测试集，但是通常也更难以优化。在实际应用中，通常借助实验性的方法来确定，即需要在验证集上观察和评估其误差表现来逐步优化和选定。

4.1.3 激活函数

前面提到，MLP 在相邻隐藏层之间会引入激活函数，以此实现对隐藏层学习到的参数进行调整，增强模型的非线性能力。那么什么是激活函数呢？激活函数是人工神经网络中的一种关键组件，它负责将神经元的输入映射到输出端，并在神经网络的神经元中引入非线性特性。这个过程可以比喻为按下激活按钮，激活神经网络中的神经元和隐藏层，当神经元接收到足够的激活信号时，它才会发挥功能，产生出对解决问题有用的信息。这种机制使得神经网络能够模拟人类大脑的工作方式，处理更为复杂的任务。如果没有激活函数，无论神经网络多么复杂，其输出都将是输入的线性组合，这限制了网络处理更为复杂的非线性问题的能力。激活函数需要具备以下几点性质：①连续并可导（允许少数点上不可导）的非线性函数，可导的激活函数可以直接利用数值优化的方法来学习网络参数；②激活函数及其导函数要尽可能简单，这有利于提高网络计算效率；③激活函数的导函数的值域要在一个合适的区间内，不能太大，也不能太小，否则会影响训练的效率和稳定性。接下来介绍几种在神经网络中常用的激活函数。

1. Sigmoid 函数

对于输入 x，Sigmoid 函数的数学表达式为 $\sigma(x)=\dfrac{1}{1+\mathrm{e}^{-x}}$。Sigmoid 函数的值域为 (0,1)，因此可以将输入压缩到 0 和 1 之间，通常用于二分类问题。Sigmoid 函数对于输入 x 的取值范围没有限制，但当输入的值非常大或非常小时，梯度趋于 0，这便是梯度消失问题，并且这个问题会随着网络深度的增加而变得越发严重。由于存在这一问题，神经网络中已经很少使用 Sigmoid 函数作为激活函数了。

2. Tanh 函数

Tanh 函数的数学表达式为 $\mathrm{Tanh}(x)=\dfrac{\mathrm{e}^{x}-\mathrm{e}^{-x}}{\mathrm{e}^{x}+\mathrm{e}^{-x}}$。Tanh 函数与 Sigmoid 函数较为相似，但其值域为 (-1,1)，这使得它在某些情况下更加稳定。与 Sigmoid 函数相比，Tanh 函数在坐标

原点附近的梯度更大，并且关于坐标系原点中心对称。不过 Tanh 函数与 Sigmoid 函数一样，都面临着梯度消失的问题，因此也很少被当作激活函数使用。

3. ReLU 函数

ReLU 函数的全称为整流线性单元或修正线性单元（Rectified Linear Unit）[7]，对于输入 x，其数学表达式为 ReLU(x) = max$(0, x)$。ReLU 函数在输入大于 0 时输出该输入值，否则输出 0。它计算简单，训练速度快，且在实践中表现出色。不过存在神经元死亡问题，即一旦输入为负（$x<0$），会导致神经网络中若干神经元的激活值为 0，那么神经元对应的权重不再更新。为了解决这个问题，可以使用 ReLU 函数的改进版本 Leaky ReLU 或 PReLU 进行替代。

4. PReLU 函数

PReLU（Parametric ReLU，参数化修正线性单元）函数[8]是一种改进的 ReLU 激活函数，其显著特点是引入了一个可学习并在训练过程中自动调整的参数 α，使得激活函数能够更好地适应不同的数据分布。其数学表达式为

$$\text{PReLU}(x) = \begin{cases} x, & x \geq 0 \\ \alpha x, & x < 0 \end{cases} \tag{4-5}$$

与 ReLU 函数相比，PReLU 函数通过在负值域引入非零斜率，有效避免了 ReLU 激活函数中的"神经元死亡"问题，即 ReLU 在输入负值时梯度为零，导致部分神经元无法被激活和更新。因此，PReLU 具备更高的灵活性，在某些任务中会比 ReLU 表现得更好。与 PReLU 具有相似特点的激活函数还有 Leaky ReLU[9] 函数。它在非负值域的表现与 ReLU 和 PReLU 相同，可以快速计算并且激活大量神经元；但是，它在负值域引入了一个预设的固定值作为非零斜率，因此在不同的神经元之间不会变化。

5. ELU 函数

ELU（Exponential Linear Unit，指数线性单元）函数[10]是一个近似的零中心化的非线性函数，数学表达式为 max$(0, x)$ + min$(0, \gamma(e^x-1))$。其中，$\gamma \geq 0$ 是一个超参数，决定 $x \leq 0$ 时的饱和曲线，调整输出均值在 0 附近。ELU 函数在非负值域保持线性，在负值域呈指数衰减，有助于缓解神经元死亡问题，并且可以输出负值。

表 4-1 对上述常见的激活函数进行了总结。实际上，每种激活函数都有其优缺点和特定的应用场景，选择合适的激活函数通常取决于具体的任务和网络架构。

表 4-1 常见的激活函数对比

名称	数学表达式	函数图像	特点
Sigmoid	$f(x) = \dfrac{1}{1+e^{-x}}$		对输入的取值范围没有限制。存在梯度消失问题，随着网络深度的增加而越发严重

(续)

名称	数学表达式	函数图像	特点
Tanh	$f(x)=\dfrac{e^x-e^{-x}}{e^x+e^{-x}}$		与 Sigmoid 函数较为相似，值域为 $(-1,1)$，在某些情况下更加稳定。同样面临梯度消失的问题
ReLU	$f(x)=\max(0,x)$		计算简单、训练速度快，在实践中表现出色，但存在"神经元死亡"问题
PReLU	$f(x)=\begin{cases}x, & x\geq 0\\ \alpha x, & x<0\end{cases}$ α 是可学习的参数 （初始值为 0.1）		在负值域引入了一个可学习的非零斜率 α，可以在训练过程中自动调整，有效避免了 ReLU 激活函数存在的"神经元死亡"问题
Leaky ReLU	$f(x)=\begin{cases}x, & x\geq 0\\ \alpha x, & x<0\end{cases}$ α 是预设固定常数		与 PReLU 相似，在负值域引入了一个非零斜率，旨在解决 ReLU 的"神经元死亡"问题。斜率 α 是一个预设的固定值，相对来说不够灵活
ELU	$f(x)=\begin{cases}x, & x\geq 0\\ \gamma(e^x-1), & x<0\end{cases}$ γ 是预设固定常数		在非负值域保持线性，在负值域呈指数衰减，有助于缓解"神经元死亡"问题，并且可以输出负值

4.2 深度学习中的优化与学习

在完成一个深度神经网络结构的设计后，接下来就需要根据任务的特点定义损失函数，并将最小化损失函数作为模型的优化目标。然后，利用梯度反向传播的方式将损失函数的误差从输出端反向向前传递给前层中的每个神经元，通过梯度下降算法实现对神经元的参数的调整和更新。经过不断的迭代学习，直至其能够对于给定的输入得到期待的输出。

4.2.1 损失函数

损失函数（Loss Function）是衡量模型预测与实际标签之间差异的函数，它是网络模型优化目标的数值化体现，选择合适的损失函数对于模型的性能至关重要。针对不同的问题和应用场景，通常选择的损失函数也会有所不同。例如，均方误差（Mean Square Error，MSE）和平均绝对误差（Mean Absolute Error，MAE）是回归问题中最常用的损失函数，它们的定义分别为

$$\mathrm{MSE} = \frac{1}{N}\sum_{n=1}^{N}(\hat{y}_n - y_n)^2 \qquad (4\text{-}6)$$

$$\mathrm{MAE} = \frac{1}{N}\sum_{n=1}^{N}|\hat{y}_n - y_n| \qquad (4\text{-}7)$$

其中，N 表示训练集样本数量；y_n 为任务的真实值；$\hat{y}_n$ 表示经模型优化得到的预测值。MSE 通过最小化预测值与真实值之间差的平方和来优化模型，而 MAE 则通过最小化两者差的绝对值来实现。尽管 MSE 直观且易于优化，但它对异常值较为敏感。相比之下，MAE 对异常值的鲁棒性更强，即使存在极端预测误差，这些误差对 MAE 的整体影响也是线性的，不会被放大。但是，由于 MAE 对所有误差的惩罚是相同的（线性关系），没有对大误差给予特别的惩罚，这可能导致在某些应用中，模型对大误差的预测不够精确。

对于分类问题，交叉熵（Cross-Entropy）损失[11]扮演着重要角色，它衡量了模型输出的概率分布与真实分布之间的差异。特别是在多分类场景中，模型的输出通常需要通过某种方式转换为概率分布，以便与真实的标签（也通常被视为概率分布，其中一个类别为 1，其余为 0）进行比较。这一方式一般通过 Softmax 层将模型输出转换为概率分布来实现，对每个类别的原始分数进行指数化，并将它们归一化后得到概率分布。Softmax 函数确保了所有输出类别的概率之和为 1，并且每个类别的概率都在 0 和 1 之间。交叉熵的数学形式为

> Softmax 层是深度学习和机器学习中常用的一种激活函数，通常用于多分类问题。Softmax 函数可以看作是一个标准化的指数函数，其目的是将网络的输出转换成概率形式，使得输出可以被解释为各个类别的概率，输出形式为，这里是向量的长度。

$$\mathrm{CE} = -\sum_{c=1}^{M} y_{o,c} \log p_{o,c} \qquad (4\text{-}8)$$

其中，M 是类别的数量；$y_{o,c}$ 是真实标签的 One-Hot 编码；$p_{o,c}$ 是模型预测为第 c 类的概率。如果将模型的输出层从 Softmax 函数改为 Sigmoid 函数，便可以将交叉熵损失转化为二元交叉熵（Binary Cross-Entropy，BCE）损失[11]，得到一个更为简洁的框架以用于解决二分类问题：

$$\mathrm{BCE} = -[y_0 \log(\hat{y}) + (1-y_0)\log(1-\hat{y})] \qquad (4\text{-}9)$$

其中，y_0 是真实标签（0 或 1）；$\hat{y}$ 表示经过 Sigmoid 函数后的预测值。BCE 损失衡量了预测概率与真实标签之间的差异。

在目标检测任务中通常还会用到交并比（Intersection over Union，IoU）损失[12]，它主要用于衡量预测边界框 B 与真实边界框 A 之间的重叠程度。IoU 定义为两个边界框的交集面积与并集面积之比，其计算公式为 $\mathrm{IoU} = \dfrac{A \cap B}{A \cup B}$。IoU 损失通常定义为 1 减去 IoU 的值。IoU

损失函数的优点在于它能够直观地反映边界框的重叠程度，具有尺度不变性，且在两个边界框完全重合时达到最优值 0。然而，IoU 损失也存在一些缺点，例如当预测边界框与真实边界框不相交时，IoU 为 0，此时损失函数的梯度为 0，从而导致无法进行优化。此外，相同的 IoU 值可能反映不出预测边界框与真实边界框之间的具体情况，即使 IoU 相同，预测边界框的位置也可能差异很大。为了解决 IoU 损失函数的局限性，研究者们提出了一些变种 IoU 损失函数，如 GIoU（Generalized Intersection over Union）损失[13]、DIoU（Distance Intersection over Union）损失[14] 和 CIoU（Complete Intersection over Union）损失[14] 等。这些损失函数不仅考虑了重叠区域，还加入了边界框的大小、形状、中心点距离和宽高比等因素，以提供更全面的重叠度量和优化目标。

损失函数的选择依赖于具体的任务需求和数据的特性。在实践中，可能需要结合多个损失函数或调整现有损失函数以适应特定问题。

4.2.2 梯度下降算法

深度学习中的优化算法是模型训练的核心，负责调整模型参数以最小化损失函数。在深度学习和机器学习的广阔领域中，无论是处理复杂的神经网络、线性回归还是逻辑回归问题，梯度下降（Gradient Descent，GD）算法作为一种核心的优化方法，都是求解模型参数优化问题的关键工具。它是一种通过迭代方式求解最小化目标函数（如损失函数）的优化算法。其核心思想是，利用目标函数在当前点的梯度信息（即函数在该点处的导数），指导参数更新的方向和步长，以逐步逼近目标函数的最小值。

假设模型的损失函数为 $J(\theta)$，θ 为模型学习到的参数集合，在梯度下降法中，参数更新的规则是用当前参数 θ 减去学习率 η 与梯度 $\nabla_\theta J(\theta)$ 的乘积：

$$\theta := \theta - \eta \nabla_\theta J(\theta) \tag{4-10}$$

这里，学习率 η 控制着每一次迭代中参数更新的步长。可以发现，模型的优化方向是沿着梯度负方向进行的。这是因为梯度本身定义为损失函数增长最快的方向。换句话说，梯度指向了损失函数值增加最快的方向。但是在深度学习中，目标是使损失函数值下降最快并尽可能降到最小。因此，为了最小化损失函数，希望找到使函数值持续减小的方向，进而选择了沿着梯度的负方向进行更新，这也是"梯度下降法"得名的原因。此外，

> 学习率（Learning Rate）是梯度下降算法中一个重要的超参数。若学习率过小，则收敛速度过慢；若学习率过大，则可能导致训练过程不稳定甚至发散。因此，合理调整学习率是梯度下降算法调优的关键。

梯度的幅度（即梯度向量的模长）还提供了关于更新学习率的重要信息。在梯度较大的区域，需要采用较小的学习率以避免错过最小值；而在梯度较小的区域，则可以适当增大学习率以加速收敛。例如，定义了一个函数：$f(x) = x^2 \sin(2x) + 5\sin(x)$。如图 4-5 所示，当使用较大的学习率（lr=0.2）对函数进行优化时，梯度更新时错过了函数的最小值（图中大圆点）；当将使用较小的学习率（lr=0.005）时，函数优化过于缓慢，需要在很长的时间才能达到最小值点；当对函数进行分段处理时，在函数开始的位置（蓝色区域），梯度的幅度较小，变化稍

缓，选择学习率 lr=0.01 进行优化，加速收敛；当在梯度较大时，函数变化相对较陡，后段将学习率降低到 0.005 进行优化，这样一来，函数能够以适中的收敛速度到达函数的最小值点。

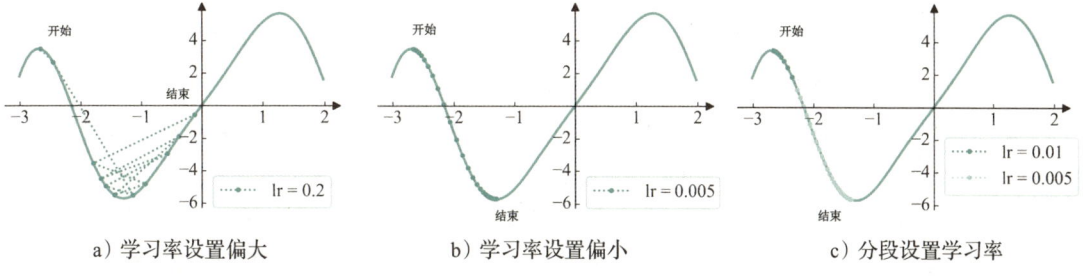

a）学习率设置偏大　　　　　b）学习率设置偏小　　　　　c）分段设置学习率

图 4-5　对函数 $f(x) = x^2 \sin(2x) + 5\sin(x)$ 采取不同学习率策略进行优化（详见彩插）

除了手动调整学习率，还可以使用 AdaGrad[15]、RMSProp、Adam[16] 等方法为每个参数设置自适应学习率，并可以通过学习率衰减的方式在训练过程中逐渐降低学习率，帮助模型更精细地逼近最小值。表 4-2 列出了这三种优化方法的对比，详细内容请自行参考相关文献。学习率的调整是一个复杂的问题，需要根据具体问题进行调整或采用自适应学习率算法。

> RMSProp（Root Mean Square Propagation）是在 2012 年由杰弗里·辛顿（Geoffrey Hinton）在其课程"Neural Networks for Machine Learning"的讲座中提到的。

表 4-2　AdaGrad、RMSProp、Adam 三种优化方法对比

	AdaGrad	RMSProp	Adam
基本思想	根据自变量在每个维度的梯度值的大小来调整学习率，避免统一学习率难以适应所有维度的问题	基于 AdaGrad，使用指数加权移动平均的方法计算累积梯度，以丢弃遥远的梯度历史信息	结合动量和 RMSProp 的优点，既考虑过去的梯度也考虑当前的梯度，并进行偏差修正
学习率调整	自适应调整，梯度大的维度学习率小，梯度小的维度学习率大	自适应调整，通过累积梯度的指数加权移动平均来调整	自适应调整，结合一阶矩估计和二阶矩估计动态调整
稳定性	前期学习率快速下降，可能导致后期学习过慢	稳定性优于 AdaGrad	稳定性好，学习速度快，适合大多数场景
超参数	初始学习率	初始学习率、衰减率 γ	初始学习率、动量衰减 β_1、二阶矩衰减 β_2
适用场景	稀疏数据、不同维度梯度差异大	非凸优化、需要稳定学习率	大多数机器学习问题，特别是大规模数据和复杂网络
优点	适应不同维度的学习率，适合处理稀疏数据	解决了 AdaGrad 学习率过早下降的问题，稳定性好	结合动量和 RMSProp 的优点；对超参数选择鲁棒，学习速度快且稳定
缺点	学习率持续下降，可能导致后期学习过慢，依赖于全局学习率	依赖于超参数的选择，后期可能在小范围内产生震荡	依赖于超参数的选择，后期学习率可能不稳定，导致无法收敛到足够好的值

在实际应用中，基本的梯度下降算法存在一些局限性，例如计算量大和容易陷入局部最

小值。为了解决这些问题,研究者们提出了多种梯度下降算法的变体。

批量梯度下降(Batch Gradient Descent,BGD):使用整个训练集来计算梯度并更新模型参数,每次迭代都需要遍历整个数据集。这意味着,如果训练集非常大,计算成本可能非常高,速度慢。但由于使用了整个训练集来计算梯度,批量梯度下降的梯度估计通常更加准确,收敛过程相对稳定,在理论上可以更精确地找到全局最小值。

随机梯度下降(Stochastic Gradient Descent,SGD):每次只使用一个样本计算梯度,减少了每次更新的计算量,模型可以快速更新,这使得其在大规模数据集上具有很高的计算效率。然而,由于单个样本的梯度估计具有较高方差,SGD的更新可能会比较嘈杂,从而导致模型参数更新的不稳定。此外,噪声也可能导致SGD在优化过程中跳过全局最优解,陷入局部最优解。

小批量梯度下降(Mini-batch Gradient Descent,MBGD):这是SGD和BGD的折中方案,结合了它们的特点,使用固定数量的样本来计算梯度,平衡了计算效率和更新精度,可以在保证计算效率的同时,减少梯度估计的噪声,有助于模型更快收敛。但是,批量大小的选择对模型性能和收敛速度有显著影响。批量过大可能导致计算效率低下,过小则可能增加梯度估计的噪声。

图 4-6 对比了采用上述三种梯度下降算法在函数 $f(x)=x^2\sin(2x)+5\sin(x)$ 上进行梯度更新的效果。这里采用等高线图进行展示,其中梯度方向垂直于等高线,指向函数值较高的方向。因此,负梯度方向将指向函数值较低(即更"内"或更"下")的方向。可以看到,当采用批量梯度下降方法时,函数值变化微弱,这意味着函数对于梯度的更新不敏感,优化速度慢。而采用随机梯度下降法时,沿着梯度更新方向每移动一小步都会导致函数值发生显著变化,梯度更新不稳定,导致算法在最小值附近震荡。小批量随机梯度下降方法结合了批量梯度下降和随机梯度下降的优点,函数变化对梯度更新较为稳定,很好地平衡了收敛速度和稳定性。此外,还可以在梯度下降算法中引入动量(Momentum)项[17]来累积历史梯度信息,从而加速梯度在正确方向上的更新,并抑制在错误方向上的震荡。

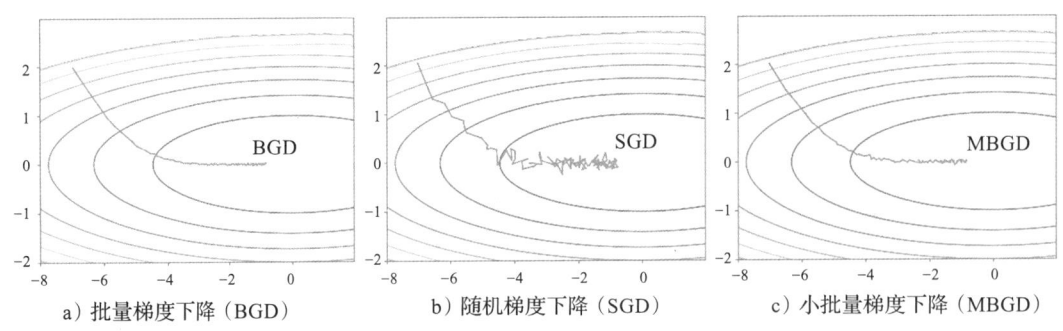

a)批量梯度下降(BGD)　　b)随机梯度下降(SGD)　　c)小批量梯度下降(MBGD)

图 4-6　采用三种梯度下降算法进行梯度更新效果的对比

在优化过程中,批量归一化(Batch Normalization,BN)[18]也是常用的操作。它是一种在 2015 年由谢尔盖·约夫(Sergey Ioffe)和克里斯蒂安·塞格迪(Christian Szegedy)提出的技术,旨在改善神经网络训练过程中的稳定性和收敛速度。具体来说,批量归一化是指在每个小批量数据上对神经网络的每一层输入进行标准化处理,使其具有零均值和单位方差。但是,这种归一化并不是简单地减去均值然后除以标准差,因为这样会改变层输出的表示能力。批量归一化在标准化之后还引入了两个可学习的参数,即缩放因子(Scale)和偏移量(Shift),以便网络可以学习恢复原始输入数据的分布(如果需要的话)。假设有一个小批量的数据 $\{x_1, x_2, \cdots, x_m\}$,其中 m 是小批量的大小,批量标准化的具体步骤如下。

1)计算小批量均值:$\mu_B = \frac{1}{m}\sum_{i=1}^{m} x_i$。

2)计算小批量方差:$\sigma_B^2 = \frac{1}{m}\sum_{i=1}^{m}(x_i - \mu_B)^2$。

3)标准化:$\hat{x}_i = \frac{x_i - \mu_B}{\sqrt{\sigma_B^2 + \varepsilon}}$。其中,$\varepsilon$ 是一个很小的常数,用于防止除零错误。

4)缩放和平移:$y_i = \gamma \hat{x}_i + \beta$。其中,$\gamma$ 和 β 是可训练参数,用于恢复模型的表达能力。

批量归一化减少了内部协变量偏移(Internal Covariate Shift)问题,即由于训练过程中网络参数的变化而引起的层输入分布的变化。这有助于加速网络的训练过程,因为它允许使用更大的学习率而不会出现梯度消失或爆炸的问题,并减少对初始化参数的敏感性,使得训练过程更加稳定。这样一来,就可以更容易地选择适当的学习率、初始化参数和其他超参数,而无须过多地担心模型是否会出现梯度消失或爆炸等问题,进而使深度学习模型的调参过程变得更加简单。

> 内部协变量偏移是深度学习中一个常见的问题,在训练深层神经网络时尤为显著。它主要指的是,在训练过程中,由于网络参数的更新,每一层网络的输入分布会不断发生变化,从而导致网络需要不断适应这种新的分布,进而影响训练速度和效果。

4.2.3 反向传播算法

反向传播(Back Propagation)算法的起源可以追溯到 20 世纪 60 年代,由亨利·凯里(Henry J. Kelley)提出的控制理论和阿瑟·布莱森(Arthur E. Bryson)提出的理论衍生而来,这些理论使用了动态规划的思想。1962 年,斯图尔特·德雷福斯(Stuart Dreyfus)提出了一个简化版本的链式规则。1974 年,保罗·韦尔博斯

网络优化的驱动者:反向传播算法

(Paul Werbos)在他的博士论文中首次提出通过反向传播算法来训练人工神经网络,因此他被誉为"反向传播之父"。1986 年,大卫·鲁梅尔哈特(David Rumelhart)、杰弗里·辛顿(Geoffrey Hinton)和罗纳尔多·威廉姆斯(Ronaldo Williams)在 Nature 杂志上发表了一篇详细介绍反向传播技术的论文[6],展示了其如何根据输入数据在隐藏层中表示内在联系。这时这一算法才被广泛认知和应用,也进一步推动了神经网络研究的全面发展。反向传播算法的意义在于它使得多层前馈神经网络能够通过学习输入数据的内在结构来执行复杂的任务,它是用于训练神经网络的核心优化技术。它通过监督学习的方式,利用已知的输入和输出对来调整网络权重,使得网络能够对新的输入数据做出准确的预测。

反向传播算法的核心是基于链式法则的优化调整机制，通过计算损失函数关于网络参数的梯度，允许来自损失函数的信息通过网络从后向前进行梯度的递归计算，实现高效的权重更新。首先，定义一个前向过程，给定一个输入样本，通过网络各层的计算，直到得到最终的输出，这一过程可以表示为

$$\boldsymbol{a}^{(l)} = \sigma^{(l)}(\boldsymbol{z}^{(l)})$$
$$\boldsymbol{z}^{(l)} = \boldsymbol{W}^{(l)}\boldsymbol{a}^{(l-1)} + \boldsymbol{b}^{(l)} \tag{4-11}$$

其中，$\boldsymbol{a}^{(l)}$、$\boldsymbol{z}^{(l)}$、$\boldsymbol{W}^{(l)}$、$\boldsymbol{b}^{(l)}$ 和 $\sigma^{(l)}$ 分别表示第 l 层的激活值（输出）、净输入、权重、偏置和激活函数。反向传播是计算损失函数相对于网络参数的梯度的过程。这个过程从输出层开始，逐层向前计算梯度，并据此更新权重和偏置。具体步骤如下。

1）计算输出层误差：这是损失函数相对于输出层激活值的导数，假设网络的损失函数为 L，共有 L 层，则有 $\delta^{(L)} = \dfrac{\partial L}{\partial \boldsymbol{a}^{(L)}} \dfrac{\partial \sigma^{(L)}}{\partial \boldsymbol{z}^{(L)}}$。

2）计算隐藏层误差：$\delta^{(l)} = \left(\boldsymbol{W}^{(l+1)}\right)^{\mathrm{T}} \delta^{(l+1)} \dfrac{\partial \sigma^{(l)}}{\partial \boldsymbol{z}^{(l)}}$，从最后一层开始，一直向前计算，直到第一层。

3）计算权重和偏置的梯度：$\dfrac{\partial L}{\partial \boldsymbol{W}^{(l)}} = \delta^{(l)} \left(\boldsymbol{a}^{(l-1)}\right)^{\mathrm{T}}$ 和 $\dfrac{\partial L}{\partial \boldsymbol{b}^{(l)}} = \delta^{(l)}$。

4）更新权重和偏置：根据计算出的梯度，使用某种优化方法（如梯度下降法）更新网络的权重和偏置，得到

$$\boldsymbol{W}^{(l)} := \boldsymbol{W}^{(l)} - \eta \frac{\partial L}{\partial \boldsymbol{W}^{(l)}}$$
$$\boldsymbol{b}^{(l)} := \boldsymbol{b}^{(l)} - \eta \frac{\partial L}{\partial \boldsymbol{b}^{(l)}} \tag{4-12}$$

其中，η 是学习率。

为了更直观地观察反向传播的计算过程，来看一个输入为 $\boldsymbol{x}$、目标为 $\boldsymbol{y}$ 的前馈神经网络计算过程。如图4-7所示，该网络的前向计算过程可以分层拆解为：$\boldsymbol{z}^{(1)} = \boldsymbol{W}\boldsymbol{x}$，$\boldsymbol{z}^{(2)} = \boldsymbol{z}^{(1)} + \boldsymbol{b}$，$\hat{\boldsymbol{y}} = \sigma(\boldsymbol{z}^{(2)})$。假设该网络的损失函数为 $J(\boldsymbol{y}, \hat{\boldsymbol{y}})$，按照前文介绍，损失函数下降最快的方向是沿梯度的负方向进行优化，因此需要求 J 关于 $\boldsymbol{W}$ 的偏导数 $\dfrac{\partial J(\boldsymbol{y}, \hat{\boldsymbol{y}})}{\partial \boldsymbol{W}}$。

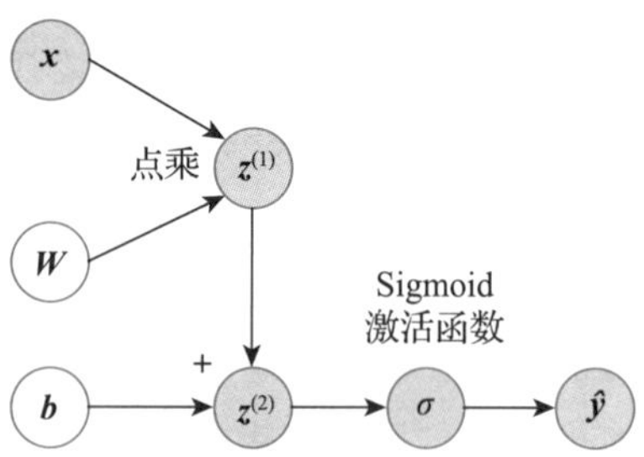

图4-7 前馈神经网络计算过程示意

根据函数的求导法则可以知道，$\dfrac{\partial J(\boldsymbol{y}, \hat{\boldsymbol{y}})}{\partial \boldsymbol{W}} = \dfrac{\partial J(\boldsymbol{y}, \hat{\boldsymbol{y}})}{\partial \hat{\boldsymbol{y}}} \dfrac{\partial \sigma(\boldsymbol{z}^{(2)})}{\partial \boldsymbol{z}^{(2)}} \dfrac{\partial \boldsymbol{z}^{(2)}}{\partial \boldsymbol{z}^{(1)}} \dfrac{\partial \boldsymbol{z}^{(1)}}{\partial \boldsymbol{W}^{(1)}}$。在这个链式求导中，$\dfrac{\partial J(\boldsymbol{y}, \hat{\boldsymbol{y}})}{\partial \hat{\boldsymbol{y}}}$ 与损失函数的定义有关，$\dfrac{\partial \sigma(\boldsymbol{z}^{(2)})}{\partial \boldsymbol{z}^{(2)}}$ 是求激活函数 σ 对 $\boldsymbol{z}$ 的偏导，$\dfrac{\partial \boldsymbol{z}^{(2)}}{\partial \boldsymbol{z}^{(1)}}$ 是函数

$z^{(2)} = z^{(1)} + b$ 对 $z^{(1)}$ 求导，$\frac{\partial z^{(1)}}{\partial W}$ 是函数 $z^{(1)} = Wx$ 对 W 求导。在学习率 η 的作用下，可以将 W 更新为 $W := W - \eta \frac{\partial J(y, \hat{y})}{\partial W} = W - \eta \left(\frac{\partial J(y, \hat{y})}{\partial \hat{y}} \frac{\partial \sigma(z^{(2)})}{\partial z^{(2)}} \frac{\partial z^{(2)}}{\partial z^{(1)}} \frac{\partial z^{(1)}}{\partial W} \right)$。类似地，对于参数 b 的更新，可以同样通过链式法则得到 $b := b - \eta \left(\frac{\partial J(y, \hat{y})}{\partial \hat{y}} \frac{\partial \sigma(z^{(2)})}{\partial z^{(2)}} \frac{\partial z^{(2)}}{\partial b} \right)$。可以发现，链式法则能够实现损失函数以由后向前的方式对网络任意一层的某个参数求导，如同将模型的误差（即损失）信息流逐层进行反向传播，进而使用梯度下降法对参数进行更新。

4.3 深度学习框架

深度学习框架可以提供统一的编程模型和丰富的工具库，这使得开发者可以更高效地构建、训练和部署深度学习模型，而无须关注底层的计算和存储细节。这不仅缩短了开发周期，还降低了开发难度，使得更多的研究人员和企业能够快速进入 AI 领域，推动了人工智能技术的商业化和工业化进程。2007 年，Theano 的发布标志着深度学习框架时代的开始。此后，Caffe、TensorFlow、Keras、MXNet、PyTorch、PaddlePaddle 和 MindSpore 等国内外主流深度学习框架相继涌现，它们在易用性、性能、可扩展性等方面不断优化。同时，随着 GPU、TPU 等高性能计算资源的普及，深度学习平台开始支持这些硬件加速资源，显著提高了模型训练和推理的速度。图 4-8 展示了近十几年主流深度学习框架发展历程。

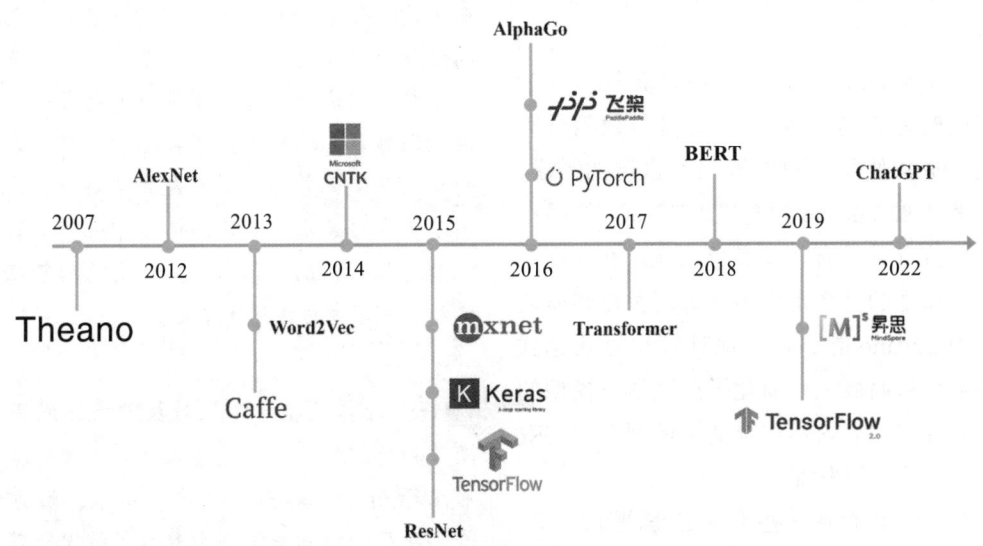

图 4-8　近十几年主流深度学习框架发展历程

4.3.1 Theano

Theano 是深度学习框架的先驱之一,它的发展始于 2007 年,由蒙特利尔大学 LISA(Laboratory for Intelligent Systems in Aerospace)开发,以古希腊女数学家 Theano 的名字命名,早期开发者包括约书亚·本吉奥(Yoshua Bengio)和伊恩·古德费洛(Ian Goodfellow)。此时,人工智能领域正处于被支持向量机(SVM)统治的时代,深度学习还在蛰伏期。Theano 的设计初衷是解决大规模神经网络算法的计算问题。它基于 Python 语言,支持多维数组的快速运算,这对于深度学习模型中的数据处理至关重要。

Theano 的核心优势在于其高度优化的计算能力和对 GPU 的充分利用。通过符号计算(Symbolic Computation),Theano 能够将复杂的数学表达式构建为高效的计算图,并通过优化算法进一步提升计算效率。这意味着,即便是在处理大规模数据集时,Theano 也能保持出色的性能,甚至在某些情况下,其计算速度能够超越使用 CPU 的 C 语言程序。除了高效的计算能力,Theano 还提供了丰富的深度学习工具和函数。这些工具涵盖了神经网络层、损失函数、优化器等多个方面,使得用户能够轻松地构建和训练复杂的神经网络模型。此外,Theano 还允许用户使用 Python 语言来构建和计算符号表达式,同时还支持与 NumPy 等流行数值计算库的集成,使得用户能够根据自己的需求,定制和扩展 Theano 的功能。Theano 的另一个显著特点是具有自动微分功能。在深度学习中,梯度的计算是模型训练的关键步骤之一。而 Theano 能够自动地计算符号表达式的导数,从而极大地简化了深度学习模型的梯度计算过程。这不仅提高了模型训练的效率,还降低了开发难度。

Theano 也存在一些不足之处。例如,其学习曲线相对较陡峭,对于初学者来说可能需要花费更多的时间和精力来熟悉和掌握。此外,Theano 的代码的可读性较差,缺乏一

> LISA 更广为人知的是其在蒙特利尔大学的一个研究小组,该小组专注于机器学习尤其是深度学习的研究。该实验室后来更名 MILA(Montreal Institute for Learning Algorithms,蒙特利尔学习算法研究所)。MILA 是一个国际知名的人工智能研究机构,致力于推进机器学习和深度学习的前沿研究。LISA 的主要贡献者之一是约书亚·本吉奥(Yoshua Bengio)教授,他是深度学习领域的先驱之一,因其在神经网络和深度学习方面的开创性工作而闻名于世。MILA 继承和发展了 LISA 的研究成果,继续在人工智能领域发挥着重要作用。

> 西雅娜(Theano,希腊语 θεανώ,又译提亚诺或西阿诺)约公元前 546 年出生,是已知的世界上最早的女性哲学家之一,可能是古希腊数学家和哲学家毕达哥拉斯的妻子。她因撰写数学、物理、医学和儿童心理学方面的论文而受到赞誉。据说她最重要的著作阐明了黄金分割原则。Theano 框架的命名旨在纪念这位古代的数学家,同时寓意框架在数学和计算领域的创新与贡献。

> 符号计算是指计算机对数学表达式进行操作和处理的过程,这些操作和处理包括但不限于简化、转换、求导、积分、解方程等。在符号计算中,数学表达式被视为符号表达式,而不是具体的数值,因此可以进行代数运算和形式操作。

些高级功能，如自动求解器和模型的可视化等。这些缺点在一定程度上限制了 Theano 在某些方面的应用。同时，随着其他框架的兴起，许多开发人员开始转向其他更灵活、易用的工具，如 TensorFlow 和 PyTorch 等。2017 年 9 月，Theano 的开发与维护者之一帕斯卡尔·兰布林（Pascal Lamblin）贴出了一封邮件：约书亚·本吉奥宣布在发布 Theano 1.0 版本之后，终止 Theano 的开发和维护，这意味着 Theano 退出深度学习舞台。

4.3.2 Caffe

尽管 Theano 在深度学习发展中起到了重要的推动作用，但它在易用性和灵活性方面存在一定的局限性，特别是对于图像处理任务，它缺乏一个专门针对卷积神经网络的高效框架。Caffe 的开发始于 2013 年，由加州大学伯克利分校的贾扬清（Yangqing Jia）在博士期间开发，并得到了伯克利视觉与学习中心（Berkeley Vision and Learning Center, BVLC）的支持。它的全称为 Convolutional Architecture for Fast Feature Embedding，意为"快速特征嵌入的卷积架构"。Caffe 的设计理念是提供一个快速、可扩展和易于使用的深度学习工具，它特别适用于需要处理大量图像数据的计算机视觉任务。

Caffe 的核心优势在于其高效性。它使用 C++ 编写，并通过 CUDA 进行 GPU 加速，这样在训练和推理过程中能够充分利用硬件资源，实现快速计算。这种高效性使得 Caffe 在处理大规模数据集时表现出色，成为许多研究者和开发者的首选工具。此外，Caffe 还支持在多个 GPU 和多机环境下进行训练，进一步提升了处理大规模数据的能力。相比之下，虽然 Theano 也支持 GPU 加速，但 Caffe 在计算性能上的优化更为出色。除了高效性，Caffe 还具备极高的灵活性。Caffe 的网络结构通过配置文件（Prototxt 文件）定义，使得用户可以方便地定义和修改网络结构，以及添加新的层和模块，定制自己的模型。图 4-9 给出了 Caffe 模型配置文件的简单示例，展示了如何定义一个卷积层。这种灵活性使得 Caffe 能够满足更复杂的深度学习需求。尽管它是基于 C++ 实现的，但 Caffe 提供了简洁的 Python 和 MATLAB 接口，用户可以更加方便地进行模型构建、训练和测试。

> Prototxt 文件是 Protocol Buffers（简称 Protobuf）格式的文本文件，它用于定义数据结构。在深度学习框架 Caffe 中，Prototxt 文件被用来定义深度学习模型的架构，包括网络的层（Layer）、层的连接方式、数据的输入和输出格式、超参数等。

Caffe 的另一个显著特点是拥有比 Theano 更加庞大的用户社区和开发团队支持，这为用户提供了丰富的资源和支持。用户可以在社区中分享模型、代码和经验，得到及时的技术支持。Caffe 提供了详细的文档和教程，帮助用户快速上手。这些文档涵盖了 Caffe 的基本概念和操作，以及许多实用的示例和技巧。2017 年 4 月，社交媒体巨头 Facebook 对外宣布了 Caffe2 的诞生。Caffe2 在原有基础上进行了多项改进，引入了递归神经网络等先进技术，使得 Caffe 框架的功能更为强大、应用更为广泛。

```
layer {
  name: "mnist"
  type: "Data"
  top: "data"
  top: "label"
  include {
    phase: TRAIN  # 训练阶段
  }
  transform_param {
    scale: 0.00390625  # 归一化
    mirror: 1  # 镜像，数据增强
    crop_size: 227  # 剪裁大小
  }
  data_param {
    source: "examples/mnist/mnist_train_lmdb"  # 数据来源
    batch_size: 64  # 批大小
    backend: LMDB  # 数据库类型
  }
}
```

a）数据层设置

```
layer {
  name: "conv1"
  type: "Convolution"
  bottom: "data"
  top: "conv1"
  param {
    lr_mult: 1  # 权重学习率系数
  }
  param {
    lr_mult: 2  # 偏置学习率系数
  }
  convolution_param {
    num_output: 20  # 卷积核数量
    kernel_size: 5  # 卷积核大小
    stride: 1  # 步长
    pad: 0  # 边缘填充
    weight_filler {
      type: "xavier"  # 权重初始化方法
    }
    bias_filler {
      type: "constant"  # 偏置初始化方法
    }
  }
}
```

b）卷积层设置

图 4-9 Caffe 模型配置文件的简单示例

4.3.3 TensorFlow

TensorFlow 是由谷歌大脑（Google Brain）团队开发的开源机器学习框架，它的提出可以追溯到 2011 年谷歌大脑的成立。TensorFlow 源于 DistBelief，它是一个神经网络分布式学习和交互系统，被称为“第一代机器学习系统”。2015 年 11 月，基于 DistBelief，谷歌大脑团队完成了 TensorFlow 的开发并对代码进行了开源，这标志着“第二代机器学习系统”的诞生。

TensorFlow 通过张量、计算图、变量、损失函数和优化器等核心概念来表示、训练和部署各种类型的深度学习模型。下面详细介绍这几个核心概念。

- 张量（Tensor）：Tensor 是 TensorFlow 的基本数据单元，可以看作多维数组。零阶张量表示标量（Scalar），也就是一个数；第一阶张量为一个向量（Vector），也就是一个一维数组；第 n 阶张量可以理解为一个 n 维数组。在 TensorFlow 中，所有数据都是以张量的形式进行存储和传递的。
- 计算图（Computational Graph）：在 TensorFlow 中，计算图是其核心概念。TensorFlow 中的计算过程可以表示为一个计算图，每个节点表示一个计算，每个边表示数据的流动，描述了计算之间的依赖关系。TensorFlow 通过构建这样的计算图来完成模型的训练和预测。
- 变量（Variable）：TensorFlow 中的变量可以看作一种特殊的张量，用于保存模型的参数。在训练模型过程中，变量的值会发生变化。在 TensorFlow 中，通常使用变量来存储模型中需要学习的参数。
- 损失函数（Loss Function）：TensorFlow 中的损失函数用于衡量模型的预测结果与真实结果的差距。在训练模型时，希望通过最小化损失函数来优化模型的参数。

- 优化器（Optimizer）：TensorFlow 中的优化器用于根据损失函数的结果来更新模型的参数。

TensorFlow 的 Python API 前端提供了一系列高级抽象，包括 Layers API、Keras API 和 Eager Execution API，助力用户轻松构建机器学习模型。其中，Layers API 尤为关键，它提供标准化层组件，让用户能自由组装深度学习模型并实现特定功能。Eager Execution API 则让用户享受 Python 般的编程体验，代码执行结果即时反馈，无须等待整个计算图构建完成。TensorFlow 后端以 C++ 为核心，执行前端创建的模型。其核心架构为计算图，将模型抽象为节点和操作，节点在张量间执行运算。此外，TensorFlow 后端还包含核心库和 TensorBoard 可视化工具等重要组件。TensorBoard 通过可视化运行实时信息，直观地展示深度学习模型和训练过程，极大提升了用户理解、调试和优化程序的效率，如图 4-10 所示。TensorBoard 功能强大，能展示模型计算图，通过 GRAPHS 界面清晰地呈现模型网络架构和操作流程。SCALARS 界面则跟踪和可视化损失、准确率等关键指标，帮助用户监控训练进度和性能。此外，TensorBoard 还支持图像、音频、文本等多种数据类型的可视化，如 IMAGES 界面显示图像数据，AUDIO 界面播放音频数据，TEXT 界面展示文本数据，为用户提供了全方位的数据分析支持。

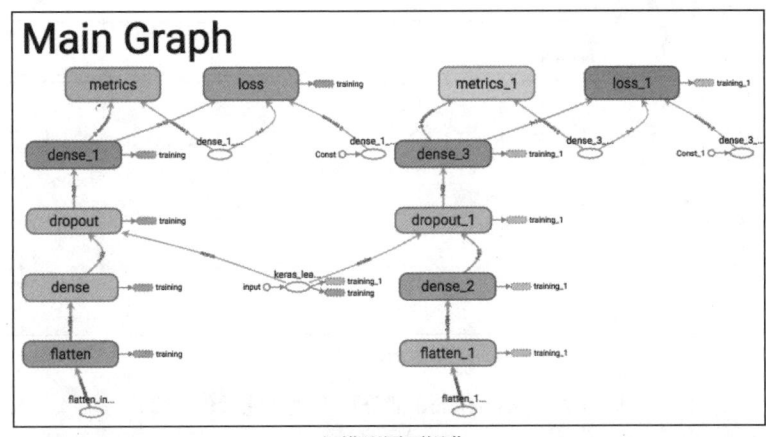

a）模型图可视化

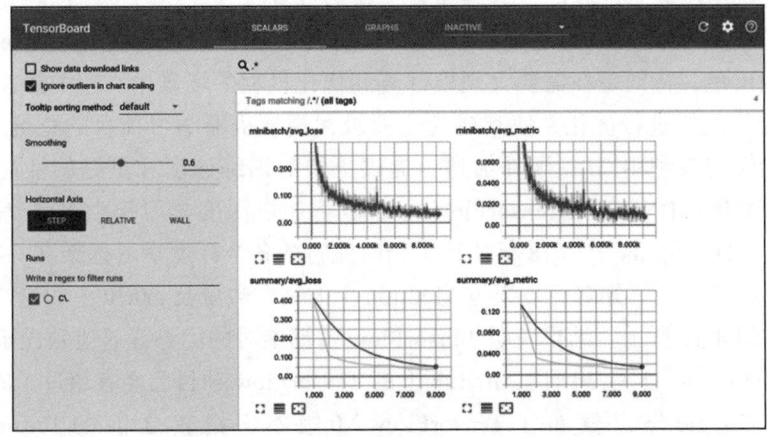

b）标量可视化

图 4-10　TensorBoard 部分可视化功能示例

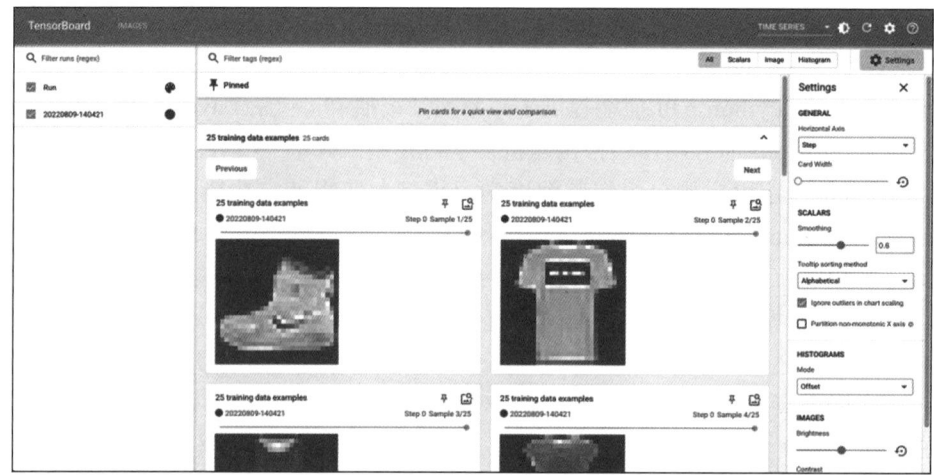

c) 图像数据可视化

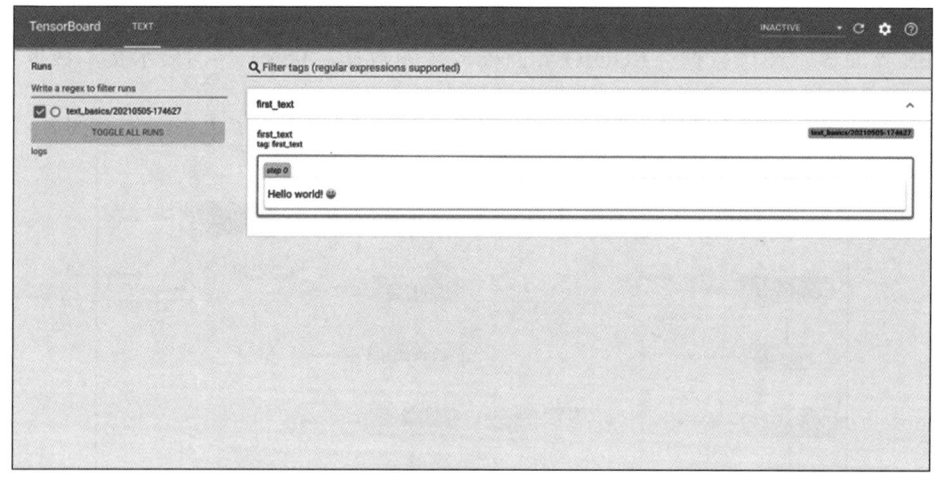

d) 文本数据可视化

图 4-10　TensorBoard 部分可视化功能示例（续）

　　TensorFlow 使用静态计算图，这意味着模型的计算过程在执行前就已经定义好了。这种方法有助于优化性能，因为它允许框架在执行前对计算图进行优化。TensorFlow 在生产环境中表现出色，特别是在需要大规模部署和优化模型的场景中。它的静态计算图可以针对不同的硬件配置进行优化，使其成为企业级大规模机器学习项目的稳健选择。而且，TensorFlow 能够有效利用 GPU 硬件加速，提供更快的训练速度和更好的性能。通过使用 NVIDIA CUDA 及 cuDNN 库，TensorFlow 可以显著加快深度学习模型的训练过程。美国数据科学网站 KDnuggests 于 2018 年统计了当时流行的各个深度学习框架在 GitHub 的活跃度、Google 上的搜索量、知名科技媒体 Medium 上的文章数量及 arXiv 上的论文数量，几个维度的表现如图 4-11 所示。结果表明 TensorFlow 占据绝对的优势，遥遥领先于其他深度学习框架。截至 2024 年 11 月 30 日，GitHub 上的 TensorFlow 项目已经有超过 186k 颗星了。

　　2019 年，Google 公司发布了 TensorFlow 2.0 版本。相较之前的 TensorFlow 1.0 版本，它在易用性、性能、API 简化和生态系统扩展等方面进行了全面的改进和优化。例如，

TensorFlow 2.0 默认开启 Eager Execution 模式，这是一种命令式编程模式，允许用户在不需要构建静态图的情况下直接运行 TensorFlow 代码。这种方式使得调试和开发更加直观和灵活。而且 Eager Execution 支持动态图，允许在运行时动态构建和修改计算图，非常适合处理变长输入（如自然语言处理任务）。TensorFlow 2.0 对 API 进行了大量精简和重构，删除了冗余和过时的 API，使得 API 更加一致和易于使用。然而，尽管 TensorFlow 2.0 在很多方面进行了重大改进，但其底层机制仍然相对复杂，对于初学者来说，学习曲线较陡峭，调试难度较大。相比之下，PyTorch 的简洁性和灵活性使其在学术研究和快速原型开发中更受欢迎。

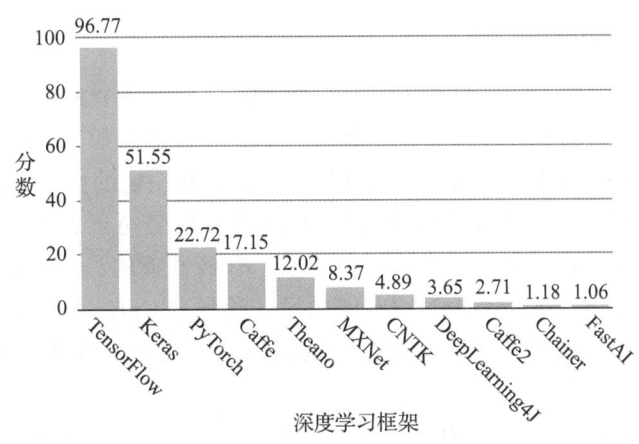

图 4-11　KDnuggests 网站统计的 2018 年深度学习框架强力分数

4.3.4　PyTorch

PyTorch 由 Facebook 的人工智能研究院（FAIR）开发并开源，随即迅速占领了 GitHub 热度榜榜首。其开发过程可以追溯到 2016 年 9 月，当时亚当·帕施克（Adam Paszke）、山姆·格罗斯（Sam Gross）和苏米特·钦塔拉（Soumith Chintala）等人共同开发出了这一框架的初始版本。这一框架在 Torch 的基础上进行了改进和扩展，并以其易用性、灵活性和强大的功能迅速获得了科研社区的高度认可。Facebook 用 Python 重写了基于 Lua 语言的深度学习库 Torch，PyTorch 不是简单地封装 Torch 提供 Python 接口，而是对 Tensor 上的全部模块进行了重构，新增了自动求导系统，使其成为最流行的动态图框架。这使得 PyTorch 对于开发人员更为原生，与 TensorFlow 相比也更加年轻更有活力。PyTorch 继承了 Torch 灵活、动态的编程环境和用户友好的界面，支持以快速和灵活的方式构建动态神经网络，还允许在训练过程中快速更改代码而不妨碍其性能，即支持动态图形等尖端 AI 模型的能力，是快速实验的理想选择。在 2018 年 10 月的 NeurIPS 2018 会议上，Facebook 发布了 PyTorch 1.0，这标志着 PyTorch 在功能和性能上又迈上了一个新的台阶。

PyTorch 同样采用张量作为基本数据单元。与 TensorFlow 的静态计算图不同，PyTorch 的动态图是在执行过程中动态构建的，模型设计和调试具有灵活性。简单来说，静态计算图需要完全确定并编译整个神经网络的架构才能运行，而动态计算图可以在运行中进行迭代和修改。因而可以单独更改或运行模型代码的特定部分，而无须重置整个模型，PyTorch 这种动态计算图对于调试和原型设计特别有用。对于面向复杂计算机视觉和自然语言处理任务的超大型深度学习模型来说，重置模型可能会浪费时间和计算资源。这种灵活性可扩展到模型训练，因为在反向传播过程中可以轻松地反向生成动态计算图。而且，PyTorch 高度集成于 Python 生态系统，其设计非常接近 Python 的自然编程风格，这使得代码更加简洁和易读，代码编写更加灵活和直观，初学者能够快速上手。并且，PyTorch 也可以通过集成 TensorBoard，实现对模型的训练与推理过程信息的可视化。与 TensorFlow 受到企业的广泛支持不同，PyTorch 得益于其简单、灵活的特点，自 2019 年以来获得快速发展，特别是在学术界，可以说是独领风骚。

4.3.5 PaddlePaddle

随着深度学习在图像识别、语音识别、自然语言处理等多个领域的广泛应用，对于深度学习框架的需求日益增长。在深度学习框架领域，国外产品如 TensorFlow、PyTorch 等已经占据了主导地位。而国内在深度学习框架方面还存在一定的空白，缺乏具有自主知识产权和竞争力的产品。百度飞桨（PaddlePaddle）是百度公司于 2016 年推出的一个开源深度学习框架，是我国首个自主研发、功能丰富、开源开放的深度学习平台。Caffe 的作者贾扬清曾称赞百度的 PaddlePaddle "整体的设计感觉和 Caffe 心有灵犀"。它包含了核心框架、基础模型库、端到端开发套件与工具组件几个部分，各组件使用场景如图 4-12 所示。

PaddlePaddle 同时支持动态图和静态图两种模式。动态图模式类似于 PyTorch，代码直观灵活，适合快速原型开发和调试；静态图模式类似于 TensorFlow，可以进行高效的性能优化，适合大规模生产部署。PaddlePaddle 提供的 paddle.jit 工具可以将动态图模型转换为静态图模型，实现无缝切换。与 TensorFlow 和 PyTorch 类似，PaddlePaddle 支持自动混合精度训练，结合 FP16 和 FP32 精度，显著减少了内存占用和计算时间，同时保持模型的精度。此外，PaddlePaddle 还提供了强大的分布式训练支持，可以利用多 GPU 和多节点资源加速大规模模型的训练。而且，PaddlePaddle 全面支持国产硬件，能够在昆仑芯 XPU、海光 DCU、昇腾 NPU 和寒武纪 MLU 等多种异构芯片上训练和推理。此外，它端到端自适应混合并行训练技术以及压缩、推理、服务部署的协同优化，高效支撑以文心一言为代表的文心大模型的生产与应用。目前，PaddlePaddle 已凝聚 477 万名开发者，基于 PaddlePaddle 开源深度学习平台已创建了 56 万个模型，服务了 18 万家企事业单位，并已广泛应用于智慧城市、智能制造、智慧金融、智慧农业等领域。

4.3.6 MindSpore

华为昇思 MindSpore 是华为于 2019 年 8 月推出的新一代全场景 AI 框架。2020 年 3 月 28 日，华为在开发者大会 2020 上宣布，昇思 MindSpore 在码云正式开源。MindSpore 是一个全场景深度学习框架，旨在实现易开发、高效执行、全场景覆盖三大目标。MindSpore 的设计注重降低 AI 开发的门槛，通过提供友好的 API 和简化的调试流程，使得开发者能够快速上手并开发 AI 应用。同时，它还强调在不同计算环境中的高效执行，包括计算效率、数据预处理效率和分布式训练效率。

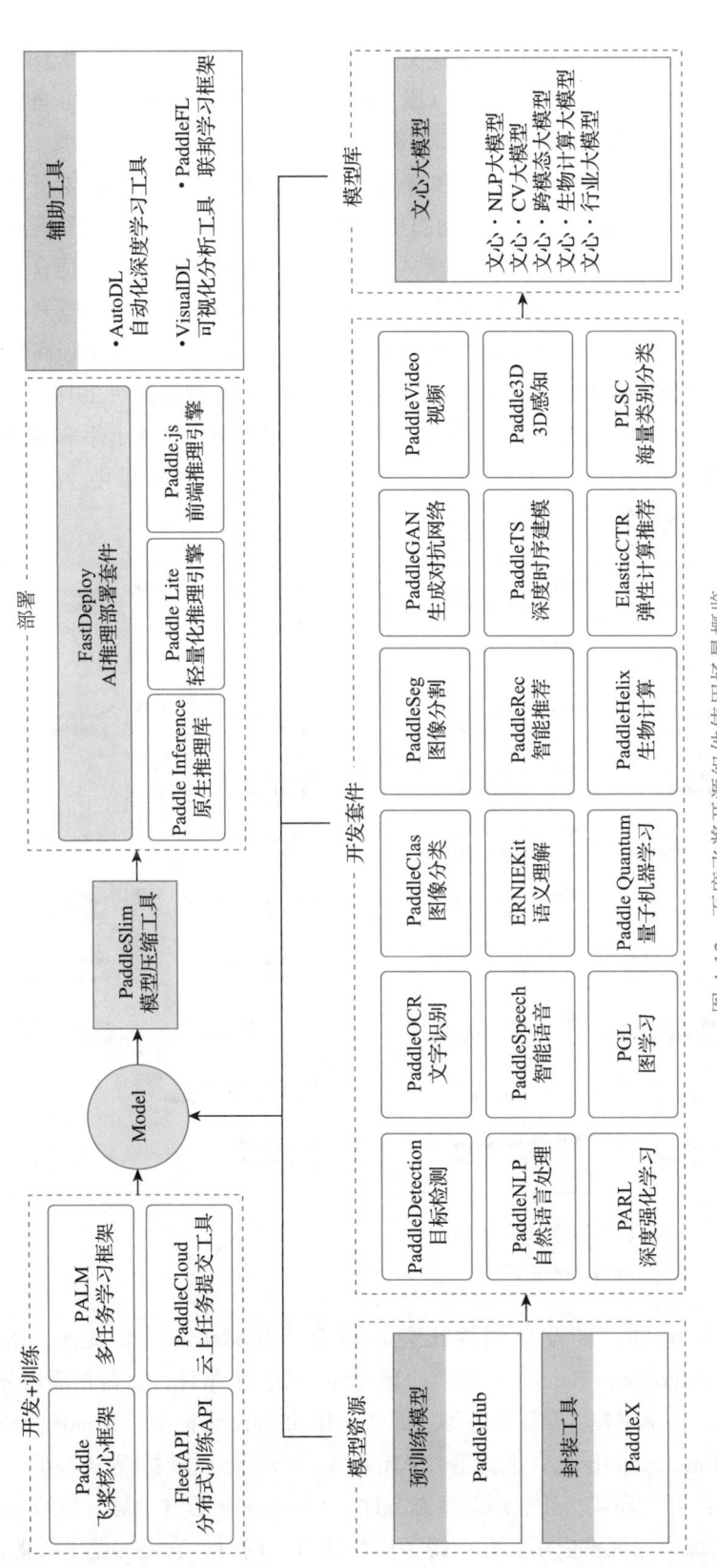

图 4-12 百度飞桨开源组件使用场景概览

注：图片来自百度飞桨 AI Studio。

MindSpore 的核心竞争力在于其全场景支持能力。它不仅能够灵活部署于端（如手机、IoT设备）、边（如基站、路由设备）和云（服务器）等不同场景，还通过协同处理后的梯度、模型信息，在不泄露隐私的前提下，实现跨场景的协同作业。这种全场景支持能力，使得 MindSpore 能够应对 AI 计算的复杂性和算力的多样性挑战，为用户提供更加灵活、高效的 AI 解决方案。MindSpore 同时支持动态图模式和静态图模式。动态图模式代码直观灵活，适合快速原型开发和调试；静态图模式可以进行高效的性能优化，适合大规模生产部署。通过 mindspore.jit 工具，可以将动态图模型转换为静态图模型，兼顾开发效率和运行性能。MindSpore 同样具备自动混合精度训练、分布式训练和模型量化等高效的性能优化技术，并且提供丰富的模型库和工具，包括大量的预训练模型和高级工具。预训练模型涵盖图像分类、目标检测、自然语言处理等多个领域，方便用户快速上手和应用。高级工具如 MindInsight 和 ModelArts，帮助用户进行模型设计、训练和可视化。图 4-13 展示了 MindSpore 的生态工具和套件。

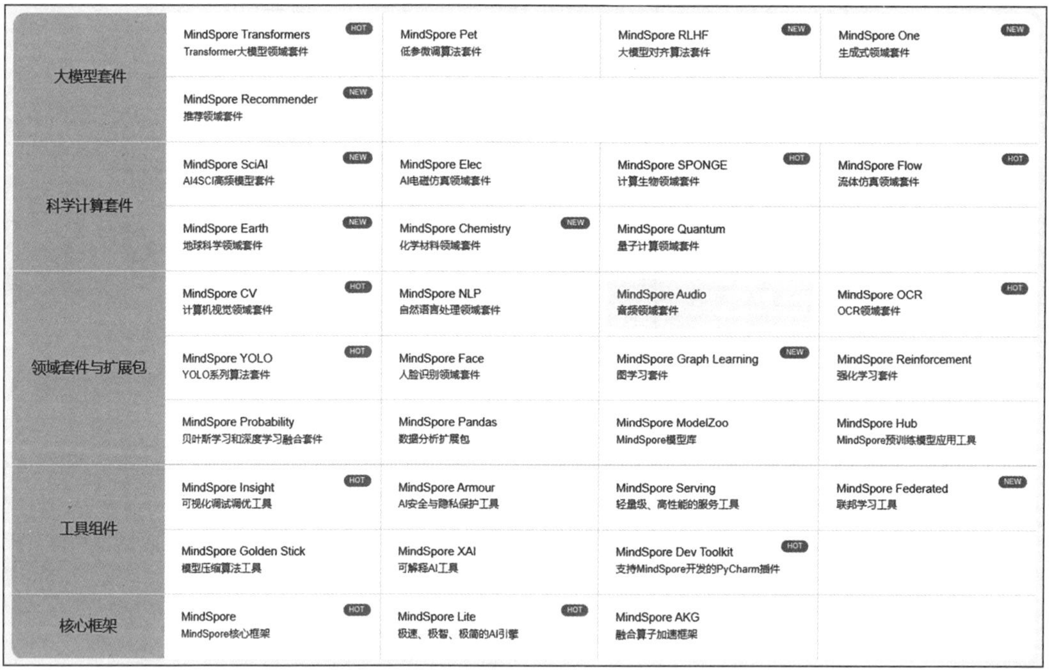

大模型套件	MindSpore Transformers [HOT] Transformer大模型领域套件	MindSpore Pet 低参微调算法套件	MindSpore RLHF [NEW] 大模型对齐算法套件	MindSpore One [NEW] 生成式领域套件
	MindSpore Recommender [NEW] 推荐领域套件			
科学计算套件	MindSpore SciAI [NEW] AI4SCI高频模型套件	MindSpore Elec AI电磁仿真领域套件	MindSpore SPONGE [HOT] 计算生物领域套件	MindSpore Flow [HOT] 流体仿真领域套件
	MindSpore Earth [NEW] 地球科学领域套件	MindSpore Chemistry [NEW] 化学材料领域套件	MindSpore Quantum 量子计算领域套件	
领域套件与扩展包	MindSpore CV [HOT] 计算机视觉领域套件	MindSpore NLP 自然语言处理领域套件	MindSpore Audio 音频领域套件	MindSpore OCR [HOT] OCR领域套件
	MindSpore YOLO [HOT] YOLO系列算法套件	MindSpore Face 人脸识别领域套件	MindSpore Graph Learning [NEW] 图学习套件	MindSpore Reinforcement 强化学习套件
	MindSpore Probability 贝叶斯学习和深度学习融合套件	MindSpore Pandas 数据分析扩展包	MindSpore ModelZoo MindSpore模型库	MindSpore Hub MindSpore预训练模型应用工具
工具组件	MindSpore Insight [HOT] 可视化调试调优工具	MindSpore Armour AI安全与隐私保护工具	MindSpore Serving 轻量级、高性能的服务工具	MindSpore Federated [NEW] 联邦学习工具
	MindSpore Golden Stick 模型压缩算法工具	MindSpore XAI 可解释AI工具	MindSpore Dev Toolkit [HOT] 支持MindSpore开发的PyCharm插件	
核心框架	MindSpore [HOT] MindSpore核心框架	MindSpore Lite [HOT] 极速、极智、极简的Ai引擎	MindSpore AKG 融合算子加速框架	

图 4-13　华为昇思 MindSpore 部分生态工具与套件展示

注：图片信息来自于 MindSpore 官网。

MindSpore 的架构与组件设计同样出色，包含了 ModelZoo（模型库）、MindSpore Extend（扩展库）、MindSpore Science（科学计算套件）等多个组件，支持拓展新领域场景，如图神经网络、深度概率编程、强化学习等。此外，MindSpore 还提供了 MindExpression（全场景统一 API）、MindCompiler（AI 编译器）、MindRT（全场景运行时）等核心组件，为用户提供了高效、灵活的开发环境。在应用与生态方面，MindSpore 已在金融、制造、教育、互联网等多个行业实现了大规模应用，并获得了广泛认可。同时，它还构建了开源的治理架构,通过社区理事会和技术委员会把握产业和技术发展方向。截至 2024 年初,MindSpore 社区下载量已突破 650 万,拥有 2.3 万社区开发者、1200 家软件独立开发商(ISV)合作伙伴,并与 360 所高校合作,形成了活跃的社区生态。据社区统计信息显示,在科技界、学术界和工业界对 MindSpore 的广泛支持下,基于 MindSpore 的 AI 论文 2023 年在所有 AI 框架中占比 7%,连续两年进入全球第二。

深度学习框架的发展不仅降低了深度学习的技术门槛,还加速了这些技术在计算机视觉、自然语言处理、语音识别等多个领域的应用。从 Theano 到 Caffe,再到 Keras、TensorFlow、PyTorch、PaddlePaddle 和 MindSpore,这些框架通过提供自动微分、分布式训练、易用性高的 API 和灵活的模型构建方式,极大地推动了技术进步和创新。深度学习框架的广泛应用也促进了跨学科研究,推动了传统产业的数字化转型,并对社会产生了深远的影响。表 4-3 对 TensorFlow、PyTorch、PaddlePaddle 和 MindSpore 当前这四种主流的深度学习开源框架进行了全方位的对比。

表 4-3　TensorFlow、PyTorch、PaddlePaddle 和 MindSpore 四种主流深度学习开源框架对比

特点	TensorFlow	PyTorch	PaddlePaddle	MindSpore
发布时间	2015 年	2016 年	2016 年	2019 年
主要支持者	Google	Facebook	百度	华为
动态图/静态图	静态图(2.x 引入动态图支持)	动态图	动态图和静态图	动态图与静态图混合编程
性能优化	XLA(加速线性代数)	TorchDynamo, TorchInductor	动态图优化,静态图优化	自动混合精度训练,分布式训练,模型量化
分布式训练	支持(TF Distribution Strategy)	支持(Distributed-DataParallel)	支持(Fleet)	支持(自动并行化工具)
模型库	TensorFlow Hub, Keras	TorchVision, Hugging Face Transformers	PaddleHub	ModelZoo
跨平台支持	支持	支持	支持	支持全场景(端、边、云)
特殊功能	TensorBoard 可视化、TensorFlow Extended	丰富的扩展库,如 TorchVision、TorchText	PaddleHub 预训练模型、EasyDL 和 AI Studio 平台	支持 AI 和科学计算融合编程、MindSpore Lite 轻量化推理引擎

4.4　卷积神经网络

卷积神经网络(Convolutional Neural Network,CNN)的提出与发展是深度学习领域的一个重要的里程碑。CNN 的发展历史可以追溯到 20 世纪 60 年代初,大卫·休伯尔(David Hubel)和托斯坦·威泽尔(Torsten N. Wiesel)通过对猫大脑视觉系统的研究,提出了感受野(Receptive Field)这个概念,为后来的卷积神经网络奠定了基础。1980 年,日本科学

家福岛邦彦（Kunihiko Fukushima）提出了包含卷积层和池化层的神经网络结构，即 Neocognitron 模型[5]，这是 CNN 发展的关键一步。1998 年，杨立昆（Yann LeCun）在 Neocognitron 模型的基础上进一步提出了 LeNet-5 网络[19]，该网络将反向传播算法应用于卷积神经网络结构的训练，形成了当代 CNN 的雏形。CNN 一般是由卷积层、池化层和全连接层交叉堆叠而成的神经网络，其中全连接层通常在卷积网络的最顶层。卷积神经网络有三个结构上的特性，即局部连接、权重共享及池化。这些特性使得卷积神经网络具有一定程度上的平移、缩放和旋转不变性。而且，和前馈神经网络相比，卷积神经网络的参数得到了显著的降低。

2012 年，杰弗里·辛顿（Geoffrey Hinton）和他的学生亚历克斯·克里热夫斯基（Alex Krizhevsky）在 ImageNet 竞赛中提出了 AlexNet。这一模型引入了深层结构和 Dropout 方法，图像识别的准确率首次远远超过传统机器学习方法，刷新了大众对深度学习的认知。AlexNet 的成功展示了深层 CNN 在处理图像数据方面的巨大潜力，并引发了深度学习在计算机视觉领域的研究热潮。随后，深度卷积神经网络经历了快速的发展和结构改进，VGGNet、GoogLeNet、ResNet 等网络相继问世，它们通过更深的网络层次和更巧妙的创新技术（如残差连接和 Inception 模块），进一步在图像识别的准确率上取得新突破。这些网络结构的提出，不仅在技术上推动了 CNN 的发展，也为解决梯度消失和梯度爆炸问题提供了有效的方案。

> 在生物神经科学中，感受野是指感觉系统中任一神经元所受到的感受器神经元的支配范围。具体来说，感受器受刺激兴奋时，通过感受器官中的向心神经元将神经冲动（各种感觉信息）传到上位中枢，一个神经元所反应（支配）的刺激区域就叫作神经元的感受野。在深度学习中，它指的是特征图上的某个点能看到的输入数据的区域。换句话说，感受野是神经网络中某一层输出神经元对输入数据的影响范围。

4.4.1 卷积神经网络的核心组成

随着深度学习在各类场景的广泛应用，卷积神经网络的结构虽然已经变得越发复杂，但万变不离其宗，其核心操作仍是卷积和池化。

1. 卷积

卷积（Convolution）是卷积神经网络的核心操作，它在信号处理和图像处理等领域中有广泛应用。卷积操作根据给定输入的特点，利用预先定义相应的卷积核（Kernel）或称为滤波器，通过滑动窗口方式提取局部特征。例如，对于语音、文本、时间序列（金融、气象、股票等）、生物信息等数据，通常使用一维卷积；对于图像、图形等数据通常使用二维卷积；对于视频或其他高维数据，可以使用三维卷积或设计特定的卷积核。但这并非是固定选择和搭配，一般视实际情况而定。考虑到在人工智能应用场景中，图像和视频通常作为海量信息的载体，这里以二维图像数据处理为例，对卷积的特点和性质进行分析。

给定一张二维图像 $X \in \mathbb{R}^{H \times W}$，以及一个二维卷积核 $\omega \in \mathbb{R}^{U \times V}$（一般 U 和 V 取相同值）。其中，H 和 W 分别表示 X 的长和宽，U 和 V 分别表示卷积核的长和宽。通常情况下 ω 的尺

寸远远小于 X，即 $U \ll H$、$V \ll W$，则 ω 与 X 之间的卷积运算表示为

$$Y = \omega * X = \sum_{u=1}^{U}\sum_{v=1}^{V} \omega_{uv} x_{i-u+1, j-v+1} \tag{4-13}$$

其中，* 是卷积运算符。如图 4-14 所示，假设图像的尺寸为 5×5，卷积核尺寸为 3×3，那么利用该卷积核对图像的卷积操作就是在图像中按照卷积核尺寸选取 3×3 大小的图像子块区域（图 4-14 中输入信号中标注的蓝色底区域），针对中心像素点，利用式（4-13）对区域内周围像素点赋予不同的权重，然后进行加权累加，所得结果即为该区域中心像素点卷积后的输出信号 Y。

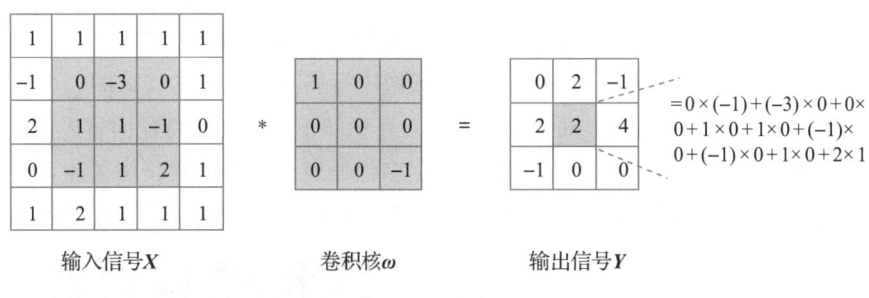

• 图 4-14 二维卷积运算示意（详见彩插）

在机器学习和图像处理领域，卷积的主要功能是利用一个卷积核在图像（或某种特征）上滑动得到一组新的特征。值得注意的是，当利用卷积核对图像从左上到右下以滑动窗口的方式进行逐块计算时，边界像素点无法进行卷积计算，这是由于该区域像素无法作为图像子块区域的中心像素点导致的，如图 4-14 中的第 1 行、第 5 行、第 1 列和第 5 列的像素点。也正因为如此，如果不对图像施加任何预处理，经过卷积运算后图像的尺寸都会发生变化（一般表现为缩小）。

在卷积的标准定义的基础上，为了对信号进行更加灵活的特征抽取，还可以引入卷积核的零填充（Zero Padding）和滑动步长（Stride）来增加卷积的多样性。填充的目的是解决图像边缘位置像素点无法作为中心像素点的卷积计算问题。通过在边缘像素点周围填充"0"，使它们满足作为中心像素点进行卷积运算的条件。在这种填充机制下，既可以保证卷积前后图像的分辨率不变，也可以对卷积后的图像尺寸进行适当约减。例如在图 4-14 中输入信号 X 的上下左右边界都填充 0，可以得到图 4-15 所示的结果。

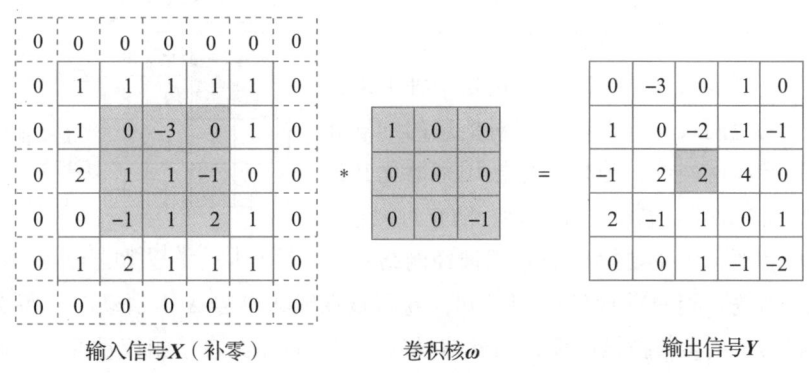

图 4-15 带零填充的二维卷积运算示意

在某些特定场景下，有时可能会需要图像在经过卷积运算后成比例降低分辨率，因此引入步长的概念，即改变卷积核在图像中滑窗的间隔（跳过一些像素）。例如当步长为 1 时，滑窗的间隔为 1 个像素，这是最基本的单步滑动。当步长为 2 时，滑窗的间隔为 2 个像素，在合适的补零策略下，能够得到分辨率为一半的输出结果。假设卷积运算的步长为 S，补零数为 P 时，则该卷积输出结果 Y 的尺寸为 $[(H-U+2P)/S+1]\times[(W-V+2P)/S+1]$，即 $Y \in \mathbb{R}^{[(H-U+2P)/S+1]\times[(W-V+2P)/S+1]}$。

卷积是一种有效的特征提取手段，一般将一幅图像经过卷积后得到的结果称为特征图（Feature Map）。对于同一信号，使用不同卷积核能够得到不同的卷积结果，进而刻画对信号内容的不同选择性，这与神经学中人的视觉神经细胞对不同的视觉模式具有特征选择一致。图 4-16 展示了某一卷积层的不同卷积核对同一图像进行卷积后的输出特征图。可以发现，卷积核 1 能够提取图像的边缘信息，而卷积核 2 相对卷积核 1 提取到的特征内容更加丰富（如头像的纹理、轮廓和五官等特征），但是也包含了更多的噪声，当使用卷积核 3 和 4 时，还能分别提取图像的对比度和亮度等信息。此外，信号经卷积后，每个输出点的值仅依赖于其在输入信号中该点及其周围点的取值，与区域外的其他点的取值无关，该区域对应于神经学中的感受野，表明卷积具有局部感知的特点。

输入图像　　卷积核 1　　卷积核 2　　卷积核 3　　卷积核 4

图 4-16　卷积层中使用不同卷积核提取到的特征

2. 池化

由于信号中可能存在一定程度的冗余信息，如一张图像的背景区域大量像素十分接近，可以用某一区域的统计信息（均值、中位数、最大值等）来描述该区域的所有信息呈现的分布模式，以替代区域中所有点的取值，这一操作称为池化（Pooling）。池化操作能够在对信号的空间尺寸进行缩减的同时保留信号的主要信息。在神经网络中，根据需要的统计信息不同，池化操作主要有平均池化（Average Pooling）和最大池化（Max Pooling）两种。

平均池化：计算子块区域的所有点的平均值代表该区域的所有信息。

最大池化：选取子块区域的所有点中的最大值代表该区域的所有信息。

如图 4-17 所示，假设一个二维信号的尺寸为 4×4，当用于池化的卷积核尺寸为 2×2、步长为 2 时，平均池化和最大池化后分别得到尺寸为 2×2 的两个结果。可以看出，当步长大于 1 时，池化是一种下采样操作，将信号的空间尺寸降低，实现对信息的约减和抽象。在卷积神经网络中，池化操作被用来简化其计算复杂度，增强网络学习特征的稳定性，防止过拟合。

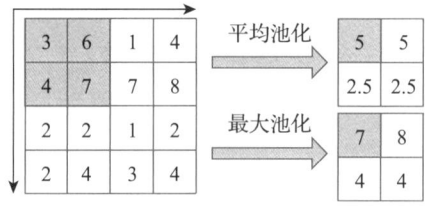

图 4-17　平均池化与最大池化操作示意

那以卷积和池化为主要操作的卷积神经网络具有哪些优点呢？首先，经过前面的介绍可知，卷积核在输入信号 X 上滑动时，每次都以相同大小的窗口和卷积核参数扫描图像，因此信号的所有位置是共享一组权重的。具体到卷积神经网络的某一层，可以说卷积核（或滤波器）的权重在整个层上是共享的。这意味着无论卷积核在输入特征图上移动到哪个位置，都使用相同的权重值，这种参数共享⬈的方式能够显著降低模型的参数量。

其次，卷积层的每个输出特征图的元素只与输入数据的一个局部区域相连接，这意味着卷积核（或滤波器）只作用于输入信号的一小块区域，而不是整个信号，这不仅增加了网络的稀疏性，还能够更好地捕捉信号的局部特征。此外，与全连接网络相比，这种局部连接的方式大大降低了参数量，降低了过拟合的风险。如图 4-18a 所示，对于全连接层来说，第 $l-1$ 层的每一个神经元都与第 l 层的所有神经元相连接，两个层之间的连接数共有 $M \times N$ 个；如图 4-18b 所示，卷积层的每个输出特征图的元素只与输入数据的一个局部区域相连接。给定一个 $K \times K$ 卷积核，卷积层能够将层间连接数从 $M \times N$ 降低到 $N \times K$ 个，降低了参数量，提高了训练效率。

> ⬈还有一些变体，例如深度可分离卷积（Depthwise Separable Convolution）、可变形卷积（Deformable Convolution）和动态卷积（Dynamic Convolution）等通过特殊的设计，可以使卷积核的权重不是严格共享的。

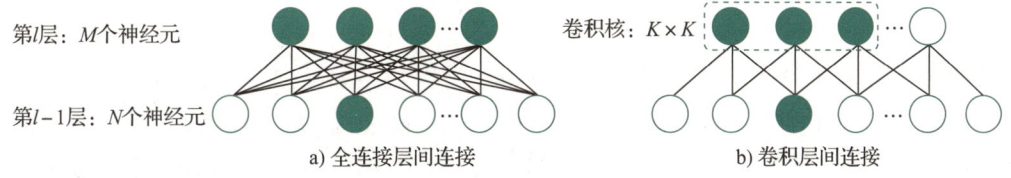

图 4-18 全连接层与卷积层对比

此外，卷积层还具有平移不变性的特点。平移不变性是指模型能够识别出现在不同位置的相同特征。在自然图像中，对象的位置可能会发生变化，但对象的本质特征并不会改变。卷积层正是通过局部连接和权重共享来实现平移不变性。具体来说，卷积层通过检测图像中的局部特征，使得网络能够识别出出现在不同位置的相同模型；而权重共享使得网络在检测特征时不受位置影响，只要特征存在，就可以被检测到。假设有一张包含一只猫的图像，猫可能出现在图像的任何位置。使用卷积层处理这张图像时，通过权重共享，模型能够在图像的任何位置检测到猫的特征（如眼睛、耳朵等）。这意味着即使猫的位置发生了变化，模型也能够识别出猫的存在。

卷积神经网络通过局部连接、权重共享和平移不变性实现了对图像等数据的有效处理。局部连接使得模型能够专注于数据中的局部特征，权重共享减少了参数的数量并增加了模型对平移的鲁棒性，而平移不变性则保证了模型在检测特征时不受位置变化的影响。在这些特性的共同作用下，卷积神经网络逐渐替代全连接前馈神经网络，成为处理各种数据的理想工具。

4.4.2 卷积神经网络的架构探索

基于卷积和池化操作就可以构建一个简单的卷积神经网络了。1998 年，杨立昆等人提出了卷积神经网络的开山之作——LeNet-5[19]。该网络用于解决美国邮政服务中的手写数字识别任务，证明了神经网络在图像识别领域的潜力和有效性。如图 4-19 所示，LeNet-5 除了输入层之外，共包含 7 个层次，采用了卷积层、池化层和全连接层的组合方式，并通过梯度下降算法进行网络优化训练。在该网络结构中，卷积层负责提取图像特征，平均池化层负责降低特征的空间维度，同时增加对图像位移的不变性，每个卷积层后都跟有一个池化层和非线性激活函数（通常是双曲正切函数），最后的全连接层则用于完成分类任务。

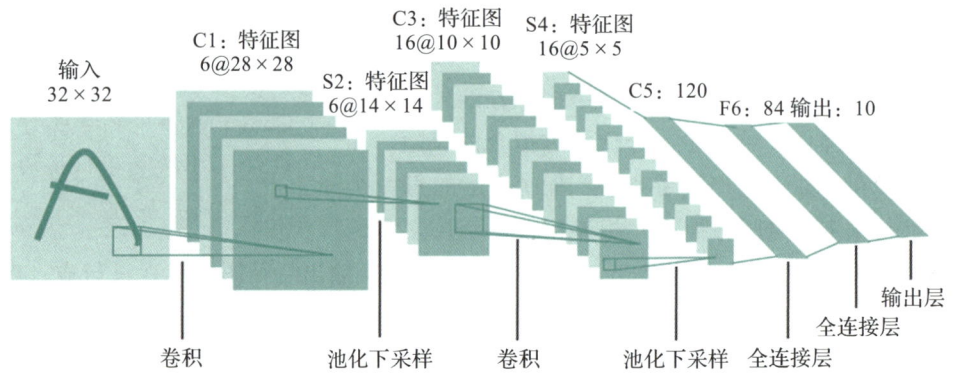

图 4-19　LeNet-5 网络结构

LeNet-5 定义了卷积神经网络的基本结构，形成了现今卷积神经网络的雏形，使得神经网络再一次兴起。但受限于当时的计算能力和统计机器学习算法（如 SVM）的流行，它在被提出后的一段时间里并未得到广泛的关注和持续的研究。随着时间的推移，深度学习的概念在 2006 年被提出，并以 2012 年 AlexNet[1]在 ImageNet 竞赛 中获得压倒性胜利为契机，卷积神经网络开始受到广泛关注。AlexNet 的创新之处在于其多个关键技术的应用与集成。首先，它采用 ReLU 激活函数替代了传统 Sigmoid 或 Tanh 激活函数，有效解决了深层网络中的梯度消失问题，简化了计算并提高了训练速度。其次，AlexNet 引入了 Dropout 正则化技术，在训练过程中随机忽略一部分神经元，有效防止模型过拟合。这一技术后来被广泛应用于各种深度学习模型中。此外，AlexNet 还采用了重叠的最大池化策略，提升了特征的丰富性，避免了平均池化可能带来的模糊效果。在硬件层面，AlexNet 充分利用了当时快速发展的 GPU 并行计算能力，采用分布在两个 GPU 上的方式进行模型训练，充分

ImageNet 竞赛的全称为 ImageNet Large Scale Visual Recognition Challenge（ILSVRC），是一个自 2010 年起举办的国际性计算机视觉竞赛。该竞赛的主要目的是评估算法在大规模图像识别和物体检测方面的表现，冠军方案包括 SVM、AlexNet、VGG、GoogLeNet、ResNet 等。该竞赛极大地推动了计算机视觉和深度学习领域的发展。2017 年，ILSVRC 宣布结束。

Dropout 是一种在神经网络训练中广泛使用的正则化方法。其核心思想是在训练过程中随机丢弃（即置零）神经网络中的一部分神经元及其连接，以减少过拟合，提高模型的泛化能力。具体来说，对于每个训练样本，在前向传播过程中，每个神经元都有一定概率（如 0.5）被"丢弃"，即其输出被置为零。这样，网络在每次迭代中都基于一个不同的、更简单的子网络进行训练。由于每次训练的子网络都是随机的，网络被迫学习更加鲁棒的特征表示，这些特征在不同的神经元组合中依然有效。

利用了当时的硬件资源。同时，AlexNet 通过数据增强技术，如随机裁剪、翻转等方法增加数据的多样性，提高了模型的泛化能力。AlexNet 的成功并非偶然，而是多个关键因素共同作用的结果。带有海量标签数据的 ImageNet 数据集的可用性为训练深层网络奠定了数据基础；GPU 硬件的发展为处理大量数据和复杂模型提供了强大的计算支持；深度学习理论的成熟，包括梯度下降法的变体、非挤压激活函数和有效的正则化技术，使得构建高效、稳定的深度学习模型成为可能。AlexNet 的成功不仅证明了深度卷积神经网络在图像识别任务上的巨大潜力，也标志着全新的深度学习研究热潮的开始。

在 AlexNet 之后，研究者们开始探索更深、更复杂的网络结构，以期进一步提高图像识别的性能。在这样的背景下，牛津大学的视觉几何组（Visual Geometry Group）在 2014 年提出了 VGGNet[20]，这一模型在当年的 ImageNet 竞赛中斩获了图像定位任务冠军和图像分类任务亚军。VGGNet 的核心贡献在于其对深层网络结构的探索。研究团队发现，通过增加网络的深度，即使在模型宽度保持不变的情况下也能显著提升性能。这一发现颠覆了以往对网络深度的认知，激发了后续研究者对更深层次网络的探索。VGGNet 采用了统一的网络结构设计，整个网络中均使用 3×3 的卷积核和 2×2 的最大池化层，这种设计大大简化了模型的构建和训练过程。VGG 团队提交了两个版本的网络，分别是拥有 16 层的 VGG16 模型和 19 层的 VGG19 模型，成为当时最深网络的代表，如图 4-20 所示。VGGNet 的提出进一步证实了深层网络结构的有效性，推动了研究者们对更深网络的探索。其次，VGGNet 的统一网络结构设计启发了后续网络设计的简化。此外，VGGNet 作为一个流行的预训练模型，其特征提取器在许多计算机视觉任务中被广泛使用，为研究和应用提供了强大的基础。例如，在目标检测领域中将 VGG 模型作为骨干网络提取多尺度特征、迁移学习里使用 VGG 初始化新任务的模型参数加快模型训练过程、图像复原或增强任务中利用 VGG 提取特征计算感知损失对网络进行优化。

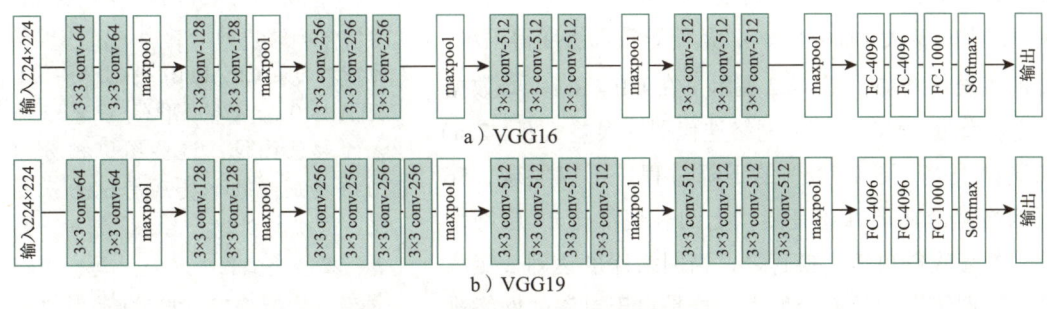

图 4-20　VGG16 与 VGG19 网络结构

无独有偶，与 VGGNet 同时绽放光彩的还有 GoogLeNet[21]，它是由 Google 研究团队在 2014 年提出的，在当年的 ImageNet 竞赛上力压 VGGNet 斩获分类任务冠军。GoogLeNet（又称 Inception V1）的核心创新是 Inception 模块（见图 4-21），它通过并行使用不同尺寸的卷积核（如 3×3 和 5×5 卷积核）来捕获图像的多尺度特征，有效减少了网络参数的数量和计算量。从 2014 年首次被提出至今，GoogLeNet 经历了多个版本

> GoogLeNet 名称中字母 L 大写是为了向经典的 LeNet 致敬。

的迭代和改进，每个版本都在原有基础上引入了新的技术或升级了现有结构。例如 Inception V2[22]在每个卷积层引入 BN 层以加速收敛，5×5 卷积被两个 3×3 卷积替代，进一步降低了计算量；Inception V3[22]在 Inception V2 的基础上进行了微调，将两个 3×3 卷积的组合改为一个 1×1 卷积和两个 1×3 及 3×1 卷积的组合，能更好地捕捉图像特征并降低计算量。GoogLeNet 的设计思想启发了后续许多网络结构，如 ResNet[23]、DenseNet[24]等，这些网络在多个计算机视觉任务中都取得了优异的成绩。

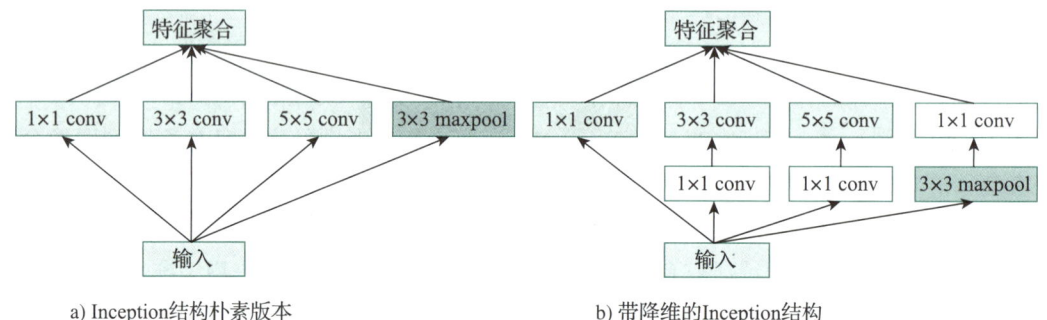

图 4-21　Inception 结构

随着网络变得越来越深，深刻理解"新添加的层如何提升神经网络的性能"变得至关重要。实验发现，传统如"VGG 型"的卷积网络存在一个深度极限，实际操作过程中并不能无限进行深度的堆叠。随着网络深度的增加，神经网络在训练时会遇到以下几个问题：①梯度消失和梯度爆炸，当网络变得非常深时，反向传播中的梯度可能会变得非常小（梯度消失）或者非常大（梯度爆炸），从而导致训练变得困难；②训练误差增加，图 4-22 展示了在 CIFAR-10 数据集上，普通 VGG 类型的网络迭代训练误差（图 4-22a）和测试误差（图 4-22b）的下降过程。可以发现，56 层网络无论在训练还是测试上的表现都比 20 层网络差，并且收敛更慢。换言之，当网络深度达到一定程度后，训练误差反而会增大，这是由于更深的网络难以训练造成的。

2015 年，微软亚洲研究院的何恺明等人提出了深度残差网络（Deep Residual Network，ResNet）[23]。其核心思想是通过残差学习（Residual Learning）方式，允许网络中的信号直接跳过一层或多层，从而解决了深层网络训练中的梯度问题。这种设计基于一个简单的观察：如果一个较浅的网络已经能够学习到

> CIFAR（Canadian Institute For Advanced Research）数据集是一系列用于机器学习研究的图像数据集，由多伦多大学的亚历克斯·克里热夫斯基（Alex Krizhevsky）、维诺德·奈尔（Vinod Nair）和杰弗里·辛顿（Geoffrey Hinton）收集，用于识别物体的小型图像，其中最为常用的是 CIFAR-10 和 CIFAR-100。CIFAR-10 包含 60000 张 32×32 像素的彩色图像，这些图像被分为 10 个类别，每个类别有 6000 张图像。这些类别是：飞机、汽车、鸟类、猫、鹿、狗、蛙类、马、船和卡车。数据集中，50000 张图像用于训练，另外 10000 张图像用于测试。CIFAR-100 与 CIFAR-10 类似，但包含 100 个类别，每个类别有 600 张图像。这 100 个类别被分为 20 个超类。同样地，CIFAR-100 也包含 50000 张训练图像和 10000 张测试图像，每张图像也是 32×32 像素的彩色图像。

某些特征，那么在这个网络上增加额外的层时，这些新增层可以被训练成恒等映射，即直接传递输入到输出。其残差模块包含两条路径：一条是卷积层的标准路径；另一条是恒等连接，即将输入直接添加到后续层的输出。这样，即使网络很深，信息也能在网络中有效流动，因为每一层的输入都可以直接或间接地影响最终的输出。

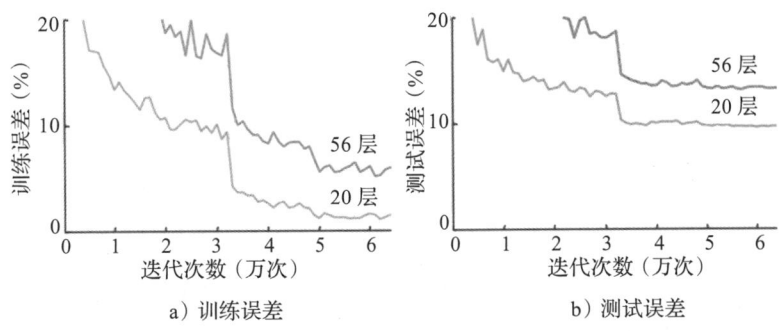

图 4-22 具有 20 层和 56 层"普通"网络（以 VGG 为例）在 CIFAR-10 数据集上的训练误差和测试误差

假设输入为 x，期望一个卷积块学习的映射记为 $f(x)$，普通卷积模块（见图 4-23a）需要直接拟合出 $f(x)$，而残差模块（见图 4-23b）只需要拟合出残差映射，即 $f(x)-x$。相比之下，残差映射在现实中往往更容易优化。残差模块可以在学习欠优的情况下转换成恒等映射，只需将图 4-23b 中的加权运算（如仿射）的权重和偏置参数设成 0，那么 $f(x)$ 即可转换成恒等映射。当理想的完整映射 $f(x)$ 接近于恒等映射时，残差映射也易于捕捉恒等映射的细微波动。ResNet 的基础架构便是残差模块。在残差模块中，输入数据可通过跨层的跳跃连接更快地向前传播。在实际的 ResNet 模型中还会加入批量归一化层 BN 来加速网络训练，提升稳定性。以 ResNet-18 为例，其残差模块里首先有 2 个相同输出通道数的 3×3 卷积层，每个卷积层后接一个批量归一化层 BN 和 ReLU 激活函数。然后通过跨层的跳跃连接，跳过这 2 个卷积运算，将输入直接加在最后的 ReLU 激活函数前（见图 4-23c）。根据不同的残差模块及堆叠的次数，存在不同规模的 ResNet 框架，表 4-4 详细列出了不同深度 ResNet 的网络结构。

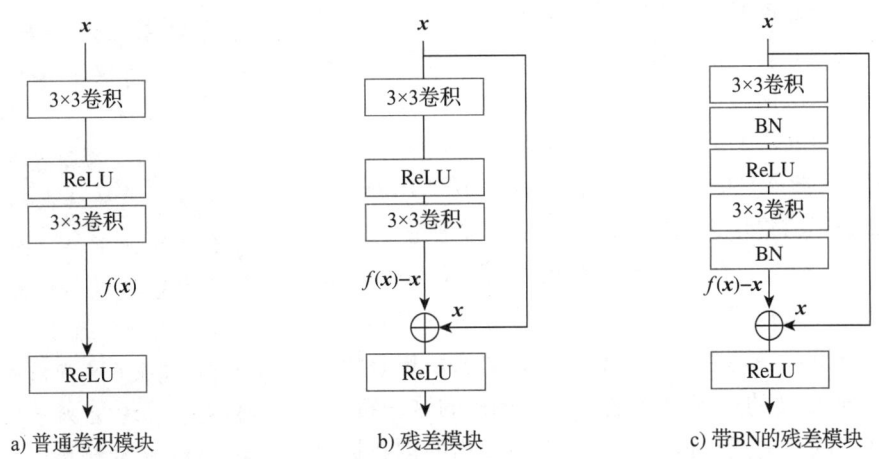

图 4-23 普通卷积模块、残差模块和带 BN 的残差模块

ResNet 的提出解决了深层网络训练中的难题，成功训练出了包含 152 层的网络（ResNet-152），这在当时是一个前所未有的创举，也为深度学习领域的发展开辟了新的道路，使得构建更深、更大模型成为可能。ResNet 凭借其强大的性能和稳定性，已成为深度学习领域中应用最广泛的基础模型之一。

表 4-4　不同深度 ResNet 的详细结构

层名	输出尺寸	18层	34层	50层	101层	152层
conv1	112×112	7×7, 64, 步长2				
conv2_x	56×56	3×3最大池化，步长2				
conv2_x	56×56	$\begin{bmatrix}3\times3,64\\3\times3,64\end{bmatrix}\times2$	$\begin{bmatrix}3\times3,64\\3\times3,64\end{bmatrix}\times3$	$\begin{bmatrix}1\times1,64\\3\times3,64\\1\times1,256\end{bmatrix}\times3$	$\begin{bmatrix}1\times1,64\\3\times3,64\\1\times1,256\end{bmatrix}\times3$	$\begin{bmatrix}1\times1,64\\3\times3,64\\1\times1,256\end{bmatrix}\times3$
conv3_x	28×28	$\begin{bmatrix}3\times3,128\\3\times3,128\end{bmatrix}\times2$	$\begin{bmatrix}3\times3,128\\3\times3,128\end{bmatrix}\times4$	$\begin{bmatrix}1\times1,128\\3\times3,128\\1\times1,512\end{bmatrix}\times4$	$\begin{bmatrix}1\times1,128\\3\times3,128\\1\times1,512\end{bmatrix}\times4$	$\begin{bmatrix}1\times1,128\\3\times3,128\\1\times1,512\end{bmatrix}\times8$
conv4_x	14×14	$\begin{bmatrix}3\times3,256\\3\times3,256\end{bmatrix}\times2$	$\begin{bmatrix}3\times3,256\\3\times3,256\end{bmatrix}\times6$	$\begin{bmatrix}1\times1,256\\3\times3,256\\1\times1,1024\end{bmatrix}\times6$	$\begin{bmatrix}1\times1,256\\3\times3,256\\1\times1,1024\end{bmatrix}\times23$	$\begin{bmatrix}1\times1,256\\3\times3,256\\1\times1,1024\end{bmatrix}\times36$
conv5_x	7×7	$\begin{bmatrix}3\times3,512\\3\times3,512\end{bmatrix}\times2$	$\begin{bmatrix}3\times3,512\\3\times3,512\end{bmatrix}\times3$	$\begin{bmatrix}1\times1,512\\3\times3,512\\1\times1,2048\end{bmatrix}\times3$	$\begin{bmatrix}1\times1,512\\3\times3,512\\1\times1,2048\end{bmatrix}\times3$	$\begin{bmatrix}1\times1,512\\3\times3,512\\1\times1,2048\end{bmatrix}\times3$
	1×1	平均池化，1000-d全连接，Softmax				
FLOPS		1.8×10^9	3.6×10^9	3.8×10^9	7.6×10^9	11.3×10^9

虽然 ResNet 促进了卷积神经网络向更"深"的层次发展，但其在特征信息流的传播和重用效率方面仍然存在不足，残差模块更是在网络宽度设计上缺乏一定的灵活性。为了克服这些局限，2017 年，黄高等人提出了密集连接卷积网络（Densely Connected Convolutional Network，DenseNet）[24]。与传统卷积网络相比，DenseNet 在每一层引入了与前面所有层的直接连接，极大地提高了网络的信息流和特征重用效率。

DenseNet 的核心组成部分是密集块（Dense Block），每个密集块由多个卷积层组成，每一层的输出都会被连接（Concatenate）并作为下一层的输入，如图 4-24 所示。得益于这种密集连接结构，DenseNet 允许网络中的每一层都直接接收前面所有层的输出作为输入，从而实现特征信息的高效重用。这一设计显著减少了网络中的参数数量和计算复杂度，同时也提高了梯度的流动效率，使得深层网络的训练变得更加可行。ResNet 虽然通过残差连接改善了梯度流动，但显然 DenseNet 在这方面做得更好。此外，DenseNet 还引入了转换层（Transition Layer）来减小密集块之间特征图的尺寸，并通过 1×1 卷积层降低特征维度，实现网络的压缩。DenseNet 的设计简化了网络构建过程，通过重复堆叠密集块和转换层，可以轻松扩展网络的深度和宽度，而无须担心传统 CNN 中可能出现的过拟合问题。DenseNet 的这一特性，不仅提高了网络的泛化能力，也为网络架构的创新提供

> 卷积层的卷积核尺寸很小，意味着每个卷积核只有很少的参数（例如，一个单一的数值）。卷积可以看作对每个像素点的特征向量进行简单的线性变换，而不是像大尺寸卷积核那样进行复杂的空间变换。通过这种方式，它可以将来自不同通道的信息融合到一起，这对于保留图像中的重要空间信息非常重要。

了更多的可能性。然而，正由于 DenseNet 这种密集连接的独特设计，模型在训练过程中需要更多的计算资源。而且，在训练数据量有限的情况下，如果模型的复杂度远高于训练数据所能提供的信息量时，模型可能会再度面临过拟合问题，进而需要更加精细的调参和优化策略。

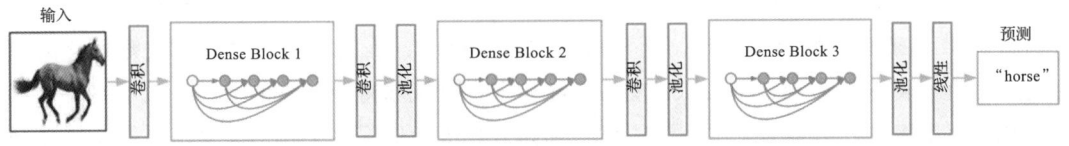

图 4-24　DenseNet 网络结构

为了便于更加简洁明了地掌握不同卷积神经网络的特点，表 4-5 对上述介绍的具有代表性网络模型进行了总结与对比。

表 4-5　不同卷积神经网络模型的对比

网络	提出年份	主要特点	深度（层数）	参数数量
LeNet	1998	最早用于手写数字识别的 CNN 之一。它包含卷积层、池化层、全连接层，使用激活函数 tanh	5 层	10714
AlexNet	2012	引入 ReLU 激活函数，使用 Dropout 防止过拟合，使用 LRN 归一化层与数据增强技术	8 层（5 层卷积 + 3 层全连接）	约 60M
VGGNet	2014	网络结构简单、层次清晰，使用多个 3×3 卷积核堆叠，引入 ReLU 激活函数，池化层使用 2×2 最大池化	多种版本，如 VGG16、VGG19	VGG16 约 138M
GoogLeNet	2014	引入 Inception 模块实现多尺度特征提取，利用稀疏连接和优化计算结构、辅助分类器提升性能，使用了批量归一化	22 层（不包括池化层和输入层）	约 5.58M
ResNet	2015	引入残差连接，解决梯度消失问题，采用恒等映射使训练更容易，允许创建非常深的网络，并能够使用更少的参数获得更好的结果	多种版本，如 ResNet50、ResNet101 等	ResNet50 约 25M
DenseNet	2017	具有独特的密集连接，每个层都与前面的所有层直接连接，实现参数共享和特征重用。梯度传播更加有效，参数效率高，允许使用较少的参数实现高性能	多种版本，如 DenseNet121、DenseNet201 等	DenseNet121 约 7.9M

4.5　序列到序列模型

在自然语言处理（Natural Language Processing，NLP）领域中，序列到序列（Sequence to Sequence，Seq2Seq）模型[25]因其强大的序列转换能力而备受关注。这种模型能够将输入序列直接转换为输出序列，不需要人工设计特征，在机器翻译、文本摘要、对话生成等多种任务中显示出了巨大的潜力。Seq2Seq 模型的循环结构，特别是循环神经网络（Recurrent Neural Network，RNN）[26] 的使用，使得它能够有效地处理序列数据的时间依赖性。编码器将输入序列转换为固定大小的内部表示，而解码器则逐步生成输出序列，每个元素的生成都依赖于之前生成的元素和编码器的输出。这种逐步生成的方式，使得 Seq2Seq 模型在生成文本时能够保持上下文的连贯性。此外，Seq2Seq 模型的可扩展性允许通过增加网络层数和神经元数量来提升性能。同时，还常集成注意力机制，提高对输入序列中关键信息的捕捉能力。在实际应用方面，Seq2Seq 模型已经在多个领域取得了显著的成就。机器翻译利用 Seq2Seq 模型将一种语言的文本翻译成另一种语言，极大地促进了跨语言交流。文本摘要功能帮助用户快速把握文章要点，而对话系统则实现了与人类的自然对话。问答系统能够自动回答用户提出的问题，提供即时的信息反馈。在文本生成领域，Seq2Seq 模型被用于自动撰写新闻报道和创意写作等。此外，语音识别技术也利用 Seq2Seq 模型将语音信号转换为文本序列，为智能助手和语音控制系统提供了技术支持。

Seq2Seq 模型的发展趋势见证了其在自然语言处理领域的不断进步。预训练语言模型，如 BERT[27] 和 GPT[28]，通过在大量数据上进行预训练，然后在特定任务上进行微调，显著提升了模型的性能和泛化能力。同时，Seq2Seq 模型也被应用于多模态学习任务，如结合图像和文本的描述生成，这展示了其在处理多种类型数据方面的潜力。随着技术的不断发展，Seq2Seq 模型在自然语言处理领域的应用前景广阔，未来将在更多领域发挥重要作用，推动人工智能技术的发展。

4.5.1 序列数据与序列任务

序列数据（Sequence Data）是指一系列按时间或顺序排列的数据点，它们可以是图像、单词、字符、信号等。序列数据的关键特性是数据点之间存在某种顺序关系或时间依赖性。序列数据存在多种形式，文本便是常见的一种。解析文本的一般预处理步骤如下：①文本规范化（Text Normalization），将文本转换为一种标准格式，以减少文本中的变异性，如大小写转换、去除标点符号、去除数字、去除多余的空格等；②词元化（Tokenization），将文本序列拆分成一个词元列表，词元（Token）是文本的基本单位；③词嵌入（Word Embedding），词元的类型是字符串，而模型需要的输入是数值，因此这种类型不方便模型使用，将词元列表经过进一步的统计和过滤掉停用词（Stop Word）后，可以构建出由（词 - 索引）键值对组成的字典，即完成最原始的字符串向数值的转化。不过，考虑到现实语境中，词与词之间存在复杂的语义联系，因此不同词在数值编码设计中应当与其语义信息保持一致，如 Word2Vec、GloVe 及 FastText 等经典方法，这里不再做进一步介绍。在获取到词向量之后，可以构建出有效的序列数据表示，进一步可以设计模型实现对序列数据的处理。

Seq2Seq 任务是一种常见的自然语言处理任务类型，它涉及将一个序列转换为另一个序列。这种任务通常使用编码器 - 解码器（Encoder-Decoder）架构来实现，其中编码器将输入序列编码为一个固定长度的向量，解码器则从这个向量中解析出输出序列，旨在将一个序列转换为另一个序列，以此解决多种语言相关问题。下面介绍一些常见的 Seq2Seq 任务。

机器翻译（Machine Translation）：要求模型不仅要理解源语言文本的含义，还要能够准确地将其表达在目标语言中。这项任务的挑战在于处理语言间的语法和语义差异，以及保持翻译的流畅性和准确性。

文本摘要（Text Summarization）：要求模型从长篇文本中提取关键信息并生成简短摘要。这一任务的特点是必须在保留原文核心内容的同时，去除不必要的细节，同时保持文本的连贯性和可读性。

问答系统（Question Answering System）：通过理解用户提出的问题并生成精确的答案。这一任务的特点是要求模型具备对问题的深入理解能力，并能够从大量信息中快速准确地检索和生成答案。

对话系统（Dialogue System）：生成与用户输入相对应的回复，其特点是需要模型具备上下文理解能力，以及能够生成自然、流畅且符合语境的回复。

语音识别（Speech Recognition）：将语音序列转换为文本，其特点是需要处理不同口音、语速和背景噪音等问题，同时保持高准确率。

文本生成（Text Generation）：根据给定的上下文或提示生成文本，其特点是需要模型具备创造性和多样性，能够生成符合主题且语言风格自然的文本。

情感分析（Sentiment Analysis）：识别文本中的情感倾向，其特点是需要模型能够识别和理解文本中的主观表达和情感色彩。

> 注意对话系统与问答系统的区别。问答系统专注于回答用户提出的特定问题，提供精确、简洁的答案，常见于搜索引擎、客服系统、知识库查询等场景，满足用户获取具体信息的需求。对话系统的核心功能是模拟人类对话，与用户进行连贯通顺的交互，不仅限于回答问题，还包括闲聊、任务执行等多种交互方式。对话系统广泛应用于智能助手、聊天机器人、语音客服等多个领域，旨在提供更加丰富和人性化的交互体验。

4.5.2 循环神经网络的原理与结构

循环神经网络是序列到序列模型范畴里的经典架构，其发展历史悠久，经历了多次重要的改进和创新。循环神经网络的基本概念源于 1933 年西班牙神经生物学家拉斐尔·洛伦特·德诺（Rafael Lorente de Nó）提出的反响回路假设，该假设解释了大脑皮质解剖结构允许刺激在神经回路中循环传递，这被认为是生物短期记忆的原因。

序列建模神器：循环神经网络

AI 能读懂诗句吗？快来知识点视频中找寻答案吧！

20 世纪 70～80 年代，数学模型的建立为循环神经网络的发展提供了启发。1990 年，杰弗里·艾尔曼（Jeffrey Elman）提出了艾尔曼网络，这是第一个全连接循环神经网络，也被称为简单循环网络（Simple Recurrent Network，SRN）[26]。循环神经网络的核心在于其对人脑记忆机制的模拟，结构设计的初衷是捕捉和记忆输入数据中的关键信息，并利用这些记忆来指导未来的决策和输出。简言之，循环神经网络通过其内部的循环连接，使得网络能够在学习过程中累积和回溯历史信息，从而对当前和未来的任务做出更加精准的反应。

正如人类在面对复杂问题时会回顾以往经验一样，循环神经网络能够在处理序列数据时，记住之前的状态，并结合当前的输入，动态地调整输出。这种能力让它在诸如语言模型、语音识别、文本生成等需要理解上下文信息的领域中展现出了卓越的性能。网络的每个节点不仅处理当前的输入信号，还携带着之前时刻的信息，这种携带历史信息并将其传递到未来状态的能力，是循环神经网络区别于其他网络结构的重要特点。通过这种方式，循环神经网络能够构建起一个时间上的桥梁，将过去、现在和未来的信息流动有机地结合起来，为解决需要建模长期依赖关系的任务提供了可能。这种对记忆的模拟，不仅让它在理论上具有无限的思考和记忆能力，而且在实践中也极大地拓宽了其应用范围，使其成为处理序列数据不可或缺的工具之一。

图 4-25 展示了一个典型循环神经网络的结构。它包含输入层、隐藏层、输出层和一个延时器。其中，延时器是一个虚拟单元，记录隐藏神经元的最近一次（或几次）激活值。假设在第 $t-1$ 时刻，输入为 x_{t-1}，网络中隐藏层的激活值为 h_{t-1}。当进入第 t 时刻时，输入为 x_t，则此时隐藏层的激活值表示为

$$h_t = \sigma(h_{t-1}, x_t) \tag{4-14}$$

其中，σ 是激活函数，一般可为 Sigmoid 或 Tanh 激活函数；h_t 为网络的隐藏状态。可见，在每一个时刻 t，循环神经网络会读取当前输入 x_t 和前一个时刻的隐藏状态 h_{t-1}，生成 h_t。隐藏状态可以看作网络存储的"记忆"，它携带了序列中先前观察到的信息，使得网络具有记忆能力。为了更加直观地展示循环神经网络是如何"记忆"前序时刻信息的，对式（4-14）进行推广，可以得到

$$h_t = \sigma(\sigma(\sigma(\cdots\sigma(h_0, x_1)\cdots, x_{t-2}), x_{t-1}), x_t) \tag{4-15}$$

其中，$h_0 = 0$ 为初始状态。从上式可见，当前时刻的隐藏状态 h_t 包含了来自所有之前时刻的历史信息，证明了循环神经网络的"记忆"能力。

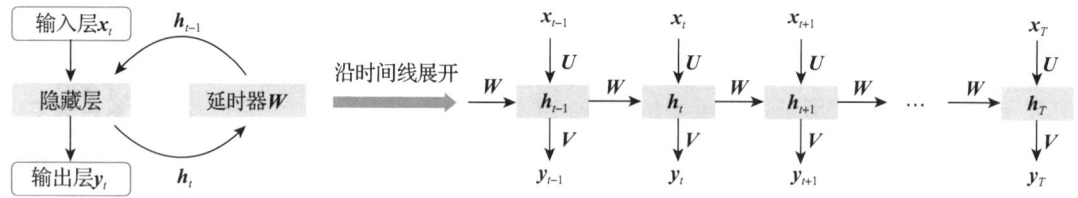

图 4-25 循环神经网络结构示意

如图 4-25 右部分所示，将循环神经网络沿时间线展开，可以发现，单独时刻的网络和前馈神经网络十分相似。实际上，当移除隐藏层之间的连接和权重 W 时，整个网络相当于使用多个相互独立的前馈神经网络对序列中的各个输入数据进行单独处理。不同的是，循环神经网络能够完整地捕获序列数据的时序依赖关系。这种设计促使循环神经网络能够在序列的不同时间步之间传递信息，从而捕捉时间序列数据中的动态特征，具有优异的序列数据建模能力。因而，同样可以使用误差反向传播和梯度下降的方式训练循环神经网络模型，称为"沿时间反向传播算法"（Back Propagation Through Time，BPTT）[29]。此外，由于循环神

经网络在每个时刻 t 都有对应的输入 x_t 和输出 y_t，所以通常计算所有时刻的损失累加和作为整个网络的损失。假设 t 时刻的损失为 ε_t，那么整个序列所有时刻的累积误差为 $E = \frac{1}{2}\sum_{t=1}^{T}\varepsilon_t$，则 t 时刻输入 x_t 与隐藏状态 h_t 之间的权重 U 的更新可以表示为

$$\frac{\partial \varepsilon_t}{\partial U} = \sum_{t=1}^{t}\left(\frac{\partial \varepsilon_t}{\partial y_t}\frac{\partial y_t}{\partial h_t}\left(\prod_{j=i+1}^{t}\frac{\partial h_j}{\partial h_{j-1}}\right)\frac{\partial h_i}{\partial U}\right) \tag{4-16}$$

其中，$\frac{\partial h_j}{\partial h_{j-1}} = \frac{\partial \sigma}{\partial h_{j-1}} \cdot W$。可以看到，在 t 时刻的权重更新与之前的所有时刻相关，即从 $t = 1$ 开始到第 t 时刻结束。前面提到，循环神经网络中隐藏状态的激活函数通常为 Sigmoid 或 Tanh，因此它们的导数值在 0 到 1 之间。需要说明的是，对于一个长序列来说，如果多个小于 1 的导数值相乘会导致权重的求导结果很小，最终引发梯度消失问题。

根据序列任务的不同，循环神经网络的应用也分为不同模式，常见的有序列到类别模式、同步的序列到序列模式，以及异步的序列到序列模式等。

序列到类别模式主要用于序列数据的分类问题，即输入为序列，输出为类别。比如在文本分类中，输入数据为单词的序列，输出为该文本的类别（如古诗、散文等）；对文本进行情感分析，预测其为积极、中性或者消极等。假设输入样本序列 $x_{1:T} = (x_1, x_2, \cdots, x_T)$ 是一个长度为 T 的序列数据，而要求输出类别为 $y \in \{1,2,\cdots,N\}$。如图 4-26 所示，将 $x_{1:T}$ 按照不同时刻输入进循环神经网络，得到各个时刻的隐藏状态 $\{h_1,\cdots,h_T\}$。可以对隐藏状态采取不同的处理模式，然后输入到分类器中，得到最终的类别信息 $\hat{y}$。例如，仅将最终状态 h_T 输入到分类器中（见图 4-26a），或先将所有隐藏状态融合成一个新的隐藏状态 $\tilde{h}$ 后再输入到分类器中进行识别（见图 4-26b）。

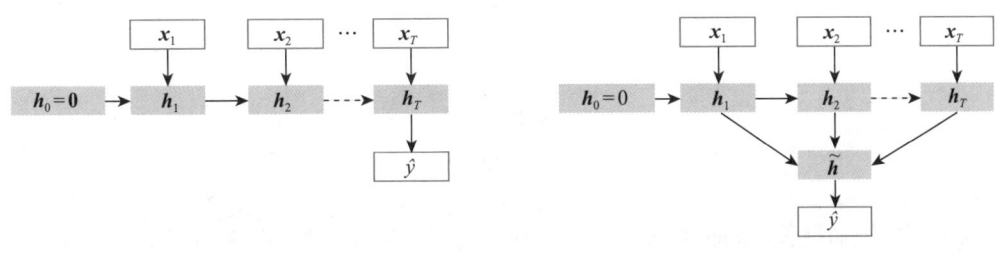

a) 仅将最终状态输入到分类器   b) 将所有隐藏状态合成一个输入分类器

图 4-26　循环神经网络的序列到类别模式结构示意

同步的序列到序列模式指的是输入序列和输出序列之间保持同步，即每个时间步的输出只依赖于当前时间步的输入，而不是依赖于整个输入序列，其逻辑结构如图 4-27 所示。同步的序列到序列模式适用于需要快速响应的应用场景，如实时对话系统、词性标注等，要求系统能够几乎同时地处理输入并产生输出。传统的序列到序列模型通常本身涉及异步处理，即编码器先处理完整个输入序

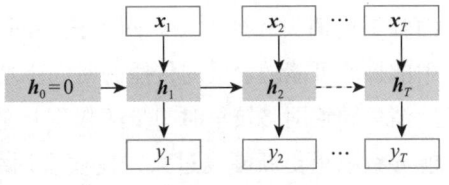

图 4-27　同步的序列到序列模式结构示意

列，然后解码器根据编码器的输出逐步生成输出序列。因此，同步的序列到序列模式更多地是指序列到序列模型在处理序列任务时所表现出的实时性和同步性。

异步的序列到序列模式的输入序列和输出序列并不需要同步进行处理，也不需要保持相同的长度。异步的序列到序列模式在多个领域都有广泛的应用，其中一个典型的应用是机器翻译，输入为源语言的单词序列，输出为目标语言的单词序列，如图 4-28 所示。假设输出标签序列为 $y_{1:K}=(y_1,\cdots,y_K)$，先将样本 $x_{1:T}$ 输入到编码器循环神经网络中，将其转换为一个固定长度的上下文向量 h_T，之后再将其输入到解码器循环神经网络中，解码器从编码器传递的上下文向量 h_T 开始，在每个时间步生成一个输出，并使用该输出作为下一个时间步的输入。这里有一点需要注意的是，解码器的输入信息在训练和推理阶段会有所不同。在训练阶段（见图 4-28a），因为输出的标签信息 $y_{1:K}$ 是已知的，因此解码器各时间步使用标签数据作为输入。而在推理阶段（见图 4-28b），需要模型去预测输出的序列，因此将前一时间步的预测输出作为下一刻的输入。

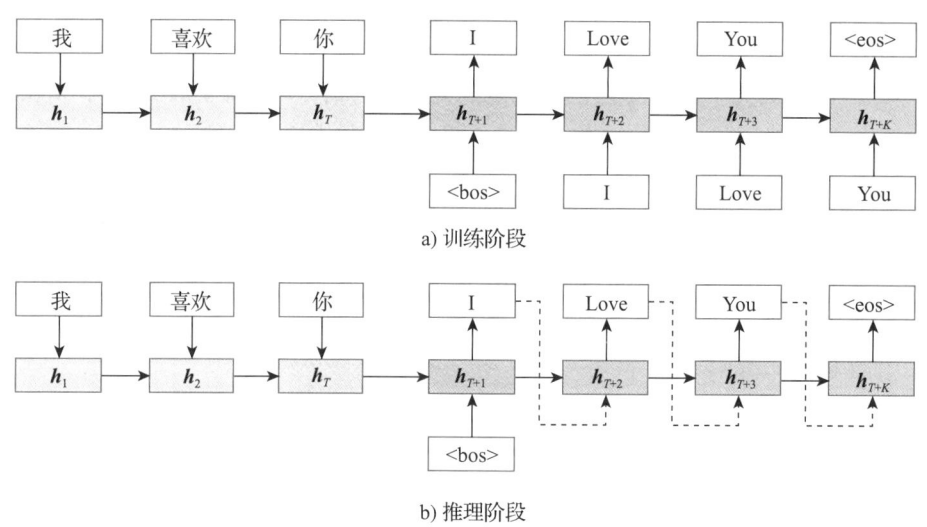

图 4-28 异步的序列到序列模式结构示意

为了更好地捕捉长时间依赖关系和输入序列的不同部分，有的时候还会在模型中引入注意力机制，从而使解码器在生成每个输出时动态地关注输入序列的不同部分，而不仅依赖于一个固定的上下文向量，从而更准确地翻译出原文的含义。关于注意力机制，将在后续章节做详细介绍。

循环神经网络在处理序列数据方面具有独特优势，但同时也存在一些问题。首先，RNN 面临梯度消失和梯度爆炸两大核心问题。在训练过程中，特别是处理长序列数据时，RNN 中的梯度可能随着反向传播的时间步增加而指数级减小（梯度消失）或增大（梯度爆炸）。梯度消失导致网络较早时间步的权重几乎不更新，无法学习到长期依赖关系；而梯度爆炸则可能导致权重更新幅度过大，使模型训练不稳定，甚至数值溢出。其次，RNN 在处理不同长度的输入序列时，通常需要固定序列长度或进行序列截断及填充，这限制了模型的灵活性。

此外，RNN 由于其循环特性，计算量较大，尤其是在长序列上，这可能导致训练时间较长且资源消耗较多。

4.5.3 基于门控单元的循环神经网络

为了解决 RNN 存在的问题，研究者们提出了基于门控单元的循环神经网络，主要包括长短期记忆（Long Short-Term Memory，LSTM）网络[30]和门控循环单元（Gated Recurrent Unit，GRU）[31]。这些门控机制允许模型在长期依赖关系中更有效地保持和更新信息，从而使其能够在更长的序列中有更优的表现。

LSTM 由尤尔根·施米德胡贝（Jürgen Schmidhuber）和瑟普·霍克赖特（Sepp Hochreiter）于 1997 年提出其核心在于其独特的"门控机制"，具体包括输入门（Input Gate）、遗忘门（Forget Gate）和输出门（Output Gate），其模型结构如图 4-29 所示。这些门通过 Sigmoid 激活函数和点乘操作来控制信息的流动，从而保持或更新单元状态，实现对长期依赖关系的捕捉和保持。LSTM 还引入了一个新的内部状态 $c_t \in \mathbb{R}^D$，用于专门进行线性的循环信息传递，同时非线性地输出信息给隐藏层的外部状态 $h_t \in \mathbb{R}^D$。

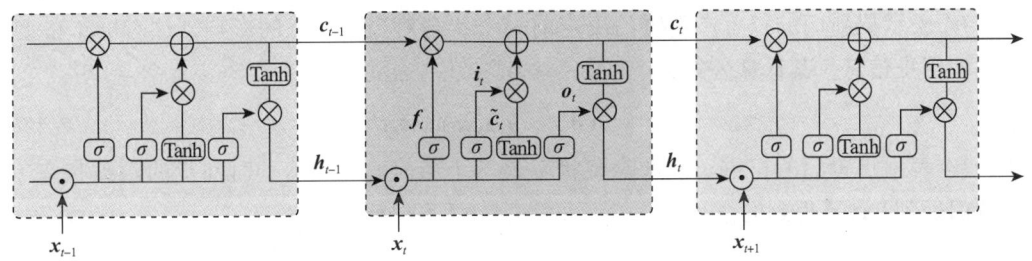

图 4-29　LSTM 网络模型结构示意

如图 4-29 所示，遗忘门 f_t 控制上一个时刻的内部状态 c_{t-1} 需要遗忘多少信息；输入门 i_t 控制当前时刻的候选状态 $\tilde{c}_t$ 有多少信息需要保存；输出门 o_t 控制当前时刻的内部状态 c_t 有多少信息需要输出给外部状态 h_t。当 $f_t = 0, i_t = 1$ 时，记忆单元将历史信息清空，并将候选状态向量 $\tilde{c}_t$ 写入。但此时记忆单元 c_t 依然和上一时刻的历史信息相关。当 $f_t = 1, i_t = 0$ 时，记忆单元将复制上一时刻的内容，不写入新的信息。需要注意的是，LSTM 网络中的"门"是一种"软门"，取值范围为 (0, 1)，表示以一定的比例允许信息通过。三个门的计算公式为

$$\begin{aligned}
f_t &= \sigma(W_f \cdot (h_{t-1}, x_t) + b_f) \\
i_t &= \sigma(W_i \cdot (h_{t-1}, x_t) + b_i) \\
o_t &= \sigma(W_o \cdot (h_{t-1}, x_t) + b_o)
\end{aligned} \quad (4\text{-}17)$$

其中，σ 为 Sigmoid 函数；W_f、W_i 和 W_o 分别表示遗忘门、输入门和输出门的权重集合；(h_{t-1}, x_t) 表示将 h_{t-1} 和 x_t 进行向量拼接。则 LSTM 的内部和外部状态计算公式为

$$\begin{aligned}
c_t &= f_t \otimes c_{t-1} + i_t \otimes \tilde{c}_t \\
h_t &= o_t \otimes \operatorname{Tanh}(c_t)
\end{aligned} \quad (4\text{-}18)$$

其中，候选状态 $\tilde{c}_t = \tanh(W_c \cdot (h_{t-1}, x_t) + b_c)$；$W_c$ 和 b_c 分别表示可学习权重和偏置。

自从 LSTM 被提出后，它迅速在各个领域得到应用，并不断演进。LSTM 的变体，如带有窥孔连接（Peephole Connection）的 LSTM 和带有投影层（Projection Layer）的 LSTM，进一步增强了模型的表达能力。LSTM 也与其他深度学习模型结合形成混合模型以处理复杂的序列任务，如与卷积神经网络结合用于图像描述生成，或与 Transformer 架构结合。

虽然 LSTM 在处理序列数据方面十分出色，但其结构相对复杂，计算成本较高。为了解决这些问题，研究者们开始寻求一种更简洁的模型，实现既能保持对长期依赖的记忆能力，又能降低模型的复杂度，门控循环单元（Gated Recurrent Unit, GRU）在此背景下应运而生。门控循环单元由赵京贤（Kyunghyun Cho）等人于 2014 年提出，它简化了 LSTM 的结构，不引入额外的记忆单元，通过独特的更新门（Update Gate）和重置门（Reset Gate）来控制信息的流动。这两个门帮助 GRU 捕捉和利用序列中的依赖关系，其网络模型结构如图 4-30 所示。其中，更新门类似于 LSTM 的遗忘门和输入门的组合，控制当前隐藏状态应该保留多少前一时间步的隐藏状态，计算公式为

$$z_t = \sigma(W_z \cdot (h_{t-1}, x_t) + b_z) \tag{4-19}$$

其中，W_z 表示更新门的权重。重置门决定前一个状态对当前状态的影响，这有助于模型忽略无关的历史信息，其计算公式为

$$r_t = \sigma(W_r \cdot (h_{t-1}, x_t) + b_r) \tag{4-20}$$

其中，W_r 表示重置门的权重。候选隐藏状态是基于当前输入和前一时间步的隐藏状态（经过重置门处理）计算得到的：

$$\tilde{h}_t = \tanh(W_h \cdot (r_t \otimes h_{t-1}, x_t) + b) \tag{4-21}$$

其中，W_h 表示候选隐藏状态的权重。最终的隐藏状态是基于更新门的输出和候选隐藏状态计算得到的：

$$h_t = z_t \otimes h_{t-1} + (1-z_t) \otimes \tilde{h}_t \tag{4-22}$$

可以看出，当 $z_t = 0, r_t = 1$ 时，GRU 网络退化为简单循环网络；若 $z_t = 0, r_t = 0$ 时，当前状态 h_t 只和当前输入 x_t 相关，和历史状态 h_{t-1} 无关。当 $z_t = 1$ 时，当前状态 h_t 等于上一时刻状态 h_{t-1}，和当前输入 x_t 无关。

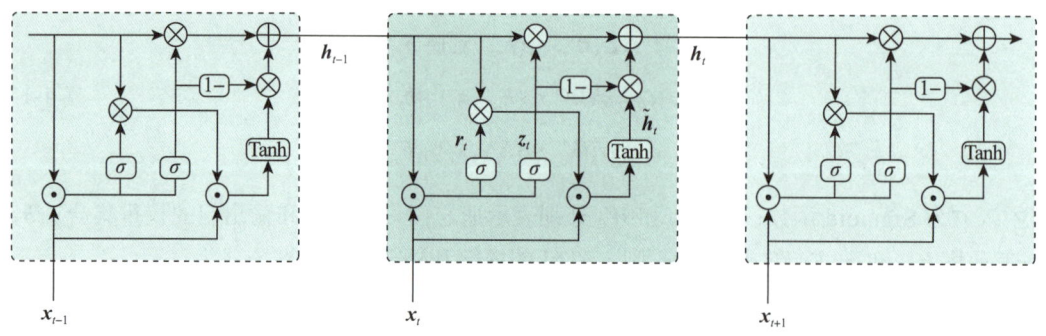

图 4-30　GRU 网络模型结构示意

Seq2Seq 任务面临的挑战包括处理长序列、数据不平衡、提高泛化能力和模型解释性等。为了克服这些挑战，除了 RNN、LSTM 和 GRU 外，研究者们正在探索更高效的模型架构、新的训练方法，并致力于提高模型的鲁棒性和可解释性。

4.6　Transformer 模型

注意力便是你所需要的一切：Transformer 架构

在 Transformer 出现之前，序列任务主要依赖于循环神经网络及其变体（如 LSTM、GRU 等）。这些模型虽然在一定程度上能够处理序列数据，但存在计算效率低和难以并行化的问题。Transformer 的提出成功解决了这些问题，并在多个 NLP 任务中展现了前所未有的性能。2017 年，谷歌研究人员阿希什·瓦斯瓦尼（Ashish Vaswani）等人在神经信息处理系统大会（NeurIPS）上发表了一篇题为 "Attention Is All You Need"[32] 的论文，首次提出了 Transformer 模型。该模型的创新之处在于完全抛弃了 RNN 和 LSTM 架构，转而通过多头自注意力计算允许模型在处理每个词时关注输入序列中的所有其他词，从而捕捉长距离的依赖关系。同时，引入位置编码，解决了序列模型中序列顺序信息缺失的问题。Transformer 模型一经提出，就在机器翻译领域取得了巨大成功。随后，它迅速扩展应用到其他 NLP 任务，如文本摘要、问题回答、文本分类等。2018 年，BERT（Bidirectional Encoder Representation from Transformers）的出现进一步推动了 Transformer 的发展，它通过预训练大量文本数据，实现了对语言表示的深入理解。随着研究的深入，Transformer 架构也在不断扩展和改进。例如，Transformer 的变体 Non-Autoregressive Transformer（NAT）加速了序列生成任务，Vision Transformer（ViT）将 Transformer 应用于图像识别任务，展示了模型的跨模态能力。

4.6.1　Transformer 的核心组成

Transformer 由多个相同的编码器（Encoder）层和解码器（Decoder）层组成，每层都包含多头自注意力（Multi-Head Self-Attention，MHA）和前馈网络（Feed Forward Network，FFN），并通过多头自注意力机制并行地执行多个注意力操作，增强了模型捕获不同子空间信息的能力。同时，通过引入位置编码（Positional Encoding）来提供序列中单词的位置信息，解决了 Transformer 架构中缺乏 RNN 的循环或卷积结构的问题。

1. 自注意力机制

RNN 模型处理序列信息的时候，考虑的是一种局部的信息依赖关系，即每一次输入运算时，模型"看见"的序列数据范围是有限的。虽然在理论上模型通过一次次的局部学习，模型最终是能够获取到全局信息的，但是由于信息传递的容量及梯度消失等问题，模型在实际情况中依然只能学习到短距离的信息依赖。因此，Transformer 通过多头自注意力机制使其在每次运算时能"看见"全局的序列信息。下面通过一个例子来更好地理解什么是自注意力。假设面前摆放着三个物品：能遮雨的灰色雨伞、可以阅读的红色书本、可以解渴的灰色饮料。首先，由于红色的书本相较于其他两件物品颜色更加突出，人们的注意力就会不自主地被吸引至书本上。但是，现在外面突然下雨了，有了"下雨了"这个提示，恰好可以与"能遮雨"相匹配上，此时雨伞则会引起人们的注意力，这便是有自主性提示引导的注意力机制。

基于上面的例子，引入三个概念：查询（Query）、键（Key）、值（Value）。查询对应着自主性提示，如上例中的"下雨了"；键则对应于非自主性提示，可以理解为值的固有属性，如上例中的"能遮雨""可以阅读""可以解渴"；而值对应着感官输入，如上例中的雨伞、书本、饮料。由此可知，每个值都与一个键匹配。通过将查询与键进行匹配，从而得出最佳的值，查询与键的匹配可以使用参数化的全连接层，甚至是非参数化的最大池化层或平均池化层，称为注意力池化（Attention Pooling）。详细的自注意力机制结构如图 4-31 所示。

假设查询 $q \in \mathbb{R}^{d_q}$，键 $k \in \mathbb{R}^{d_k}$，值 $v \in \mathbb{R}^{d_v}$（d_q, d_k, d_v 分别为三个向量的维度）。首先，定义一个注意力评分函数 $a(\cdot,\cdot)$ 计算查询与键的注意力分数，即二者的相似度距离。在实际操作中，可以将 q 和 k 拼接输入到一个全连接层，即为加性注意力，那么 $a(\cdot,\cdot)$ 被定义为

$$a(\boldsymbol{q},\boldsymbol{k}) = \tanh(\boldsymbol{W}_q\boldsymbol{q} + \boldsymbol{W}_k\boldsymbol{k}) \tag{4-23}$$

其中，$\boldsymbol{W}_q \in \mathbb{R}^{d_v \times d_q}$ 和 $\boldsymbol{W}_k \in \mathbb{R}^{d_v \times d_k}$ 为可学习参数，用于将 q 和 k 变换到同一维度。如果 q 和 k 的维度均为 $\mathbb{R}^{d_k}$，则可以构造无参的注意力评分函数：

$$a(\boldsymbol{q},\boldsymbol{k}) = \frac{\boldsymbol{q}^\mathrm{T}\boldsymbol{k}}{\sqrt{d}} \tag{4-24}$$

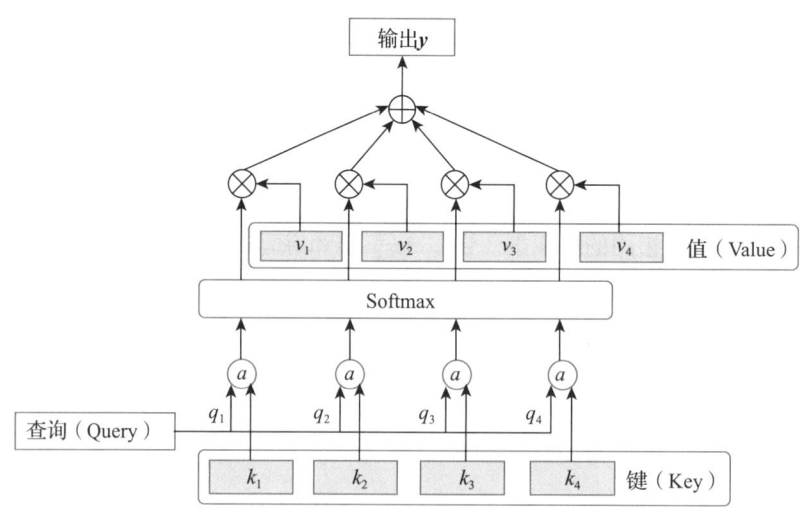

图 4-31 自注意力机制示意

这即为缩放点积注意力。得到注意力评分后，再利用 Softmax 函数将权重与值加权之后便可以得到注意力 Attn($\boldsymbol{q}, \boldsymbol{k}, \boldsymbol{v}$)，即图 4-31 中的最终输出 $\boldsymbol{y}$，整个过程可以公式化为

$$\text{Attn}(\boldsymbol{q}, \boldsymbol{k}, \boldsymbol{v}) = \text{Softmax}(a(\boldsymbol{q}, \boldsymbol{k}) \otimes \boldsymbol{v}) \tag{4-25}$$

除此之外，还可以将 q、k、v 分别投影到多个子空间，在每个子空间内独立地进行注意力计算，再将所有结果融合在一起得到注意力，这就是多头自注意力机制。在多头自注意力机制中，每个计算单元被称为一个"头"（Head），它们可以并行处理。因此，每个"头"可以专注于输入的不同方面或子空间，使模型可以在不同的表示子空间中同时计算注意力权重，从而增强模型捕捉不同类型信息的能力。多头自注意力的计算过程可以表示如下：

$$\text{MHA}(q, k, v) = \text{Concat}(\text{Head}_1, \text{Head}_2, \cdots, \text{Head}_h) \tag{4-26}$$

其中，$\text{MHA}(q,k,v)$ 表示多头自注意力的输出；Concat 为特征堆叠操作用于融合不同"头"的注意力结果 Head_h。在大多数情况下，Head_h 一般是基于缩放点积注意力的计算过程。

2. 位置编码

前文已经介绍过循环神经网络是按时间步逐个处理词元的，因此天然地涵盖了序列特征。反观自注意力机制，如果将 $\{x_1, x_2, \cdots, x_N\}$ 打乱，不按照 $1 \sim N$ 的输入顺序，对于输出的注意力值的大小并没有影响，也仅是输出顺序上的改变，这显然使其丢失了序列特征。也就是说，模型是无法感知位置信息的。为了使用序列的顺序信息，通过在输入表示中添加位置编码来融入绝对的或相对的位置信息。位置编码可以通过学习得到也可以直接得到。这里介绍的是基于正弦函数和余弦函数的固定位置编码方法。

假设输入 $\boldsymbol{X} \in \mathbb{R}^{d \times N}$ 为包含 N 个 d 维的嵌入向量，位置编码使用相同形状的位置嵌入矩阵 $\boldsymbol{P} \in \mathbb{R}^{d \times N}$，然后输出 $\boldsymbol{X} + \boldsymbol{P}$。矩阵第 i 列（对于序列的第 i 个嵌入向量），其第 $2j$ 和 $2j + 1$ 行上的位置编码值表示为

$$\boldsymbol{P}[2j,i] = \sin\left(\frac{i}{10000^{\frac{2j}{d}}}\right) \tag{4-27}$$

$$\boldsymbol{P}[2j+1,i] = \cos\left(\frac{i}{10000^{\frac{2j}{d}}}\right) \tag{4-28}$$

举个例子，假设输入序列长度 $N = 5$，模型的嵌入维度 $d = 4$，第一个（$i = 0$）嵌入向量位置编码为：$\boldsymbol{P}[0,0] = 0$，$\boldsymbol{P}[1,0] = 1$，$\boldsymbol{P}[2,0] = 0$，$\boldsymbol{P}[3,0] = 1$。

基于三角函数的固定位置编码为 Transformer 模型提供了一种简单而有效的方式来捕捉序列中的位置信息。基于正弦和余弦函数的周期性，位置编码能够捕捉到序列中的长距离依赖关系，这显著提高了 Transformer 模型在处理自然语言和其他序列数据时的性能。

4.6.2 Transformer 的架构设计

在了解了 Transformer 的关键组件及其相关理论之后，便可以得到 Transformer 的基本架构了。整体来看，Transformer 采用了编码器 - 解码器的设计，并且以多层堆叠的方式构建整个网络框架。对于单一的 Transformer 层来说，它主要包含了多头自注意力与前馈网络两个部分，如图 4-32 所示。从图中可以发现，Transformer 层使用了 ResNet 中的残差学习

思想，并将 CNN 中大量使用的批量归一化（BN）层替换为层归一化（Layer Normalization）。这是因为 Transformer 中的多头自注意力机制涉及大量的矩阵运算，容易导致梯度消失或梯度爆炸问题，而层归一化是在每个训练样本的特征维度上进行的，并非像 BN 那样在批量维度上进行，依赖于小批量统计信息。因此，通过在层之间加入归一化层能够将梯度归一化到一个稳定的分布，从而更好地控制梯度流，保持梯度的稳定性，更适用于 Transformer 的并行处理。

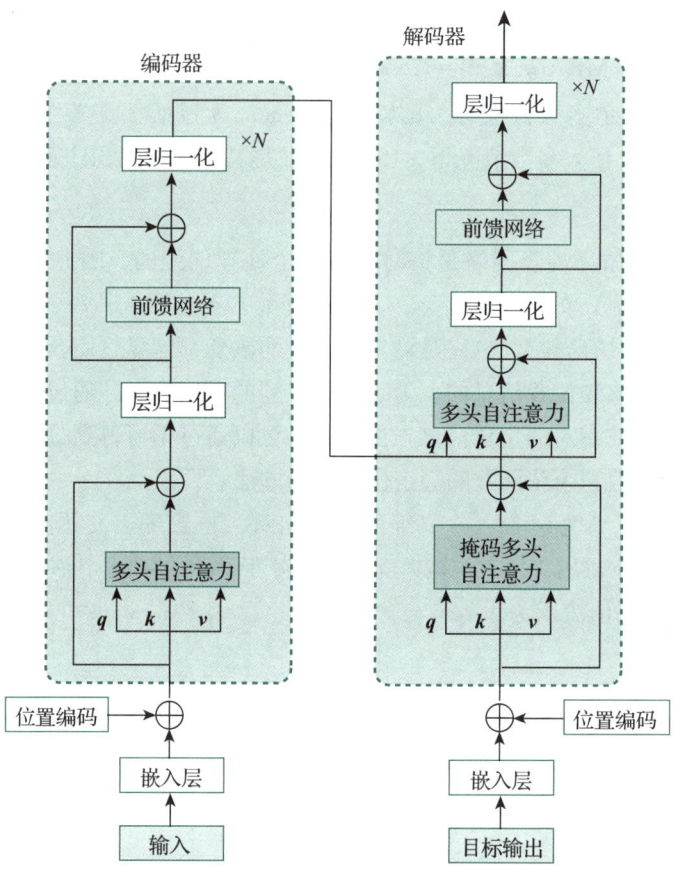

图 4-32　Transformer 架构

值得注意的是，在 Transformer 模型中，编码器部分各层在计算多头自注意力时，所需的查询 q、键 k 和值 v 都来自前一层的输出。而在解码器中，多头自注意力的 q 和 k 来自于整个编码器的输出。除此之外，解码器还在每一层中的多头自注意力之前插入了一个掩码多头自注意力机制（Masked Multi-Head Self-Attention，MMHA）。这是因为在标准的多头自注意力机制中，模型通过计算输入序列中不同部分之间的关系来确定注意力权重。然而，在解码器部分，如果不对输入进行掩码处理，那么模型就会在生成某个位置的输出时考虑到未来的位置，

> 掩码（Masking）是通过在计算注意力权重时添加一个掩码矩阵来实现的。掩码矩阵通常是一个与注意力权重矩阵相同形状的矩阵，其中对应于未来位置的元素被设置为一个非常大的负数（例如，float('-inf'))，这样在通过 Softmax 函数计算注意力权重时，这些位置的权重会趋于 0。

这是不符合实际情况的,因为在实际生成过程中,模型只能看到已生成的部分。掩码多头自注意力机制的主要目的便是确保在生成序列的过程中,模型只能访问到已生成的部分,而不能看到未来的信息,以避免信息泄露。

Transformer 不仅在处理序列数据任务中表现优异,在视觉任务中也展现了突出的性能。下面以 ViT 为例,介绍 Transformer 模型在视觉任务中的应用。首先需要考虑的是如何将图像转换成序列信息。最直观的思路是将图像张量的所有像素值"拉伸"成单个一维向量,再做线性投影。但考虑到图像的分辨率通常都比较大(如 224×224 像素),直接拉成向量会引发维度爆炸的问题。因此,如图 4-33 所示,ViT 首先将图像按照一定的窗口大小分成若干个不重叠的图像块,每个图像块对应于序列中的词嵌入,整个图像则对应一个序列。通过拉伸和线性投影,这些图像块被映射为一维向量。除了图像的序列信息,ViT 还引入了一个可学习的类别信息作为分类标记,并将其嵌入到图像序列信息前面。

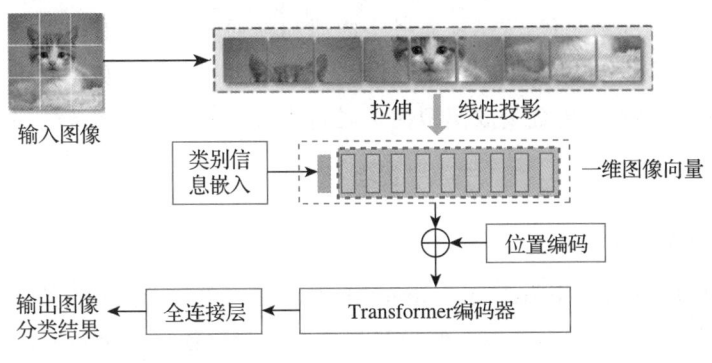

图 4-33　ViT 网络结构

然后,ViT 采用 Transformer 编码器对图像块之间的联系进行建模,利用 Transformer 的全局表示能力让每个局部图像块聚合成整张图像的全局信息。虽然每个图像块通过 Transformer 能够建立全局的图像块间联系,但各个图像块主要是包含自身特征,那应该利用哪一个图像块去做后续的分类任务呢?首先,可以对所有经过编码器处理的图像块特征取平均值,但是这意味着每个编码图像块对分类预测的贡献是相同的,这显然是不合理的。这里,就要提到 ViT 嵌入的类别信息了,它的位置编码是固定的(置于序列的起始位置,这样即使序列的长度发生变化,其位置也不受影响),且其初始状态与图像内容是相互独立的,并且能够聚合整个图像的信息用于最终的分类。在模型迭代学习的过程中,基于 Transformer 的全局性,该类别嵌入能够编码整个数据集的统计特性,进而自适应地调节各个图像块的贡献值,这样一来相较于取平均值就更加合理了。后续还有更多新的视觉 Transformer 架构被提出,它们的编码提取特征的过程更加符合传统卷积网络的学习过程,这里就不再进一步详细介绍了。

4.7 深度生成模型

在人工智能的发展历程中，生成模型扮演了至关重要的角色，它们不仅能够学习数据的内在结构，还能够创造出新的、与训练数据相似的实例。生成模型的概念源于统计学和机器学习的基础理论，早期的生成模型包括简单的基于概率分布的模型，如高斯分布和泊松分布，它们能够生成符合特定统计特性的数据。随着时间的推移，隐马尔可夫模型在处理序列数据方面取得了突破，被广泛应用于语音识别和自然语言处理任务中。在此之后，深度学习的兴起为生成模型带来了新的动力。2013 年，迪德里克·金马（Diederik Kingma）和麦克斯·韦林（Max Welling）提出了变分自编码器（Variational Auto-Encoder，VAE）[33]，它奠定了图像生成的范式，也因此获得了首届 ICLR 时间检验奖。VAE 结合了自编码器和概率潜变量模型的思想，通过引入概率分布来建模隐藏层的表示，从而实现数据的压缩、生成和特征学习等功能。2014 年，生成对抗网络（Generative Adversarial Network，GAN）[34] 的提出开启了深度生成模型的新时代。GAN 通过生成器和判别器之间的对抗训练，实现对复杂数据的生成和模拟。其中，生成器致力于产生逼真的样本，而判别器则尝试区分真实与生成的样本。GAN 的能力突破了传统生成模型在生成高质量、多样性样本上的限制，为生成模型的发展开辟了新的道路。

4.7.1 概率生成模型

概率生成模型（Probabilistic Generative Model）是一类基于概率论的模型，它试图通过拟合数据的概率分布来生成新样本。假设存在一个未知的数据分布 $p(\boldsymbol{X})$，生成模型是根据一些可观测的数据样本集 $S = \{\boldsymbol{X}^{(n)}\}_{n=1}^{N}$ 来学习一个参数化的模型 $p_\theta(\boldsymbol{X})$，以此近似拟合 $p(\boldsymbol{X})$，并可以用模型 $p_\theta(\boldsymbol{X})$ 来生成一些样本，使得生成的样本和真实的样本尽可能地相似。概率生成模型通常包含两个基本功能：概率密度估计和样本生成。

例如，将所有的动物图片视为一个集合，其中任何一张动物图像（如猫、狗等）都是从 $p(\boldsymbol{X})$ 中以随机采样的方式获得的，它反映了所有动物图像真实呈现在人们面前的概率或概率密度。如果某一张图像的概率密度值较大，那么这张图像在人们日常生活中出现的频率可能较高。相反，如果一张图像的概率密度值较小，则意味着这张图像出现的频率相对较低。然而，对于包含所有动物图片的集合，其对应的概率密度函数 $p(\boldsymbol{X})$ 显然是未知的。同时，由于图片的无限性和多样性，也无法获得所有图片来构建一个完全准确的概率模型。但是，可以尽可能地收集大量的动物图片，这些图片可以看作从整个集合中随机采样得到的观测数据样本集 S，也是进行模型训练时所使用的训练集。基于这个训练集 S，希望能够构建一个带有参数 θ 的模型，这个模型能够模拟 S 的分布，并得到一个逼近真实概率密度函数 $p(\boldsymbol{X})$ 的分布 $p_\theta(\boldsymbol{X})$。最后，通过对这个逼近的分布 $p_\theta(\boldsymbol{X})$ 进行随机采样，便可以生成新的样本。这个过程就是所谓的概率生成。

然而，在实际情况下，在高维数据空间中（如图像空间），根据数据样本集是很难拟合其复杂的真实分布函数 $p(\boldsymbol{X})$ 的。因此，可以通过引入隐向量 $\boldsymbol{Z} \sim N(0,I)$ 来简化模型，这样便可以将概率密度估计问题转换成估计变量 $(\boldsymbol{X}, \boldsymbol{Z})$ 的两个局部条件概率 $p(\boldsymbol{Z})$ 和 $p_\varphi(\boldsymbol{X} \mid \boldsymbol{Z})$。要

建模含有隐向量的分布，就需要利用期望最大化（Expectation-Maximum，EM）算法来进行密度估计。而在 EM 算法中，需要估计条件分布 $p_\theta(Z|X)$ 及近似后验分布 $p_\varphi(Z|X)$，当这两个分布比较复杂时，可以利用神经网络来进行建模。这就是变分自编码器的思想。而生成样本则需要从低维的隐藏空间分布 $p(Z)$ 中采样得到隐向量，通过条件分布将隐向量映射成尽可能服从真实样本分布 $p(X)$ 的高维样本，如果能够学习到一个网络实现的高维样本是否来自真实样本分布进行判断，这样就可以避免去显式地估计真实样本分布，即为生成对抗网络的思想。

4.7.2 变分自编码器

变分自编码器是一种新的自编码器框架，通过引入概率编码器和解码器，将传统的自编码器转化为一个概率生成模型。自编码器（Auto-Encoder，AE）是一种无监督学习技术，通常用于学习数据的高效编码。自编码器由编码器和解码器两部分组成。编码器负责将输入数据 X 转换成一个紧凑的表示 Z（通常称为编码向量或隐向量），而解码器则尝试从 Z 中重建原始输入数据。这么做有什么意义呢？其实人们真正关心的是隐藏层的特征表达，即隐向量 Z。这个过程本质上是对图像信息进行压缩，消除冗余信息，进而得到不丢失原始信息的低维表达。如图 4-34 所示，在自编码的过程中，对原始图像压缩得到离散隐向量 Z，然后解码器通过 Z 还原原始图像。

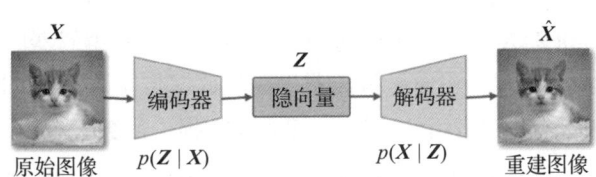

图 4-34　自编码器的结构

与自编码器相比，变分自编码器能够生成新的数据样本，并且具有更好的泛化能力。那如何让变分自编码器具备"生成"能力呢？如图 4-35 所示，与自编码器相同，变分自编码器同样具有一个编码器和一个解码器。不同的是，它的编码器将输入图像 X 映射到隐藏空间中的概率分布 $q_\varphi(Z|X)$，称为编码分布，而非一个固定维度的编码向量 Z。然后，解码器从隐藏空间中生成新的数据样本。这一过程可以被视为一个从数据到潜在表示再到数据的循环。编码分布通常是高斯分布 $N(\mu_\varphi, \sigma_\varphi^2)$，其中 μ_φ 和 σ_φ^2 分别表示均值和方差，它们是通过编码器从输入 X 学习得到的参数。为了使 $q_\varphi(Z|X)$ 尽可能接近真实的概率分布，变分自编码器通过最小化 KL 散度（Kullback-Leibler Divergence）[35]，即 $\mathrm{KL}(q_\varphi(Z|X)\|q(Z))$，来约束编码分布 $q_\varphi(Z|X)$。这里，$q(Z)$ 为先验分布，用于正则化潜在空间，防止过拟合，通常选择标准正态分布 $N(0,I)$。然后，我们希望从 $q_\varphi(Z|X)$ 中采样得到隐向量 Z。但是，因为随机采样操作不是可微的，所以，需要找

> KL 散度衡量了两个概率分布之间的差异，通过最小化 KL 散度可以使编码分布更加接近先验分布。

到一种方法让梯度绕过随机采样操作，从而可以有效地更新编码器的参数。变分自编码器引入了重参数化（Reparameterization）技巧[33]，通过改变采样过程，将随机性从隐变量 Z 中分离出来，从而确保梯度可以传递到 μ_φ 和 σ_φ 上。具体而言，在得到 μ_φ 和 σ_φ^2 之后，编码器通过 $Z = \mu_\varphi + \varepsilon\sigma_\varphi$ 进行采样，其中 ε 是从标准正态分布 $N(0,I)$ 中采样的噪声。这样，Z 就变成了 μ_φ 和 σ_φ 的函数加上一个独立的随机变量，其生成过程就可以通过梯度下降进行优化，实现端到端的训练。

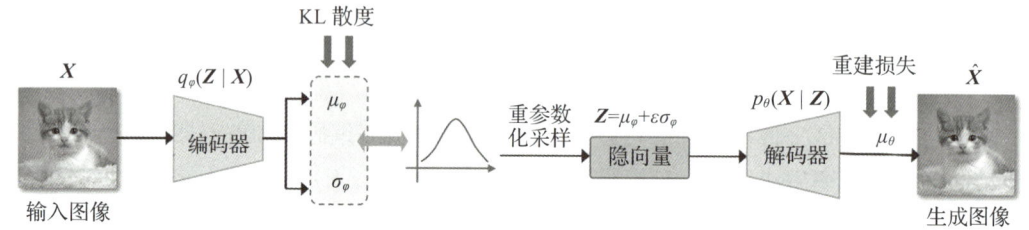

图 4-35　变分自编码器的结构

解码器接收采样的隐向量 Z，并将其映射回图像空间，生成与输入图像 X 相近的图像 $\hat{X}$。值得注意的是，解码器的结构可以根据具体的应用场景进行设计，并非要与编码器保持完全一致。解码器定义了一个条件分布 $p_\theta(X|Z)$，即在给定潜在变量 Z 的情况下，生成原始数据 X 的概率。结合编码器与解码器的过程可以发现，变分自编码器存在两个阶段：一是利用 KL 散度约束编码分布 $p(Z|X)$，二是图像重建。因此，变分自编码器的损失函数由 KL 散度与重建损失两部分组成。重建损失衡量解码器生成的数据与原始数据之间的差异，通常使用均方误差（MSE）或交叉熵损失表示。变分自编码器的损失函数表示为

$$L(\varphi,\theta;X) = -\mathbb{E}_{q_\varphi(Z|X)}[\log p_\theta(X|Z)] + \text{KL}(q_\varphi(Z|X) \| q(Z)) \tag{4-29}$$

其中，φ 和 θ 分别表示编码器和解码器学习到的参数集合；KL 表示 KL 散度；$-\mathbb{E}_{q_\varphi(Z|X)}[\log p_\theta(X|Z)]$ 表示重建损失的负对数似然。

变分自编码器通过引入概率分布和潜在变量来建立生成模型，并通过编码器和解码器的组合实现数据的压缩和生成。通过学习数据的潜在分布，变分自编码器能够生成与训练数据相似但不同的新样本，且生成的样本不仅具有多样性，还能够捕捉到数据的潜在结构，这一特性使得变分自编码器在数据生成、降维和特征学习等方面有着广泛的应用。

4.7.3　生成对抗网络

尽管变分自编码器在生成模型领域取得了显著进展，但其生成样本的质量通常不如生成对抗网络。此外，变分自编码器的理论相对复杂，且在实际应用中可能受到一些限制，如重建误差与真实性之间的不完全相关性等。2014 年，伊恩·古德费洛（Ian Goodfellow）等人首次提出生成对抗网络（Generative Adversarial Network，GAN）[34]，该网络是深度学习领域

在博弈中学习：生成对抗网络

中一种革命性的模型。GAN 的强大之处在于其能够捕捉数据的潜在分布，并据此生成高质量的数据样本。在图像生成领域，GAN 不仅能够创造出逼真的自然风景、人脸肖像，还能实现风格的自动迁移，将一幅画的风格应用于另一幅图上，创造出令人惊叹的艺术作品。此外，GAN 在数据增强方面也展现出巨大潜力，通过生成多样化的合成数据，有效缓解了训练深度学习模型时面临的数据稀缺问题。

> 伊恩·古德费洛因提出生成对抗网络而闻名，他被誉为"GAN之父"，甚至被推举为人工智能领域的顶级专家。古德费洛在一次偶然的机会中发现了这个神奇的网络。当时，他正在研究如何提高神经网络的性能，突然灵光一闪，想到了一种让两个神经网络相互竞争的方法。这个方法就是后来被命名为"生成对抗网络"的雏形。

如图 4-36 所示，GAN 由生成器 G 和判别器 D 两部分组成。生成器的目的在于学习一个映射，将随机噪声向量转化为与真实数据分布相仿的样本，以此欺骗判别器，使其难以辨认真假。判别器则致力于精准地区分出真实样本与生成器制造的假样本，通过最大化对真实样本的识别概率和最小化对生成样本的识别概率来达成目标。GAN 的设计理念深受博弈论中零和游戏的启发，其核心思想是利用生成器和判别器之间的对抗性竞争来提升双方的能力。在这场博弈中，生成器的每一次成功都意味着判别器的失败，反之亦然。生成器致力于产生越来越逼真的假数据，而判别器则努力提高其鉴别能力，以区分真实与虚假。

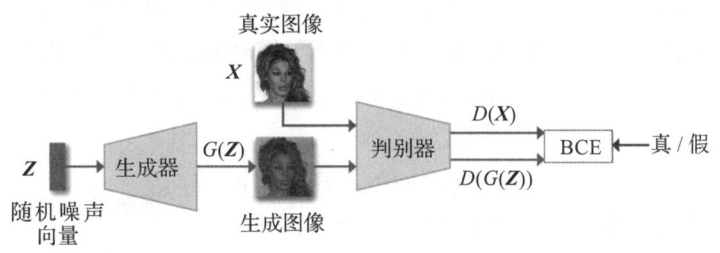

图 4-36 GAN 的网络结构示意

在 GAN 中，生成器接收一个随机噪声向量 Z，这个向量通常是从一个简单的先验分布（如标准正态分布 $N(0,I)$）中采样得到的。生成器将这个随机噪声 Z 映射到数据空间，生成一个与训练数据相似的样本 $G(Z)$。生成器通常由一个深度神经网络组成，它可以是全连接网络、卷积神经网络、递归神经网络等，具体取决于生成数据的类型。生成器的目标是生成足够逼真的样本，使得判别器难以将其与真实的训练数据进行区分。因此，生成器的损失函数通常是使得判别器误判生成数据为真实数据的最大化损失。这意味着生成器希望判别器给出高概率值，以此表明生成的数据是真实的。生成损失可以表示为

$$L_G = -\mathbb{E}_{Z \sim p_z(Z)}[\log(D(G(Z)))] \tag{4-30}$$

其中，$p_z(Z)$ 表示生成器输入 Z 的噪声分布。当 $D(G(Z))$ 趋近于 1 时，$\log(D(G(Z)))$ 趋近于 0，损失 L_G 也趋近 0，说明生成器的效果好。反之，当 $D(G(Z))$ 趋近于 0 时，生成器生成的数据 $G(Z)$ 被判别器认为是真实的概率很低，这时 $\log(D(G(Z)))$ 趋近于无穷，$-\log(D(G(Z)))$

趋近于正无穷，说明生成器效果差。

判别器接收两种类型的数据，即真实的训练数据 X 与生成器生成的数据 $G(Z)$。判别器的目标是在给定真实数据和生成数据的情况下，尽可能准确地区分两者。因此，判别器本质是一个二分类模型，它对输入的数据进行分类，输出一个概率值，以此表示该数据为真实数据的可能性。对于真实样本，它应该输出趋近于 1 的概率；对于生成样本，它应该输出趋近于 0 的概率。判别器的训练目标是最大化对真实样本的识别概率和最小化对生成样本的识别概率，其损失函数可以表示为

$$L_D = -\mathbb{E}_{X \sim p_{\text{data}}(X)}[\log(D(X))] - \mathbb{E}_{Z \sim p_Z(Z)}[\log(1 - D(G(Z)))] \quad (4\text{-}31)$$

其中，$p_{\text{data}}(X)$ 表示真实数据 X 的分布。$\log(D(X))$ 表示当输入为真实数据时，判别器输出的对数概率。$-\log(D(X))$ 是交叉熵损失的一部分，当 $D(X)$ 趋近于 1 时（即判别器正确地判断 X 是真实数据），$-\log(D(X))$ 趋近于 0，损失较小；反之，如果 $D(X)$ 趋近于 0，损失较大。因此，$-\mathbb{E}_{X \sim p_{\text{data}}(X)}[\log(D(X))]$ 的目标是最大化判别器正确判断真实数据为真实的概率。$\log(1-D(G(Z)))$ 表示当输入生成数据 $G(Z)$ 时，判别器输出的对数概率。$-\log(1-D(G(Z)))$ 也是交叉熵损失的一部分，当 $D(G(Z))$ 趋近于 0 时（即正确地判断 $G(Z)$ 是生成数据），$-\log(1-D(G(Z)))$ 趋近于 0，损失较小；反之，如果 $D(G(Z))$ 趋近于 1，则损失较大。所以，$-\mathbb{E}_{Z \sim p_Z(Z)}[\log(1-D(G(Z)))]$ 的目标是最大化判别器正确判断生成数据为生成（而非真实）的概率。整个损失函数的目标是使得判别器在面对真实数据时输出趋近于 1 的概率，在面对生成数据时输出趋近于 0 的概率。通过最小化这个损失函数，判别器能够在训练过程中逐渐提高区分真实数据和生成数据的能力。

GAN 的训练过程就像是两个网络之间的一场动态博弈。生成器不断尝试通过生成难以辨识的假数据来迷惑判别器，而判别器则通过不断学习来提升其识别真假数据的能力。这一过程通过反复迭代，直至达到一种纳什均衡状态——在这种状态下，生成器能够创造出足够逼真的数据，使得判别器无法有效地将它们与真实数据区分开来。GAN 的训练过程通常分为以下几步。

> 纳什均衡是指在一个博弈中，没有任何玩家能够通过单方面改变自己的策略来获得更好的结果。在 GAN 中，当生成器和判别器都达到了最佳状态，使得生成的数据与真实数据难以区分时，就达到了一个类似纳什均衡的状态。

1）**初始化生成器 G 和判别器 D**。生成器和判别器通常由多层神经网络构成，其结构可以根据具体任务进行调整。

2）**固定生成器 G，训练判别器 D**。从真实数据集中随机选取一些样本，同时从生成器的输出中选取一些样本。判别器的任务是区分这两类样本：如果输入是真实样本，则输出高分；如果是生成样本，则输出低分。

3）**固定判别器 D，训练生成器 G**。将随机噪声输入生成器，得到生成样本，然后将生成样本输入判别器，根据判别器的反馈调整生成器的参数，使得生成样本能够获得更高的

分数。

4）重复步骤2）和3），直到生成器能够生成足够逼真的数据，使得判别器无法准确区分真实样本和生成样本。

自 GAN 提出以来，其研究和发展经历了多个阶段。早期的研究主要集中在 GAN 的基础模型上，探索不同结构的生成器和判别器对生成数据质量的影响。例如，深度卷积生成对抗网络（DCGAN）[36] 通过引入卷积神经网络，显著提高了生成图像的质量。随着研究的深入，GAN 的变种模型不断涌现，如条件生成对抗网络（Conditional GAN，CGAN）[37]、循环一致生成对抗网络（CycleGAN）[38]、风格迁移生成对抗网络（StyleGAN）[39] 等。这些变种模型在特定任务上表现出了更好的性能和泛化能力。

随着大数据时代的到来，如何在大规模数据集上训练出高性能的 GAN 是一个重要研究方向。研究者们通过引入分布式训练、并行计算等技术手段，提高了 GAN 的训练效率和生成数据的质量。除了图像生成外，GAN 还被广泛应用于文本、音频、视频等多模态数据的生成。这些研究不仅扩展了 GAN 的应用领域，也促进了跨模态生成技术的发展。此外，为了提高 GAN 生成数据的可控性和可解释性，研究者们开始探索在 GAN 中引入可解释性组件和条件约束。例如，通过引入自注意力机制、可解释性网络等手段，使其生成过程更加透明和可控。

4.8　小结

本章从感知机模型出发详细介绍了深度学习领域的各种模型结构，既囊括了基础的神经网络结构及其优化策略，又涉及深度学习中经典的神经网络模型范式，如卷积神经网络、序列到序列模型及深度生成模型等，并对它们的原理、结构和特点进行了详细阐述。

随着深度学习理论的不断完善，卷积神经网络在很多领域都取得了巨大成功，从第一个神经网络 LeNet-5 到 VGG 网络再到 ResNet 和 DenseNet，网络的深度和宽度不断提升，模型的能力也在不断加强。此外，序列到序列模型为处理序列数据提供了强大的支持，循环神经网络（RNN）的提出显著提升了深度模型处理长序列和复杂任务的能力。长短期记忆（LSTM）网络与门控循环单元（GRU）用于缓解传统 RNN 存在的长程依赖等问题，使得序列到序列模型在机器翻译、文本对话等场景更为适用。Transformer 的提出更是使得传统序列到序列任务和计算机视觉任务的性能得到进一步突破。深度生成模型通过学习数据的内在分布来生成新的样本，概率生成模型、变分自编码器、生成对抗网络等实现了样本数据的有效生成，获得了广泛的应用。

以深度学习为技术基础，多模态深度学习（Multi-Modal Deep Learning）等前沿拓展技术正日益成为研究领域的璀璨明星。通过结合来自不同模态的数据（如图像、文本、音频等）进行学习和推理，可以更全面地理解和处理信息，进而应用于各种复杂的任务，如文本生成图像、文本生成语音等。展望未来，生成式人工智能与大模型等深度学习的新领域与新趋势，将进一步拓宽深度学习的应用领域与边界，开创其发展的新篇章。

参考文献

[1] MCCULLOCH W S, PITTS W. A logical calculus of the ideas immanent in nervous activity[J]. The bulletin of mathematical biophysics, 1943, 5:115-133.

[2] HEBB D O. The organization of behavior: a neuropsychological theory[M]. New York: Psychology press, 2005.

[3] ROSENBLATT F. The perceptron: a probabilistic model for information storage and organization in the brain[J]. Psychological review, 1958, 65(6):386-408.

[4] MINSKY M, PAPERT S. Perceptrons: an introduction to computational geometry[M]. Cambridge: MIT Press, 1969.

[5] FUKUSHIMA K. Neocognitron: a self-organizing neural network model for a mechanism of pattern recognition unaffected by shift in position[J]. Biological cybernetics, 1980, 36(4):193-202.

[6] RUMELHART D E, HINTON G E, WILLIAMS R J. Learning representations by back-propagating errors[J]. Nature, 1986, 323(6088):533-536.

[7] NAIR V, HINTON G E. Rectified linear units improve restricted Boltzmann machines[C]// Proceedings of the International Conference on Machine Learning. Haifa: ICML, 2010.

[8] HE K, ZHANG X, REN S, et al. Delving deep into rectifiers: surpassing human-level performance on ImageNet classification[C]//The IEEE/CVF International Conference on Computer Vision. New York: IEEE/CVF, 2015.

[9] MAAS A L, HANNUN A Y, NG A Y. Rectifier nonlinearities improve neural network acoustic models[C]//Proceedings of the 30th International Conference on Machine Learning Atlanta: ICML, 2013.

[10] CLEVERT D A. Fast and accurate deep network learning by exponential linear units (elus) [Z]. arXiv preprint arXiv:1511.07289, 2015.

[11] KRIZHEVSKY A, SUTSKEVER I, HINTON, G E. ImageNet classification with deep convolutional neural networks[C]//Proceedings of Advances in Neural Information Processing Systems. Lake Tahoe: NeurIPS, 2012.

[12] GIRSHICK R, DONAHUE J, DARRELL T, et al. Region-based convolutional networks for accurate object detection and segmentation[J]. IEEE transactions on pattern analysis and machine intelligence, 2015, 38(1):142-158.

[13] REZATOFIGHI H, TSOI N, GWAK J, et al. Generalized intersection over union: a metric and a loss for bounding box regression[C]// The IEEE/CVF Conference on Computer Vision and Pattern Recognition. New York: IEEE/CVF, 2019.

[14] ZHENG Z, WANG P, LIU W, et al. Distance-IoU loss: faster and better learning for bounding box regression[C]// Proceedings of the AAAI Conference on Artificial Intelligence. New York: AAAI, 2020.

[15] DUCHI J, HAZAN E, SINGER Y. Adaptive subgradient methods for online learning and stochastic optimization[J]. Journal of machine learning research, 2011, 12(7): 2121-2159.

[16] KINGMA D P. Adam: a method for stochastic optimization[C]//Proceedings of the International Conference on Learning Representations. Calgary: ICLR, 2014.

[17] POLYAK B T. Some methods of speeding up the convergence of iteration methods[J]. USSR computational mathematics and mathematical physics, 1964, 4(5):1-17.

[18] IOFFE S, SZEGEDY C. Batch normalization: accelerating deep network training by reducing internal covariate shift[Z]. arXiv preprint arXiv:1502.03167, 2015.

[19] YANN L C, BOTTOU L, BENGIO Y, et al. Gradient-based learning applied to document recognition[J]. Proceedings of the IEEE, 1998, 86(11):2278-2324.

[20] SIMONYAN K, ZISSERMAN A. Very deep convolutional networks for large-scale image recognition[C]//Proceedings of the International Conference on Learning Representations. Calgary: ICLR, 2014.

[21] SZEGEDY C, LIU W, JIA Y, et al. Going deeper with convolutions[C]//The IEEE/CVF Conference on Computer Vision and Pattern Recognition. New York: IEEE/CVF, 2015.

[22] SZEGEDY C, VANHOUCKE V, IOFFE S, et al. Rethinking the inception architecture for computer vision[C]//The IEEE/CVF Conference on Computer Vision and Pattern Recognition. New York: IEEE/CVF, 2016.

[23] HE K M, ZHANG X, REN S, et al. Deep residual learning for image recognition[C]//The IEEE/CVF Conference on Computer Vision and Pattern Recognition. New York: IEEE/CVF, 2016.

[24] HUANG G, LIU Z, VAN DER MAATEN L, et al. Densely connected convolutional networks[C]//The IEEE/CVF Conference on Computer Vision and Pattern Recognition. New York: IEEE/CVF, 2017.

[25] SUTSKEVER I. Sequence to sequence learning with neural networks[Z]. arXiv preprint arXiv:1409.3215, 2014.

[26] ELMAN J L. Finding structure in time[J]. Cognitive science, 1990, 14(2):179-211.

[27] DEVLIN J. BERT: Pre-training of deep bidirectional transformers for language understanding[Z]. arXiv preprint arXiv:1810.04805, 2018.

[28] RADFORD A, NARASIMHAN K, SALIMANS T, et al. Improving language understanding by generative pre-training[EB/OL]. (2018-06-11)[2024-12-12]. https://openai.com/research/language-unsupervised.

[29] WILLIAMS R J, ZIPSER D. Gradient-based learning algorithms for recurrent networks and their computational complexity[M]//CHAUVIN Y, RUMELHART D E. Backpropagation: Theory, architectures, and applications. Hoff: Psychology Press, 2013:433-486.

[30] HOCHREITER S, SCHMIDHUBER J. Long short-term memory[J]. Neural computation, 1997, 9(8):1735-1780.

[31] CHO K. Learning phrase representations using RNN encoder-decoder for statistical machine translation[Z]. arXiv preprint arXiv:1406.1078. 2014.

[32] VASWANI A, SHAZEER N, PARMAR N, et al. Attention is all you need[C]//Proceedings of Advances in Neural Information Processing Systems. Long Beach: NeurIPS, 2017.

[33] KINGMA D P, WELLING M. Auto-encoding variational Bayes[Z]. arXiv preprint arXiv:1312.6114, 2013.

[34] GOODFELLOW I, POUGET-ABADIE J, MIRZA M, et al. Generative adversarial nets[C]//Proceedings of Advances in Neural Information Processing Systems. Montreal: NeurIPS, 2014.

[35] KULLBACK S, LEIBLER R A. On information and sufficiency[J]. The annals of mathematical statistics, 1951:22(1):79-86.

[36] RADFORD A, METZ L, CHINTALA S. Unsupervised representation learning with deep convolutional generative adversarial networks[C]//Proceedings of the International Conference on Learning Representations. San Juan: ICLR, 2016.

[37] MIRZA M, OSINDERO S. Conditional generative adversarial nets[Z]arXiv preprint arXiv: 1411. 1784, 2014.

[38] ZHU J Y, PARK T, ISOLA P, et al. Unpaired image-to-image translation using cycle-consistent adversarial networks[C]//The IEEE/CVF International Conference on Computer Vision. New York: IEEE/CVF, 2017.

[39] KARRAS T, LAINE S, AILA T. A style-based generator architecture for generative adversarial networks[C]//The IEEE/CVF Conference on Computer Vision and Pattern Recognition. New York: IEEE/CVF, 2019.

第 5 章

强化学习

在人工智能的多彩世界中,强化学习(Reinforcement Learning,RL)以其独特的方式开启了机器自我学习与决策的新篇章。强化学习的独特之处在于它赋予了智能体在变幻莫测的环境中不断进化的能力,让智能体能够通过与环境持续互动,逐步掌握最优的决策策略,以应对动态和不确定环境中的挑战。可见,智能体是强化学习的核心,它是进行学习和决策的实体。智能体观察环境的状态,选择行动,并从环境中获得反馈。环境则是智能体所处并进行交互的外部世界,它根据智能体的行动提供状态信息和奖励信号。状态表示环境在任何给定时间点的具体情况,而行动是智能体在给定状态下所采取的决策。强化学习的核心目标是通过不断的试错,学习一个策略,使得在长期过程中获得的累积奖励最大化。这要求智能体能够评估不同行动的长期效果,并选择那些能够带来最大预期回报的行动。强化学习已经成为人工智能领域中极具前景和挑战的研究方向之一,是探索智能决策的前沿阵地。

本章将从基础到应用系统地介绍强化学习的核心内容与方法。首先,将探讨强化学习的定义与背景,回顾其发展历史,梳理其基本概念,并介绍深度强化学习这一重要的前沿技术。然后,将介绍其经典方法,包括基于价值函数的动态规划方法、蒙特卡洛方法、时序差分学习方法 Q-Learning 方法,以及基于策略的策略梯度算法、REINFORCE 算法、Actor-Critic 算法等,它们构成了强化学习的基石。最后,将探讨结合了深度学习的强化学习算法,如深度 Q 网络、A3C 算法、PPO 算法,并将介绍强化学习的实际应用场景,为科学运用强化学习解决复杂问题提供思路。

5.1 强化学习基础

5.1.1 强化学习的发展历史

强化学习是机器学习中的一个重要分支,其核心理念是通过与环境的持续交互来学习一个最优策略,使得智能体在给定的环境中能够最大化其累积奖励。强化学习的思想来自于对生物如何通过试错来学习和适应环境的观察,同时也受到了关于最优决策探索的影响。强化学习的发展历史可以划分为以下几个关键阶段,每个阶段都有其独特的特点和意义。

1. 早期基础奠定阶段(20 世纪 50 年代至 80 年代)

强化学习的理论可以追溯到 20 世纪早期的行为心理学,特别是伯尔赫斯·弗雷德里克·斯金纳(Burrhus Frederic Skinner)提出的操作性条件反射(Operant Conditioning)理论,被认为是强化学习的思想起源。操作性条件反射强调通过奖励和惩罚来塑造动物（包括人类）的行为，这与强化学习通过奖励信号来引导智能体的行为优化有着直接的联系，为强化学习提供了基本的学习范式。

1948 年，控制论专家诺伯特·维纳（Norbert Wiener）提出"控制论"的概念，描述了通过反馈控制系统来优化行为的方法，这为强化学习中的试错与迭代学习提供了理论基础。1954 年，马文·明斯基（Marvin Minsky）首次提出了"强化"和"强化学习"的概念和术语，探讨了模仿人脑工作方式的计算模型，这可以被看作强化学习理论的早期形式。在他的研究中，强化学习被看作一种通过试错来学习的过程，其中智能体（Agent）根据环境给予的反馈（奖励或惩罚）来调整自己的行为，以期获得最大的长期回报。他的研究强调了预期收益作为一种次级强化物，能够产生类似于初级强化物（如食物或疼痛）的效应，这一点对后来的强化学习算法有着深远的影响。同年，贝尔蒙特·法利（Belmont Farley）和韦斯利·克拉克（Wesley Clark）在美国麻省理工学院首次提出了模拟神经网络的自适应控制算法，这是神经网络和强化学习领域发展历程中的一个重要里程碑。1954 年，美国国家科学院院士理查德·贝尔曼（Richard Bellman）提出了动态规划和贝尔曼方程[1]，为求解最优控制问题提供了数学工具。实际上，这一方法最初是为了解决多阶段决策过程问题而设计的，旨在通过将复杂问题划分为一系列相互联系的阶段，并逆序求解每个阶段的决策，从而使整个过程达到最优化。虽然最初该方法并非直接应用于强化学习，但其思想对后来的强化学习算法产生了深远影响，为强化学习奠定了数学基础。无独有偶，同年，罗纳德·霍华德（Ronald A. Howard）通过离散随机最优控制模型首次提出了离散时间马尔可夫决策过程（Markov Decision Processes，MDP）[2]。随后，霍华德和戴维·布莱克维尔（David Blackwell）提出并完善了求解 MDP 模型的动态规划方法。MDP 作为序贯决策的数学模型，用于在系统状态具有马尔可夫性质的环境中模拟智能体可实现的随机性策略与回报，它将强化学习任务形式化为在马尔可夫环境中通过选择动作以最大化累积奖励的过程，这一框架至今仍是强化学习研究的基础。1965 年，美国国家工程院院士傅京孙（King-sun Fu）等人也提出了"强化"和

> 伯尔赫斯·弗雷德里克·斯金纳，美国心理学家，新行为主义学习理论的创始人，也是新行为主义的主要代表。他的主要著作有 Walden Two、Beyond Freedom and Dignity、Verbal Behavior 等。

> 诺伯特·维纳，出生于美国密苏里州哥伦比亚，应用数学家，控制论创始人，美国艺术与科学院院士，麻省理工学院荣休教授。

> 马文·明斯基，被称为"人工智能之父"，是框架理论的创立者。1956 年，他和麦卡锡一起发起"达特茅斯会议"。1969 年，获得图灵奖，是第一位获此殊荣的人工智能学者。他的代表作包括《情感机器》《心智的社会》等。

> 戴维·布莱克维尔，美国科学院首位黑人院士，加州大学伯克利分校首位黑人终身教授，杰出统计学家。

> 傅京孙，出生于江苏省南京市，原籍浙江杭州，美籍华人，模式识别专家，美国国家工程院院士，生前是普渡大学高斯工程讲座教授，美国国家科学基金会智能制造系统研究中心主任。

"强化学习"的概念，进一步巩固了这些术语在学术界的地位。他们的工作明确了通过奖惩手段进行学习的基本思想，并强调了"试错"作为强化学习核心机制的重要性。1983 年，安德鲁·巴托（Andrew G. Barto）、理查德·萨顿（Richard S. Sutton）和查尔斯·安德森（Charles W. Anderson）联合发表了论文"Neuronlike adaptive elements that can solve difficult learning control problems"[3]，阐述了关于强化学习的理论，并验证了其在实际应用中的可行性，形成了现代强化学习理论的雏形。

2. 算法标准化阶段（20 世纪 80 年代至 21 世纪初）

随着强化学习理论的不断发展和完善，其从早期的基础奠定阶段转向了实用算法。在这一时期，研究者们开始探索更加系统和标准化的强化学习算法。经典的强化学习算法可以认为建立在用于求解动态规划问题的贝尔曼方程和理查德·萨顿提出的时序差分方法基础上，衍生出了无模型学习方法、Q-Learning 算法[4] 及 SARSA（State-Action-Reward-State-Action）算法[5] 等。

1989 年，克里斯托弗·沃特金斯（Christopher Watkins）在其博士论文中首次详细描述了 Q-Learning 算法。这是一种通过学习动作价值函数来寻找最优策略的强化学习算法。它为强化学习提供了一种无模型的学习方法，通过估计每个状态 - 动作对的价值函数来指导智能体在每个状态下选择最佳的动作。这种方法不需要预先知道环境的动态模型（即转移概率和奖励分布），而是通过智能体与环境的交互来学习最优策略。这种无模型学习的特性使得 Q-Learning 算法具有广泛的应用前景，并推动了强化学习的发展。

SARSA 算法最早由美国计算机科学家加文·阿德里安·鲁默里（Gavin Adrian Rummery）和马赫桑·尼兰詹（Mahesan Niranjan）于 1994 年提出，它是一种基于策略的在线时序差分控制算法。SARSA 算法的名称来源于其更新价值函数时所需的五个元素：当前状态（Current State）、当前动作（Current Action）、获得的奖励（Reward）、下一个状态（Next State）及下一个动作（Next Action）。1999 年，理查德·萨顿等人在他们的著作 *Reinforcement Learning: An Introduction*[6] 中首次详细阐述了 SARSA 算法，并将其作为强化学习领域的重要算法之一进行推广。SARSA 算法的理论基础主要依托于强化学习中的贝尔曼方程和 Q-Learning 算法更新规则。贝尔曼方程表述了在马尔可夫决策过程中最优动作价值函数的递归关系，SARSA 算法则通过在线交互学习价值函数，实现了对最优策略的逼近。

3. 深度强化学习阶段（2013 年至今）

深度学习技术在推动众多人工智能应用发展的同时，也为强化学习插上了飞跃的翅膀。传统的强化学习算法在处理高维状态空间和复杂动态环境时面临巨大挑战。尽管 Q-Learning、SARSA 等算法在有限状态空间和规则环境中表现良好，但在未知环境和高维状态空间中的表现却差强人意。深度强化学习的早期探索可以追溯到 20 世纪 90 年代，但当时由于计算能力和算法的限制，并未取得显著进展。2013 年，DeepMind 团队提出了深度 Q 网络（Deep Q-Network，DQN）[7]，首次将深度学习技术与强化学习结合。DQN 使用深度神经网络来近似价值函数值，解决了传统 Q-Learning 算法在高维状态空间中的扩展性问题。这一创新标志着深度强化学习时代的开始。该成果也在 Atari 游戏上取得了显著效果，并引起了广泛关注。随后，研究者们对 DQN 算法进行了多次改进和扩展以提高算法的稳定性和性能，提出了 Double DQN[8]、Dueling DQN[9]、Prioritized DQN[10] 等算法。同时期，还出现了其他深度强化学习算法，如策略梯度（Policy Gradient，PG）[11]、近端策略优化（Proximal Policy Optimization，PPO）[12]、深度确定性策略梯度（Deep Deterministic Policy Gradient，DDPG）[13] 等。为了进一步克服基于 DQN 思想的方法在处理连续动作空间和高维状态空间时面临的挑战，DeepMind 团队在 2016 年提出了异步优势演员 – 评论家（Asynchronous Advantage Actor-Critic，A3C）[14] 算法，它通过多个智能体的异步训练来优化策略和价值函数，实现了复杂环境下的快速、稳定学习。

2016 年，AlphaGo 的横空出世为人工智能领域带来了革命性变化，展示了深度强化学习在解决复杂决策问题时的巨大潜力。2016 年 3 月，AlphaGo 与韩国九段棋手李世石进行了五局人机大战，最终 AlphaGo 以 4:1 的比分获胜，轰动了整个 AI 领域。随后，AlphaGo 又进一步发展出了 AlphaGo Zero，这是一个完全摒弃了人类棋谱，只通过自我对弈学习围棋的版本。AlphaGo Zero 在与旧版 AlphaGo 的对弈中取得了 100:0 的压倒性战绩，进一步证明了其强大的实力。

强化学习的意义不仅在于它的技术成就，更在于它对社会的影响：它正在改变人们解决问题的方式，让人们的决策更加智能、更加高效。随着技术的不断进步，可以预见，强化学习将在未来的智能社会中扮演更加重要的角色。

> 2024 年，爆火出圈的 ChatGPT 聊天机器人模型也是基于强化学习的训练方法。ChatGPT 利用人类反馈强化学习的方式，通过人类专家与系统进行交互，并提供反馈或指导以帮助系统学习，使之输出更符合人类直觉的结果。同时，它还采用了 PPO 算法，通过对模型打分，进一步优化了生成模型。由于采用了强化学习，ChatGPT 能够通过微调适应不同的应用场景和用户输入，提高针对特定领域的文本生成和理解能力，提供更具个性化的回答，最终形成强大的交互能力。ChatGPT 的成功以及国内外对大语言模型的研究热潮，推动了大模型时代的到来。

5.1.2 强化学习的基本概念

强化学习讨论的问题是智能体怎么在复杂、不确定的环境中寻求最大化累积奖励的策略。因此，智能体与环境自然而然地构成了强化学习的两个核心组成部分。在学习过程中，智能体与环境之间进行着持续的互动。当智能体感知到环境中的某一状态，它将基于该状态产生一个动作。动作一旦在环境中执行，环境将响应这一动作，并提供给智能体两个反馈：一是状态的转变，即新的状态；二是该动作所产生的即时奖励。而智能体的核心目标便是通过不断地与环境进行这样的交互学习，逐步优化自身的策略，以期在未来能够从环境中获得尽可能多的累积奖励。综上，在强化学习中，主要有以下几个元素。

- 智能体（Agent）：主动学习和决策的实体。它观察环境状态，选择行动，并从环境中获得反馈（奖励），然后根据环境的反馈来优化自身的行为策略。
- 环境（Environment）：智能体所处并进行交互的外部世界，即与智能体交互的对象（包括除智能体以外的所有信息）。环境根据智能体的行动提供状态信息和奖励信号给智能体。环境的状态是动态变化的，其变化受智能体动作的影响。

- 状态（State）：环境在任何给定时间点的具体情况或配置。智能体对其所处的状态进行观测，并根据当前状态来做出决策，选择下一步的行动。S 为所有环境状态的集合，可以是离散的也可以是连续的；$s_t \in S$ 表示 t 时刻智能体所处的状态。
- 动作（Action）：智能体在给定状态下所采取的决策。动作会影响智能体转移到新的状态及获得的奖励。
- 奖励（Reward）：智能体完成某个行动后，环境接收智能体的动作，用以评价行动的好坏。奖励指导智能体学习哪些行为是有利的，可以是正数、负数或零，分别表示不同的反馈结果。

那强化学习的过程是怎样的呢？假设想要训练一只小狗学会"坐下"的动作，在这个过程中，智能体就是小狗，环境包括了训练师、训练场地、指令及其他可能的干扰因素，状态是小狗当前的行为（如站立、行走、躺下等）和训练师给出的指令（如"坐下"），动作是小狗可以执行的动作，如站立、行走、躺下等，训练师根据小狗的动作给出反馈，即为奖励。如果小狗正确地坐下，训练师会给予奖励（如抚摸、食物），这是正奖励；如果小狗没有坐下或做了其他动作，训练师可能会忽略或给出轻微的惩罚（如轻轻拍打），这是没有奖励或负奖励。这个过程就是强化学习的基本框架。通过不断地与环境互动、观察状态、选择动作、接收奖励并学习，智能体（在这个例子中是小狗）能够逐渐学习到如何最大化长期累积奖励（即获得更多的食物和抚摸）。下面对强化学习的过程进行简单总结，如图 5-1 所示，它描述的是智能体在环境中尝试各种动作，通过获取的反馈不断调整动作以完成某个任务的过程。在这个过程中，智能体通过与环境不断进行交互来学习最佳行为策略（Policy），这就需要评估所采取行动的好坏，并根据行动带来的结果来调整策略，目的是最大化长期累积的奖励。于是，可以给出策略的定义，即它表示从状态到行动的映射，代表智能体的决策规则。强化学习的目标之一是学习最优策略，即在给定状态下选择最佳行动规则。策略可以是确定性的（每个状态对应一个固定动作）或随机的（每个状态对应一个动作概率分布）。

强化学习与之前讲的各类学习范式有何异同？这里，首先根据前面学习的内容重新总结一下机器学习的特点。机器学习是一种数据驱动的学习范式，其核心在于利用给定的数据，通过构造合适的模型结构、有效的损失函数与合理的度量方法来学习数据蕴含的规律，使其能够预测或决定未见过的数据的输出。机器学习从数据利用的角度可以分为监督学习和无监督学习。简单来说，监督学习通过提供输入数据和对应的标签，使得模型学习如何根据输入预测输出。无监督学习在没有标签数据的情况下，通过分析数据本身的特征，模型尝试识别数据中的潜在结构或分布。深度学习作为机器学习中重要的分支之一，以神经网络模型的方式进行着类似的学习范式。强化学习的目标是让智能体通过与环境的交互学习一个策略，以最大化长期累积奖励。智能体通过不断试错来学习在给定状态下选择最佳行动的策略，即前文提到的序贯

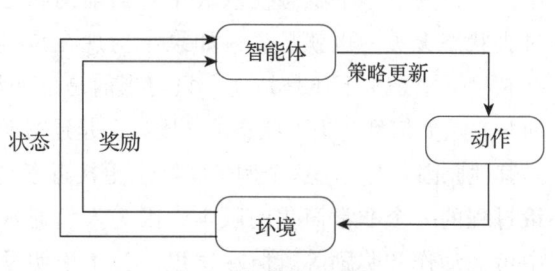

图 5-1　强化学习的过程

决策。奖励信号的来源决定了强化学习是否需要外部数据输入，同时，其即时反馈机制是监督学习和无监督学习所不具备的。因此，在人工智能的范畴里，可以将强化学习看成是监督学习和无监督学习之外的第三种学习范式。表 5-1 从数据特点、实现方法、学习目标、反馈机制和应用场景等多个方面总结了它们之间的异同。

> 序贯决策是指按时间顺序排列起来，以得到按顺序的各种决策（策略），是用于随机性或不确定性动态系统最优化的决策方法。

表 5-1 监督学习、无监督学习与强化学习对比

学习范式	数据特点	实现方法	学习目标	反馈机制	应用场景
监督学习	需要大量的输入数据和对应的标签	具有明确的监督信息，学习如何根据输入预测输出	关注预测和分类	不涉及即时反馈	适用于有明确输出的任务
无监督学习	不需要标签数据	分析数据本身的特征，在没有标签的数据中发现结构和模式	关注模式发现和数据结构	不涉及即时反馈	适用于探索性数据分析和预处理
强化学习	取决于奖励信号的来源	在时序交互中产生数据，智能体通过与环境的交互学习一个策略，以最大化长期累积奖励	关注决策和优化	具有明确的奖励反馈机制	适用于需要连续决策和交互的环境

5.1.3 马尔可夫决策过程

强化学习中的智能体与环境的交互过程可以被视为一个马尔可夫决策过程。它假设系统状态具有马尔可夫性质，即未来状态仅与当前状态有关，而与过去状态无关（无记忆性）。依然以训练小狗坐下为例，假设小狗的状态只有"站立"和"坐下"两种，即状态空间为{站立，坐下}，当小狗处于站立状态时，它有一定的概率转移到坐下状态（比如在听到"坐下"指令后），也有一定的概率保持站立状态（比如没有理解指令或故意不坐下）。当小狗处于坐下状态时，它有一定的概率保持坐下状态（比如训练师没有给出新的指令），也有一定的概率转移到站立状态（比如因为某种原因自己站起来）。在这个过程中，小狗的下一个状态仅取决于它当前的状态，而与它过去状态无关。也就是说，如果小狗现在是坐下的，那么它接下来是坐下还是站立，只与当前是坐下状态有关，而与它是如何到达坐下状态的（比如，是通过听到指令还是其他原因）无关。这个例子实际上更接近于马尔可夫决策过程的一个非常简化的版本，因为人们通常会在过程中考虑动作和奖励等。但在这里，为了说明马尔可夫性

马尔可夫决策过程——以井字棋游戏为例

> 马尔可夫决策过程是强化学习中的一个核心概念，也是序贯决策的数学模型。它用于描述决策者在不确定环境中进行决策的过程，特别是在系统状态具有马尔可夫性质的环境中，模拟智能体可实现的随机性策略与回报。MDP 的名称来自俄国数学家安德烈·马尔可夫（Andrey Markov），以纪念他为马尔可夫链所做的研究。

质，而忽略了这些元素。

一个标准的马尔可夫决策过程由以下五个部分组成。

1）状态空间（State Space，S）：所有环境状态的集合，可以是离散的也可以是连续的。$s_t \in S$ 表示 t 时刻智能体所处的状态。

2）动作空间（Action Space，A）：智能体可执行动作的集合，可以是离散的也可以是连续的。$a_t \in A$ 表示 t 时刻智能体所执行的动作。

3）转移概率（Transition Probability，P）：表示在执行某个动作后，从当前状态转移到另一个状态的概率。$p(s_{t+1}|s_t,a_t)$ 为状态转移概率，表示智能体在状态 s_t 执行动作 a_t 后转移到下一个状态 s_{t+1} 的概率。

4）奖励函数（Reward Function，R）：智能体在某个状态下执行某个动作后获得的即时奖励，用 $r(s_t,a_t,s_{t+1})$ 表示。它是一个标量函数，表示智能体在状态 s_t 执行动作 a_t 后，环境反馈给智能体的奖励，通常与下一时刻的状态 s_{t+1} 有关。

5）策略（Policy，π）：它是一个从状态空间到行动空间的映射，定义了在每个状态 s 下应该采取哪个动作 a。

智能体从起始状态 s_1 开始，根据策略 π 执行动作 a_1，获得奖励 r_1，并将状态转移到 s_2，循环往复，直至到达终止状态（或满足某种终止条件）。通常，将进行一次完整的交互过程称之为回合（Episode）。每个回合通常包括多个时间步（Timestep，T）。在这些时间步中，智能体会根据当前状态选择动作，执行动作后收到环境的反馈（即时奖励和下一个状态），直到回合结束，如图 5-2 所示。智能体在一次回合中经历的状态、动作的序列被称为轨迹 τ（Trajectory）。轨迹具体描述了智能体从初始状态到终止状态的完整交互过程：

$$\tau = (s_1,a_1,\cdots,s_t,a_t,\cdots,s_T,a_T) \tag{5-1}$$

其中，s_1 是第一个状态，即开始状态。

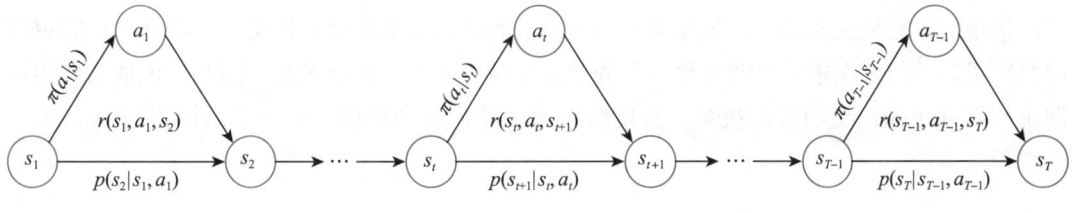

图 5-2 马尔可夫决策过程

虽然马尔可夫决策过程能够刻画智能体与环境的交互过程，但它无法诠释智能体是如何选择动作的，即没有直接定义智能体所遵循的策略类型。实际上，智能体在选择动作时，会依据一个策略，该策略定义了智能体在给定环境状态下选择动作的概率分布。这个策略可以是确定性的，也可以是随机性的。确定性策略在给定的状态下，智能体总是无例外地选择同一个动作。这种策略可以用函数 $\pi: S \rightarrow A$ 表示，其中 $\pi(s)$ 会输出在状态 s 下智能体应当采取的特定动作 a。而随机性策略在给定的状态下，根据一定的概率分布随机选择一个动作：

$$\pi(a|s) \triangleq p(a|s) \tag{5-2}$$

$$\sum_{a \in A} \pi(a|s) = 1 \tag{5-3}$$

此时，$\pi(a|s)$ 被定义为在状态 s 下选择行动 a 的概率，针对状态 s，所有动作的概率之和为 1。随机性策略在强化学习中实际上更为常见，主要因为它具有许多优势：一方面，随机性策略通过引入随机性，使智能体在学习过程中能够更广泛地探索环境，减少了陷入次优解的可能性；另一方面，在涉及多个智能体博弈的场景中，随机性策略通过提供多样化的动作选择，使得智能体的行为变得更加难以预测，从而提高了策略的鲁棒性和灵活性。相比之下，采用确定性策略的智能体由于对同一环境总是做出相同的反应，容易被对手预见并利用。

给定策略 $\pi(a|s)$，对于一个回合，智能体将按照这一策略在一系列状态和动作中行动，从而产生一个式（5-1）表示的特定的轨迹序列。要计算产生这个特定轨迹序列的概率，需要考虑从初始状态 s_1 开始，每一步根据策略选择动作，并转移到新状态的概率：

$$p(\tau) = p(s_1, a_1, s_2, a_2, \cdots) = p(s_1) \prod_{t=1}^{T} \pi(a_t|s_t) p(s_{t+1}|s_t, a_t) \tag{5-4}$$

其中，$p(s_1)$ 表示初始状态 s_1 的概率；$\pi(a_t|s_t)$ 是在时间步 t 和状态 s_t 下根据 π 选择动作 a_t 的概率；$p(s_{t+1}|s_t, a_t)$ 是从状态 s_t 通过采取 a_t 转移到状态 s_{t+1} 的转移概率。这个公式通过连乘每一步的概率来得到整个轨迹序列的概率。在马尔可夫决策过程中，并非每次交互都会"完整地生成"一个轨迹，因为轨迹是基于智能体与环境之间一系列状态和动作的连续序列，这些序列的形成受到智能体决策、环境响应及环境本身随机性的共同影响。尽管如此，只要智能体在环境中连续地执行动作并经历相应的状态转变，就自然地形成了一个轨迹，无论这个轨迹是否完全符合对"完整生成"的预设期望或标准。简而言之，轨迹是在智能体与环境交互过程中自然涌现的，而不必预先期待或强制产生。

然而，在许多环境中，一个动作的即时奖励并不完全代表其真正的价值。某些动作可能立即带来的是较低的奖励，但长期来看可能导致更高的累积奖励。相反，一些动作可能短期内奖励很高，但长期来看可能导致不利的状态或减少未来的奖励机会。因此，评估动作的长期价值有助于做出更明智的决策。为度量一个动作的长期价值，引入了总回报 $G(\tau)$，也称为累积奖励：

$$G(\tau) = \sum_{t=1}^{T} r_{t+1} = \sum_{t=1}^{T} r(s_t, a_t, s_{t+1}) \tag{5-5}$$

其中，$r(s_t, a_t, s_{t+1})$ 表示在时间步 t 采取动作 a_t 从状态 s_t 转移到状态 s_{t+1} 时获得的奖励。在许多实际应用中，即时的回报通常比未来的回报更有价值。这种现象可以反映出一种时间偏好，即当前获得的奖励比未来的奖励更为重要。此外，在某些情况下，任务可能没有明确的结束点，或者任务的持续时间很长，累积的回报可能会趋于无穷大。因此，在强化学习中引入折扣回报的概念，即通过一个折扣因子（Discount Factor，γ）来调整未来奖励的价值，使得回报随着获得的时间不同而衰减：

$$G(\tau) = \sum_{t=1}^{T} \gamma_t r_{t+1} \tag{5-6}$$

其中，$\gamma_t \in [0,1]$。当折扣因子 γ_t 趋近于 1 时，智能体会更加重视长期回报；当 γ_t 较小时，智能体则会更关注短期收益。换言之，折扣回报提供了一种平衡短期和长期回报的方法，这种机制允许在策略优化过程中灵活调整，以适应不同的任务需求。

强化学习的核心目标是找到一个策略 $\pi(a|s)$，使得该策略能够最大化期望回报（Expected Reward），即智能体通过一系列动作获得的平均回报最大化。具体来说，期望回报是指在给定策略下所有可能轨迹的总回报的期望值。那么，强化学习的目标函数 $\mathcal{T}(\pi)$ 可表示为

$$\mathcal{T}(\pi) = \mathbb{E}_\pi[G(\tau)] = \mathbb{E}_\pi\left[\sum_{t=1}^{T}\gamma_t r_{t+1}\right] \tag{5-7}$$

其中，$\mathbb{E}_\pi$ 表示在策略 π 下的期望值。

进一步，可以定义一个价值函数（Value Function）来帮助智能体判断在不同状态下应该采取何种策略以最大化累积奖励。如果选择了状态价值函数（State Value Function）$V^\pi(s)$，那么在给定策略 π 的情况下，智能体从状态 s 出发，未来所能获得的期望累积奖励可以表示为

$$V^\pi(s) = \mathbb{E}_\pi\left[\sum_{t=1}^{T}\gamma_t r_{t+1} \Big| \tau_{s_1} = s\right] \tag{5-8}$$

> 价值函数是用来估计采取特定策略在某个状态或状态-行动对下预期获得的累积奖励。价值函数是评估策略性能的关键工具，它可以帮助智能体决定在不同状态下应该采取哪些行动以最大化长期收益。一般常用的价值函数有状态价值函数、动作价值函数和优势函数等。

其中，τ_{s_1} 表示初始状态。于是，强化学习可以转化为策略建模问题，即给定一个马尔可夫决策过程 { 状态空间 S，动作空间 A，转移概率 P，奖励函数 R}，学习一个最优策略 $\pi(a|s)$，对于任意 $s \in S$，使得状态价值函数 $V^\pi(s)$ 最大。

还可以定义一个动作价值函数（Action Value Function）$Q^\pi(s,a)$，表示在状态 s 下采取行动 a 并遵循策略 π 行动，所能获得的期望累积奖励。它可以通过以下方式定义：

$$Q^\pi(s,a) = \mathbb{E}_\pi\left[\sum_{t=1}^{T}\gamma_t r_{t+1} \Big| s_t = s, a_t = a\right] \tag{5-9}$$

可以发现，动作价值函数提供了在特定状态下采取特定行动的预期价值，状态价值函数提供了在特定状态下遵循某一策略所能获得的预期价值。因此，状态价值函数可以通过动作价值函数表示：

$$V^\pi(s) = \sum_{a \in A}\pi(a|s)Q^\pi(s,a) \tag{5-10}$$

其中，A 是状态 s 下所有可能动作的集合。这意味着，状态价值函数是动作价值函数关于所有可能行动的期望，即 $V^\pi(s)$ 是 $Q^\pi(s,a)$ 关于动作 a 的期望。想象一下，小狗正处于站立状态 s，在下一步有多个动作 a 可以选择，每一个动作都对应一个预期的未来累积奖励 $Q^\pi(s,a)$。由于小狗可能不会总是选择同一个动作（即选择是随机的，由策略 π 决定），因此小狗在站立状态上的预期累积奖励 $V^\pi(s)$ 就是所有动作上的预期累积奖励的加权平均。这个加权平均就是期望，因为小狗不知道具体会做哪个动作，但它知道每个动作的概率和对应的预期奖励。这种 $V^\pi(s)$ 与 $Q^\pi(s,a)$ 的关系在强化学习中非常重要，因为它允许通过估计每个

动作的价值来间接估计每个状态的价值，从而优化智能体的行为策略。

此外，$Q^\pi(s,a)$ 和 $V^\pi(s)$ 之间的差值还被用来衡量在状态 s 下选择某个特定动作 a 相对于随机采取行动（即执行策略 π 时的期望回报）所能获得的额外回报，也被称为优势函数（Advantage Function），定义为

$$A^\pi(s,a) = Q^\pi(s,a) - V^\pi(s) \qquad (5\text{-}11)$$

如果 $A^\pi(s,a) > 0$，表明采取动作 a 比遵循当前策略 π 的平均选择更好；反之，如果 $A^\pi(s,a) < 0$，说明采取动作 a 的效果不如继续执行策略 π。优势函数可以清楚地指出当前策略在特定动作选择上的优劣，进而有效地指导策略的改进。

5.1.4 贝尔曼方程

解密贝尔曼方程

强化学习的目标是最大化智能体在环境中的累积奖励。为了实现这一目标，需要定义价值函数来评估不同状态下智能体的表现。贝尔曼方程提供了一种递归计算价值函数的方法，即通过当前状态的价值与后续状态的价值之间的关系来计算。这种方法使得价值函数可以通过迭代或动态规划的方式求解，从而得到最优策略。贝尔曼方程是强化学习与马尔可夫决策过程中的一个基本概念和工具，由理查德·贝尔曼（Richard Bellman）在1954年提出。它描述了在马尔可夫决策过程中状态价值函数和动作价值函数的递归关系，是理解和求解马尔可夫决策过程的关键。贝尔曼方程基于这样一个原理：一个状态的价值（即在该状态下所能获得的期望回报）等于在该状态下采取某个动作所能获得的即时奖励，加上在新状态下继续获得的回报的期望值，这个回报要经过折扣因子的折现。对于一个离散时间、有限状态空间的马尔可夫决策过程，贝尔曼方程可以表示为两种形式：贝尔曼期望方程（Bellman Expectation Equation）与贝尔曼最优方程（Bellman Optimality Equation）。

贝尔曼期望方程是对一个策略期望回报的递归描述。给定一个策略 π，它定义了在每个状态下采取每个可能动作的概率。对于状态价值函数 $V^\pi(s)$，贝尔曼期望方程可以表示为

$$V^\pi(s) = \sum_{a \in A} \pi(a|s) \left[R(s,a) + \gamma \sum_{s' \in S} P(s'|s,a) V^\pi(s') \right] \qquad (5\text{-}12)$$

其中，$R(s,a)$ 表示在状态 s 下采取动作 a 的即时奖励，$P(s'|s,a)$ 表示在状态 s 下采取动作 a 后转移到 s' 的概率，$\gamma \sum_{s' \in S} P(s'|s,a) V^\pi(s')$ 表示从所有可能的后继状态 s' 获得的期望未来折扣奖励。这里的 s' 与 s_t 表示的特定状态不同，它属于一般性表示，可以是任意可能的状态。简单来说，当前状态 s 的价值 $V^\pi(s)$ 等于即时奖励加上下一个状态 s' 的价值（打了折扣）。假设玩一个迷宫游戏，游戏中有不同的房间（状态），可以选择从"东、南、西、北"（动作）去另一个房间（状态）。那么，如果现在在房间 A（状态 s），根据策略 π，未来能拿到多少金币（奖励）呢？求状态价值函数 $V^\pi(s)$，它等于现在拿多少金币（即时奖励），再加上去下一个房

间（下一个状态 s'）后能拿到的金币数量（打个折扣）。而式（5-12）里面的概率 $P(s'|s,a)$ 指的就是在 (s,a) 的组合下转移到状态 s'（下一个房间）的概率。如果，按照策略 π，从房间 A 移动到房间 B 的概率为 0.8，移动到其他房间（如 C）的概率为 0.2，即时奖励为 -1，则 $V^\pi(A)=0.8\times[-1+\gamma V^\pi(B)]+0.2\times[-1+\gamma V^\pi(C)]$。而 $V^\pi(B)$ 和 $V^\pi(C)$ 的求解则是将其作为当前状态，再根据下一步动作的奖励和转移概率计算得到，从而形成递归。

对于动作价值函数 $Q^\pi(s,a)$，贝尔曼期望方程可以表示为

$$Q^\pi(s,a) = \sum_{s'\in S} P(s'|s,a)[R(s,a)+\gamma \sum_{a'\in A}\pi(a'|s')Q^\pi(s',a')] \tag{5-13}$$

这里，方程中的各个部分的意义与状态价值函数的期望方程类似，但需要注意的是，$Q^\pi(s,a)$ 关注于从特定状态 – 动作对 (s,a) 开始的期望回报。直觉上，$Q^\pi(s,a)$ 表示从当前状态 s 采取动作 a 后的价值，等于即时奖励加上下一个状态 s' 的价值（打个折扣）。也就是说，从当前状态 s 采取动作 a，会得到一些即时奖励，然后到了下一个状态 s'，那个状态也有它的价值。所以，这个动作的价值就是这两部分相加的结果。还是以迷宫游戏为例，如果现在在房间 A（状态 s），并且选择东边的门 B（动作 a），根据策略 π，未来能拿到多少金币（奖励）？针对"向东走"这个特定动作，求它的动作价值函数 $Q^\pi(s,a)$，即现在拿多少金币（即时奖励），再加上去了通过左边的门到达的下一个房间（下一个状态 s'）后能拿到的金币数量（打个折扣）。例如，从房间 A 开始，按照策略 π，向东走到达房间 B，即时奖励为 -1，则 $Q^\pi(A,\text{East}) = -1+\gamma \sum_{a'}\pi(a'|B)Q^\pi(a',B)$。可以看到，$Q^\pi(A,\text{East})$ 的求解也是递归进行的。

总的来说，贝尔曼期望方程体现了状态（或动作）价值函数的递归性质，即当前状态（或状态 – 动作对）的价值可以通过从该状态出发的一系列动作和随后状态的价值来计算。例如，在迷宫游戏里，需要从房间 A（起始状态），通过不同的动作依次确定每一步要进入的下一个房间（下一个状态，可能是 B、C、D 等），经过不断尝试，调整动作，最终形成一条最优路径（策略），到达房间 E（终点）。贝尔曼期望方程考虑了所有可能的转移概率和相应的即时奖励，以及未来状态的期望价值，体现了强化学习中的概率性和随机性。这种递归性质决定了可以使用迭代方法（如值迭代或策略迭代）来求解最优值函数和最优策略。此外，它体现了一定的策略依赖性，即贝尔曼期望方程依赖于当前采取的策略，即在给定状态下选择动作的概率分布，从而影响状态价值的计算。贝尔曼期望方程是动态规划和蒙特卡洛方法的基础，它们利用贝尔曼方程来估计或优化策略，具体内容将在 5.2 节进行介绍。

贝尔曼最优方程描述了在最优策略下，状态价值函数或动作价值函数应满足的条件。对于状态价值函数，贝尔曼最优方程可以表示为

$$V^*(s) = \max_a \sum_{s'\in S} P(s'|s,a)[R(s,a)+\gamma V^*(s')] \tag{5-14}$$

这里，$V^*(s)$ 表示在最优策略下的状态价值函数，即在所有可能的策略中，从状态 s 开始的期望累积回报最大值。$\max_a$ 表示需要考虑的所有可能动作 a，并选择那个能使得后续状态价值最大的动作。需要说明的是，贝尔曼最优方程定义了最优状态价值函数 $V^*(s)$，而状态价

值函数 $Q^\pi(s)$ 是在特定策略 π 下的价值函数。当且仅当策略 π 是最优策略时，$V^\pi(s) = V^*(s)$ 对所有状态 s 成立。动作价值函数对应的贝尔曼最优方程描述了采取最优动作所能获得的最大期望回报的折扣值，表示为

$$Q^*(s,a) = \sum_{s' \in S} P(s'|s,a)[R(s,a,s') + \gamma \max_a Q^*(s',a')] \qquad (5\text{-}15)$$

其中，$R(s,a,s')$ 是在状态 s 采取动作 a 并转移到状态 s' 时获得的即时奖励，$\max_a Q^*(s',a')$ 表示在状态 s' 下采取所有可能动作中能获得的最大期望回报。$Q^*(s,a)$ 评估了从当前房间（状态）选择某个动作后，下一个房间（状态）的最佳路径是什么。

同样地，贝尔曼最优方程也具有递归性，通过递归地定义动作价值函数，便可以将多步决策问题分解为单步决策问题，从而简化问题的求解过程。对于迷宫游戏，可以计算从房间 A 移动到其他房间 B、C、D 的最优状态价值函数 $V^*(s)$ 和在选择某个动作下移动到其他房间的最优动作价值函数，即将整个走出迷宫的最优路径选择问题拆解为每一步的最优状态或动作的选择问题。因此，贝尔曼最优方程可以用来评估和改进当前策略，通过比较不同策略产生的价值函数来确定最优策略。换言之，如果能够找到一个满足贝尔曼最优方程的策略，则该策略就是最优策略。此外，贝尔曼最优方程的解存在且唯一，那么根据收缩映射定理（Contraction Mapping Theorem），便可以保证存在一个唯一的最优状态价值函数，尽管最优策略可能不唯一。

> 收缩映射定理，也被称为 Banach 不动点定理（Banach Fixed-Point Theorem），是数学分析中的一个重要定理，广泛应用于证明迭代过程的收敛性。该定理在强化学习中特别有用，因为它提供了证明价值函数迭代过程收敛性的数学基础。

5.2 经典强化学习方法

强化学习作为人工智能的关键领域之一，其发展和演变经历了从理论探索到实际应用的丰富历程。基于价值函数的方法和基于策略的方法是强化学习中两大主流的学习范式，它们各自拥有独特的优势和应用场景。

基于价值函数的方法起源于对长期累积奖励（也称为"回报"）的精确评估需求。这类方法的核心在于构建一个价值函数，该函数能够预测在给定策略下，从某一状态出发或执行某一特定动作后所能获得的长期收益。这种预测能力使得智能体能够选择那些能够最大化未来累积奖励的动作。具体来说，基于价值函数的方法通过迭代更新状态或状态-动作对的价值估计，来逐渐逼近最优策略下的真实价值。这一范式在解决具有明确状态空间和有限动作集的问题时表现出色，如游戏 AI、资源管理等。

基于策略的方法则直接聚焦于学习最优策略本身，即学习一个从状态到动作的映射规则，使得智能体能够在给定的状态下直接选择出最佳动作。与基于价值函数的方法不同，基于策略的方法不依赖于对价值的显式估计，而是直接优化策略以最大化累积奖励。这种方法在处理连续动作空间或需要实时决策的场景中尤为有效，如机器人控制、自动驾驶等。此

外,基于策略的方法还能够更自然地处理随机性和不确定性问题,因为策略本身可以包含对环境的随机反应。

5.2.1 基于价值函数的方法

在强化学习的悠久历史中,基于价值函数的方法始终占据着核心地位。这些方法通过估计状态或动作的长期价值来指导智能体的学习过程,旨在找到最大化累积奖励的最优策略。早期的基于价值函数的方法可以追溯到动态规划(Dynamic Programming,DP)方法的提出,它是解决马尔可夫决策过程中最优控制问题的主要方法。动态规划方法依赖于对环境模型的完整知识,即状态转移函数和奖励函数,它通过策略迭代和价值迭代等算法来逐步逼近最优价值函数和最优策略。随后,研究者们又相继提出了蒙特卡洛方法、时序差分学习方法及Q-Learning方法等。

1. 动态规划方法

动态规划方法是一种数学优化方法,它是一种通过分解问题、解决子问题来找到复杂问题最优解的方法。动态规划方法基于两个核心概念:最优子结构和重叠子问题。前者表示问题的最优解包含其子问题的最优解;后者强调在递归解决方案的过程中,子问题会重复出现。动态规划方法的精髓在于化繁为简,将一个复杂的问题分解成多个子问题,先求解这些子问题,然后通过它们的解来构建整个问题的解。在这个过程中,动态规划会保存已经求解过的子问题的答案,这样一来当需要再次使用这些答案时,便可以直接利用,从而避免重复计算。

为了更直观地理解什么是动态规划方法,下面来看一个经典的"爬楼梯"问题。如图 5-3 所示,想象一个人站在楼梯的底部,面前是 n 级台阶。他的目标是到达顶部,而每次可以选择爬 1 级或 2 级台阶,那么有多少种不同的方法可以爬到楼顶呢?当 $n=1$ 时,显然,只有 1 种方法,那就是直接爬 1 级台阶到达顶部。当 $n=2$ 时,有 2 种方法,一种是直接爬 2 级台阶到达顶部,另一种是分两次爬,每次爬 1 级。对于更大的 n,假设已经知道到达第 $n-1$ 级台阶有多少种方法,记为 $f(n-1)$,也知道到达第 $n-2$ 级台阶有多少种方法,记为 $f(n-2)$,那么,到达第 n 级台阶的方法数就是到达第 $n-1$ 级台阶的方法数加上到达第 $n-2$ 级台阶的方法数(因为你可以从 $n-1$ 级再爬 1 级上来,或者从 $n-2$ 级爬 2 级上来),即 $f(n)=f(n-1)+f(n-2)$。那么该怎么求解呢?首先,初始化两个基础情况,$f(1)=1$ 和 $f(2)=2$。然后,使用上面的递推关系,从 $f(3)$ 开始一直计算到 $f(n)$。在每次迭代中,都保存了到达当前台阶的方法数,这样当需要计算后续台阶的方法数时,就可以直接使用了,而不需要重新计算。最后,$f(n)$ 就是要求解的答案,即有多少种不同的方法可以爬到楼顶。所以,在这个问题中,只需要知道到达倒数第一级和倒数第二级的方法数,然后把它们加起来,就是到达顶部的方法数了。这就是动态规划的思想,它帮助我们通过解决小问题来逐步解决大问题。

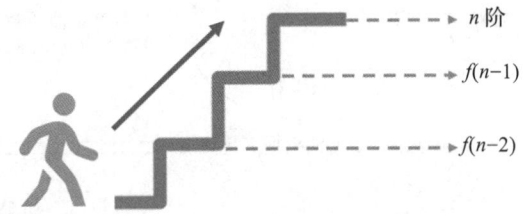

图 5-3 "爬楼梯"问题中的动态规划

基于动态规划的强化学习算法主要分为两种，即策略迭代（Policy Iteration）算法和价值迭代（Value Iteration）算法。策略迭代算法由策略评估（Policy Evaluation）和策略改进（Policy Improvement）两个步骤循环交替进行。具体来说，策略评估指的是在给定策略下，迭代计算每个状态的价值函数（状态价值函数），直到价值函数收敛。当然，这个过程需要使用贝尔曼期望方程来更新状态价值函数。在得到收敛的价值函数后，便可根据价值函数来更新策略，通常选择能使当前状态价值最大的行动作为新策略。然后，使用新的策略进行新一轮的策略评估，如此循环往复，直至策略不再发生变化，收敛到最优策略，即为策略改进。

策略评估的目的是帮助智能体理解在给定策略下的长期表现，从而进一步改进和优化策略。在开始评估之前，需要为每个状态初始化一个价值函数的估计值（通常是 0 或随机值）作为起始点，然后通过式（5-12）的贝尔曼期望方程进行迭代计算。根据动态规划的思想，可以将下一个可能状态的价值计算视为一个子问题，而将当前状态的价值计算视为当前问题。通过解决子问题的价值，逐步解决当前问题。更一般地，考虑所有的状态，就变成了用上一轮的状态价值函数来计算当前这一轮的状态价值函数。然而，由于贝尔曼方程的迭代计算需要反复更新，策略评估可能会消耗大量计算资源。在实际应用中，如果某一轮迭代的变化幅度很小，就可以提前终止策略评估。这种做法不仅显著降低了计算成本，还保证了所得价值函数的准确性，使其能够非常接近真实值。

> 这种方式被称为贪心法，即一种在每一步选择中都采取最好或最优（即最有利）的选择，从而希望导致结果是全局最好或最优的算法。贪心法的基本思想是从问题的某一个初始解出发，逐步逼近给定的目标，以尽可能快地求得更好的解。当达到某一步骤不能再继续前进时，算法停止。

策略改进的基本思想是：如果已经通过策略评估得到了当前策略 π 下从每个状态 s 出发的价值函数 $V^{\pi}(s)$，若有 $Q^{\pi}(s,a) \geq V^{\pi}(s)$，则表明动作 a 在该状态下相对于原策略是更优的选择。如图 5-4 所示，对于每个状态，智能体都会尝试选择一个能够最大化 $Q^{\pi}(s,a)$ 的动作，即贪心地选择使 $Q^{\pi}(s,a)$ 最大的动作，然后将其作为新策略 $\pi^{*}(s)$ 的一部分，可表示为

$$\pi^{*}(s) = \arg\max_{a} Q^{\pi}(s,a) \tag{5-16}$$

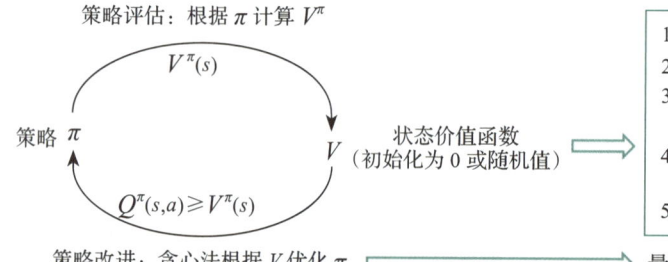

1. 初始化策略 $\pi(s)$ 与状态价值函数 $V(s)$
2. 对于每个状态 s，根据 $\pi(s)$，计算 $V(s)$
3. 对于每个状态 s，计算所有可能动作 a 的 $Q^{\pi}(s,a)$
4. 更新策略 $\pi(s)$ 为使 $Q^{\pi}(s,a)$ 值最大的动作 a
5. 重复 2~4 步，直至达到最优策略

图 5-4 策略迭代优化过程

通过迭代地改进策略，智能体最终能够找到一个最优策略 π^*，在任意状态 s 下都满足 $Q^\pi(s,a) \geq V^\pi(s)$，使得累积奖励最大化，即 $\forall s \in S: V^{\pi^*}(s) \geq V^\pi(s)$。若策略改进之后得到的 π^* 和 π 相同，则说明策略迭代已收敛，此时得到的策略就是最优策略。由于策略迭代包含交替进行的策略评估和策略改进，且策略评估需要多次迭代求解，这造成了很大的计算开销，尤其是在状态空间和动作空间都比较大的时候。

在策略迭代过程中，策略评估步骤旨在准确计算给定策略下的状态价值函数，这通常需要多次迭代直到收敛。事实上，并不总是需要策略评估完全收敛。价值迭代算法正是基于这样的观察：即使策略评估没有完全收敛，仍然可以执行策略改进步骤，并且这样的改进有助于向最优策略逐步接近。它通过迭代地更新每个状态的价值函数来逼近最优策略，直至收敛到最优解。最优价值函数指的是所有策略的价值函数中的最大值，包括最优状态价值函数 $V^*(s)$ 和最优动作价值函数 $Q^*(s,a)$：

$$V^*(s) = \max_\pi (V^\pi(s)) \tag{5-17}$$

$$Q^*(s,a) = \max_\pi (Q^\pi(s,a)) \tag{5-18}$$

价值迭代函数的收敛条件是所有状态的价值函数变化小于某个预设的阈值 θ，以此表明价值函数已经收敛到稳定状态。一旦价值函数收敛，可以根据最终的状态价值函数 $V^*(s)$ 构造最优策略 π^*，即对于每个状态，选择使得动作价值函数 $Q^*(s,a)$ 最大的动作。

价值迭代算法不需要遵循特定的策略，它直接对价值函数进行改进。与策略迭代算法相比，价值迭代算法不涉及策略的显式更新，而是通过迭代过程隐式地改进策略，保证了策略在每次迭代后都不会变差，适用于状态和动作空间有限的马尔可夫决策过程。然而，虽然价值迭代算法会节省策略评估的时间，但由于价值迭代算法每个状态都需要计算所有可能动作的期望值，在应对大规模状态空间问题时，反而会导致大量的计算消耗，影响最终的效率。价值迭代算法如算法 5-1 所示。

算法 5-1　价值迭代算法

输入：MDP 四元组 $\{S,A,R,P\}$

输出：策略 π

$\forall s \in S$，初始化 $V(s) = 0$

重复

$\quad \forall s \in S$，$V(s) = \max\limits_{a \in A} \{R(s,a,s') + \gamma \sum\limits_{s' \in S} P(s'|s,a) V(s')\}$

直到 $\forall s \in S$，$V^\pi(s)$ 收敛

---

2. 蒙特卡洛方法

上面介绍的基于动态规划的策略迭代和价值迭代方法，都属于基于模型的方法，即需要已知环境模型。而在实际场景中，奖励函数 $r(s_t, a_t, s_{t+1})$ 和转移概率 $p(s_{t+1}|s_t, a_t)$ 是未知的，这样也就无法通过贝尔曼方程求解得到最优策略。那么在模型未知的情况下，如何解决强化学

习问题呢？20 世纪 40 年代，约翰·冯·诺依曼（John von Neumann）和斯塔尼斯拉夫·乌拉姆（Stanislaw Ulam）提出了蒙特卡洛（Monte Carlo）模拟，旨在改善不确定条件下的决策过程。它以摩纳哥著名的赌城命名，因为可能性要素是建模方法的核心，类似于轮盘赌游戏。

蒙特卡洛方法又称为统计模拟法，通过随机采样来近似解决复杂的数学问题或模拟现实中的随机过程。举一个简单的例子，使用蒙特卡洛方法估计曲线的线下面积，如图 5-5 所示。直接计算曲线 $f(x)$ 的线下面积 $\int f(x)\mathrm{d}x$ 较为困难，可以使用蒙特卡洛方法估计这个面积。在区域内随机产生若干个点，分别统计曲线上下方点的数量，曲线的线下面积与区域面积之比等于下方点数和总点数之比。那么，产生点的数量越多，得到的线下面积与真实值也更为接近。

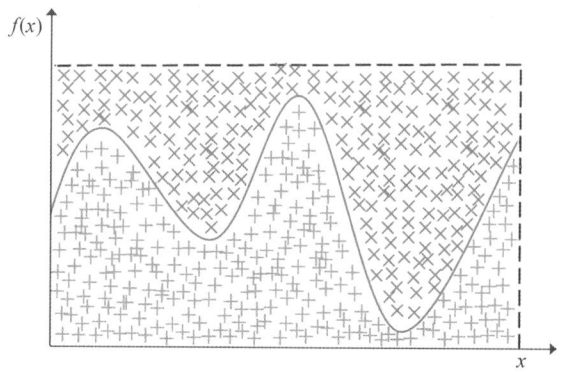

图 5-5 使用蒙特卡洛方法估计曲线的线下面积

同理，当使用蒙特卡洛方法估计一个策略的价值函数时，核心步骤在于通过策略 π 与环境进行交互，以生成一系列包含状态、动作和即时奖励的轨迹（或称为序列）。具体来说，对于每个状态 s，记录下所有经过该状态的轨迹中，从该状态开始到轨迹结束的总回报。假设有 N 个轨迹 $(\tau^{(1)}, \tau^{(2)}, \cdots, \tau^{(N)})$，则其累计回报可以表示为 $(G(\tau^{(1)}), G(\tau^{(2)}), \cdots, G(\tau^{(N)}))$。然后，计算这些总回报的平均值，以此来估计状态 s 的价值：

$$\hat{Q}^\pi(s,a) = \frac{1}{N}\sum_{n=1}^{N} G(\tau^{(n)}_{s_0=s, a_0=a}) \tag{5-19}$$

这里，$\hat{Q}^\pi(s,a)$ 即为 $Q^\pi(s,a)$ 的近似。在得到 $\hat{Q}^\pi(s,a)$ 后，可以采用策略改进使得每个状态下的期望回报最大化。在一条轨迹中，状态 s 可能出现的次数为 0 次、1 次或多次，根据轨迹处理的方式，蒙特卡洛方法可分为首次访问型（First-Visit MC）和每次访问型（Every-Visit MC）。给定一个策略，使用一系列完整轨迹评估某个状态 s 时，首次访问型蒙特卡洛方法仅将状态 s 第一次出现时的回报列入计算，而每次访问型蒙特卡洛方法则采集每次状态 s 出现时的回报。

但在蒙特卡洛方法中，如果采用确定性策略 π，那么每次试验得到的轨迹是一样的，只能计算出当前动作的 Q 函数（为了方便叙述，后面用 Q 函数代指动作价值函数），而无法计

算其他动作 a' 的 Q 函数，因此也无法进一步改进策略。这种情况仅是对当前策略的利用（Exploitation），而缺失了对环境的探索（Exploration），即试验的轨迹应该尽可能覆盖所有的状态和动作，以找到更好的策略，避免陷入探索 – 利用困境（Exploration-Exploitation Dilemma）。这就要求算法在选择动作时，在探索未知的状态和动作与利用已知的、表现良好的策略之间进行权衡。探索即尝试新的或未尝试过的动作，以发现它们可能带来的长期奖励。探索能够帮助智能体了解环境的更多信息，从而找到可能更优的策略。利用

> 在 AlphaGo 和 Alpha Zero 中，探索与利用通过神经网络和蒙特卡洛树搜索结合使用。强化学习策略网络用于生成价值网络训练的数据集，而价值网络则用于评估游戏状态。

则在已知的动作中选择那些已知能够带来高奖励的动作，能够最大化当前的回报，但可能会导致智能体忽视其他潜在的、更优的策略。这个困境的本质在于，智能体需要在现有知识的基础上做出决策，而这些知识是通过与环境的交互逐步积累的。有效解决探索 – 利用困境是设计强化学习算法的关键。想象一下你和朋友决定找一家餐馆吃饭，附近的 10 家餐馆中，有 7 家曾经去过，另外 3 家从来没有去过。你们面临的困境是：选择一家餐馆时，需要在探索新餐馆（可能会发现隐藏的美食）和利用已经尝试过的、口碑好的餐馆（能保证满意的就餐体验）之间做出权衡。

因此，探索 – 利用困境是蒙特卡洛方法中的一个重要问题。ε- 贪心策略（ε-Greedy Policy）是一种用于解决探索 – 利用困境的简单且有效的方法。该方法在每一步选择动作时，以一定的概率随机选择动作（探索），以另一概率选择当前认为最优的动作（利用）。公式化该过程如下：

$$\pi^{\varepsilon} = \begin{cases} \pi(s), & \text{按概率} 1-\varepsilon \\ \text{random}(A), & \text{按概率} \varepsilon \end{cases} \quad (5\text{-}20)$$

在决策过程中，有 ε 的概率进行随机探索，由于探索时可能选择任意一个动作，因此每个动作在探索阶段的选择概率为 $\frac{\varepsilon}{|A|}$，选择动作 $\pi(s)$ 的概率为 $1-\varepsilon+\frac{\varepsilon}{|A|}$。这里，$A$ 表示动作集合，$|A|$ 为 A 中动作的总数。

蒙特卡洛方法根据智能体如何利用与环境的交互数据来改进策略，分为同策略（On-Policy）和异策略（Off-Policy）两种学习方法。在同策略蒙特卡洛方法中，智能体用于生成样本数据的策略与用于评估和改进的策略是同一个。这意味着在探索环境并收集数据时，智能体始终遵循当前正在评估和改进的策略（也称为目标策略）。因此，当智能体更新其策略时，它只使用那些由当前策略生成的数据，无须考虑不同策略之间分布的差异。这种方法的优点是实现简单，但可能由于过于保守的探索策略而导致学习速度较慢。

在异策略蒙特卡洛方法中，智能体用于生成样本数据的策略与用于评估和改进的策略可以是不同的。将智能体在与环境交互时实际采用的策略称为行为策略（Behavior Policy），它用于生成训练数据。智能体想要最终学习和优化的策略称为目标策略（Target Policy）。在同策略学习中，行为策略和目标策略是相同的，智能体使用同一个策略进行探索并更新。在这

种情况下,策略的更新依赖于当前策略所生成的数据,因此每次策略更新都会影响未来的数据生成。在异策略学习中,行为策略和目标策略是不同的。智能体使用行为策略与环境交互,并收集数据,然后使用这些数据来更新目标策略。这样,智能体可以通过探索性的行为策略广泛收集数据,而目标策略则专注于利用这些数据来学习最优行为。异策略学习的关键在于如何处理由不同策略生成的数据之间的差异,这通常涉及重要性采样(Importance Sampling)等技术,以调整数据权重,确保目标策略能够正确地从行为策略生成的数据中学习。

蒙特卡洛方法为强化学习提供了一种直观且易于实现的方式来估计价值函数和策略。尽管它们在处理长期回报和未知环境模型方面表现出色,但由于每次模拟的经历都可能非常不同,因此估计的价值可能具有较大的方差。不过这一问题可以通过增加模拟次数来缓解,但计算成本也会相应增加。在蒙特卡洛方法中,每个样本都需要被单独模拟并计算其回报,因此样本数量越多,计算成本就越高。长样本序列意味着需要更多的计算资源来处理和存储这些数据,导致算法在实时应用或计算资源有限的环境中表现不佳。

> 在统计学、数据科学、机器学习及强化学习等领域,长样本序列(Long Sample Sequence)通常指的是包含大量数据点或时间步的序列数据。这些数据点或时间步按照一定的顺序排列,用于分析、建模或训练模型。

3. 时序差分学习方法

时序差分学习(Temporal-Difference Learning,TD Learning)[5]是强化学习中一种重要的无模型学习方法。它结合了蒙特卡洛方法和动态规划的优点,允许智能体直接从经验中学习,而不需要完整的环境模型(即无须知晓状态转移概率和所有可能奖励的详细信息)。时序差分学习通过自举法(Bootstrapping)更新价值函数,即利用当前状态的价值函数估计来更新先前状态的价值函数。这种方法可以在每个时间步进行更新,而不需要等待整个序列结束,这使得时序差分学习在处理长期依赖问题时比蒙特卡洛方法更有效。时序差分学习主要有两种形式:一种是TD(0);另一种是SARSA(State-Action-Reward-State-Action)。

TD(0)是最简单的时序差分学习方法,智能体根据从当前状态到下一个状态的即时奖励和下一个状态的价值函数估计来更新当前状态的价值函数。这种更新方式直接基于一步的观测结果,因此计算简单且高效。更新规则如下:

$$V(s_t) \leftarrow V(s_t) + \alpha [R_{t+1} + \gamma V(s_{t+1}) - V(s_t)] \tag{5-21}$$

其中,$V(s_t)$是时间步t的状态s_t的当前估计价值;R_{t+1}是在转移到状态s_{t+1}时收到的奖励;α为学习率,用于控制更新的速度。TD(0)方法通过结合当前的价值估计(即$V(s_{t+1})$)来更新先前的价值估计(即$V(s_t)$)。这种利用自身估计来更新估计的方式即为前面提到的自举法。自举是时序差分学习方法的一个关键特性,它减少了对实际结果(如完整序列的奖励)的依赖,并允许算法从部分经验中学习。

TD(0)算法能够在经历每个状态转换后立即更新价值估计,这使得学习过程可以持续进行,而不需要等待整个序列的结束。这种在线更新方式加快了学习速度,并使算法能够更快地适应环境变化。作为最简单的时序差分学习方法,TD(0)在算法实现上相对简单,同时由于其在线更新和自举的特性,通常能够高效地学习价值函数。然而,它也可能因为只考虑了一步的转换而忽略了更长期的影响。因为不需要知道环境的完整模型，TD(0) 算法能够应用于那些环境模型未知或难以获得的场景。需要说明的是，TD(0) 算法是同策略的，即它使用的策略与生成训练数据的策略相同，这意味着如果策略在训练过程中发生变化，TD(0) 的更新可能会受到影响。

在 5.1.1 小节中曾提到，SARSA 的名称来源于其更新价值函数时所需的五个元素：当前状态、当前动作、获得的奖励、下一个状态及下一个动作。SARSA 结合了无模型的特性和时序差分学习的优点，基于动作价值函数 $Q(s,a)$ 来估计在给定状态 s 下执行动作 a 的长期收益：

$$Q(s,a) \leftarrow Q(s,a) + \alpha[R(s,a) + \gamma Q(s',a') - Q(s,a)] \quad (5\text{-}22)$$

其中，$R(s,a)$ 是执行动作 a 后从状态 s 转移到状态 s' 时获得的即时奖励；$Q(s',a')$ 是根据当前策略在状态 s' 下执行动作 a' 的期望回报。SARSA 算法的核心正是在于该更新公式，它结合了当前奖励和未来奖励的折扣值对 $Q(s,a)$ 进行更新，使得智能体能够逐步学习到在特定状态下执行哪个动作能够获得最大的长期收益，从而实现学习和优化。SARSA 算法的主要思想就是将状态与动作构建成一张 Q 表来存储 Q 值，然后根据 Q 值选取能够获得最大收益的动作。

假设有一个简单的环境，它有两个状态 $\{s_1, s_2\}$ 和两个动作 $\{a_1, a_2\}$。图 5-6 左表是一个初始的 Q 表，其中的 Q 值都是随机初始化或初始化为 0 的。在 SARSA 算法的运行过程中，智能体会不断地根据当前的状态选择一个动作并执行，进而观察新的状态和即时奖励。然后，它会使用这个信息来更新 Q 表中的相应值。例如，智能体在状态 s_1 下选择了动作 a_1，并观察到了即时奖励 $R(s,a) = 1$ 和新的状态 s_2。根据 SARSA 算法，智能体接下来会根据当前策略在状态 s_2 下选择一个动作。如果选择了 a_2，且学习率 $\alpha = 0.1$，折扣因子 $\gamma = 0.9$，那么，Q 表中的 $Q(s_1,a_1)$ 值将根据以下公式进行更新：

$$Q(s_1,a_1) \leftarrow Q(s_1,a_1) + \alpha[R(s_1,a_1) + \gamma Q(s_2,a_2) - Q(s_1,a_1)] \quad (5\text{-}23)$$

分别代入数值计算，可得结果为 0.1。于是，可以得到图 5-6 右侧所示的更新后的 Q 表。通过反复执行上述步骤，Q 表中的值将逐渐调整，直到 Q 表中的值逐渐收敛到最优值，即反映出最优策略，此时智能体可以使用学到的最优 Q 值选择最佳动作。需要注意的是，这只是一个非常简化的示例，实际上在训练过程中，Q 表中的所有值都会随着智能体与环境的不断交互而逐渐得到更新。

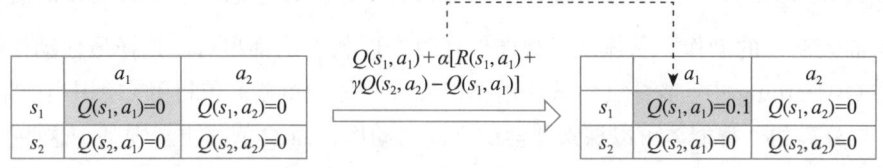

图 5-6　SARSA 算法 Q 表更新示例

总结起来，SARSA 算法的标准执行步骤包括以下几个部分。

1）初始化 Q 表：将 Q 表中所有状态–动作对的值初始化为 0 或某个小值。

2）选择动作：根据当前状态和 Q 表，利用 ε-贪婪策略（或其他策略）选择动作。ε-贪心策略在随机选择动作和选择最优动作之间进行权衡，以确保足够的探索。

3）执行动作：在环境中执行选择的动作，并观察环境的反馈，包括奖励和下一个状态。

4）更新 Q 值：根据当前状态、动作、奖励、下一个状态和下一个动作，使用 SARSA 更新公式来更新 Q 值。

5）重复步骤 2）~4）：直到达到学习的终止条件（如达到最大迭代次数或 Q 值收敛）。

由上述步骤可知，SARSA 算法的学习效果在一定程度上依赖于初始策略的选择，不同的初始策略可能导致不同的学习结果。而且，它还需要在探索和利用之间找到平衡，以确保算法能够逼近最优策略。这个平衡问题是一个难点，需要仔细调整 ε-贪心策略中的 ε 值。

SARSA 算法也是一种同策略算法，它使用与学习过程相同的策略来选择动作。SARSA 算法在学习过程中直接根据当前策略选择动作，并基于这个策略进行更新。在每次更新时，SARSA 算法都会使用当前策略来选择下一个动作，这确保了其在更新过程中策略的一致性，且不会受到策略变化的影响，使得学习过程更加稳定。相比之下，虽然 TD(0) 算法也使用当前状态的下一个状态来更新价值函数，但它并不严格要求按照当前策略来选择下一个动作。在某些情况下，这可能导致策略评估与策略改进之间的不一致。而且，SARSA 算法在每次动作执行后立即更新价值函数，这使得算法能够迅速响应环境变化，并根据最新的经验进行调整。TD(0) 算法虽然也利用了即时奖励进行更新，但它的更新过程不如 SARSA 算法那样紧密地与当前策略相结合，因此可能存在无法像 SARSA 算法一样快速适应的情况。

4. Q-Learning 算法

Q-Learning 算法[4]通过学习动作价值函数来找到最佳策略，其核心思想是通过学习一个 Q 函数来评估在给定状态下采取某个动作的期望回报，以指导决策。它隶属于时序差分学习方法，同样是一种无模型的学习算法。Q-Learning 算法的更新规则也是基于贝尔曼方程：

$$Q(s,a) \leftarrow (1-\alpha)Q(s,a) + \alpha[R(s,a) + \gamma \cdot \max_{a'}Q(s',a')] \qquad (5\text{-}24)$$

从上式可以看到，Q-Learning 的更新规则包含了即时奖励 $R(s,a)$ 和所有可能动作的最大期望奖励 $\max_{a'}Q(s',a')$。这意味着，Q-Learning 在更新时考虑的是所有动作的潜在价值，而不是当前策略下的动作，它体现了智能体在每个新状态中都尽可能选择最佳动作的策略。因此，在 Q-Learning 中，探索（尝试新动作以发现更好的策略）和利用（使用当前策略来获取奖励）是分离的。智能体可以探索并尝试不同的动作，而 Q 值的更新则基于这些探索的结果来改进策略。这种分离允许智能体在学习过程中使用一个探索策略（如 ε-贪心策略），同时学习一个可能不同的最优策略，即使它不是用这个策略来选择动作的。因此，与前面两种同策略方法不同，Q-Learning 是一种异策略方法。这种能力使得 Q-Learning 非常灵活，因为它可以在不直接依赖于当前策略的情况下，评估和改进其他策略。

Q-Learning 算法的基本步骤可以归纳如下。

1）初始化 Q 函数 $Q(s,a)$，通常将所有 Q 值设置为 0 或随机值。

2）在每个状态下，根据当前策略（如 ε- 贪心策略）选择动作。ε- 贪心策略以概率 ε 选择随机动作，以概率 $1-\varepsilon$ 选择当前 Q 值最大的动作。

3）执行选定的动作，并观察环境的反馈，包括新的状态、获得的即时奖励及是否达到终止状态。

4）使用贝尔曼最优方程更新 Q 值。

5）重复步骤 2）~4），不断与环境交互并更新 Q 值，直到 Q 值收敛或达到预设的迭代次数。

与 SARSA 相似的地方在于，Q-Learning 也是通过维护一个 Q 表来存储 Q 函数的估计值。Q 表中的值会随着学习不断更新，最终收敛到最优 Q 值 $Q^*(s,a)$。因此，Q-Learning 可以离线进行，不要求在执行每一步时必须立即更新 Q 表，即在没有实时环境反馈的情况下，也可以使用已收集的数据来更新 Q 值。由于 Q-Learning 在更新时考虑的是下一个状态所有动作的最大期望回报，即 $\max_{a'} Q(s',a')$ 是基于所有可能的动作的，所以它在探索未知环境时更加积极。它倾向于尝试那些可能带来更高回报的新策略，即使这些策略在当前策略下不是最优的。理论上，Q-Learning 在无限探索且无偏的情况下可以保证收敛到最优策略。相较之下，SARSA 则只考虑下一个状态下按当前策略选择的动作的回报，这使得它更保守，倾向于评估当前策略下的性能。虽然这有助于稳定收敛，但可能限制了其发现更优策略的机会。然而，也正因为如此，在状态空间非常大的情况下，Q-Learning 中的 Q 表也会随之变得非常庞大，这种情况被称之为"维度灾难"，它导致计算复杂度和存储空间需求急剧增加，还会使得更新和查询过程变得非常慢。为了应对这个问题，开发了使用函数逼近（Function Approximation）的方法来估计 Q 值，这种方法称为函数逼近 Q-Learning。

> 维度灾难指的是当数据的维度（即特征或变量的数量）增加时，数据分析和模型的复杂性急剧上升，导致计算困难、可视化困难，并且可能引发过拟合等问题。简单来说，就是随着维度的增加，数据分析变得越来越困难，模型的性能可能不升反降。

> 函数逼近 Q-Learning 通过构建一个参数化的函数（如神经网络、线性回归模型等）来逼近 Q 函数。这个函数将状态（可能还有动作）作为输入，并输出对应的 Q 值。通过这种方式，可以大大减少所需的存储空间，并能在新的状态下通过函数计算而非查询表格来快速获得 Q 值。常用的函数逼近器有线性回归、决策器和神经网络等。

为方便更直观地了解上述时序差分学习中各类算法的特点，表 5-2 对它们进行了总结对比。

表 5-2 几种时序差分学习算法的对比

算法类型	更新规则	策略类型	优势	劣势	适用场景
TD(0)	只考虑一步的转换来更新价值函数（式 5-21）	同策略	可以灵活地被用于支持异策略算法	与当前策略结合不够紧密，收敛较慢	理论上，可以应用于各种强化学习算法中

(续)

算法类型	更新规则	策略类型	优势	劣势	适用场景
SARSA	明确依赖于下一个动作的 Q 值估计,只学习当前执行策略的价值函数(式 5-22)	同策略	算法在更新过程中具有策略一致性,学习过程更加稳定	由于其保守性,限制了发现更优策略的机会	机器人控制、游戏 AI 等对稳定性要求较高的场景
Q-Learning	选择下一个状态下具有最大 Q 值的动作来更新 Q 表,独立于当前执行策略的最优策略(式 5-24)	异策略	不需要完整的环境模型,可以离线进行,更容易达到最优策略,适用于离散的动作空间	在状态空间极大时可能面临维度灾难,收敛速度变慢甚至无法收敛	自动驾驶、金融市场分析、机器人控制等

5.2.2 基于策略的方法

基于策略的方法将策略视为一个可学习的函数或模型,即根据当前状态输出动作或动作的概率分布。与基于价值函数的方法通过估计每个状态或状态 – 动作对的价值来指导决策不同,基于策略的方法直接优化策略本身,以最大化累积奖励为优化目标。由于直接对策略进行改进,基于策略的方法通常具有更好的收敛性。而且不需要为每个动作计算价值,因此能够更高效地处理高维或连续的动作空间。就像要去一个陌生的地方,会先看地图(明确目标),然后规划一条路线(制定策略),在走的过程中可能会遇到一些没预料到的情况(如修路或堵车),这时就需要灵活应对(执行与调整策略)。最后,当到达目的地时,会检查自己是否真的到了想去的地方(评估结果)。

为实现基于策略的方法,首先需要设计一个合适的策略模型,其通常包含一组参数,这些参数通过优化算法进行调整,以改善策略的性能。这个模型可以是简单的线性模型、神经网络或其他复杂的机器学习模型。模型的设计应考虑到问题的具体需求,如状态空间的维度、动作空间的性质,以及环境的动态特性。其次,策略模型的参数需要被初始化,可以通过随机初始化、基于先验知识的初始化或预训练模型的方式来完成。初始化的质量对后续的学习过程有重要影响。在训练过程中,需要不断评估当前策略的性能。这通常通过让智能体在环境中执行策略,并收集累积奖励作为反馈来实现。策略评估的结果用于指导策略的优化。根据策略评估的结果,使用优化算法(如梯度上升、遗传算法、进化策略等)来更新策略模型的参数。优化算法的目标是找到一组参数,使得策略在给定状态下能够输出最优或接近最优的动作。最后,以迭代的方式使智能体不断与环境交互,累积经验并改进策略,直到策略的性能达到预设的阈值,或达到一定的迭代次数。典型的基于策略的方法有策略梯度算法、REINFORCE 算法和演员 – 评论家算法。

1. 策略梯度算法

策略梯度(Policy Gradient)算法[11]是一类直接优化策略以最大化期望回报的方法。它直接对策略的参数进行梯度上升优化,通常适用于连续动作空间或高维动作空间的情况。根据确定性策略和随机性策略的分类,策略梯度算法同样可以分为确定性策略梯度和随机性策略梯度。在确定性策略梯度算法下，给定状态 s，策略会输出一个确定性的动作 a，而不是动作的概率分布，这种方法在需要精确控制的场景下表现出色。与确定性策略梯度算法相对，随机性策略梯度算法在给定状态下输出动作的概率分布，该方法能够处理不确定性，并在某些情况下获得更好的探索效果。

策略梯度算法的核心在于将智能体的行为策略表示为一个参数化函数（如神经网络），该函数直接输出在给定状态下应采取动作的概率分布。通过计算目标函数（通常是期望累积奖励）相对于策略参数的梯度进行参数更新，策略梯度算法能够逐步改进策略，以最大化累积奖励。假设一个策略 $\pi_\theta(a|s)$ 是由参数 θ 控制的概率分布，表示在状态 s 下选择动作 a 的概率，目标函数为最大化某个性能指标 $T(\theta)$，通常定义为累积奖励的期望，即

$$T(\theta) = \mathbb{E}_{\pi_\theta}\left[\sum_{t=0}^{T-1} \gamma^t r_{t+1}\right] \tag{5-25}$$

使用策略梯度定理计算目标函数 $T(\theta)$ 关于策略参数 θ 的梯度可得

$$\nabla_\theta T(\theta) = \mathbb{E}_{\pi_\theta}[\nabla_\theta \log \pi_\theta(a|s) Q^{\pi_\theta}(s,a)] \tag{5-26}$$

进一步，使用梯度上升法更新策略参数：

$$\theta \leftarrow \theta + \alpha \nabla_\theta T(\theta) \tag{5-27}$$

这里需要注意与机器学习中梯度下降法更新参数的区别。梯度下降法是为了向最小化损失函数的方向进行优化。而在强化学习中，需要向奖励最大化的方向进行优化，使得选择高回报动作的概率增加，而选择低回报动作的概率减小，因此选择梯度上升的方式。直观理解一下，在每一

> 关于策略梯度定理的详细数学推导过程本节不再详述，可以参考 Reinforcement Learning: An Introduction。

个状态下，梯度的更新方向是增大高回报轨迹出现的概率，减小低回报轨迹出现的概率。当动作空间非常大或是连续时，基于价值函数的算法（如 Q-Learning）难以有效地解决问题，而策略梯度算法可以直接优化策略，处理这些复杂的动作空间。在高维状态空间中，策略梯度算法也表现出较好的性能，因为它直接从策略函数中采样，避免了对状态价值函数的计算和存储。虽然在某些需要随机性策略的问题中，确定性策略梯度算法可能不足以探索整个状态-动作空间，但随机性策略梯度算法可以更好地促进探索。与基于价值函数的方法类似，策略梯度算法不依赖于环境的模型，适用于模型未知的强化学习问题。

2. REINFORCE 算法

REINFORCE 算法[15]由罗纳德·威廉姆斯（Ronald J. Williams）在 1992 年提出，全称为"Monte Carlo Policy Gradient"（蒙特卡洛策略梯度）。它利用梯度上升、策略梯度定理和蒙特卡洛估计来优化策略参数，直接最大化累积奖励的期望。REINFORCE 算法的核心思想是通过与环境交互来优化策略的期望回报，它是许多现代策略梯度方法的基础，具有重要的学术和应用价值。在 REINFORCE 算法中，智能体的行为策略被表示为一个参数化函数（如线性函数或神经网络），该函数接受当前状态作为输入，并输出在给定状态下采取各个动作的概率分布。REINFORCE 算法使用蒙特卡洛方法来估计期望累积奖励的梯度。通过与环境

的交互收集轨迹（即状态-动作-奖励序列），并使用这些轨迹来计算期望累积奖励的无偏估计。然后，利用策略梯度定理将梯度表示为与策略下动作的对数概率相关的奖励的总和。REINFORCE 算法的流程如下。

1）通过当前策略 π_θ 生成一个完整的轨迹 τ。

2）计算该轨迹的总回报 G_t。

3）使用该轨迹估计策略梯度，并更新策略参数：

$$\Delta\theta = \alpha \sum_{t=0}^{T} \nabla_\theta \log \pi_\theta(a_t|s_t) G_t \tag{5-28}$$

其中，G_t 是从时间步 t 开始的累积奖励。

由于 REINFORCE 使用蒙特卡洛方法来估计梯度，因此存在梯度估计方差较大的问题（蒙特卡罗方法本身局限之一），这可能导致学习过程不稳定和收敛速度较慢。为了减小策略梯度估计的方差，REINFORCE 算法的一个改进版本是引入基线 $b(s_t)$，使用一个独立于动作的函数以减少梯度估计的方差。基线是一个与动作选择无关的函数，从回报中减去基线值可以在保持梯度估计无偏性的同时降低方差。那么，带基线的 REINFORCE 算法的更新规则为

$$\Delta\theta = \alpha \sum_{t=1}^{T} \nabla_\theta \log \pi_\theta(a_t|s_t)(G(t) - b(s_t)) \tag{5-29}$$

基线的选择应该遵循以下原则：第一，基线函数应该与状态相关，以便能够反映不同状态下期望奖励的差异；第二，基线函数不应该依赖于当前选择的动作，因为策略梯度的计算是基于动作选择的。如果基线函数依赖于动作，那么它可能会引入不必要的偏差。最常用的基线函数是状态价值函数 $V^{\pi_\theta}(s_t)$，其值可以用蒙特卡洛方法进行估计或者用可学习的函数 $V_\varphi^{\pi_\theta}(s_t)$ 来逼近。使用参数化的基线函数时，目标函数可表示为

$$L(\varphi|s_t, \pi_\theta) = (V^{\pi_\theta}(s_t) - V_\varphi^{\pi_\theta}(s_t))^2 \tag{5-30}$$

除了带基线的 REINFORCE 算法，为了解决 REINFORCE 算法存在的方差较大和收敛速度慢等问题，研究者们还提出了其他多种改进算法，如 Actor-Critic、Trust Region Policy Optimization（TRPO）和 Proximal Policy Optimization（PPO）等。这些方法通过引入额外的评估器、限制策略更新的幅度或采用更高效的优化算法来提高算法的稳定性和收敛速度。REINFORCE 算法作为典型的基于策略的强化学习算法，其本体及其变种算法早已广泛应用到各个行业和产品中，如 Atari-RL 项目和 Mujoco 物理模拟环境中的任务。这些环境提供了一个测试和比较不同强化学习算法的平台，REINFORCE 算法在这些环境中

> Atari-RL 项目是一个基于 TensorFlow 的开源项目，旨在通过深度强化学习让机器学会玩 Atari 游戏。项目复现并扩展了多个前沿研究，包括使用 REINFORCE 算法来训练智能体。这个项目不仅用于娱乐，还可以帮助研究人员和爱好者探索机器如何自动掌握复杂的游戏策略。

> Mujoco 物理模拟环境是一个广泛应用于强化学习研究的仿真平台，特别是在机器人控制和动态系统模拟领域。在 Mujoco 环境中，REINFORCE 算法可以用来训练智能体完成各种任务，如机械臂控制、倒立摆问题、Half Cheetah 任务等。

能够学习到有效的策略来完成复杂的任务。

3. 演员-评论家算法

演员-评论家（Actor-Critic）算法[4]是一种结合了策略梯度和价值函数的强化学习算法，通过 Actor（演员，执行器）和 Critic（评论家，评估器）的交互来优化策略，旨在解决传统策略梯度算法在处理大型状态空间和连续动作空间时效率低下的问题。其中，Actor 负责学习策略函数，即根据当前状态选择动作。它通常是一个参数化的策略函数（如神经网络），输出是给定状态下各个动作的概率分布。Actor 通过策略梯度算法进行更新。具体来说，它使用 Critic 提供的状态值或动作值信息来计算梯度，并沿着梯度方向更新策略参数，以最大化累积奖励的期望。Critic 负责学习价值函数，即评估当前状态或状态-动作对的价值。Critic 可以是状态价值函数（V 函数），仅依赖于当前状态，也可以是动作价值函数（Q 函数），同时考虑当前状态和所选动作。Critic 使用实际获得的奖励和下一状态的价值来计算时序差分误差，并据此更新参数，以减小预测误差。

Actor-Critic 算法流程可以简单总结如下。

1）初始化 Actor 和 Critic 的参数，接受初始状态 s_0 作为输入。

2）使用 Actor 根据当前状态 s_t 生成动作 a_t。

3）执行动作 a_t，观察环境反馈的下一状态 s_{t+1} 和奖励 r_{t+1}。

4）使用 Critic 评估当前状态 s_t 或状态-动作对 (s_t,a_t) 的价值。根据 Critic 的输出和实际奖励计算时序差分误差。

5）使用时序差分误差更新 Critic 的参数，以减小预测误差。再使用 Critic 提供的价值信息（如优势函数）和策略梯度算法更新 Actor 的参数，以优化策略。

6）状态更新：将当前状态更新为下一状态 s_{t+1}，并重复步骤 2）～5），直到达到终止条件。

Actor-Critic 算法通过分离策略学习和价值评估，能够更有效地利用训练数据提高学习效率。Critic 提供的价值信息有助于指导 Actor 的更新方向，减少策略更新的盲目性，提高学习过程的稳定性。Actor-Critic 算法的高效性、稳定性和灵活性等优点使其能够轻松应对复杂多变的环境和任务。在许多商业游戏中的 AI 对手或辅助系统，几乎都采用了 Actor-Critic 算法或其改进版本来提高智能体的决策能力和适应性。这些智能体能够学习玩家的行为模式，并据此调整自己的策略，从而提供更加真实和具有挑战性的游戏体验。

5.3 深度强化学习

早期的强化学习算法，如 Q-Learning 和 SARSA，主要依赖于预定义的规则和明确的状态转移模型。这些算法在有限状态空间和规则明确的环境时表现出色。然而，当面对高维状态空间或未知环境时，它们的性能往往受到限制。为了克服这一问题，随着神经网络技术的

当深度学习遇到强化学习

飞速发展，研究者们开始探索将深度学习与强化学习相结合的新途径。通过利用神经网络来近似价值函数（如 Q 值）或策略函数，深度强化学习（Deep Reinforcement Learning，DRL）应运而生，如图 5-7 所示。这种结合不仅显著提升了算法在高维状态空间和复杂未知环境中的适应能力，还为实现从感知到动作的端到端学习提供了可能。深度强化学习算法能够像人类一样，接收来自环境的感知信息（如视觉、听觉等）作为状态输入，通过神经网络学习并优化一种策略，以指导智能体做出最合适的动作响应。

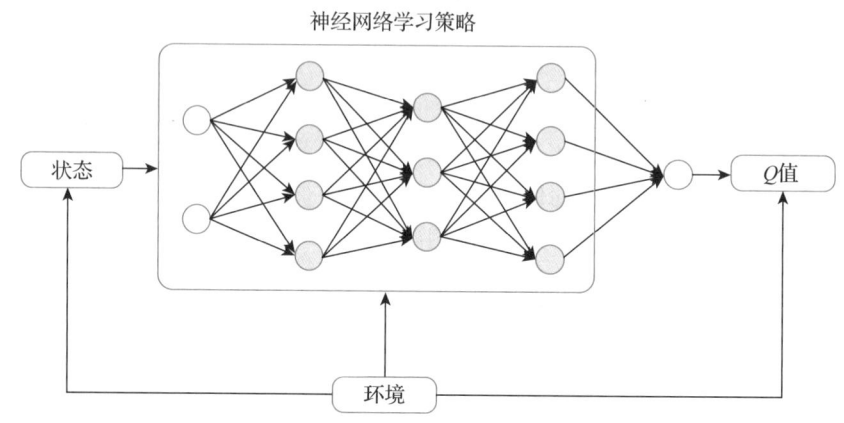

图 5-7　深度强化学习框架示例

2013 年，谷歌 DeepMind 创始人之一弗拉基米尔·米哈伊尔（Volodymyr Mnih）等人在 *Nature* 杂志上发表了关于深度 Q 网络（Deep Q-Network，DQN）的突破性研究[7]，标志着深度强化学习时代的正式开启。DQN 在 Atari 游戏平台上的卓越表现，不仅超越了人类玩家的水平，还极大地激发了科研界对深度强化学习领域更深层次探索的兴趣。研究者们开始开发各种算法来提高学习效率、稳定性和泛化能力。此后，还诞生了通过异步更新来提高学习速度的异步优势演员-评论家（A3C）算法和通过限制策略梯度的更新来增强稳定性的 PPO 算法。此外，AlphaGo 的不败战绩更是将深度强化学习的影响力推向了全球瞩目的高度。这款结合了深度学习和蒙特卡洛树搜索技术的围棋智能体，不仅击败了众多人类顶尖围棋选手，还展示了 AI 在复杂策略游戏领域的无限潜力。总而言之，深度强化学习作为一种创新的算法框架，成功地将深度学习的强大表示能力与强化学习的决策优化能力相结合，使机器能够在复杂多变的环境中实现真正的自主学习和决策。这一领域的快速发展不仅为人工智能的研究带来了革命性的进展，也为解决现实世界中的诸多复杂问题提供了强有力的技术支撑。

1. 深度 Q 网络

深度 Q 网络是强化学习与深度学习相结合的杰出代表，它的出现极大地推动了复杂环境下智能决策系统的发展。传统强化学习算法，如 Q-Learning，虽然能够在小规模问题中表现出色，但面对高维状态空间时，其维护 Q 表的方法变得不切实际。而深度学习，特别是深度神经网络，以其强大的函数逼近能力著称，能够处理复杂的数据表示和高维特征空间。如图 5-8 所示，DQN 通过深度神经网络来近似 Q 函数，解决了传统 Q-Learning 在高维状态空间下难以处理的难题,为强化学习在更广泛领域的应用铺平了道路。这个被用来拟合Q函数的神经网络被称为 **Q 网络**(Q-network)。

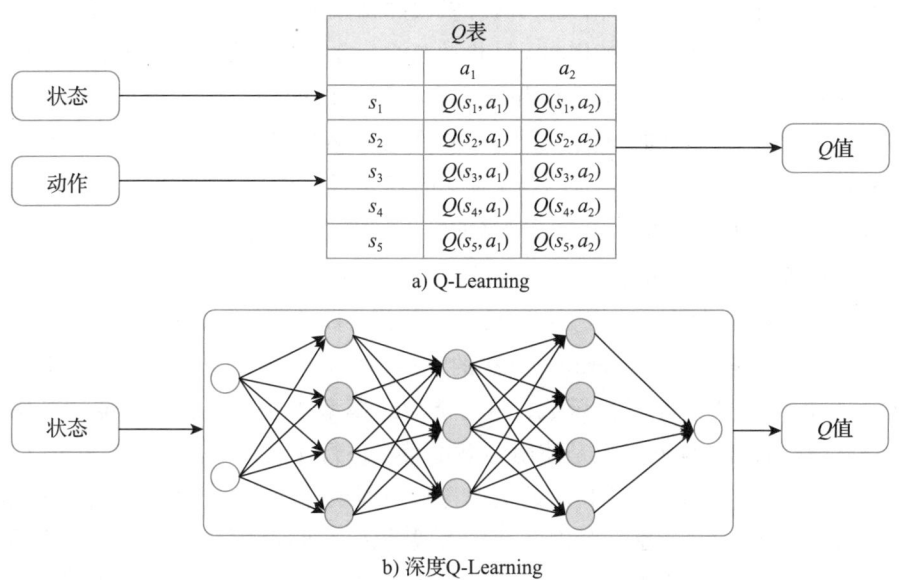

图 5-8 Q-Learning 与 DQN 的对比

DQN 的目标函数 $L(\theta)$ 是通过最小化预测 Q 值与目标 Q 值之间的均方误差来实现的,其定义可以表示为

$$L(\theta) = \frac{1}{2}(y - Q_\theta(s,a))^2 \tag{5-31}$$

其中,θ 为当前网络学习的参数;$Q_\theta(s, a)$ 为当前网络预测的 Q 值;y 为目标 Q 值,可以由贝尔曼方程更新得到,$y = r + \gamma \max_{a'} Q_{\theta^-}(s',a')$,$Q_{\theta^-}(s',a')$ 指的是目标网络在状态 s' 下对所有可能动作 a' 的 Q 值预测,θ^- 为目标网络的参数,它们同时是当前网络参数 θ 的一个延迟副本。

DQN 两个重要的模块是经验回放(Experience Replay)和目标网络(Target Network)。经验回放是 DQN 中的一个关键机制,用于缓解数据间的相关性,提升训练效率。经验回放将智能体与环境交互获得的经验 (s_t, a_t, r_t, s_{t+1}) 存储在一个缓冲区中。在训练时,DQN 从缓冲区中随机抽取小批量样本来更新神经网络的参数。经验回放机制具有两个显著优势:一是能够重复利用过去的经验样本,提升数据利用效率;另一点则是打破了数据之间的相关性,减少了样本的自相关性对学习过程的负面影响。以篮球投篮训练为例,经验回放机制的引入就如同为训练过程增添了一双慧眼。设想一名篮球运动员想要提升投篮命中率,在没有经验回放的情况下,可能局限于某一固定位置的连续投篮练习,并据此调整姿势和力度。然而,这种方式极易导致对局部错误的过度矫正,忽视了整体投篮技巧的提升。相反,当采用经验回放策略时,会系统地记录每一次投篮的详细情况,包括位置、姿势、力度等。在每次训练时,从这些丰富的历史数据中随机抽取样本作为参考,这些样本覆盖了不同的投篮位置、条件和情境。这种跨时空的"借鉴"让球员能够站在更高的视角审视自己的投篮技巧，综合考虑多种因素来调整投篮策略，从而避免因单一视角或近期经验导致偏见和误判。虽然经验回放机制能够打破样本之间的时间相关性并提高训练的稳定性，但同时也可能导致样本利用率较低的问题。因为经验回放池中的样本是随机抽取的，有些重要的样本可能无法被充分利用。

目标网络是一个与在线网络结构相同但参数不同的网络，用于计算目标 Q 值。通过定期更新目标网络的参数（如每隔一定步数将在线网络的参数复制给目标网络），DQN 能够减少训练过程中的波动，进一步提高训练的稳定性。DQN 的目标是使得 $Q_\theta(s,a)$ 逼近 $r+\gamma \max_{a'} Q_\theta (s',a')$，目标本身就包含了网络的输出。因此网络参数更新时，目标也在不断变化，这使得网络的训练不稳定。目标网络是主网络的延迟副本，在一定步数之后同步更新。这种方法减少了目标网络随主网络更新而波动的问题，提升了训练过程的稳定性。

DQN 虽然大大提升了 Q-Learning 算法的性能，但是当状态空间维度较高时，DQN 需要更多的神经网络参数来近似 Q 函数，这可能导致模型变得过于复杂且难以训练。而且，与 Q-Learning 相同，DQN 通常也是使用 ε- 贪心策略进行探索，即在每个时间步以一定的概率 ε 选择随机动作进行探索，以 1− ε 的概率选择当前最优动作进行利用。这种策略可能无法充分探索状态空间，尤其是在状态空间较大或动作空间较复杂的情况下，特别是在初期阶段，大量的随机探索可能无法有效覆盖整个状态空间，导致算法收敛速度变慢或陷入局部最优解。为了缓解这些问题，研究者们提出了多种改进方法。例如，引入优先经验回放（Prioritized Experience Replay）机制来更有效地利用样本，使模型更加关注那些"重要"的样本；或者使用双网络结构（Double DQN）来减少高估问题，提高算法的稳定性；又或者采用更复杂的探索策略，如基于熵的探索（Entropy-based Exploration）或噪声网络（Noisy Network），来更加智能地进行探索与利用的权衡。这些方法都在不同程度上提升了 DQN 在处理高维复杂任务时的性能和效率。

2. A3C 算法

A3C 算法[14]的名称代表了其三个核心特点：异步（Asynchronous）、优势（Advantage）、演员 – 评论家（Actor-Critic）。A3C 算法的核心优势之一在于其采用了异步训练方法。并行运行多个智能体（也称为"工作者"或"线程"），每个智能体都在自己的环境副本中独立地与环境进行交互，并独立地更新自己的神经网络参数。因为多个智能体可以同时收集训练数据，进而使这种并行化处理方式加速了学习过程，增加了训练数据的多样性，有助于避免局部最优解，提高算法的泛化能力。这里的优势指的是 A3C 算法将优势函数（Advantage Function）用于策略梯度的更新过程中。优势函数衡量了在当前状态下采取某个动作相对于平均行为（或基线行为）的额外回报。通过使用优势函数，算法能够更精确地指导策略学习，专注于那些能够带来额外回报的动作，而忽略那些仅与平均回报相当的动作。这种机制有助于智能体更有效地学习并优化其策略。A3C 算法将传统的演员 – 评论家算法框架与深度学习方法相结合，通过两个神经网络分别代替 Actor 和 Critic 用于学习策略和评估价值，形成了其独特的神经网络架构。通过 Actor 和 Critic 的相互作用，A3C 算法能够同时学习最优策略和价值函数，从而实现更加稳定和高效的强化学习。

如图 5-9 所示，A3C 算法的工作原理是，每个智能体从全局网络复制最新的神经网络参数（包括 Actor 网络和 Critic 网络的参数）作为模型副本，然后通过异步、并行的方式独立地与环境（模拟器）进行交互，收集经验数据。基于这些经验数据，智能体计算梯度，包括策略梯度（基于策略梯度定理，通过计算策略网络输出的动作概率对数与优势函数乘积的负梯度来优化策略）和价值梯度（用于优化 Critic 网络，以更准确地评估动作价值）。计算得到的梯度随后被传回给全局网络，用于更新主模型（全局网络）的参数。这种异步的更新机制不仅提高了学习效率，还通过并行智能体的多样性经验增强了算法的稳定性。与 Actor-Critic 算法类似，A3C 算法的损失函数也包含策略损失和价值函数损失两部分，分别对应 Actor 网络和 Critic 网络的优化目标。

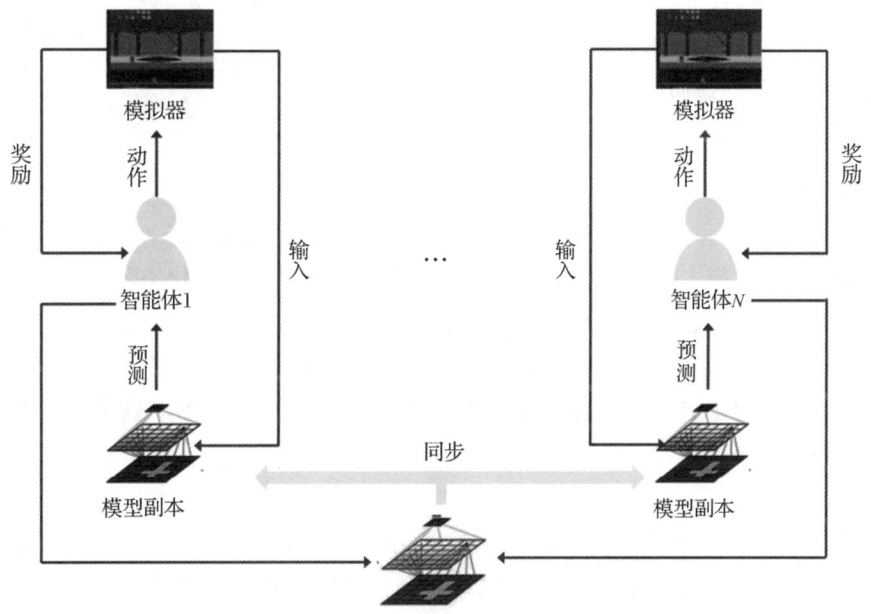

图 5-9 A3C 算法

策略损失 L_policy 可以表示为

$$L_\text{policy} = -\mathbb{E}[\log p(a_t \mid s_t; \theta) A(s_t, a_t; \theta, \theta_v)] \tag{5-32}$$

其中，$p(a_t \mid s_t; \theta)$ 是在状态 s_t 下采取动作 a_t 的概率；$A(s_t, a_t; \theta, \theta_v)$ 是优势函数的估计值，衡量了采取某个动作相比于平均动作的额外价值；θ 与 θ_v 分别是 Actor 网络和 Critic 网络的参数。

价值函数损失 L_value 用于优化价值函数网络，它计算了价值函数的输出与实际回报（即折扣奖励的总和）之间的均方误差，可以表示为

$$L_\text{value} = \mathbb{E}[(V(s_t; \theta_v) - (r_t + \gamma V(s_{t+1}; \theta_v)))^2] \tag{5-33}$$

其中，$V(s_t; \theta_v)$ 是状态 s_t 的价值函数估计；r_t 是在时间步 t 获得的奖励；$V(s_{t+1}; \theta_v)$ 是状态 s_{t+1} 的价值函数估计。

A3C算法在更新时会同时考虑这两部分损失，通过梯度下降方法来优化网络参数。而且，A3C算法鼓励探索，在策略更新中加入了熵奖励正则化项，并且使用Hogwild!算法作为更新方法，这是一种允许多个线程同时更新共享参数的并行更新方法。关于熵正则项的使用这里不再展开叙述，感兴趣的读者可以参考论文"Asynchronous Methods for Deep Reinforcement Learning"。A3C算法在围棋、星际争霸等复杂任务上取得了显著成效，同时在处理连续动作空间和高维状态空间的强化学习问题上也表现卓越。其独特的异步训练机制不仅提升了训练效率，还增强了训练的稳定性，使得算法能够学习到更优的策略和价值函数。然而，作为基于策略的方法，A3C算法也面临着收敛到局部最优解的风险，并且在策略评估时可能因依赖于样本路径而遭遇高方差问题，进而可能导致评估结果的不稳定。

> Hogwild!算法是一种用于并行化随机梯度下降（SGD）的无锁并行方法，由冯牛（Feng Niu）等人提出。这种算法允许多个处理器同时访问和更新共享内存中的模型参数，而不需要通过锁机制来保证同步，从而显著提高了数据吞吐量并减少了同步开销。

3. PPO算法

PPO算法[12]的全称为近端策略优化（Proximal Policy Optimization）算法，由约翰·舒尔曼（John Schulman）等人于2017年提出，是一种先进的策略梯度强化学习算法，旨在简化先前策略梯度算法的实现，并提高其训练的稳定性和样本效率。PPO的核心思想在于通过控制新旧策略之间的概率比率变化范围（如限制在 $[1-\varepsilon, 1+\varepsilon]$ 内），即采用裁剪（Clipping）技术，来避免策略更新过程中的过大波动，从而确保学习过程的平稳与高效。这种策略不仅使PPO在多种复杂环境中表现出色，还允许算法在一个数据批次上进行多次更新，极大地提高了样本的利用率。

为了便于理解，可以将PPO算法类比为烹饪比萨的过程。首先，有一个初步的烹饪策略，这可能是从网上找来的食谱，或者朋友给出的建议。这个策略包括需要的食材（如面团、酱料、奶酪等）、烹饪步骤（如预热烤箱、涂抹酱料、撒上奶酪等）和注意事项（如烤箱温度、烹饪时间等）。这相当于PPO中的初始策略，它用于指导如何开始行动。接着，按照食谱开始制作比萨。在烹饪过程中，可能遇到各种问题，比如面团太硬、酱料太咸、奶酪烤焦了等。这些问题和结果就是"经验"，相当于PPO中的样本数据。这些数据包含了行动（如添加的食材量、烤箱温度设置等）和对应的反馈（如比萨的口感、外观等）。在品尝了比萨并收集了反馈后，开始思考如何改进烹饪策略，比如调整面团的配方、减少酱料的盐分、调整烤箱的温度或时间等。这个过程就是PPO中的策略优化。在PPO中，算法会根据收集到的经验数据来更新策略参数，以便在下一次尝试中做出更好的决策。但是，在调整烹饪策略时，不会一次性做出太大的改变。比如，不会将烤箱温度突然从200℃调整到300℃，因为这样的变化可能导致比萨完全烤焦；相反，会逐步调整温度，每次只改变一点点。这类似于PPO中的裁剪（Clipping）或惩罚（Penalty）机制，它限制了策略更新的幅度，确保每次更新都是平稳的，避免因为过大的变化而导致训练不稳定。而且还会多次制作比萨，每次都根据上次的反馈进行调整。这个过程会反复进行多次，直到制作出的比萨口感和外观都达到期望。这同样类似于 PPO 中的多次迭代更新机制，它提高了样本的利用效率，使算法能够更快地收敛到最优策略。

PPO 算法的另一个关键组成部分是替代损失函数（Surrogate Loss），它结合了策略梯度和概率比率的裁剪，以优化策略网络的参数。在烹饪比萨的例子中，替代损失函数可以类比为每次用来衡量和调整烹饪策略的工具。它有助于识别当前比萨与理想比萨之间的差距，并对如何逐步调整烹饪策略以缩小这种差距给出指导。此外，PPO 通常还会结合价值函数的估计和熵正则化项，以鼓励探索并提高策略的多样性。PPO 能够与多种深度强化学习框架结合，适用于多种强化问题。但是，PPO 的性能对超参数敏感，算法的表现在很大程度上依赖于超参数的调整。

除了上述方法之外，还有其他很多的研究致力于将深度强化学习应用到更广泛的领域。例如，分层强化学习（Hierarchical Reinforcement Learning，HRL）通过将任务分解为多个层次的子任务，从而减少决策的复杂性并提高学习效率。在 HRL 中，任务被分为高层次和低层次两部分。高层次策略决定何时以及如何调用低层次子策略，而低层次策略则专注于完成具体的子任务。这样的分层结构不仅可以加快学习速度，还能更好地处理长时间跨度的任务。再如，多智能体强化学习（Multi-Agent Reinforcement Learning，MARL）研究如何在多智能体系统中进行协作或竞争，并在交通控制、机器人群体，以及游戏 AI 等领域展现出了广阔的应用前景。此外，在许多实际应用中，通过人工设计或从零开始学习一个复杂策略可能非常困难或耗时。模仿学习（Imitation Learning）通过模仿人类专家或其他智能体的行为来学习策略。这种方法尤其适用于在需要高水平技能或对安全性要求较高的领域。模仿学习的典型应用场景包括自动驾驶、机器人操作等。在这些场景中，人类专家的示范行为被记录下来，作为学习的输入数据。智能体通过监督学习的方式拟合这些行为，逐步逼近专家策略。

5.4 强化学习的应用

前面已经对强化学习方法进行了系统介绍。接下来，将以智能机器人、自动驾驶、金融服务、游戏 AI 这四个典型应用场景为例，探讨强化学习的创新与发展。

5.4.1 智能机器人与强化学习

现代机器人的发展与控制论的诞生密切相关。1948 年，美国数学家诺伯特·维纳（Norbert Wiener）出版了《控制论：或关于在动物和机器中控制和通信的科学》[16] 一书，为机器人领域的实用化奠定了理论基础。1959 年，工业机器人先驱乔治·德沃尔（George Devol）创造了世界第一台可编程的工业机器人"Unimate"，这标志着现代机器人时代的开启。在机器人技术发展的早期阶段，自动化主要依赖于简单的机械原

智能机器人与强化学习

AlphaGo 的制胜法宝是什么？快来知识点视频中找寻答案吧！

理，如齿轮、杠杆和滑轨等，用于执行重复性、单一性的任务。随着电子技术的发展，机器人开始采用电子器件，如传感器、电机和控制器，使其能够感知和响应外部环境，执行更复杂的任务。这时期的机器人，其动作和行为通常由人类程序员预先编程设定，其控制策略往往是针对特定任务设计的，缺乏通用性和灵活性，而且通常不具备学习新任务的能力，每次任务变化或环境变化都需要人工重新编程。可以说，在强化学习出现之前，机器人的交互和协作也是主要依赖于人类操作员的直接控制和指导，基本不具备对环境变化的良好适应性。

Unimate，汉语音译名为"尤尼梅特"，是一个机器人的名字，意思是"万能自动"，是世界上第一台工业机器人，一般认为诞生于1959年，由美国发明家乔治·德沃尔和物理学家约瑟·英格柏格成立的一家名为Unimation的公司发明制造。

强化学习的核心在于其能够使智能体在复杂和动态的环境中自主学习最优策略。这种学习方式不依赖于预编程的指令，而是通过智能体与环境的互动，根据获得的反馈（奖励或惩罚）来调整其行为。以强化学习为驱动的机器人控制系统能够允许机器人通过试错机制，自主地学习如何在未知或不断变化的环境中进行导航和操作。这种学习方式使得机器人能够逐渐完善其行为，实现最大化某种累积奖励。强化学习在机器人控制领域的应用可以追溯到20世纪90年代，但直到21世纪初，随着计算能力的提升和算法的发展，这种学习方式才开始在机器人控制中得到广泛应用。2013年，DeepMind提出的DQN算法标志着深度强化学习的兴起，这一算法首次将深度神经网络与Q-Learning算法相结合，使得机器人能够通过自我激励的强化学习来优化控制策略。在随后的几年中，深度强化学习算法在机器人控制领域的应用迅速增长，研究人员开始探索如何将这些算法应用于更复杂的任务。以强化学习为代表的AI技术可通过设定目标让机器求解，使其在这一过程中自主生成和调整动作。例如，在自主巡航中，强化学习能使机器人学习如何在未知环境中导航，避开障碍物，达到目标位置；对于腿部或轮式机器人，强化学习可以帮助机器人学习稳定的步态和运动策略；在工业生产和服务领域，机械臂的精确控制是一项基本需求，通过强化学习，机械臂可以学习如何准确地抓取和搬运物品，甚至在面对未知物体时也能够灵活应对；在仓库物流中，机器人需要学习如何高效地完成货物的搬运和存储任务，通过强化学习算法，机器人可以根据仓库的布局、货物的种类和数量等因素，制定出最优的搬运路径和存储策略。

DeepMind在2017年采用强化学习进行机器人的动作生成，过程中并未明确为机器人设定行动，而是对机器人下达目标指令，机器人在多次训练后即可通过强化学习的反馈机制自主生成行走、跑步、跳跃等动作（见图5-10a）。腾讯四足机器人Robotics X Max亦采用相似的思路进行动作训练，让机器人利用强化学习算法学习动捕数据，根据外界变化自主生成动作及行为，从而使机器人在面对陌生障碍物时，也能灵活调整路线来完成既定目标（见图5-10b）。2022年北京冬奥会上亮相的"冰壶机器人"可以自动夹取、释放冰壶、准确击中目标，甚至可以完成高水平运动员都难以做到的操作，其进行强化学习的秘诀就是通过一次次的训练来提高技战术水平（见图 5-10c）。2024 年，DeepMind 再次发布了能与人类打乒乓球的机器人，该机器人能够使用和应对多种打法，在与初学者的比赛中获得了 100% 的胜率，在与中级选手的对战中赢得了 55% 的比赛，展现出了人类业余选手的水平（见图 5-10d）。

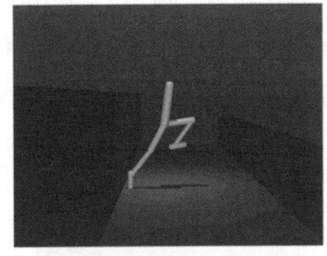
a) DeepMind 机器人做行走、跑步、跳跃等动作

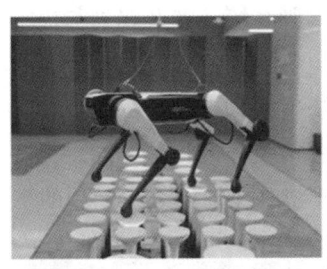
b) 腾讯 Robotics X Max 机器人可进行"梅花桩"精准踩点

c) 北京冬奥会"冰壶机器人"夹取与释放冰壶

d) DeepMind 乒乓球机器人，能够使用和应对多种打法

图 5-10 集合强化学习算法的机器人控制

尽管强化学习在机器人控制中取得了显著进展，但仍面临一些挑战。强化学习通常需要大量的样本数据来训练模型才能获得有效的控制策略。然而，在机器人控制领域，试错成本往往很高，大规模的试验和训练在实际应用中并不可行。由于训练数据等限制，这些模型仍难以掌握现实世界的真正物理规律，也难以达到机器人在现实世界中有效自主交互所需的准确性、精确性和可靠性。

5.4.2 自动驾驶与强化学习

自动驾驶技术的萌芽可以追溯到 20 世纪初。1925 年，发明家弗朗西斯·胡迪纳（Francis Houdina）驾驶世界上第一辆无线电控制的汽车在曼哈顿街道上行驶，这标志着人类开始探索通过遥控手段实现车辆自主移动的可能性。此后几十年间，虽然受限于技术水平，但科学家们从未停止对自动驾驶技术的探索。随着计算机技术和传感器技术的发展，无人驾驶汽车的研发逐渐进入快车道，进入 21 世纪，自动驾驶技术迎来了爆发式增长。

自动驾驶技术的发展经历了从辅助驾驶（如自适应巡航、车道保持等）到高级驾驶辅助系统，再到完全自动驾驶的逐步演进。强化学习在这一过程中发挥了重要作用，推动了自动驾驶技术的全面升级。图 5-11 展示了现代自动驾驶系统的典型架构。传感器架构主要包括多组摄像头、雷达和激光雷达（LiDAR），以及用于绝对定位和惯性测量单元的 GPS-GNSS

系统，该系统提供车辆在环境中的 3D 姿态。感知与定位模块的目标是将车辆周围的各种传感器获取到的环境信息（如道路状况、天气、障碍物、交通信号灯和行人等）转化为车辆可以理解和处理的格式，即场景表示。常见的方式有多传感器融合、行为预测和目标映射等。受益于深度学习架构的发展，这些感知任务（如目标检测、车道检测、语义分割等）目前已经实现了高精度信息提取。自动驾驶系统还涉及规划与决策、控制模块。规划与决策模块接收感知与定位模块的数据，基于车辆当前位置、目标位置和环境动态，制定车辆行驶策略和路线规划。此模块还要实时做出决策，如加速、减速、转弯、超车等，以确保车辆的安全性和高效性。控制模块则负责执行决策模块的指令，通过发动机、刹车、转向等执行器来精确驾驶车辆。它们共同协作，实现车辆在不需要人工干预的情况下的自主安全驾驶。

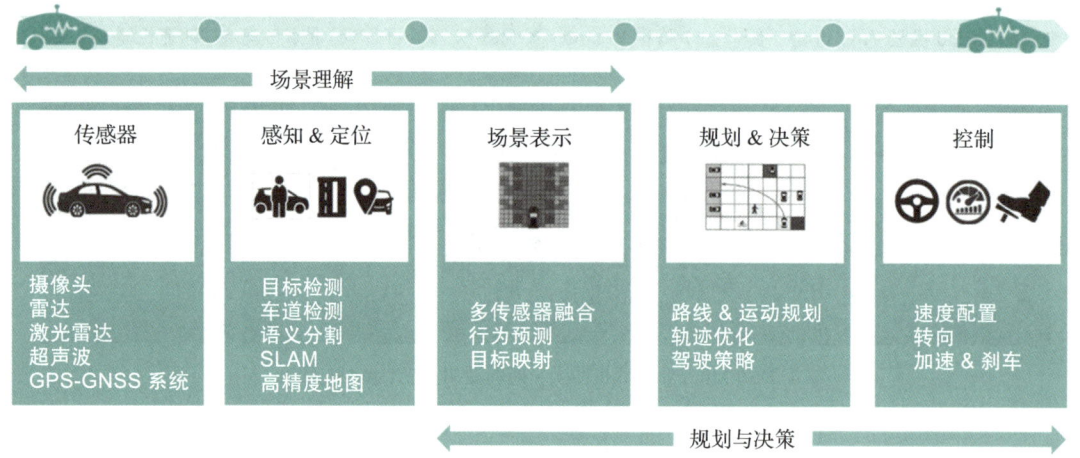

图 5-11　现代自动驾驶系统的典型架构

在自动驾驶系统中，强化学习主要应用于规划与决策和控制模块。在规划与决策模块中，强化学习基于感知信息进行路径规划和适应不同道路状况的策略学习，使车辆能自主做出合适的决策。控制模块则利用强化学习算法根据驾驶操作和环境反馈优化控制策略，实现精准稳定的车辆控制。作为一种数据驱动的方法，强化学习依赖于与环境的交互，以学习最优策略。在自动驾驶系统中，智能体通常需要面临一系列复杂多变的实际驾驶场景。为了能够将强化学习算法应用于自动驾驶系统并有效地训练模型，通常需要具备海量的真实数据和精确的仿真环境。真实数据可以帮助强化学习模型更准确地理解实际驾驶情况，而仿真环境则能够提供一个安全、有效、可控的平台来进行模型训练和策略优化。自动驾驶系统的开发依赖于车载传感器、路侧感知单元、航拍数据等多种数据来源，这些数据源共同构成了对环境的全方位、多级别的理解，为自动驾驶系统的决策和控制提供了强大的支持。

目前，市场上的自动驾驶量产车主要集中在 L2 和 L3 级别，部分车辆甚至只能达到 L1 级别，而 L4 和 L5 级别的自动驾驶技术刚刚开始商业化应用试验。2024 年 5 月，百度在武汉发布第六代"萝卜快跑"无人驾驶汽车，车上搭载全球首个支持 L4 级别无人驾驶应用的自动驾驶大模型。"萝卜快跑"已经开始在北京、武汉、重庆、深圳、上海等地开展全无人自动驾驶出行服务与测试。2023 年，萝卜快跑技术提升快速拓展时空覆盖，单量和收入实现跨越式增长，萝卜快跑全国日均订单量已达 1 万单；2024 年将实现武汉全城覆盖，并计划投入 1000 辆新一代量产无人车在武汉实现 7×24 小时全无人运营。"萝卜快跑"基于百度 Apollo 自动驾驶技术，结合高精度地图和定位系统，实现厘米级的实时定位，采用强化学习优化决策和控制策略，确保自主安全行驶（见图 5-12a）。

> 自动驾驶技术根据自动化程度的不同，通常被划分为六个级别，即 L0~L5，每个级别都代表了不同的自动化水平和驾驶员在驾驶过程中的角色。L0 级自动驾驶为无自动驾驶，L1 级自动驾驶为驾驶辅助，L2 级自动驾驶为部分自动驾驶，L3 级自动驾驶为高度自动驾驶，L4 级自动驾驶为高度自动化，L5 级自动驾驶为全自动化。

随着人工智能、物联网、5G 等技术的不断发展，自动驾驶技术正在逐步向更高级别迈进，未来有望实现更广泛的应用和普及。在矿山、码头、园区接驳等封闭或半封闭场景下，L4 级别的高度自动驾驶已经初步实现了规模化应用。京东物流研发的智能无人配送车能实现在无视距安全员的条件下，在开放道路上自主运行，并依据不同场景类型与作业模式，完成履约配送工作。该智能快递车具备了良好的通行能力，支持 24 小时全时段运行，以及适应复杂天气条件下的稳定运行，已经在国内 30 余座城市开展常态化落地运营，开放道路累计行驶里程超过 100 万千米，服务范围覆盖社区、商圈的快递配送，并与主流商超系统打通，提供超市订单无人即时配送服务（见图 5-12b）。2020 年，徐工集团推出中国首台大吨位矿用无人驾驶液压挖掘机 XE950DA，实现商用转化。之后，数十台无人驾驶的徐工 XDE240 电传动自卸车在神延西湾露天煤矿投入使用（见图 5-12c）。2023 年，徐工集团再度推出全球首款电动无人驾驶三桥刚性矿车 XDR80TE-AT，全球无人矿山建设实现大跨步发展。

a）"萝卜快跑"无人出租车进行载客服务　　b）京东物流智能无人配送车进行货物配送　　c）徐工集团 XDE240 电传动自卸车作业

图 5-12　强化学习助力自动驾驶在出行、配送和矿山作业等场景工作

强化学习在自动驾驶技术的发展中发挥了至关重要的作用。它不仅提升了自动驾驶汽车的决策与控制能力、复杂环境的应对能力，还推动了核心技术的发展和应用场景的拓展。未来，随着技术的不断进步和法规的完善，自动驾驶技术将在更多领域实现广泛应用，为人类带来更加便捷、安全和高效的出行体验。

5.4.3　金融服务与强化学习

金融市场的复杂性和动态性要求决策模型能够适应不断变化的环境。传统的监督学习和无监督学习方法在金融场景中受到限制,因为它们依赖于独立同分布的假设,而这在金融市场中往往不成立。强化学习通过智能体与环境的交互学习,不依赖于标注样本,能够更好地适应金融市场的复杂性。金融服务与强化学习的结合正在成为金融科技领域的一个重要趋势。

强化学习可以用于预测和管理各种金融风险,如信用风险、市场风险和利率风险等。可以通过构建基于强化学习的风险预测模型,学习市场的变化模式,预测潜在的风险点,从而制定更加精准的风险管理策略。强化学习模型还能够分析借款人的历史数据,包括信用记录、收入水平和负债情况,预测其违约风险。这样,金融机构能够更准确地评估信贷申请,优化信贷决策过程。强化学习模型还可以通过不断学习和适应新的数据,提高其预测的准确性,从而降低信贷风险。

强化学习在投资策略优化方面也具有显著优势。金融机构可以利用强化学习算法来分析历史市场数据,预测未来价格走势,并制定相应的交易策略。与传统的投资策略相比,强化学习算法能够更加灵活地应对市场变化,及时调整投资策略以最大化收益并降低风险。例如,IBM 就构建了一个面向金融交易的强化学习平台,该平台可以根据每一笔金融交易的损失或利润来调整奖励函数,从而不断优化投资策略并提高盈利能力。2020 年,微软亚洲研究院开源了金融 AI 通用技术平台 Qlib。一经开源,Qlib 便掀起了一阵热潮,截止到 2024 年 9 月,相关开源项目在 GitHub 上已收获了 15.2k 颗星。作为一个通用技术平台,Qlib 不仅大大降低了行业从业者使用 AI 算法的技术门槛,还为金融 AI 研究者提供了一个相对完整的研究框架,让他们可以基于专业知识探索更广泛的金融 AI 场景。微软亚洲研究院对 Qlib 的研究并未止步于此,经过两年多的深入探索,Qlib 迎来了重大更新,在原有的 AI 量化金融框架基础上,又引入了基于强化学习的单智能体和多智能体订单执行优化算法,形成全新的 Qlib 框架(见图 5-13),帮助相关从业者使用更先进和多样的人工智能技术来应对更复杂的金融挑战。这些算法通过模拟交易环境,优化订单的执行策略,以实现收益最大化或损失最小化。

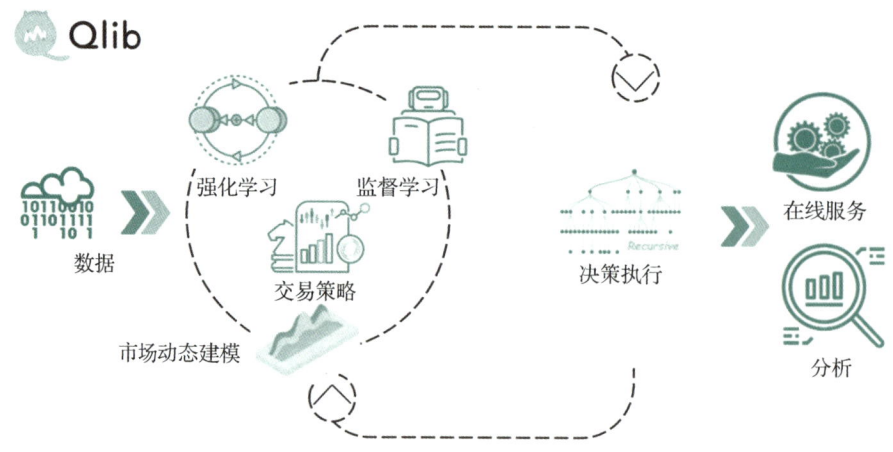

图 5-13 微软亚洲研究院金融 AI 通用技术平台 Qlib 框架

强化学习在欺诈检测方面的应用表现在能够识别异常交易模式,帮助金融机构及时发现并预防欺诈行为。这些模型通过学习正常的交易模式,能够快速识别出偏离正常模式的可疑交易，从而减少欺诈损失。强化学习还可以通过不断更新其检测策略，以应对不断变化的欺诈手段。强化学习技术还被用于设计新的金融产品和服务。例如，基于算法的投资基金和个性化保险产品，这些创新产品能够满足客户的特定需求。强化学习可以帮助金融机构开发出更符合市场需求的产品，提高产品的竞争力。

除了以上应用，金融服务机构正在利用强化学习改进客户服务。智能客服机器人能够提供 7×24 的个性化金融建议和支持，提高客户的满意度，并降低服务成本。强化学习正在推动金融服务决策过程的自动化，减少人为错误，提高决策效率。这不仅提高了金融服务的响应速度，也提升了决策质量。自动化决策系统可以处理大量的数据和复杂的决策逻辑，提供快速而准确的决策支持。

5.4.4 游戏 AI 与强化学习

一直以来，游戏都与人工智能保持着紧密的联系。从早期的棋类游戏到如今的复杂视频游戏，人工智能都在不断挑战人类的智慧与技巧。强化学习作为人工智能的一个重要分支，在游戏领域展示出了其巨大潜力。强化学习在游戏领域的应用是其最成功的案例之一，它使得游戏人工智能能够自主学习并掌握复杂的游戏策略，开启了人机大战的新纪元。

强化学习在游戏领域的应用首次引起广泛关注是在 2013 年，当时 DeepMind 的研究人员使用 DQN 算法训练了一个能够玩 Atari 2600 游戏的 AI。DeepMind 选择了街机环境，这是一个用于研究 AI 代理的框架，它构建在 Atari 2600 仿真器 Stella 之上，允许在每个时间步骤提取游戏反馈的信息。Atari 游戏的动作空间是离散的（见图 5-14），由游戏的不同案件组成。例如在 Breakout 游戏中，动作空间包括 "NOOP"（无操作）、"FIRE"（开火）、"RIGHT"（向右移动）和 "LEFT"（向左移动）。在训练初期，AI 需要探索不同的动作以学习其效果。研究人员使用了 ε- 贪心策略来平衡探索和利用。DQN 算法通过不断与游戏环境交互，接收奖励信号，并更新其神经网络的权重来学习最优策略。为了提高学习效率，研究人员使用了经验回放技术，即存储 AI 与环境交互的经验，并从中随机抽取样本进行学习。这些技术的综合应用使得 DQN 算法能够在多个 Atari 2600 游戏上取得超人的表现。Google 公司还专门开发了 Atari-RL 项目，它是一个构建于 TensorFlow 之上的开源深度强化学习框架。利用 TensorFlow 高效的计算能力和灵活的框架特性，实现了从基础到进阶的一系列强化学习算法。Atari-RL 项目提供了多种算法的实现（包括但不限于 DQN 及其变种），支持广泛的配置选项，使得研究人员和开发者能够轻松实验和理解这些算法在经典 Atari 游戏上的应用。

> Atari 2600 是雅达利（Atari）公司在 1977 年推出的一款家用游戏机，它不仅是电子游戏第二世代的代表主机，还被认为是现代游戏机的始祖之一。Atari 2600 采用了可更换游戏卡带的设计，使得玩家能够轻松更换并享受不同的游戏，除了最初配备的两个带有旋钮的手柄外，Atari 2600 还增加了许多不同类型的控制器，如手柄、轨迹球、光枪、键盘等，以适应不同类型的游戏需求。著名的 Atari 2600 游戏有 *Adventure Space Invaders Pac-Man* 等。

在 Atari 游戏之后，最让人津津乐道的莫过于 AlphaGo 的横空出世。AlphaGo 是第一个击败人类职业围棋选手、第一个战胜围棋世界冠军的人工智能机器人，由谷歌 DeepMind 公司戴密斯·哈萨比斯（Demis Hassabis）领衔的团队开发。AlphaGo 的核心是两个深度神经网络，即策略网络和价值网络，以及蒙特卡洛树搜索算法，如图 5-15 所示。策略网络通过学习大量的围棋棋局，预测在当前棋盘状态下下一步棋的最佳位置；而价值网络评估当前棋盘状态的胜负概率，帮助 AlphaGo 判断当前策略的好坏。这两个网络通过大量的自我对弈进行训练，不断优化其预测和评估能力。在这个过程中，蒙特卡洛树搜索结合策略网络和价值网络的输出，进行模拟对弈，以选择最优的落子位置。

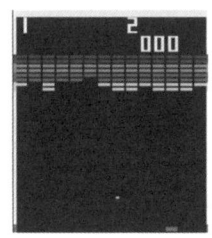
a）Breakout（打砖块）游戏

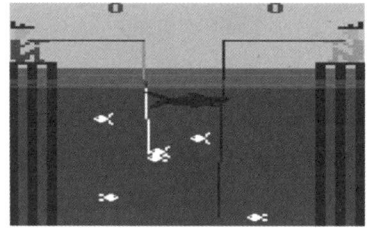
b）Fishing derby（钓鱼）游戏

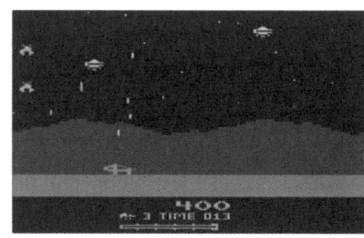
c）Moom patrol（月球巡逻）游戏

图 5-14　Atari 2600 上的游戏示例

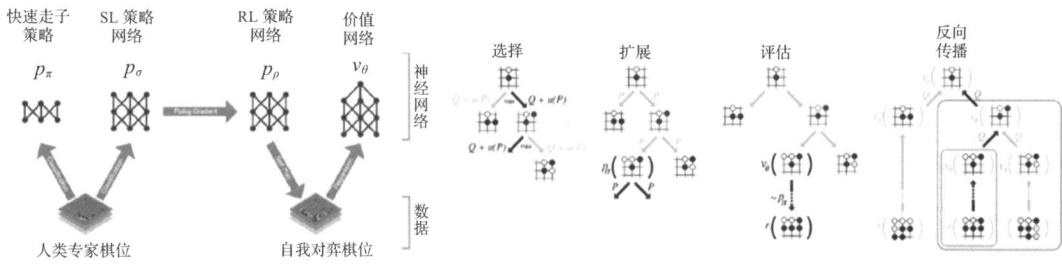

a）AlphaGo 中的监督学习与强化学习　　　　b）AlphaGo 中的蒙特卡洛树搜索

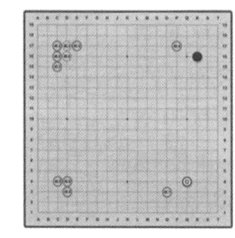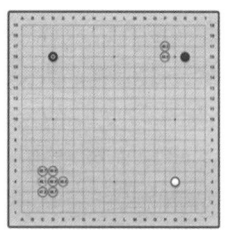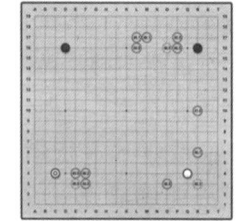

c）DeepMind 的 AlphaGo 教学工具（连续 4 步示例）

图 5-15　AlphaGo 围棋训练原理[17]

2016 年 1 月，AlphaGo 在与其他围棋程序的对抗中获得了 99.8% 的胜率，并成功打败了欧洲围棋冠军樊麾，这标志着 AlphaGo 在围棋领域的初步成功。2016 年 3 月，AlphaGo 与围棋世界冠军、职业九段棋手李世石进行围棋人机大战，以 4∶1 的总比分获胜；2016 年末 2017 年初，它在中国棋类网站上以"大师"（Master）为注册账号与中日韩数十位围棋高手进行快棋对决，连续 60 局无一败绩；2017 年 5 月，在中国乌镇围棋峰会上，它与世界排名第一的围棋冠军柯洁对战，以 3 比 0 的总比分获胜，围棋界公认 AlphaGo 的棋力已经超过人类职业围棋顶尖水平。AlphaGo 的诞生和胜利，不仅是对人类智慧的一次挑战，也是对机器学习能力的一次证明。

2017 年 10 月 18 日，DeepMind 团队公布了最强版 AlphaGo，代号为 AlphaGo Zero。AlphaGo Zero 的能力在 AlphaGo 的基础上有了质的提升。与 AlphaGo 的最大的区别是，它不再需要人类数据。也就是说，它一开始就没有接触过人类棋谱。研发团队只是让它自由随意地在棋盘上下棋，然后进行自我博弈。据 AlphaGo 团队负责人大卫·席尔瓦（Dave Sliver）介绍，AlphaGo Zero 使用新的强化学习方法，让自己变成了老师。系统一开始甚至并不知道什么是围棋，只是从单一神经网络开始，通过神经网络强大的搜索算法，进行了自我对弈。随着自我博弈的增加，神经网络逐渐调整，提升预测下一步的能力，最终赢得比赛。更为厉害的是，随着训练的深入，AlphaGo Zero 还独立发现了游戏规则，并走出了新策略，为围棋这项古老游戏带来了新的见解。经过短短 3 天的自我训练，AlphaGo Zero 就强势打败了此前战胜李世石的旧版 AlphaGo，战绩是 100:0。经过 40 天的自我训练，AlphaGo Zero 又打败了 AlphaGo Master 版本。

除此之外，强化学习还在其他对战类游戏中大放异彩。在动作类和格斗类对战游戏中，强化学习可以帮助 AI 掌握复杂的动作技能，如精准的攻击、防守和反击等。AI 通过模拟对战和自我学习，可以不断优化其动作执行效率和准确性。例如，Dota 2 游戏中的 OpenAI Five，它通过强化学习在与自己对战的过程中学习策略，并在 2018 年 Dota 2 国际邀请赛上与人类职业玩家进行了比赛。腾讯 AI Lab 专门针对《王者荣耀》类游戏开发的"绝悟"，它通过深度强化学习在复杂的游戏环境中学习策略和团队协作，已经在公开比赛中战胜了人类职业玩家。

强化学习在游戏领域的应用极大地推动了游戏 AI 的发展，使得游戏角色能够通过自主学习展现出更高水平的智能和更真实的互动性，从而提升游戏的挑战性和玩家体验。它不仅加速了游戏测试和平衡过程，还激发了游戏设计的创新，使得游戏能够根据玩家的行为实时调整难度，提供个性化体验。强化学习还扩展了游戏类型的边界，促进了跨学科研究，探索了新的商业模式，并提高了游戏的可访问性。随着技术的不断进步，强化学习将继续在游戏产业中发挥重要作用，为玩家带来更加丰富的游戏体验。

5.5 小结

本章系统性地阐述了强化学习的发展历史和经典方法、深度强化学习理论，并从机器人控制、自动驾驶、金融服务及游戏 AI 等方面对强化学习的典型应用进行了详细介绍。在方法层面，强化学习经历了从传统算法到深度强化学习的演进。如 Q-Learning 和策略梯度算法等传统方法，为强化学习奠定了坚实基础，而通过将深度学习的特征提取能力与强化学习的决策优化能力相结合，深度强化学习进一步扩展了强化学习的应用范围，它不仅能够在高维空间中有效学习，还能处理复杂的非线性关系，为解决现实世界中的难题提供了强大工具。强化学习的应用广泛且深入。在游戏领域，它使 AI 能够在围棋、Dota 2 等复杂游戏中超越人类顶尖玩家，展现了其强大的决策能力。在自动驾驶领域，强化学习帮助车辆不断优化驾驶策略，提高安全性和效率。此外，在机器人控制、金融交易、自然语言处理及医疗健康等领域，强化学习也发挥着重要作用，推动了相关产业的创新发展。

然而，强化学习的发展并非一帆风顺。它仍面临数据依赖、泛化能力不足、探索与利用平衡等挑战。为了克服这些挑战，研究者们正不断探索新的算法和技术，如引入迁移学习、元学习等方法来提高强化学习的泛化能力，以及设计更加高效的探索策略来平衡探索与利用的关系。随着技术的不断进步和应用场景的不断拓展，强化学习有望在更多领域发挥重要作用。一方面，随着算法的优化和计算能力的提升，强化学习将能够处理更复杂、更大规模的问题；另一方面，随着跨领域知识的融合和应用场景的创新，强化学习将在医疗、教育、智能制造等领域展现出巨大潜力。同时，随着隐私保护、伦理规范等问题日益受到重视，未来强化学习的发展将更加注重用户隐私保护和社会伦理规范。

参考文献

[1] BELLMAN R. The theory of dynamic programming[J]. Bulletin of the American mathematical society, 1954, 60(6):503-515.

[2] HOWARD R A. Dynamic programming and Markov processes[M]. Cambridge: MIT Press, 1960.

[3] BARTO A G, SUTTON R S, ANDERSON C W. Neuronlike adaptive elements that can solve difficult learning control problems[J]. IEEE Transactions on Systems, Man, and Cybernetics, 1983, 13(5):834-846.

[4] WATKINS C J C H, DAYAN P. Q-learning [J]. Machine learning, 1992, 8(3-4):279-292.

[5] SUTTON R S. Learning to predict by the methods of temporal differences[J]. Machine learning, 1988, 3:9-44.

[6] SUTTON R S, BARTO A G. Reinforcement learning: an introduction[M]. Cambridge: MIT Press, 1999.

[7] MNIH V, KAVUKCUOGLU K, SILVER D, et al. Human-level control through deep reinforcement learning[J]. Nature, 2015, 518(7540):529-533.

[8] VAN H H, GUEZ A, SILVER D. Deep reinforcement learning with double q-learning[C]//The AAAI Conference on Artificial Intelligence. Washington: AAAI 2016.

[9] WANG Z, SCHAUL T, HESSEL, M, et al. Dueling network architectures for deep reinforcement learning[C]//Proceedings of the International Conference on Machine Learning. New York: ICML, 2016.

[10] SCHAUL T, QUAN J, ANTONOGLOU I, et al. Prioritized experience replay[C]//

Proceedings of International Conference on Learning Representations. San Juan: ICLR, 2016.

[11] SUTTON R S, MCALLESTER D, SINGH S, et al. Policy gradient methods for reinforcement learning with function approximation[C]//Proceedings of Advances in Neural Information Processing Systems. Denver: NeurIPS, 1999.

[12] SCHULMAN J, WOLSKI F, DHARIWAL P, et al. Proximal policy optimization algorithms[Z]. arXiv preprint arXiv:1707.06347, 2017.

[13] LILLICRAP T P, HUNT J J, PRITZEL A, et al. Continuous control with deep reinforcement learning[Z]. arXiv preprint arXiv:1509.02971, 2015.

[14] MNIH V, BADIA A P, MIRZA M, et al. Asynchronous methods for deep reinforcement learning[C]//Proceedings of the International Conference on Machine Learning. New York: ICML, 2016.

[15] WILLIAMS R J. Simple statistical gradient-following algorithms for connectionist reinforcement learning[J]. Machine learning, 1992, 8:229-256.

[16] WIENER N. Cybernetics or control and communication in the animal and the machine[M]. Cambridge: MIT Press, 2019.

[17] SILVER D, HUANG A, MADDISON C J, et al. Mastering the game of Go with deep neural networks and tree search[J]. Nature, 2016, 529(7587):484-489.

板块二

开眼界——人工智能应用实践

第 6 章

智能之眼——视觉感知

计算机视觉,作为人工智能的一个重要分支,旨在让机器能够像人类一样"看"并理解世界。它不仅是简单地捕捉图像或视频数据,更是通过相关算法模型从这些数据中抽取出有价值的信息,实现对内容的识别、分析、解释与交互。本章将深入探讨计算机视觉任务的基本原理、典型方法和应用前景,涵盖图像处理的多个维度,从基础的图像增强(如超分辨率、低光照增强)以改善图像质量,到图像分类(含细粒度分类)的概念与应用,再到目标检测技术的演变及其在自动驾驶、监控等领域的实践,进而深入到语义分割领域,探索其经典及前沿方向(语义、实例、全景分割)。最后,拓展至三维视觉,涵盖深度估计、三维重建等关键技术,揭示从二维到三维认知的飞跃。本章包含的五个计算机视觉的典型方向之间的关系如图 6-1 所示。在实际应用中,这些任务往往是相互补充、紧密耦合的。例如在自动驾驶系统中,可能需要先进行图像增强以改善图像质量,然后进行目标检测来识别行人和车辆,同时使用语义分割来理解道路和障碍物,最后利用三维视觉来获取场景的深度信息,以实现精确的导航和决策。鉴于视频是由一系列紧密相连的图像序列构成的,可以将其看作图像在时间轴上的连续累积与动态展现,为了更易读者理解,本章在阐述各类具体任务时仅展示了图像的相关案例,关于视频处理案例,感兴趣的读者可自行查阅相关资料。

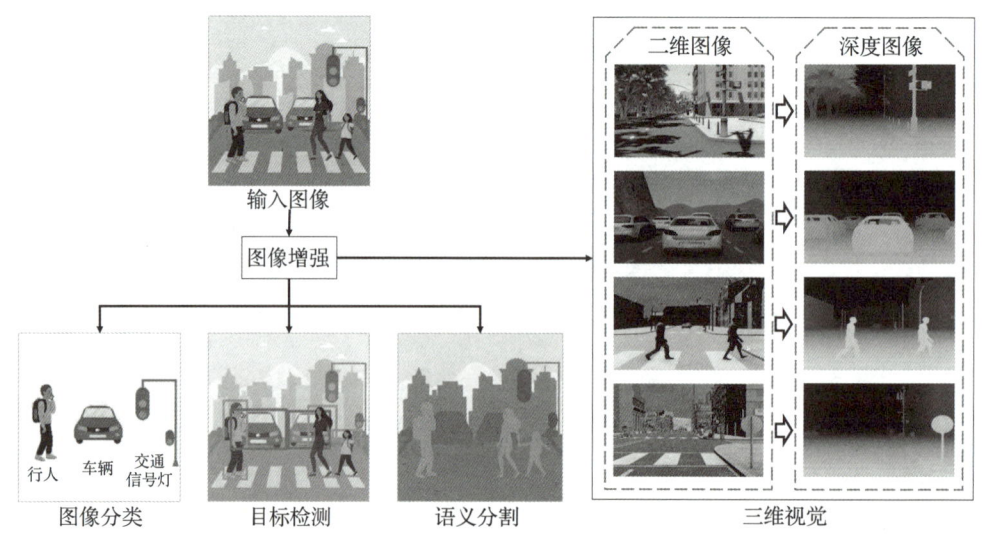

图 6-1 本章介绍的典型视觉感知任务之间的关系

6.1 计算机视觉及其发展史

据统计，人们所获取的信息（如物体的颜色、形状、纹理等）中，超过 80% 是通过视觉系统获得的。而赋予计算机或机器人视觉能力，一直是人类长久以来的梦想与追求。随着计算机技术的飞速进步，这一梦想逐渐变为现实。研究人员开始利用摄像机捕捉环境图像并将其转换为数字信号，进而通过计算机的强大处理能力来实

智慧之眼：开启机器的超能力

现对视觉信息的解析与理解。这一过程催生了计算机视觉这一新兴且重要的学科领域。其核心目标在于使计算机能够像人类一样，准确识别图像中的物体、理解场景结构、分析物体运动与行为，并据此做出决策或提供有用信息。为了实现这一目标，计算机视觉学科广泛借鉴并融合了工程学、数学、神经科学及计算科学等多个学科的知识与成果，它既是这些基础学科交叉融合的产物，也是推动它们共同发展的重要动力。下面将追溯计算机视觉这一领域的演变历程，展示计算机视觉从无到有、从弱到强的发展轨迹，进一步揭示未来该领域可能的发展方向与无限的应用潜力。

约 5.4 亿年前，地球生命演化史上出现了一次规模最大、影响最深远的生物创生事件，即在不到地球生命发展史 1% 的时间里迅速创生出了 90% 以上的动物门类，生物学家将这一时期称为"生命的大爆发"。对于该事件出现的原因，目前最令人信服的一种理论是由澳大利亚动物学家安德鲁·帕克（Andrew Parker）提出的，该理论认为三叶虫中首次出现简单的眼睛（类似针孔相机）是推动这一进程的关键。可以看出，视觉器官"眼睛"的演化，让动物能够感知到光线变化，这对于捕食和避免被捕食而言至关重要。人类对光的认知历史同样是漫长而曲折的。在春秋末期战国初期，墨子在其所著的《墨经》中记载了小孔成像，并指出了光线沿直线传播的性质。公元 4 世纪，希腊哲学家亚里士多德（Aristotle）注意到，阳光穿过树叶之间的缝隙，在地面上投射出倒立的太阳的影像。以上述研究为基础，在文艺复兴时期，列奥纳多·达·芬奇（Leonardo da Vinci）使用透镜或孔径，设计了暗箱装置来捕捉并投影真实世界的光线和图像，如图 6-2 所示。这是文献记录中最早出现的摄影装置。

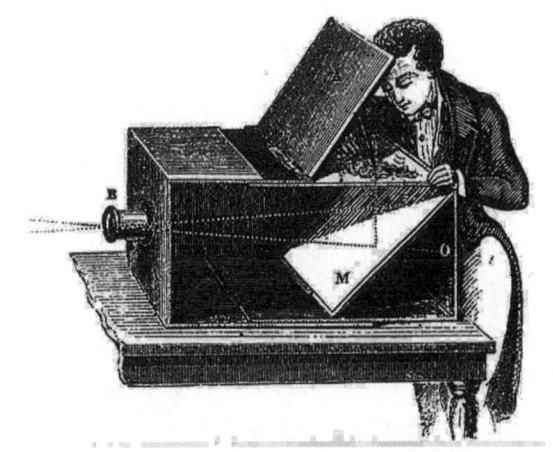

图 6-2 达·芬奇设计的暗箱装置

20 世纪 50 年代，计算机视觉最开始的研究主要聚焦于二维图像的分析与识别。1959 年，哈佛大学的神经生物学家大卫·休伯尔（David Hunter Hubel）与美国国家科学院院士、美国艺术与科学院院士托斯登·威塞尔（Torsten N.Wiesel）进行了一项开创性试验，

利用幻灯机向猫进行视觉刺激,并监测其脑神经元的反应,如图 6-3 所示。该试验揭示了视觉信息处理的早期阶段是从识别简单结构开始的,如边缘检测,且不同的大脑皮层细胞负责不同视觉特征的感知。这一发现不仅深化了人们对生物视觉机制的理解,更为后续计算机视觉的突破性进展铺平了道路,尤其是为深度学习技术的核心准则奠定了基石。同年,计算机科学家拉塞尔·基尔希(Russell A. Kirsch)等人研发了首台数字图像扫描仪,这一创新设备成功地将实体图像转化为计算机可识别的灰度值数据,标志着图像表达与存储正式迈入二进制系统时代,极大地推动了数字图像处理技术的发展。在此时期,计算机视觉的研究主要聚焦于航空等前沿领域,广泛应用于光学字符的识别、工件表面缺陷自动化检测,以及显微与航空图像的解析。

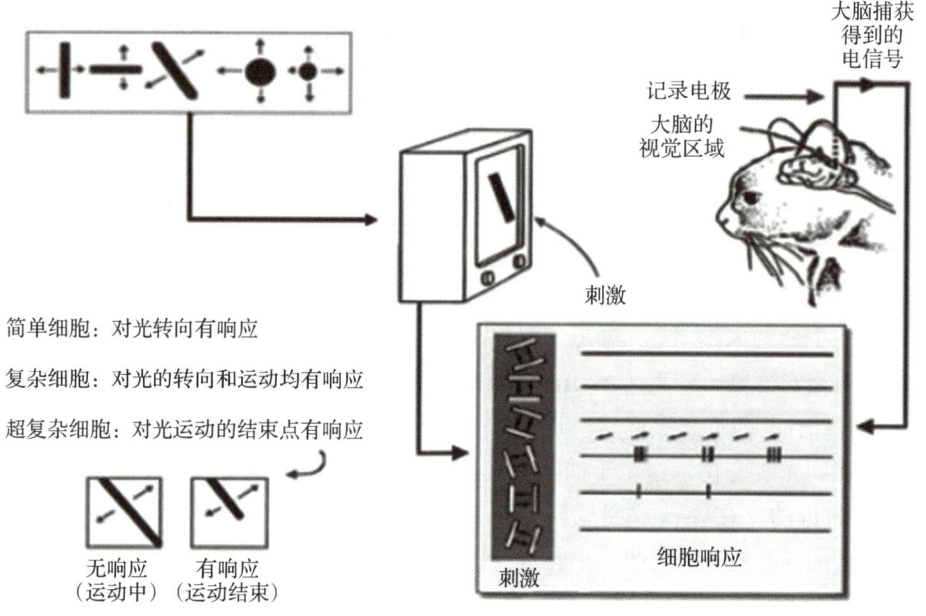

图 6-3 猫视觉试验

20 世纪 60 年代,计算机视觉开始聚焦于三维视觉理解。1965 年,美国麻省理工学院的拉里·罗伯茨(Lawrence Roberts)在其著作《三维固体的机器感知》中,详尽地阐述了如何从二维图像中提取并推导出三维结构的方法,这一贡献不仅被视为现代计算机视觉研究的先驱,也标志着以理解三维场景为目标的计算机视觉研究新时代的开启。特别是他对"积木世界"模型的创造性探索,极大地启发了后续研究,推动了从边缘检测、角点特征提取到几何要素(如线条、平面、曲线)分析,再到图像明暗、纹理、运动特性及成像几何等全方位研究的发展。1966 年,麻省理工学院人工智能实验室的西蒙·派珀特(Seymour Papert)教授发起的夏季视觉项

> "积木世界"模型认为,复杂的三维物体可以用一系列简单的几何形状来表示,例如立方体、长方体等类似积木的形状。这些几何形状可以通过不同的方式组合,从而构成更复杂的物体。"积木世界"模型开创了计算机如何从二维图像中推测三维结构的研究方向。

目,旨在构建一个能够自动区分背景与前景,并从现实世界中提取非重叠物体的系统。该项目最终未能完全成功,但为后续研究奠定了坚实的基础。1969年秋,贝尔实验室的威拉德·博伊尔(Willard S. Boyle)和乔治·史密斯(George E. Smith)两位科学家在电荷耦合器件(CCD)的研发上取得了重大突破。这一革命性的技术成果能够将光子高效转化为电脉冲,极大地提升了数字图像采集的质量与效率,迅速成为工业相机传感器的核心组件。CCD技术的广泛应用,不仅标志着计算机视觉技术正式迈入应用阶段,也为工业机器视觉的蓬勃发展提供了强有力的技术支持。

20世纪70年代,计算机视觉领域迎来了理论体系的系统化构建时期。 麻省理工学院人工智能实验室于20世纪70年代中期率先开设了专门的计算机视觉课程,标志着该领域教育与研究的深入发展。尤为重要的是,1977年,该实验室的视觉科学家大卫·马尔(David Marr)提出了具有划时代意义的"计算视觉"(Computational Vision)理论(见图6-4),这一理论超越了传统的"积木世界"分析方法,为计算机视觉提供了更为全面和深入的理解框架。该理论不仅涵盖了视觉的理解、处理、开发及识别算法等多个方面,还创新性地提出了视觉信息处理的阶段性模型,包括从原始草图到复杂视觉表现的一系列过渡阶段,如零交叉、斑块、边缘、虚拟线、组等概念的引入。这一理论框架在20世纪80年代迅速成为计算机视觉领域的重要支柱,它不仅为研究者们提供了明确的体系指导,还极大地促进了计算机视觉技术的快速发展与广泛应用。

> 大卫·马尔被认为是计算机视觉之父,他在视觉信息处理方面的理论对后来的研究产生了深远的影响。为了纪念他,IEEE国际计算机视觉大会(IEEE ICCV)设立了马尔奖(Marr Prize),每两年评选一次,授予在计算机视觉领域有杰出贡献的论文。这个奖项是计算机视觉研究方面的崇高荣誉之一。

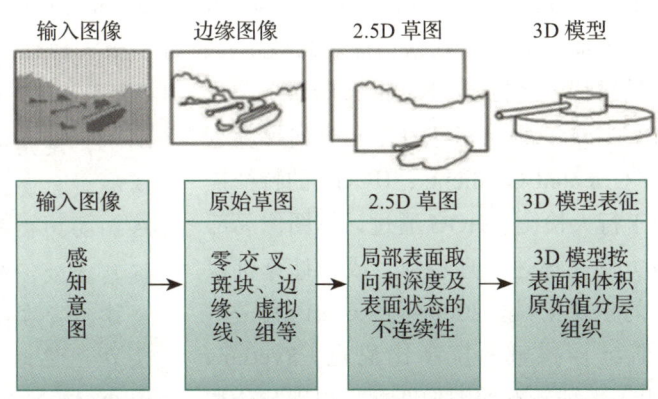

图6-4 David Marr提出的"计算视觉"理论

20世纪80年代,计算机视觉领域迎来了独立学科的确立与理论向应用的飞跃。 1982年,大卫·马尔发表了具有深远影响的著作 *Vision: A Computational Investigation into the Human Representation and Processing of Visual Information*。该书不仅系统地介绍了视觉信息处理的计算模型,还提出了一个视觉框架,其中低级算法(如边缘、曲线、角落检测)作为高级视觉理解的基础。这一贡献极大地推动了计算机视觉理论的成熟，并标志着计算机视觉正式成为一门独立的学科。同年，日本 COGEX 公司推出的 DataMan 视觉系统，作为世界上首套工业光学字符识别系统，展现了计算机视觉技术在工业领域的初步应用成果。进入 20 世纪 80 年代末，杨立昆在福岛邦彦工作基础上，将反向传播算法应用于卷积神经网络结构，这一创新极大地提升了网络的学习能力。

20 世纪 90 年代，特征对象识别开始成为计算机视觉的研究重点。1997 年，加州大学伯克利分校的吉滕德拉·马利克（Jitendra Malik）教授及其团队进行了开创性的工作，他们尝试运用图论算法来实现图像的自动分割，旨在将图像合理地划分为不同的部分，即自动确定哪些像素属于同一对象，并将物体与其周围环境有效地区分开来。这一研究为后续的图像理解和分析奠定了重要基础。1998 年，杨立昆发布了 LeNet-5 模型，标志着现代卷积神经网络初步成型。如今，卷积神经网络已成为图像识别、语音识别及手写识别等领域不可或缺的核心技术。1999 年，哥伦比亚大学的大卫·罗伊（David Lowe）教授成功提取出具有位置、尺度和旋转不变性的特征——尺度不变特征变换（Scale-Invariant Feature Transform，SIFT）算子。这一方法极大地提高了物体识别的准确性和鲁棒性，对计算机视觉领域产生了深远影响。值得注意的是，1999 年，NVIDIA 公司在推广其 Geforce 256 芯片时，正式提出了图形处理单元（Graphics Processing Unit，GPU）的概念。GPU 作为一种专为执行复杂数学和几何计算而设计的数据处理芯片，其强大的并行处理能力为计算机图形学、游戏开发、视频处理等领域带来了革命性的变化。伴随着 GPU 的蓬勃发展与应用，游戏行业、图形设计行业、视频行业的发展也随之得到极大的促进，出现了越来越多的高画质游戏、高清图像和视频。

21 世纪初，计算机视觉聚焦于图像特征工程，并构建了拥有标签的高质量数据集。2001 年，保罗·比奥拉（Paul Viola）和迈克尔·琼斯（Michael Jones）推出了第一个实时工作的人脸检测框架，该框架通过一系列特征来高效定位面部，极大地推动了人脸识别技术的发展。2005 年，纳维特·达拉尔（Navneet Dalal）和比尔·特里格斯（Bill Triggs）提出了一种基于方向梯度直方图（Histogram of Oriented Gradients，HOG）的特征描述符，并将其应用于行人检测。HOG 通过计算图像局部区域的梯度方向直方图来描述纹理特征，成为计算机视觉和模式识别领域的重要工具。2006 年，美国伊利诺伊大学香槟分校的斯维特拉娜·拉泽比尼克（Svetlana Lazebnik）等人提出了一种新颖的图像匹配、识别与分类方法——空间金字塔匹配（Spatial Pyramid Matching，SPM）。该方法通过构建多尺度的空间金字塔来捕捉图像的空间布局信息，显著提升了图像识别的性能。同年，为了推动图像分类技术的发展，PASCAL VOC（Visual Object Classes）标准化数据集应运而生，并伴随着年

> PASCAL VOC 数据集是一个广泛用于计算机视觉领域的数据集，特别针对目标检测和图像分割任务。该数据集由欧洲的 PASCAL 组织创建，旨在推动机器学习算法在图像理解方面的发展。PASCAL VOC 数据集包含了大量的图像，这些图像从互联网上收集而来，并经过了人工标注，每幅图像中都标记出特定类别的物体边界框及其类别信息。

度竞赛的举办（2006年—2012年），极大地促进了该领域的研究与创新。也是在2006年左右，杰弗里·辛顿及其学生提出了利用GPU来加速深度神经网络训练的工程方法，同时，他们为多层神经网络等赋予了"深度学习"这一新名词。这一举措标志着深度学习研究的兴起。随后几年间，深度学习在图像处理、语音识别、自然语言处理等多个领域展现出了巨大的潜力和广泛的应用前景。2009年，佩德罗·费尔南德斯（Pedro Felzenszwalb）、大卫·麦卡利斯特（David McAllester）等多位学者提出了可变形部件模型（DPM），该模型在目标检测任务上表现出色，Felzenszwalb本人也因此被VOC授予"终身成就奖"。同年，美国国家工程院院士、美国国家医学院院士、美国艺术与科学院院士、斯坦福大学教授李飞飞（Fei-Fei Li）及其团队在计算机视觉顶级会议IEEE CVPR上发表了一篇具有里程碑意义的论文，题为"ImageNet: a large-scale hierarchical image database"[1]。该论文的发表标志着ImageNet数据集的诞生（见图6-5），该数据集极大地丰富了用于计算机视觉领域研究的数据资源。

2010年至今，计算机视觉研究进入深度学习时代。自2010年起至2017年，围绕ImageNet数据集连续举办了七届ImageNet挑战赛（全称为ImageNet Large Scale Visual Recognition Challenge，ILSVRC），吸引了全球范围内的研究者竞相参与，推动了深度学习技术的迅猛发展。正如李飞飞教授所言："ImageNet彻底改变了AI领域对数据集价值的认知，人们开始深刻意识到数据集在研究中的核心地位，其重要性堪比算法本身。"ImageNet不仅是计算机视觉领域研究的基石，更是深度学习技术发展的重要推手，极大地促进了目标检测等计算机视觉任务性能的飞跃发展，为后续的技术突破奠定了坚实的数据基础。

图6-5　ImageNet数据集

2012年，亚历克斯·克里热夫斯基（Alex Krizhevsky）、伊尔亚·苏茨克维（Ilya Sutskever）和杰弗里·辛顿（Geoffrey Hinton）等人提出了一个"大型的深度卷积神经网络"AlexNet[2]，并赢得了当年ImageNet竞赛的冠军，这是史上第一个赢得比赛冠军的深度学习模型。截止到2024年9月，该论文已被引用约8000次，被广泛认可为深度学习领域的里程碑之一，这一成果使得卷积神经网络（CNN）成为家喻户晓的名字。2014年，蒙特利尔大学的伊恩·古德费洛（Ian Goodfellow）提出了生成对抗网络（Generative Adversarial Networks，GAN），通过生成器与判别器竞争优化，推动了图像生成技术的革新，被认为是计算机视觉领域的重大突破。2015年—2016年，深度学习领域迎来了两个主导框架——TensorFlow和PyTorch，它们提供了丰富的预训练模型以支持包括图像分类在内的多项任务，迅速成为研究人员的首选工具。2017年，林宗毅等人提出利用特征金字塔网络[3]来实现多尺度的特征融合，丰富浅层特征的语义信息。同年，何恺明等人提出Mask R-CNN[4]，该模型在实例分割任务上取得了卓越成就，并被广泛应用于自动驾驶、医疗图像分析、机器人视觉等多个领域。自2020年Vision Transformer（ViT）[5]被提出后，Transformer模型正式开始进军计算机视觉领域，并迅速成为执行各种任务（如目标检测[6]、语义分割[7]和图像分类[8]）的关键工具，逐渐成为计算机视觉领域的又一基础架构。同年，扩散模型（Diffusion Model）[9]作为生成模型的新范式，在图像生成和编辑领域展现出了惊人的性能，进一步丰富了计算机视觉的研究工具箱。2023年，视觉分割领域迎来了一个重大突破——Segment Anything Model（SAM）[10]，这一基础大模型凭借其强大的零样本学习能力，为下游任务的应用提供了无限可能，预示着计算机视觉技术将迈向更加智能化和自动化的新阶段。近年来，国内外科技巨头积极投身于计算机视觉领域，不断革新原有业务并拓展新领域。Facebook的DeepFace以97.35%的识别率媲美人类。亚马逊赋予Prime Air无人机自主避障与着陆能力。2020年，Facebook推出GrokNet购物AI，推动视觉识别在电商领域的应用。华为盘古大模型、大华巨灵平台等视觉大模型技术在工业生产中取得显著成效，引领智能化转型新潮流。

6.2 图像增强

6.2.1 图像增强概述

随着信息技术的日新月异，图像作为信息传递的核心媒介，在医疗、安全、遥感、艺术及日常生活等许多领域展现出不可估量的价值。然而，受限于拍摄环境、传输条件及设备性能，获取的图像常面临噪声干扰、模糊不清、低光昏暗、对比度失衡等问题，这些问题不仅削弱了图像的视觉效果，也降低了后续处理的精度与效率。为应对这些挑战，图像增强技术应运而生，其目的是改善图像的视觉效果，提高图像的清晰度，或是突出图像中的某些有用信息，同时压缩或去除其他无用的信息，从而使图像更加符合人眼视觉习惯或便于机器解析。图像增强技术在医学诊断、遥感监测、人像摄影等领域发挥着重要作用，并被作为目标识别、跟踪、特征匹配、图像融合等任务的预处理步骤。

给画质开美颜：图像增强

在计算机硬件资源受限的早期，图像增强主要通过信号处理技术实现，如对图像进行时域或频域的分析和处理。具体来说，在时域分析中，增强手段通常涉及直接对图像的每个像素进行操作，例如滤波技术[11]、非凸低秩优化策略[12]、字典学习的稀疏编码[13]，以及非局部均值滤波[14]等。而在频域分析中，则是通过如傅里叶变换[15]、小波变换[16]、离散余弦变换[16]等手段将图像数据转换到频率领域，以实现对图像细节的精确增强。尽管这些技术在一定程度上提高了图像质量，但它们仍然无法完全适应日益增长的复杂视觉场景处理任务需求。

随着计算能力的显著增强和大规模高质量数据集的构建，深度学习驱动的图像增强技术开始崭露头角。在这一领域，早期的研究通常基于单域网络架构[17]，并巧妙地整合了跳跃连接（Skip Connection）机制来提升网络的效能，进而在图像清晰度方面取得了显著的进展。这种设计不仅促进了信息在网络中的有效流动，还帮助模型更好地捕捉图像中的细节与结构信息，从而实现对低质图像的高效增强。然而，随着研究的深入，单一域的网络结构在处理复杂的图像增强任务时逐渐显现出其局限性。为此，研究者们开始探索多域协同（见图 6-6a）和多尺度融合（见图 6-6b）的方法[18]，在不同特征域和不同尺度之间实现信息的深度交互与高效融合，极大地提升了图像增强的效果。这些新兴技术不仅能够有效改善图像的视觉质量，还能够在保持图像细节、抑制噪声及增强对比度等方面取得显著成效。

> 多域协同是指在处理计算机视觉任务时，来自不同数据域的信息协作与融合，以提高模型的表现和鲁棒性的技术。其中，空间域和频域是两种重要的表示方式，各自提供了独特的视角和信息。通过协同，能够更有效地捕捉图像中的细节和全局特征。

近年来，基于生成对抗网络（GAN）的图像增强技术[19]成为研究的热点。GAN 通过其独特的生成器与判别器之间的对抗训练机制，能够生成既具高度逼真度又富有出色视觉效果的增强图像，已在超分辨率重建、低光照图像增强及图像去噪等关键任务中展现出了非凡的性能与潜力。与此同时，随着深度学习技术的广泛应用，模型的可解释性与鲁棒性也日益受到研究者的重视。为了提升图像处理算法的透明度和可控性，研究者们正积极开发更加直观、可靠的图像增强方法[20]，旨在为各类实际应

> 多尺度融合是一种处理和融合来自不同尺度的特征信息的技术。一般来说，深层网络的感受野比较大，语义信息表征能力强，但是特征图的分辨率低，细节表征能力相对弱。浅层网络则相反，语义信息表征能力较弱，细节表征能力相对较强。

用场景提供更加稳定、高效的图像处理解决方案。如图 6-7 所示，图像增强领域涵盖了多个关键任务，包括但不限于图像超分辨率重建、图像去噪、低光照图像增强、图像复原及图像去模糊等。这些任务共同构成了图像增强技术的核心框架，并在各自的领域内不断推动着技术的进步与发展。接下来的讨论将聚焦于图像增强领域的两个代表性任务——图像超分辨率重建和低光照图像增强，深入探讨这两个任务领域的经典方法、最新进展及实际应用案例。

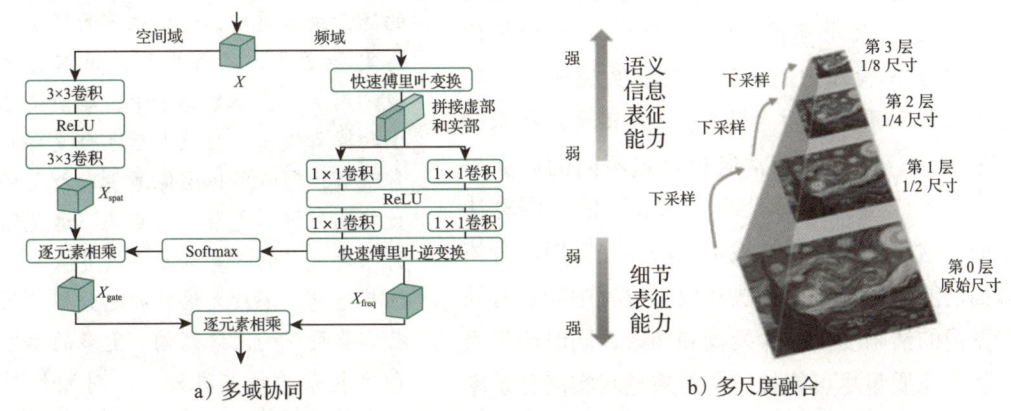

图 6-6　多域协同和多尺度融合示意图

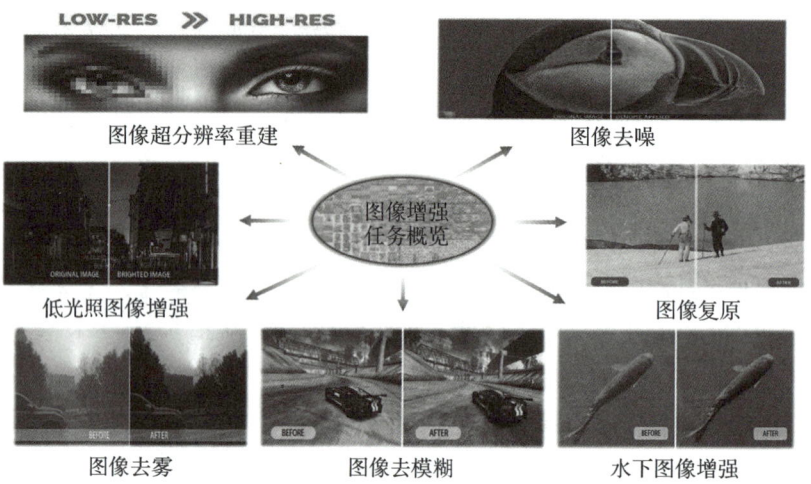

图 6-7 图像增强领域任务示例图

6.2.2 典型图像增强任务

1. 图像超分辨率重建

图像超分辨率（Super-Resolution，SR）重建技术旨在根据低分辨率图像重建出高分辨率图像，同时尽可能地保留和恢复原始图像中的细节和纹理信息。如图 6-8 所示，图中局部放大区域展示了蝴蝶的花纹细节，经过超分辨率重建的图像不仅图像尺寸变大了，而且图像中所包含的纹理细节更加清晰。在多个关键领域，如安防监控、卫星遥感、医学影像分析及消费电子产品的图像处理中，图像超分辨率重建技术均展现出了巨大的潜力和广泛的应用前景。随着深度学习技术的蓬勃发展，特别是卷积神经网络和生成对抗网络等先进模型的涌现，SR 重建技术已经实现了从传统插值算法和基于先验知识的重建方法向数据驱动的端到端超分辨率重建的重大转变。在 SR 重建技术的研究实践中，研究者们常通过设定不同的放大倍数（如 ×2、×4 乃至 ×8 等）来评估不同算法的性能。这一过程不仅挑战了算法在提升图像分辨率方面的能力，更要求算法在放大过程中能够有效保持图像的清晰度，减少模糊和伪影，同时确保重建后的图像质量尽可能接近甚至超越真实高分辨率图像。图像超分辨率重建的目标函数可以表示为

> 问：×2、×4 和 ×8 超分任务，哪个更加困难呢？
>
> 答：×2、×4 至 ×8 超分任务的难度是逐步增加的。随着放大倍数的增加，模型需要恢复的信息量、计算复杂度、设计优化难度都会相应提高。放大倍数越高，意味着需要从低分辨率图像中恢复出更多细节，这自然增加了任务的难度。例如，从 1080p（1920×1080 像素）图像超分到 4K（3840×2160 像素）是 ×2 超分，而超分到 8K（7680×4320 像素）则是 ×4 超分，需要恢复的信息量是前者的 4 倍。在高放大倍数下，丢失的场景细节更多，这些细节的恢复变得更加复杂，容易导致错误信息再现。例如，在 ×8 超分中，即使是很小的像素误差，在放大后也会变得非常明显，影响整体图像质量。放大倍数越高，计算复杂度也越高。这是因为需要更多的计算资源来恢复更多的细节信息。高放大倍数的超分模型往往需要更深的网络结构、更多的参数和更复杂的计算过程，这对硬件性能和算法效率都提出了更高的要求。

$$\hat{y} = \arg\min[L(F_{sr}(x), y)] + \lambda \Phi(y) \tag{6-1}$$

其中，x 为低分辨率（LR）图像；$\hat{y}$ 表示重建出的高分辨率（HR）图像；y 为对应的真实高分辨率图像；F_{sr} 为超分辨率重建模型；$L(F_{sr}(x),y)$ 为超分辨率重建的损失函数；λ 为平衡参数；$\Phi(y)$ 为正则化项。为了获得更好的重建结果，研究人员开始探索引入感知损失（Perceptual Loss）、对抗性损失（Adversarial Loss）等高级策略。

感知损失是一种用来提升图像超分辨率质量的损失函数，它关注图像的感知效果，而不仅是像素的相似度。相比于简单地比较每个像素点，感知损失通过比较图像在高层次特征上的差异，让生成的高分辨率图像在人类视觉上看起来更清晰和自然。这样，模型生成的图像不仅在数字上接近原图，而且在视觉效果上更真实、更符合人眼的感知。

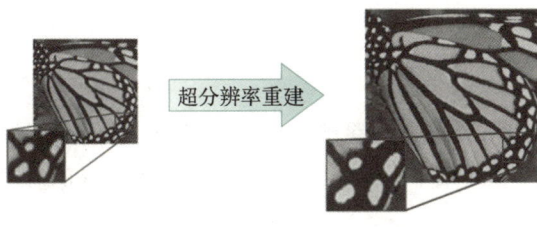

图 6-8　图像超分辨率重建任务示意

对抗性损失在图像超分辨领域是通过让模型学习生成更逼真的图像来起作用的。它使用一种类似"猫捉老鼠"的策略：生成器负责生成高分辨率图像，判别器则尝试分辨这些图像是真实的还是生成的。生成器的目标是让判别器无法分辨是否是生成的图像，从而逐渐学会生成更清晰、更真实图像的高分辨率结果。

下面来深入介绍两种经典的图像超分辨率重建深度学习算法。首先，不得不提的是 2014 年由香港中文大学董超等人提出的 SRCNN（Super-Resolution Convolutional Neural Network）模型[21]，这是首个成功应用于图像超分辨率重建任务的深度学习网络。截止到 2024 年 9 月，该论文的谷歌学术引用高达 10000+ 次。SRCNN 模型构建了从低分辨率图像到高分辨率图像的直接映射关系，通过卷积操作来提取和整合图像中的细节信息，实现了从低分辨率图像到高分辨率图像的转换，显著提升了图像的分辨率和视觉质量。如图 6-9 所示，SRCNN 的处理流程主要包括三个步骤。

双三次插值是一种经典的图像缩放技术，它通过考虑目标像素点周围 16 个邻近像素点的灰度值及其空间位置关系，利用三次多项式函数进行插值计算，生成更加平滑和细腻的缩放图像。该方法在保持图像边缘和细节方面优于简单的线性或双线性插值，常用于专业图像处理软件和高质量图像打印等领域，以实现高质量的图像放大或缩小效果。

1）**补丁提取与表达**。SRCNN 模型并没有将原始的低分辨率图像直接当作输入送入网络学习，而是选择将输入的低分辨率图像经过双三次插值（Bicubic Interpolation）上采样到目标尺寸大小（即超分辨率重建的目标图像尺寸）后再送入网络进行训练学习。放大后的图像随后进入三层卷积神经网络进行进一步处

上采样和下采样是信号处理和图像处理中的常用技术。上采样通过插值等方法增加信号或图像的采样率或分辨率，从而生成更高分辨率的版本，常用于图像放大、超分辨率重建等任务。下采样则通过减少数据点来降低采样率，使信号或图像变得更小，常用于图像压缩、目标检测等场景，通过降低分辨率来减少计算量和存储需求。

理。第一层卷积层（Conv1）使用较大的卷积核（如 9×9），通过线性整流函数（ReLU）激活后，有效提取了图像的低级特征。

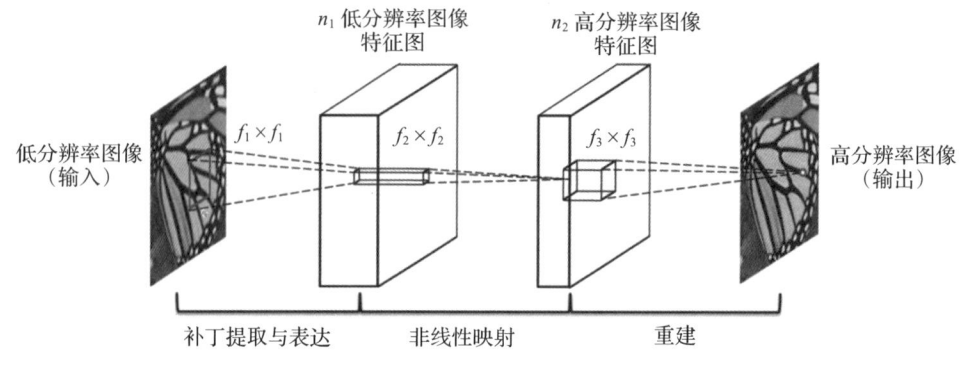

图 6-9　SRCNN 模型结构

2）非线性映射。第二层卷积层（Conv2）则采用较小的卷积核（如 5×5），进一步将这些特征映射到高维特征空间，以便更好地表示图像的细节信息。这一层同样使用了 ReLU 激活函数来增强网络的非线性表达能力。

3）重建。最后一层卷积层（Conv3）负责将高维特征图整合并重建出高分辨率图像。这样，输出的图像不仅具有与输入图像相同的尺寸，而且通过深度学习模型的优化，其细节更加丰富，图像质量显著提升。

SRCNN 模型的创新之处在于其简洁而有效的网络结构，并且该模型将分辨率变化的过程在预处理阶段完成，将超分辨率重建任务转化成为图像的细节修正和恢复任务。这一模型为后续深度学习在图像超分辨率重建领域的发展奠定了坚实的基础，并启发了许多后续研究工作的开展。SRCNN 的提出具有里程碑式的意义，但它也有一些不足：首先，网络深度不足导致模型上下文信息利用有限的问题；第二，训练收敛速度较慢；第三，该模型只适用于单一尺度。为了解决这些问题，金日元（Jiwon Kim）等人在 2016 年提出了 Very Deep Super-Resolution（VDSR）模型[22]。其核心思想在于通过非常深的卷积神经网络来学习图像细节的残差信息，并将这些信息与插值放大的图像相结合，从而有效地恢复图像细节并提升图像的分辨率。

如图 6-10 所示，受 VGG 网络的启发，VDSR 模型由 20 个卷积层（不包括激活层）组成，每层使用 3×3 大小的卷积核进行特征提取。这些卷积层的设计允许网络在保持较小计算量的同时堆叠大量层数，形成一个具有较大感受野的深度网络，进而更好地捕获更大范围的上下文信息。具体来说，VDSR 模型的输入是一个经过双线性插值调整到目标尺寸大小的图像，这种预处理可以初步保留输入图像的低频信息，进而使网络学习关注于损失细节的补充。首先，第一层卷积层接收插值后的输入图像，采用 64 个 $3\times3\times1$ 大小的卷积核，提取图像的低级特征。由于卷积核小且数量多，这一层能够细致地捕捉图像中的边缘和纹理等细节信息。接下来的 18 个卷积层都采用 64 个 $3\times3\times64$ 大小的卷积核，特征图在每一层的处理过程中通过线性整流函数（ReLU）激活，逐层提取更复杂的特征，这样深度堆叠的卷积层在提取多级别图像信息时表现出了强大的能力。最后,第 20 层是一个单通道卷积层,采用 $3 \times 3 \times 64$ 大小的卷积核,将中间层提取到的特征整合并生成残差图像,即预测的高分辨率图像与输入插值图像之间的差异。最后,该残差图像被加回插值图像中,得到最终的高分辨率图像。

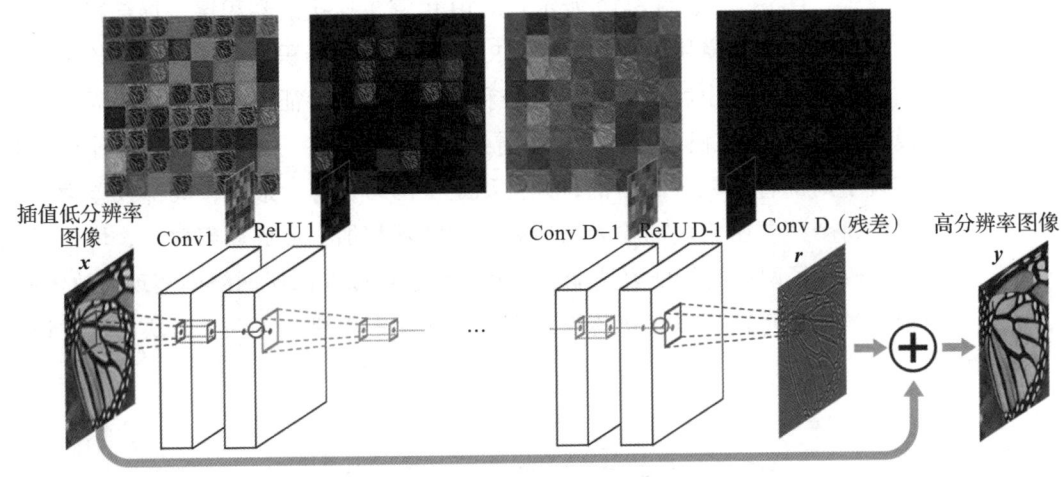

图 6-10　VDSR 模型结构

VDSR 的创新之处在于采用了一个非常深的卷积神经网络结构,并通过残差学习加速训练收敛和缓解梯度消失问题,同时提出了单一模型能够处理多种缩放因子的超分辨率重建方法。结合高学习率与动态梯度剪裁的训练策略,VDSR 有效提升了图像细节恢复能力和训练效率,并通过零填充解决了边界处理问题,显著增强了图像超分辨率的效果和实用性。

此外,张宇伦等人聚焦于低分辨率图像的层次化特征利用问题,提出了残差密集网络(Residual Dense Network,RDN)[23]。该研究发现,现有的大多数基于深度学习的超分辨率重建方法仅依赖最后一层的特征进行重建,忽视了中间卷积层所包含的丰富多样的局部信息。此外,随着网络深度的增加,训练深层网络的难度也显著上升,信息流动和梯度消失的问题更加严重。RDN 模型通过引入残差密集块(Residual Dense Block,RDB),不仅充分利用每一层的特征信息,还通过密集连接和局部残差学习增强了网络的训练稳定性和特征表达能力。RDN 模型结构如图 6-11 所示,RDN 模型主要包括以下 4 个部分。

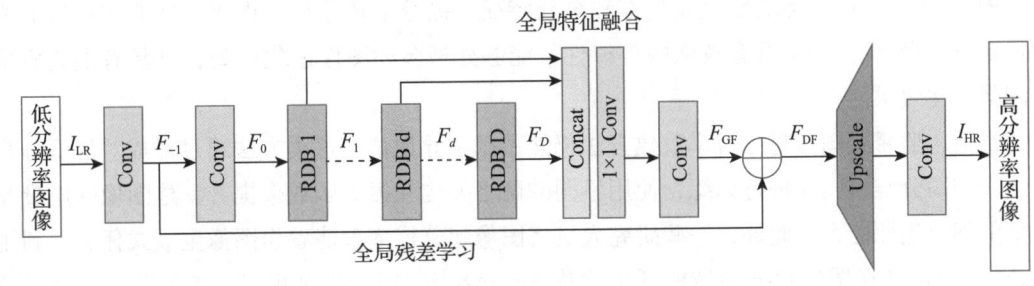

图 6-11　RDN 模型结构

- 浅层特征提取网络（Shallow Feature Extraction Net，SFENet）。该部分由两层卷积层组成，用于从低分辨率（LR）图像中提取初始特征。第一层卷积操作提取出特征 F_{-1}，第二层卷积操作生成更深的特征 F_0，这些特征随后会被输入到残差密集块中。
- 残差密集块（RDB）。如图 6-12 所示，RDB 由密集连接的卷积层、局部特征融合模块和局部残差学习模块组成。首先，RDB 中的每个卷积层都通过密集连接机制接收前面所有层的输出特征，可以充分利用每一层的特征信息。其次，局部特征融合模块通过 1×1 卷积自适应融合当前残差密集块中各层的特征，以较小的计算代价实现了局部特征融合的目的，并且稳定了网络训练。最后，局部残差学习模块通过将每个残差密集块的输入与所融合的特征相加，形成局部残差，增强了梯度流动并改善了网络的特征表达能力，确保信息可以在深层网络中实现高效传递。当前模块的输出特征可以直接传递给下一个残差密集块，实现了跨块的连续记忆机制。

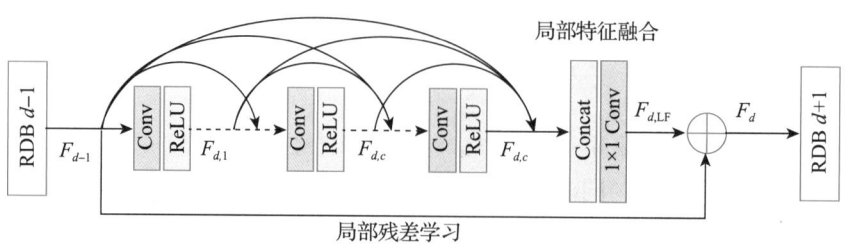

图 6-12 RDB 的结构

- 全局特征融合（Global Feature Fusion，GFF）。在提取局部密集特征后，采用全局特征融合将所有 RDB 的特征整合起来，从而捕获所有模块的层次化信息，并采用全局残差学习将浅层和深层特征结合在一起，增强对图像整体表示的能力。
- 上采样网络（Upsampling Net，UPNet）。通过高效的子像素卷积层[24]将低分辨率特征图像上采样为高分辨率特征图像，实现了较小计算开销下将网络学习到的特征转换为更高分辨率的输出。

RDN 充分利用图像的层次化局部和全局特征，提升了超分辨率重建的性能和网络训练的稳定性。此外，RDN 具有较强的鲁棒性，能够处理多种图像退化模型，且具有更高质量的图像重建效果。

目前，监督式图像超分辨率重建方法仍然占据主导地位。这类方法通过对成对的低分辨率图像和高分辨率图像进行训练，使用不同的网络架构和损失函数来提升重建图像的质量和模型的细节还原能力。此外，一些研究人员将图像超分辨率重建看作图像生成式任务，利用 GAN（如 GAN 在图像超分领域的开山之作 SRGAN[25]）或者扩散模型（如基于扩散的盲超分辨率重建模型 SR3+[26]）完成对图像内容的优化与修复。同时，无监督式图像超分辨率重建方法越来越受到关注,这类方法不依赖于成对的训练数据,而是通过自编码器和生成模型学习图像的结构和细节。典型的无监督式方法包括深度图像先验(Deep Image Prior)和 CycleGAN[27]。它们通过对图像内部统计特征和循环一致性的建模,能够处理更为复杂的图像退化问题,特别是在没有真实高分辨率图像作为参考的情况下,也能实现图像的重建。

此外,特定领域的超分辨率重建技术也得到了快速发展,尤其是在医学成像、人脸图像和视频领域,这些方法通常会针对具体的应用场景进行优化。例如,在人脸图像超分辨率重建方面,Super-FAN[28] 结合了人脸对齐技术,使得人脸细节的还原更加精准。在视频超分辨率重建中,RBPN(Recurrent Back-Projection Network)[29] 通过递归反向投影操作,结合多帧信息来提升时间上的一致性。在网络设计方面,注意力机制、残差学习等方法也被广泛应用于当前的超分辨率重建模型中。此外,递归学习和多任务学习策略也被应用于一些多尺度图像超分辨率重建任务中,旨在同时处理不同的放大比例,减少计算资源的浪费。

> 递归学习在图像超分辨率重建中是一种通过重复利用相同的网络模块来提高模型深度和学习能力的技术,它不会显著增加模型参数。其核心思想是通过递归地应用同一个模块多次,逐步从低分辨率图像中提取更多的特征,进而增强网络模型的表达能力。

图像超分辨率重建技术通过深入学习高分辨率图像与低分辨率图像之间的复杂映射关系,显著提升图像的分辨率和细节再现能力,这一技术在多个领域展现出了广阔的应用价值。在公共安全领域,监控摄像头拍摄的图像和视频往往受到分辨率、光线、天气等多种因素的影响,图像质量不佳。例如警方在侦破案件时,通过监控摄像头拍摄的画面获取犯罪嫌疑人的模糊图像,再借助图像超分辨率重建技术,便可实现嫌疑人的面部特征、衣着等局部区域的高质量重建,进而帮助案件的侦破。在对地观测领域,卫星遥感图像的空间分辨率往往有限,通过超分辨率重建技术能够有效提升卫星遥感图像的分辨率,提高数据的可用性和准确性。在消费电子产品领域,尤其是智能手机和数码相机,图像超分辨率重建技术扮演着至关重要的角色。如图 6-13 所示,SuperImage 便是一款基于神经网络的图像放大工具,凭借其强大的功能和用户友好的界面,在修复老照片、扩大图片尺寸及智能修复图像破损等方面表现出色,为用户提供了前所未有的图像处理体验。在数字媒体与娱乐领域,图像超分辨率重建技术的应用进一步拓宽了视觉表达的边界。如图 6-14 所示,NVIDIA 推出的 DLSS(Deep Learning Super Sampling)技术,作为深度学习在图像渲染领域的杰出应用,通过其创新的超分辨率重建算法,实现了从低分辨率输入到接近原生高分辨率输出的高效转换,在降低显卡负担的同时,保证了游戏画面的流畅性和视觉质量,为玩家带来了更加震撼的游戏体验。

图 6-13 SuperImage 界面

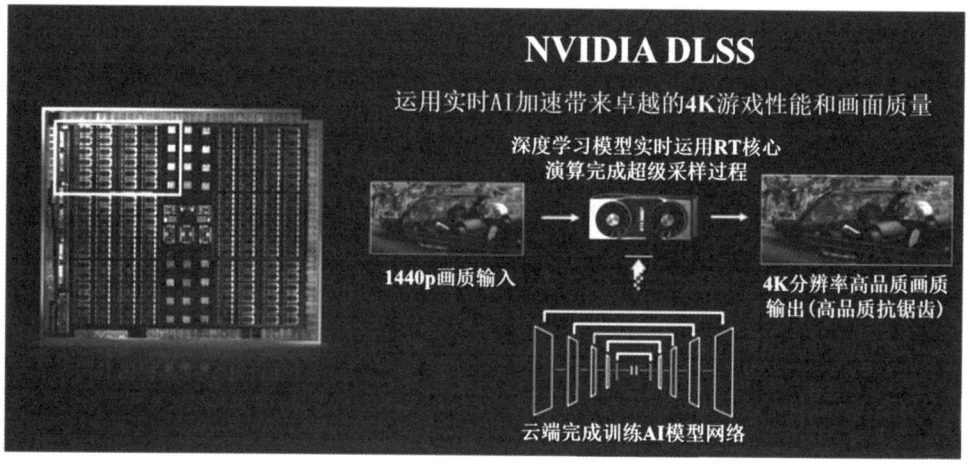

图 6-14 图像增强技术在数字媒体和娱乐领域的应用

然而，图像超分辨率重建技术在迈向更广泛应用的过程中，仍面临多重挑战，亟待深入探索与解决。在医学影像领域，尽管现有技术已显著提升了图像清晰度，但确保模型输出结果的绝对可靠性仍是首要任务。为此，增强模型的可解释性成为关键，通过优化算法设计，使模型决策过程更加透明，便于医疗专家验证与信任。同时，随着远程监控和卫星成像等应用的兴起，对图像放大倍数的需求日益增长。探索并实现更大倍数的图像超分辨率重建技术，不仅能够使远距离捕获的图像细节更加丰富，还能有效降低数据传输成本，提升整体效率。此外，真实世界图像的多样性和复杂性对超分辨率重建技术提出了更高要求，从多变的光照条件到复杂的遮挡情况，每一种挑战都需要算法具备更强的适应性和鲁棒性。因此，研究能够灵活应对各种场景变化的超分辨率重建技术，对于推动该技术在实际应用中的普及至关重要。针对移动设备和嵌入式系统资源受限的特点，开发轻量级、高效的超分辨率重建模型成为必然趋势。这些模型不仅需要在保证图像质量的同时减少计算量和存储需求，还需具备快速响应能力，以满足实时图像处理的需求。综上所述，未来的图像超分辨率重建技术的研究将围绕提升模型的可靠性、适应性、轻量化、大倍数等方向展开，让技术更加深入赋能实际应用。

2. 低光照图像增强

智能设备的广泛普及与监控系统的日益完善为人们的生活带来了便利、增强了人们的安全感，但是这些设备在实际应用中，不可避免地会遇到光照不足的情况，这势必会影响视觉效果，不利于后期的处理与分析。例如，用户在夜晚或昏暗环境中拍摄的照片和视频会因为光照不足导致拍摄的图像存在看不清、噪点多、细节模糊等问题。同样，在监控系统中，光照不足也是一个普遍存在的问题。特别是在夜晚或光线较弱的区域，传统的监控系统往往难以捕捉到清晰的图像，导致监控效果大打折扣。低光照图像增强技术正是为解决这些问题而生的，它能够使原本暗淡模糊、细节难辨的图像变得明亮、清晰。如图 6-15 所示，通过这一技术的应用，原始图像中几乎隐匿的场景细节得以重见天日，亮度和对比度均得到了明显改善。低光照图像增强技术在夜间摄影、安全监控、自动驾驶等领域得到了广泛应用，拓宽了图像技术的应用范围，增强了信息的可用性和准确性。

a）原始图像　　　　　　　　　　b）低光照增强图像

图 6-15　低光照图像增强

在计算机视觉技术发展的推动下，低光照图像增强领域的研究正经历着快速的发展与创新。从传统的图像处理算法到新兴的深度学习模型，研究人员不断探索着更加高效、智能的图像增强方法，以期在低光环境下实现图像质量的最大化提升。这些方法各有优缺点，并已在多种应用场景中得到了广泛验证。下面来探讨一些经典的低光照图像增强算法，分析它们在实际应用中的表现和技术实现。在众多低光照图像增强算法中，Retinex 理论以其独特的科学基础和广泛的适用性脱颖而出。该理论是一种图像增强和色彩恒常的经典理论，由宝丽来公司创始人、即时摄影发明者埃德温·赫伯特·兰德（Edwin Herbert Land）在 20 世纪 60 年代提出，旨在模拟人眼在不同光照条件下仍能准确感知物体颜色的能力。Retinex 理论认为，图像的颜色由物体表面的反射率和周围环境的光照条件共同决定。通过分离图像的反射部分和光照部分，Retinex 算法能够调整图像的光照条件，同时保持物体颜色的稳定性，从而提升图像的质量和视觉效果。该理论在低光照图像增强、非均匀光照校正等领域具有广泛的应用，为计算机视觉和图像处理技术的发展提供了重要的理论基础。

RetinexNet[30] 作为 Retinex 算法的深度学习改进版，实现了通过构建神经网络来优化低光照图像的增强过程。其核心思想在于将图像分解为反射和光照两部分，并分别通过两个子网络进行处理：图像分解网络负责将输入的低光照图像分解为反射分量和光照分量，该过程无须依赖真实图像监督，仅通过约束条件便可确保低光与正常光照图像共享一致的反射率；图像增强网络则专注于对光照分量进行增强调整。RetinexNet 的网络架构如图 6-16 所示。在图像分解阶段，正常光照图像和低光照图像分别输入各自的图像分解网络，利用 3×3 卷积层和 ReLU 激活函数提取图像特征，并通过 Sigmoid 函数生成反射和光照分量。这两个图像分解网络共享权重，以确保反射分量在低光和正常光照条件下的一致性。在光照调整阶段，反射分量首先经过降噪操作去除因低光照导致的噪声。然后，通过图像增强网络在反射分量的辅助下对光照分量进行增强处理，具体包括多个卷积层和 ReLU 激活函数。此外，还使用了上采样层恢复图像的分辨率，并保持图像的细节信息。上采样后，通过 1×1 卷积层减少通道数，生成最终增强的光照分量。在重构阶段，增强后的光照分量与去噪后的反射分量通过逐元素乘法重新组合，生成最终的增强图像。RetinexNet 还通过跳跃连接保留了关键特征，确保了图像处理的连贯性和效果。总而言之，RetinexNet 是一种基于卷积神经网络的低光照图像增强技术，通过分解和补偿反射分量和光照分量来实现图像增强。在此基础上，通过结合 Retinex 理论和 Transformer 模型进一步提出了 Retinexformer[31]，这是一种<u>单阶段 Retinex 理论框架（One-stage Retinex-based Framework，ORF）</u>，实现了端到端的训练过程。Retinexformer 引入了光照引导的多头自注意力机制，利用光照信息作为关键线索来引导建立长期依赖关系，从而更精确地估计光照分量并补偿光照不足，有效提升了图像的增强效果。

此外，为了克服传统方法对于成对数据的依赖，南开大学郭春乐等人[32] 提出了一种用于低光照图像增强的新方法——零参考深度<u>曲线估计</u>（Zero-DCE）。该方法的创新之处在于提出了一个无须参考图像的深度学习模型，通过像素曲线估计来增强低光照图像的亮度和对比度。其独特之处在于使用了轻量级网络结构和非参考损失函数，避免了对成对数据的依赖，同时能够高效地处理复杂光照条件下的图像，得到自然且清晰的增强效果。如图 6-17 所示，该方法有如下三个关键设计。

> 单阶段 Retinex 理论框架旨在通过一次性的处理过程，完成图像的分解、增强和重建，从而避免传统多阶段方法可能带来的复杂性和误差累积。

> 曲线估计是指通过深度学习网络对图像中每个像素的亮度和对比度进行自适应调整，具体表现为为每个像素估计出一条非线性曲线，用于映射输入图像的像素值到增强后的像素值。
>
> 通常，图像增强技术旨在提升低光照图像的视觉质量，包括增加亮度、对比度等。传统方法通常基于整体或局部的图像增强操作，而在这篇论文中，曲线估计将图像增强问题重新定义为通过深度网络估计每个像素的增强曲线，即"图像特定的曲线估计"。

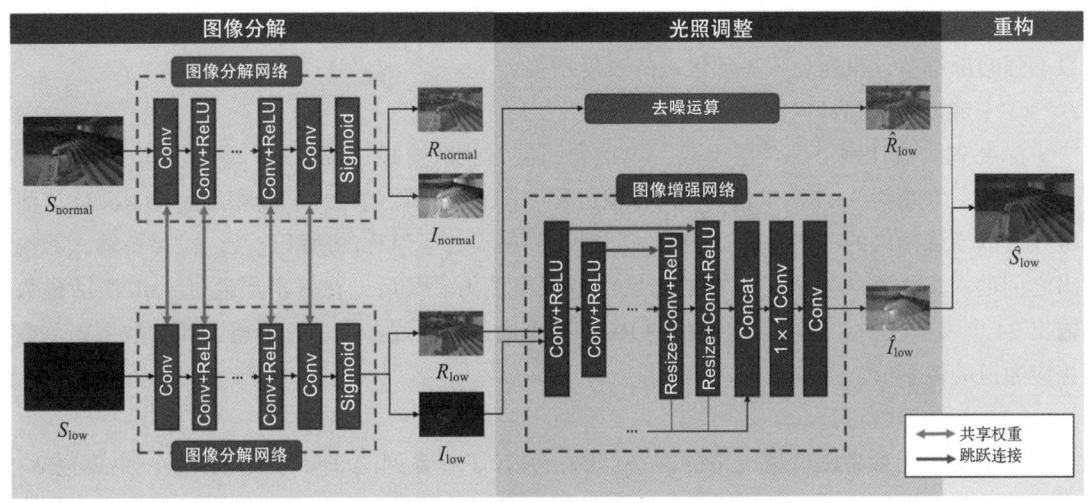

图 6-16 RetinexNet 网络架构

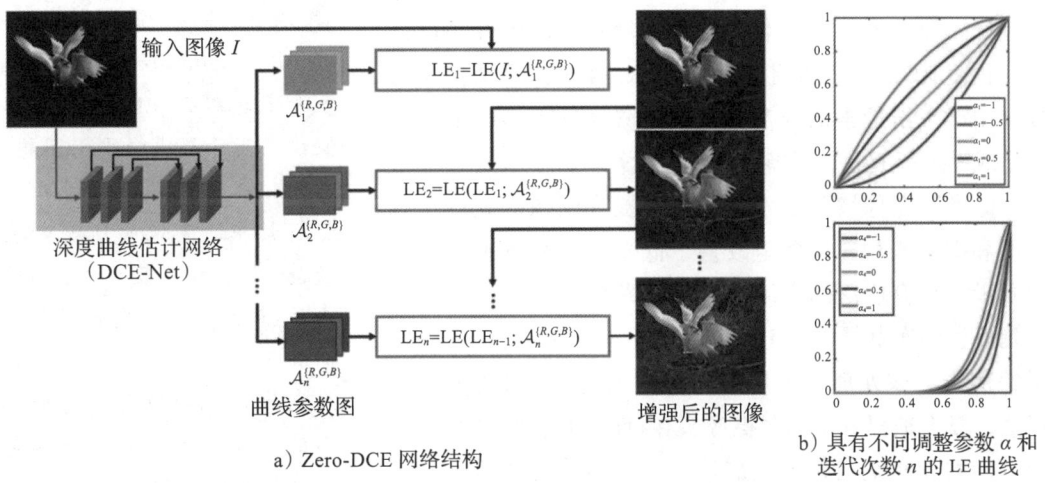

a）Zero-DCE 网络结构　　　　b）具有不同调整参数 α 和迭代次数 n 的 LE 曲线

图 6-17 Zero-DCE 的三个关键设计（详见彩插）

（1）曲线估计

曲线估计是该模型的核心部分，通过估计每个像素的曲线来调整其亮度。

单次增强曲线表示为

$$\mathrm{LE}(I(x);\alpha) = I(x) + \alpha \cdot I(x) \cdot (1 - I(x)) \quad (6\text{-}2)$$

其中，$I(x)$ 表示输入图像的像素值；α 是训练得到的曲线参数；该公式调整了图像的亮度范围。

为应对复杂的低光照条件，曲线会进行迭代应用，形成高阶曲线：

$$\mathrm{LE}_n(x) = \mathrm{LE}_{n-1}(x) + \alpha_n \cdot \mathrm{LE}_{n-1}(x) \cdot (1 - \mathrm{LE}_{n-1}(x)) \quad (6\text{-}3)$$

模型中设置了 8 次迭代以便获得更精确的亮度和对比度调整。

实际上，每个像素都有对应的曲线参数 $a(x)$，用于不同区域的光照差异调整。这样既可以增强暗部细节，也避免了亮部区域的过度增强。

（2）深度曲线估计网络设计

深度曲线估计网络由 7 层组成，包括卷积层、跳跃连接及输出层。卷积层每层包含 32 个卷积核，大小为 3×3、步长为 1，卷积过程中不改变图像的尺寸。卷积层后接 ReLU 激活函数，以增强网络的非线性表达能力。同时，网络设计了对称的跳跃连接，以保持输入和输出之间的对应关系，增强了模型的图像细节保留能力。最后，在输出层通过 tanh 激活函数输出 24 个参数映射，对应 8 次迭代的 RGB 三个通道的曲线参数，每个通道的参数用于调整相应通道的像素值。

（3）损失函数设计

为了实现无参考图像情况下的网络训练，设计了一系列的非参考损失函数，主要包括：①空间一致性损失函数，保持增强前后图像邻域之间的差异一致，确保增强过程中图像的局部结构和对比度不被破坏；②曝光控制损失函数，控制增强后图像的平均亮度，避免出现过曝或欠曝的情况；③颜色恒常性损失函数，基于"灰度世界假设"，校正颜色偏差，确保增强后的图像颜色自然，且使 RGB 通道的调整保持一致；④光照平滑损失函数，用于平滑像素曲线参数，避免增强过程中产生过度锐化或噪声等问题，保持图像的自然性。

> 灰度世界假设（Gray-World Assumption）是图像处理和颜色校正中的一种经典假设，用于解决白平衡问题。它的核心思想是，假设在自然场景中，图像的所有颜色通道（红、绿、蓝）的平均值应该接近于中性灰色（即相同的强度值）。换句话说，如果图像是正确曝光和色彩平衡的，那么图像的每个颜色通道的平均像素值应该相等。

低光照图像增强技术通过显著提升图像的亮度、对比度和细节表现，极大地改善了低光照环境下拍摄的图像质量，具有广泛的应用价值。如图 6-18 所示，阿里达摩院研发的车载摄像头 ISP 处理器（AliISP）就是一个典型的例子。该处理器采用了独特的 3D 降噪和图像增强算法，极大地提升了车载摄像头在夜间的图像识别能力，为自动驾驶车辆提供了更加清晰、准确的视觉信息，从而显著提高了自动驾驶的安全性和可靠性。目前，这款处理器已经成功应用于自动驾驶物流车，并在路测中展现出在业界领先的性能。尽管低光照图像增强技术已经取得了显著进展，但仍面临诸多挑战，亟须进一步地探索与优化。首先，提高模型在各种复杂光照条件下的鲁棒性和泛化能力是当前亟待解决的问题。这要求研究者们深入探索光照变化的本质规律，设计更加灵活和智能的算法，以应对不同光照条件下图像质量的巨大差异，从而提高技术的可靠性与稳定性。其次，随着移动设备和嵌入式系统的普及，对于低光照图像增强技术的实时处理能力和资源效率提出了更高要求。因此，研究更高效、更轻量化的算法和模型成为重要方向。此外，未来的研究还应关注多模态数据融合和自适应增强技术。通过结合来自不同传感器（如红外、雷达等）的数据，可以获取更全面的场景信息，进而实现更智能、更精确的图像处理能力。同时，自适应增强技术能够根据图像的具体内容和光照条件自动调整增强参数，以达到最佳的视觉效果，进一步提升用户体验。综上所述，这些领域的深入研究和技术优化都将进一步推动低光照图像增强技术的发展，使其在更多实际场景中发挥重要作用。

a）业界通用车规级相机 ISP　　　　　　　　　b）AliISP

图 6-18　自动驾驶领域的低光照图像增强的应用

6.3　图像分类

6.3.1　图像分类概述

作为计算机视觉领域的经典任务，图像分类的目标是将输入的图像准确无误地分配到一系列预定义的类别集合中。这一过程通常依赖于先进的机器学习算法，尤其是深度学习技术，这些技术使得模型能够自动学习并识别图像中的复杂模式，进而实现高效分类。图像分类不仅是许多复杂视觉识别系统（如面部识别、场景理解、物体检测等）的基石，也是推动人工智能技术在日常生活中广泛应用的关键因素。在图像分类任务中，类别标签来源于一个预定义的、有限的类别集合，每个标签都对应着一种或一类特定的视觉实体，比如"猫""狗""汽车"等。为了训练出高性能的分类模型，通常需要使用包含大量带标签图像的数据集。这些数据集中的每张图像都被人工标注了对应的类别标签，为模型提供了学习的"教材"。训练过程中，模型会不断迭代地学习如何从输入的图像中提取出对分类任务有用的特征信息（如颜色、纹理、形状等），并逐步建立起从图像特征到类别标签的映射关系。这一过程通常需要大量的计算资源和时间，但一旦模型训练完成，它就能快速而准确地预测新输入图像的类别。例如，假设有一个包含"狗""猫""鸟"三个类别的图像分类系统，当向系统提交一幅新的图像进行测试时，系统会根据之前学习到的知识，自动分析图像内容，并输出一个最可能的类别。如果系统输出为"猫"，则意味着它认为这幅图像最符合"猫"这一类别，从而实现了对图像的有效分类。

传统图像分类方法一般遵循一套系统流程：首先，对数据进行预处理，如去噪、归一化，以改善图像质量；接着，通过特征提取算法，如 SIFT、HOG 等，从图像中提取颜色、纹理、形状等特征；随后，利用提取的特征训练分类器，常用的分类器包括支持向量机、k 近邻、决策树等。分类器的目标是学习一个从特征空间到类别标签的映射关系。

随着计算能力和数据量的爆炸式增长，深度学习技术，特别是卷积神经网络，在图像分类领域取得了显著突破。AlexNet 在 2012 年的 ImageNet 竞赛中大放异彩，标志着深度学习开始在大规模图像分类任务中占据统治地位，随后又陆续出现了 VGGNet、GoogLeNet、ResNet 和 DenseNet 等众多经典网络。深度学习模型能够自动从原始图像中学习并提取出层次化的特征表示，极大地减少了对手工特征设计的依赖。

近年来，图像分类技术以其卓越的性能和广泛的应用前景，在多个领域大放异彩。在自动驾驶领域，它成为行人及车辆精准识别的核心支撑，为道路安全保驾护航；在医学领域，该技术助力实现疾病的快速识别与诊断，提升了医疗服务效率与质量；在农业领域，图像分类技术成功应用于病虫害的智能检测，促进了农业生产的可持续发展；在人脸识别领域，其高精度与实时性更是推动了安全监控、身份验证等多个子行业的深刻变革。这些应用不仅展现了图像分类技术的强大潜力，也预示着未来智能化、自动化时代的加速到来。下面举两个实际应用的案例。

（1）人脸识别

杭州萧山国际机场在 T3 航站楼的 25 个国内安检通道全面引入了阿里云 ET 航空大脑的人脸识别系统，如图 6-19 所示。旅客在安检时，只需要自然地通过安检柜台，广角摄像头会自动捕捉其 10s 内的动态视频，并从中提取出最清晰的人像与身份证照片进行比对。整个过程仅需 3s 左右，比肉眼比对速度快了 3 倍以上。该系统不仅能够快速准确地完成身份验证，还能有效应对整容、儿童发育、身份证照片更新不及时等复杂情况。此外，它还能自动从摄像机视野范围内进行人像匹配，方便了儿童、老人、残障人士等特殊人群。除了安检环节的人脸识别外，杭州萧山机场还建设了智慧食堂，通过采用人脸识别技术实现秒结算秒支付，提升了就餐效率和便捷性。

 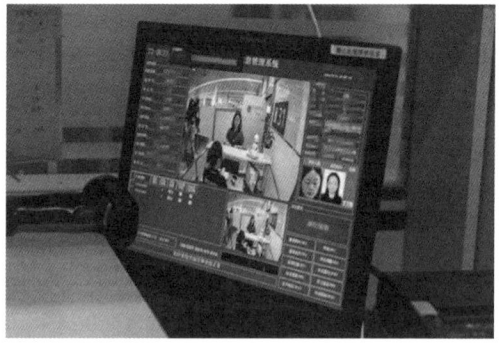

图 6-19　机场人脸识别系统

（2）医疗影像诊断

青光眼作为具有高患病率和致盲率的眼疾，是全球及我国首要的不可逆致盲原因之一。据统计，2020 年全球青光眼患者约有 7600 万，我国青光眼患者人数尤为突出，约为 2180 万。早期诊断与治疗对保护视力至关重要，但当前筛查手段有限，医生主观判断影响诊断的准确性，且医疗资源分布不均，基层医院诊治水平参差不齐。因此，利用眼底彩照进行计算机辅助诊断成为研究热点。如图 6-20 所示，腾讯觅影团队研发了基于深度学习的青光眼分类模型，其青光眼判别准确率超过95%，显著提高了筛查的效率和准确性，实现了对青光眼尤其是早期青光眼的智能判别。

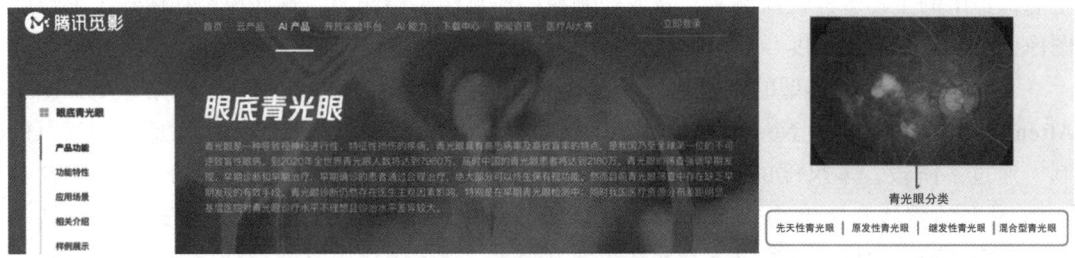

图 6-20 腾讯觅影眼底青光眼筛查系统

6.3.2 细粒度图像分类

细粒度图像分类（Fine-Grained Image Classification，FGIC）属于图像分类任务的细分子任务，是计算机视觉领域的一个重要研究方向，旨在对一个大类别中具有细微差异的子类别进行识别。常见的学术研究课题主要包括识别不同种类的鸟、狗、车、飞机、花、鱼等。这些目标在外观上具有相似性，但在一些细节特征上存在显著的差异。如图 6-21 所示，以狗的细粒度分类数据集为

机器鹰眼：细粒度图像分类

如何区分棕头鸥和红嘴鸥呢？快来知识点视频中找寻答案吧！

例，它直观地展示了细粒度图像分类的复杂性。图 6-21a 所示的大丹犬，因毛色具有差异，也需要将它们精确地判断为不同的类别；图 6-21b 所示的诺里奇梗犬的毛色高度相似性则进一步提升了分类的难度。这种分类任务相比语义级图像分类，其难点在于类别间的差异往往局限于图像的极小局部，且易受环境干扰。

图 6-21 狗的细粒度分类数据集

细粒度图像分类的应用广泛且多样，主要包括医疗影像分析中的精确病变识别、安全监控中的人脸识别与行为分析、智能交通中的车型品牌识别、新零售场景下的商品精细分类、生态保护中的生物多样性监测，以及农业领域的作物病害检测等。这些应用均体现了细粒度图像分类在提升识别精度、促进智能化管理方面的重要价值。

下面来介绍一个典型的细粒度图像分类模型——循环注意力卷积神经网络（Recurrent Attention Convolutional Neural Network，RA-CNN）[33]。该模型创新地引入了递归注意力机制，通过多阶段、多尺度的特征提取和区域注意力预测策略，显著提升了分类性能。RA-CNN模型的整体框架结构如图6-22所示，其核心在于递归式的图像处理方式，这也是一种"近乎常理"的思路，通过不断地在图像上聚焦，找出图像中有助于对类别进行区分的细微区域，然后不断用这些区域提取的特征进行更加精确的分类和更加细化的再聚焦。首先，RA-CNN模型将输入图像作为初始阶段，通过卷积神经网络提取全局特征。随后，进入注意力聚焦阶段，该阶段利用一个注意力建议网络（Attention Proposal Network，APN）来预测图像中最具判别力的区域，即注意力区域。该网络能够学习如何定位到对于区分不同类别至关重要的细微特征所在的区域。在确定了注意力区域后，RA-CNN会对该区域进行裁剪并放大至原始图像大小，然后再次通过卷积层进行更精细的特征提取。这一过程会递归地重复多次，每次聚焦于更小的、更精细的局部区域，从而逐步缩小搜索范围并深化对关键特征的捕捉。通过多阶段的注意力聚焦和特征提取，RA-CNN能够逐步排除图像中的无关信息，将分类操作聚焦于真正具有区分度的区域上。这种机制有效地解决了在宏观尺度下细微特征易被淹没的问题，使得模型能够更准确地识别出具有细微差异的细粒度类别。最终，在完成了多次递归的注意力聚焦和特征提取后，RA-CNN利用全连接层和Softmax函数对提取到的特征进行类别分类。这种基于注意力机制的递归处理方式，使得RA-CNN在细粒度图像分类任务中展现出了优异的性能。RA-CNN模型是细粒度图像分类领域的一个重要进展，但仍有一些改进的空间。例如，如何在保留全局图像结构的同时建模局部视觉线索，以进一步提高性能；如何整合多个区域关注以处理更复杂的细粒度类别特征等。

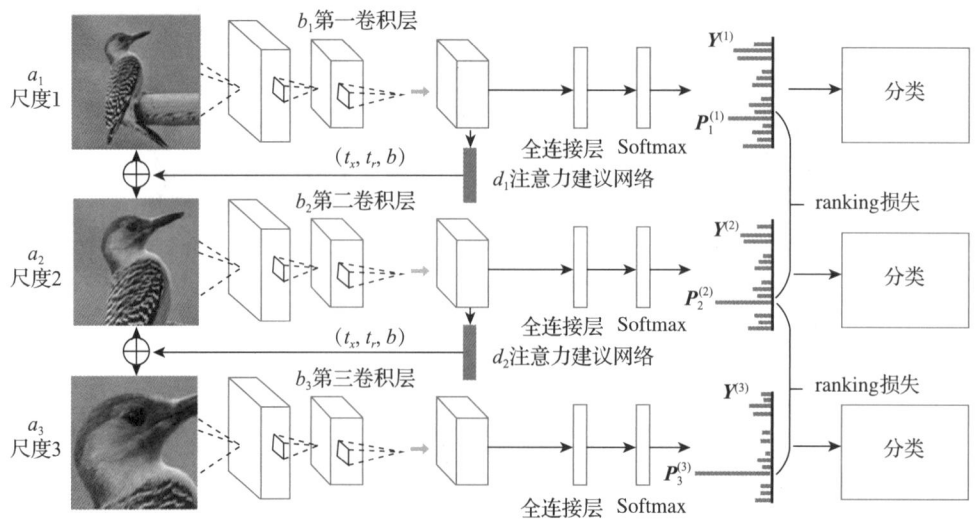

图6-22　RA-CNN整体架构

近年来，基于 Transformer 模型，尤其是 Vision Transformer（ViT）[5]，引领了细粒度分类的最新发展。ViT 模型首次将 Transformer 应用于图像分类，通过自注意力机制捕捉图像的全局信息，在细粒度分类任务中取得了显著的性能提升。例如，ViT 在 CUB-200-2011 上的分类准确率达到了 90.3%。TransFG 模型[34]进一步改进了 ViT 的图像块划分方式，使分类准确率提高到 91.7%。这些方法均展示了 Transformer 在处理细粒度图像分类任务中的巨大潜力。此外，FFVT（Feature Fusion Vision Transformer）[35]通过融合多尺度特征信息，进一步提升了 Transformer 模型的性能，在细粒度图像分类中取得了 91.6% 的准确率。上述模型虽然表现优异，但也存在特征提取粒度粗糙、计算冗余等问题。因此，如何将 Transformer 与 CNN 相结合，以充分利用两者的优势，是该领域研究的一个热点方向。通过结合 Transformer 的全局信息捕捉能力与 CNN 的局部特征提取优势，研究者希望克服 ViT 在特征提取粒度上的局限性，从而提升模型在处理细粒度图像时的表现。未来，如何进一步减少 ViT 模型的计算冗余，并开发更适合细粒度分类任务的大规模、高质量数据集，以提高模型的泛化能力和应用价值，是细粒度图像分类研究的关键挑战。

6.4 目标检测

6.4.1 目标检测概述

目标检测是计算机视觉领域中的一个核心任务，它旨在从图像或视频中识别出感兴趣的目标对象，并同时确定这些目标的位置和类别。这一任务比单纯的图像分类更加复杂，因为图像分类只需要确定整个图像所属的类别，而目标检测则要求对每个独立的目标进行定位和分类。如图 6-23 所示，目标检测系统不仅以边界框的形式标注了目标区域，同时还给出了目标所属的类别。目标检测任务具有广泛的应用场景，包括但不限于自动驾驶、视频监控、人脸识别等。随着深度学习技术的不断发展，目标检测算法的准确性和效率都在不断提高，为这些应用场景提供了强大的技术支持。

a）输入图像　　　　　　　　　　　b）目标检测结果

图 6-23　目标检测任务示意图（详见彩插）

目标检测技术的演进可清晰地划分为两大阶段：第一阶段是以传统算法为主导的时期（1998 年—2014 年），第二阶段是基于深度学习技术的革新阶段（自 2014 年至今）。传统目标检测流程主要包括三个步骤：首先，通过某种策略选取可能包含目标的候选区域；其次，从这些区域中提取特征；最后，利用分类器对特征进行识别与分类。例如，VJ 检测器[36]利用滑动窗口机制搜索潜在的目标。尽管该算法设计简洁，但较高的计算成本限制了其在实际中的应用。而 HOG 检测器[37]，作为尺度特征不变性和形状上下文的重要改进，通过计算图像局部区域的梯度方向直方图来提取特征，显著提升了算法在光照变化和目标形变下的鲁棒性，为后续诸多方法奠定了坚实的基础。

然而，这些传统方法高度依赖人工设计的特征，导致检测性能受限且计算复杂度高，深度学习算法的兴起为目标检测任务带来了新的机遇[38]。两阶段目标检测算法（如 R-CNN[39]、Fast R-CNN[40]）采用了"先筛选再识别"的策略。首先，通过区域建议网络（Region Proposal Network，RPN）或其他方法生成一组潜在的感兴趣区域（Region of Interest，RoI），然后对这些区域进行精细的分类和定位。这种处理方式虽然计算成本较高，但通常能带来更高的检测精度。相反，单阶段目标检测算法的主要特点是在网络模型的前向传播中不进行区域的筛选，直接预测出所有边界框及其类别。这种"一步到位"的检测方式使得单阶段检测器在速度上具有显著优势，非常适合实时性要求较高的应用场景，如视频监控、自动驾驶等。此外，随着 Transformer 技术的崛起，DETR[6]等新型检测模型将强大的序列建模能力引入目标检测领域，展现了超越传统 CNN 方法的检测精度。

目标检测技术在广泛的应用场景中展现出巨大的潜力，但同时也面临着多方面的挑战与难点。首先，目标本身的多样性和复杂性构成了首要难题。小目标由于像素占比少，特征信息不足，难以被准确识别；遮挡目标则因部分或全部被遮挡，导致关键特征丢失，增加了检测难度；低对比度目标则因与背景区分度低，易被漏检或误判。其次，环境的多变性和不确定性也是一大挑战。光照条件的变化、动态背景的干扰、恶劣天气的影响及图像噪声的干扰，都可能导致检测算法失效。这些环境因素的不稳定性要求目标检测算法必须具备高度的鲁棒性和适应性。再者，算法自身的局限性也限制了目标检测技术的发展。模型初始化阶段可能因缺乏高质量预训练模型而导致误检；对于算法的实时性与高精度之间的平衡难以把握；同时，深度学习模型对计算资源的高需求也限制了其在某些资源受限环境下的应用。最后，数据标注的高成本也是不可忽视的问题。大规模、高质量的标注数据是训练高精度目标检测模型的基础，但这一过程耗时耗力，成本高昂，在一定程度上限制了模型的进一步发展。未来，要进一步解决目标复杂性、环境多变性、算法局限性和数据标注成本高等关键问题，不断提高目标检测模型的准确性、实时性和鲁棒性是值得研究的方向。

6.4.2 经典目标检测方法

这里重点介绍三种具有代表性的深度学习目标检测算法。Region-based Convolutional Neural Networks（R-CNN）是第一个成功将深度学习应用到目标检测上的双阶段目标检测算法，它通过将卷积神经网络引入目标检测领域，极大地改善了目标检测的效果，为后续的目标检测算法奠定了重要基础。YOLO 系列算法是深度学习中一个重要的单阶段目标检测模型，以易于部署和卓越的性能而著称[41]。这里我们将以 YOLOv4[42] 为例介绍其结构及改进。Detection Transformer（DETR）[6] 是一种基于 Transformer 的目标检测框架，它摒弃了传统的锚点机制，将目标检测任务视为一个集合预测问题，实现了端到端的单阶段目标检测。

1. R-CNN

R-CNN 方法作为目标检测领域中深度学习解决方案的开山之作，具有里程碑式的意义，其模型架构如图 6-24a 所示。它主要包括以下三个关键步骤。

1）候选区域生成。R-CNN 使用选择性搜索等方法从输入图像中生成一系列可能包含目标的候选区域（也称为候选框或提议区域），它们覆盖了图像中可能存在的所有目标位置。

2）特征提取。对于每个候选区域，R-CNN 将其调整到固定大小，并送入一个预训练的卷积神经网络中进行特征提取，自动学习图像中的层次化特征表示。

3）分类识别。提取的特征向量随后被送入多个支持向量机分类器中，以判断每个候选区域是否包含特定类别的目标，并输出该区域属于每个类别的概率。同时，R-CNN 还使用边界框回归模型对候选区域的位置进行微调，从而提高定位的准确性。

R-CNN 相比于传统方法虽然显著提升了目标检测的性能，但也存在明显缺点：检测速度较慢，因为每个候选区域都需要独立通过 CNN 提取特征，计算量大；再有，训练过程烦琐，包括多个独立阶段，计算资源消耗大。为了克服这些问题，Fast R-CNN[40] 应运而生，图 6-24b 展示了 Fast R-CNN 模型架构。相较于 R-CNN，Fast R-CNN 引入了感兴趣区域池化（RoI Pooling）层，这一创新技术能够处理不同大小的候选区域，将它们转换为固定大小的特征图，从而简化了后续的全连接层处理，极大地提高了检测速度。再有，Fast R-CNN 采用了多任务损失函数，同时优化分类和边界框回归任务，这种联合训练的方式不仅提升了模型的检测精度，还使得训练过程更加高效。此外，Fast R-CNN 还使用 Softmax 分类器替代了 R-CNN 中的 SVM 分类器，进一步简化了模型结构，减少了计算资源的消耗。基于上述改进，Fast R-CNN 在保持高精度的同时，显著提升了目标检测的速度和效率，为后续目标检测算法的研究提供了重要的参考和借鉴。

2. YOLOv4

YOLOv4 是一种用于目标检测的单阶段深度学习模型，继承了 YOLO 的高效检测速度和较高的检测精度。如图 6-25 所示，YOLOv4 主要由 Backbone（骨干网络）、Neck（颈部网络）和 Head（头部网络）几个部分组成。

- 骨干网络。YOLOv4 的骨干网络可以看作整个模型的基础部分，主要用于提取图像中的重要信息。YOLOv4 采用了 CSPDarkNet53 网络来提取输入图像的特征，其由 53 层卷积层组成，并通过使用残差块来减少梯度消失问题，具有较好的特征提取能力。此外，CSPDarkNet53 网络引入了跨阶段部分（Cross Stage Partial，CSP）结构来减少重复梯度信息，降低模型的计算量。CSP 结构通过将特征图分割为两部分，减少了冗余信息并提升了模型效率，在降低计算量的同时保持较高的精度。

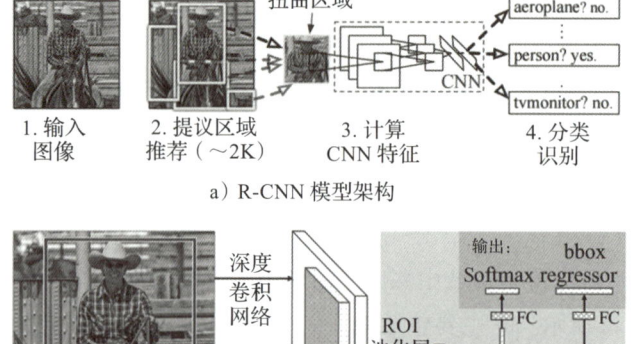

a) R-CNN 模型架构

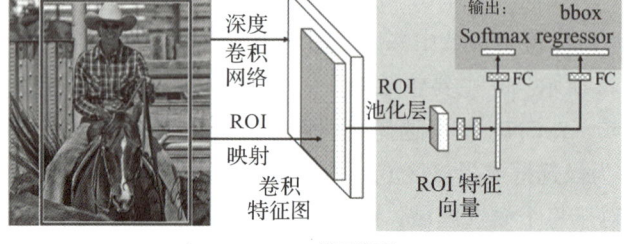

b) Fast R-CNN 模型架构

图 6-24 R-CNN 与 Fast R-CNN 模型对比

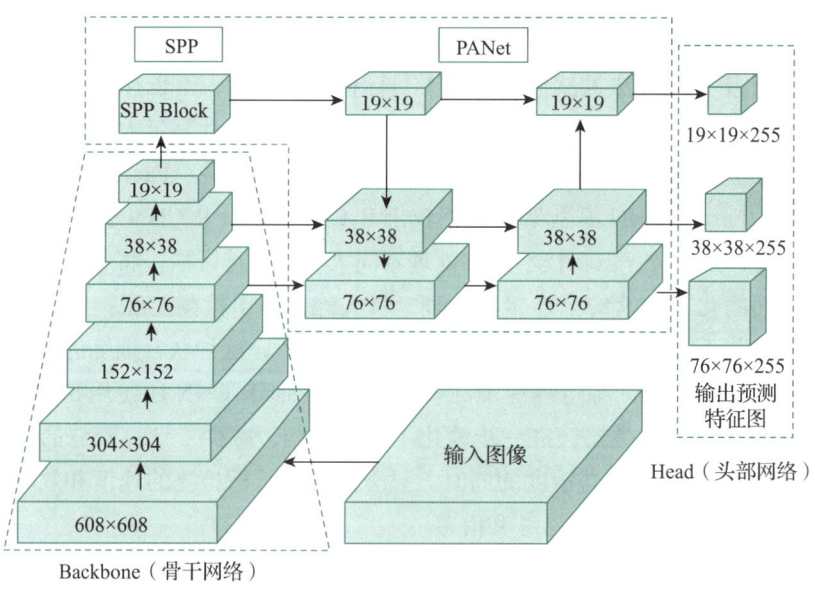

图 6-25 YOLOv4 整体结构

- **颈部网络**。颈部网络是连接骨干网络和头部网络的部分，其主要功能是融合特征并生成多尺度的特征图，以便进行精确的目标检测。该部分主要包括空间金字塔池化（Spatial Pyramid Pooling，SPP）及路径聚合网络（Path Aggregation Network，PANet）。SPP 通过使用不同大小的池化核（如 1×1、5×5、9×9、13×13 等）对输入特征图进行多尺度最大池化操作，每个池化核可以在不同尺度上捕捉图像的上下文信息，得到保留了丰富全局信息的不同尺度特征。通过拼接（Concatenation）操作将这些特征图结合在一起，输出包含多尺度信息的特征图，增强模型在处理不同大小目标时的感知能力。PANet 通过自顶向下和自底向上的双向路径实现特征的多层融合。自顶向下路径将高层的语义特征向下传递，与浅层特征进行融合，丰富浅层特征的语义信息；而自底向上路径则将底层的细节特征向上传递，与高层特征结合，增强高层特征的细节定位能力。每个融合步骤都会经过额外的卷积层进行特征增强，确保模型能够有效处理不同尺度的目标。通过这种双向特征聚合，PANet 能够提升模型的多尺度检测能力，特别是在小目标检测方面效果显著。

- **头部网络**。头部网络用于生成目标检测结果。YOLOv4 的头部网络使用的是经典的 YOLO 检测头，在不同尺度的特征图上进行目标检测，分别在大、中、小三个尺度上生成预测结果。这些特征图由颈部网络提供，分别用于检测不同大小的目标。每个尺度的预测层都会输出对应位置的边界框和分类结果。

CSPDarkNet53、SPP、PANet 等结构的引入，使 YOLOv4 能够在保持较快检测速度的同时，拥有更好的特征提取和多尺度目标检测能力，实现了速度和精度上的平衡。

3. DETR

上述基于 CNN 的方法难以有效捕捉长距离的依赖关系和全局信息，限制了检测精度的进一步提升。随着 Transformer 的兴起，目标检测领域也迎来了新的变革。DETR（Detection Transformer）模型是 Facebook AI Research 团队在 2020 年提出的一种单阶段目标检测方法。该模型将目标检测任务视为一个集合预测问题，通过构造基于 Transformer 的编码器 - 解码器架构实现。其网络架构如图 6-26 所示。

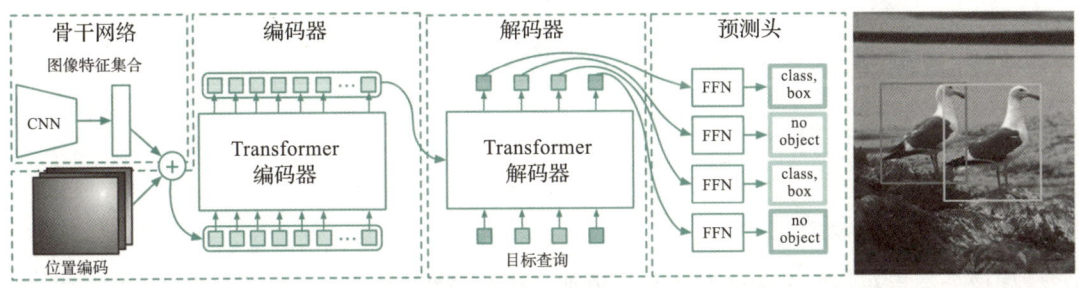

图 6-26　DETR 的网络架构

DETR 首先利用 ResNet 等卷积神经网络提取输入图像的特征图，并将特征图送入 Transformer 编码器（Encoder）中。编码器利用自注意力机制（Self-Attention）对特征图进行编码，学习特征之间的相关性信息，增强特征的表示能力。这一步使得模型能够捕捉图像中的全局上下文信息，对于解决目标检测中的重叠和遮挡问题具有重要意义。然后，Transformer 解码器（Decoder）接收编码器的输出一组可学习的目标查询（Object Query）作为输入。其中，目标查询在解码过程中充当"锚点"的角色，引导模型关注图像中的特定区域。解码器通过自注意力机制和交叉注意力（Cross-

> 自注意力机制旨在帮助模型在处理数据时更好地关注重要信息。它会检查数据的每个部分，查看哪些部分之间有强的关联，进而分配更多的"注意力"给相关内容。比如，读一段话时，自注意力机制会自动发现哪些词更相关并重点理解它们。
>
> 交叉注意力机制则是当有两组不同的数据时，它会让其中一组去关注和匹配另一组的重要信息。例如，在图像和文字匹配任务中，模型通过交叉注意力让图像中的某个区域关注对应的文字描述，从而理解它们之间的关系。

Attention）机制对目标查询进行解码，最终生成一组预测结果，包括目标的边界框和类别标签。在训练过程中，DETR采用了一种基于二分图匹配（Bipartite Matching）的损失函数。该损失函数通过计算预测结果与真实标签之间的匹配成本，强制模型输出一组独一无二的预测框，每个目标只对应一个预测框。这种匹配方式避免了传统方法中的非极大值抑制等后处理步骤，简化了检测流程。

> 二分图匹配是一种在两个不同组的元素之间找到最佳配对的方法。想象有两组人，分别站在两个不同的队列中，需要为每个人找到一个最合适的搭档。通过计算每一对之间的匹配度，找到让所有人总的搭配效果最好的组合。在算法中，这个过程通常用于将模型的预测结果和真实数据一一配对，以减少错误和提升准确性。

> 非极大值抑制是一种用于去除重复检测的技术。在目标检测中，模型可能会对同一个物体预测多个相似的边界框。非极大值抑制会保留得分最高的那个框，并抑制（去掉）其他重叠很大的框，确保每个物体只留下一个预测框，从而提高检测结果的准确性。简单来说，就是帮助去掉多余的重复框，只留下最好的那个。

综上所述，DETR实现了端到端的目标检测，简化了传统方法的复杂流程，同时利用Transformer的全局上下文感知能力提高了检测精度。然而，DETR也存在训练时间较长、对计算资源要求高，以及在小目标检测上性能有待提升等缺点。尽管如此，DETR的提出为目标检测领域带来了新的思路和技术突破。

6.5 图像分割

6.5.1 图像分割概述

图像分类旨在将整个图像归入某一类别，是全局性的判断；目标检测则侧重于识别并定位图像中的特定对象，输出对象的边界框及类别；而图像分割则更为细致，它要求将图像划分成多个具有特定意义的区域，每个区域内的像素点具有相似属性，不同区域间存在显著差异，实现像素级别的精细分类与定位。图像分割作为计算机视觉领域中的一项关键技术，其发展历程丰富多彩，见证了从简单算法到复杂深度学习模型的转变。在早期阶段，图像分割算法主要通过设定特定的阈值或利用像素间的相似性和差异性来划分图像区域，虽然在一定程度上能够实现图像分割，但受限于算法本身的简单性和图像本身的复杂性，分割效果往往不够理想，特别是在处理复杂场景或低质量图像时显得力不从心。随着计算机技术的不断发展和进步，研究者们开始探索更加高效和准确的图像分割方法。在这一时期，基于统计学习、图论优化等高级算法的图像分割技术逐渐崭露头角，它们通过引入更多的先验知识和约束条件，使得分割过程更加合理和可靠，分割

剪影艺术家：图像分割

结果也更加精确。然而，这些高级算法往往需要较高的计算复杂度和较长的处理时间，难以满足对实时性要求较高的应用场景。

进入 21 世纪，深度学习技术的兴起为图像分割带来了革命性的变化。特别是卷积神经网络的广泛应用，使得模型能够自动地从大量有标签数据中学习图像特征。这一转变不仅极大地提升了图像分割的精度和鲁棒性，还使得图像分割技术能够应用于更加广泛和复杂的场景。随着各种先进深度学习模型的提出和优化，如 FCN、U-Net、DeepLab 等，图像分割技术取得了更加显著的进步和发展。在此基础上，图像分割技术进一步细化出语义分割、实例分割、全景分割等子分支。语义分割聚焦于识别图像中的各类物体或背景，并统一划分至相应类别，但不区分同一类别中的不同个体。实例分割不仅识别不同类别的物体，还能区分同一类别下的不同实例，为每个实例赋予独特标记，但通常不处理背景区域。而全景分割则是语义分割与实例分割的完美结合，既识别并分割出不可数的背景元素，也精确区分并标记出可数的前景物体实例，实现了对整个场景的全景式解析。图 6-27 直观地展示了这三种图像分割技术的任务效果。

图 6-27　三种图像分割任务效果示例（详见彩插）

图像分割技术的应用场景十分广泛。在医学领域，它可以帮助医生更准确地识别和分析病变组织，如图 6-28 所示，依图科技开发的基于 CT 医学影像的肺炎智能评价系统，能够实现肺部感染区域的自动分割。在自动驾驶系统中，车辆需要实时感知并理解周围环境，包括道路、车辆、行人等。图像分割技术可以将摄像头捕捉到的图像划分为不同的语义区域，从而为自动驾驶系统准确地提供这些环境信息。图 6-29 展示了自动驾驶系统的场景自动分割效果。在遥感影像处理领域，通过图像分割技术，可以将遥感图像中的不同地物类型（如水体、森林、城市等）区分开来，为环境监测、城市规划、灾害预警等提供科学依据，如图 6-30 所示的建筑物分割。

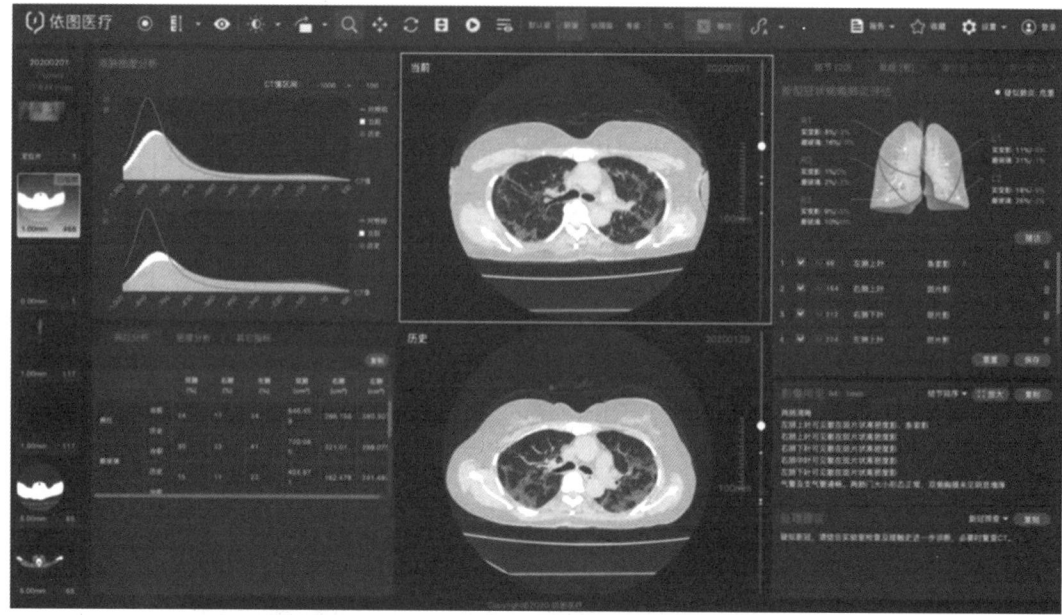

图 6-28　基于 CT 医学影像的肺炎智能评价系统

图 6-29　自动驾驶系统的场景自动分割

 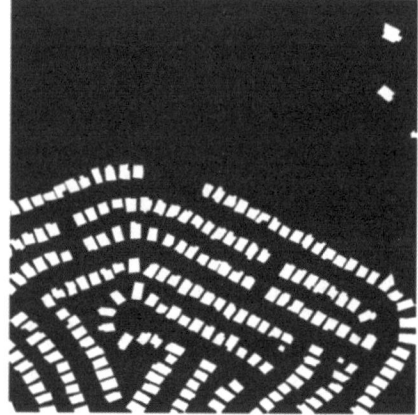

图 6-30　遥感影像的建筑物分割

6.5.2 经典语义分割模型

自 20 世纪 80 年代以来，马尔可夫随机场（Markov Random Field，MRF）和条件随机场（Conditional Random Field，CRF）理论在图像语义分割领域引起了广泛关注。例如，斯图尔特·杰曼（Stuart Geman）通过提出计算机视觉问题的马尔可夫随机场建模的完备数学描述，成功将 MRF 模型引入图像分割领域。随后，古玛（Guma）博士将 CRF 理论扩展并引入图像分割，进一步推动了该领域的发展。近年来，深度神经网络在计算机视觉领域取得了显著进展。相比传统的手工设计特征，深度神经网络能够自动学习数据中的复杂模式，为语义分割提供了一种更为高效和准确的解决方案，并逐渐成为该领域的主流方法。全卷积网络（Fully Convolutional Network，FCN）[43]是深度学习在语义分割领域的里程碑式进展。受其启发，卷积神经网络被广泛应用于图像语义分割任务中。由于语义分割需要恢复在网络中因为下采样操作导致的信息损失，许多模型通过构建丰富的上下文信息，采用扩大感受野、多尺度融合和自注意力机制等方法来提升模型性能。根据模型的结构设计，现有图像语义分割算法可以粗略划分为以下三类。

（1）基于全卷积网络的模型
- 特点：将传统卷积神经网络中的全连接层替换为卷积层，实现端到端的像素级预测。通过上采样（如反卷积）和跳跃连接来恢复空间分辨率和细节信息。
- 代表模型：FCN[43]、U-Net[44] 等。

（2）编码器–解码器结构
- 特点：编码器部分通过卷积和池化操作提取图像特征，降低空间分辨率；解码器部分通过上采样和卷积操作逐步恢复空间分辨率和细节信息。
- 代表模型：SegNet[45]、DeepLab 系列（如 DeepLab-v3+）[46]~[50]、PSPNet[51] 等。

（3）空洞卷积模型
- 特点：在不增加参数数量和计算量的前提下，通过空洞卷积（Dilation Convolution）增加感受野，保留更多的空间信息，提升细节分割效果。
- 代表模型：DeepLab 系列（如 DeepLab-v3、DeepLab-v3+）。

随着 Transformer 技术的兴起，阿列克谢·多索夫斯基（Alexey Dosovitskiy）等人于 2020 年提出了视觉 Transformer（Vision Transformer，ViT）的概念，将自然语言处理中广泛使用的 Transformer 机制引入计算机视觉领域。基于 Transformer 的语义分割模型在图像处理领域展现出强大的性能，其通过自注意力机制有效捕捉了全局上下文信息，提高了分割精度。典型的代表性模型包括 SETR（Segmentation Transformer）[52]、SegFormer[53] 和 Segmenter[54] 等。SETR 模型是首个将纯 Transformer 结构应用于语义分割的模型，它摒弃了

> 空洞卷积也称为扩张卷积，是一种特殊的卷积操作。卷积定义一个扩张率，表示卷积核元素之间的间隔。通过引入空洞，卷积在不增加参数的情况下，可以覆盖更大范围的输入特征图，这使得网络能够捕捉更广范围的上下文信息。空洞卷积可以结合不同的扩张率来提取多尺度信息，在处理图像和序列任务时发挥重要作用。

传统的 CNN 编码器，采用 ViT 作为编码器，通过序列到序列的视角重新思考语义分割问题。SegFormer 则进一步在效率上进行了优化，提出了轻量级的全连接多层感知机的解码器和高效的自注意力机制，实现了性能与计算成本的良好平衡。Segmenter 则采用了类似 DETR 的查询方法作为解码器，通过直接预测分割掩码来简化分割过程。基于 Transformer 的语义分割模型为图像分割任务提供了新的解决思路，并在多个公开数据集上取得了优异的性能。

为了更好地了解基于深度学习的图像分割模型的整体思路，这里选择了 CNN 架构下的两种经典分割模型来进行详细介绍，即 FCN 模型和 DeepLab 模型。

1. FCN 模型

FCN 模型[43]作为深度学习在语义分割领域的里程碑式进展，首次提出了针对图像进行像素级分类的通用网络模型框架，极大地推动了图像语义分割领域的发展。传统的卷积神经网络在多层卷积后通常接入全连接层，将特征图转换为固定长度的特征向量再进行分类。然而，FCN 摒弃了这种做法，如图 6-31 所示，它采用全卷积结构，通过 8 层卷积处理后，直接对特征图进行上采样（反卷积操作），最后通过 Softmax 层输出每个像素的类别概率，从而实现像素级的分割。

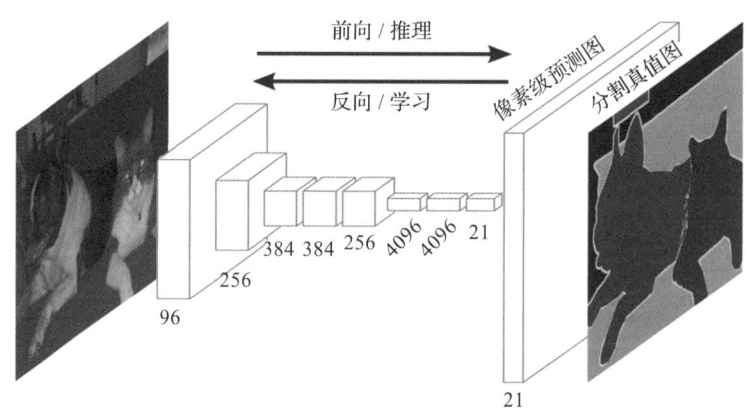

图 6-31　FCN 模型结构

在 FCN 模型中，由于连续的卷积和池化操作会使特征图的尺寸显著减小，进而可能丢失部分底层细节信息，这必然会影响模型的分割精度。为了缓解这一问题，FCN 引入了跳跃连接（Skip Connection）策略。具体地，如图 6-32 所示，将浅层的高分辨率特征图（如池化 4 层、池化 3 层）与深层特征图（如卷积 7 层）通过双线性插值等方法进行融合，然后在融合后的特征图上进行上采样和分类。根据融合的不同层级特征图，FCN 衍生出了 FCN-32s、FCN-16s 和 FCN-8s 三种变体，分别代表了不同程度的特征融合与精度提升。

❑ FCN-32s：仅使用卷积 7 层进行上采样和分类。
❑ FCN-16s：将池化 4 层与经过上采样的卷积 7 层融合后再进行上采样和分类。
❑ FCN-8s：进一步将池化 3 层与上述融合结果进行融合，然后进行上采样和分类。

图 6-33 展示了上述三种不同 FCN 模型对同一图像的分割结果。与真实分割标签对比，可以看出 FCN-8s 由于融合了更多层次的特征信息，能够生成更加精细和准确的分割轮廓。

FCN 模型的核心技术在于采用全卷积层替代传统 CNN 中的全连接层，实现像素级的分类预测。其创新性在于去除了对输入图像尺寸的限制，并能够通过上采样恢复特征图的尺寸，使得模型能够直接输出与原图同大小的分割图。这一变革意义重大，标志着图像语义分割向精细化、高效化方向迈进。FCN 模型结构简洁、易于训练，且能处理任意尺寸的输入图像，对分割任务的适应性强。然而，其缺点也较为明显，如对图像细节信息不够敏感，易导致分割边界模糊。同时，由于卷积操作本身对全局信息的捕捉能力有限，可能无法充分利用图像中的上下文信息。此外，FCN 模型的网络结构相对较大，计算资源消耗较高，这也是需要改进的方向之一。

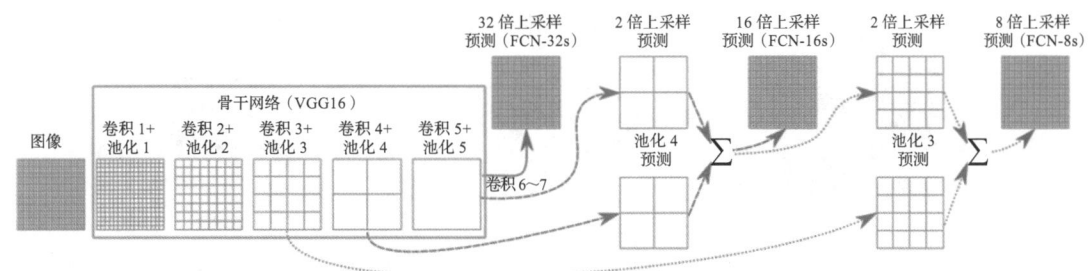

图 6-32　FCN 的跳跃连接策略

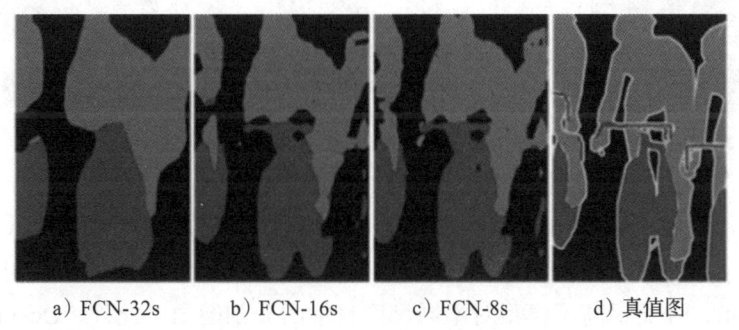

a) FCN-32s　　b) FCN-16s　　c) FCN-8s　　d) 真值图

图 6-33　不同 FCN 模型的分割效果

2. DeepLab 系列模型

DeepLab 系列模型是图像分割领域的杰出代表方法，通过一系列创新技术，如空洞卷积（Atrous Convolution）和 ASPP（Atrous Spatial Pyramid Pooling）模块，实现了对图像中不同尺度对象的精确分割。空洞卷积通过引入"空洞"来扩大感受野，捕获更多上下文信息，而 ASPP 则通过并行使用不同空洞率的卷积层，融合多尺度特征，进一步提升分割性能。DeepLab 系列模型自推出以来，不断演进，从最初的版本到最新的 v3+ 模型，不仅优化了网络结构，还引入了深度可分离卷积等高效计算方式，显著降低了计算成本，提高了处理速度。其编码器 - 解码器架构更是将特征提取与空间分辨率恢复相结合，实现了对图像细节的精细捕捉。

DeepLab 最早的模型[46]创新性地结合了空洞卷积和全连接条件随机场来解决深度卷积神经网络在语义分割任务中面临的分辨率损失和对象边界不精确分割的问题。如图 6-34 所示，DeepLab 模型首先采用修改后的 VGG-16 深度卷积神经网络作为特征提取器提取输入图像特征。具体地，DeepLab 模型将 VGG-16 中的全连接层替换为卷积层，使得网络能够适应任意大小的输入图像。并且，DeepLab 模型还引入了空洞卷积来扩大感受野，从而在不降低分辨率的情况下捕获更丰富的上下文信息。经过上述改进后，特征提取器可以在每个像素位置上进行更准确的分类预测，得到粗糙分数图并采用双线性插值方法将其上采样到原图像大小。最后，再利用全连接 CRF 对从深度卷积神经网络得到的分割结果进行细节上的修正，得到最终的分割图。这种设计有效解决了传统深度卷积网络（DCNN）在语义分割任务中面临的分辨率损失问题，并提高了对象边界的分割精度。此后，DeepLab 又经过了多次改进，衍生出了一系列版本。

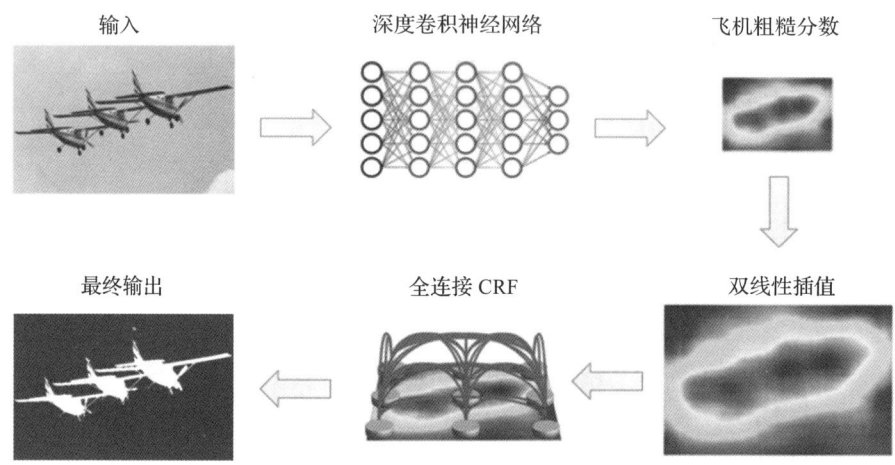

图 6-34　DeepLab 工作流程[44]

DeepLab-v2[47] 在 DeepLab 模型的基础上提出了空洞空间金字塔池化（Atrous Spatial Pyramid Pooling，ASPP）模块，该模块通过并行使用多个不同膨胀率的空洞卷积，获得多尺度的特征表示，进而提高了模型对不同尺度目标的分割能力。此外，DeepLab-v2 还采用了 ResNet 作为骨干网络，相比 VGG-16，ResNet 具有更强的特征提取能力，进一步提升了模型的性能。

DeepLab-v3[48] 模型架构如图 6-35 所示，输入图像首先通过卷积层和池化层，尺寸缩小至原图的 1/4。随后，图像依次流经三个精心设计的 Block[49]（Block1～Block3），这些模块内集成了卷积操作、ReLU 激活函数及池化处理，逐步将图像尺寸进一步缩小至 1/8、1/16，并在最后一个 Block 中保持 1/16 的尺寸。紧接着，特征被送入改进的 ASPP 模块，该模块使用了具有不同膨胀率（rate=6、12、18）的并行空洞卷积，以及结合 1×1 卷积层和全局池化层，有效地捕获了多尺度的上下文信息，提高了模型的鲁棒性和泛化能力。ASPP 处理后的特征图，在保持图像尺寸 1/16 不变的同时，融合了丰富的多尺度特征。最后，该特征图被用于分类预测，生成精确的语义分割图。

如图 6-36 所示，DeepLab-v3+ 模型[50] 采用了编码器－解码器结构，其中编码器部分采用了 DeepLab-v3 模型，通过一系列卷积和池化操作对输入图像进行深层次特征提取。在这一过程中，不仅得到了深度卷积神经网络（DCNN）中的浅层特征（这些特征图保留了图像的细节信息），还通过 ASPP 模块对深层特征进行多尺度融合和增强，得到包含丰富上下文信息的特征。随后，编码器输出的浅层特征图和经过 ASPP 处理的特征图被共同送入解码器部分。在解码模块中，为了有效利用编码器提供的多层次信息，首先对浅层特征图进行 1×1 卷积操作，以进一步提取其内在特征并调整其维度。接着，将处理过的浅层特征图与经过上采样操作以匹配其空间分辨率的 ASPP 特征进行拼接融合，并通过卷积和上采样操作将特征图恢复到原始图像大小，得到最终的分割结果图。这些技术的更新显著提高了语义分割的精度和边界细节处理效果，使得 DeepLab-v3+ 模型更加适用于复杂的场景。

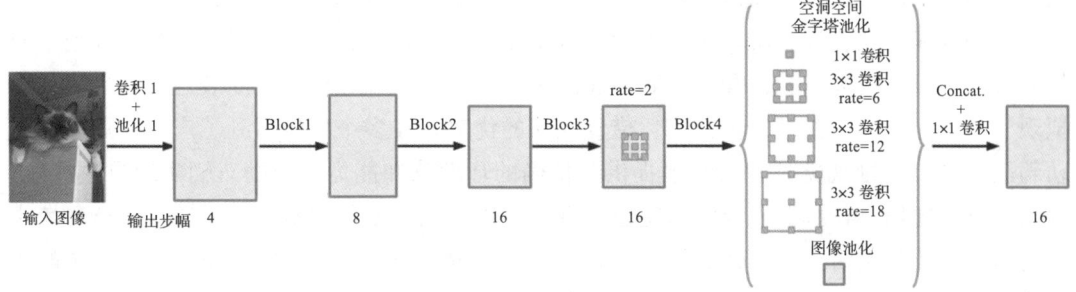

图 6-35　DeepLab-v3 模型架构[46]

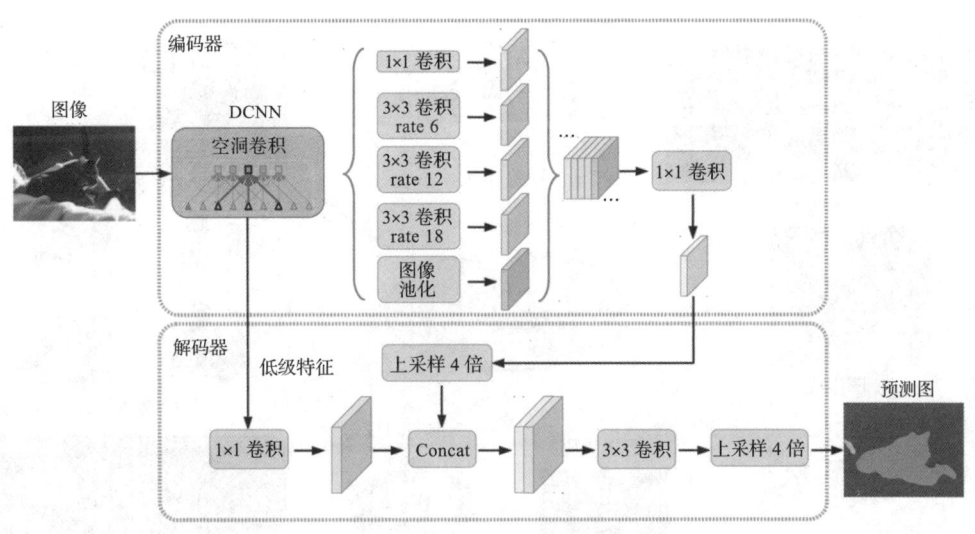

图 6-36　DeepLab-v3+ 模型架构[50]

6.6　三维视觉

6.6.1　三维视觉概述

三维视觉是指通过两个或多个摄像头从不同角度获取同一场景的多幅图像，并利用这些图像之间的视差信

揭秘阿凡达中的三维视觉

息，结合计算机图形学和图像处理技术，重建场景的三维结构或计算场景中各点的深度信息。这一过程模仿了人类双眼观察世界的原理，使得机器能够像人类一样"看到"并理解三维空间中的物体和距离。三维视觉作为计算机视觉领域的一个核心分支，不仅是一种技术手段，更是连接二维图像世界与三维物理空间的重要桥梁。

三维视觉技术的实现涉及多个关键任务，主要包括立体匹配、视差计算、深度图生成及三维重建等（见图6-37）。其中，立体匹配旨在建立两幅或多幅图像中像素点的准确对应关系，是后续深度计算和三维重建的基础；而视差计算和深度图生成则是将匹配结果转化为空间深度信息的关键步骤，直接决定了三维重建的精度和质量；三维重建是指对三维物体或场景建立适合计算机表示和处理的数学模型的过程。这些模型是在计算机环境下对物体或场景进行处理、操作和分析其性质的基础，也是在计算机中建立表达客观世界的虚拟现实的关键技术。三维视觉技术凭借其独特的优势，在多个领域得到了广泛应用。在自动驾驶领域，三维视觉技术为车辆提供了精确的环境感知能力，帮助车辆实现自主导航、避障和路径规划。在机器人导航与定位领域，三维视觉技术使得机器人能够在复杂环境中实现精准定位与灵活移动。在智能制造领域，三维视觉技术被用于产品质量检测、装配精度控制等环节，提高了生产效率和产品质量。此外，三维视觉技术还在医疗诊断、虚拟现实、增强现实等领域展现出广阔的应用前景，为人类的生活和工作带来了诸多便利。

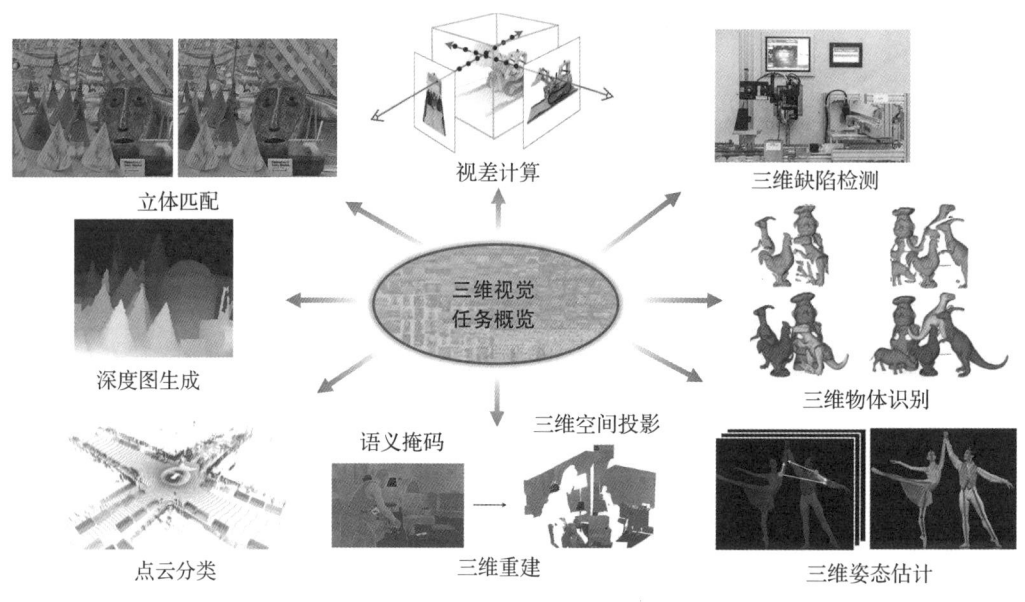

图6-37 三维视觉任务概览

6.6.2 典型三维视觉任务

接下来，将以深度估计和三维重建为例带领读者深入探索三维世界的奥秘。

1. 深度估计

场景深度信息在当前众多研究领域内占据着举足轻重的地位，特别是在三维重建、障碍物精准检测及视觉导航[55]等领域。传统方法可以通过激光扫描、结构光投射等技术捕捉物体表面反射，从而获取深度点云数据，并据此进行表面建模与场景深度估计。然而，这些方法在追求稠密且高精度的深度信息时，往往伴随着高昂的成本投入，甚至在某些复杂场景下难以实现。与此相对的，基于图像的深度估计方法则展现出了独特的优势。它无须依赖价格不菲的专业设备和专业人员的操作，仅需利用普通相机拍摄的图像，便能实现深度信息的有效估计。这一特性极大地拓宽了深度估计技术的应用范围，使得更多领域能够低成本、高效率地利用深度信息进行创新与发展。因此，基于图像的深度估计方法正逐渐成为研究和应用的热点，为三维视觉技术的发展注入了新的活力。图 6-38 展示了图像深度估计的结果。深度估计技术在多个领域有着广泛的应用。在增强现实（AR）应用中，深度估计技术可以用来将虚拟对象与现实场景精确地融合，提供更加逼真的用户体验。在自动驾驶领域，系统通过深度估计来理解周围环境，这对于车辆的导航、避障和决策制定至关重要。在机器人导航领域，深度估计可以帮助机器人更准确地识别障碍物、规划路径，实现自主导航。如图 6-39 所示，迈尔微视的顶视同步定位与地图构建（Simultaneous Localization And Mapping，SLAM）导航技术利用 RGB-D 相机从天花板捕捉深度数据，提供了一种创新的导航方法，允许机器人在绘制环境地图的同时跟踪其在地图中的位置。该技术已在多个场景中成功应用，如光伏企业车间、汽车制造企业和成衣制造企业等。

a）RGB 图像

b）深度图像

图 6-38　图像深度估计示例

深度估计是计算机视觉领域中的一个核心挑战，其核心目标是从二维图像或视频序列中解析并推测出场景中物体的三维深度信息。简而言之，这一过程即为图像中的每个像素赋予一个深度值，进而重构出场景的三维空间结构。深度估计的实现方法有多种，主要可以归纳为以下四大类。

❑ 基于单目视觉的深度估计。基于单目视觉的深度估计是一种从单张二维图像中推断深度信息的技术。由于单目视觉缺少双眼视差等直接几

图 6-39　迈尔微视机器人视觉导航

何线索,因此这一任务具有极大的挑战性。在传统的几何方法中,单目基于视觉的深度估计通常依赖于已知的场景结构信息或者图像纹理、阴影等特征进行估计。然而,近年来深度学习的引入极大地提升了单目深度估计的准确性。通过深度学习模型,系统可以自动从图像中提取高级特征并学习推断深度。典型的单目深度估计方法有大卫·艾根(David Eigen)等人提出的全球首个基于深度学习的单目深度估计网络[56],它实现了从单张图像中端到端学习场景深度。此外,自监督学习方法(如 Monodepth 系列[57])通过构建图像的重建任务进行训练,并使用视差作为目标进行深度估计,在不依赖真实深度数据的情况下实现了准确的深度推测。

- 基于双目立体视觉的深度估计。基于双目立体视觉的深度估计是通过双目摄像头获取的两张不同视角的图像,基于视差原理计算场景的深度信息。视差是指由于摄像机位置不同,物体在两张图像中的位置差异。通过计算视差图,可以根据三角测量原理推断物体的深度。因为双目系统提供了直接的几何信息,这种方法相较于单目视觉深度估计更为直观。传统的立体视觉算法通过特征匹配、视差计算和优化等步骤来估计深度。然而,随着技术的发展,StereoNet[58]、PSMNet[59]等深度学习模型借助神经网络来自动学习特征匹配过程,提升了视差图的估计精度。这些模型通过端到端训练,能够在不同场景下自适应调整,具有良好的性能表现。

- 基于多视图的深度估计。基于多视图的深度估计是利用来自多个不同角度采集的图像进行三维深度推断的一种方法。与双目立体视觉深度估计相比,多视图深度估计通常使用更多视角的图像,从而提供更为丰富的几何信息。这类方法通过三角测量等几何计算方法,结合多个视角中的图像信息,恢复出场景的三维结构。传统的多视图几何算法如 Multi-View Stereo(MVS),通过多个视角的图像匹配来生成稠密的深度图,进而重建场景的三维模型。近年来,基于深度学习的多视图深度估计方法(如 COLMAP[60] 等)也得到了快速发展。这些模型通过结合多视角特征信息,能够生成高精度的三维重建结果,适用于较为复杂的场景。

- 基于激光雷达的深度估计。基于激光雷达(LiDAR)的深度估计是一种通过激光测距获取场景深度信息的方法。激光雷达通过发射激光并计算反射时间,直接测量物体与传感器之间的距离,因此可以提供非常精确的深度信息。但是激光雷达测得的深度信息较为稀疏,还需要通过与图像数据的融合进一步提高深度图的精度和密度。近年来,深度学习模型(如 PointNet++[61])被用于处理激光雷达采集的稀疏点云数据,通过学习点云特征,进一步优化深度估计的结果。这类方法不仅能够从点云数据中提取有用信息,还可以通过与其他视觉数据相结合,生成高密度的深度图。

大卫·艾根(David Eigen)等人[56]在 2014 年首次将神经网络应用于深度估计,如图 6-40 所示。它是一个两分支网络,两个分支均以 RGB 图像作为输入,第一个分支网络粗略预测整张图像的全局信息,第二个分支网络细化预测图像的局部信息。他们认为,深度估计与其他任务的一个区别就是全局性,人类在确定深度的时候就用到了很多全局特征,如消失点、物体位置、遮挡关系等,而其他任务比如人脸识别,可能更重要的是找到某一局部的特征。

因此，在全局层面上对深度进行预测是比较重要的一个环节。

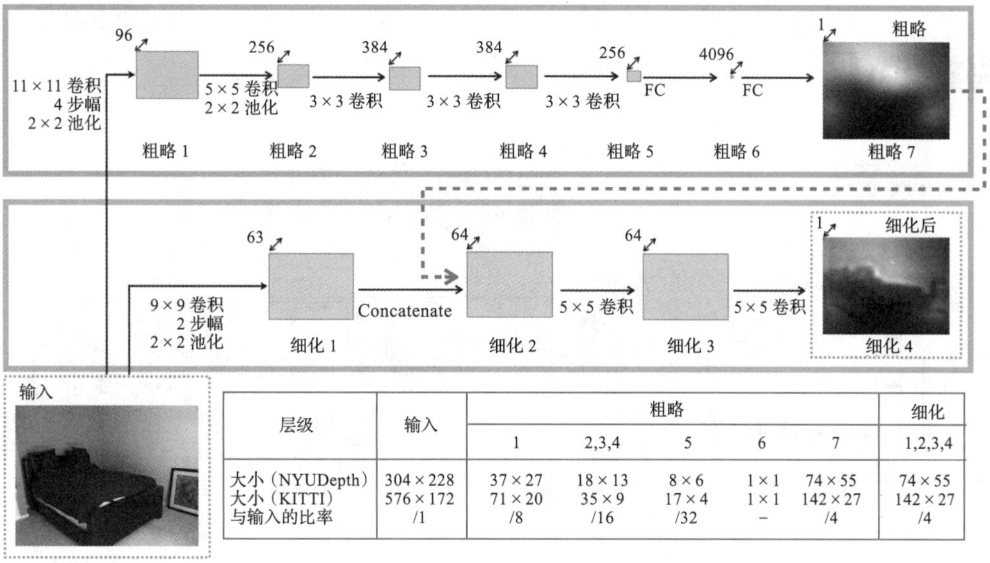

层级	输入	粗略					细化
		1	2,3,4	5	6	7	1,2,3,4
大小（NYUDepth）	304 × 228	37 × 27	18 × 13	8 × 6	1 × 1	74 × 55	74 × 55
大小（KITTI）	576 × 172	71 × 20	35 × 9	17 × 4	1 × 1	142 × 27	142 × 27
与输入的比率	/1	/8	/16	/32	–	/4	/4

图 6-40　首个基于深度学习的单目深度估计网络 [56]

第一个分支网络是全局粗网络，共有 7 层，其中前 5 层为卷积层和最大池化层，后两层为全连接层。考虑到全局估计不需要太多空间细节，网络的输入图像尺寸被设定为原图的 1/4。第二个分支网络为局部细网络，其中第一层（细化 1）首先进行了池化操作，使特征图的大小和粗网络的输出一致，这样在第二层（细化 2）可以将粗网络的输出作为一个特征输入。为保持图像大小不变，后续的两层卷积层都进行的是零填充（用 0 填充边界使卷积后的结果大小不会改变）卷积。此外，网络还设计了尺度不变损失，公式为

$$
\begin{aligned}
D(y,y^*) &= \frac{1}{2n^2}\sum_{i,j}((\log y_i-\log y_j)-(\log y_i^*-\log y_j^*))^2 \\
&= \frac{1}{n}\sum_i d_i^2-\frac{1}{n^2}\sum_{i,j}d_i d_j=\frac{1}{n}\sum_i d_i^2-\frac{1}{n^2}\left(\sum_i d_i\right)^2
\end{aligned}
\tag{6-4}
$$

其中，y_i 表示第 i 阶段的深度图；d_i 表示预测结果 y_i 和真实深度图 y_i^* 之间的对数差异；n 表示训练集中图像样本的总数。作者认为对任意尺度的深度预测结果 y_i 及对应的真实深度图 y_i^* 来说，得到的误差是一样大的，因此，可以体现其尺度不变性。

与单目深度估计通过单张图像得到深度不同，双目深度估计需要两张图像作为输入，进而通过视差计算、构建匹配代价矩阵、视差图生成等操作来得到每个像素点的深度值。张家仁等人利用全局上下文信息实现了双目深度估计，提出了金字塔深度估计网络（PSMNet）[59]，如图 6-41 所示。该网络主要分为以下几个模块。

- **输入特征提取**。输入左右两张图像，先经过一个共享参数的卷积神经网络，从每张图像中提取重要的特征，也就是让图像转换成一个更小且更浓缩的特征图。这里提取的特征图尺寸是原图像尺寸的 1/4（减少了分辨率的大小，但保留了图像中的重要信息）。

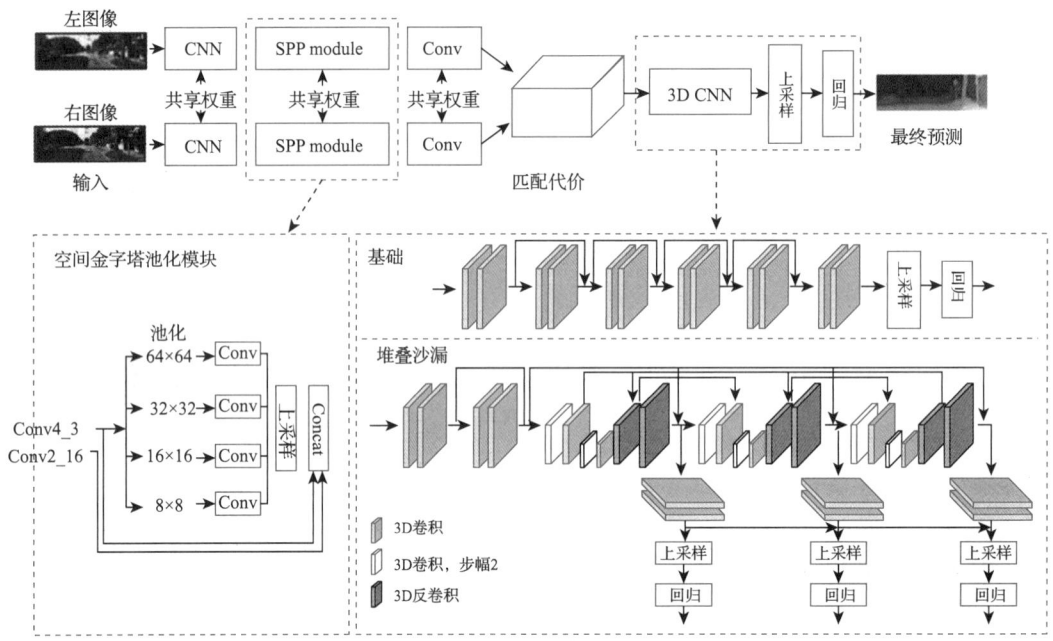

图 6-41 利用全局上下文建模的金字塔深度估计网络[57]

- 空间金字塔池化。在提取到的特征图上使用一个空间金字塔池化(SPP)模块。这个模块通过不同大小的池化窗口(比如 64×64、32×32 等)来处理图像,帮助捕捉图像的全局和局部信息。SPP 模块可以让网络同时看到大范围的上下文和细节部分。池化之后,这些多尺度的信息会被组合起来,形成一个更强大的特征表示。

- 构建匹配代价体积。接下来,网络通过构建一个代价体积来找到左右图像之间的匹配关系。如图 6-42 所示,将左边图像的特征图与右边图像的特征图按照不同的视差(也就是像素的水平位移)进行配对,这样就能生成一个 4D 的代价体积,其中包含了图像在不同深度下的匹配信息。

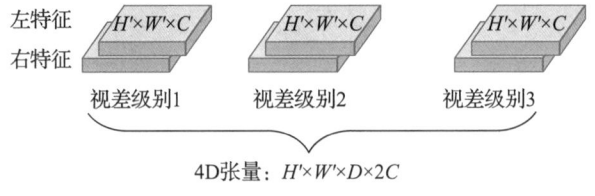

图 6-42 匹配代价矩阵图解

- 3D 卷积神经网络正则化。为了对代价体积中的信息进行处理和优化,网络使用了一个 3D 卷积神经网络(3D CNN),其特别之处在于它是"堆叠沙漏形"结构。这个结构的好处在于能够不断地在特征图上进行"从大到小,再从小到大"的操作,类似于反复缩放和细化信息,进而让网络更好地理解全局和局部的匹配关系。网络在这个过程中会有三次输出,中间的每个输出都能帮助网络更好地学习。

❏ 视差回归。在得到处理后的代价体积后，网络会对每一个可能的视差（像素位移）进行概率计算，并通过这些概率来得出最终的视差图。简单来说，网络会根据哪个视差最有可能是正确的来进行加权平均，从而输出一个连续的、精确的视差图。

通过这些步骤，PSMNet 不仅能够捕捉图像的全局和局部特征，还能非常有效地处理复杂的匹配问题，并输出精确的视差图。该方法能够端到端地生成高精度视差图而无须任何处理，适用于自动驾驶、3D 重建等场景。

2. 三维重建

三维重建技术的最终目标在于捕捉环境中物体的立体信息，从而确定不同物体的空间位置，并构建相应的空间模型。近年来，三维重建在多个领域有着广泛的应用。在建筑和工程领域，三维重建技术可以用于创建建筑模型，帮助设计师和工程师在施工前进行规划和模拟。此外，它还可以用于建筑的修复和保护工作。在电影和视频游戏产业中，三维重建技术可以用来创建逼真的三维角色和环境。通过扫描真实演员或场景，可以快速生成三维模型，从而提高制作效率并降低成本。在工业产品质量控制领域，三维视觉技术可以帮助自动化质量控制，以改善过程。如图 6-43 所示，商汤科技推出的 SenseMARS 重建系统可使用户利用消费级移动设备（包括手机、运动相机及无人机）重建物理世界的高精度三维模型，并提供厘米级精度的空间映射及定位能力，进而可以通过 AR 眼镜、智能手机及智能电视，将视觉内容叠加在物理世界中。该系统可以广泛应用于智慧博物馆、智慧商超、智慧景区及智慧展馆等多种场景。

a）智慧商超场景　　　　　　　　　b）智慧博物馆场景

图 6-43　商汤科技公司的 SenseMARS 重建系统

目前三维重建技术可分为**主动式三维重建方法与被动式三维重建方法**两类。

（1）主动式三维重建方法

主动式三维重建方法通过发射信号至目标物体并测量其返回的信号来实现对目标物体形状和位置的准确重建，具体可划分为基于激光雷达的三维重建技术和基于结构光的三维重建技术。基于激光雷达的三维重建通过发射激光束并测量其从物体反射回传感器的时间差，进而计算得到物体与传感器之间的距离。激光雷达系统由激光发射器、接收器和旋转装置构成，能够扫描整个场景并生成高精度的三维点云数据（见图 6-44）。这些点云数据不仅精度高，而且范围广，尤其适用于大范围户外场景的三维重建。然而，激光雷达在恶劣天气下的性能可能受限，且生成的点云数据较为稀疏，需后续处理以完善模型。另一方面，基于结构光的三维重建通过投射特定光栅图案（如条纹或网格）至物体表面，观察并分析图案变形来恢复三维形状。结构光的工作原理是基于物体表面对光的变形和反射特性，当光栅图案在不规则表面发生变形时，图案的几何形状会产生一定的扭曲，通过分析这些扭曲的程度和方向，便可以推测出物体表面的三维几何结构。结构光系统通常由一个光投影器和一个或多个相机组成，光投影器负责向场景投射已知的光栅图案，而相机则用于捕捉图案在物体表面的变形情况。结构光方法以其高精度著称，它尤其擅长重建表面细节丰富、几何形状复杂的物体。然而，对于大场景或远距离物体，光栅变形可能不显著，从而导致深度估计误差增加；同时，强光环境也可能干扰光栅图案的捕捉。

> 点云数据是一种用于表示三维空间中一组点的集合，每个点包含其在空间中的坐标（通常是 x、y、z 轴上的坐标），可能还包含颜色、强度、法线方向等附加信息。点云通常由三维扫描仪、激光雷达（LiDAR）、立体相机等设备获取，用于三维建模、地形测绘、物体识别、机器人导航等多种应用。点云数据因其能够提供丰富的空间信息，成为计算机视觉和图形领域中一种重要的数据形式。

图 6-44　激光雷达生成的三维点云数据

（2）被动式三维重建方法

被动式三维重建方法是一种不依赖额外光源或模式的重建方法，它通过分析环境中现有的光照信息来推断物体的三维形状与位置。根据使用的相机数量，该技术可分为单目图像法和多视图法两大类。单目图像三维重建方法旨在通过单张二维图像重建物体的三维结构，其面临的挑战在于单目图像本身缺乏直接的深度信息。因此，该类方法需依赖图像中的纹理、阴影、透视等线索来间接推测深度。然而，由于缺少视差信息，单目重建的精度在复杂场景中可能受限。尽管如此，其简便的数据采集方式仍使其成为重要的研究方向。多视图三维重建方法利用来自多个不同视角的图像进行重建，通过整合丰富的几何信息来构建更加完整的三维模型。其过程通常包括稀疏重建和稠密重建两个阶段。稀疏重建阶段主要采用依据结构恢复运动（Structure-from-Motion，SfM）技术，通过特征点匹配和摄像机位姿估计，初步构建由少量特征点组成的稀疏点云。随后，稠密重建阶段采用多视角立体视觉（Multi-View Stereo，MVS）技术，如 MVSNet 模型，生成每个像素的深度图，进而构建出稠密的三维模型。

MVSNet[62] 是由香港科技大学的权龙教授团队于 2018 年提出的，开启了利用深度学习进行多视图三维重建的先河。MVSNet 的核心思想是将双目立体匹配的代价体积（Cost Volume）概念扩展到多视图，通过构建代价体积并利用 3D 卷积网络来预测每个像素的深度信息。如图 6-45 所示，MVSNet 的工作流程分为几个主要步骤。

1）从输入的多幅二维图像中提取特征。这个过程使用卷积神经网络来完成，共有 8 层卷积，每层都通过卷积、归一化和 ReLU 激活函数处理图像数据。在特征提取的过程中，特征的宽度和高度逐渐缩小，特征图的通道数逐渐增加，最后形成多个包含丰富信息的特征。

2）可微分的单应变换。单应变换用于将三维空间中的点从一个视角映射到另一个视角。MVSNet 利用深度学习对这一过程进行优化，使其成为可微分的操作。通过假设每个像素具有不同深度，生成多个变换后的图像，这些图像对应于不同深度假设下的物体投影。由于视角和深度变化的关系，变换过程呈现锥形结构，深度越大，图像中的特征覆盖范围越广。

3）生成代价体积。该步是 MVSNet 的核心步骤之一。代价体积通过对比不同视角下的特征，评估每个像素的深度假设是否合理。具体来说，MVSNet 假设多个深度值，并计算每个假设下的特征差异。如果某个像素在某个深度假设下的特征值差异较小，说明这个深度假设较为准确。代价体积中的每个点表示该像素的可能深度，基于这个信息，可以估计每个像素的真实深度。

4）使用 3D 卷积网络对代价体积进行正则化处理。这个过程通过 3D 卷积网络进行多尺度学习，进一步细化代价体积中的深度估计，提升精度。经过 3D 卷积网络处理后，生成初步的深度图。

5）通过卷积网络优化初始深度图。初始深度图与参考图像进行拼接，使用一个小型卷积网络进行优化，得到更加准确的深度图。这一步结合了图像的额外信息，进一步提升深度估计的准确性。

MVSNet 的优势在于其能够灵活处理多视角图像，无须复杂的多视角图像校正。通过基于方差的代价体积，MVSNet 可以从多个图像中整合深度信息，提供高质量的三维重建结果。由于需要构建高维的代价体积，处理大量深度假设，使得其在高分辨率场景中的内存消耗和计算时间较长。因此，后续版本如 RMVSNet[63]、PointMVSNet[64] 和 Cascade MVSNet[65]，主要改进了网络结构，提升了计算效率和精度。

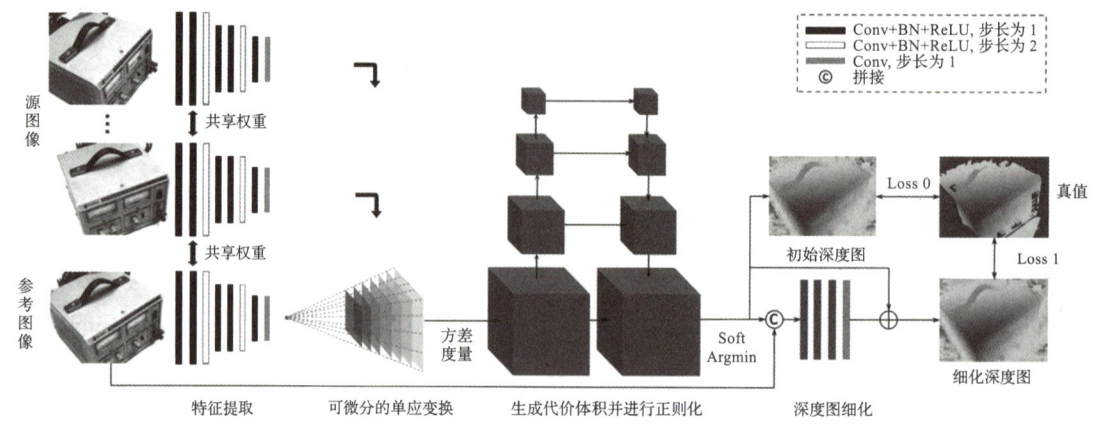

图 6-45 MVSNet 的工作流程

3. NeRF 重建

另一类值得一提的前沿三维重建技术就是本·米尔登霍尔（Ben Mildenhall）等人于 2021 年提出的 NeRF（神经辐射场）[66]，这是可微分渲染（Differentiable Rendering，DR）技术的里程碑式节点。NeRF 通过连续 5 维函数来生成复杂场景的逼真新视角。如图 6-46 所示，其核心思想是使用全连接的多层感知机（MLP）将场景建模为空间位置和视角方向的联合函数。具体而言，其输入为三维的空间坐标 (x,y,z) 和二维的视角方向 (θ,φ)，输出为该位置的体积密度 σ 和视角相关的颜色值 (r,g,b)。NeRF 的渲染流程包括对每个像素位置射出的一条摄像机光线进行采样，生成多个 3D 点。这些点的空间位置和对应的视角方向作为输入，经过神经网络得到颜色和密度，最后通过体积渲染的积分公式将颜色和密度累积，生成最终的图像。体积渲染的公式为

$$C(r) = \int_{t_n}^{t_f} T(t)\sigma(t)c(t)\mathrm{d}t \tag{6-5}$$

其中，$T(t) = \exp\left(-\int_{t_n}^{t} \sigma(s)\mathrm{d}s\right)$ 表示累积透射率，描述光线从 t_n 到 t 未被其他物体阻挡的概率；$\sigma(t)$ 为体积密度；$c(t)$ 为对应位置的颜色。通过这种方法，NeRF 能够从不同角度合成场景的高质量图像。

同时，为了提高模型对复杂细节的表达能力，NeRF 采用了位置编码（Positional Encoding）技术，以解决神经网络对低频信号的偏好问题。具体来说，简单地输入空

> 可微分渲染是一种先进的计算机图形学技术，它允许对渲染过程进行微分，从而使得渲染过程可以被集成到优化和机器学习框架中。这项技术的核心在于，它提供了一种方式来计算渲染图像相对于场景参数（如几何形状、材质、光照和相机参数）的梯度。
>
> 在传统的渲染流程中，渲染器将 3D 场景转换为 2D 图像，这个过程是不可微的，因为其中包含了许多不连续的操作，如深度测试和像素合并。然而，可微分渲染通过设计可微分的渲染管线，使得这些操作变得可微，从而可以计算出渲染图像相对于场景参数的梯度。这样就可以使用梯度下降等优化技术来调整场景参数，以最小化渲染图像与目标图像之间的差异，进而实现从 2D 图像到 3D 场景的逆向推理。

间位置和视角方向会导致网络无法学习高频细节，因此 NeRF 将输入坐标映射到更高维的空间，通过正弦和余弦函数对坐标进行编码。位置编码公式为

$$\gamma(p) = (\sin(2^0\pi p), \cos(2^0\pi p), \cdots, \sin(2^{L-1}\pi p), \cos(2^{L-1}\pi p)) \tag{6-6}$$

其中，p 是输入的坐标值；L 是编码维度。通过这种高维映射，神经网络可以学习和表示场景中的高频细节，如物体的精细纹理和镜面反射。同时，NeRF 还通过分层采样策略提高了采样效率。在初始阶段，网络粗略地在光线上进行采样，而在后续阶段，通过一个细化网络在感兴趣的区域进行更精确的采样，从而提高渲染质量和效率。

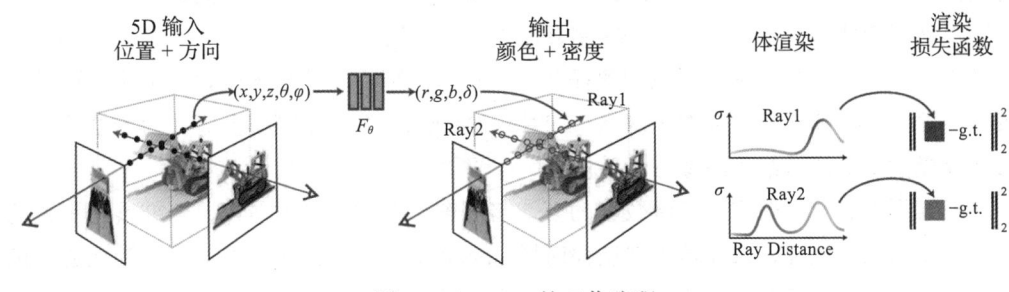

图 6-46 NeRF 的工作流程

NeRF 的训练过程通过最小化渲染图像与真实图像之间的差异来优化模型。具体而言，NeRF 使用的损失函数是渲染图像与输入图像的像素颜色的差的平方，公式为

$$L = \sum_{r\in R} \| C(r) - C^*(r) \|^2 \tag{6-7}$$

其中，$C(r)$ 表示通过神经网络渲染得到的光线颜色；$C^*(r)$ 是对应的真实颜色。通过这个损失函数，网络能够不断调整参数，最终学习到场景的真实几何结构和光照信息。为了进一步提高渲染的精度和速度，NeRF 还引入了两级网络架构，其中粗网络负责初步的采样和渲染，而细网络在此基础上进一步优化采样结果，使得网络能够更加有效地处理复杂的几何形状和反射效果。

然而，NeRF 也存在一些痛点，如其隐式表达不直观，可控性不高，且训练效率低，难以进行高分辨率的实时渲染。相比之下，三维高斯泼溅技术（3D Gaussian Splatting，3DGS）[67] 利用显式的点云表达方式来精确捕捉和展现三维场景的信息，从根本上解决了 NeRF 的这些问题。在优化与渲染速度及精度方面，3DGS 均明显优于 NeRF 技术，进而将可微分渲染技术推向了一个新的高度。

6.7 小结

本章深入剖析了计算机视觉领域的多个核心分支，涵盖了图像增强、图像分类、目标检测、语义分割及三维视觉等多个方面，不仅详细阐述了这些技术的基本原理与经典方法，还展望了它们广阔的应用前景。

在图像增强部分，从基础理论出发，介绍了其基本定义和原理，随后深入探讨了图像超

分辨率重建技术和低光照图像增强技术。这些技术通过改善图像质量，为自动驾驶、医学影像分析、多媒体内容创作等多个领域提供了有力支持。

图像分类作为计算机视觉的基础任务之一，本章回顾了其发展历程，从传统的基于人工设计特征的方法，逐步过渡到当前主流的深度学习方法（如 VGG、ResNet 等经典卷积神经网络模型）。此外，还重点介绍了细粒度图像分类前沿技术，揭示了图像分类技术不断突破边界的潜力。

在目标检测部分，详细阐述了目标检测的基本概念，从候选区域生成、特征提取到分类与定位，全面介绍了目标检测的经典框架与最新进展。这些技术不仅提高了检测精度与速度，还推动了智能监控、自动驾驶等应用领域的快速发展。

语义分割作为像素级别的图像理解任务，本章深入剖析了其基本概念、主流方法及应用场景。此外，还详细介绍了全卷积网络（FCN）、DeepLab 系列分割模型等，为场景理解、医学诊断等提供了更加精细的图像分析手段。

在三维视觉部分，聚焦于三维数据的获取与理解，探讨了深度估计、三维重建等关键技术。通过介绍点云处理，以及基于神经辐射场（NeRF）的重建方法，展示了三维视觉在机器人导航、工业质检、虚拟现实等领域的广泛应用与巨大潜力。

本章内容在深入剖析理论知识的同时，也强调了计算机视觉技术的实践性与创新性。系统分析各种经典算法与前沿研究的原理、优势及局限性，旨在为读者构建一个全面、深入的计算机视觉知识体系，并激发其探索新技术、新应用的热情。展望未来，随着技术的不断进步与融合，计算机视觉将在更多领域发挥关键作用，持续推动人工智能技术的蓬勃发展与应用拓展。

参考文献

[1] DENG J, DONG W, SOCHER R, et al. ImageNet: a large-scale hierarchical image database[C]// The 2009 IEEE Conference on Computer Vision and Pattern Recognition. New York: IEEE, 2009.

[2] KRIZHEVSKY A，SUTSKEVER I，HINTON G E. ImageNet classification with deep convolutional neural networks[C]// Proceedings of the Advances in Neural Information Processing Systems. Lake Tahone: NeurIPS, 2012.

[3] LIN T Y，DOLLÁR P，GIRSHICK R，et al. Feature pyramid networks for object detection[C]// The 2017 IEEE Conference on Computer Vision and Pattern Recognition New York: IEEE, 2017.

[4] HE K M, GKIOXARI G, DOLLÁR P, et al. Mask R-CNN[C]//The 2017 IEEE International Conference on Computer Vision New York: IEEE, 2017.

[5] DOSOVITSKIY A. An image is worth 16 × 16 words: transformers for image recognition at scale[Z]. arXiv preprint arXiv:2010.11929, 2010.

[6] CARION N, MASSA F, SYNNAEVE G, et al. End-to-end object detection with transformers[C]// Proceedings of the European Conference on Computer Vision S. L.: ECCV, 2020.

[7] STRUDEL R, GARCIA R, LAPTEV I, et al. Segmenter: transformer for semantic segmentation[C]//The 2021 IEEE/CVF International Conference on Computer Vision. New York: IEEE/CVF, 2021.

[8] CHEN C F R, FAN Q, PANDA R. CrossViT: cross-attention multi-scale vision transformer for image classification[C]//The 2021 IEEE/CVF International Conference on Computer Vision New York: IEEE/CVF, 2021.

[9] HO J, JAIN A, ABBEEL P. Denoising diffusion probabilistic models[J]. Advances in neural information processing systems, 2020, 33: 6840-6851.

[10] KIRILLOV A, MINTUN E, RAVI N, et al. Segment anything[C]//The 2023 IEEE/CVF International Conference on Computer Vision. New York: IEEE/CVF, 2023.

[11] 颜兵, 王金鹤, 赵静. 基于均值滤波和小波变换的图像去噪技术研究 [J]. 计算机技术与发展, 2011, 21(2): 51-53.

[12] ZHANG J, XIONG R, ZHAO C, et al. Concolor: constrained non-convex low-rank model for image deblocking[J]. IEEE transactions on image processing, 2016, 25(3): 1246-1259.

[13] CHANG H, NG M, ZENG T. Reducing artifacts in jpeg decompression via a learned dictionary[J]. IEEE transactions on signal processing, 2013, 62(3): 718-728.

[14] BUADES A, COLL B, MOREL J M. A non-local algorithm for image denoising[C]//The 2005 IEEE Computer Society Conference on Computer Vision and Pattern Recognition. New York: IEEE, 2005.

[15] MA X, ZOU J, LI W, et al. Miniature spectrometer based on a fourier transform spectrometer chip and a commercial photodetector array[J]. Chinese optics letters, 2019, 17(12): 123001.

[16] 付华, 李楠, 高楠. 数字信号处理 [M]. 北京: 电子工业出版社, 2018.

[17] DONG C, DENG Y, CHEN C L, et al. Compression artifacts reduction by a deep convolutional network[C]//The 2015 IEEE International Conference on Computer Vision. New York: IEEE, 2015.

[18] ZAMIR S W, ARORA A, KHAN S, et al. Learning enriched features for fast image restoration and enhancement[J]. IEEE transactions on pattern analysis and machine intelligence, 2022, 45(2): 1934-1948.

[19] ZHU J, PARK T, ISOLA P, et al. Unpaired image-to-image translation using cycle-consistent adversarial networks[C]//The 2017 IEEE International Conference on Computer Vision. New York: IEEE, 2017.

[20] XU J, YUAN M, YAN D M, et al. Deep unfolding multi-scale regularizer network for

image denoising[J]. Computational visual media, 2023, 9(2): 335-350.

[21] DONG C, LOY C C, HE K, et al. Image super-resolution using deep convolutional networks[J]. IEEE transactions on pattern analysis and machine intelligence, 2015, 38(2): 295-307.

[22] KIM J, LEE J K, LEE K M. Accurate image super-resolution using very deep convolutional networks[C]//The 2016 IEEE Conference on Computer Vision and Pattern Recognition. New York: IEEE, 2016.

[23] ZHANG Y, TIAN Y, KONG Y, et al. Residual dense network for image super-resolution[C]//The 2018 IEEE Conference on Computer Vision and Pattern Recognition. New York: IEEE, 2018.

[24] SHI W, CABALLERO J, HUSZÁR F, et al. Real-time single image and video super-resolution using an efficient sub-pixel convolutional neural network[C]//The 2016 IEEE Conference on Computer Vision and Pattern Recognition. New York: IEEE, 2016.

[25] LEDIG C, THEIS L, HUSZÁR F, et al. Photo-realistic single image super-resolution using a generative adversarial network[C]//The 2017 IEEE Conference on Computer Vision and Pattern Recognition. New York: IEEE, 2017.

[26] SAHAK H, WATSON D, SAHARIA C, et al. Denoising diffusion probabilistic models for robust image super-resolution in the wild[Z]. arXiv preprint arXiv:2302.07864, 2023.

[27] ZHU J Y, PARK T, ISOLA P, et al. Unpaired image-to-image translation using cycle-consistent adversarial networks[C]//The 2017 IEEE International Conference on Computer Vision, 2017: 2223-2232.

[28] BULAT A, TZIMIROPOULOS G. Super-FAN: Integrated facial landmark localization and super-resolution of real-world low resolution faces in arbitrary poses with gans[C]//The 2018 IEEE Conference on Computer Vision and Pattern Recognition. New York: IEEE, 2018.

[29] HARIS M, SHAKHNAROVICH G, UKITA N. Recurrent back-projection network for video super-resolution[C]//The 2019 IEEE/CVF Conference on Computer Vision and Pattern Recognition. New York: IEEE/CVF, 2019.

[30] WEI C, WANG W, YANG W, et al. RetinexNet: a deep learning framework for low-light image enhancement[C]//Proceedings of the European Conference on Computer Vision. Munich:ECCV, 2018.

[31] LI X, GUO X, WANG R, et al. Retinexformer: one-stage retinex-based transformer for low-light image enhancement[C]//Proceedings of the IEEE/CVF Conference on Computer Vision and Pattern Recognition.Vancouver :CVPR,2023.

[32] GUO C, LI C, GUO J, et al. Zero-reference deep curve estimation for low-light image enhancement[C]//The 2020 IEEE/CVF Conference on Computer Vision and Pattern

Recognition. New York: IEEE/CVF, 2020.

[33] LIN D, SHEN X, LU C, et al. Deep LAC: Deep localization, alignment and classification for fine-grained recognition[C]//The 2015 IEEE Conference on Computer Vision and Pattern Recognition. New York: IEEE, 2015.

[34] HE J, CHEN J N, LIU S, et al. TransFG: a transformer architecture for fine-grained recognition[C]//The 2022 AAAI Conference on Artificial Intelligence.Washington DC: AAAI, 2022.

[35] WANG J, YU X, GAO Y. Feature fusion vision transformer for fine-grained visual categorization[Z]. arXiv preprint arXiv:2107.02341, 2021.

[36] VIOLA P, JONES M J. Robust real-time face detection[J]. International journal of computer Vision, 2004, 57: 137-154.

[37] DALAL N,TRIGGS B.Histograms of oriented gradients for human detection.[C]//The IEEE Computer Society Conference on Computer Vision and Pattern Recognition. New York: IEEE, 2005.

[38] ZHANG S, CHI C, YAO Y, et al. Bridging the gap between anchor-based and anchor-free detection via adaptive training sample selection[C]//The 2020 IEEE/CVF Conference on Computer Vision and Pattern Recognition. New York: IEEE/CVF, 2020.

[39] GIRSHICK R, DONAHUE J, DARRELL T, et al. Rich feature hierarchies for accurate object detection and semantic segmentation[C]//The 2014 IEEE Conference on Computer Vision and Pattern Recognition. New York: IEEE, 2014.

[40] REN S, HE K, GIRSHICK R, et al. Faster R-CNN: towards real-time object detection with region proposal networks[J]. IEEE transactions on pattern analysis and machine intelligence, 2017, 39(6):1137-1149.

[41] REDMON J, DIVVALA S, GIRSHICK R, et al. You only look once: unified, real-time object detection[C]//The 2016 IEEE Conference on Computer Vision and Pattern Recognition. New York: IEEE, 2016.

[42] BOCHKOVSKIY A, WANG C Y, LIAO H Y M. YOLOv4: optimal speed and accuracy of object detection[Z]. arXiv preprint arXiv: 2004.10934, 2020.

[43] LONG J, SHELHAMER E, DARRELL T. Fully convolutional networks for semantic segmentation[C]//The 2015 IEEE Conference on Computer Vision and Pattern Recognition. New York: IEEE, 2015.

[44] ZHOU Z, RAHMAN SIDDIQUEE M M, TAJBAKHSH N, et al. UNet++: a nested U-net architecture for medical image segmentation[C]// Proceedings of the International Workshop on Deep Learning in Medical Image Analysis and Multimodal Learning for Clinical Decision Support. Granada: DL-MedImg & MML-CDS Workshop, 2018.

[45] BADRINARAYANAN V, KENDALL A, CIPOLLA R. SegNet: a deep convolutional

encoder-decoder architecture for image segmentation[J]. IEEE transactions on pattern analysis and machine intelligence, 2017, 39(12): 2481-2495.

[46] LIANG-CHIEH C, PAPANDREOU G, KOKKINOS I, et al. Semantic image segmentation with deep convolutional nets and fully connected CRFs[C]// Proceedings of the International Conference on Learning Representations. San Diego: ICLR, 2015.

[47] CHEN L C, PAPANDREOU G, KOKKINOS I, et al. DeepLab: semantic image segmentation with deep convolutional nets, atrous convolution, and fully connected CRFs[J]. IEEE transactions on pattern analysis and machine intelligence, 2017, 40(4): 834-848.

[48] CHEN L C, PAPANDREOU G, SCHROFF F, et al. Rethinking atrous convolution for semantic image segmentation[Z]. arXiv preprint arXiv:1706.05587, 2017.

[49] HE K, ZHANG X, REN S, et al. Deep residual learning for image recognition[C]//The 2016 IEEE Conference on Computer Vision and Pattern Recognition. New York: IEEE, 2016.

[50] CHEN L C, ZHU Y, PAPANDREOU G, et al. Encoder-decoder with atrous separable convolution for semantic image segmentation[C]//Proceedings of the European Conference on Computer Vision. Munich: ECCV, 2018.

[51] ZHAO H, SHI J, QI X, et al. Pyramid scene parsing network[C]//The 2017 IEEE Conference on Computer Vision and Pattern Recognition. New York: IEEE, 2017.

[52] ZHENG S, LU J, ZHAO H, et al. Rethinking semantic segmentation from a sequence-to-sequence perspective with transformers[C]//The 2021 IEEE/CVF Conference on Computer Vision and Pattern Recognition. New York: IEEE/CVF, 2021.

[53] XIE E, WANG W, YU Z, et al. SegFormer: simple and efficient design for semantic segmentation with transformers[C]// Proceedings of the Advances in Neural Information Processing Systems. Online: NeurIPS, 2021.

[54] STRUDEL R, GARCIA R, LAPTEV I, et al. Segmenter: transformer for semantic segmentation[C]//The 2021 IEEE/CVF International Conference on Computer Vision. New York: IEEE/CVF, 2021.

[55] GEIGER A, LENZ P, STILLER C, et al. Vision meets robotics: the kitti dataset[J]. The international Journal of robotics research, 2013, 32(11): 1231-1237.

[56] EIGEN D, PUHRSCH C, FERGUS R. Depth map prediction from a single image using a multi-scale deep network[C]//Proceedings of the Advances in Neural Information Processing Systems. Montreal: NeurIPS, 2014.

[57] GODARD C, MAC AODHA O, BROSTOW G J. Unsupervised monocular depth estimation with left-right consistency[C]//The 2017 IEEE Conference on Computer Vision and Pattern Recognition. New York: IEEE, 2017.

[58] KHAMIS S, FANELLO S, RHEMANN C, et al. StereoNet: guided hierarchical refinement for real-time edge-aware depth prediction[C]//Proceedings of the European Conference on Computer Vision. Munich: ECCV, 2018.

[59] CHANG J R, CHEN Y S. Pyramid stereo matching network[C]//The 2018 IEEE Conference on Computer Vision and Pattern Recognition. New York: IEEE, 2018.

[60] SCHONBERGER J L, FRAHM J M. Structure-from-motion revisited[C]//The 2016 IEEE Conference on Computer Vision and Pattern Recognition. New York: IEEE, 2016.

[61] QI C R, YI L, SU H, et al. Pointnet++: deep hierarchical feature learning on point sets in a metric space[C]// Proceedings of the Advances in Neural Information Processing Systems. Long Beach: NeurIPS, 2017.

[62] YAO Y, LUO Z, LI S, et al. MVSNet: depth inference for unstructured multi-view stereo[C]//Proceedings of the European Conference on Computer Vision. Munich: ECCV, 2018.

[63] YAO Y, LUO Z, LI S, et al. Recurrent MVSNet for high-resolution multi-view stereo depth inference[C]//The 2019 IEEE/CVF Conference on Computer Vision and Pattern Recognition. New York: IEEE/CVF, 2019.

[64] CHEN R, HAN S, XU J, et al. Point-based multi-view stereo network[C]//The 2019 IEEE/CVF International Conference on Computer Vision. New York: IEEE/CVF, 2019.

[65] GU X, FAN Z, ZHU S, et al. Cascade cost volume for high-resolution multi-view stereo and stereo matching[C]//The 2020 IEEE/CVF Conference on Computer Vision and Pattern Recognition. New York: IEEE/CVF, 2020.

[66] MILDENHALL B, SRINIVASAN P P, TANCIK M, et al. Nerf: representing scenes as neural radiance fields for view synthesis[J]. Communications of the ACM, 2021, 65(1): 99-106.

[67] KERBL B, KOPANAS G, LEIMKÜHLER T, et al. 3D gaussian splatting for real-time radiance field rendering [J]. ACM transactions on graphics, 2023, 42(4): 1-14.

第 7 章

智能之躯——具身智能

通用人工智能（Artificial General Intelligence，AGI）是人工智能发展的长期目标之一，而具身智能（Embodied Artificial Intelligence，EAI）越来越被视为实现 AGI 的可行路径。具身智能强调机器通过物理实体以更自然、智能的方式与环境进行交互。简言之就是有本体的智能，将人工智能赋能到各种终端中去。当前，具身智能已成为全球科技产业的焦点议题，吸引着众多国际科技巨头的争相布局。谷歌作为行业先锋，已推出 RT-1、PaLM-E、RT-2、RT-X 等一系列具身智能大模型，这些模型在推动机器人智能化跃升方面展现出了惊人的潜力，预示着 AI 技术正加速从理论迈向实践。与此同时，英伟达在 2024 年成立的通用具身智能研究实验室，更是聚焦于多模态基础模型和通用型机器人等核心领域，致力于将 AI 技术的边界从虚拟推向现实。此外，OpenAI 与人形机器人领域的创新者 Figure 的跨界携手，不仅加速了具身智能技术的迭代速度，还极大地拓宽了其应用场景，为行业发展注入了新的活力。《中国具身智能行业报告》指出，预计到 2029 年，中国具身智能产业的市场规模将突破 185.64 亿元大关，彰显了其蓬勃的发展态势与广阔的市场空间。

本章将深入剖析具身智能的基本概念与核心理念，阐明智能体在感知、决策与行动这一闭环流程中的位置与相互作用机理。以这些理论知识为基石，将深入探讨两个典型的具身智能应用——智能机器人操作任务和服务机器人导航任务，细致梳理支撑这些任务的前沿技术成果与实际应用案例，为读者揭开具身智能的神秘面纱。

7.1 具身智能概述

在从符号主义向联结主义的演进历程中，智能体与外部真实世界的互动愈发成为研究的焦点。自 20 世纪 50 年代达特茅斯会议为人工智能领域奠定基石以来，初期的研究热潮主要聚焦于符号处理范式，即符号主义，旨在通过形式化的符号逻辑来模拟智能。然而，符号主义在直面现实世界复杂性问题时的局限性迅速浮现，这一挑战直接催生了联结主义的兴起。联结主义不仅开辟

让 AI 穿上机械战甲：具身智能

人形机器人的构造你了解吗？快来知识点视频中找寻答案吧！

了新的解决途径，还孕育了多层感知机、前馈神经网络、循环神经网络等一系列创新方法。至今，深度神经网络已成为学术界与工业界广泛采用的强大工具。尽管人工神经网络具有强大的表征学习能力，但仍未彻底解决智能体与真实物理世界之间的交互问题。这一现象被深

刻总结为"莫拉维克悖论",可以通俗地表述为:让计算机能够像成人一样下棋,但让计算机具备一岁孩童的感知和行动能力却极为困难,甚至几乎是不可能的。

为破解这一难题,具身智能(Embodied AI)的理念应运而生,它强调了智能体与其所处环境之间的紧密耦合与实时互动。在此背景下,马文·明斯基(Marvin Minsky)通过行为学习的视角引入了"强化学习"的概念,为智能体在不确定环境中通过试错学习技能提供了理论基础。1986 年,麻省理工学院机器人先驱罗德尼·布鲁克斯(Rodney Brooks)则从控制论出发,鲜明地提出智能应是具身且情境化的主张,他批判了传统的以符号表征为核心的经典 AI 路径,倡导以行为为中心、去除表征依赖的机器人设计理念。瑞士苏黎世大学人工智能实验室原主任罗尔夫·普菲弗(Rolf Pfeifer)在其著作 *How the Body Shapes the Way We Think* 中深入探讨了本体是如何影响智能的,对"智能的具身化"进行了详尽而深刻的阐述。他揭示了"具身性"原则在洞悉智能本质及指导 AI 系统设计中的不可或缺性,为人工智能领域的研究开辟了新的视野与方向。

7.1.1 具身智能的基本概念

具身智能的概念可追溯至 1950 年构想的具身图灵测试,这一测试的核心在于评估智能体是否能在复杂多变、不可预见的物理世界中自主导航,而不仅限于在虚拟环境中解答抽象问题。在这一框架下,虚拟空间中的智能体往往被归类为非具身 AI。与之相对的,那些能够直接作用于物理世界的智能体则被赋予了具身 AI 的标识。第一代具身智能的研究重心集中在机器人领域,通过集成先进的传感器技术,机器人能在充满噪声的现实环境中进行多模态交互,这一转变彻底颠覆了非具身 AI 所依赖的——基于清晰输入、明确输出及静态世界假设的传统框架。近年来,随着 3D 建模技术的飞速进步,具身智能研究更是迎来了前所未有的机遇,通过真实建筑物的扫描和真实机器人建模,创造出了接近真实世界的模拟环境,为智能系统提供了近乎完美的实战演练场。

除此之外,具身智能的研究核心还可以被定义为能看见(即通过视觉感知环境)、会说话(环境中的自然语言对话)、善倾听(感知并理解场景中的音频输入)、能行动(自主导航并与环境交互以完成目标)、可推理(考虑行动后果并进行规划)的智能体(Agent)。这样一来,有了智能体作为本体支撑,它们不再局限于被动响应,而是能够像生物体一样,主动适应环境变化,应对噪声干扰,并适时调整自身行为。图 7-1 展示了离身智能(或称为被动式 AI 系统)与具身智能之间的区别,后者以智能体为本体,实现了从逻辑化、结构化输出向主动适应与交互的深刻转变,为人工智能的发展开辟了全新的路径。

具身智能作为一种高度集成的智能系统,其核心在于"本体"与"智能体"的紧密耦合,并使其能在纷繁复杂的现实环境中自主执行多样化任务。该系统通过不懈地在物理与数字双重维度中学习与进化,实现深刻理解世界、自动交互并完成任务的目标。具身智能的相关概念整理如下。

- **具身(Embodiment)**:智能系统所依附的、能够支持丰富感官体验与灵活运动能力的物理实体,是智能体与环境互动的基础。

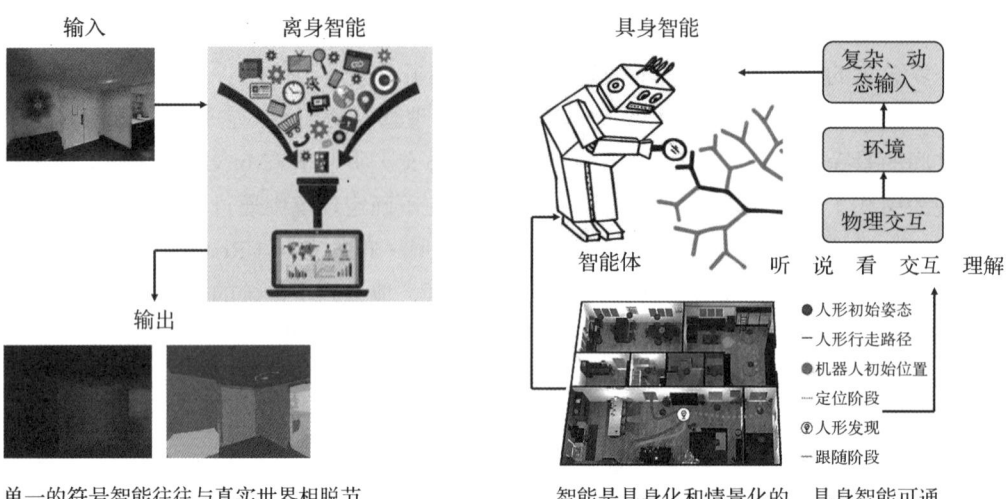

图 7-1 离身智能与具身智能（详见彩插）

- 具身的（Embodied）：具有身体的，可参与交互、感知的。
- 具身智能（Embodied AI）：特指那些拥有物理形态，并能直接参与物理世界交互的智能系统，如服务型机器人、智能无人驾驶车辆等。它们通过"身体力行"的方式，展现出高度的环境适应性与任务执行能力。
- 非具身智能（Disembodied AI）：与具身智能相对，此类智能系统缺乏直接的物理形态，依赖于人类预先收集与整理的数据进行分析与决策，其运作方式更接近于"纸上谈兵"或"运筹帷幄"的策略规划。
- 具身智能机器人：满足具身智能能力的机器人。首先，具备听懂人类语言的能力；然后，能够分解任务，规划子任务；同时，在移动过程中能识别物体，及时与环境交互；最终完成相应任务。
- 具身任务：像人类一样通过观察、移动、对话及与世界互动从而完成的一系列任务。
- 多模态：一个模型或系统能够处理多种不同类型的输入数据并融合它们生成输出，这些类型包括文本、图像、音频和视频等。这种能力对于提升智能系统的环境感知与决策能力至关重要。
- 主动交互：机器人或智能体与环境的实时交互过程，从而提高智能体的学习、交流与处理问题的能力，是具身智能高效执行任务的关键。

7.1.2 具身智能的核心要素

一般认为，具身智能通常具有以下四个核心要素。

（1）本体（Physical Agent）

作为物理或虚拟空间中的直接行动者，本体不仅承载着环境感知与任务执行的双重使命，还以多样化的形态展现其存在，如敏捷的四足机器人、功能复合的特种机器人，乃至高度仿真的人形机器人等。本体的能力边界将直接影响智能体的性能表现，因此，设计具有广泛适应性的机器人本体至关重要。本体不仅是感知与行动的载体，更是数字世界与物理世界无缝融合的桥梁，其环境感知能力、运动灵活性及精准的操作执行能力共同构成了其多维画像。

(2) 智能体（Embodied Agent）

作为矗立于本体之巅的智能中枢，智能体肩负着感知周遭、深度理解、精准决策与全面控制的核心使命。它们拥有敏锐的洞察力，能够穿透复杂环境的迷雾，捕捉并解析环境中的深层语义信息，进而与环境进行有效互动。面对多样化的任务挑战，智能体不仅能够精确理解任务要求，还能根据瞬息万变的环境与动态调整的目标状态，迅速制定出最优的决策方案，并精准操控本体执行，确保高效完成任务。随着深度学习技术的蓬勃兴起，尤其是大语言模型（Large Language Model，LLM）的突破性进展，现代智能体已迈入深度网络模型驱动的新纪元。在此基础上，融合视觉传感器与其他先进感知技术的多模态模型正逐步成为智能体发展的新潮流，它们以前所未有的综合感知能力，拓宽了智能体的视野与边界。这些智能体不仅擅长从浩瀚复杂的数据中发掘规律，学习并优化决策与控制策略，更具备强大的自我进化能力，能够在面对更加复杂多变的任务与环境时持续迭代升级。通用LLM与视觉语言模型（Vision-Language Model，VLM）等前沿技术的融入，为提高机器人的泛化能力提供了新路径，使它们从单一任务导向转向更加灵活多变、目标导向的通用机器人新时代。

(3) 数据（Data）

数据在机器学习和具身智能系统中都发挥着关键作用。例如，RT-X项目[1]旨在构建一个统一数据格式的通用具身数据集，涵盖多种机器人类型、任务和场景。该项目整合了来自34家研究实验室的60个数据集，涵盖527项技能与高达160 266个任务实例，数据集总量达到惊人的1 402 930条记录，存储空间需求约为3600GB。RT-X项目的整体内容如图7-2所示。首先利用互联网海量数据进行预训练学习通用知识，随后结合具身数据微调策略学习动作控制，RT-X项目所衍生的RT-2-X模型在广泛的具身任务上的执行成功率上得到了显著提升，增幅高达50%。尽管该项目取得了显著进展，但是具身数据的采集与获取仍面临重重挑战，数据量相较于其他领域仍显不足。视频数据虽为物理世界在时间与空间维度上的切片，但具身智能所需的数据则是对物理世界中视觉、语言与行为间深层关联的全面捕捉与解析。换言之，具身智能对数据的需求远不止于简单的视频记录，它需要更为复杂、多变的数据结构，并能够深度融合物理世界的视觉感知、自然语言处理及动态行为控制等多维度信息。因此，如何高效、多样地获取具身数据，已成为推动具身智能研究深入发展的关键瓶颈。当前，该领域的数据积累策略主要可归纳为四种主流方法（见图7-3）：①虚拟式方法，通过构建虚拟仿真环境，以低成本、高效率的方式收集智能体在近似真实环境中的交互数据；②生成式方法，通过训练先进的模型，依据有限的人类演示数据生成大量高质量的训练数据；③网络式方法，借助互联网海量数据进行通用知识的学习，为后续具身数据的微调和动作学习奠定基础；④表演式方法，侧重于从少量但高质量的人类演示案例中提炼知识，指导机器人学习复杂技能。

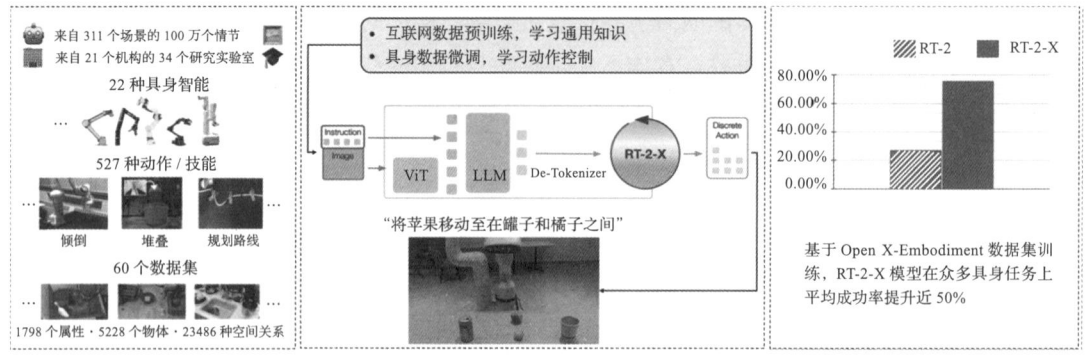

图 7-2 通用具身数据集 RT-X 项目

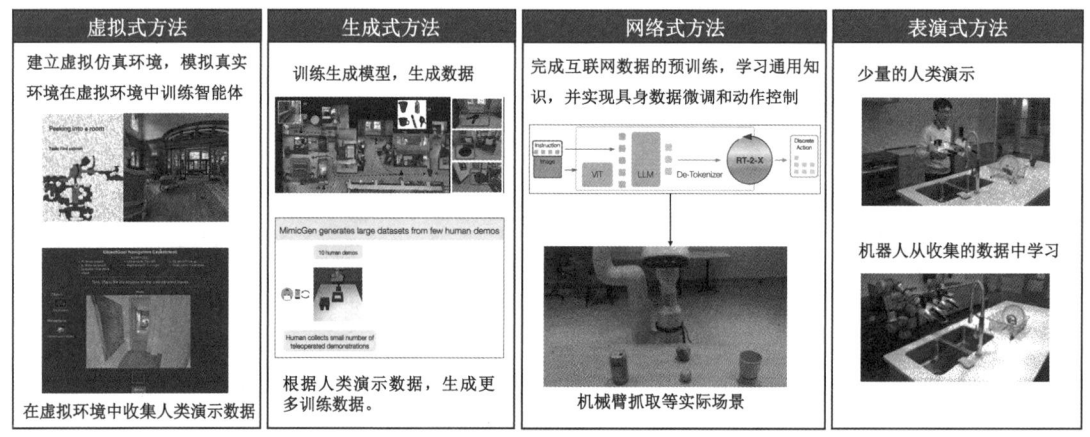

图 7-3 具身智能领域的数据积累方法

（4）学习（Learning）

学习是推动具身智能发展的核心动力之一，具身学习深刻体现了认知与身体之间的紧密依存，通过智能体与环境及人类的积极互动，构建起"感知 - 决策 - 行动"的闭环反馈机制。因此，交互式学习是具身化系统的一个重要特征，也是提升智能模型性能的关键途径。为了细化并改进智能体能力，需要借助人类 – 智能体交互数据来强化具身智能体系，具体可以包括：①将人类与智能体的交互实例作为宝贵的训练素材，融入深度强化学习框架之中，驱动多模态具身智能系统不断进化，进而塑造出多样化的身体形态和更为强大的行动能力。如图 7-4 所示的具身智能体的进化学习案例，其中 DoF 为自由度，是指机器人关节能够独立运动的轴数。例如，一个具有六个自由度的机械臂可以在三维空间中自由移动，并且能够做旋转等复杂的动作。系统还可以运用筛选机制，无论是基于模型的精准评估，还是基于规则的明确导向，乃至后期的人工审核与编辑，均旨在筛选出最具价值的实例，以加速学习进程。②在交互过程中，具身智能系统应展现出多样化的输出选项，邀请用户参与选择，并将用户的反馈作为宝贵的优化信号，指导系统在未来迭代中不断优化性能。此外，针对系统产生的错误输出，通过人机交互的方式提供针对性的行为微调指导，并利用这些数据对智能模型进行再训练，提升系统的安全可靠性，减少潜在的有害输出。

概括而言，提升具身智能系统学习效能的策略聚焦于两大维度：人机协同增强与环境交互增强。为实现智能系统的可靠部署与高效运行，需要开发先进的人机协同工具与机制，利用大语言模型与视觉语言模型的强大感知能力（第 7.3 节详述），精准捕捉并响应人类需求，确保操作执行的精度。同时，鉴于人类或模型交互的离散性，更应重视智能体与环境之间的连续交互，这不仅是掌握物理法则的关键，也是应对未知挑战、实现自主成长的必经之路。为此，探索通用策略学习的新路径并实现策略的有效泛化（见图 7-5 所示的四种策略泛化方法）是推动具身智能系统不断进步的重要方向，这有助于系统在与环境的交互中逐步科学地调整行为，同时持续学习并积累经验。

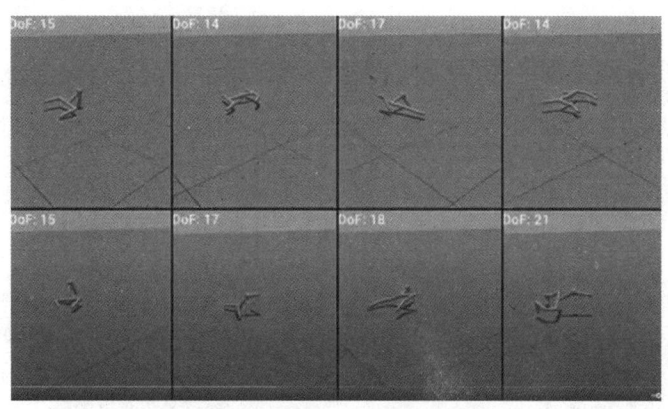

图 7-4　具身智能体的进化学习案例

a）多任务 / 多场景 / 多技能决策

b）仿真训练

c）大模型技术

d）真实训练

图 7-5　四种常见的策略泛化方法

7.1.3　具身智能与传统人工智能

具身智能相较于传统人工智能，展现出鲜明而独特的特性，其差异深刻体现在智能系统的构建理念、架构设计、环境感知能力及互动模式上。传统人工智能系统根植于符号逻辑与算法推理，高度依赖预先整理的数据集，通过精细的模式识别与数据分析机制，在离线状态下做出决策。这些系统往往运作于一个去躯体化的、高度抽象的虚拟空间，其主要与外界沟通的桥梁是数据的输入与输出。相比之下，具身智能系统则强调智能体与环境之间的即时、动态交互。这类系统通常实体化为机器人或其他物理形态，能够借助多样化的传感器精准感知周围环境，并依托执行器对环境施加影响。具身智能的核心理念汲取自生物学原理，特别是生物体如何利用其身体与环境进行高效互动，以实现生存与适应的智慧。在这一框架下，感知、行动及环境反馈构成了智能行为的基石，系统能够迅速适应并响应复杂多变的环境条件。为更清晰地阐述两者之间的区别，表7-1从四个维度——概念定义、实现路径、研究焦点及应用领域，进行了系统对比，全面展示了具身智能相较于传统人工智能的革新之处与独特价值。

表7-1 传统人工智能与具身智能之间的区别

	传统人工智能	具身智能
概念定义	强调通过计算机技术模拟和实现人类智能，一般以软件形式存在	强调智能系统与物理实体之间的交互，例如机器人系统
实现路径	传统的算法和模型，例如机器学习、神经网络等	不仅依赖于传统AI算法，还依赖于传感器、执行器和物理动力学的结合
研究焦点	聚焦于抽象问题解决、符号知识表示与逻辑推理过程，以及在已知或可建模环境中提供决策支持，较少涉及实际物理环境中的动态交互	强调智能体与物理环境之间的交互，关注感知与行动的结合、自适应学习，以及智能体如何基于自身物理特性在不同情境下做出反应
应用领域	医疗数据分析、图像识别、语音识别及自然语言处理等领域	机器人、自动化制造、仓储物流等需要与物理环境交互的场景

7.1.4 具身智能的意义与价值

具身智能，作为人工智能领域的一股新兴力量，正逐步改变着人们对于智能本质的认知，并引领着技术发展的新方向。从理论层面来说，具身智能的核心在于智能体与环境的动态、实时互动，这一理念从根本上挑战了传统人工智能系统的静态数据处理与预设任务执行模式。它强调智能不仅是算法与数据的堆砌，而是需要嵌入到真实的物理环境中，通过持续的感知、理解和行动来适应和改变环境，从而展现出更加接近生物智能的灵活性和适应性。

当前，具身智能研究已经取得了初步的成果，成功整合了视觉、语言处理及决策制定等经典智能要素，并在虚拟仿真环境中展现了其应对复杂AI挑战的能力。然而，这仅是迈向全面具身智能征途的起点。为了更深入地探索这一领域，具身AI模拟器的出现成为不可或缺的工具。它们不仅为研究者提供了验证新算法、测试新模型的实验平台，更是连接理论与实践的桥梁，使得人们能够在控制环境下模拟和预测智能体在真实世界中的行为表现。如 AI2-THOR 等前沿模拟器为例，它们通过

> AI2-THOR 由艾伦人工智能研究所（AI2）、斯坦福大学、卡耐基梅隆大学、华盛顿大学、南加州大学合作完成，它为人工智能Agent提供了一个室内装修效果图画风的世界，高度仿真，Agent可以和里面的各种家具家电交互。AI2-THOR除了包含高质量3D场景外，还配备了Unity 3D引擎，能让其中的物体遵循现实世界的物理规则来运动，也就是让交互动作尽可能真实，实现了真实性和对物理规则的整合。

引入先验知识，支持视觉导航、具身问答等复杂任务，极大地推动了深度互动研究的发展。这些模拟器能够模拟多状态目标属性，为智能体提供了更加丰富多样的训练环境，使其能够学会在不同情境下做出恰当的决策。与传统的强化学习模拟环境相比，具身 AI 模拟器更加注重多类任务的广泛训练，这种理念更加贴近现实世界中智能体所面临的多变挑战与综合任务场景，为智能体走向现实世界奠定了坚实的基础。

具身智能的广泛应用前景令人瞩目。它不仅能提升人机协同的效率和自然度，实现从简单指令执行到情感交流、策略制定的跨越，还将在环境保护、资源管理、教育公平、医疗普惠等多个领域发挥积极作用。智能机器人可以执行危险任务，减轻人类负担；智能系统能精准调控资源，提高利用效率。更重要的是，具身智能的普及将有助于解决一系列社会问题，推动社会向更加和谐、可持续的方向发展。因此，具身智能不仅是技术层面的飞跃，更是人类社会进步的重要推动力。

综上所述，具身智能不仅代表了人工智能领域的一次重大技术飞跃，更是人类社会迈向更加智能、和谐未来的关键驱动力。随着技术的不断发展和完善，我们有理由相信具身智能将在更广泛的领域展现出其巨大的潜力和价值，为人类社会带来前所未有的变革和进步。

7.2 具身智能的核心技术

具身智能，作为融合了机器学习、计算机视觉及机器人技术等多学科交叉点的新兴领域，它不仅是这些领域的简单叠加，而是在它们的基础上，构建了一个独特的、综合的系统体系。其核心不仅体现在以机器人系统为代表的直观物理形态上，更广泛涵盖了如增强现实眼镜等创新非传统载体，展现了其跨领域、多维度的应用潜力。以 ALFRED 基准[2]为例，智能体的任务是遵循自然语言指令，执行如清洗鸡蛋并置于微波炉内的复杂任务，这要求智能体不仅具备"打开"和"抓取"等基本动作的执行能力，更需要具备精准的情境感知与高效的行动决策能力。这一设定深刻揭示了具身智能对情境理解与动态决策的高度重视，而非仅聚焦于技术层面的实现。相比之下，传统机器人技术则更侧重于应对现实世界的挑战，如精细的运动控制、即时反应机制或高效的传感器数据处理模式，这些在具身智能的研究过程中同样不可或缺，但往往被置于更宏观的智能框架下。在这里，计算机视觉技术不仅是提升分类、分割及图像转换等被动任务性能的利器，更是推动具身智能向多模态、跨感官融合迈进的强大引擎。它不仅深化了视觉感知的精度与广度，更激发了对于听觉导航、激光雷达环境感知等多元信息融合的探索，展现了具身智能在跨模态信息融合方面的广阔前景。

综上所述，一个基础而全面的具身智能系统核心由三大模块构成：感知模块、行为模块与交互模块。感知模块，作为系统的"耳目"，聚焦于多模态传感信息的集成与处理，确保智能体能够全面而精准地捕捉外界环境的信息。行为模块则负责导航、操作及抓取等具体动作的规划与执行，是实现智能体功能输出的关键所在。交互模块架起了智能体与外部世界沟通的桥梁，通过自然语言处理、情感识别、意图理解等算法，使得智能体不仅能理解用户的指令和需求，还能以适当的方式做出回应。这三个模块紧密相连，共同驱动着"感知-行为-交互（Perception-Action-Interaction）"循环的运转，该循环强调基于感官输入指导行动，并通过行动结果的即时反馈来动态调整策略，实现智能体与环境之间的高效互动。

7.2.1 具身智能的系统框架

图 7-6 所示为具身智能系统的一般架构，其设计灵感来源于人类的感知与行动系统。人类利用五官敏锐地捕捉外界信号，大脑对信息进行解译并制定策略和总结经验，四肢则忠实地执行决策，使人类能够与周边世界进行互动。同样地，具身智能系统则通过融合前沿人工智能技术，如强化学习、大模型等，赋予智能体在物理环境中进行复杂多模态感知与交互的能力，进而实现自我学习与决策。在此架构中，人工智能模型充当了智能体的"智慧大脑"，它不仅是知识与经验的宝库，更是信息处理与决策制定的核心引擎。面对未知的挑战，"智慧大脑"能够运用其强大的推理与规划能力，将复杂的任务拆解为一系列清晰可执行的步骤，精准指导"四肢"——即执行单元，完成一系列精细的动作。其中，感知模块作为信息输入的门户，能够高效整合文本、声音、图像等多源数据，将来自虚拟环境、真实世界及机器人自身动作的丰富信息，转化为"智慧大脑"易于理解的形式，为后续的分析、判断与决策提供坚实的数据支撑。而行为模块，则是智能体与环境交互的桥梁，它精准接收来自"智慧大脑"的指令，迅速转化为与环境互动的具体行为序列，确保智能体能够灵活应对各种场景与任务。通过这一持续运作的"感知-决策-行为"闭环反馈机制，智能体的"智慧大脑"在每一次交互中不断积累经验，优化处理策略，提升其智能水平，逐步逼近人类的情境理解与环境适应能力。

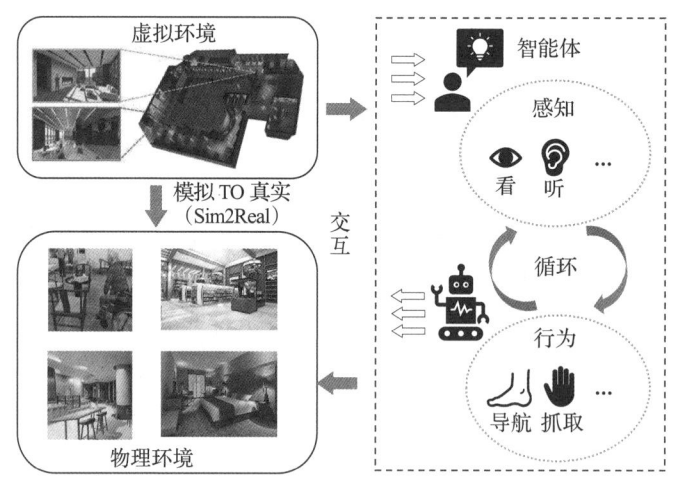

图 7-6 具身智能系统的一般架构

1. 具身感知：深度融入物理世界的智慧触角

具身感知是具身智能的核心能力之一。与传统的图像识别不同，具有具身感知能力的智能体需要在物理世界中移动，并与外界环境互动，这就要求对三维空间和动态环境有更为深人的理解。例如，主动视觉感知、3D视觉定位及非视觉感知均属于具身感知的范畴。其中，主动视觉感知是指智能体能够主动控制其感知器官（如摄像头）以获取最有用的信息，包括视角选择、注意力机制和主动探索策略等。通过主动视觉感知，智能体可以有效收集环境信息，提高任务的执行效率。3D视觉定位涉及智能体在三维空间中确定自身位置和周围物体位置的能力，这对于后续的导航、物体操作和空间推理至关重要。最新的视觉编码器预训练技术提供了对物体类别、姿态和几何形状精确估计的能力，使具身模型能够全面感知复杂的动态环境。除了视觉信息外，其他感知模态如触觉、听觉等也在具身感知中扮演着重要角色。例如，触觉传感可以帮助智能体感知物体的质地、重量和形状，为精确的物体操作提供支持。同时，多模态感知的整合是提高智能体环境理解能力的关键。

2. 行为模块：复杂任务达成的执行者

行为模块是连接感知与行动的纽带，它基于丰富的感知数据或人类指令，操纵智能体执行复杂的物体操作任务。这一过程融合了语义理解、场景感知、决策制定与稳健的控制规划。例如，具身抓取将传统的机器人运动学与大模型技术相结合，实现了在多感官信息融合下的精准抓取，提升了智能体应对复杂抓取场景的能力。具身导航则要求智能体综合语言与视觉信息，规划并执行高效的导航路径。大语言模型的引入显著增强了其语言理解能力，促进了视觉与语言表示的对齐。

3. 具身交互：构建人机协作的新生态

具身交互体现在智能体与人类协同工作的过程中，随着智能体能力的不断提升，人类的参与和反馈机制变得越来越重要。人类不仅可以引导和监督智能体的行为轨迹，确保智能体的行动符合人类的需求，还在保障交互的安全、合法及道德层面扮演着重要角色。当然，在涉及高度敏感的数据隐私领域，如医学诊断，人类的监督与指导变得更为关键，它能够有效弥补数据的局限性与算法能力不足的问题，推动构建更加稳健、安全的合作环境。除此之外，从人类学的角度来讲，沟通和互动是提高学习能力的重要方法。智能体不仅需要借助有标签的数据集完成模型训练，还应通过在线互动实现模型的发展与进化。因此，具身感知模式也逐渐从第三人称的被动感知向第一人称的基于行为交互的主动交互感知方向发展。如图7-7所示，智能体已经可以通过行为交互主动适应"被门挡住视线"的实际场景。在探讨人类与智能体交互的范式时，可以划分为两大类别：其一为"不平等互动"模式，即"指导者-执行者"范式，其中人类担任主导角色，发布指令，而智能体则作为忠实的执行者，辅助人类完成任务，这一模式在如ChatGPT等热门应用中得到了充分体现；其二则是"平等互动"模式，也称为"平等伙伴"范式，即智能体的发展达到了与人类相当的水平，能够以平等的身份参与互动，共同决策，预示着一个更加协同、均衡的未来交互时代的到来。

7.2.2 具身智能的典型实现路径

在实现具身智能的过程中，强化学习与模仿学习作为两大核心方法，各自扮演着不可或缺的角色，并常常相互融合，共同推动智能体能力的提升。

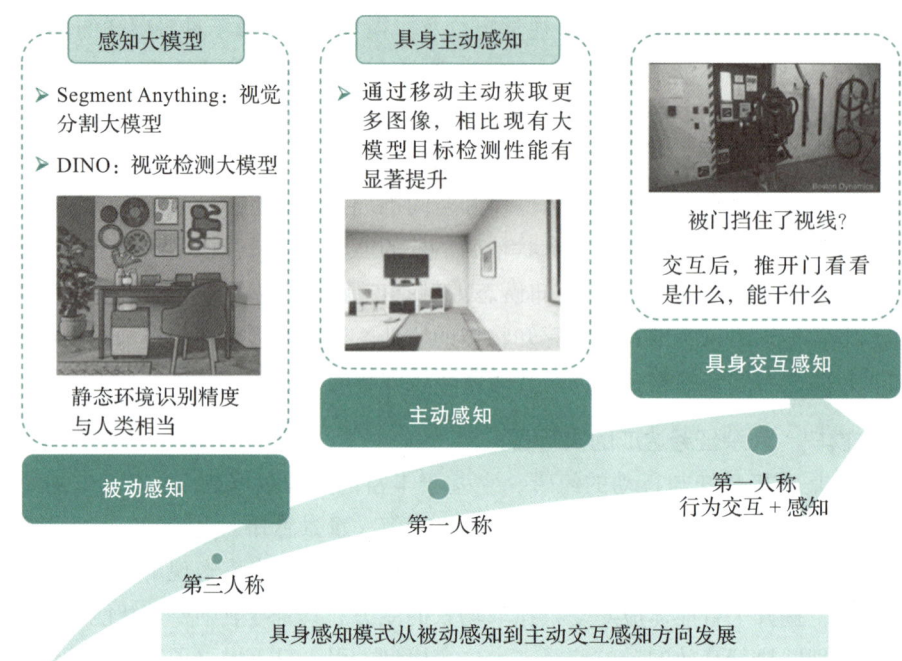

图 7-7 具身交互任务下感知模式的研究趋势

1. 强化学习

强化学习是一种通过智能体与环境交互来学习最优策略的方法。在具身智能中,智能体被置于一个动态的物理环境中,通过执行一系列动作并接收环境的反馈(即奖励或惩罚)来优化其行为。这种反馈机制促使智能体不断尝试新的动作组合,以寻找最大化累积奖励的策略。因此,环境的下一时刻状态的概率分布将由当前状态 s_t 和智能体的动作 a_t 共同决定,可以表示为

$$s_{t+1} \sim P(\,\cdot\,|s_t, a_t) \quad (7\text{-}1)$$

不同于有监督学习最小化预测误差思路,强化学习的最终优化目标是最大化智能体策略在动态环境交互过程中的价值。策略的价值可以等价转换为奖励函数在策略占用度量上的期望,即

$$最优策略 = \mathrm{argmax}\,\mathbb{E}_{(状态,动作)\sim 策略占用度量}[奖励函数(状态,动作)] \quad (7\text{-}2)$$

虽然强化学习不需要像有监督学习那样直接给出绝对的数据标签,但它仍面临环境的不确定性、状态的复杂性及动作空间的连续性等诸多挑战。为此,研究者们开发了多种先进的强化学习算法,如深度 Q 网络(DQN)、策略梯度方法(如 PPO、TRPO),以及基于模型的强化学习等。这些算法利用深度学习来近似值函数或策略,从而实现在高维状态空间和连续动作空间中的有效学习。在具身智能的应用中,强化学习不仅能够帮助智能体学会执行基本任务(如行走、抓取等),还能够通过不断试错和自我优化,提高智能体在复杂环境中的适应性和鲁棒性。例如,在机器人导航任务中,强化学习可以使机器人学会避开障碍物、选择最优路径等;在机器人操作任务中,则可以使机器人学会精确地抓取和操作物体。

2. 模仿学习

假设存在一个专家智能体，其策略可以看成一个理想的最优策略，那么具身智能体就可以通过模仿这个专家在环境中交互的状态动作数据来训练一个策略，并且不需要用到环境提供的奖励信号。这类方法称为模仿学习。与强化学习不同，模仿学习是一种通过观察专家演示来学习行为的方法。在具身智能的上下文中，模仿学习通常涉及收集专家（如人类操作者）在执行特定任务时的行为数据（如动作序列、轨迹等），统称为状态动作对 $\{(s_t, a_t)\}$，表示专家在状态 s_t 下做出 a_t 的动作；而模仿者的任务则是利用这些数据在无须奖励信号的条件下训练一个智能体模型，使其能够复现专家的行为。典型的模仿学习方法包括行为克隆（Behavior Cloning，BC）、逆强化学习（Inverse RL）及生成对抗模仿学习（Generative Adversarial Imitation Learning，GAIL）三大类。这里主要介绍行为克隆与生成对抗模仿学习方法。

从模仿中进化：模仿学习

> 逆强化学习是一种从专家的示范中推断出隐藏奖励函数的方法，让智能体可以通过学习专家的行为达到行为模仿的目的。与传统的强化学习相比，逆强化学习则在不知道具体奖励函数的情况下，通过观察示范行为来推测出什么样的奖励函数可以导致这些行为的发生。简言之，强化学习是从环境反馈中直接学习最优策略，而逆强化学习是从示范行为中推测奖励函数。

行为克隆算法采用了直接的有监督学习框架，将专家数据对 (s_t, a_t) 中的状态 s_t 作为样本输入，将动作 a_t 视为标签。因此，行为克隆算法的学习目标可以表示为

$$\theta^* = \arg\min_{\theta} \mathbb{E}_{(s,a) \sim B}[L(\pi_\theta(s), a)] \quad (7\text{-}3)$$

其中，B 是专家数据集；L 为监督学习框架下的损失函数。如果动作 a 呈现出离散序列的形式，损失函数可以采用最大似然估计来优化；如果动作 a 是连续序列，则可以采用均方误差函数。

当训练数据量较大时，行为克隆算法能够迅速学到有效的策略。例如，AlphaGo 最初就是通过包含 3000 万次落子的 16 万盘棋局数据学习人类棋手的下法。仅依靠这种行为克隆方法，AlphaGo 的棋艺就已经超过了众多业余棋手。鉴于行为克隆算法的实现流程相对直接且高效，它被广泛看作一种策略预训练的有效手段。通过直接模仿专家智能体的行为数据，使得新策略在初始阶段就无须经历因表现不佳而必须进行的低效环境探索过程，这就极大地加速了学习进程，为后续更为复杂的强化学习过程奠定了坚实且高效的基础。

当然，行为克隆算法也存在明显的局限性，尤其在数据量较小的情况下更为突出。具体而言，由于行为克隆算法仅基于一小部分专家数据进行训练，因此其策略仅能在这些专家数据的状态分布范围内做出准确预测。然而，强化学习涉及的是序贯决策问题，这意味着通过行为克隆学习到的策略在与环境进行交互时无法完全达到最优。一旦策略出现偏差，所遇到的下一个状态可能从未在专家数据中出现过。在这种情况下，由于缺乏相关状态的训练，策略可能会随机选择动作，进而导致后续状态进一步偏离专家数据的状态分布。这一现象被称为行为克隆的复合误差问题，如图 7-8 所示。

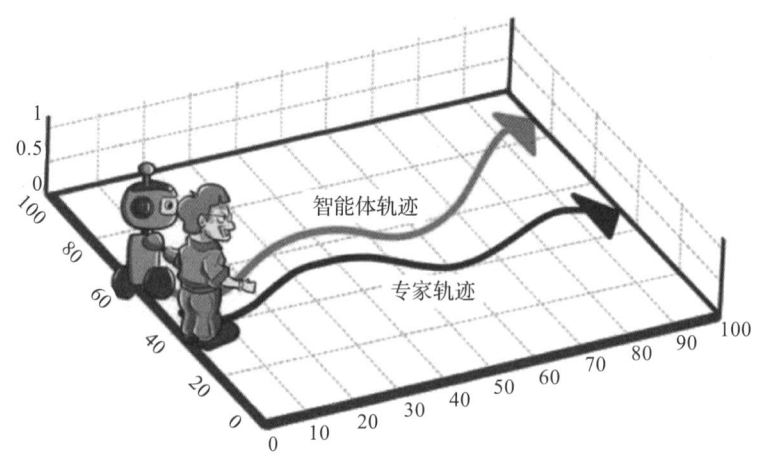

图 7-8　行为克隆方法中的复合误差问题

生成对抗模仿学习算法由斯坦福大学的研究团队在 2016 年提出，它是一种基于生成对抗网络的模仿学习方法。其核心在于借鉴生成对抗网络思想，使学习得到的策略所产生的状态 - 动作对分布尽可能接近专家策略的分布，即智能体占用度量 ρ_π 尽量趋近于专家的占用度量 ρ_E。为了实现这一点，GAIL 中的策略（类似于 GAN 中的生成器 G）需要与环境进行互动，通过执行动作并观察结果来逐步调整自身；而判别器 D 的作用则是评估状态 – 动作对 (s,a) 是否源自专家。判别器输出一个介于 0 到 1 之间的值，用来估计状态 - 动作对 (s,a) 来自学习策略而非专家的概率。判别器的目标是最大程度地区分专家数据与学习策略生成数据。相比之下，行为克隆算法则无须此类环境交互即可直接从专家数据中学习策略。

判别器 D 对应的目标函数的定义为

$$L(\phi) = -\mathbb{E}_{\rho_\pi}[\log D_\phi(s,a)] - \mathbb{E}_{\rho_E}[\log(1-D_\phi(s,a))] \tag{7-4}$$

其中，ϕ 是判别器 D 的参数，决定了其区分能力。一旦定义了判别器，模仿者（即策略）的目标就是让其在环境中生成的轨迹能够欺骗判别器，达到难以分辨这些轨迹是否出自专家的效果。为了实现这一目标，判别器的输出可以作为奖励信号用于训练模仿者策略。这意味着每当模仿者在某一状态 s 下执行动作 a 时，对应的状态 – 动作对 (s,a) 会被提交给判别器，判别器给出的输出值则作为奖励，设置为 $r(s,a) = -\log D(s,a)$。随后，可以利用任何标准的强化学习算法，依据这些奖励来优化模仿者的策略。随着对抗训练过程的推进，模仿者生成的数据分布逐渐逼近专家的真实数据分布，从而实现了有效的模仿学习。此过程的优化目标如图 7-9 所示。

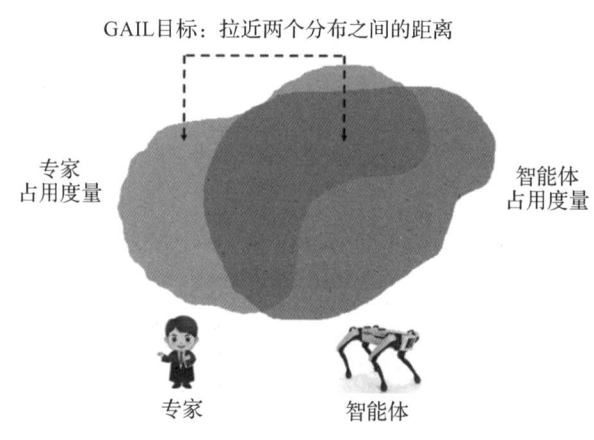

图 7-9　GAIL 方法的优化目标

综上所述，模仿学习的优势在于通过不断和环境交互，采样出最新的状态-动作对样本，从而具备了具身策略的快速学习能力。由于直接利用了专家的先验知识，模仿学习可以显著减少智能体在试错过程中所需的时间和资源。此外，模仿学习还能够避免强化学习中可能出现的奖励稀疏或奖励欺骗等问题，从而更加稳定地引导智能体学习正确的行为。然而，模仿学习也面临着一些挑战。首先，专家演示的数据可能存在局限性和偏见，这会导致学习到的策略泛化能力不足。其次，模仿学习通常无法直接处理环境变化或任务变化带来的不确定性，因此需要与其他方法（如强化学习）结合使用以提高智能体的适应性。

> 在强化学习中，奖励稀疏指的是外部环境中提供的有效反馈信号很少，这使得智能体很难通过试错来学习正确的策略。奖励欺骗则是指外部环境中存在一些短期回报较高的信号，使得智能体可能会被误导去追求这些即时奖励，而不是那些从长远来看更有益的行为。这种情况可能导致智能体学习到次优甚至是错误的策略。

为了克服单一方法的局限性并发挥各自的优势，研究者们提出了将模仿学习与强化学习融合使用的策略。这种融合策略通常包括两个阶段：首先利用模仿学习快速学习一个基本的行为模型；然后利用强化学习对模型进行微调和优化以提高其泛化能力和鲁棒性。例如，在机器人抓取任务中可以先通过模仿学习让机器人学会基本的抓取动作，然后通过强化学习让机器人在不同环境下进行试错和优化以提高其抓取的成功率。

7.2.3 仿真到真实的迁移

由于直接在现实环境中进行模型训练存在成本高、风险大、效率低等问题，因此仿真环境训练成为完成智能体学习的理想替代方案。在仿真环境中，可以利用大规模数据和计算资源来训练模型。但是，仿真环境并不能完全模拟真实场景，因此直接将仿真环境中学习的模型迁移到真实环境时效果并不理想。此时，"仿真到真实的迁移"（Simulation-to-Real，Sim2Real）就变得尤为重要了。它是强化学习和机器人技术中的一个重要研究领域，关注于将在仿真环境（如虚拟世界、模拟器等）中训练得到的模型、算法或策略成功地迁移到现实世界中的物理实体（如机器人、自动驾驶汽车等）上，并确保其在实际应用中表现出良好的性能和稳定性。为了实现 Sim2Real，可以从以下几个方面入手。

让理想照进现实：仿真到真实的迁移

1. 构建高精度、高逼真度的仿真环境

构建高精度、高逼真度的仿真环境是实现 Sim2Real 的关键步骤之一。通过深入理解现实世界环境、选择合适的仿真软件和工具、精细建模与参数校准、仿真环境验证与优化及引入不确定性因素等方法，可以构建出更加接近现实世界的仿真环境，从而提高模型或策略在现实世界中的性能和稳定性。世界模型便是一种构建和评估仿真环境的有效方法。通过构建世界

模型来模拟环境状态的变化、预测不同策略的效果，可以为 Sim2Real 提供更加准确和可靠的仿真环境。具体来说，世界模型是一种全面、综合的描述和预测环境的方法，通过处理感知信息和数据建模，实现对物体、场景、动作等要素的准确抽象和模拟。在机器学习和机器人技术中，世界模型通常用于模拟和预测环境状态的变化，以及评估不同策略或动作对环境的影响。不同于传统具身智能模型首先在大规模互联网数据集上进行训练，然后利用现实世界的机器人数据进行微调，世界模型在物理世界数据上是从头开始训练的，随着数据量的增加，逐渐发展出高级功能。这一过程在某种程度上模拟了人类神经反射系统的自然进化，既迅速又高效。此设计策略尤为契合那些输入和输出均具备高度结构化特性的应用场景。如自动驾驶领域，其中输入主要为视觉信息，而输出则直接转化为对油门、刹车及方向盘的精确控制；再如物体分类与操作任务，这里输入融合了视觉、指令乃至数字传感器的多重数据，而输出则精准指向抓取特定物体并精准放置于指定位置的行为。

如图 7-10 所示，具身世界模型的构建可以分为基于生成的方法、基于预测的方法和知识驱动的方法。具体而言，基于生成的方法巧妙地运用自编码器技术，深度挖掘并学习输入空间与输出空间之间的转换关系；而基于预测的方法，则聚焦于潜在空间的深度挖掘与训练，从而实现对未来状态的精准预测；至于知识驱动的方法，则是一种更为直接且高效的策略，它直接将人类专家精心提炼的领域知识融入模型之中，为模型注入了丰富的"先验智慧"，使得其输出不仅精准高效，更能严格遵循既定的知识框架与约束条件，满足多样化的应用场景需求。

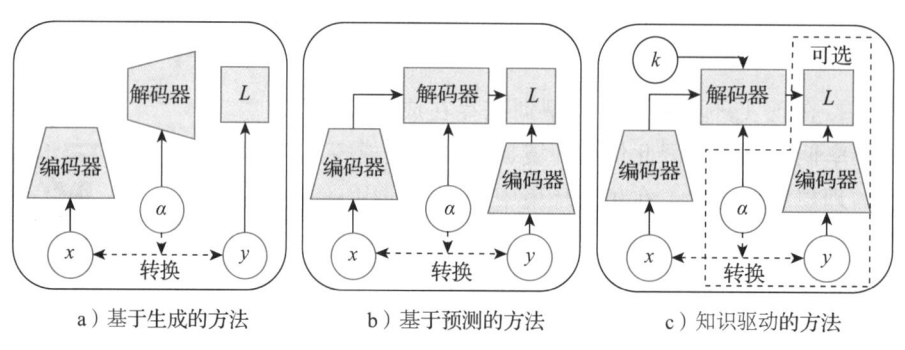

图 7-10　具身世界模型的设计方法

2. 数据驱动的方法

从数据层面上弥补仿真和真实之间的差异是实现 Sim2Real 的一种解决方案，称为数据驱动方法。它旨在利用大量高质量的数据来优化和校准模拟环境，以确保训练出的模型能够完美过渡到现实世界。首先，数据驱动方法强调从仿真环境中生成大量、多样化的数据。这些数据涵盖了各种物理条件、环境变化和任务场景，为模型学习提供丰富的训练素材。通过模拟数据的不断迭代和优化，可以确保模型在模拟环境中表现出色，并具备一定的泛化能力。其次，现实数据的收集与整合也是数据驱动方法的关键环节。通过在实际环境中部署传感器和记录设备，收集到的高质量现实数据可以用于校准模拟环境，使其更加接近真实世界。这些数据还用于验证模型在现实世界中的表现，发现潜在的偏差和不足之处。目前，研究者们已经提出了一些高效且成本效益高的方法完成高质量的演示数据的收集和训练。图 7-11 展示了来自真实世界和模拟环境的演示数据。在模型训练阶段，数据驱动方法通过结合模拟数据和现实数据来优化模型参数。通过预训练、微调等策略，模型能够在模拟环境中学习到基本的任务技能和知识，并通过现实数据的反馈进一步优化和调整。这种训练方式不仅提高了模型的性能，还增强了其适应现实环境的能力。最后，数据驱动方法还强调模型的持续学习与优化。在实际应用中，持续不断地收集新的现实数据，并将其融入模型的再训练与更新流程中，以确保模型能够紧跟环境变迁与任务需求的变化。这一迭代优化的过程促使模型不断适应新兴挑战，从而在现实世界中展现出日益增强的稳定性和可靠性。

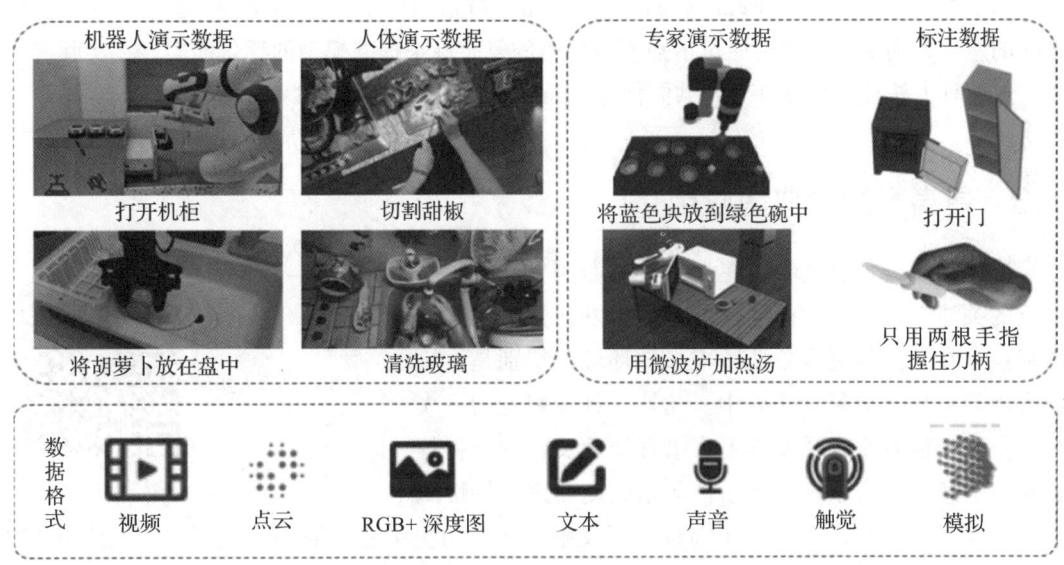

图 7-11　演示数据集示例（详见彩插）

3. 域适应与域随机化

在实现 Sim2Real 的研究与应用中，域适应（Domain Adaptation）与域随机化（Domain Randomization）是两种典型的技术。

域适应是一种机器学习方法，旨在使模型能够在不同但相关的数据分布（域）上保持高性能。具体到 Sim2Real 任务，域适应的任务就是将模型从仿真环境（源域）中学到的知识有效地迁移到现实环境（目标域）中。域适应方法通常涉及以下几个关键步骤：首先，识别仿真与现实环境之间的主要差异，如光照条件、物体纹理、物理规律等。然后，利用这些差异信息来指导模型的训练过程。一种常见的域适应技术是特征对齐，即通过学习一种共享的特征空间，使得仿真数据与现实数据在该空间中的表示尽可能接近。这有助于模型忽略域特定的噪声和变异，专注于那些对任务有用的共同特征。另一种方法是使用生成对抗网络来生成具有现实特性的仿真数据，这些数据可以作为补充训练集，帮助模型更好地适应现实环境。此外，还有无监督或自监督的域适应方法，它们利用未标记的现实世界数据来微调模型，以减少域间差异。这些方法通常依赖于设计合理的自监督学习任务，如预测图像的旋转角度、拼图恢复等，以捕捉现实世界的本质特征。

与域适应不同，域随机化是一种更为直接且实用的方法，它通过增加仿真环境的复杂性和多样性来增加模型训练的鲁棒性。在 Sim2Real 中，域随机化通常用于仿真训练阶段，通过随机化仿真环境中的各种参数（如光照、材质、物理属性等），模型在面对现实世界的多种变化时能够保持稳定的表现。域随机化的优势在于它不需要现实世界的数据来进行适应，而是依赖于强大的模拟器和广泛的随机化策略。这种方法鼓励模型学习那些不依赖于特定环境参数的特征，从而提高其泛化能力。此外，域随机化还可以作为域适应的一种预处理步骤，通过提高模型的初始鲁棒性来加速后续的适应过程。

综上所述，作为 Sim2Real 的两种重要策略，域适应侧重于通过调整模型来适应不同域之间的差异，而域随机化则通过增强模拟环境的复杂性来提高模型的泛化能力。在实际应用中，这两种方法往往相互补充，共同促进 Sim2Real 技术的发展。

7.3 具身智能的典型应用

近年来，具身智能领域在学术界与产业界均获得了广泛的关注。从人工智能的发展范式出发，具身系统的研究焦点在于如何更有效地适应未知环境，特别是在机器人规划与导航等复杂任务中。此外，具身智能的一大亮点在于其能够整合深度学习、语言处理及音频分析等多模态信息，提升系统的灵活性与精确度。这一特性赋

看智能机器人如何花式干活

予了具身智能系统广阔的应用前景，不仅限于感知与决策能力的提升，更支持智能体（如智能机器人、智能无人车等多样化形态）执行抓取、导航等多种高级任务。本节将深入剖析"智能机器人操作"与"服务机器人导航"两大标志性具身智能应用。其中，智能机器人操作部分将重点介绍 RT-2 这一典型视觉 - 语言 - 动作模型的技术细节，而服务机器人导航部分将重点介绍视觉 - 语言 - 导航的核心方法。通过图 7-12 所示的具身智能任务树状结构，清晰展现其内在逻辑与关联，以期为读者提供一个全面而深入的视角。

7.3.1 智能机器人操作任务

智能机器人操作是一个综合性的领域，它具有视觉、语言等多模态数据输入处理能力，旨在输出精准的机器人动作以执行多样化的具身智能任务，如物体抓取任务（见图 7-13）。具身智能框架下的抓取任务，核心在于使机器人能够高效、稳定地完成对各类物体的抓取与搬运操作，已在制造业的自动化生产、物流业的智能分拣，以及服务业的个性化服务等多个行业应用。为了实现这一目标，机器人需具备以下几个关键能力：首先是高度敏感的视觉系统，能够准确识别并快速定位目标物体，无论其形状、大小、材质如何变化；其次是先进的运动控制算法，确保机器人在执行抓取动作时能够精确无误，即便面对复杂多变的操作环

境；再者，智能决策机制也是不可或缺的一项，它使机器人能够基于环境反馈和预设任务灵活调整抓取策略，提升任务完成的成功率。在应对复杂多变的实际场景时，抓取任务依然困难重重，机器人不仅需要适应物体的多种物理属性（如形状、大小、材质等），还需考虑物体的摆放姿态、周围环境的干扰因素等。

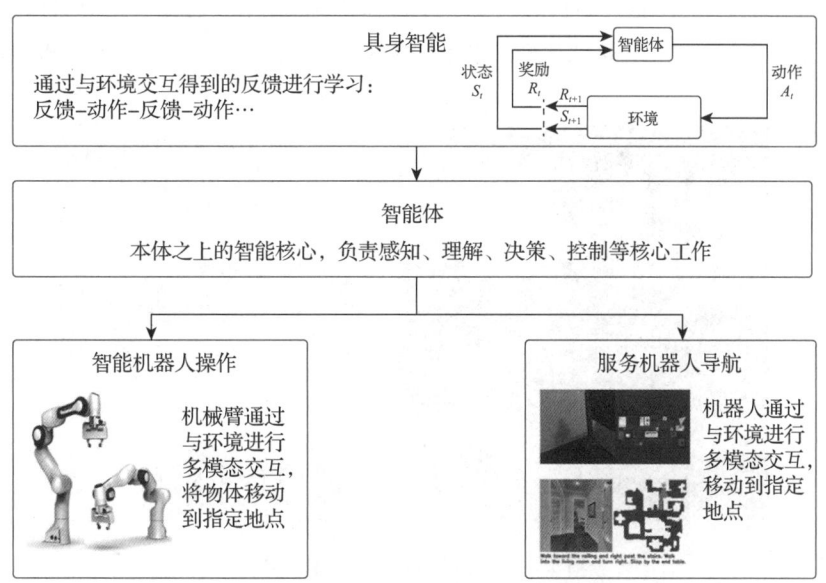

图 7-12 具身智能任务的树状结构

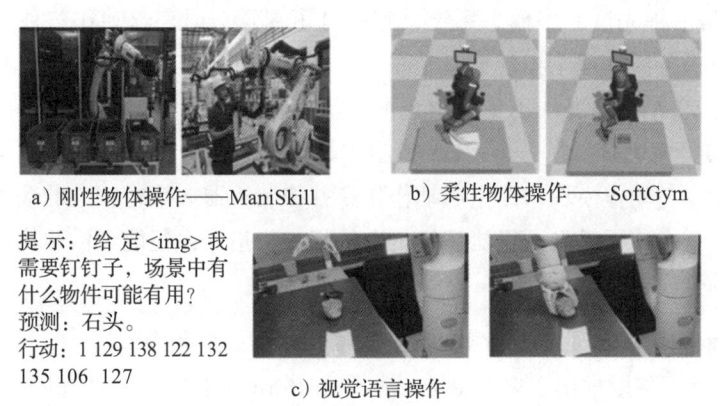

a）刚性物体操作——ManiSkill　　b）柔性物体操作——SoftGym

提示：给定 <img> 我需要钉钉子，场景中有什么物件可能有用？
预测：石头。
行动：1 129 138 122 132 135 106 127

c）视觉语言操作

图 7-13 智能机器人的物体抓取与操作

另一类典型的智能机器人操作任务就是视觉-语言-动作（Vision Language Action，VLA），是一种结合了视觉、语言与动作执行的更高级别任务处理框架，旨在结合视觉与语言信息，指导机器人或智能系统完成复杂任务（如清理桌面、拿取物品）。其核心在于其强大的多模态处理能力，这依赖于鲁棒的视觉编码器、语言编码器和动作解码器的紧密协作。视觉编码器负责从图像或视频流中提取高质量的特征表示，捕捉场景中的关键信息；语言编码器则解析用户指令或描述，将其转化为机器可理解的语义表示；动作解码器则根据视觉与语言信息，生成并执行相应的机器人动作规划。此外，VLA 模型还展现出灵活的控制策略设计：一方面，通过改进低级控制策略，模型能够即时响应短期任务指令，生成精确且高效的机器人运动；另一方面，部分模型采用高级抽象方法，将长期任务分解为一系列子任务，这些子任务再由低级控制策略逐一执行。这种层次化的策略设计（见图 7-14）使得 VLA 模型既能处理即时需求，又能规划长远目标。下面将围绕 VLA 核心框架，对 RT2 模型的技术细节展开讨论，同时，介绍其他比较常用的 VLA 方法，以期让读者能够对 VLA 有全局上的理解。

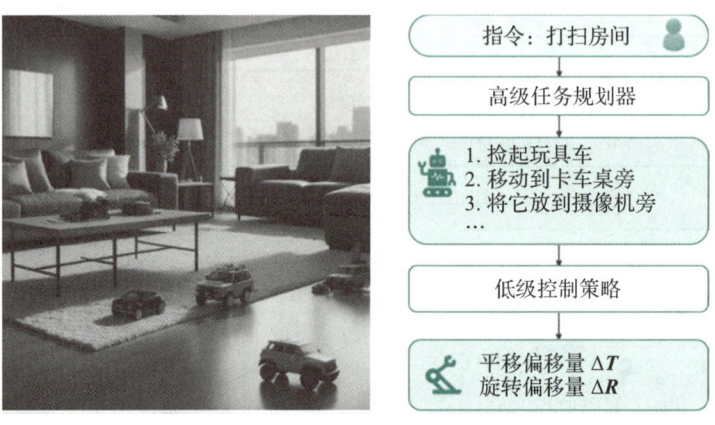

图 7-14　分层机器人操作策略

1. VLA 模型的基本概念

VLA 模型是一种先进的多模态系统，它整合了视觉、语言与动作三种模态信息，能够实现对复杂具身任务的处理。相较于只专注于单一模态的传统模型，例如单独处理视觉或语言信息的系统，VLA 模型展现出更为出色的灵活性和适应能力，使其能够在多样化的环境及任务中表现得更加优异。在一个 VLA 模型中，视觉模块负责解析图像数据，语言模块则理解自然语言指令，动作模块据此生成动作指令并控制机器人执行相应的动作。三者之间通过深度协作与交互，使得模型不仅能理解复杂的场景与指令，还能灵活地执行任务，促进机器人综合能力的全面优化与提升。

2. VLA 模型的具体实现——Robotics Transformer 系列模型

2022 年 12 月，谷歌推出了名为 Robotics Transformer 1（RT-1）[3] 的具身智能模型，这是一种多任务处理模型，能够将机器人的输入和输出动作转换为 Token 形式，从而提升实时控制。RT-1 是在一个庞大的真实机器人数据集上训练而成的，该数据集包含了 13 万个片段数据，覆盖超过 700 项不同的任务。这些数据是由 Everyday Robots 项目中的 13 台机器人，在 17 个月的时间里收集而来的。紧接着，在 2023 年 7 月，谷歌又推出了升级版本的机器人 VLA 模型——Robotics Transformer 2（RT-2）[4]。RT-2 模型进一步拓展了 RT-1 的功能，不仅能从互联网上的数据集中学习，还能直接从机器人操作中积累经验，并将这些知识转化为具体的机器人控制指令。RT-2 展示了智能机器人可以在日常环境中执行多样化任务的能力，如拾取和放置物体、开关抽屉、竖立细长物件、倾倒物体、抽取餐巾纸等。

RT-2 基于 Pathways Language and Image Model-X（PaLI-X）和 Pathways Language Model with Embodied Learning（PaLM-E）构建，这两种基于 Transformer 架构的大型语言模型具备卓越的语言理解和生成能力。RT-2 通过整合它们的优势，实现了视觉、语言及动作的综合处理。为实现对机器人的精准控制，RT-2 采用特定标记（Token）来表示动作，这些标记类似于自然语言中的词汇，可以经由标准的自然语言处理流程生成。每个动作标记是一个包含多元素的字符串，用于指示机器人的任务状态、末端执行器的位置和旋转位移及夹持器的操作。

通过利用 RT-1 阶段的视觉 - 语言 - 机器人动作数据集，RT-2 能够在现有视觉 - 语言模型的基础上进行微调，转换成能够处理视觉、语言和动作的 VLA 模型，在推理时将文本标记转化为具体的机器人操作，实现闭环控制。这样，RT-2 就能够根据实时环境和任务需求灵活调整其行为，达到精确控制的效果。在此过程中，视觉模块解析输入图像并生成对应的文本标记，语言模块进一步理解这些标记的语义；动作模块则根据语言模块的输出生成并执行相应的机器人动作。RT-1 与 RT-2 的工作流程如图 7-15 所示。

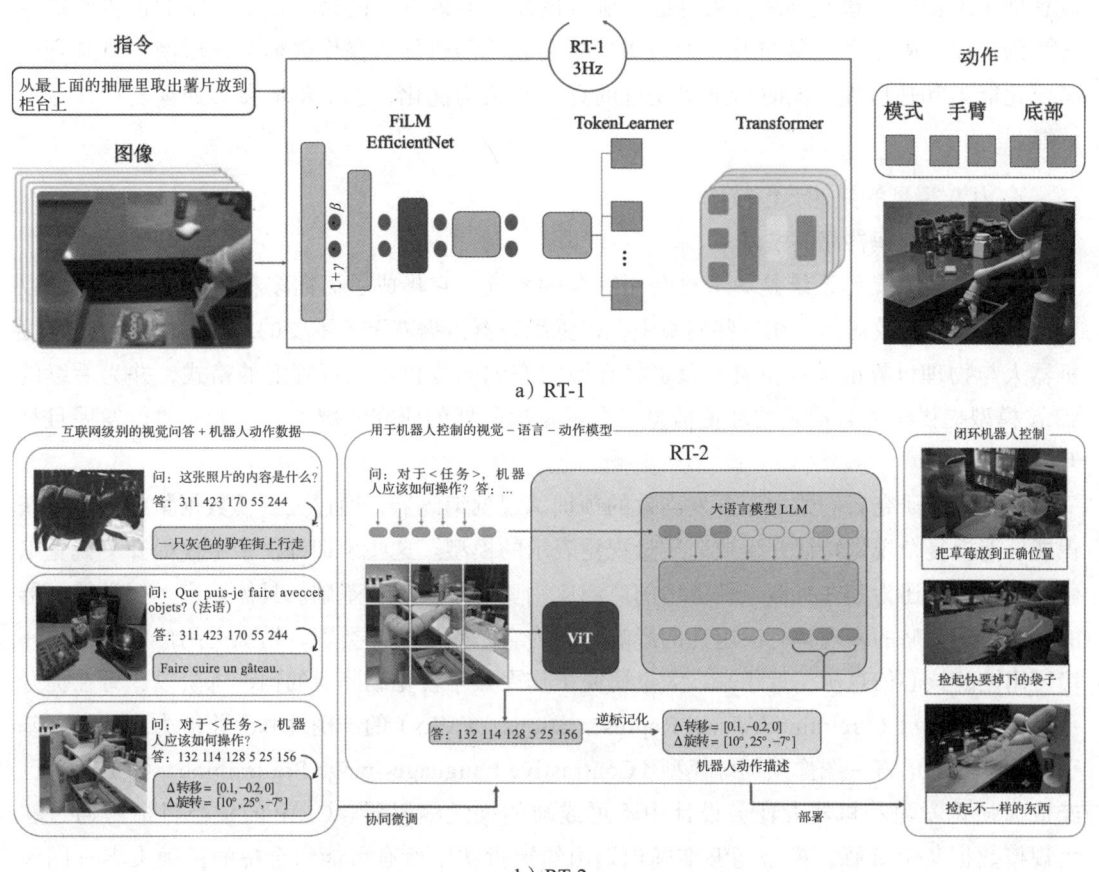

图 7-15 RT-1 和 RT-2 的工作流程

总结来讲，RT-1 是一款高效且紧凑的机器人控制模型，它巧妙地融合了图像与自然语言处理能力，以仅 3500 万个参数的规模，实现了对基座与手部动作快速且精确的离散化输出,能够每秒执行三次动作,展现了高效的任务执行能力。相比之下,RT-2 在模型设计上进行了重大创新,它将机器人的动作编码成一种独特的文本标记语言,这种创新性的表示方式使得 RT-2 能够利用互联网级别的庞大视觉 - 语言数据集进行训练。在推断过程中,这些蕴含丰富信息的文本标记被精准地解码回具体的机器人动作,形成了一个闭环的控制系统。这一方法不仅拓展了机器人控制的边界,还使得 RT-2 能够充分利用视觉语言模型的强大架构及其丰富的预训练成果,从而学习并迁移其卓越的泛化能力、深入的语义理解及高级的推理技巧至机器人控制领域。

RT-2 模型的发布为具身智能技术的发展注入了新的活力,既展示了 VLA 模型在机器人控制方面的广阔前景,也为构建更加智能和灵活的机器人系统开辟了道路。展望未来,RT-2 有望在各种复杂的真实环境中发挥作用,应用场景涵盖从工业制造到服务行业乃至医疗领域。在制造业中,RT-2 能够优化自动化生产线,实现精密部件的抓取与组装;在服务业,RT-2 可以为餐饮和零售等行业提供智能服务,改善顾客体验;在医疗健康领域,RT-2 则可以辅助手术操作和康复训练,提升医疗服务的质量与效率。同时,伴随技术的进步和应用场景的扩展,RT-2 将持续进化,通过吸纳更多元化的机器人操作数据和互联网信息来强化其泛化能力和适应性,同时借助更先进的算法与架构优化,进一步增强其处理复杂任务的效能。

3. VLA 模型的其他典型技术

(1)视觉编码器相关技术

智能机器人操作系统是一个复杂而综合的系统,它集成了面向多种模态的不同模块以支持机器人的高效运作。在这些模块中,视觉编码器占据着至关重要的地位,因为它是连接机器人与物理世界的关键桥梁,负责将环境状态编码成机器人可理解的格式,并为后续的 VLA 模型提供丰富且准确的环境信息。在视觉编码器的研究领域,两大方向并行发展且相互促进。

一方面,研究者们致力于开发高效的预训练视觉编码器,通过大规模数据集的训练,获得能够捕捉复杂视觉特征并生成高质量视觉表示的模型。这些预训练模型不仅提升了视觉编码器的性能,还为其在机器人任务中的广泛应用奠定了坚实的基础。具体而言,视觉编码器的性能对于策略的表现具有决定性的影响,因为它是获取物体类别、精确空间位置及评估环境可用性的核心信息源。近年来,大量研究工作聚焦于视觉编码器的预训练阶段,旨在提升预训练视觉表示(Pretrained Visual Representations,PVRs)的准确性和泛化能力。例如,基于对比学习的语言 - 图像预训练模型(Contrastive Language-Image Pre-training,CLIP)[5] 已经成为强化学习和机器人任务设计中不可或缺的视觉编码器。CLIP 的核心目标是通过在大规模数据集上训练,模型能够准确识别出给定批次中所有可能组合中的正确文本 - 图像对。这一训练过程极大地增强了视觉编码器与语言编码器之间的对齐性,使得模型能够深入理解视觉和文本信息之间的复杂关系。CLIP 的成功在于其大规模的训练数据集和高效的对比学习机制。通过在大规模语言 - 图像对上进行训练,CLIP 学会了将视觉特征与文本描述紧密关联起来,从而能够在以文本指令为输入的具身任务中展现出卓越的性能。例如，在机器人导航、物体抓取或场景理解等任务中，CLIP 能够准确解析文本指令中的视觉元素，并引导机器人执行相应的动作。此外，CLIP 的灵活性也是其受欢迎的原因之一。由于它提供了高质量的预训练视觉表示，研究者们可以轻松地将其集成到各种机器人系统中，而无须从头开始训练视觉编码器。这不仅节省了时间和计算资源，还提高了系统的整体性能和稳定性。

另一方面，为了更深入地理解并应对环境的动态变化，研究者们开始探索利用预训练模型对环境动力学进行建模的方法。这包括利用前向动力学方程来预测物体在给定力作用下的运动轨迹，以及利用逆向动力学方程来推断产生特定运动所需的力或力矩。现有的动力学学习方法多采用简单的掩码建模或重排序目标来捕捉状态与动作之间的复杂关系。这些方法通过遮蔽部分输入信息或要求模型对打乱的状态序列进行排序，迫使模型学习并理解状态转换的规律和模式。通过这种方法，机器人能够更准确地预测和响应环境的变化，从而实现更加稳定和可靠的操作。随着动力学学习的不断深入，研究者们进一步提出了学习世界模型的概念。世界模型是一个能够全面描述环境状态及其变化规律的模型，它不仅能够从当前状态准确推演后续状态，还能够为机器人的策略制定提供更为丰富和深入的世界知识。通过学习世界模型，机器人能够更好地理解环境、预测未来，并据此做出更加合理和有效的决策。然而，世界模型的实现也面临着巨大的挑战，包括处理复杂的物理现象、保证模型的实时性和准确性，以及应对现实世界中的不确定性等。

（2）视觉-语言融合机制

在智能机器人操作系统中，视觉-语言融合机制也扮演了重要角色，代表性方法包括交叉注意力（Cross-Attention）、特征调制（Feature-wise Linear Modulation，FiLM）及拼接（Concatenation）等，如图 7-16 所示。这些技术各自具有独特的优势和应用场景。

- 交叉注意力：作为一种高效的信息融合方式，交叉注意力被广泛应用于基于 Transformer 架构的动作解码器中。它允许视觉编码器产生的特征与语言编码器生成的上下文表示进行深度交互，从而捕捉到视觉与语言之间的复杂关系。在相对较小的模型规模下，交叉注意力能够显著提升模型的性能，使得机器人能够更准确地理解并执行指令。
- FiLM：在 RT-1 等基于语言控制策略的模型中，FiLM 机制被引入以实现视觉与语言的早期融合。FiLM 层通过生成一系列调制参数，动态地调整视觉特征的激活值，使得模型能够根据语言指令调整其对视觉信息的关注度。这种机制增强了模型的灵活性，并允许其针对不同的任务或指令产生更为精准的视觉表示。后续的研究工作也继承并发展了这一机制，进一步提升了视觉-语言融合的效果。
- 拼接：作为一种简单直观的信息融合方式，拼接方法直接将视觉特征和语言表示连接起来作为动作解码器的输入。虽然这种方法在理论上可能不如交叉注意力等高级融合方式精细，但其简单易行的特点使得它在实际应用中非常受欢迎。通过增大模型规模，拼接方法同样可以达到与交叉注意力相近甚至更优的性能，尤其是在处理大规模数据集和复杂任务时。

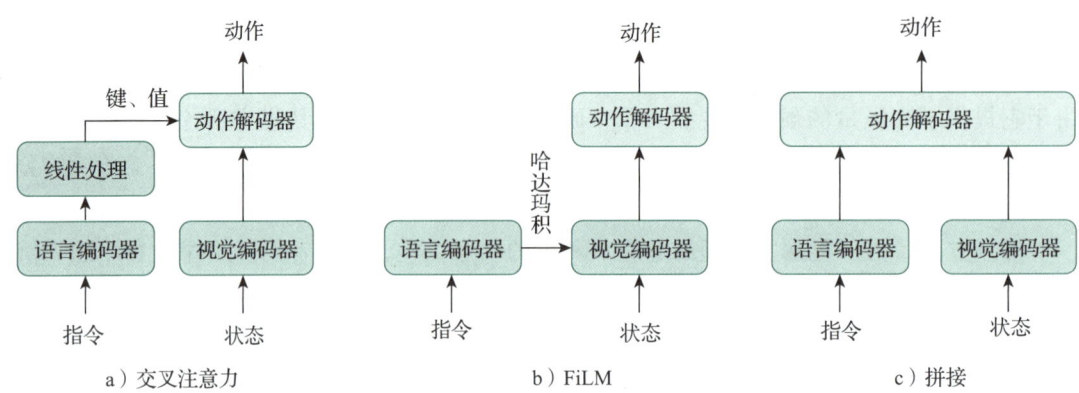

图 7-16 VLA 中三种常见的视觉 – 语言融合架构

7.3.2 服务机器人导航任务

服务机器人导航是具身智能领域中一个基础且富有挑战性的任务，要求机器人在未知且复杂的环境中，仅凭目标位置和多个视角的观测（主要是视觉信息），通过集成的感知硬件与先进的算法进行深度分析，并在与环境的持续交互与反馈中，高效且准确地在限定步数内抵达指定位置，如图 7-17 所示。

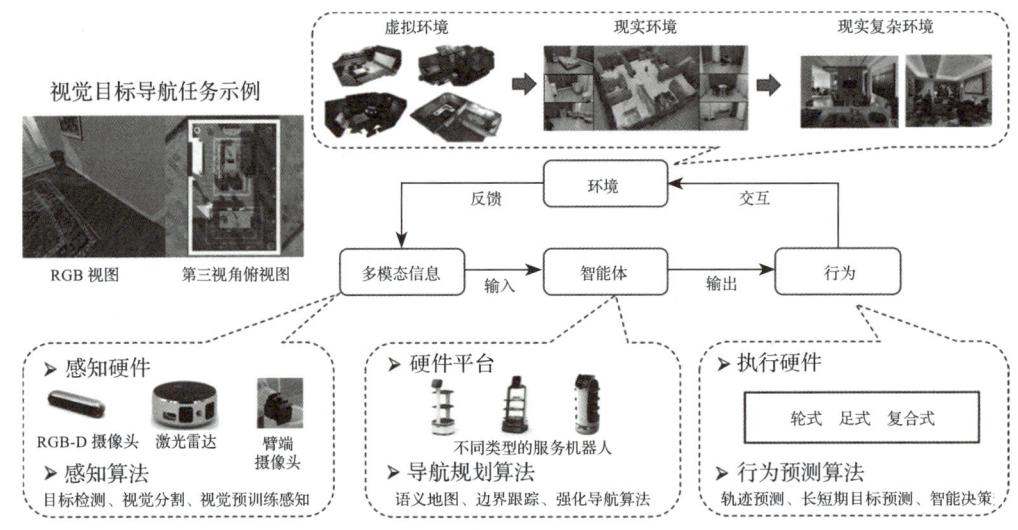

图 7-17 服务机器人导航的整体流程

随着研究的深入，服务机器人导航任务逐渐演化出多种不同目标与复杂度的范式，以适应更广泛的应用场景。首先，点导航作为最基础的范式，直接以空间中的坐标点作为导航目标，主要考验机器人对空间位置信息的理解与执行能力。接着，视觉目标导航将难度提升了一个台阶，要求机器人根据给定的图像目标，自主探索环境以定位并前往拍摄该图像的地点，这不仅考验了机器人的导航能力，还对其视觉识别与场景理解能力提出了更高要求。进一步地，视觉语言导航作为最高级别的任务范式，结合了自然语言理解与视觉感知的双重挑战。

在此任务中，机器人需要根据人类提供的自然语言指令（如"走到那个红色的椅子旁边"），结合环境中的视觉信息，进行复杂的语义解析与空间推理，最终准确地抵达指令所指定的位置。本节将遵循这一由易到难、逐步深入的逻辑顺序，首先深入介绍点导航的基本原理与技术实现，随后将转向视觉目标导航，分析其在视觉识别、环境探索与路径规划等方面的独特挑战与解决方案，最后将聚焦于视觉语言导航，探讨自然语言处理、视觉感知与导航控制的深度融合，展示服务机器人在具身智能领域的最新进展与未来趋势。这一循序渐进的论述方式，形成图 7-18 所示的具身导航研究任务金字塔，可以为读者提供一幅清晰的研究路线图。

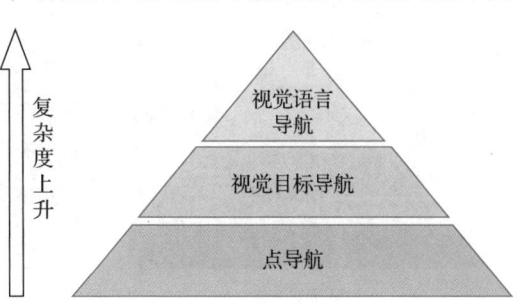

图 7-18　具身导航研究任务金字塔

1. 点导航

点导航已经成为视觉导航中的一个基础且广受关注的任务，其任务目标是将 Agent 导航至距离某个特定点有一定距离的位置。通常情况下，Agent 会在环境的原点 (0,0,0) 处完成初始化，而目标点则通过相对于原点（即初始位置）的三维坐标 (x,y,z) 进行指定。为了成功完成任务，Agent 需要具备一系列技能，例如视觉感知、情景记忆构建、逻辑推理、路径规划及视觉导航等。在点导航过程中，Agent 通常集成了 GPS 和指南针等硬件设备，这使得它可以访问自身的位置坐标，从而了解自己相对于目标方向的位置。需要说明的是，目标的相对坐标位置可以是静态的（仅在每个路径开始时给出一次），也可以是动态的（在每个时间步都给出）。然而，由于在室内环境中的不完全准确性，Habitat Challenge 视觉导航竞赛[6]已经转向了一个更具挑战性的任务——基于 RGB-D 的在线定位，不再依赖传统的 GPS 和指南针技术。随着研究的深入和技术的革新，近年来涌现出众多基于学习的点导航方法。早期的相关研究开始探索端到端的解决方案来处理导航任务，即便是在全新的未知环境中，也能有效利用多种感官输入（如彩色图像、深度图以及最近的观测动作）进行导航，而无须依赖真实的地图或机器人的精确姿态信息。其中，直接未来预测[7]是一种基础的导航算法，它通过选择适当的神经网络来处理这些感官输入（例如，使用卷积神经网络来处理图像数据），然后将处理后的数据组合起来，输入到一个双流全连接的动作期望网络中，最终输出是对所有可能动作及未来时间步数的未来状态预测。

2. 视觉目标导航

视觉目标导航一般面向未知环境，在有限部分观测输入，即缺少导航所需全局信息条件下，输出动作对目标位置的推测。例如，给定目标物体的语义类别（如电视、沙发），依赖第一视角 RGB 图像或多传感器信息，将智能体导航到指定的目标物体所在位置。如图 7-19 所示，图 7-19a 为成功示例，其中绿色轨迹表示成功的导航路径；白色三角形表示智能体的视角，方框标记的是目标物体；图 7-19b 为智能体在某一时刻的观测视角与环境的整体俯视图。鉴于视觉目标导航任务存在场景布局未知、已知环境与未知环境的域偏移等难点，它成为十分具有挑战性的具身智能任务之一。

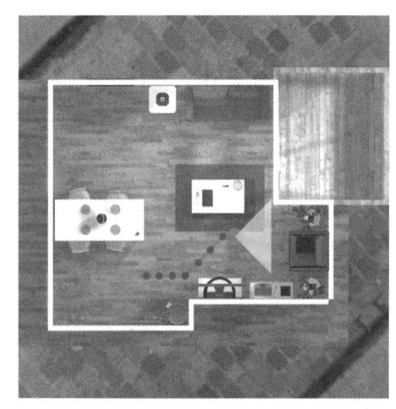
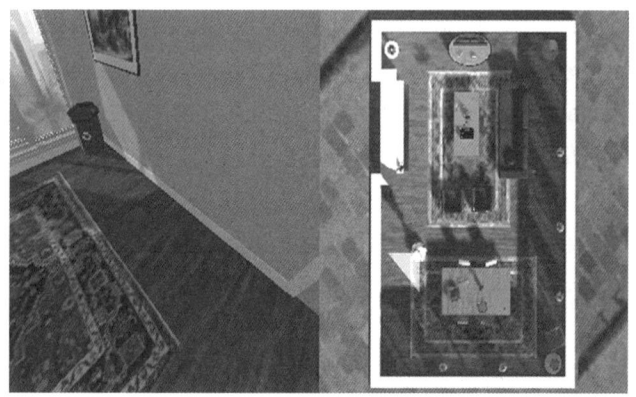

　　a）目标导航路径　　　　　　　　　　b）智能体观测视角与环境

图 7-19　视觉目标导航示例（详见彩插）

相比于前文所提到的点导航，视觉目标导航更为复杂，这主要因为它不仅需要许多与点导航相同的基本技能，如视觉感知和情景记忆的构建，还需要高层语义理解。这里先赋予视觉目标导航任务一个具体场景下的一般数学描述，即 Agent 仅依据第一视图的 RGB 图像导航至目标物体 t，该物体属于目标类别集合 T，并且 Agent 事先并不了解环境。假设在每一次的导航过程中，Agent 和目标物体的初始位置都是随机选取的，Agent 可以通过策略学习网络 π 根据当前的 RGB 图像 I 和目标物体的特征向量 w_t 采样动作 a，即 $a \sim \pi_\theta(I, w_t)$。这里，$\theta$ 是策略学习网络的参数权重，动作 a 属于集合 A，A={MoveAhead, RotateLeft, RotateRight, LookUp, LookDown, Done}，前行距离和旋转角度可以根据实际任务需求来定义，最后的 Done 表示 Agent 已经找到目标时的状态，从而结束这一导航过程。当 Agent 采取 Done 动作并且目标物体可见时，这一过程便被视为成功。上述数学描述可以应用到任意特定的导航场景中。

　　传统的视觉目标导航方法会在模型推理期间冻结参数，而目前该任务可以通过自适应方法来学习或演示，并在之后调整或修正错误，这种方式有助于在没有直接监督信息的情况下泛化其导航性能。例如 Agent 可以学习自监督交互损失，利用强化学习方法实现自适应的物体导航。另一种常见的方法就是在执行导航规划之前学习目标之间的关系，例如实现一个对象关系图（Object Relation Graph，ORG），它并不是来自于外部先验知识，而是在视觉探索阶段构建的包含物体之间关系的知识图谱，如类别相似性和空间关联性。值得一提的是，先验知识在具身 Agent 的未知环境导航任务中起到了至关重要的作用，该策略侧重于以多模态输入（如知识图谱或音频输入）的形式将语义知识或先验信息注入 Agent。目前的研究工作是将人类先验知识集成到深度强化学习框架中，这表明 Agent 可以利用类似人类的语义/功能先验知识学会找到未见过的物体。例如，在厨房中找香蕉，人类一般从经验位置开始搜索，而不是从初始位置一步一步寻找。这些知识将被编码到一个图网络中，并在深度强化学习框架中完成迭代训练。

　　3. 视觉语言导航

　　随着多模态大模型的发展，视觉语言导航（Visual Language Navigation，VLN）任务成为具身导航领域重要的研究方向，旨在使得 Agent 遵循自然语言指令并结合视觉观察及历史轨迹学会在环境中逐步导航，如图 7-20 所示。

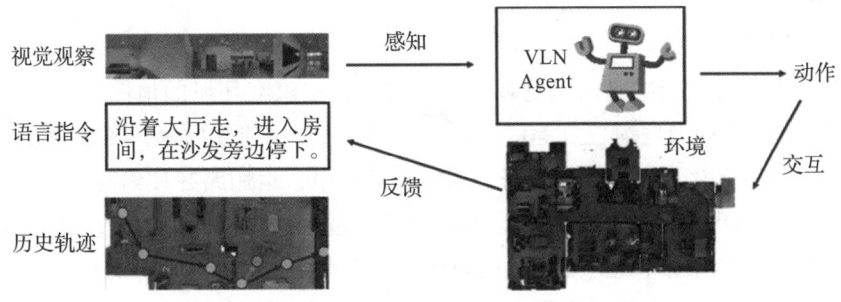

图 7-20　视觉语言导航系统的一般框架

这里以室内导航为例，假使给定语言指令"走向围栏，随后向右经过楼梯。走进起居室后右转，在桌子前停下"，那么该如何设计一个 VLN 具身智能系统呢？首先，借助于视觉观察、环境交互及奖励机制，构建强化学习框架；然后，利用语言指令指导 Agent 完成语言理解、视觉与语言关联及动作预测；最终，智能体移动到指定的桌子旁边位置。基于 VLN 的室内导航方案示例如图 7-21 所示。从这个例子可以看出，VLN 框架一般包括自然语言理解与处理、视觉感知与识别、导航规划与控制，以及跨模态融合与协同四个核心部分。

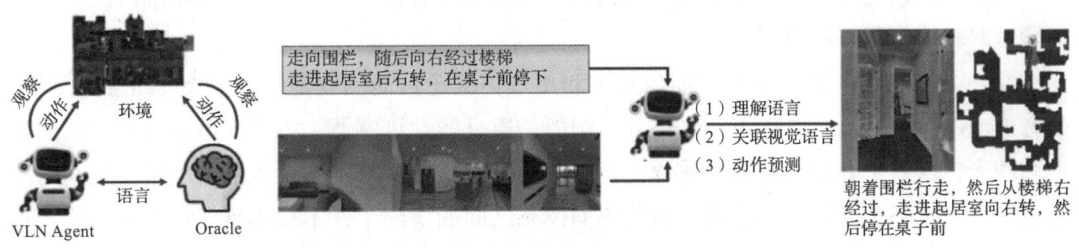

图 7-21　基于 VLN 的室内导航方案示例

（1）自然语言理解与处理

家庭服务机器人需要具备强大的自然语言处理能力，以便准确解析和理解人类发出的指令，通常涵盖词义消歧、句法分析及语义理解等多个环节。机器人必须识别指令中的关键词汇，理解词汇间的关系，并据此构建指令的语义表示。随后，将解析后的自然语言指令映射为机器人可执行的导航指令。这一过程涉及将语言描述的空间位置和物体类别等信息转换为机器人导航系统中可识别的坐标和目标点等参数。

（2）视觉感知与识别

家庭服务机器人通过配备的高清摄像头等视觉传感器实时捕捉家庭环境的图像信息，并借助计算机视觉算法对其进行处理和分析，从而实现对家庭环境的感知与理解，包括识别房间布局、家具位置及障碍物分布等。在接收到自然语言指令后，机器人还需要利用其视觉感知系统来识别指令中提到的目标物体。例如，在"去卧室把床上的衣服拿到洗衣机里"的指令中，机器人不仅需要识别出卧室中的床及床上的衣服，还要识别洗衣机。此外，机器人不仅要能够识别目标物体，还需要检测其状态信息。例如在执行搬运任务时，机器人需判断衣服是否已经被捡起或成功放置到指定位置。

（3）导航规划与控制

家庭服务机器人在初次进入家庭环境时，需要构建家庭环境的地图模型，这一过程包括房间布局、走廊走向及门窗位置等信息的提取与整合。在建立好家庭环境的地图之后，机器人依据接收到的自然语言指令和自身当前的位置信息，运用路径搜索算法（如 A* 算法或 Dijkstra 算法）规划出最优的导航路径，并对该算法进行优化以提高效率。导航过程中，机器人还需要实时感知周围环境的变化，例如新出现的障碍物或家庭成员的移动，并动态调整其导航策略以避开障碍物并确保安全。最终，机器人根据规划好的路径和执行指令，控制其运动系统（如轮子或机械臂关节）来完成导航任务和服务操作。

（4）跨模态融合与协同

视觉－语言－导航模型的核心竞争力在于其实现了视觉信息与语言指令的跨模态融合，这使得家庭服务机器人能够同时处理来自视觉传感器和自然语言处理系统的多元信息，并将这些信息有效地整合起来，以支持导航任务的高效执行。机器人不仅需要具备强大的自然语言理解能力，以准确解析人类发出的指令，还要能够通过其视觉感知系统实时捕捉和解析环境内容，借助构建的环境地图模型规划出从当前位置到目标地点的最佳路径。在这一过程中，机器人必须克服跨模态信息对齐的挑战，确保视觉数据与语言指令能够精准匹配，以便正确理解和执行用户的意图。

此外，家庭服务机器人的智能化水平和用户体验还可能因其他交互模态（如触觉反馈、语音交流等）的引入而得到进一步提升。例如，通过触觉传感器，机器人可以感知物体的质地和硬度，这对于处理易碎或敏感物品至关重要；而语音交互则能让机器人与用户之间的沟通更加自然流畅，增强情感连接。这些不同模态之间的协同工作不仅丰富了机器人的感知维度，也为其提供了更全面的理解环境和用户需求的能力，使得机器人能够更加智能、灵活地应对复杂的家庭服务任务。例如，若机器人配备了语音交互功能，则可以在遇到不确定情况时主动询问用户，确保任务的顺利完成，从而提供更加贴心周到的服务体验。通过持续优化多模态信息融合与交互技术，未来的家庭服务机器人将能更好地适应多样化的需求，成为智能家居生态系统中不可或缺的一部分。

为了让 VLN 框架更加适用于现实世界的机器人导航问题，Robo-VLN（机器人视觉和语言导航）[8] 利用分层跨模态 Agent，通过模块化训练与分层决策，将 VLN 定位为逼真模拟中的连续控制问题，从而完成长期跨模态任务，其框架如图 7-22 所示。具体来说，智能体由一个高级策略和一个相应的低级策略组成。其中，高级策略 π_g^h 是由编码器－解码器架构组成，其任务是将相关指令 q_t 作为查询向量 $\boldsymbol{Q}_q$，与观察到的视觉信息 $x_t = \{f(r_t), f(d_t)\}$（r_t 和 d_t 分别表示 RGB 与深度信息）通过交叉注意力机制分别分解为键（Key）$\{k_r^t, k_q^t\}$ 和值（Value）$\{v_r^t, v_q^t\}$ 进行特征对齐，同时利用多模态注意力解码器获取跨时间信息，确定智能体下一步走向和最优行动策略选择,并推理哪些指令能够按期完成。低级策略 π_g^l 利用模仿学习策略将子目标信息和观察到的视觉状态 $\{f(r_t),f(d_t)\}$ 转换为线速度和角速度 $\{v_t,\omega_t\}$,然后计算低级动作运行与停止的分类概率。

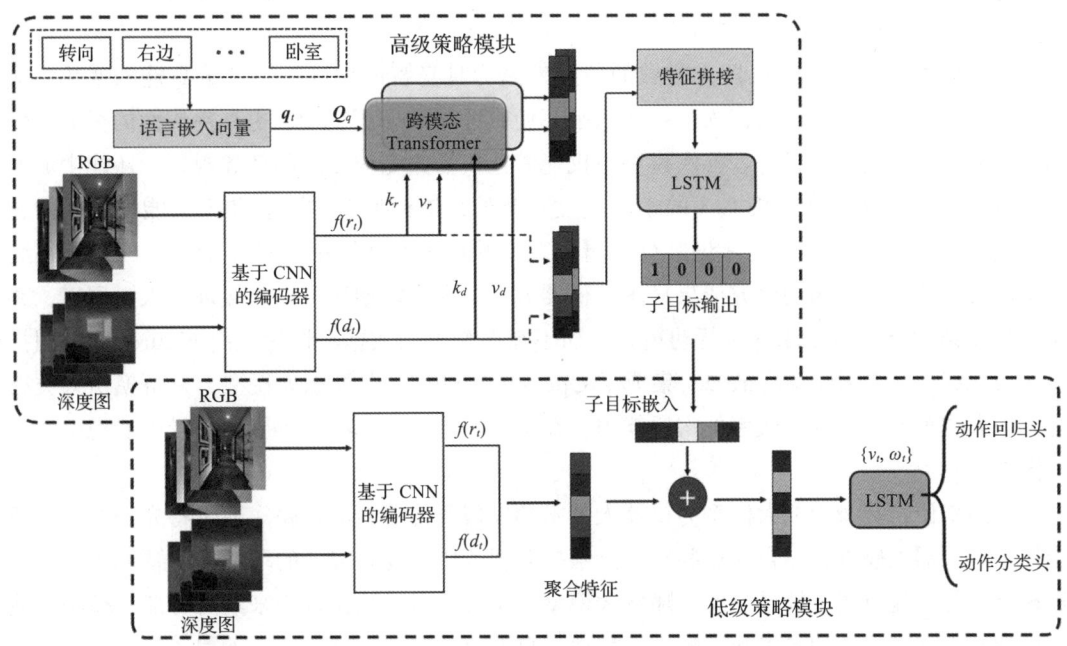

图 7-22　Robo-VLN 的分层跨模态 Agent 框架

7.4 具身智能的发展前沿与展望

7.4.1 具身智能大模型

随着大模型技术的兴起与发展,具身智能大模型成为一个重要的新兴研究方向,它结合了大模型的强大学习能力和机器人在物理世界中的执行能力,使得机器人不仅能理解环境,还能通过与环境的交互来学习和适应复杂任务。具身智能大模型是指那些能够赋予机器人或其他具身智能体以感知、理解和互动于物理世界能力的模型。这些模型通常包含先进的机器学习技术和算法,尤其是深度学习和强化学习。一般来讲,具身智能大模型具有以下技术特点。

- **多模态感知**。具身智能大模型能够学习并处理来自多种传感器的不同类型数据,如视觉、听觉甚至是触觉,这使得机器人将能够实时获取环境信息,从而更全面地理解周围环境。
- **决策与行动的智能化**。在理解环境之后,智能体需要做出决策并采取行动。不同于传统具身智能系统难以适应复杂多变的环境,且缺乏自主学习与泛化能力,大模型可以通过学习大量的决策案例和行动规则,为智能体提供智能化决策支持。具身智能的行动能力则可以将这些决策转化为实际的行动,从而实现对未知环境的有效干预和改变。
- ❏ 学习与适应的持续进化。在与环境的互动过程中，智能体会不断遇到突发情况和挑战，大模型可以通过持续学习和优化算法，不断提升自身的泛化能力和适应能力。具身智能的实时反馈机制则可以为大模型提供微调或优化所需的数据支持，从而推动智能体的不断进化和升级。

在现阶段，大模型在机器人领域的持续发展为具身智能领域带来了革命性的变化。大模型的引入极大地提升了机器人的智能水平，使其能够处理更复杂、更具挑战性的任务。例如，华为云推出的盘古具身智能大模型不仅能够让机器人完成复杂的任务规划，还能生成所需的训练视频，从而加快机器人的学习速度。此外，该模型在多模态和思维能力方面的进步，使机器人能够模拟人类常识进行逻辑推理，并在现实环境中执行复杂任务。斯坦福大学李飞飞教授团队发布的研究成果显示，机器人在接入大模型后可以直接理解人类语言，并能够将复杂的指令转化成具体行动规划，而不需要额外的数据和训练。由 Figure AI 公司推出的第二代人形机器人 Figure 2，集成了 OpenAI 的 GPT-4 多模态大模型，具备模仿人类行为、与人类进行自然且高效率的沟通能力，在工业制造、仓库物流等应用场景中展现出强大的潜力。

总的来说，具身智能大模型为机器人技术的发展开辟了新的道路。通过将先进的人工智能技术与机器人硬件相结合，这些模型能够提升智能体在复杂多变的环境中的智能水平，为实现真正的智能机器人铺平道路。随着大模型的发展，可以预见，未来具身智能大模型将使人机交互方式变得更加自然和流畅，例如通过自然语言进行沟通和命令下达，从而实现无缝衔接的协作体验。

7.4.2 具身智能的未来挑战

目前，尽管具身智能领域在技术上不断取得突破，新产品也层出不穷，但它仍然面临着诸多挑战，当然这也指明了领域的未来发展方向，可以归纳为以下四个方面。

1. 提升非结构化真实环境的快速适应能力

与预设规则和模式驱动的传统人工智能系统不同，具身智能面对的是一个充满复杂性和不可预测性的非结构化环境，信息的稀缺和场景的多变性要求具身智能系统具备更加先进和灵活的计算能力，以便适应不断变化和不确定的环境。这不仅是一个数据处理问题，更是对系统综合感知能力和适应能力的全面考验。当前，RT-1 等前沿研究通过融合机器人视觉、自然语言处理与预训练模型，在具身导航与抓取任务上取得了显著成效。然而，在面对多样化的具身任务时，这些具身智能方法仍显得泛化能力不足，难以灵活应对各种未知与变数。为此，亟须开发一种多功能机器人系统，能够适配多样且未知的环境，精准解读并执行自然语言指令，跨越场景界限，具有良好的适应性与灵活性。这要探索并构建一种既灵活又可扩展的智能体架构，实现感知、理解、规划与执行等多个层面信息的深度整合，形成闭环的智能循环。

2. 提升复杂环境的准确认知与执行能力

复杂环境认知，即智能体在物理或虚拟世界中精准感知并深入理解纷繁复杂的真实环境的能力，这是当前具身智能领域的一大挑战。面对高度开放的复杂环境，当前的研究通常依赖于预训练的大语言模型的任务分解机制，利用广泛的常识知识进行简单的任务规划，但缺乏对具体场景的整体性、系统性认知和判读。因此，提升智能体在复杂环境中的知识迁移与泛化能力，成为解锁智能潜力、实现全面认知的关键。进一步地，具身智能系统的任务执行能力，尤其是执行长期、复杂任务的能力，是衡量其智能化水平的重要标志。以"打扫厨房"为例，这一指令背后蕴含着一系列精细而连贯的动作序列，如物品的重排、地面的清扫、桌面的擦拭等，每一项都考验着机器人的综合规划与执行能力。当前的高级任务规划器虽已初露锋芒，但在面对多样化的具身任务时，仍显得泛化能力不足，难以灵活应对各种未知与变数。为此，亟须开发一类集强大感知能力、丰富常识知识库与高性能规划算法于一体的新型规划器。此类规划器应能深度融合环境感知与任务理解，动态调整规划策略以适应复杂多变的场景需求，确保机器人在执行长期任务时能够保持高效、稳定与精准，从而在更广泛的应用领域中发挥效能。

3. 发展多实体协作的群体智能

涌现式创新与突破的缺乏影响具身智能的进化程度。生物群体能够展现出令人惊叹的集体智慧，主要归功于其中个体之间的协同作用。生物群体所展现的自组织和适应性特征，允许它们根据环境的变化和个体之间的差异进行自我调整。例如，鸟类在飞行过程中能够根据环境中的风速变化调整队形。具身智能需要发展类似的机制，以实现分工协作和动态任务分配，从而能够更灵活地应对多种情境。例如，在仓储物流场景中，一群机器人能够根据实时库存信息和任务优先级自动调整工作流程，优化货物搬运效率。为了应对这一挑战，研究人员正在探索开发能够支持多实体间高效协作的智能系统。这些系统不仅需要具备独立的感知、决策能力，还需要能够与其他实体进行有效沟通、共享信息，并在必要时调整各自的角色和任务。通过这种方式，具身智能将能够更好地模拟生物群体中的自组织特性，实现更高层次的智能协作。

4. 应对数据安全与伦理挑战

具身智能在与真实环境进行交互并充分学习时，势必会收集和处理大量数据，这就引出了数据的安全性和隐私性问题。例如，在家庭护理场景中，机器人需要收集用户的健康数据和个人偏好信息，这些数据如果得不到妥善保护，可能会存在隐私泄露的风险。保障数据安全和用户隐私是具身智能发展中不可忽视的重要方面。此外，具身智能在决策时还需要考虑伦理和道德问题。例如，在紧急救援场景中，机器人需要在有限资源的情况下做出优先级排序，这时就需要遵循一定的伦理准则来指导其决策过程。因此，未来的发展不仅需要技术创新，还需要建立更为健全的伦理指南，以指导具身智能体在复杂情境中的行为决策，确保其行为符合道德原则和社会价值观。为了应对这些挑战，研究人员正在积极探索数据加密技术、隐私保护算法及透明的决策机制。通过这些手段，不仅可以增强数据安全性，还可以提高用户对具身智能系统的信任度。与此同时，制定严格的伦理规范和行业标准也成为推动具身智能健康发展不可或缺的一部分。

7.5 小结

本章介绍了具身智能作为人工智能之躯的基本概念、系统框架、典型任务及核心技术等内容。尽管具身智能目前仍处于发展的初级阶段，尚未构建出全面而成熟的框架体系，但随着新一代人工智能技术范式的不断成熟与演进，深度挖掘并利用当前大模型、强化学习等前沿技术的潜力，我们有理由相信，在不久的将来，将见证一系列激动人心的研究突破与创新成果，使得通用人工智能的梦想照进现实，更加贴近人们的日常生活。通过将计算机视觉、自然语言处理等尖端技术与智能体进行深度融合，有望打造出能够广泛适应各种复杂场景、执行多样化任务的通用智能体。这一愿景的实现无疑将极大促进人类社会的整体进步与发展。因此，对于广大读者而言，这些看似抽象的概念与模型，绝非仅仅停留于理论探讨层面，而是蕴含着改变世界的无限可能。

参考文献

[1] VUONG Q, LEVINE S, WALKE H R, et al. Open x-embodiment: Robotic learning datasets and RT-X models [Z]. arXivpreprint arXiv:2310.08864, 2023.

[2] SHRIDHAR M, THOMASON J, GORDON D, et al. ALFRED: A benchmark for interpreting grounded instructions for everyday tasks [C]//The 2020 IEEE/CVF Conference on Computer Vision and Pattern Recognition. New York: IEEE, 2020.

[3] BROHAN A, BROWN N, CARBAJAL J, et al. RT-1: Robotics transformer for real-world control at scale [Z]. arXiv preprint arXiv:2212.06817, 2022.

[4] ZITKOVICH B, YU T, XU S, et al. RT-2: Vision-language-action models transfer web knowledge to robotic control [C]//Proceedings of the Conference on Robot Learning. Atlanta: CoRL, 2023.

[5] RADFORD A, KIM J W, HALLACY C, et al. Learning transferable visual models from natural language supervision [C]//International Conference on Machine Learning. La Jolla: ICML, 2021.

[6] KADIAN A, TRUONG J, GOKASLAN A, et al. Sim2real predictivity: Does evaluation in simulation predict real-world performance? [Z]. arXiv preprint arXiv:1912.06321, 2019.

[7] DOSOVITSKIY A, KOLTUN V. Learning to act by predicting the future [Z]. arXiv preprint arXiv:1611.01779, 2016.

[8] IRSHAD M Z, MA C Y, KIRA Z. Hierarchical cross-modal agent for robotics vision-and-language navigation [C]//The 2021 IEEE International Conference on Robotics and Automation. New York: IEEE, 2021.

第 8 章

AI 卫士——智慧医疗

医疗领域的发展是人类文明进步的重要标志，它不仅关乎个体的健康和福祉，也是社会稳定和可持续发展的基石。当今，人工智能技术飞速发展，它正以前所未有的力量重塑医疗行业，引领着"AI+医疗"这一新方向的崛起。智慧医疗（Smart Healthcare），作为医疗行业与现代信息技术深度融合的产物，是一种全新的医疗服务模式，在全球范围内受到了广泛的关注。它依托人工智能、大数据（Big Data）分析、物联网（Internet of Things，IoT）、云计算（Cloud Computing）等前沿技术，构建健康档案区域医疗服务平台，加强了患者与医务人员、医疗机构、医疗设备之间的有效互动。在智慧医疗的框架下，从患者就医的初步预约挂号，到专家远程会诊，再到电子病历的智能化管理与个性化治疗方案的制定，每一个环节都渗透着信息技术的力量。尤其是人工智能技术的深度融入，从运用图像识别技术辅助医生进行诊断，到利用自然语言处理技术优化电子病历的撰写与管理，再到 AI 驱动的药物研发创新，无一不彰显着人工智能在推动医疗健康服务升级中的巨大潜力，这也为解决医疗资源分布不均、医疗服务效率低下及患者参与度不足等问题提供了方案。智慧医疗的兴起与发展不仅描绘了医疗服务全面个性化、精准化、智能化的未来愿景，更成为推动医疗行业转型升级的强劲动力。

然而，智慧医疗的发展并非一帆风顺。数据安全与隐私保护、标准化建设滞后、跨机构信息共享难度大等问题都是制约其进一步发展的障碍。此外，高昂的技术投入成本、医护人员对新技术接受度不高也是不容忽视的现实挑战。本章将详细探讨智慧医疗的具体内容，包括其基本情况、主要应用、实施过程中遇到的主要困难及发展前景，旨在为读者提供一个全面而深入的视角，以洞悉这一变革性医疗模式的全貌与未来。

8.1 智慧医疗概述

传统医疗模式的核心在于医生凭借丰富的医学知识、临床经验和患者的主观感受，进行疾病的诊断与治疗。传统医疗强调"望闻问切"的中医诊断方法和"对症治疗"的西医理念，通过药物、手术、物理治疗等手段，直接作用于病灶，以达到治疗疾病、恢复健康的目的。在传统医疗模式中，医生通过长期的学习和实践，不断积累医学知识和临床经验，针对不同疾病为患者提供个性化的治疗方案。此外，传统医

医生的智能帮手：
智慧医疗

疗模式还注重医患之间的沟通与互动，医生通过详细询问病史、观察病情，结合患者的个体差异，制定贴合个人的治疗计划。然而，传统医疗也面临着一些挑战。随着人口老龄化和慢性病负担的加重，医疗资源分配不均、医疗服务效率低下等问题日益凸显。同时，传统医疗对于疾病的预防和健康管理缺乏足够的关注，难以满足人们日益增长的健康需求。

智慧医疗作为医疗健康领域的一次深刻变革，不仅体现了技术进步对传统医疗服务模式的革新，也预示了医疗行业未来发展的方向。它打破了传统医疗服务模式中的地域局限，实现了资源的有效共享，为患者提供了超越时空限制的医疗服务。这不仅有助于缓解医疗资源紧张的局面，提升偏远地区的医疗服务水平，还可以通过数据分析为疾病的预防与早期诊断提供强有力的支撑，有助于实现"治未病"的理想状态。智慧医疗具有高效、便捷和个性化的特点。通过物联网技术，患者可以在家中接受远程医疗服务，实现疾病的实时监测和预警。大数据和人工智能技术则能够对海量医疗数据进行深度挖掘和分析，为医生提供更为准确、全面的辅助诊断依据。云计算技术则实现了医疗资源的共享和优化配置，提高了医疗服务的可及性和覆盖面。智慧医疗还注重疾病的预防和健康管理。通过可穿戴设备和健康App等工具，患者可以实时监测自身健康状况，及时发现并干预潜在的健康风险。同时，智慧医疗还能够根据患者的个体差异和健康状况，提供个性化的健康管理方案，帮助患者更好地管理自己的健康。在信息技术日新月异的今天，智慧医疗正逐步成为医疗行业变革的重要驱动力。

> "治未病"是中医学中一个非常重要的概念，其核心思想是预防疾病的发生，强调在疾病尚未形成之前就进行干预，从而达到维护健康的目的。

此外，智慧医疗的价值还在于通过自动化流程与智能辅助诊断等方式提高医疗服务效率，减少不必要的重复检查与治疗，从而降低医疗成本。总而言之，智慧医疗代表着未来医疗服务的方向，有望成为解决现有医疗卫生体系中诸多挑战的有效手段，还将引领医疗服务迈向更高的水平。随着相关技术的持续创新与完善，智慧医疗必将在未来的医疗改革中成为非常重要的一部分。

8.1.1 智慧医疗的概念

智慧医疗，又称数字医疗或智能医疗，是指运用大数据、云计算、物联网、人工智能等现代信息技术的新型医疗服务模式。智慧医疗以患者数据为核心，通过构建智能化医疗信息平台，实现医疗机构、医务人员、医疗设备与患者之间的互联互通，不断优化医疗资源配置，提高医疗服务效率和质量，为患者提供更为便捷、精准、个性化的医疗体验。如图8-1所示，智慧医疗不仅限于电子病历、远程医疗及移动医疗这些具体的实践形式，其综合服务还延伸至健康管理、疾病预防及诊疗过程等多个方面，旨在增强医疗服务的可达性、可靠性和效率，最大化地利用医疗资源，从而促进全民健康水平的整体提升。借助智慧医疗，患者得以享受更为便捷、高效且个性化的医疗服务；医务人员的工作负担得以减轻，效率得以提高；同时，医疗机构也能更有效地管理资源，优化服务流程。

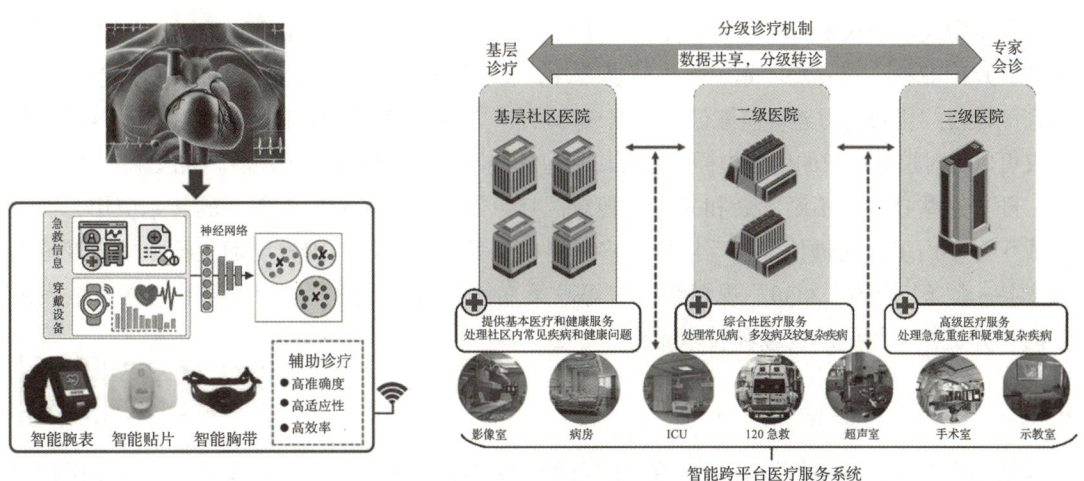

图 8-1 智慧医疗服务体系

智慧医疗的发展并非一蹴而就,而是经历了长时间的积累和演变。从最初的电子健康记录系统到如今高度集成的智能医疗服务体系,每一次技术的进步都为其注入了新的活力。在 20 世纪末期,随着个人计算机和互联网的普及,最早的电子健康记录(Electronic Health Record,EHR)系统应运而生。这些系统最初只是简单地将纸质病历电子化,但即便如此,也为后续的智慧医疗奠定了基础。在美国,像 Epic Systems 这样的公司开始为医疗机构提供电子病历解决方案,极大地提高了医院内部的信息流动效率。而在国内,尽管起步较晚,但随着国家"金卫工程"的实施,各大医院也开始着手建设自己的信息系统。进入 21 世纪后,随着移动互联网、大数据分析等技术的发展,智慧医疗进入了快速发展的阶段。特别是在移动医疗领域,随着苹果公司在 2007 年推出第一代 iPhone,智能手机的普及为移动医疗应用的爆发创造了条件。各种健康管理应用如雨后春笋般涌现,为患者提供了更加便捷的自我管理工具。与此同时,云计算技术的成熟使得医疗数据的存储和处理变得更加高效,为众多医疗机构的信息化升级提供了重要支撑。

近年来,人工智能技术的崛起给智慧医疗带来了革命性的变化。深度学习、自然语言处理等技术的应用,使得机器能够理解和分析复杂的医疗数据,为医生提供更加精准的诊断建议。例如,IBM 的 Watson for Oncology 系统已经在多个国家和地区投入使用,帮助肿瘤科医生制定针对性的治疗方案。在国内,以北京大学、

> "金卫工程"即国家医疗卫生信息产业工程,它是国家信息化建设的重要组成部分,是我国医疗卫生系统的重要基础建设,也是造福全国人民健康的综合性、跨世纪工程。其总体目标是建立一套以科学管理为基础、以计算机技术为手段的现代化国家卫生信息系统。其主体是建立国家医疗卫生高速信息网络,通过卫星、有线、无线通信和多媒体技术实现全国卫生机构间的联网。它主要划分为:国家卫生管理系统,包括卫生计划、财务、统计、人事等综合政务部门信息;业务职能管理信息系统,包括医疗、预防保健、药政、科技等;由临床信息、医学科技信息等模块组成的医学信息系统。

清华大学为代表的众多高校与医院合作，开展了一系列基于人工智能的医疗研究，促进了我国智慧医疗产业的飞速发展。除了人工智能之外，物联网技术也在智慧医疗中发挥了重要作用。可穿戴设备的普及使得连续监测健康数据成为可能，为慢性病管理提供了新的手段。这些设备不仅可以实时追踪用户的生理指标，还可以通过无线网络将数据传输到云端，供医生随时调阅。

随着这些技术的不断发展和完善，智慧医疗已经不再仅仅局限于单一的技术应用，而是形成了一个由多种先进技术相互协作、多学科交叉的生态系统。国家层面也给予了高度重视和支持，《"健康中国2030"规划纲要》等政策文件的出台，进一步明确了智慧医疗的发展方向，并提供了相应的资金和技术支持。

8.1.2 智慧医疗数据

数据在医疗行业中扮演着至关重要的角色，它不仅是医疗决策的重要依据，还是医疗科研和健康管理的重要组成部分。在医疗行业进入到现代化的智慧医疗后，数据更是成为其生态中的核心要素，是推动医疗领域智能化技术进步的关键驱动力。

1. 智慧医疗数据的特点

数据是智慧医疗研究和实践的基础。这些数据包括但不限于患者的个人信息、病史记录、影像资料、检验结果、基因序列、生理参数等，以及医疗机构的运营数据、医疗资源分配数据等，它们都是构成医学大数据的重要组成部分。通过对大量医疗数据的分析，不仅可以发现疾病的新特征，甚至能够提前预测疾病的爆发趋势，帮助医生识别高风险患者，提前采取干预措施。如图 8-2 所示，AI 模型通过识别复杂的数据模式和关联，可以辅助医生更准确地诊断疾病或预测健康风险。随着数据量的不断增加，模型的准确性也会不断提高，从而能够提供更加精准的个性化治疗建议。

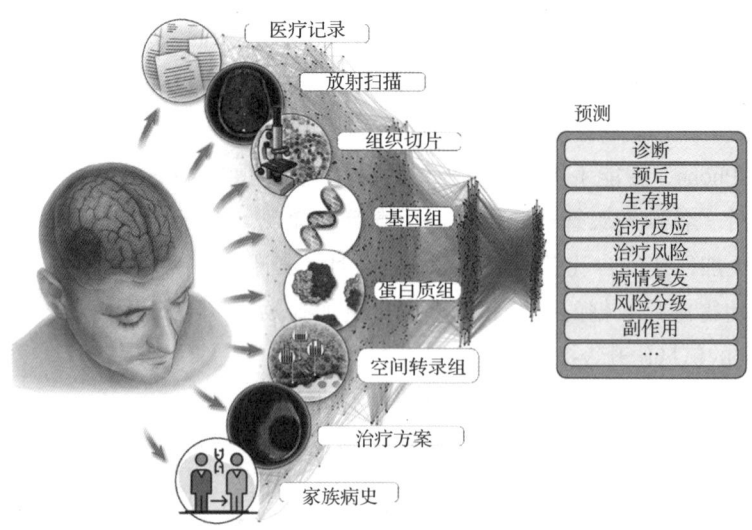

图 8-2 智慧医疗中融合复杂数据进行疾病预测与评估

智慧医疗数据具有以下几个显著特点。

- **海量性**。随着医疗信息化的普及，医疗数据量呈爆炸式增长，从 GB 到 TB 再到 PB 级别，数据规模空前庞大。海量的医疗数据为大数据分析提供了基础，有助于发现潜在的医疗规律和模式，为医疗决策提供支持。但同时，也增加了数据管理的复杂性和处理难度，需要高效的数据存储、处理和分析技术。
- **多样性**。医疗数据涵盖了结构化数据（如电子病历）、半结构化数据（如医学影像报告）和非结构化数据（如医患沟通记录）等多种类型，有助于医生从多个角度全面了解患者的健康状况和治疗过程。同样地，数据的多样性使得其整合和标准化难度加大，而且，不同类型的数据可能需要不同的处理和分析方法，增加了数据处理的复杂性。
- **高价值**。医疗数据蕴含着丰富的医学知识和信息，对于疾病诊断、治疗决策、健康管理等方面都有极高的价值，有助于提高医疗服务的效率和质量，并降低医疗成本。数据价值的挖掘和利用需要专业的知识和技能，这也对医疗从业人员提出了更高的要求。
- **隐私性**。医疗数据涉及患者的个人隐私和敏感信息，需要严格保护，防止泄露和滥用，在确保数据合理利用的同时保护患者的隐私。

智慧医疗数据的四个特点需要在实际应用中综合考虑，扬长避短。未来，通过不断升级数据处理与分析技术、实现数据标准的统一与规范化、强化数据安全防护机制，并着力提升医疗从业人员的专业能力，进而可以更大效能地利用智慧医疗数据，为医疗服务提供强有力的支持。

2. 典型的医疗数据

智慧医疗中常用的数据类型主要包括电子病历数据、医学影像数据、生理参数数据和基因序列数据等。电子病历数据包含患者的基本信息、病史、诊断、治疗、药物使用等多方面的信息，综合性强。随着医疗信息化的发展，电子病历的格式和内容逐渐趋于标准化。2017年，国家卫生计生委、国家中医药管理局组织制定了《电子病历应用管理规范（试行）》，进一步规范了电子病历的临床使用与管理，促进了电子病历有效共享和医疗机构的信息化建设。基于这些数据，依托人工智能技术可以预测患者未来患病的风险或疾病发展趋势、辅助医生进行临床决策，以及推荐个性化的治疗方案等。而且，电子病历数据还是促进远程医疗和医疗资源共享的关键一环。通过电子病历系统，医生可以远程获取患者的信息，使得远程会诊和咨询成为可能。此外，电子病历数据为病患信息数据在不同医疗机构之间进行共享奠定了基础，有助于实现医疗资源的优化配置和协同服务。图 8-3 展示了电子病历系统应用水平评级标准中涉及的 10 个角色和 39 个项目。

医学影像数据包括 X 光片、CT、核磁共振成像（MRI）、超声等多种类型的图像/视频数据。从患者角度来说，每个患者的数据量往往都很大，可能包含多种类型的图像。因此，对于一家大型医院，其放射科每年需要处理的图像数据容量达到极高的水平，所需的存储空间巨大。其次，为了使医生能够清晰地观察患者的解剖结构和病变情况，医学影像通常具有较高的分辨率。此外，由于医学影像数据可能来自不同的设备和检查方法，所以它具有多样性和复杂性。这些数据对于疾病的早期发现、诊断和治疗至关重要。AI 与医学影像技术的结合是目前医疗领域极具潜力的发展方向之一。如图 8-4 所示，AI 在医学影像中的应用涉及图像识别、病变检测、辅助诊断等多个方面，借助深度学习算法对医学影像数据进行分析和处理，可以有效提高诊断的准确性。在实际应用中，AI 辅助诊断系统能够快速识别医学影像中的异常模式，辅助医生进行诊断。例如，通过分析心血管影像数据，AI 软件能够计算冠脉血流储备分数，辅助诊断心血管疾病。图像分割技术可以自动将影像中的特定解剖组织或异常组织分割出来，为进一步分析提供便利。AI 系统还能从影像数据中提取关键特征，如形状、大小、纹理等，用于疾病的分类和预测。此外，AI 技术在影像增强、去噪、病灶定位、治疗响应评估及医学影像大数据处理等方面也发挥着重要作用。它甚至能够融合不同模态的影像数据（如 CT、MRI 等），为医生提供更全面的疾病信息。

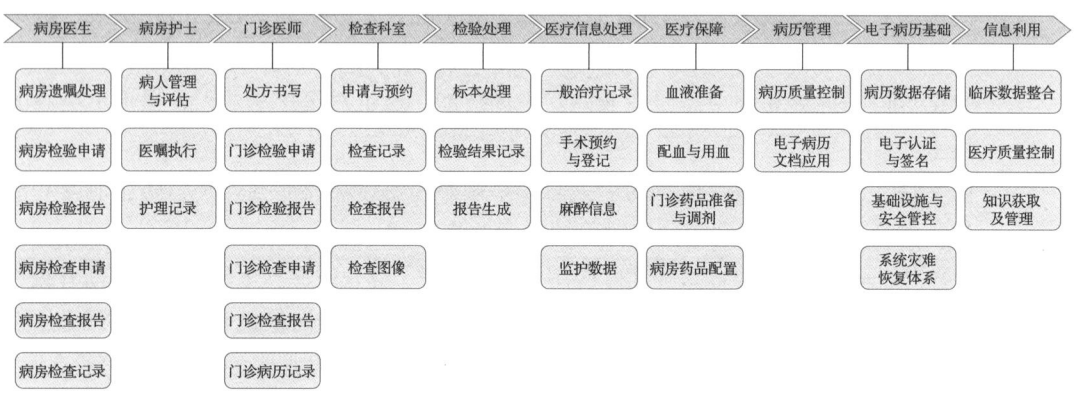

图 8-3 电子病历系统应用水平评级标准

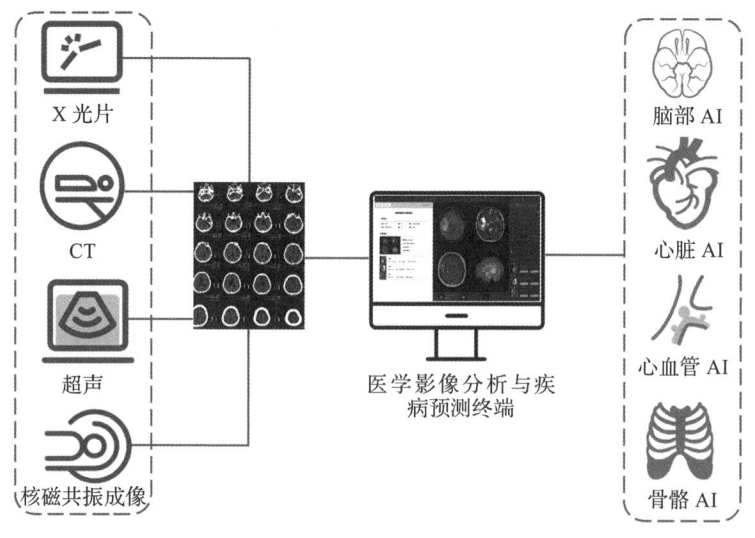

图 8-4 利用不同 AI 算法对患者各类影像进行分析

生理参数数据包括患者的体温、血压、心率、血氧饱和度等实时监测数据。在医疗领域，生理参数数据的应用至关重要，它们是评估患者健康状况的关键指标。AI 与生理参数数据结合的典型应用在于个性化诊疗和可穿戴式设备，基于患者的生理参数数据，AI 可以为患者定制最适合的治疗方案。例如，在癌症治疗中，AI 可以分析患者的基因信息、生理参数和疾病历史，构建个性化的治疗模型，预测不同患者对于特定药物的反应和治疗效果，并推荐最佳治疗方案，避免不必要的试错过程。可穿戴设备（如智能手表、智能手环等）通过传感器实时采集用户的生理数据，并将数据传输至智能手机或云端服务器。AI 模型对这些数据进行分析和挖掘，生成健康报告，为用户提供全面的健康状况监测服务。例如，2022年，麻省理工学院推出一款 AI 系统，能够利用夜间呼吸信号检测是否患有帕金森病，并跟踪病情严重程度。如图 8-5 所示，夜间的呼吸信号可由穿戴式的呼吸带或非穿戴式的低功率无线电信号接收器来收集，通过训练 AI 模型识别帕金森患者与健康人在睡眠时的呼吸差异，这对于早期诊断和病程监测具有重要价值。同时，AI 还可以根据用户的数据变化，预测潜在的健康风险，并给出相应的预防建议。此外，利用 AI 驱动的情感计算技术对用户的生理参数数据（如心率、呼吸频率等）和语音、面部表情等信号进行分析，构建情绪模型，进而实时监测用户的情绪变化，及时发现潜在的心理问题，提早预防和干预。

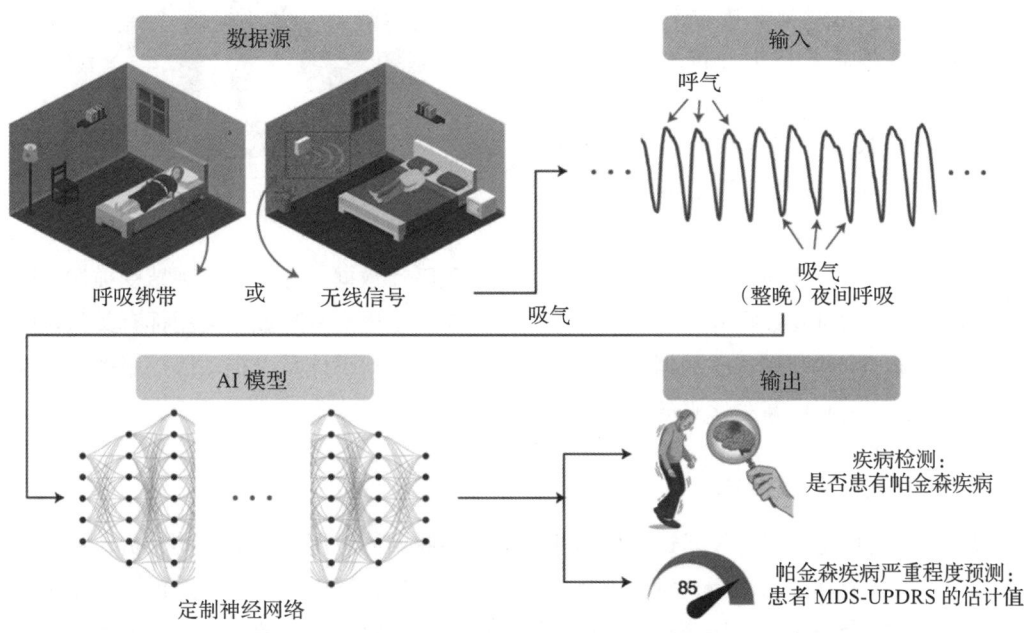

图 8-5　利用夜间呼吸信号检测和评估帕金森疾病的 AI 系统

基因序列数据是指通过测序技术获得的生物体 DNA 或 RNA 的序列信息，决定了生物体的各种遗传特征和生理功能。不同的基因序列产生不同的蛋白质，影响细胞的结构、功能和代谢活动。部分基因序列决定了眼睛的颜色，而另一部分则控制着身体的生长发育、免疫反应，甚至是对疾病的易感性。这些数据包含了个体的遗传信息，通过对基因序列数据的研究，能够深入了解生物的遗传信息和进化历程。在医学领域，基因序列分析有助于诊断遗传疾病、预测疾病风险，以及开发个性化

MDS-UPDRS（Movement Disorder Society-sponsored revision of the Unified Parkinson's Disease Rating Scale）是由国际运动障碍协会（Movement Disorder Society, MDS）发起并修订的帕金森疾病评定量表，旨在更全面和详细地评估帕金森疾病的严重程度。

的治疗方案。例如，细胞与基因疗法（Cellular and Gene Therapy，CGT）结合了细胞治疗和基因治疗的原理，旨在通过修改或替换患者体内的细胞或基因来治疗疾病。如图 8-6 所示，该疗法将确定的遗传物质转移至患者的特定靶细胞内，通过基因添加、基因修正、基因沉默等方式修饰个体基因的表达或修复异常基因，达到治愈疾病的目的。这种治疗方法直接针对疾病的根源——异常基因或细胞本身，而非仅针对疾病的症状进行缓解。目前获取基因序列数据的方式主要有两种：一是全基因组测序，它通过对生物体整个基因组的测序，得到完整的基因序列信息，这种方法具有高通量、高精度的特点，但成本相对较高；二是基因芯片检测，它是一种快速、高效的获取基因序列数据的方法。它利用基因芯片技术，将大量的基因序列信息集成在一块芯片上，通过杂交反应来检测目标基因序列存在与否，这种方法具有操作简便、成本较低的特点，但只能检测已知的基因序列。

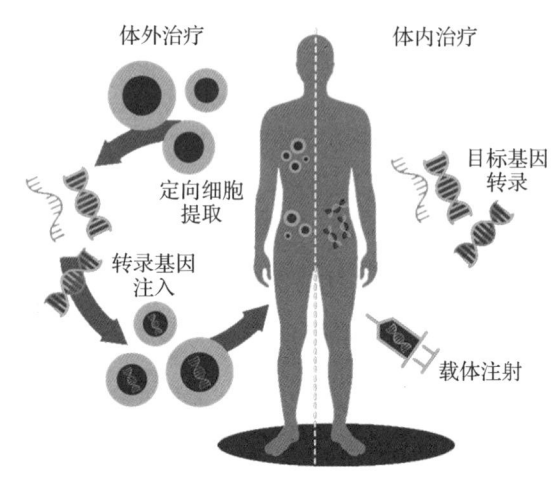

图 8-6　细胞与基因疗法示意

智慧医疗中还可能涉及其他类型的数据，如远程医疗数据、患者的主观感受描述、医生的诊断意见、药物研发数据等。这些医疗数据类型多种多样，每种数据类型都有其独特的应用场景和价值。合理利用这些数据，可以进一步完善医疗知识体系，推动医疗服务的智能化和个性化发展，进而提高医疗服务的效率和质量。

8.1.3　智慧医疗关键技术

智慧医疗的快速发展与技术进步紧密相连，从物联网的应用到大数据的分析，从云计算的普及到人工智能算法的创新，每一项技术都在智慧医疗领域中发挥着至关重要的作用。这些技术的充分融合和应用，显著提升了医疗服务的质量与效率，为智慧医疗带来了前所未有的发展机遇。下面来逐一探讨物联网、云计算、大数据及人工智能这四大支撑智慧医疗的核心技术，剖析它们如何共同推动这一领域的革新与发展。

1. 物联网

物联网是指将传感器、设备、机器及其他物品通过互联网连接起来，进行信息交换和通信的一种技术。物联网的概念最早可以追溯到 1999 年，当时凯文·阿什顿（Kevin Ashton）提出了这一术语，用于描述一个由无数联网设备组成的网络，这些设备能够互相通信，并与人类活动相连接。物联网的核心是让日常物品能够通过嵌入的电子设备、软件、传感器等和网络连接起来，收集数据并实现智能交互。这些设备可以自动地

> 凯文·阿什顿，麻省理工学院自动识别实验室联合创始人兼执行董事，无线射频识别网络系统的先驱者，被称为"物联网之父"。

与网络内的其他设备通信，而无须人的干预，从而实现更高效的数据处理和服务提供。随着无线通信技术的进步、传感器的小型化和成本降低，物联网技术得到了迅猛发展，并逐渐渗透到了人们生活的方方面面。

如图 8-7 所示，基于物联网的可穿戴设备能够全天候监测个人的生理状态并加以保存，实现对人体健康状态的实时监测与分析；对于居住在偏远地区或者行动不便的患者来说，物联网加持的远程医疗意味着他们在本地医院就能获得高质量的医疗服务；通过视频通话、在线问诊及家用医疗设备的数据上传，医生可以在千里之外为患者提供咨询、诊断甚至是初步治疗指导。物联网技术以其独特的数据采集能力和智能化处理方式，在推动智慧医疗发展方面展现出了巨大潜力。除了前文提到过的可以实时监测患者的健康状况的监测设备外，物联网技术还优化了医院内部的运营流程，整体提升了医院运营效率和患者护理质量等。

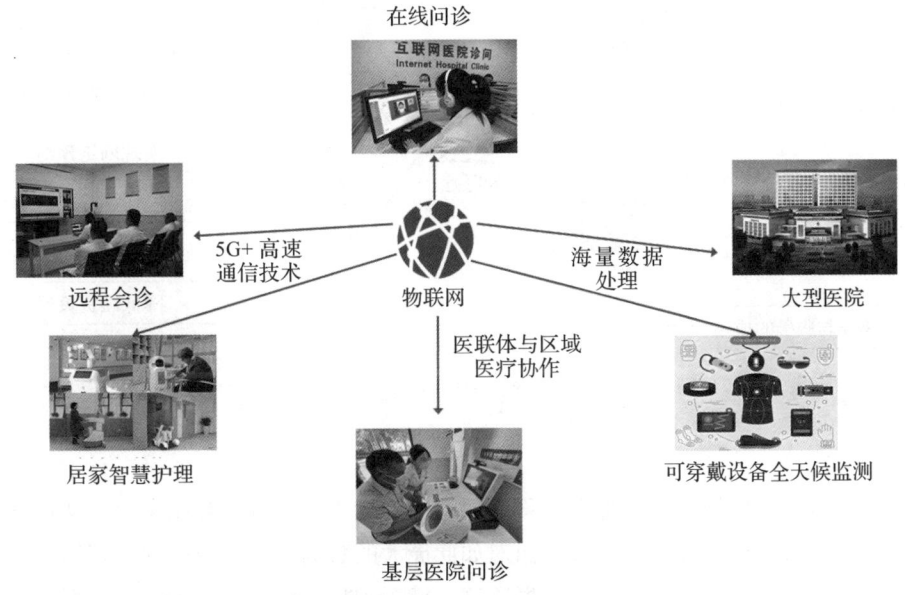

图 8-7　物联网助力智慧医疗

2. 云计算

云计算作为一种先进的计算模式，是分布式计算的一种，它通过互联网将计算任务分布在大量分布式计算机组成的服务器集群上，而非本地计算机或远程服务器上。这种方式允许用户通过网络访问和使用丰富的计算资源，如存储空间、应用程序和服务等，而无须了解底层硬件架构的具体细节。云计算的核心优势在于其灵活性、可扩展性和成本效益。用户可以根据实际需求动态调整资源，按需付费，从而大大降低了运营成本并提高了服务效率。

云计算和医疗行业结合形成的"云医疗"具有诸多优点，如图 8-8 所示。云计算为智慧医疗提供了强大的数据处理能力和灵活的资源分配机制。在海量数据处理方面，云计算提供了强大的存储解决方案，使得医疗机构能够轻松管理和存储大量的电子健康记录、医学影像资料及其他临床数据，为医生提供更加全面准确的患者信息，从而支持更精准的诊疗决策。借助云端提供的弹性计算资源，医疗机构能够快速应对复杂的数据分析任务，例如基因组学研究中的大规模数据处理。此外，云计算还成为人工智能技术在医疗应用中的重要支撑平台。通过云计算的强大计算力，医疗机构可以训练出更加精确的人工智能模型，用于辅助诊断、疾病预测等多个环节，进一步增强医疗服务的专业水平。从经济角度来看，云计算为医疗机构带来了显著的成本效益。传统的 IT 基础设施建设往往需要巨额投入，并且维护成本高昂。而云计算采用的按需付费模式，有效降低医疗机构的初期投资成本，同时可以根据实际需求灵活调整计算资源，确保了资源使用的高效性。这种灵活性也为医疗机构快速适应市场变化提供了可能，特别是在应对突发公共卫生事件时，能够迅速调配资源以满足激增的服务需求。

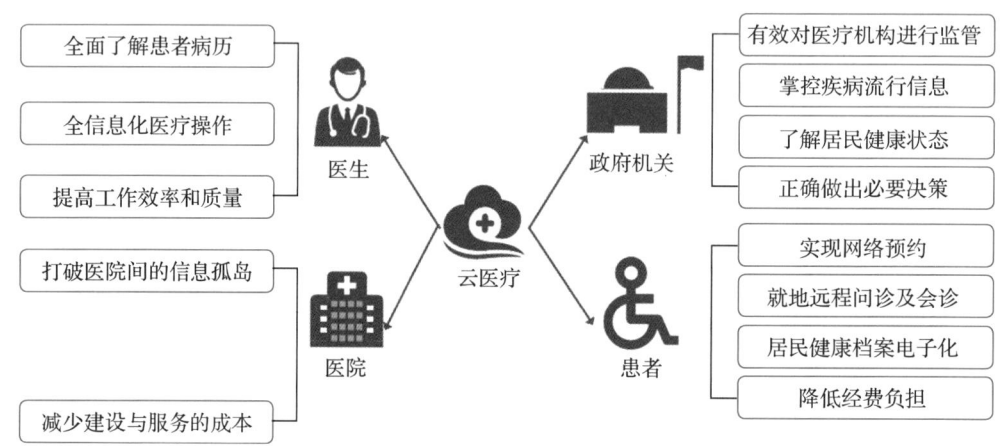

图 8-8　云医疗的优点

3. 大数据

随着信息技术的发展，每天都有大量的数据被产生出来，这些数据覆盖了从社交媒体到商业交易，再到科学研究等多个领域。面对如此庞大的数据量，传统的数据存储和处理技术已经显得力不从心，这就催生了"大数据"这一概念和技术体系的发展。大数据指的是那些因为其规模、速度或者复杂性而无法用传统的数据处理方法有效处理的数据集合。在医疗行业，医院内外的数据同样每时每刻都在以惊人的速度增长，如图 8-9 所示。因此，大数据技术在医疗领域的应用显得尤为重要。

大数据的核心在于从海量数据中挖掘出有用的信息，帮助企业和组织做出更明智的决策。大数据的特点可以概括为"3V"或"5V"，其中"3V"是指 Volume（大量）、Velocity（高速）、Variety（多样），而"5V"则在"3V"的基础上增加了 Value（价值密度低）和 Veracity（真实性）。智慧医疗之所以需要大数据的支持，主要是因为医疗行业本身的数据与大数据的"5V"特性高度契合。

❑ 大量（Volume）：随着电子健康记录、基因组学、成像技术等的发展，医疗领域产生的数据量呈现指数级增长。一个普通的 CT 扫描就能产生数百 MB 的数据，而全基因组测序则会产生数 GB 甚至 TB 级别的数据。

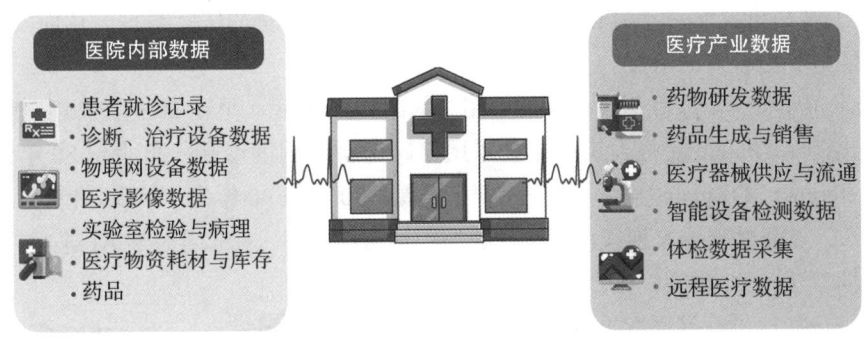

图 8-9　医院内外的大量数据

- 高速（Velocity）：医疗数据不仅数量庞大，而且更新速度极快。实时监控系统、可穿戴设备及移动健康应用等都在源源不断地产生新数据。这种实时性要求系统能够快速响应并处理新信息，以便及时做出诊断或调整治疗方案。
- 多样（Variety）：医疗数据的形式多种多样，既有结构化数据也有非结构化数据。例如，患者的基本信息、诊断结果通常是结构化的；而临床笔记、病理报告、影像资料等则是非结构化的。此外，还有社交媒体上的患者反馈等半结构化数据。
- 价值密度低（Value）：由于数据过多，医疗数据的价值密度相对较低，但是其总体数据价值含量很高。通过有效的分析，可以从这些看似无序的数据中发现模式、趋势及异常情况，为临床决策提供支持。
- 真实性（Veracity）：医疗数据通常由于来源于真实案例和较强的监管性，数据真实性较高，通常会使用数据清洗等方式提高数据的真实性。

在智慧医疗领域，大数据技术是关键，需处理多源数据并确保其实时性、准确性与安全性。其核心在于处理架构，如 Apache Hadoop 通过 HDFS 存储海量数据，并利用 MapReduce 来处理，它支持 PB 级数据处理。Apache Spark 则凭借其快速处理引擎，在医学图像与基因组数据分析中表现卓越。此外，流处理框架如 Apache Kafka 和 Apache Flink 也被广泛应用于实时数据分析场景中，比如患者的实时健康监测。在数据存储方面，NoSQL 数据库因能高效处理非结构化数据而广受青睐，如 MongoDB 用于存储物联网采集的医疗数据，便于医生快速查询。分布式文件系统则负责长期保存医疗记录，构建低成本的大数据存储解决方案。通过大数据技术的支持，智慧医疗能够实现对患者数据的深入挖掘，为医生提供更准确的诊断依据，制定个性化的治疗计划，并提高医疗服务的整体效率。同时，大数据技术还促进了医疗科研的进步，帮助研究人员更快地发现疾病模式、开发新药，并改进公共卫生政策。总之，大数据技术为智慧医疗的发展提供了坚实的基础。

4. 人工智能

AI 在智慧医疗应用中的核心技术是医学 AI，是一种将 AI 技术应用于医疗健康领域的交叉技术，旨在通过计算机科学来改善医疗服务质量和效率。它涵盖了从基础研究到临床应用的广阔范围，包括但不限于疾病诊断、治疗规划、药物研发、患者监护等多个方面。医学

AI 关键在于利用机器学习和其他高级算法来处理、分析海量的医疗数据，从而实现对疾病更深入的理解和更有效的治疗。

AI 技术很早便开始了在医疗领域的应用，如图 8-10 所示。早在 20 世纪 70 年代，英国利兹大学提出的 AAPHelp 便将人工智能技术用于腹部剧痛辅助诊断。20 世纪 80 年代，Quick Medical Reference、DXplain 等商业化应用开始出现。20 世纪 90 年代，CAD（计算机辅助诊断）系统的引入，显著提升了 X 射线图像中病变的识别与检出率，标志着医学 AI 进入了初步发展的黄金时期。进入 21 世纪，深度学习技术的发展进一步加速了智慧医疗商业化进程，IBM 的 Watson Health 凭借其强大的数据处理与分析能力，在临床决策支持领域大放异彩；而谷歌的 DeepMind Health 则专注于肾功能监控等细分领域，展现了 AI 在慢性病管理上的独特价值。这些模型通常需要大量的标签数据来进行训练，以便学习到区分正常组织和病变组织的特征。一旦训练完成，模型就可以用于辅助医生快速定位病变位置。

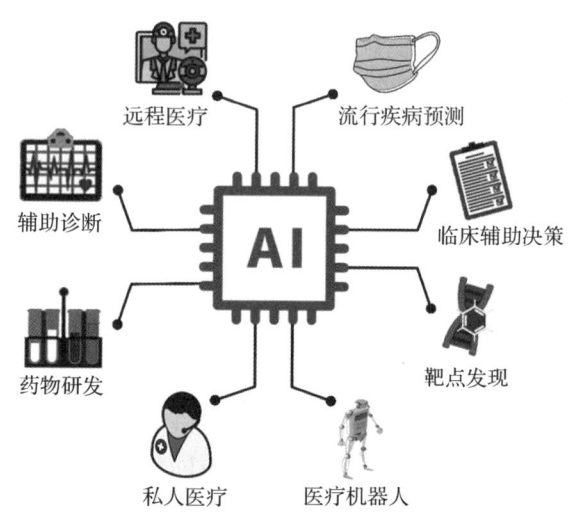

图 8-10 人工智能在医疗领域中的主要应用

在药物研发方面，AI 技术可以帮助加速新药的发现过程。通过机器学习算法分析基因序列能够预测基因的功能和相互作用，快速锁定与疾病相关的关键基因。同时，人工智能可以实现对蛋白质结构的分析，预测蛋白质的折叠方式和功能域，从而精准定位药物结合的关键区域。人工智能的应用还包括药物再利用、临床试验设计等环节，从而减少人类的工作量，并能在短时间内实现目标。

在手术辅助方面，人工智能与机器人技术的结合已经取得了显著进展。手术机器人系统利用人工智能技术来增强手术的精确性和安全性，它们可以由外科医生远程控制，也可以在一定程度上自主运行。手术机器人通常配备高精度的定位系统和先进的图像处理技术，这使得它们能够在手术过程中提供精准的导航。人工智能算法可以实时分析手术区域的三维重建图像，并将这些图像与术前计划进行对比，以确定最佳的手术路径。这样不仅可以提高手术的准确性，还能减少手术过程中对周围健康组织的损伤。人工智能技术还赋予了手术机器人学习的能力，通过积累大量的手术数据，机器人系统可以不断改进其性能。现代手术机器人往往配备了多种传感器，包括触觉传感器、力反馈装置等，这些设备可以让机器人"感知"手术环境中细微的变化。人工智能技术可以整合来自不同传感器的数据，为外科医生提供更加丰富的信息，帮助他们在手术过程中做出更好的决策。

随着通信技术的发展，人工智能支持下的远程手术也成为可能。在外科医生的远程控制下，机器人可以在千里之外执行精细的操作。这对于偏远地区或者战争环境下的紧急医疗援助具有重要意义。

8.2 智慧医疗的应用

近年来，人工智能技术广泛应用于医疗健康领域。本节中将深入探讨人工智能技术在智慧医疗领域的多样化应用实例。

8.2.1 临床诊断与治疗

随着大数据、云计算和深度学习技术的不断发展，人工智能已经渗透到医疗领域的各个环节，尤其是在临床诊断与治疗方面展现出了巨大的潜力和价值。在临床诊断方面，凭借其强大的数据处理能力，人工智能模型能够高效分析医学影像、病历资料等海量数据，辅助医生进行更快速、更准确的诊断。下面从医学影像分析和多源医学数据分析两个方面进行介绍。

1. 医学影像分析

计算机断层扫描（CT）图像、核磁共振（MRI）成像、X 光片、正电子发射断层扫描（PET）图像等医学影像是临床诊断的重要依据。然而，传统的人工阅片方式不仅耗时耗力，还容易受到医生经验、疲劳程度等因素的影响，导致误诊或漏诊的风险增加。使用深度学习算法，如卷积神经网络、堆叠自动编码器、生成对抗网络等，不仅可以从复杂的医学影像中自动分割和检测出特定的解剖结构或病变区域，还能够实现疾病的自动诊断。这种自动化检测过程涵盖了从简单的组织分类到复杂的病灶分割，尤其在肿瘤、脑血管病变、肺部疾病等诊断中效果突出。这样不仅能帮助医生减少阅片的时间，还能在一定程度上降低人为误差。此外，深度学习模型可以提供精确的病变边界信息，为后续的治疗方案和手术规划提供有力支持。

2023 年，上海市胰腺疾病研究所携手阿里巴巴达摩院等顶尖机构，在 *Nature Medicine* 上发表了一项创新成果——深度学习模型 PANDA[1]，旨在通过腹部与胸部非造影 CT，检测并诊断胰腺导管腺癌（PDAC）及其七种病变亚型。如图 8-11 所示，PANDA 由三个级联的网络阶段组成：以非造影 CT 图像作为输入，第一阶段使用 U-Net 分割网络[2]对胰腺定位；第二阶段通过构建卷积神经网络和分类头来区分非造影 CT 图像中病变的细微纹理变化；如果在第二阶段检测到异常，则进行第三阶段的胰腺病变鉴别诊断，通过双路 Transformer 架构自动编码胰腺病变的特征原型，如局部纹理、位置和胰腺形状，从而实现更准确的细粒度病变分类，输出可能胰腺病变概率和分割掩码。在 PANDA 模型

> U-Net 是一种用于医学图像分割的卷积神经网络架构，由 Olaf Ronneberger 等人在 2015 年提出。其特点在于 U 形结构，通过编码器部分逐步提取特征，同时解码器部分通过逐步恢复空间信息，实现精准的分割任务。

的帮助下，有望在大量无症状患者中发现早期胰腺导管腺癌患者，同时最大限度地减少额外的成本和辐射暴露。

2. 多源医学数据分析

由于不同的模态信息或成像技术各有其专长与局限，单一模态的成像方法往往难以全面揭示疾病的复杂性，从而无法对患者病情做出更为精确的诊断。而多源多模态数据分析技术就是希望充分利用并挖掘不同模态间的互补信息，辅助医生做出更为科学合理的诊疗决策。

人工智能解决方案为此提供了一种高效、自动化且客观的方法，它能够整合来自多个数据源的互补信息及临床环境下的背景知识，从而优化预测模型，提升模型在最终诊断结果预测上的稳定性和准确性。

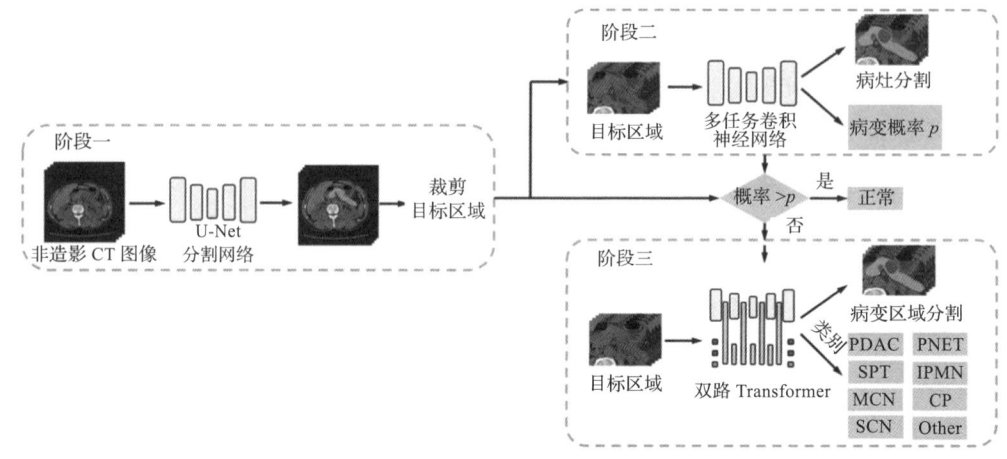

图 8-11　用于胰腺导管腺癌检测的 PANDA 模型

如图 8-12 所示，基于人工智能的多模态数据融合策略可以细分为早期融合、中期融合和晚期融合[3]。早期融合（见图 8-12a）在数据输入阶段即整合所有模态的信息，随后将整合后的数据输入到单一模型中[4]。尽管这种方法简化了模型的训练过程，但它要求不同模态的信息必须对齐或同步。在临床实践中，若各模态数据来源于不同时间点，如音频与视觉信息的非同步性，早期融合可能并非最佳选择。早期融合策略多应用于类似模态的整合，例如用于癌症检测的 CT/MRI 图像数据与 PET 图像数据的融合分析。CT 和 MRI 提供高分辨率的解剖结构图像，可以精确显示肿瘤的形状、大小和位置；而 PET 扫描则通过放射性标记物显示代谢活动，帮助区分肿瘤组织与周围正常组织。此外，将基因组学数据与放射学图像信息相融合，还可以从分子和形态两个层面更全面地分析肿瘤类型，提高癌症分类和生存期预测的准确性，增强生存期预测的准确性。

多模态数据的中期融合策略是一种在数据处理中间阶段进行融合的方法，其特点在于模型损失会反向传播到每个模态的特征提取层，通过迭代的方式不断优化在多模态信息背景下的特征表示。与另两种融合方式不同，中期融合决策可以组合各个模态中不同抽象层次的特征信息。在涉及三种及以上模态的系统中，中期融合可以采用一次性融合所有模态数据的方式（见图 8-12b），也可以采用跨级别的渐进式融合策略（见图 8-12c）。一次性融合简化了处理流程，但可能忽略了模态间的层次关系[5]；而渐进式融合则允许模型在同一级别组合高度相关的模态信息，迫使模型考虑特定模态之间的相关性，并在后续层中与相关性较低的数据进行融合。这种策略有助于模型更细致地捕捉不同模态间的交互作用。例如，在图 8-12c 中，首先融合基因组学和组织学数据，以深入解析基因突变与组织形态变化之间的相互作用。随后，在更高层次上考虑这些融合特征与宏观放射学数据之间的关系，从而形成一个更加全面的疾病表征。在中期融合策略中还可以使用引导式融合，其允许模型使用一种模态的信息来指导另一种模态的特征提取[6]。在图 8-12d 中，基因组学信息用于指导组织学特征的选择。这种方法的动机在于，在存在特定基因突变的情况下，不同的组织区域可能会表现出特定的相关性或变化模式[7]。引导式融合通过学习共同注意分数来实现这一目标，该分数反映了在特定分子信息背景下不同组织学特征的重要性或相关性。通过这种方式，多模态模型能够更准确地整合不同来源的信息，提高最终预测的准确性。

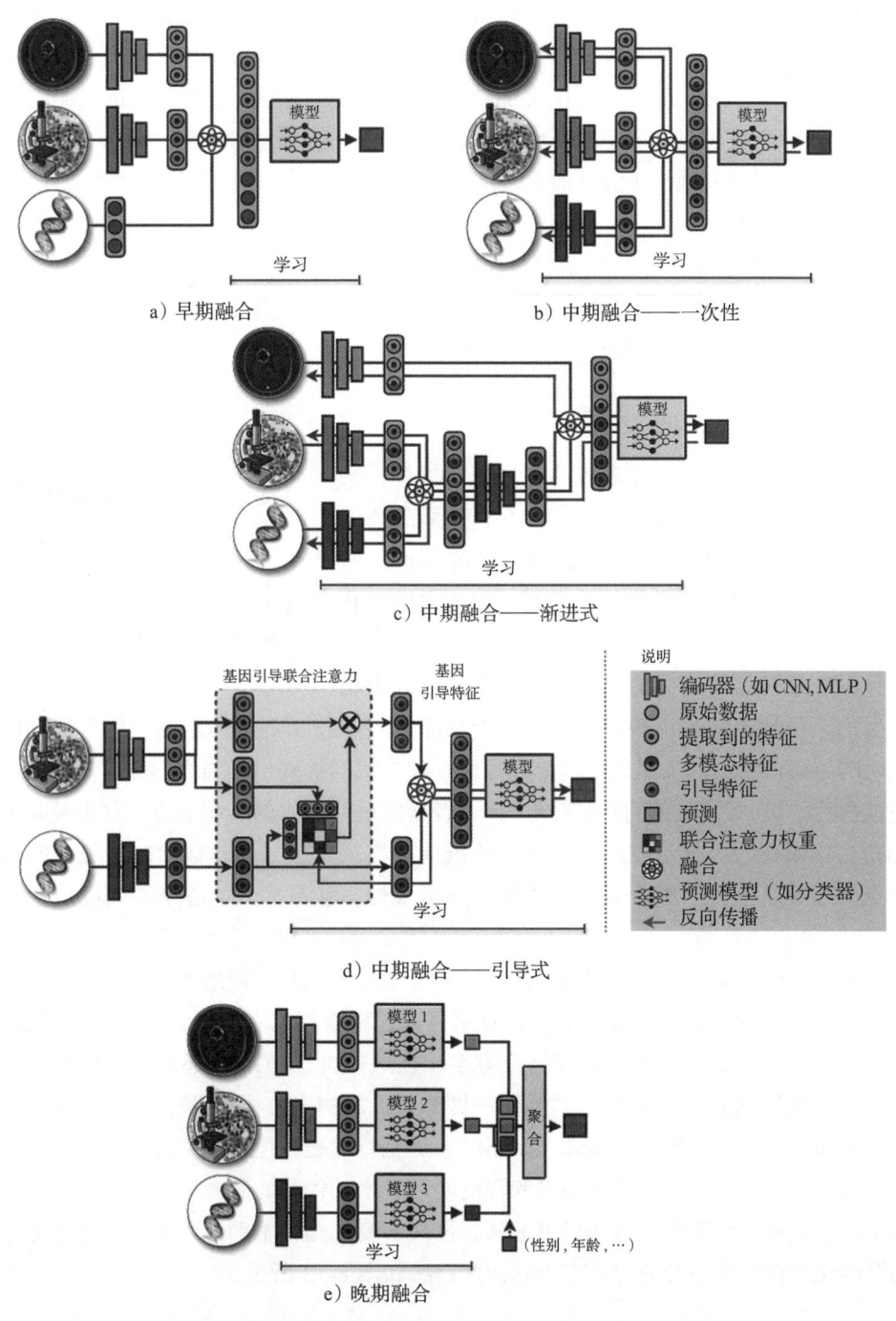

图 8-12 基于人工智能的多模态数据融合策略（详见彩插）

晚期融合（又称决策级融合，见图 8-12e）则为每种模态分别训练模型，并在决策阶段汇总各模型的预测结果[8]。汇总方法多样，如简单平均、基于贝叶斯定理的加权或多层感知机等。决策级融合的优势在于其灵活性，允许对不同模态使用不同的模型架构，且不受数据同步性的限制，特别适合用于处理异质性高或跨时间点的数据。即便在数据不完整的情况下，决策级融合也能保持预测能力，且若有新模态的加入无须重新训练整个系统。此外，各模型间的误差往往不相关，这有助于降低整体预测中的偏差和方差。在决策级融合中，通过为不同模态设置权重，可以更加精细地控制每种模态对最终决策的贡献，从而优化预测结果。一个典型的决策级融合应用是由美国路易斯维尔大学研究团队实现的 MRI 图像与前列腺特异性抗原（PSA）血液测试结果融合方案显著提高了前列腺癌诊断的准确性。

多模态融合分析已成为临床诊断和治疗中不可或缺的工具，它显著提升了现代医疗的效率和精度，为医生提供了更加全面、深入的疾病信息，从而有助于制定更加个性化、精准的治疗方案，最终提高患者的治疗效果和生活质量。

8.2.2 远程医疗与在线问诊

跨越距离的守护：
远程医疗与在线问诊

宇航员在太空生病了怎么办？快来知识点视频中找寻答案吧！

人工智能技术在远程医疗领域的渗透日益加深，其应用的广度与深度正对全球医学系统产生着革命性的影响。随着 AI 技术不断融入远程医疗与在线问诊，医疗行业逐渐突破了物理空间的地域限制，加速向数字化转型。

远程医疗最初是为了监测宇航员在太空中的健康状况而开发的，虽然该技术出现较早，但由于医疗体制和技术本身的限制，并未得到广泛应用。互联网与通信技术的飞速进步也为远程医疗和在线问诊提供了强大的支撑。如今，患者只需通过智能手机、计算机等智能终端，即可轻松实现与医生的远程交流，获得及时的医疗咨询和初步诊断建议。这不仅有效缓解了传统就医模式下挂号难、候诊时间长、问诊时间短的痛点，还显著提升了医疗服务的便捷性和可及性，让更多人能够享受到高质量的医疗服务。

远程医疗平台能够跨越地域限制，实时或异步地处理来自不同地区、不同医疗机构的患者数据。借助人工智能系统的整合能力，专家可以远程查阅患者病历，利用 AI 辅助进行临床数据分析，为患者提供诊断建议和治疗方案。在这一过程中，AI 还发挥着监测医疗决策可行性、提供预警信息的重要作用。值得一提的是，2024 年 7 月上海交通大学团队研发的全球首个糖尿病多模态大模型 DeepDR-LLM[9]，更是将远程医疗与人工智能的结合推向了新的高度。该系统巧妙融合了大语言模型和深度学习技术的优势，实现了医学影像诊断与诊疗意见的多模态生成。它不仅能够提供糖尿病视网膜病变的远程辅助诊断结果，还能为患者量身定制个性化的糖尿病综合管理方案，其治疗路线如图 8-13 所示。

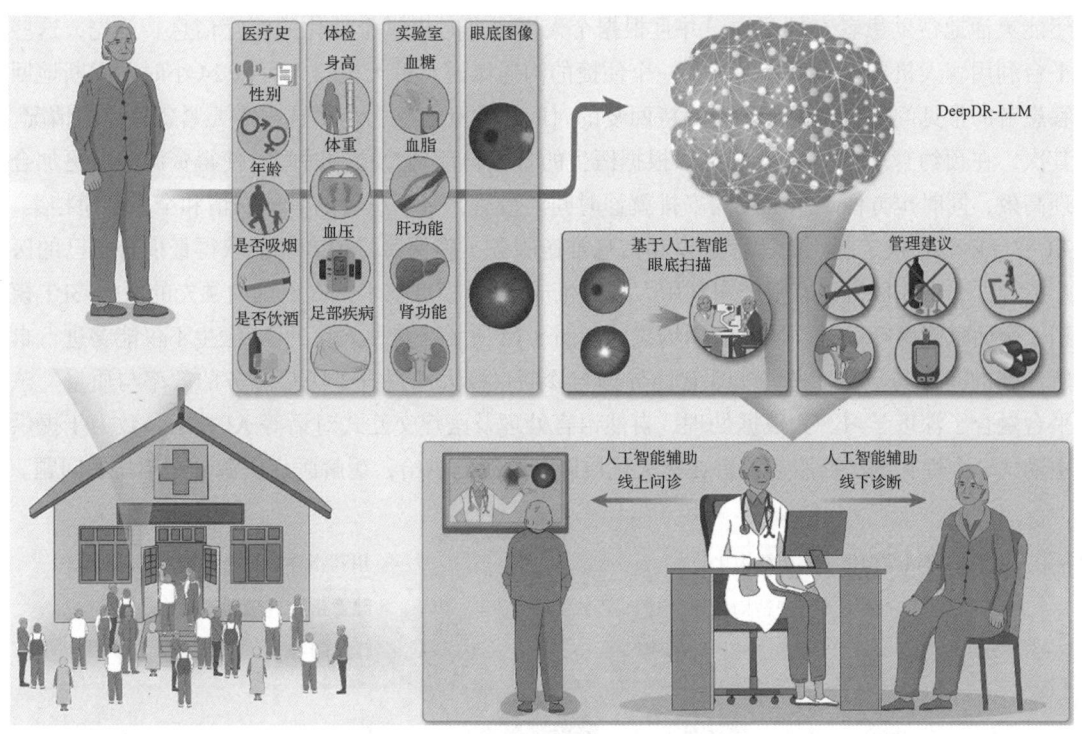

图 8-13　DeepDR-LLM 糖尿病治疗路线

远程手术依托 5G 通信技术、虚拟现实技术（Virtual Reality，VR）、增强现实技术（Augmented Reality，AR）等，正逐步打破地理界限，让医生能够跨越千山万水为远距离的患者实施手术。尽管国内远程手术起步较晚，但发展速度稳健且成效显著。从 2019 年成功完成的 12 例 5G 远程机器人脊柱手术，到 2022 年跨越 3000 千米的 5G 远程超声引导下的泌尿系统结石取石术，再到 2024 年 6 月实现的"全球最远距离"远程前列腺癌根治手术，每一次技术突破都标志着远程外科技术的日益成熟，这是中国外科领域与机器人、远程通信、人工智能等新技术深度融合的系统性革新，也是新质生产力的重要展现。

人工智能驱动的在线问诊平台同样革新了传统医疗咨询方式。这种基于 AI 的在线问诊平台通过整合聊天机器人等先进技术工具，不仅能够实现与患者的自动化交互，

> 2019 年 6 月 27 日，北京积水潭医院田伟院长在机器人远程手术中心，成功实现了世界首次利用 5G 技术同时远程操控两台天玑骨科手术机器人为不同地区医院的两名患者进行手术。
>
> 2021 年 10 月 9 日，在江苏援克指挥部周伟文总指挥的引领下，克州人民医院携手江苏省人民医院，利用昆山华大智造云影科技有限公司的超声机器人诊断系统进行了全球首例 5G 超远程机器人超声引导下经皮肾穿刺碎石取石术，帮助克州的患者解决了病痛。
>
> 2024 年 6 月 7 日，中国科学院院士、解放军总医院第三医学中心泌尿外科医学部主任张旭教授带领团队，在意大利罗马参加欧洲腹腔镜和机器人手术挑战大会，通过国产远程手术机器人成功完成并演示了"全球最远距离"远程前列腺癌根治手术。

还能灵活地帮助患者安排预约，并且根据个人情况即时提供个性化的医疗信息。首先，这些平台利用聊天机器人为患者提供了一个便捷的沟通渠道。聊天机器人可以 24 小时不间断地回答患者的常见问题，减少了患者等待回复的时间，并且能够初步筛选出需要紧急关注的情况。其次，在预约管理上，AI 系统可以根据医生的日程自动调整预约时间，使得资源分配更加合理高效，同时也方便了患者按需安排就诊时间。最后，基于患者的具体病情和个人健康档案，AI 平台还能提供定制化的医疗建议和信息推送服务，确保每位患者都能获得最适合自己的医疗指导。北京左医科技有限公司利用大规模生成式 AI 模型技术，提出国内领先的医疗 GPT 模型，全面赋能医疗健康领域各应用场景，如图 8-14 所示。其拟人化的 AI 医生不仅能够进行自然流畅的问诊与问答，还能实现智能导诊与诊断，极大地提升了医疗服务的效率与质量。该平台融合了深度学习、大数据处理、自然语言处理及医疗交互式对话等 AI 技术，致力于提供主动式、个性化的医疗服务，旨在扩大优质医疗资源的供给，缓解医疗资源分布不均的问题。

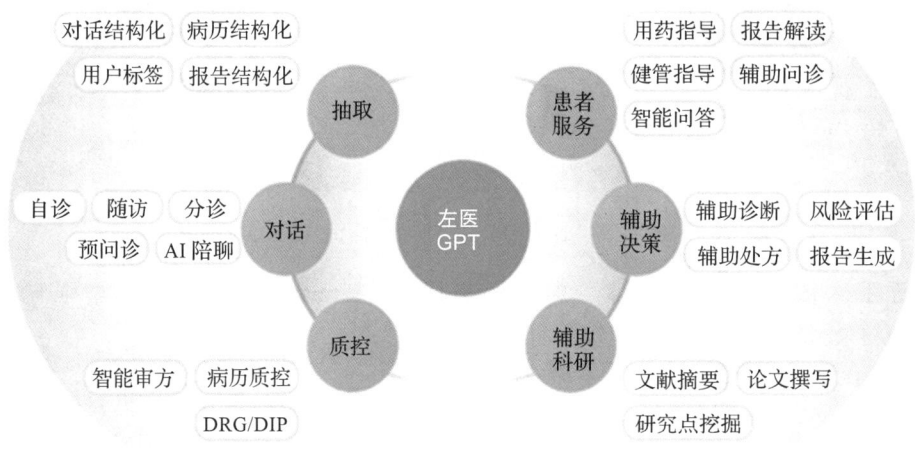

图 8-14 左医大模型的功能（源自官网）

8.2.3 药物研发与个性化医疗

人工智能凭借其强大的数据处理能力和表征学习能力，正在通过一种紧密联系的双向机制改变着药物研发和个性化医疗的未来。在药物研发过程中，人工智能系统能够从海量生物医学数据中快速发现潜在的药物靶

AlphaFold：开启药物研发新纪元

点，并通过虚拟筛选加速候选药物的发现与优化。而这些新药研发的成果反过来为个性化医疗提供了更精准的治疗手段。将患者的基因组信息、病史及生活方式等数据与最新的药物研发进展相结合，人工智能技术能够为个体患者设计量身定制的治疗方案。

1. 药物研发

药物研发是一项既艰难又耗资巨大的工作。传统的药物发现过程通常涵盖了确定与特定疾病相关的靶点分子或生物学途径、筛选大量化合物找出与靶点有相互作用的化合物，再优化这些化合物的性质以提高其疗效和安全性等步骤。这一系列的过程可能耗费数年时间，投入高达数十亿美元，且无法保证最终成功。因此，传统的药物发现过程在研发成本、效率和成功率上面临着巨大挑战。伴随着人工智能与机器学习的发展，传统的药物发现流程正在被逐步革新。神经网络等先进技术的运用，使研究人员能够更深入地洞察药物靶点与化合物合成的奥秘，从而有望显著加速药物发现的进程，并提升成功的可能性。人工智能不仅简化了假设的生成与验证流程，还通过大数据分析与模拟预测，为药物优化提供了前所未有的精准度与效率。此外，人工智能驱动的药物发现大多建立在蛋白质折叠这一核心机制之上。自20世纪下半叶以来，生物化学家们对蛋白质结构原理进行了深入的探索，揭示了蛋白质如何通过氨基酸序列的折叠形成复杂的三维结构，并进而决定其功能。这一发现为人工智能在药物研发中的应用奠定了坚实的基础，使其能够更加精准地模拟药物与靶点的相互作用，为新药设计提供科学依据。

谷歌 DeepMind 自 2018 年起，利用生成式人工智能技术，相继推出了 AlphaFold 系列模型，引领蛋白质结构预测的革命。最开始的初代 AlphaFold 模型[10]能够根据蛋白质的氨基酸序列预测其三维结构，并成功预测人类蛋白质组中 98.5% 蛋白质结构。2021 年，DeepMind 提出了 AlphaFold2 模型[11]，其结构如图 8-15a 所示。该模型能精确预测单个蛋白质结构域结构，从根本上解决了蛋白质结构预测问题。这些进步还为制药业提供了巨大的助力，因为确定蛋白质的结构是设计合适的分子以改变其功能的主要障碍。2024 年，AlphaFold3[12]横空出世，基于创新的扩散模型架构，它不仅延续了 AlphaFold2 在单蛋白预测上的高精度，更在复合物预测上实现了飞跃，全面提升了生命分子（蛋白质、核酸、小分子、离子）结构及相互作用的预测精度。其在蛋白质 – 配体、蛋白质 – 核酸及抗体 – 抗原相互作用上的预测能力，均远超现有工具，同时能模拟分子间相互作用的全部灵活性，预测结果如图 8-15b 所示。同年，DeepMind 还推出了 AlphaProteo 模型，专注于设计高效蛋白质结合剂。该模型通过学习蛋白质分子结合机制，能根据目标分子及优先结合位点，快速生成定制化的结合蛋白，成功应用于阻断 SARS-CoV-2 及其变种的细胞感染。

总的来说，人工智能为药物研发领域提供了一种全新的方法论，极大地加速了药物发现与设计过程，提升了精准度和个性化水平，开启了药物研发的新纪元。

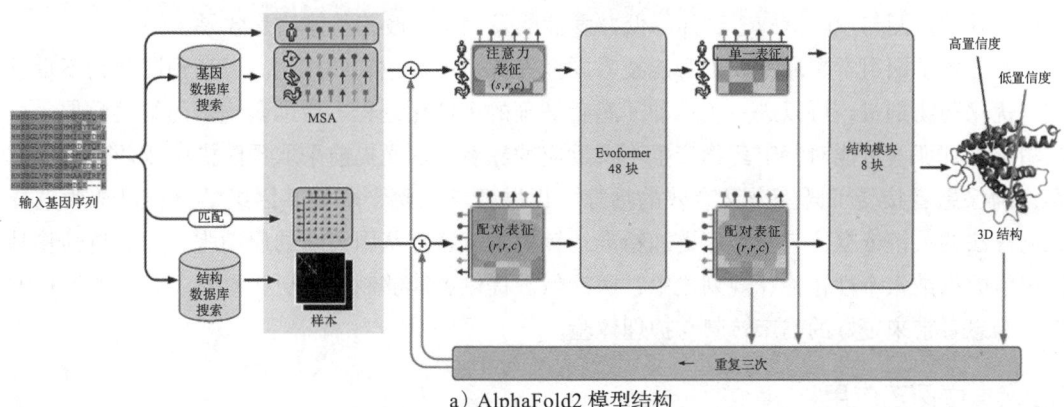

a）AlphaFold2 模型结构

图 8-15　AlphaFold2 的模型结构及 AlphaFold3 预测结果（详见彩插）

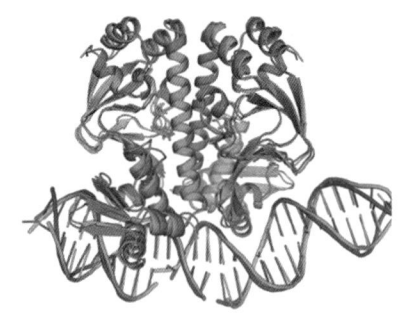 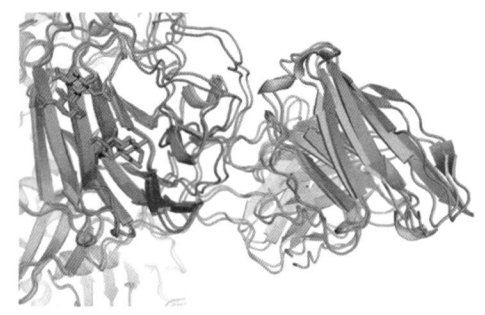

b）AlphaFold3 准确预测分子相互作用的结构，蓝色表示预测蛋白质链，绿色表示预测抗体，橙色表示预测配体，紫色表示预测 RNA，灰色表示原始结构

图 8-15　AlphaFold2 的模型结构及 AlphaFold3 预测结果（详见彩插）(续)

2. 个性化医疗

基于患者数据的个性化治疗建议是医疗保健领域中一个非常有意义的课题，可以有针对性地改善患者的治疗效果，进而降低医疗成本。深度学习模型能够分析大量患者数据，包括基因组、遗传、生活方式等因素，以确定患者对不同治疗的反应。如基因组数据中的全基因组测序、单核苷酸多态性及基因表达谱，为洞察疾病的分子机制和个体对治疗反应的差异提供了至关重要的线索。基于这些信息可以针对每位患者制定个性化的治疗策略。当前，研究人员已开发出先进的深度学习模型，能够深入分析患者肿瘤的基因组和遗传特性，并精准预测他们对不同化疗药物的反应。

传统的癌症治疗方法（如化疗手段）虽应用广泛且对许多患者有效，但其细胞毒性特性意味着它会同时伤害健康细胞与癌细胞，从而引发一系列副作用。相比之下，深度学习模型通过其强大的分析能力，不仅能够优化癌症放射治疗计划，精确模拟剂量分布，还能根据患者的具体协变量与治疗反应间的复杂关系，提供定制化的治疗建议及生存时间预测。此外，这些模型还整合了基因突变、拷贝数变异及表观遗传修饰等多层次数据，可以识别影响治疗效果的关键生物标志物。基于这些发现，可以为患者推荐最为适宜的治疗方案，从而显著提升治疗的成功率。不仅如此，深度学习还将患者的年龄、病史、手术类型等临床信息与基因组数据相结合，有效预测感染、出血等并发症的风险。这一能力使得高风险患者能够提前获得额外的监测与预防措施，进而降低并发症的发生率，改善整体治疗效果。

在药物基因组学领域，人工智能技术同样发挥着不可或缺的作用。通过预测药物不良反应、优化药物剂量，可以进一步推动了患者护理的个性化进程。借助药物基因组学数据，可以精准识别那些可能对特定药物产生不良反应的患者，从而提前采取预防措施或调整治疗方案，确保患者接受了既安全又有效的治疗。以肿瘤学为例，药物基因组学分析已成为选择靶向疗法的关键依据，它使治疗更加精准地针对具有特定基因突变的癌细胞。通过将药物基因组学数据纳入个性化治疗规划之中，医疗保健提供者能够制定出更为科学、合理的治疗方案，为患者带来更好的临床转归与护理体验。

8.2.4　中医药应用

中医药作为中华民族数千年智慧与经验的结晶，根植于深厚的文化底蕴之中，巧妙融合了古代智慧与现代科技，致力于个体化治疗，以满足人民群众多样化的健康需求，并在不断实践中持续创新与发展。在应对慢性病、疑难杂症及重大传染病等医疗挑战时，中医药展现出了其独特的优势与巨大潜力，逐渐赢得了全球的关注与认可。然而，中医药的发展也面临着一些难题，例如如何将传统经验性和碎片化的知识系统化、标准化，以及在医疗资源紧张的背景下如何有效提升中医药服务能力。在这一背景下，人工智能技术的兴起为中医药领域带来了前所未有的机遇。人工智能在中医药领域的应用日益广泛，几乎覆盖了中医诊断、治疗、传承及中药研发等各个方面。通过大数据分析、机器学习等先进技术，人工智能深入挖掘中医药古籍中的宝贵经验，重新组织并优化碎片化知识，构建出更加科学、系统的中医药知识体系。同时，人工智能还能辅助中医医生进行诊断，提供个性化的治疗方案，提升治疗效果与患者满意度。在传承方面，人工智能通过数字化手段保存并传播中医药知识，使得这一宝贵财富得以更好地传承与发展。此外，人工智能还在中药研发领域发挥重要作用，通过模拟药物作用机制、预测药物疗效与安全性等，加速中药新药的开发进程。

1. 中医诊疗

中医辨证的精髓在于"望闻问切"和"四诊合参"的综合运用。当前，中医诊断领域以舌诊、脉诊、色诊为代表的四诊客观化技术日益成熟，催生了舌诊仪、脉诊仪、四诊仪等一系列先进的中医诊断仪器及综合诊疗系统。这些技术的革新，使得中医在面色、舌质、舌苔、语音、脉搏等体征信息的捕捉上实现了客观数据化，同时问诊过程中的主观症状也得以规范化和定量化处理，为中医诊断技术的数据化、智能化应用奠定了坚实的基础，并有效促进了辨证论治疗效的科学评估。

智能舌诊仪（见图8-16a）通过创新性地研发可伸缩式紫外光源采集探头，解决了舌图像采集时存在的"看不见"和"拍不全"问题，实现了对隐藏体质信息的深度挖掘与精确分析。在光源设计上，综合考量色温、照度、显色指数及光谱分布等因素，结合色差校正、图像分割、智能匹配等先进图像处理技术，显著提升了舌象识别的准确率与效率。其中，人工智能在图像处理环节发挥着核心作用，包括基于深度学习的舌象精准分割、舌苔与舌质的高效分离等，能够实现对舌体的神、色、形、态，以及舌面的裂纹、齿痕、点刺、瘀斑，还有舌苔的苔质、苔色等舌部特征自动辨识。智能脉诊设备（见图8-16b）则聚焦于脉象信号的精准捕获与分析，其关键在于桡动脉的精确定位。为此，研发了具备高灵敏度、低干扰且能在多方向灵活调整的脉诊探头，以适应不同个体的生理差异及中医特有的指法需求。采集到的电压或电流信号被即时转换为数字格式，便于后续的数据处理与分析。人工智能在智能脉诊设备中的应用，不仅体现在智能寻脉与采脉过程的自动化，更在于脉象特征（如脉位、脉长、脉力等）的智能化识别与分类。通过构建基于深度学习的预测模型，结合传统中医理论、专家经验，智能脉诊设备能够提供精准、个性化的脉象诊断服务。此外，中医智能化诊疗领域还涌现出了智能按摩（见图8-16c）与智能针灸等创新方式。

 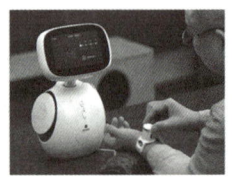 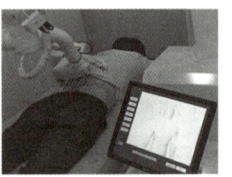

　　a）智能舌诊议　　　　b）智能号脉议　　　　c）按摩机器人

图 8-16　中医诊疗中的智能化应用

　　2024年6月，上海计算机软件开发中心研发出多模态中医药问诊大模型MCM，如图8-17所示，它可以通过与用户的对话问诊，整合文本记录、医学影像、病史信息等多模态数据，实现中医智能看诊。该模型首先将700部中医古代典籍、真实的问诊记录及医学常识数据进行预处理，然后利用这些数据对原始模型 InternLM2-20B 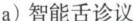 进行增量预训练，确保模型在中医领域知识的深厚积累。为了进一步增强模型的实用性与精准度，研发团队还引入了基于中文问题生成的预训练模型MT5，生成了大量高质量的问答对。同时，结合开源的中医多轮对话问答对，对模型进行有监督微调。这一过程不仅注入了丰富的医疗知识，还针对中医问诊的特定模式进行了优化，使得MCM模型更加贴近实际临床需求。MCM中医药问诊大模型的诞生，是中医诊疗服务数字化、智能化进程中的一个重要里程碑。它不仅为中医医生提供了强大的辅助工具，提高了诊疗的精准度和效率，更为传统中医的现代化、国际化发展铺设了坚实的道路。未来，随着技术的不断进步和应用的深入拓展，MCM模型有望在全球范围内推动中医诊疗服务的革新与发展，让更多人受益于这一古老而智慧的医学体系。

> InternLM2-20B（中文名为书生·浦语2.0）正式发布于2024年1月17日，由上海人工智能实验室与商汤科技联合香港中文大学和复旦大学共同研发。它基于超过2TB的高质量预训练数据进行训练，适用于多种场景。InternLM2-20B形成了很强的内生计算能力，在不依靠计算器等外部工具的情况下，在100以内的简单数学运算上能够做到接近100%的准确率，在1000以内达到80%左右的运算准确率。

2. 中医健康管理

　　亚健康状态的日益普遍正深刻改变着人们的健康观念，促使个体从单纯关注疾病诊疗设施的加强，转向更加注重健康管理与整体生活质量的提升。中医"治未病"的核心理念，强调通过前瞻性、个性化的干预手段预防疾病，其整体观念与辨证施治的方法在处理健康问题时展现出独特优势。这种预防策略与现代预防医学不谋而合，既强调防患于未然的健康维护，也重视疾病初现时的早期诊断与有效治疗，旨在实现对疾病的及时控制与管理。

　　中医健康管理是一套综合性体系，涵盖健康信息的收集、个性化健康档案的建立、健康状况的全面评估，以及潜在风险的及时预测。借助先进的个人中医数据采集工具，人工智能技术能够持续、高效地追踪并汇总个体的健康数据。基于这些数据，运用数据挖掘、机器学习及人工神经网络等先进技术，构建出智能中医健康管理系统，实现对健康数据的深度分析与智能解读。该系统不仅能够实时监测个体的健康状态，还能在发现异常时迅速响应，为个体提供及时的健康预警与干预建议。针对不同个体的体质特征与健康状况，智能中医健康管理系统能够量身定制健康处方，促进精准医疗的实施。随着人工智能在中医药领域的深入应用，越来越多的研究聚焦于开发以中医理论为指导、专注于疾病预防的健康管理平台。这些平台旨在将中医的古老智慧与现代科技相结合，为大众提供更加全面、个性化的健康管理服务。

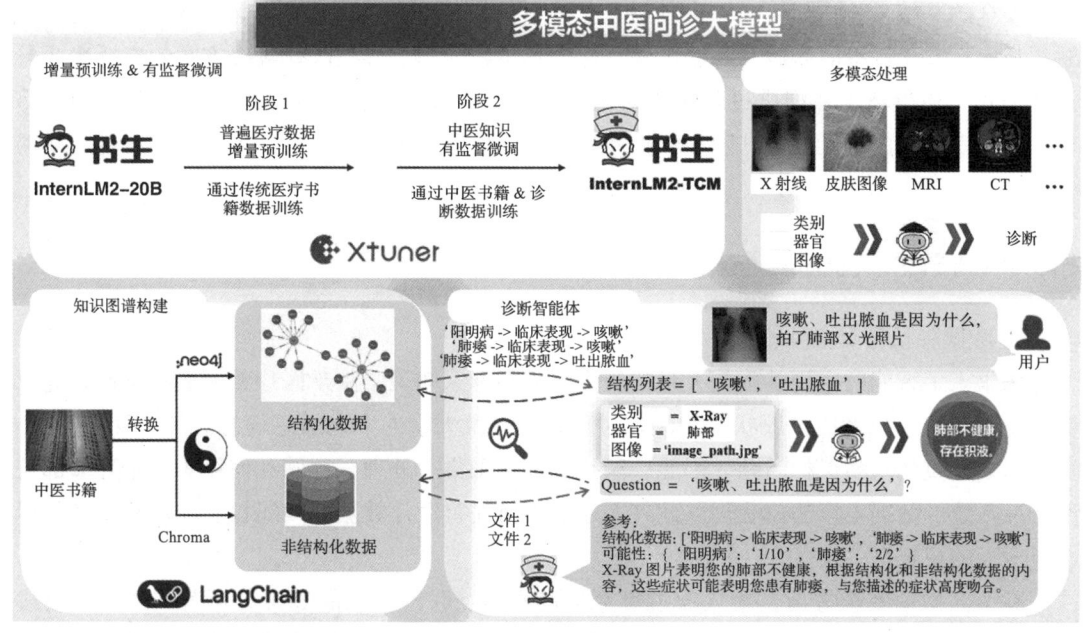

图 8-17　MCM 中医药问诊大模型

3. 中医药探索与研制

中医药行业在多年的医疗实践中积累了大量处方，通常由多种不同剂量的药物组成。这些中医处方一般由经验丰富的中医师创建，他们拥有丰富的医学智慧。然而，由于这些名医数量和实践都是有限的，无法满足日益增长的患者看诊需求。为此，数据挖掘技术携手人工智能算法，深入剖析中医临床数据与古籍文献，成功解锁了草药使用模式、配伍规律及剂量奥秘。2022 年，澳门大学中华医药研究院副教授路嘉宏的研究团队携手挪威奥斯陆大学及杭州德睿智药科技有限公司，共同研发了一种人工智能融合多维分子信息的虚拟筛选算法。该算法结合细胞、线虫及小鼠等多个物种的阿尔茨海默病（Alzheimer's Disease，AD）模型进行验证，成功筛选出了具有 AD 治疗潜力的中药小分子化合物。研究团队运用先进的机器学习技术，发现了新型神经元线粒体自噬诱导剂，并通过计算机筛选候选药物，结合多系统验证，最终确认了有效的线粒体自噬诱导剂。针对 AD 治疗，此研究开创性地提出了一种高效、可行的基于 AI 的药物发现方案，为加速抗 AD 药物的研发提供了全新的策略。

8.3　智慧医疗面临的挑战与前景

飞速发展的人工智能、物联网、5G 等技术，正以前所未有的力度重塑医疗行业格局，推动医疗服务向更高效、更精准、更人性化的方向迈进。这些技术的深度融合，不仅提升了医疗服务的响应速度与诊疗质量，还促进了医疗资源的优化配置与均衡分布。政策层面的持续支持与引导、社会需求的日益增长，以及跨行业、跨领域的深度合作，共同为智慧医疗的蓬勃发展注入强劲动力。然而，智慧医疗的发展也同样面临诸多挑战。首要关注的是数据隐私与安全的严峻考验，如何确保患者信息在数字化流转中绝对安全成为亟待解决的问题。同时，技术标准化进程的滞后及算法可解释性的不足，限制了智慧医疗解决方案的广泛普及与深度应用，使得技术在推广过程中遭遇信任障碍。此外，法律法规的滞后与伦理议题的凸显，对技术应用的责任界定、隐私保护及技术公平性提出了更高要求，需要社会各界共同探索与应对。

8.3.1　智慧医疗面临的挑战

1. 数据隐私与安全问题

医学人工智能的应用基础是大量的历史数据和专家知识。由于医疗领域的特殊性，健康数据不仅记录了患者的健康状况和医疗过程，还涉及大量的个人敏感信息。如果管理不当，可能引发严重的隐私保护问题。因此，医疗数据的采集、处理、存储和使用等各个环节都需要形成系统的数据安全法律法规。此外，还应不断完善医疗数据的归属权、使用权及隐私标准等方面的规定。

在个人健康安全方面，个人通过可穿戴设备和互联网记录的健康数据若被恶意篡改或删除，可能对后续的治疗产生不利影响，甚至危害生命健康。信息泄露还会增加患者的心理压力，影响其治疗效果。在个人财产安全方面，如果患者的电话、姓名等信息泄露，可能被不法分子利用，产生严重后果。在个人形象方面，医疗数据如既往病史和用药记录的泄露可能导致歧视，侵害患者的人格尊严，尤其是艾滋病或乙肝患者的隐私泄露后，往往会受到社会歧视，影响他们的正常生活。表 8-1 总结了在智慧医疗中存在的隐私数据和其他相关公共数据。

包含隐私信息的医学数据在流通过程中主要分为采集、上传、交互和反馈四个部分。与传统医疗相比，数据在时间和空间上的流动范围更广，因此隐私泄露和数据安全隐患随之增加。所以，在智慧医疗技术不断发展的同时，更加需要采取相应的数据安全与隐私保护措施。

- ❑ **建立分级的数据保护机制**：为不同内容的数据设置不同的保护等级，并对数据流动过程实施多级保障。
- ❑ **应用多重数据加密技术**：在当前的互联网环境下，智慧医疗的数据加密方式包括 SSL 数据加密传输、Hash 函数加密、RSA 公钥加密算法和 ECC 椭圆曲线加密等。
- ❑ **采用用户身份认证机制**：防止设备被盗用或误用和出于恶意目的终端攻击。
- ❑ **增加远程设备控制能力**：智慧医疗设备应能提供远程数据擦除和丢失提醒功能。

表 8-1 智慧医疗中的隐私数据与其他相关公共数据

数据类型	范围
个人属性数据	人口统计信息，包括姓名、出生日期、性别、民族、国籍、职业、家庭成员信息、收入、婚姻状态等 个人身份信息，包括姓名、身份证号、工作单位、居住地址、社保卡号、可识别个人影像、住院号等 个人生物识别信息，包括基因、指纹、声纹、掌纹等
健康状况数据	主诉、现病史、既往病史、体格检查（体征）、家族史、症状、检查检验数据、遗传咨询数据、可穿戴设备采集的健康相关数据、生活方式、基因测序、转录产物测序、蛋白质分析测定、代谢小分子检测、人体微生物检测等
医疗应用数据	门（急）诊病历、住院医嘱、检查检验报告、用药信息、病程记录、手术记录、麻醉记录、输血记录、护理记录、入院记录、出院小结、转诊（院）记录、知情告知信息等
医疗支付数据	医疗交易信息，包括医保支付信息、交易金额、交易记录等 保险信息，包括保险状态、保险金额等
卫生资源数据	医院基本数据、医院运营数据等
公共卫生数据	环境卫生数据、传染病疫情数据、疾病监测数据、疾病预防数据、出生死亡数据等

2. 算法公平性与数据平衡问题

近年来，算法公平性和人工智能透明性已经成为多个重要领域中的核心议题。为了确保不同群体在算法决策中的公平性，通常会采取一些策略来平衡受保护群体间的公平性指标。例如，采用重要性加权的方法[13]（见图 8-18），对那些属于受保护群体且在数据集中出现频率较低的样本进行重新加权，以增加它们在训练过程中的影响力。除此之外，还可以在模型训练过程中引入约束条件，通过正则化技术来减少模型对受保护群体身份的敏感度，从而避免模型学习到可能引起不公平的偏差。尽管这些方法能够在一定程度上减少不公平现象，但仍不能完全解决医疗数据生成过程中的系统性偏差问题，过分追求公平性指标的平衡可能会牺牲模型的整体性能。

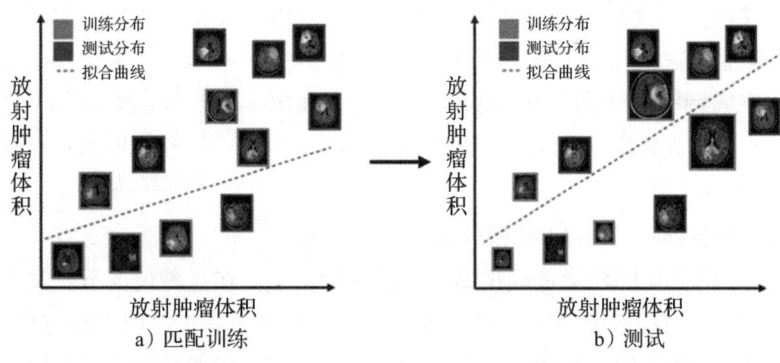

图 8-18 利用重要性加权匹配训练和测试数据分布（详见彩插）

在开发用于处理结构化数据（如图像和文本）的人工智能算法时，源（训练）数据与目标（测试）数据集分布不匹配可能导致算法对不同群体产生不公平的结果。由于深度学习算法在决策过程的不透明性，使得机器学习专家或临床医生难以理解算法是如何从输入数据中识别出特定群体的。此外，因在测试阶段缺乏真实的标签数据，评估 AI 模型的公平性在临床环境中面临诸多限制。例如，2022 年 Nature Medicine 期刊上发表的论文"Potential sources of dataset bias complicate investigation of underdiagnosis by machine learning algorithms"[14] 中明确指出不同地区应当采用不同的染色体协议，因为在基于美国癌症病理数据训练的 AI 算法被用于土耳其数据评估时，可能会造成误诊。与此同时，如果训练数据中缺乏某些种族或群体的代表性，算法可能无法准确诊断这些群体的病例。目前，不同的医院可能使用不同的疾病分类系统（如国际疾病分类），这也会导致算法在评估时出现标签不匹配的问题。总体而言，在评估过程中，如果医疗诊断辅助算法对数据分布的变动高度敏感，那么这可能会导致医疗差距的进一步加剧，未来还需进一步加强研究。

> 国际疾病分类（International Classification of Diseases, ICD）是由世界卫生组织（WHO）制定的，用于统一记录、分析、解释和比较不同国家或地区在不同时间收集的死亡和疾病数据的国际标准分类系统。

3. 数据缺失与多样性问题

缺失数据是机器学习和人工智能领域的一个常见问题。特别是在医学和生物信息学领域，由于测量成本高、数据收集困难或样本损坏等原因，数据缺失尤为常见。目前，许多多模态数据集都有大规模的缺失问题，例如最大的公开多模态数据集癌症基因组图谱（The Cancer Genome Atlas, TCGA）。缺失的数据会影响模型的训练和部署，因为大多数现有的 AI 模型无法有效处理信息的缺失。然而，即便是不完整的模态仍然包含有价值的信息。目前，学者们提出了合成数据生成方式来解决缺失数据问题，即使用有监督学习方法训练模型来生成合成数据，或者使用无监督方法如循环生成对抗网络（CycleGAN）来生成缺失模态。但是合成数据可能不完全包含相关的疾病特征，特别是在预测特征不完全理解的情况下。另外，合成数据可能会引入虚假的病理特征，影响模型的预测结果。

> 癌症基因组图谱（The Cancer Genome Atlas, TCGA）是由美国国家癌症研究所（National Cancer Institute, NCI）和美国国家人类基因组研究所（National Human Genome Research Institute, NHGRI）于 2006 年联合启动的一项大型癌症基因组计划，其对超过 20 000 个原发癌症及匹配的正常样本进行分子特征分析，涵盖了 33 种癌症类型，生成了超过 2.5 PB 的基因组、表观基因组、转录组和蛋白质组数据。

除了数据缺失会影响最终 AI 模型的结果外，数据在采集和测量过程中的变化同样会造成模型预测结果的偏差。在这种情况下，具有相同基本表征或注释的患者仍会因特定机制协议和其他影响数据获取的非生物因素而有所不同。例如，辐射剂量会影响生成图像的信噪比，采集到的 X 光片或 CT 影像数据可能会因为辐射计量不同，而造成图像成像结果不同。如图 8-19 所示，在病理学中，组织制备和染色方案及用于切片数字化的扫描仪特定的相机参数存在巨大差异，进而影响模型在切片级癌症诊断任务中的性能[14]。

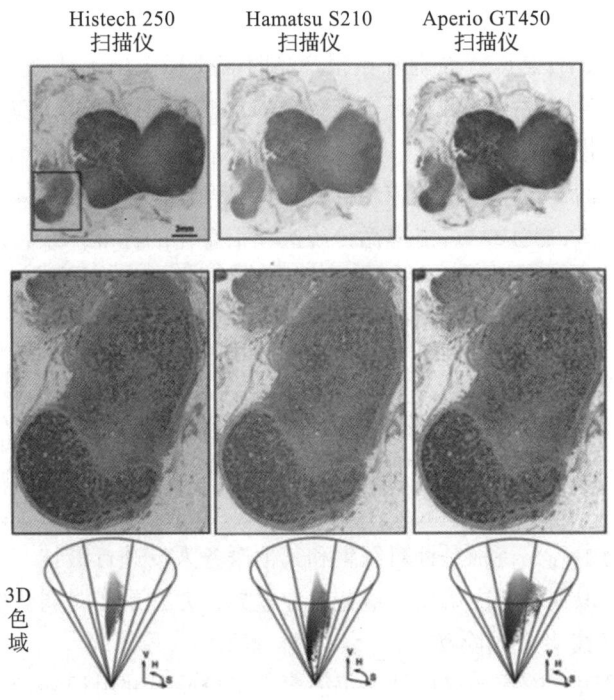

图 8-19　不同玻片扫描仪下特定部位 H&E 染色体变化示例（详见彩插）

不同模态的医疗数据在格式、分辨率、维度和时间跨度上存在显著差异。例如，医学影像数据通常是三维的、连续的，而基因组数据则是序列化的、离散的。这种异构性使得数据直接对齐困难，需要设计复杂的转换和对齐算法。此外，某些模态的数据量可能非常庞大（如医学影像），而另一些模态的数据则可能非常稀疏（如患者的基因数据），这会导致在对齐时遇到数据不平衡的问题。不同模态的数据之间存在复杂的关联关系，如何设计有效的模型来捕捉和学习这些关系，并融合它们进行决策又是一大技术难题。特别是在面临高维数据和小样本问题时，模型训练的稳定性和泛化能力也面临挑战。

4. 技术与应用标准化问题

自 2016 年以来，人工智能在国家发展中的战略地位日益重要，我国多个政府部门在技术创新、行业融合、产品落地及监管等方面发布了诸多政策，推动了人工智能的健康发展。传统医疗与大数据、人工智能、云计算等技术的融合日趋紧密，推动了新型医疗服务模式的不断涌现，加速了卫生健康领域的数字化转型，现代化智慧医疗体系正在逐步形成。智慧医疗的应用需要政产学研用多方协同创新，全面完善标准和监管要求。

在智慧医疗技术方面，现有的高质量医疗数据体量难以支撑人工智能模型进行充分学习。人工智能技术在小数据场景下的应用成效仍然不尽人意，很多医学人工智能算法缺乏在医学上的可解释性，阻碍应用的普及。

在医疗服务层面，传统医疗行业的需求与痛点推动着智慧医疗服务的发展与创新。医疗人工智能在服务内容上与传统业务有重合，如何界定其最佳使用范围并找到兼容模式，是学术界和行业标准制定的关键问题。

在药械研发方面，智慧医疗企业在申报产品时需要提交用于训练与验证的专病数据集，标准数据的构建工作耗时耗力，且缺乏标准统一的数据集建设规范，在一定程度上限制了辅助诊疗产品的快速迭代。

在医疗信息化方面，智慧医疗的应用价值释放依赖于医学中的具体工作场景，因此，医学人工智能在研发环节，就应尽可能遵循传统医疗信息化的标准体系，才能确保应用环节能与原有的工作流顺利衔接，包括业务流程层面的集成及信息软件层面的适配，以此确保软件服务系统的安全性、易用性、可维护性和可移植性。

5. 法律法规与伦理问题

随着医学人工智能在公共卫生领域中的应用不断增加，智能医疗在缓解医患矛盾的同时，也对医疗行业带来了新的挑战，涉及人员配置、社会规则、习惯甚至伦理方面的问题。目前，美国医学会（American Medical Association，AMA）已经提出了医学人工智能的相关规范，要求以用户为中心，特别是针对医生和其他医务人员进行最佳实践的设计与评估，确保透明性和再现性，识别并解决偏见，避免医疗差异，尤其是在对弱势群体测试或应用新的AI工具时，还要保障患者个人隐私。

当前阶段，智慧医疗诊疗的最后结果仍需要人工校验，并由校验者承担患者诊疗结果的部分责任。当人工智能应用导致医疗纠纷、抑或是关于人的伦理或法律冲突时，应从技术层面对人工智能技术开发人员或设计部门问责，并在人工智能应用层面建立合理的责任和赔偿体系，以保障智慧医疗在临床环境下发挥其应有的价值。在制度层面，为应对智慧医疗可能带来的伦理和法律等挑战，应尽快建立伦理管理规范。此外，还需要关注智慧医疗的可及性和可负担性问题。目前，我国智慧医疗主要集中于大型三甲医院，偏远地区患者难有机会享受高质量的医疗健康服务。医疗卫生资源分配的不公平及权衡患者健康需求与技术成本是当下智慧医疗发展中面临的公正性和可及性的伦理挑战。

8.3.2 智慧医疗的发展前景

智慧医疗作为医疗信息化不断升级迭代的璀璨成果，正逐步成为现代医疗服务体系中不可或缺的重要组成部分。其快速发展不仅得益于政策的积极引导与需求的持续攀升，更离不开技术的持续创新与深度融合。

1. AI 大模型引领智慧医疗变革

如图 8-20 所示，AI 大模型以其卓越的数据处理能力和学习能力，正引领着医疗健康领域的深刻变革。例如，百度灵医大模型便是其中的佼佼者，它已成功嵌入 200 多家医疗机构，通过精准的数据分析，显著提升了诊断的准确性和效率。而医联推出的 MedGPT 大模型，更是以高达 100B（千亿级）的参数规模，致力于实现从疾病预防、诊断到康复的全流程智能化诊疗，为医疗行业树立了新标杆。

在个性化医疗领域，AI 大模型通过构建患者的精准画像，为每位患者量身定制治疗方案，实现了患者管理的高效性与个性化。圆心科技的源泉大模型，正是这一理念的杰出实践者。它根据每位用户的独特特性，提供定制化的疾病科普和药品服务，不仅提升了患者管理的效率，更显著增强了治疗效果，为患者带来了更加贴心的医疗服务体验。

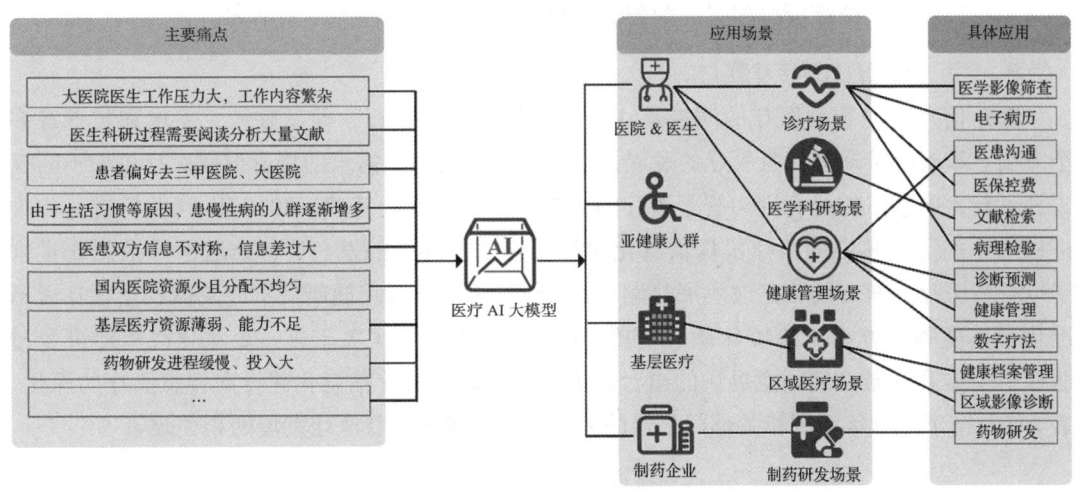

图 8-20　医疗 AI 大模型应用场景

在医学影像分析领域，AI 大模型的应用同样令人瞩目。首都医科大学附属北京天坛医院联合北京理工大学推出的"龙影"大模型能够快速生成针对多种疾病的诊断意见，不仅提高了诊断的准确性，更显著提升了医疗服务的效率和水平。

AI 大模型在药物研发领域同样发挥着举足轻重的作用。它能够帮助科研人员快速筛选候选药物，优化临床试验设计，从而大幅缩短药物研发周期、降低研发成本，如晶泰科技的 XpeedPlay 平台和智源研究院的 OpenComplex 2 大模型。

在医疗质量监控方面，AI 大模型能够生成规范的医疗文书模板，实现快速检测文书和影像的缺陷等，从而确保医疗质量和效率的提升，如惠每科技和信创海河实验室推出的医疗大模型。

2. 大数据、物联网、5G 驱动智慧医疗全面发展

从当前医疗健康行业的整体发展趋势深入探索，智慧医疗正以前所未有的速度崛起，并逐渐成为推动整个行业变革与升级的核心力量。这一领域不仅融合了物联网、大数据、云计算、人工智能等前沿技术，还紧密关联着患者需求、医疗服务模式、医疗资源配置等多个方面，展现出强大的生命力和无限的发展潜力。大数据技术为医疗信息化提供了数据存储、处理与分析的强大支持，助力医疗机构高效整合海量数据，为临床决策和科研提供宝贵信息。同时，这些数据也是医疗大模型发展的基石，使人工智能能够进行充分训练，实现精准的疾病预测、诊断及个性化治疗。物联网技术通过连接医疗设备和患者监控系统，实现实时监测和远程医疗服务，提高了医疗服务的可及性，为慢性病患者和老年人提供了便捷的健康管理方式。随着物联网技术在智能穿戴设备、远程监控、智能医疗设备等方面的应用不断拓展，预计到 2025 年，全球智慧医疗物联网市场规模将达 170 亿美元。

5G 技术以其高速率、低延迟、高连接数的特性，为智慧医疗提供了稳定、高效的网络

环境，促进了远程医疗、智能医疗设备和移动医疗应用的快速发展。

此外，医疗健康行业与信息技术、生物技术、新材料等领域的跨界合作，推动了技术创新与应用，优化了医疗资源配置，为智慧医疗的可持续发展注入了新活力。

3. 政策推动智慧医疗发展方向

医疗信息化向智慧医疗的演进是一个复杂而深远的过程，涉及政策、需求和技术等多个方面。政策的推动为智慧医疗的发展提供了方向和动力，需求的提升促使医疗机构不断探索和创新，而技术的融合则为智慧医疗的实现提供了坚实的基础。2018年，《关于进一步推进以电子病历为核心的医疗机构信息化建设工作的通知》的发布，标志着医疗信息化进入了以智慧医疗为核心的第三波发展热潮。2020年，《国家医疗健康信息医院信息互联互通标准化成熟度测评方案（2020年版）》的发布，以及2023年《关于进一步深化改革促进乡村医疗卫生体系健康发展的意见》的出台，进一步推动了医疗信息化建设向智慧医疗的深化。表8-2总结了近十年我国相关部门出台的关于推动和指导智慧医疗发展的相关政策。

表 8-2　2014 年—2023 年我国智慧医疗相关重要政策

年份	发布部门	政策	内容
2023	财政部办公厅、卫生健康委办公厅	《关于组织申报 2023 年中央财政支持公立医院改革与高质量发展示范项目的通知》	推进电子病历、智慧服务、智慧管理"三位一体"的智慧医院建设和医院信息化标准建设，支持建立区域内检查检验结果互通共享信息化规范
2023	国家卫生健康委等	《关于全面推进紧密型县域医疗卫生共同体建设的指导意见》	一县域医共体内信息系统，加强数据互通共享和业务协同，推动人工智能辅助诊断技术在县医共体内的应用。将远程医疗延伸到乡村，推行基层检查、上级诊断、结果互认
2023	中共中央办公厅、国务院办公厅	《关于进一步深化改革促进乡村医疗卫生体系健康发展的意见》	健全完善乡村医疗卫生体系，确定目标任务：到 2025 年，乡村医疗卫生体系改革发展取得明显进展
2021	国务院	《"十四五"规划和 2035 远景目标纲要》	医疗卫生行业是信创产业"2+8"建设重要部分。智慧医疗也将作为数字中国建设重要任务。上海等省市卫健委联合多部门出台文件中明确要求，市级医院 2025 年 6 月前完成全面信创改造工作
2020	国家卫生健康委	《关于进一步完善预约诊疗制度加强智慧医院建设的通知》	2020 年 5 月，提出建立医疗、服务、管理"三位一体"的智慧医院系统，这是国家首次从智慧医院顶层设计角度提供建设思路
2020	国家卫生健康委	《国家医疗健康信息医院信息互联互通标准化成熟度测评方案（2020 年版）》	国家医疗健康信息互联互通标准化成熟度测评分为区域和医院两部分，构建了一套科学、系统的信息互联互通标准化成熟度分级评价技术体系和方法
2018	国家卫生健康委	《电子病历系统应用水平分级评价标准（试行）》	旨在建立和完善智慧医院相关标准体系。将电子病历系统应用水平划分为 9 个等级，并要求二级以上医院按时参加电子病历系统功能应用水平分级评价，鼓励其他各级各类医疗机构积极参与
2018	国家卫生健康委	《关于进一步推进以电子病历为核心的医疗机构信息化建设工作的通知》	进一步强调建立健全电子病历信息化建设工作机制，充分发挥电子病历信息化作用，确保电子病历信息化建设运行安全，持续推进电子病历信息化建设

(续)

年份	发布部门	政策	内容
2015	国务院	《关于积极推进"互联网+"行动的指导意见》	2015年—2018年，国家围绕互联网医疗进行智慧医院探索，推动线上线下资源的整合
2014	八部委	《关于促进智慧城市健康发展的指导意见》	首次提出了"智慧医院"的概念

智慧医疗在我国政策的引导下，正全面覆盖医疗服务、支付、企业服务及健康管理等领域，并不断向更深更广的方向发展。医疗行业已从数据收集治理迈向智能化应用阶段，高质量数据库支持下的智能化应用已在临床、科研、药物研发等领域实现商业化，展现了蓬勃生机。同时，国民医疗服务需求的变革也是智慧医疗发展的强大动力。老龄化加剧和健康意识提升导致医疗服务需求激增，特别是在慢性病管理和康复护理方面。居民对健康信息的关注和对健康生活方式的追求，推动了对高质量、个性化医疗服务的需求。医疗资源分布不均问题依然突出，智慧医疗通过信息化手段优化资源配置，不断提高服务可及性和公平性。

患者对医疗服务质量的期待也在提高，关注治疗效果的同时，更重视就医体验。智慧医疗通过预约、电子病历、远程医疗等技术手段，改善了就医体验，提升了服务效率和质量。大数据分析、人工智能辅助诊断、智能穿戴设备等技术的应用，使智慧医疗能提供精准健康管理和疾病治疗服务，满足居民多样化需求，并通过远程医疗缓解资源分布不均问题。未来，智慧医疗将更深入地融入日常生活，为全民健康提供全面高效服务。

8.4 小结

本章对医学与人工智能的交叉领域——智慧医疗进行了全方位的探讨，揭示其为未来医疗模式变革的关键驱动力。智慧医疗以信息技术为核心，通过人工智能、物联网、大数据和云计算等技术手段，提供了高效、精准、个性化的医疗服务，从而有效提高医疗服务的质量和可及性。首先，在智慧医疗概述部分明确了其定义和发展路径。从最初的电子病历系统到集成多种先进技术的医疗服务平台，智慧医疗已经深刻影响了从患者预约到远程诊断的整个医疗过程。通过数据共享和智能化管理，智慧医疗改善了患者的就医体验，并为医生提供了更精准的决策支持。在智慧医疗的核心要素部分，数据的重要性被重点强调。无论是电子病历、影像数据，还是基因组学信息，这些数据构成了智慧医疗的基础。大数据技术使得医生能够预测疾病风险，并提供个性化治疗方案。此外，智慧医疗通过自动化流程和辅助诊断，减少了医疗资源的浪费，优化了服务流程。

本章还详细讨论了智慧医疗在医学影像、远程医疗、药物研发、个性化医疗及中医药领域的多样化应用。例如，AI在医学影像中通过图像识别技术，辅助医生进行诊断，提高了诊断的准确性。远程医疗则借助5G和物联网技术，打破了地域限制，为偏远地区患者提供了高质量的医疗服务。此外，中医药的现代化发展，也在智能诊断仪器和AI技术的支持下取得了显著进展。

尽管智慧医疗前景广阔，其发展过程中仍面临诸多挑战，如数据隐私与安全问题、技术标准化不足、医护人员对新技术的接受度低等。尤其在数据隐私方面，如何保障患者的个人健康信息不被滥用成为重要议题。智慧医疗的进一步发展离不开技术的持续创新和政策的支持。物联网、5G、大数据等技术的不断突破，将推动智慧医疗从被动治疗向主动健康管理转变。同时，政府的政策支持和跨行业的合作将为智慧医疗的快速普及提供坚实保障。总之，智慧医疗不仅是技术的革新，更是医疗模式的全面升级，它将在全球医疗健康领域中继续发挥重要作用，为人类健康福祉做出更大的贡献。

参考文献

[1] CAO K, XIA Y, YAO J, et al. Large-scale pancreatic cancer detection via non-contrast CT and deep learning [J]. Nature medicine, 2023, 29(12): 3033-3043.

[2] RONNEBERGER O, FISCHER P, BROX T. U-Net: Convolutional networks for biomedical image segmentation [C]//Lecture Notes in Computer Science. Munich: MICCAI, 2015.

[3] LIPKOVA J, CHEN R J, CHEN B, et al. Artificial intelligence for multimodal data integration in oncology [J]. Cancer cell, 2022, 40(10): 1095-1110.

[4] KHOSRAVI P, LYSANDROU M, ELJALBY M, et al. A deep learning approach to diagnostic classification of prostate cancer using pathology–radiology fusion [J]. Journal of magnetic resonance imaging, 2021, 54(2): 462-471.

[5] HAVAEI M, GUIZARD N, CHAPADOS N, et al. Hemis: Hetero-modal image segmentation [C]//Lecture Notes in Computer Science. Athens: MICCAI, 2016.

[6] SEDGHI A, MEHRTASH A, JAMZAD A, et al. Improving detection of prostate cancer foci via information fusion of MRI and temporal enhanced ultrasound [J]. International journal of computer assisted radiology and surgery, 2020, 15: 1215-1223.

[7] CHEN R J, LU M Y, WENG W H, et al. Multimodal co-attention transformer for survival prediction in gigapixel whole slide images[C]//The 2021 IEEE/CVF international conference on computer vision. New York: IEEE/CVF, 2021.

[8] REDA I, KHALIL A, ELMOGY M, et al. Deep learning role in early diagnosis of prostate cancer [J]. Technology in cancer research & treatment, 2018, 17: 1533034618775530.

[9] LI J, GUAN Z, WANG J, et al. Integrated image-based deep learning and language models for primary diabetes care[J]. Nature medicine, 2024:1-11.

[10] SENIOR A W, EVANS R, JUMPER J, et al. Improved protein structure prediction using potentials from deep learning [J]. Nature, 2020, 577(7792): 706-710.

[11] JUMPER J, EVANS R, PRITZEL A, et al.Highly accurate protein structure prediction with AlphaFold [J]. Nature, 2021, 596(7873): 583-589.

[12] ABRAMSON J, ADLER J, DUNGER J, et al. Accurate structure prediction of biomolecular interactions with AlphaFold 3 [J]. Nature, 2024, 630(8016): 493-500.

[13] CHEN R J, WANG J J, WILLIAMSON D F, et al. Algorithmic fairness in artificial intelligence for medicine and healthcare [J]. Nature biomedical engineering, 2023, 7(6): 719-742.

[14] BERNHARDT M, JONES C, GLOCKER B. Potential sources of dataset bias complicate investigation of underdiagnosis by machine learning algorithms [J]. Nature medicine, 2022, 28(6): 1157-1158.

第 9 章
AI 助手——智慧生活

历经数十年的迅猛发展，AI 技术已渗透到人们生活的每一个角落，从衣食住行到娱乐休闲，无一不经历着由 AI 技术带来的深刻变革。尽管目前尚未达到通用人工智能的宏伟目标，但 AI 技术已展现出无限的潜力和价值，极大地丰富并改变了人们的生活方式。本章将深入剖析 AI 技术在日常生活中的多重角色与影响，旨在为读者呈现一幅智慧生活的全景图。首先，将概述智慧生活的现状，揭示 AI 技术如何悄然成为人们日常生活中的得力助手。随后，将从衣、食、住、行四个维度出发，逐一剖析 AI 技术在这些领域中的核心技术框架与实际应用案例。

9.1 智慧生活概述与人工智能实现

近年来，人工智能技术的飞速发展与广泛应用，已促使其与实体经济深度融合，并逐步渗透到人们生活的方方面面。这一过程不仅极大地提升了生活的便捷性，更全方位、深层次地重塑了人们的衣食住行模式，引领人们步入"AI 智慧生活"（AI Smart Living）的新纪元。在这一全新时代背景下，AI 已超越单一技术范畴，蜕变成为日常生活与工作中不可或缺的核心要素。智慧生活，区别于单一的智能产品或智能场景，甚至智慧家庭等概念，它是一个由人、机、物、环境等多元要素相互交织、共同构建的智能化生态系统。在这个系统内，每个组成部分——人、智能设备、物理空间及外部环境，均作为独立的复杂子系统存在，它们之间通过高度协同与智能互联，共同编织出一张智能生活之网。图 9-1 是以家庭生活为例展现的智慧生活的构想图，它展示了智慧生活中的多元要素，包括人与智能家居设备之间的互动，如智能灯泡、智能音响、智能冰箱等，同时也体现了环境因素，如绿色植物和舒适的家庭环境。实际上，智慧生活属于一个既复杂又高度集成的综合领域，涵盖人们生活中的衣、食、住、行各个方面。本节将全面概览智慧生活的现状与前景，阐明人工智能在日常生活中扮演的关键角色，从细微之处展现它如何悄然地改变人们的生活方式，开启一个更加智能、便捷、高效的新生活篇章。

9.1.1 智慧生活概览

1. 智慧生活的概念

智慧生活，简而言之，是指利用现代信息技术，特别是物联网、大数据、云计算、人工智能等先进技术，使人们的生活更加智能化、便捷化、高效化和个性化。在智慧生活中，各种智能设备和系统通过物联网技术实现互联互通，形成一个庞大的智能网络。这个网络能够感知、分析、整合和处理与人们生活相关的各种信息，从而提供更加精准、个性化的服务。例如，智能家居系统可以根据用户的习惯和需求，自动调节室内温度、光线、音响等环境参数，创造更加舒适的生活环境；智能健康监测设备可以实时监测用户的身体状况，提供健康建议和预警服务；智能交通系统可以优化交通流量，减少拥堵和排放，提高出行效率。综上所述，智慧生活已全面渗透到人们日常生活的衣、食、住、行四大基本领域，涵盖智能穿戴、智慧饮食、智能家居与智能交通等多个方面。

图 9-1　以家庭生活为例展现的智慧生活构想

2. 智慧生活的特点

智慧生活的核心特点体现在多个层面。以智能家居为例，首先是智能化，借助人工智能技术，各类智能家居设备可以进行自我学习与决策，从而为用户提供高度定制化的服务；其次是互联化，不同品牌和类型的智能设备之间能够实现无缝连接与协同决策，构建起一个覆盖广泛的智能生态系统，实现多种信息的畅通共享与交互；再者是便捷性，用户仅需简单的语音指令或手势操作即可轻松操控家中设备，极大地简化了不同日常操作流程；最后是安全性，人工智能技术的应用使得家居安全防护更加高效，可以全天候实时监控家庭环境，有效预防潜在风险，保障用户的人身与财产安全。

9.1.2　人工智能在日常生活中的角色

人工智能技术已经渗透到了人们生活的每一个角落，从简单的日常事务到复杂的决策过程，都在发挥着重要作用，极大地提高了人们的生活质量。在智慧生活的概念体系下，人工智能技术如同织就未来生活的经纬线，广泛渗透至日常生活的每一个角落，深刻改造并优化着人们的居住、饮食、穿衣、出行、就医等各个维度，极大地丰富了生活的内涵与体验。智慧生活不仅局限于智能家居的温馨便捷、智能交通的流畅无阻、智能健康的精准守护，更在于通过这些领域的深度融合与协同创新，共同编织出一个高度集成化、智能化的生活生态系统。

1. 衣——智能穿戴领域

在智能穿戴领域，人工智能技术的广泛应用提升了用户体验。智能手表、智能眼镜等尖端可穿戴设备，不仅是时尚单品，也逐渐成为用户健康管理的得力助手。智能手表利用内置的多种传感器，持续监测心率、血压、睡眠质量等关键健康指标，并结合 AI 算法分析，为用户提供量身定制的健康改善方案与运动指导。这些设备不仅能让用户随时掌握自身健康状况，还能根据用户的运动习惯与体能状况，推荐适合的运动计划与饮食建议，助力用户实现健康生活的目标。此外，还有 AI 时尚助手这种创新性应用，它深度融合了图像识别与推荐算法等核心技术，能够精准捕捉用户的身材轮廓、色彩偏好及风格倾向，从而为用户量身打造个性化的服装搭配建议。更令人兴奋的是，结合虚拟试穿技术，用户无须实际试穿，可在虚拟环境中预览多种穿搭效果，极大地提升了购物的趣味性与便捷性。

2. 食——智慧饮食领域

俗话说民以食为天，不管是食物源头的智慧农业，还是家庭生活中的智能食谱、食品安全，都渗透着人工智能技术的智能化元素。在智慧农业方面，通过融合机器视觉与无人机技术可以实现对作物病虫害的有效监测。依托大数据分析技术可以优化种植策略，实现灌溉与施肥的精准控制，促进农作物优质高产。在智能食谱方面，AI 技术通过分析用户的饮食偏好、健康状况及营养需求，提供个性化饮食建议和食谱定制，助力实现健康饮食。AI 技术还能识别食材种类，辅助食材管理和烹饪过程，提升家庭餐饮体验。在食品安全方面，通过图像识别、光谱分析等技术，能够实现对食品中有害物质、农药残留及微生物污染的高效检测，确保食品质量安全。此外，结合区块链与物联网技术，还可以构建食品安全追溯系统，实现从农田到餐桌的全链条监管，确保食品来源可追溯，问题可追责。

3. 住——智能家居领域

智能家居是智慧生活的重要组成部分，结合物联网、云计算、大数据、人工智能等先进技术，可以智能化管理和控制家居环境中的各种智能设备，自动调整家居环境，为用户提供个性化的服务，提升居住体验。例如，智能音箱不仅能播放音乐、查询天气，还能根据用户的日常习惯，在特定时间自动播放新闻、提醒日程安排。智能照明系统能根据室内光线强弱、用户活动状态自动调节灯光亮度和色温，营造最适宜的居家氛围。智能温控系统能通过学习用户的温度偏好，自动调节室内温度，实现节能减排的同时，确保用户始终处于最舒适的环境中。智能安防系统能够实时监测家中情况，实现危险预警，保证用户安全。智慧社区构建则是指通过物联网技术连接各个家庭，实现资源共享和服务协同。

4. 行——智能交通领域

在智能交通领域，人工智能技术的应用极大地提升了出行效率和安全性，引领交通领域迈向更加高效、安全、绿色的未来。在交通监控方面，AI 通过智能摄像头和图像识别技术，实时监测道路拥堵、交通事故等情况，并自动分析数据，为交通管理部门提供精准的决策支持。同时，结合大数据分析，AI 能够预测交通流量变化，提前制订疏导方案，有效缓解交通压力。在自动驾驶方面，AI 更是发挥了核心作用。通过深度学习等算法，自动驾驶汽车能够精准识别道路标志、行人、其他车辆等环境信息，并做出智能决策，实现安全、高效的自动驾驶。此外，AI 还在公共交通、物流配送等方面展现出巨大潜力。通过智能调度系统，AI 能够优化公交线路、出租车分布和物流运输路线，提高运输效率和服务质量。结合物联网技术，AI 还能实现对交通设施的远程监控和维护，保障交通系统的稳定运行。

人工智能在日常生活中的角色日益重要，它不仅改变了人们的生活方式，还为各行各业带来了新的发展与机遇。随着技术的不断发展和完善，期待人工智能在未来的智慧生活中发挥更大的作用，为人们带来更加便捷、高效和舒适的生活体验。同时，也要进一步关注 AI 技术带来的挑战，如数据安全、隐私保护等问题，确保其健康发展。

9.2 智"衣"新尚——智能穿戴与 AI 时尚助手

近年来，计算能力的飞跃、通信技术的革新、AI 技术的蓬勃发展、边缘计算设备的日益普及都为可穿戴设备（Wearable Device）领域注入了新的活力，催生了许多面向可穿戴设备的新模型。本节将以智能可穿戴技术与 AI 时尚助手为例介绍人工智能对于"衣"这一领域的影响。

"AI"时尚

9.2.1 核心技术与框架——以智能穿戴为例

AI 技术在提高可穿戴设备的智能化水平方面发挥着日益显著的推动作用。随着 AI 技术的飞速发展，可穿戴设备不再仅是简单的健康监测或信息提示工具，而是逐渐演变成集智能感知、自主学习与个性化服务于一体的智能伴侣。通过集成先进的机器学习算法和深度学习模型，可穿戴设备能够感知外部环境变化，实时分析用户的生理数据、行为习惯，从而提供更加精准、个性化的健康管理和生活辅助。例如，智能手环不仅能记录步数、心率等基本信息，还能通过 AI 算法预测用户的运动状态，自动为用户推送运动建议，避免过度训练或运动不足。此外，AI 技术还使得可穿戴设备在情感识别、压力管理等方面展现出巨大潜力。通过分析用户的语音、表情及生理反应，AI 系统能够感知用户的情绪状态，并给出相应的心理调适建议，帮助用户缓解压力、放松心情。更重要的是，随着物联网技术的普及，可穿戴设备与其他智能设备的互联互通成为现实，通过智能分析与决策，可穿戴设备能够与其他设备协同工作，共同为用户提供更加便捷、高效的生活体验。一般，可穿戴设备可以分为以下三大类。

- **植入式设备**。这类设备被长期植入人体内，具有高度的生物相容性和长期稳定性，能够在人体内长时间工作。例如心脏起搏器和深部脑刺激器可以植入人体内 5～10 年，并持续工作。
- **接触式可穿戴设备**。这是三类当中应用最广泛的一类。这类设备通常被佩戴在人体上，持续收集人体的各种参数，包括心率、身体活动、体温、肌肉活动、血液/组织氧合及其他生理参数。常见的设备包括智能手表、智能衣物、智能鞋、健身追踪器、心率胸带。
- **可穿戴环境监测设备**。这类设备用于实时监测和记录周围环境的各种参数而非人体的生理状态，如空气质量、温度、湿度、光照强度、噪声水平等。它们通常设计得较为轻便、易于佩戴，并且可以与智能手机或其他移动设备进行无线连接，以便用户随时查看和分析数据，例如谷歌眼镜。

1. 智能可穿戴技术的发展

在早期的智能可穿戴设备中，机器学习方法展现出强大的潜力。可穿戴设备通过内置的传感器，如加速度计、陀螺仪、心率监测器等，持续捕捉用户的运动、生理状态及环境变化等信息。这些数据随后被送入机器学习模型进行处理，通过运用诸如分类、回归、聚类等算法，自动识别用户的活动模式、健康状态及潜在风险。例如，引入置信指数机制[1]并动态调整阈值，显著提升了行为意图识别的稳定性与可靠性。此外，针对传统智能系统中存在的局限性，如跌倒检测传感器的误报率高及维护成本昂贵等问题，机器学习方法结合物联网技术提供了创新解决方案。可穿戴设备集成的机器学习算法还能通过预测热状态指数[2]和多层学习机[3]来测量心率和皮肤温度，识别步行动作和模式。

> 预测热状态指数（Thermal State Index，TSI）是基于人体生理和主观反应，通过综合考虑多种因素（如温度、湿度、风速、人体代谢率等）来预测人体在特定环境下的热感觉和热舒适性。这个指数有助于更准确地了解在特定条件下人体的热舒适状态，从而采取相应的措施来调节环境，提高人们的舒适度。

在当今智能穿戴设备广泛普及的背景下，精确识别人体活动已成为一项至关重要的技术需求。深度学习作为分析智能可穿戴数据的利器，展现了强大的数据处理能力，逐渐涌现出了专为可穿戴传感器设计的新型深度学习架构[4-5]。这些架构巧妙融合了深度神经网络与主动学习技术，构建出泛化能力强的数据分类模型，能够在复杂多变的环境中实现稳健的人体活动识别。它们大多数将卷积神经网络与长短期记忆网络（Long Short-Term Memory，LSTM）结合以处理时间序列数据，共同学习特征的层次化表示并捕捉活动数据中的长期依赖关系，采用主动学习策略进一步优化模型参数，使系统能够快速适应新环境与新任务。例如，新加坡南洋理工大学与意大利萨兰托大学的研究人员共同提出的 DeepConvLSTM[5]（见图 9-2）实现了多种复杂人体活动的高精度识别，对于时间序列数据的分类任务具有重要意义。通过自动特征学习、多模态数据处理、高效时序数据处理，DeepConvLSTM 不仅提高了模型的性能和鲁棒性，还推动了相关领域的研究和应用发展。

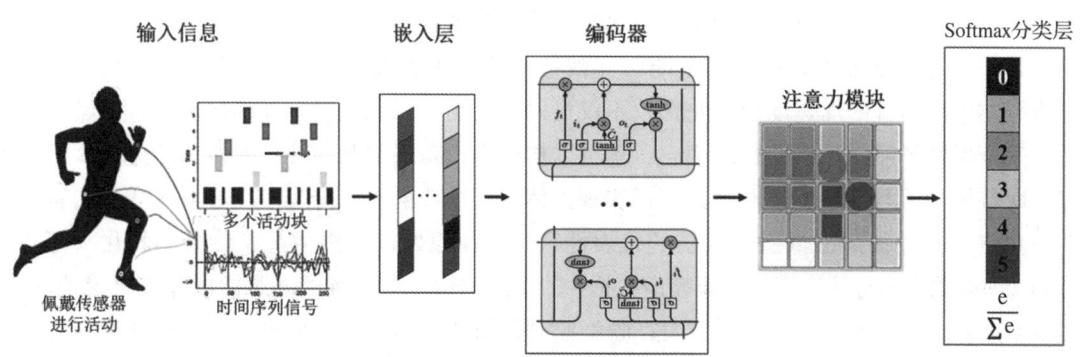

图 9-2　DeepConvLSTM 人体活动识别框架

2. 智能可穿戴设备的数据收集架构与信息处理模型

智能可穿戴设备通过集成多种传感器，能够实时收集用户的生理和环境数据，为健康监测、运动分析和日常生活提供重要支持。高效的传感器数据收集和处理是实现这些功能的关键。当前用于智能可穿戴设备的各种数据收集架构和信息处理模型大致可以分为以下三类。

（1）智能可穿戴设备的独立架构

该架构是一种无须外部设备支持即可运行的体系结构，适用于检测人体运动并在紧急情况下完成关键信息的远距离传输。例如，用户在日常步行时，可以实现对脚部细微动作的准确捕捉，一旦识别到紧急情况，立即自动触发紧急通信机制，为用户安全增添一份坚实保障。图 9-3 展示了一种基于深度学习的智能可穿戴设备独立架构。首先，设备收集由智能传感器测量的原始数据，并将其分割为特征片段。在过程 A 中，自动学习多模态特征，例如序列特征、光谱特征等；在过程 B 中，提取浅层的结构特征。在最后的分类模块中，这些特征被合并在一起，并利用深度学习模型中的全连接层和 Softmax 层进行人体活动、主观情绪的分类任务。独立架构在活动检测、健康监测和紧急通信等方面具有重要的应用价值。

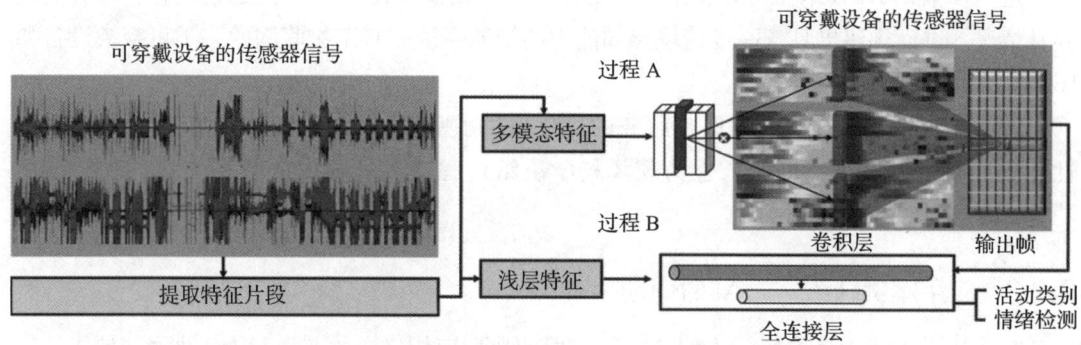

图 9-3　基于深度学习的智能可穿戴设备独立架构

(2)用于智能可穿戴设备的智能手机与智能手表架构

目前,已经出现了诸多针对智能可穿戴技术的智能手机和智能手表架构。基于智能手机或智能手表内置的加速度计与陀螺仪不仅可以实现用户跌倒检测,还能区分日常活动,为用户安全保驾护航[6]。借助智能手表,还可以构建用户睡眠监测与评估系统,通过深度融合多层次特征学习与循环神经网络,可以实现人体睡眠阶段的精细分类[7]。在此过程中,特征学习负责挖掘并提炼出低层与高层的代表性特征,而原始信号则通过精细处理转化为蕴含时间(即帧数据)与频率特性(即频谱数据)的关键属性,为后续的睡眠阶段分类奠定基础。图9-4直观地展示了这一可穿戴方案在睡眠监测领域的实施流程。此外,在智能决策支持方面,还可以将可穿戴医疗系统收集的健康数据无缝集成至临床决策支持系统中,为疾病的早期发现与干预提供强有力的数据支撑。

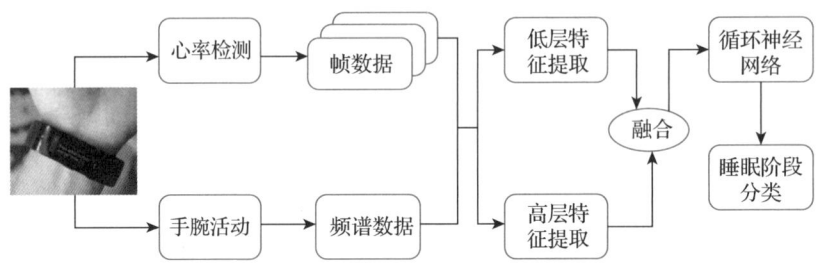

图9-4 用于睡眠阶段分类的智能可穿戴方案实施流程

(3)智能可穿戴设备的物联网架构与云架构

可穿戴设备、物联网与云计算的融合与部署使人们能够记录、监控并存储大量的个人相关数据,如个性化的健康数据、身体生命体征参数、身体活动及行为数据等。它们不仅是衡量个人生活质量的重要指标,也是揭示健康趋势与生活模式变化的宝贵资源。以往,可穿戴设备多以孤岛形式存在。而今,随着它们被无缝融入物联网的广阔生态中,数据的流动与共享变得前所未有的便捷。个人健康数据能够跨越物理界限,被高效传输至云端服务器等中心化平台,实现数据价值的最大化利用。连续积累的可穿戴数据逐渐成为大数据的重要组成部分,进一步借助AI技术便可以精准识别健康症状、前瞻性地预警潜在健康风险、即时响应异常情况,进而构建出具备高度情境感知能力的智能系统。基于物联网的多类可穿戴设备如图9-5所示。

智能穿戴设备不仅为远程医疗服务的优化提供了坚实的数据基础,还极大地促进了个性化健康管理的实现,同时,也为现场科学决策过程注入了强大的数据支撑与决策辅助功能。

9.2.2 应用案例介绍——AI时尚助手

目前,人工智能技术赋能人们"衣"方面的典型应用之一就是AI时尚助手,具体如人工智能驱动的时尚设计、虚拟试衣等,文本、图像和草图等多种输入方式的整合,使得设计师和用户能够轻松地交流设计理念。AI时尚助手不仅提升了用户体验,也极大地鼓励了更多元化、更具创新性的设计理念的涌现,促进了行业内更深层次的互动与合作。因此,AI

时尚助手无疑为时尚行业注入了新的活力与动力，推动其向更加开放、包容且创造力四溢的方向发展。设计师、知名品牌及广大消费者，均能在这一变革中捕捉到前所未有的机遇，共同探索时尚设计的无限可能。

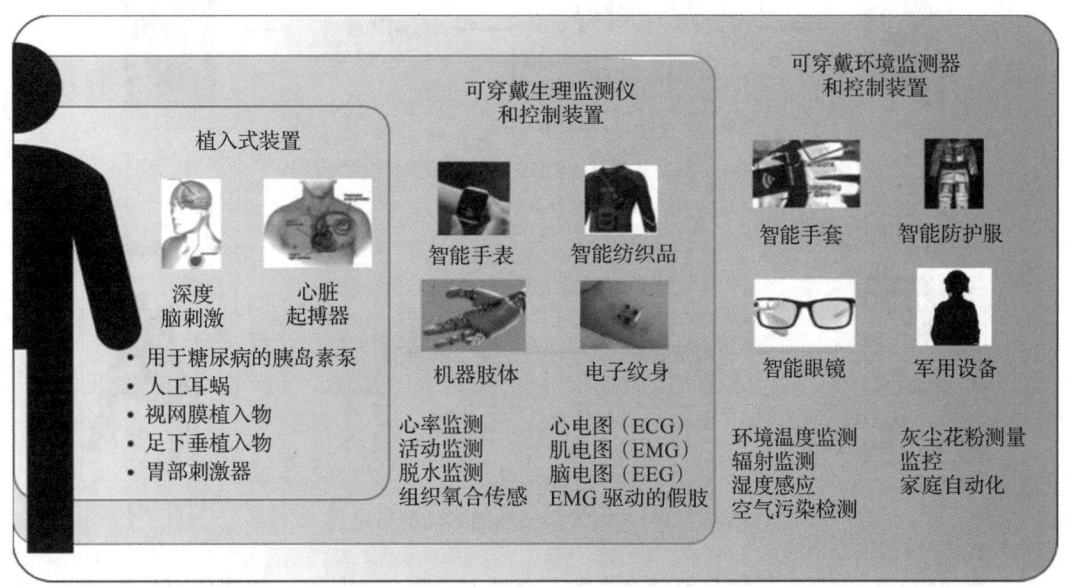

图 9-5　基于物联网的多类可穿戴设备

虚拟试衣技术，作为时尚与科技融合的产物，正逐步改变着人们的购物体验和方式。通过虚拟试衣技术，用户可以实现在不脱去身上衣物的情况下，完成换装并查看试衣效果的目的。下面来详细介绍虚拟试衣技术。

1. AI试衣要素解析

成功实现虚拟试衣技术的首要任务就是对当前着装者的各项关键要素进行深入解析，这一过程涵盖了人体关键点检测、人体和服装精细解析，以及个性化物品检索等多个关键环节。

人体关键点检测[8]旨在准确地识别并定位用户身体上的关键特征点，如肩膀、肘部、膝盖等，为后续将虚拟服装贴合至这些关键位置奠定基础。通过深入解析这些关键点的位置与形态，系统能够智能地构建用户身体的三维轮廓与比例，为增强虚拟试衣的逼真度与互动性提供数据。图 9-6 直观地展示了人体关键点检测流程的精要：首先，系统细致评估各关键点的可见性，确保数据的准确性；然后，依托卷积神经网络等技术精准提取并绘制出关键点周围丰富的局部特征图；随后，这些特征图经过解码，便可以得到人体的关键点位置。

人体和服装精细解析过程涉及对图像进行细致入微的分析与分割，提取出当前着装的详尽信息，涵盖了人体和服装的属性识别与分类，从基本的人体区域和服装类型解析（如人脸、头发、胳膊、西装还是短袖等）到细微的领型样式、领口造型，无一不在其分析范畴之内。图 9-7 展示了该解析过程。首先利用经过精心训练的深度学习模型从输入的图像中捕捉并提取出关键的特征信息。随后，这些特征被送入解码器，在边缘分支中实现人物轮廓预测并在解析分支中实现人物分割,得到解析的最终结果。

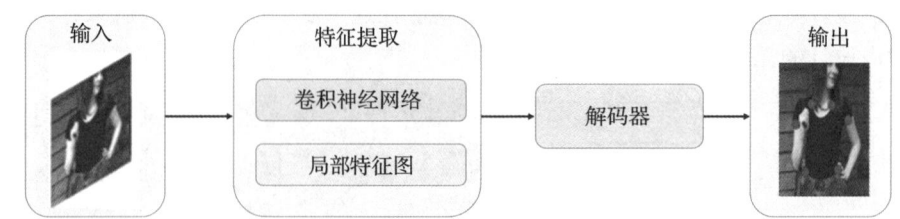

图 9-6　带有输入和输出的人体关键点检测流程

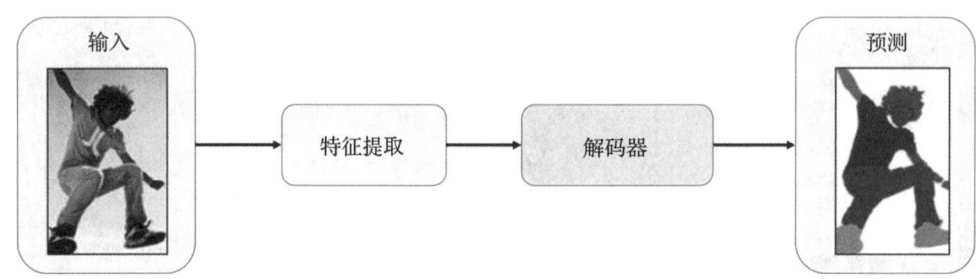

图 9-7　带有输入和预测的时尚解析过程

个性化物品检索是为了满足消费者在购买服装时多样化的偏好,根据他们的搜索历史和反馈给出个性化推荐。个性化物品检索是一种广泛运用的人工智能技术,通过利用视觉内容来检索视觉上相似的物品图像。在个性化推荐任务中,召回率与排序策略如同双轮驱动,共同推动着系统的精准度与用户体验的发展。召回率,作为衡量检索系统性能的关键指标,直接反映了系统从海量数据中挖掘并呈现与查询图像相似的物品的能力。一个拥有高召回率的系统能够在海量信息中精准锁定并召回那些与用户查询高度契合的时尚单品。以用户查询某款裙子为例,高召回率的系统能够迅速响应,在庞大的时尚数据库中将那些风格相近、设计相仿的裙子呈现于用户眼前。排序策略根据搜索结果与查询图像之间的相似度、用户偏好等多维度信息,编排这些时尚单品的顺序。为了进一步提升个性化推荐的精准度与有效性,研究人员不断探索将深度学习方法融入物品检索的新路径,这样可以让系统能够更深入地理解用户的偏好与需求,并且增强其在复杂场景下的自适应能力。例如,美国亚马逊公司在其购物网站上推出了 Style Snap 功能,用户可以通过上传照片,让 AI 推荐类似的服装和配饰。

2. AI 虚拟换装合成

AI 虚拟换装合成主要采用深度生成模型(如变分自编码器、生成对抗网络等),根据给定的外观(纹理、图案与颜色等)和结构(轮廓与类型等)生成新的时尚服装图像,在保持输入服装基本设计的同时融合期望的风格。例如,韩国崇实大学与 KAIST 研究院合作提出的 HR-VITON[9](见图 9-8),结合了图像分割、姿态估计和生成对抗网络等多种技术,能够精确地将人体的姿态信息与衣物的纹理相结合,实现高分辨率的虚拟人物换装合成。在算法的执行过程中,首先需要对人体图像和衣物图像进行缩放、裁剪及归一化等预处理,以确保输入数据的一致性和稳定性。接下来,算法会利用试衣条件生成器生成翘曲(Warping)和分割图。这一步是为了解决传统虚拟试衣方法中由于翘曲和分割图之间的不一致而导致的失真问题。通过融合这些图像信息，HR-VITON 能够实现高分辨率的拟合，使得生成的试穿图像更加真实和细腻。在图像合成阶段，HR-VITON 会根据预处理后的图像和试穿条件，将目标服装转移到人体的相应区域。这一步骤通常涉及图像的配准、融合及渲染等技术，以确保衣物能够自然地贴合在人体上，并呈现出逼真的试穿效果。同时，算法还会保留衣物的纹理和细节，使得生成的图像更加真实和生动。

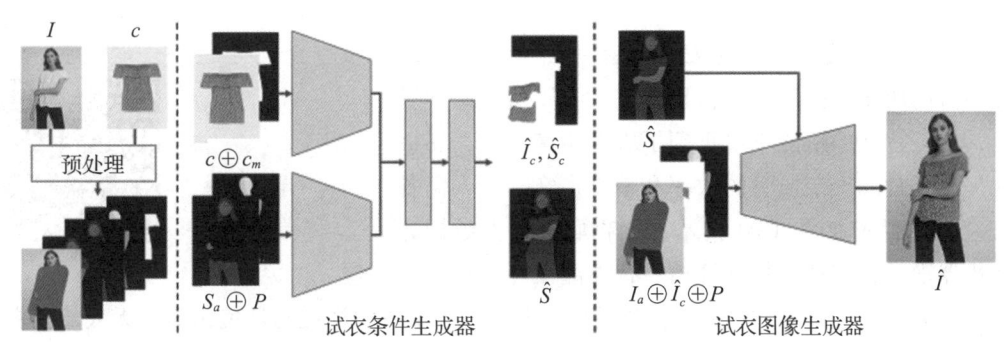

图 9-8　HR-VITON 网络结构示意

HR-VITON 使用了多尺度生成器和判别器，以确保生成图像的细节和质量。多尺度生成器由多个尺度的子网络组成，每个子网络负责生成不同分辨率的图像。低分辨率生成器生成低分辨率的虚拟试衣图像，并作为高分辨率生成的基础；高分辨率生成器在低分辨率图像的基础上，生成高分辨率的虚拟试衣图像，确保细节清晰。多尺度判别器也由多个尺度的子网络组成，每个子网络负责评估不同分辨率的图像。低分辨率判别器评估低分辨率图像的真实度，提供低分辨率生成器的反馈；高分辨率判别器评估高分辨率图像的真实度，提供高分辨率生成器的反馈。HR-VITON 还使用多种损失函数来优化生成器和判别器的性能，其中对抗损失函数确保生成图像的真实度；像素级损失函数确保生成图像与目标图像在像素级别的相似性；感知损失函数使用预训练的卷积神经网络（如 VGG）提取高层特征，确保生成图像与目标图像在特征空间的相似性；姿态一致性损失函数确保生成图像中的人体姿态与输入图像中的一致。

与传统的虚拟试衣方法相比，HR-VITON 生成的图像具有更高的清晰度，提供了接近实物的视觉感受。这使得用户能够在虚拟环境中更加真实地体验不同服装的穿着效果，从而降低退换货率，提高购物满意度。因此，HR-VITON 可以应用于多个场景，包括线上购物、时尚设计和虚拟现实。在线上购物方面，用户可以使用它在网上试穿不同的服装，提高购物体验；在时尚设计方面，设计师可以使用它生成新的服装设计，评估不同设计的效果；在虚拟现实环境中，用户可以使用它试穿不同的服装，获得沉浸式购物体验。

在 HR-VITON 之后，又涌现出其他虚拟试穿算法，如 GP-VTON[10] 方法，可以在复杂的自遮挡场景中生成语义正确和照片逼真的试穿结果，轻松扩展到多类别场景；又如 OOTDiffusion[11]，基于扩散模型进行微调，实现了真实且可控的基于图像的虚拟试穿，可以根据不同性别和体型调整服装,支持半身和全身模型;再如由中山大学和 Pixocial 联合推出的虚拟试衣技术 CatVTON[12],基于轻量化的架构和高效的训练策略,只需要极少的可训练参数,即可在保持细节一致性的同时,将服装无缝转移到目标人物上。这些算法在提升试穿体验的真实感、服装贴合度及视觉效果方面已经达到了商用水平。

9.3 "食"悦智融——智慧农业与食品安全

在人工智能技术的迅猛发展过程中,人类的生活正经历着前所未有的变革,特别是在"食"这一基本需求上,人工智能的赋能不仅重塑了农业生产方式,还极大地提升了食品安全监管的效率和精度,守护了人们餐桌安全。智慧农业通过 AI 技术,如物联网、大数据分析及机器视觉,实现了精准种植、智能灌溉与病虫害预

"AI"护盘中餐

警,大幅提升了农业生产效率与作物品质,同时减少了资源消耗与环境污染。无人驾驶拖拉机、收割机等设备则能自主完成翻耕、播种、收割等任务,极大地提高了农业生产效率,减轻了农民的劳动强度。在食品安全监管领域,AI 同样发挥了不可替代的作用。借助 AI 智能检测技术,能够迅速识别食品中的有害物质,确保市场流通的食品安全。总之,AI 在"食"领域的广泛应用,不仅提升了农业生产的智能化水平,也为食品安全筑起了一道坚实的防线。

9.3.1 核心技术与框架——以智慧农业为例

智慧农业(Smart Farming,SF)是指现代科学技术与农业种植相结合,实现无人化、自动化、智能化管理的农业生产新模式。智慧农业的宏伟蓝图涵盖了多个关键技术支柱,包括但不限于精准农业、先进的作物病害智能诊断系统,以及高精度作物表型分析技术。这些技术依托于机器学习、深度学习的深度挖掘能力,结合图像处理的自主感知、无线传感器网络的广泛覆盖、机器人技术的精准操作、物联网的无缝连接,共同编织了一张从田间自动化作业到作物全生命周期智能监控的精密网络。它们相互协作,构建了一个能够提高作物产量、减少资源消耗并增强食品安全的整体解决方案。

1. 精准农业

精准农业的精髓在于"精准三要素"战略,即在最佳时间、最恰当的地点种植最适宜的产品,它摒弃了传统上劳动密集型与重复性高的耕作模式,转而采用高度精确且可控的技术手段。精准农业作为这一理念的实践者,巧妙地将信息技术融入机械装备与传感器中,实现了农业生产流程的深度优化。其底层技术由卫星遥感技术、多光谱观测技术、计算机建模技术、全球定位系统(Global Position System,GPS)和地理信息系统(Geographical Information System,GIS)等共同构筑,这些技术相互支撑,共同推动了精准农业的发展。不仅如此,精准农业还可以延伸至空间可变作业领域,并扩展至畜牧业生产,具有广泛的应

用潜力。通过全面收集多样化数据、深度整合多种技术资源及高效的数据分析策略，精准农业显著提升了生产效率，同时降低了运营成本。

作物分类作为精准农业的重要组成部分，得益于遗传算法优化的模糊逻辑等先进技术，实现了田间作业的精准作物识别。同时，人工神经网络在估算作物生长参数（如高度、宽度等）方面的应用为农民提供了科学的作物管理依据。此外，神经网络与模糊逻辑技术还促进了作物产品的精细分类与分级，依据大小、形状、颜色、香气等多重维度，对苹果、番茄、生菜、花椰菜和杧果等农产品进行精准评判，这一过程融合了图像采集、特征提取与智能分类技术，极大地提升了产品的附加值。类似地，通过对作物的状况和预期产量进行评估，可以帮助农民进行更精细的管理。

> 模糊逻辑技术是一种处理不确定性和模糊性的数学方法，它模仿人类的思维方式，允许处理不精确和模糊的信息。与传统的二值逻辑（布尔逻辑）相比，模糊逻辑允许变量取值在一个连续的范围内，而不是仅限于真（1）和假（0）两种状态。这种技术在许多领域都有广泛的应用，尤其是在控制工程、人工智能、数据挖掘和决策支持系统中。

自主作业机器人是精准农业中执行多种任务的关键工具，如图9-9所示。这些机器人一般都配备了传感器来实时捕捉农田环境信息，并利用这些信息控制机器人做出灵活的决策。在作业过程中，机器人不仅能够利用内置的精密抓取与眼手协调系统，对植物进行细致入微的检查与精准处理，还可以运用机器视觉技术精准识别杂草并实施靶向施药，提升除草效率并显著降低人力成本，彻底改变了传统手工除草的繁重与低效。例如，瑞士EcoRobotix公司研制的田间除草机器人通过机器识别技术准确识别杂草，由机械手臂精准用量地对杂草喷洒除草剂，减少了除草剂的用量，提高了除草效率。此外，自主作业机器人在作物表型分析方面同样展现出非凡实力，能够全面评估植物的生长状况与健康水平，为精准农业管理提供宝贵的数据支持。在导航技术方面，自主作业机器人通常配备了不同导航策略，可以实现作物行间的高效、精准移动，确保作业的连续性与准确性。

2. 作物的病害检测

植物作为生态系统的重要组成，长期暴露于复杂多变的外界环境中，极易遭受各类病害的侵扰。因此，构建有效的疾病预防与控制体系，对于保障作物健康生长、维护粮食安全和提升作物品质具有不可估量的价值。作物的生理状态及其对病害的敏感性，直接决定了疾病蔓延的速度与广度，故及时且精准地识别植物疾病成为阻止产量与品质下滑的首要任务。然而，面对植物疾病快速且准确地识别难题，传统依赖专家人工目检的方式显得力不从心，尤其是考虑到其高昂的成本与极强的专业性。在此背景下，深度学习驱动的计算机视觉技术异军突起，通过自动驾驶农业车辆搭载的检测系统实现了对作物健康状况的实时监控与诊断，为智能设备辅助病害诊断开辟了新路径。除了人工智能技术之外，现代作物疾病检测策略还融合了光谱学、成像学等先进技术，尤其是在可见症状显现之前，这些方法已能凭借高光谱与多光谱荧光成像等尖端技术，捕捉到植物生理状态的微妙变化，如图9-10所示。高光谱成像尤为出色，它能对每个像素点的光谱信息进行深度剖析，揭示出健康与患病植物之间难以察觉的差异。例如，对于柑橘黄龙病，健康和患病植物的热红外光谱反射数据在特定区域的反射值会有所不同，可以根据植物的反射情况来分类。同时，荧光成像技术也展现出巨大潜力，它聚焦于植物样本在特定条件下发出的荧光特性，利用黑色背景的强烈对比，进一步增强了病害识别效果。在此基础上，结合红外热成像技术，通过对作物表面温度分布的精细测量，可为探寻病害根源、制定针对性防控策略提供科学依据。上述方法示例如图 9-11 所示。

图 9-9 用于精准农业的自主作业机器人

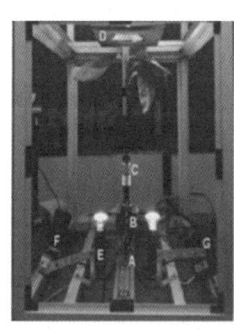

高光谱和叶绿素荧光成像　　高光谱成像：用于香蕉植株病害扫描　　高光谱成像：从实验室到现场　　红外热成像：用于柑橘绿化检测

图 9-10 几种常见的植物病害检测平台

3. 作物表型分析

生物体的所有可观察特性是其基因型与环境相互作用的结果，这些特性称为表型。表型特性包括但不限于行为属性、生化属性、颜色、形状和大小等。在植物科学领域，对植物的个体发育、生理、解剖和生化属性进行定量描述的过程被称为作物表型分析。这对于育种、品种采纳及基因组学和表型组学研究至关重要。近年来，研究人员开发了基于计算机视觉的自动化作物表型分析系统（见图 9-12），无须人工干预即可执行检测和测量任务，从而实现更高通量的数据采集，获得优于传统方法的准确性与经济性。具体来说，首先通过图像采集设备获取作物的图片信息，并运用机器学习算法提取其关键特征；接着，结合气象数据、土壤数据等其他相关数据进行智能计算，得到作物的表型特征；最后，通过特征分析判断哪些作物具有更好的生长潜力，哪些作物更容易受到病虫害的影响，从而做出相应的育种选择。

图 9-11 用于植物病害检测的不同成像技术

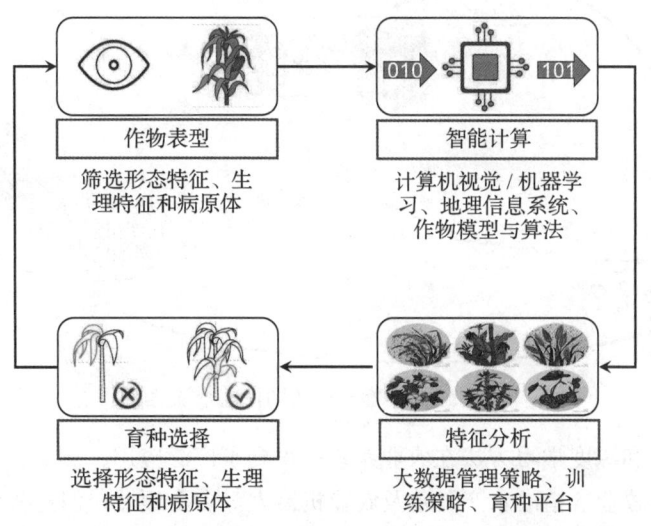

图 9-12 自动化作物表型分析计算流程

表型分析在基因型评估和作物育种中扮演了直观且重要的作用，机器人图像分析技术的应用使得表型特征的测量速度大大提升，有助于解决表型瓶颈问题。同时，为了有效收集作物的表型数据，研究人员设计了综合传感器系统，包括超声波距离传感器、热红外辐射计、归一化植被指数 🔗 传感器、便携式光谱仪和 RGB 网络摄像头等智能设备，能够从田间地块测量作物冠层的各种特性。GPS 技术用于提供地理参考信息，集成的环境传感器则用于同步记录天气情况，如太阳辐射和空气温湿度等。具体来说，首先通过使用无人机、卫星遥感、地面传感器等手段，获得大量的作物表型数据。这些数据经过处理后，可以用来分析作物的生长状况、病虫害情况、产量预测等。但是，如何有效地管理和利用这些数据呢？这就需要一个强大的数据库来进行存储和分析。在这个过程中，实验设计和假设非常重要，因为这决定了要收集什么样的数据，以及如何分析这些数据。通过整合不同的数据源，例如蛋白质组学、代谢组学、表型组学等，可以得到更全面的作物表型信息，进而更好地理解作物的生长规律，从而制订出更有效的种植方案。如图 9-13 所示的系统便能有效地捕捉农作物特性的时序动态变化。

> 🔗 归一化植被指数（NDVI）是一种使用广泛的遥感技术指标，用于评估植被的生长状况和密度。NDVI 通过比较近红外（NIR）和红光（Red）波段的反射率，量化植被的绿色程度和活力。NDVI 值的范围为 $-1 \sim 1$，正值表示有植被覆盖，负值表示无植被或水体等。

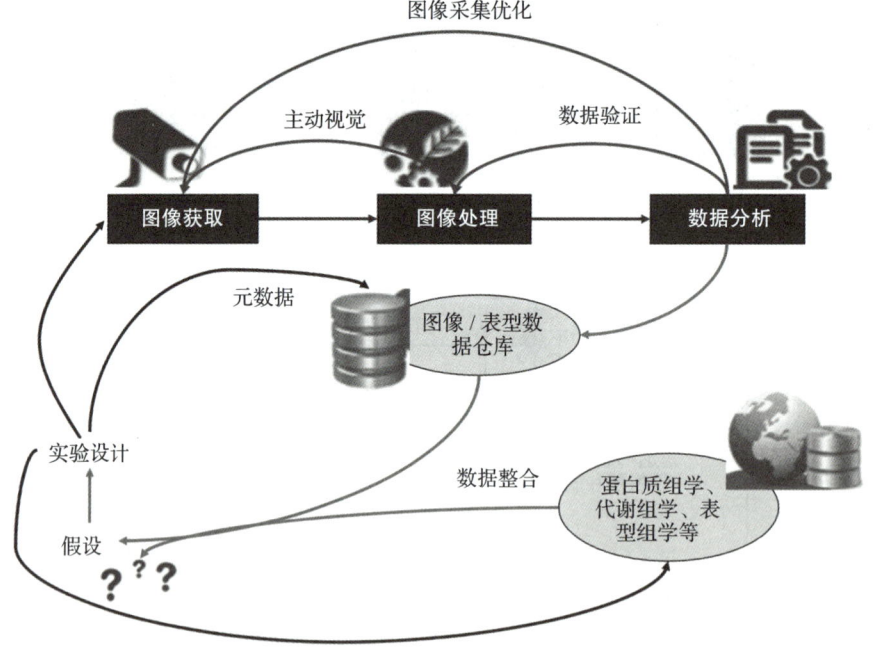

图 9-13 作物表型的图像获取流程

尽管机器学习和深度学习方法在农业系统中得到了广泛应用，涵盖智能作物管理、智能植物育种、智能畜牧业、精准水产养殖及农业机器人等多个领域，但这些方法仍面临一些重要挑战。首先，它们严重依赖于大规模且成本高昂的有标签数据集进行训练。其次，开发和维护这些系统需要专业的知识和技能。此外，大多数现有模型都是针对特定任务定制的，缺乏通用性。近来，大模型通过在来自多个领域和模态的海量数据上进行训练，在语言、视觉和决策等多个领域展现出了显著的效果。模型一旦训练完成，只需要少量的微调和极少的任务特定标签数据就可以完成多种任务。大模型的成功开启了其在农业领域的应用。如图 9-14 所示，可以收集不同来源的各种类型的农业数据，如通过传感器、无人机、卫星图像、社交媒体等不同媒介收集文本、语音、图像和视频等不同类型数据，然后利用预训练的大模型（如 GPT、BERT 等）在收集到的农业数据上进行微调，以应用于各种农业场景中的作物健康状态识别、天气变化预测、动物行为检测等多样化任务。

2024 年 7 月，中国农业大学的神农大模型 2.0 版本发布，体现了大模型技术在农业领域的探索与应用。其核心技术包括：①多模态交互与智能化推理，它不仅支持农业知识问答、语义理解、文本摘要生成及决策推理等核心功能，还支持图像、声音、视频、文件等多模态交互，使得模型能够更加全面地理解和分析多维信息，从而做出更加精准、科学的决策；②知识图谱与向量数据库，构建了农学、园艺、栽培、生物信息及动物科学等广泛领域的庞大农业知识库，以数据为模型赋能，极大增强了其在农业知识速答、文本深度解析等方面的能力；③并行加速推理算法，运用前沿的并行加速推理算法，如同为模型装上了超速引擎，使其能在极短的时间内对庞大的农业数据洪流进行精准剖析，为农业生产活动提供即时、准确的决策支持。同时，在基础模型的基础上，延伸发展出四个专门的农业专业大模型，即"神农·固芯"育种大模型、"神农·筑基"种植大模型、"神农·强牧"养殖大模型，以及"神农·问穹"遥感气象大模型。这些模型深度融合了多智能体设计理念，实现了农业物联网、高精度传感器与智能装备的深度融合，为现代农业带来了前所未有的智能化控制与决策。

9.3.2　应用案例介绍——食品安全监管与溯源

食品安全是智慧农业领域中必须面对的重大挑战。近年来，AI 作为解决这些问题的有效手段已逐渐崭露头角。本小节将深入探讨这些技术在食品安全监管与溯源中的多样化应用。借助计算机视觉技术，可以实现食品的细粒度识别，从而实现对食品质量的评估；此外通过引入多种人工智能技术，能够实现面向食品产业链的全过程监管与溯源。深度学习技术还提供了可靠的模式识别与异常检测功能，确保了不同批次生产中的一致性。通过整合来自传感器和物联网设备的多种数据源信息，可以迅速识别安全问题，防患于未然。

1. 食品安全监管中的食品识别方法

食品自动识别技术正日益成为食品安全监管与食品产业自动化中不可或缺的工具。图 9-15 展示了来自当前食品数据集的一些示例图像。食品图像识别技术覆盖了广泛的识别对象，从基础的食材到复杂的菜品及包装食品。在菜品识别领域，现有方法已能够处理单标签识别任务，即准确识别出图片中的单一菜品。同时，针对更复杂的场景，如多标签菜品识别，研究者们通过图像分割技术将图片中的不同菜品区域进行划分，并分别进行识别，极大地提升了识别的准确性。在实际应用中，研究者们常利用预训练的深度学习模型（如在 ImageNet 等大型数据集上训练得到的模型）直接提取特征，或通过微调技术在目标食品图像数据集上进一步调整网络参数，以捕获更具区分性的特征。此外，还可以通过融合食品的多粒度特征来设计专门的深度学习模型（如图 9-16 所示的混合网络），实现对果蔬等多类别食品的高效识别[13]。

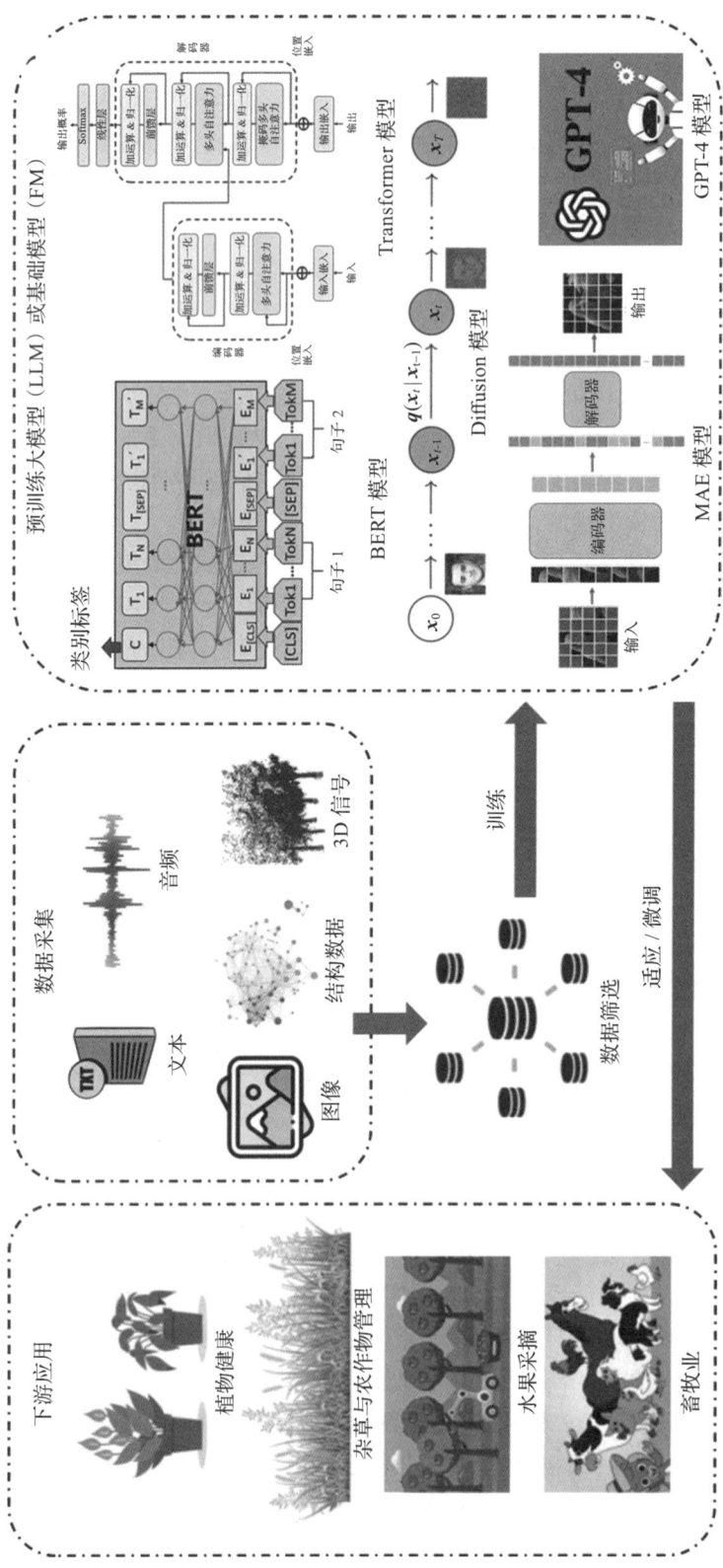

图 9-14 基于多模态大模型的农业应用概览

图 9-15　来自食品数据集 ETHZ Food-101、Vireo Food-172、ISIA Food-200、VegFru 和 Grocery 的一些示例图像

面对现实世界中食品图像数据的多样性和动态性，研究者们还引入了迁移学习、小样本学习和增量学习等先进方法。其中，迁移学习允许利用在大规模数据集上预训练的模型作为特征提取器，或通过微调模型参数来适应新的食品图像数据集，从而缓解样本不足的问题。小样本学习则通过创新的网络结构和学习策略，实现在有限样本情况下有较好的识别效果。增量学习则致力于开发能够适应类别和样本数量持续增长的框架，确保模型在长期运行中的稳定性和准确性。此外，多任务学习也是食品识别领域的一个亮点。通过同时学习食品类别、食材属性等多种信息，不仅能够提升识别精度，还能增强模型对食品图像复杂性的理解能力。

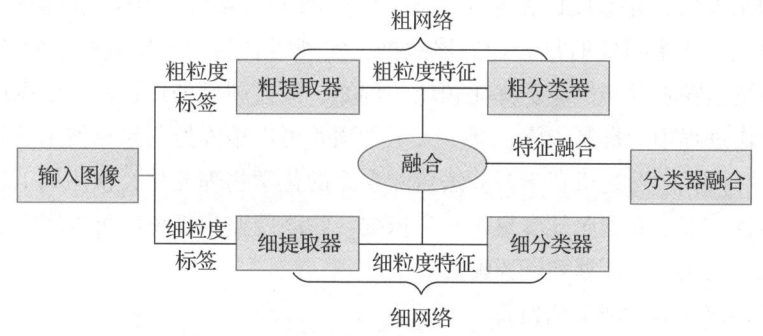

图 9-16　一种用于果蔬识别的混合网络框架

2. 食品供应链中的人工智能技术

我国政府高度重视"从农田到餐桌"的全流程食品安全监管体系建设，多次出台相关政策法规。通过构建食品供应链的全方位监控系统，可以实现从生产加工、存储与运输到销售终端每一个环节的数字化信息采集和分析，极大地提升监管效率和效果。图 9-17 展示了现阶段食品供应链中人工智能技术的应用情况。

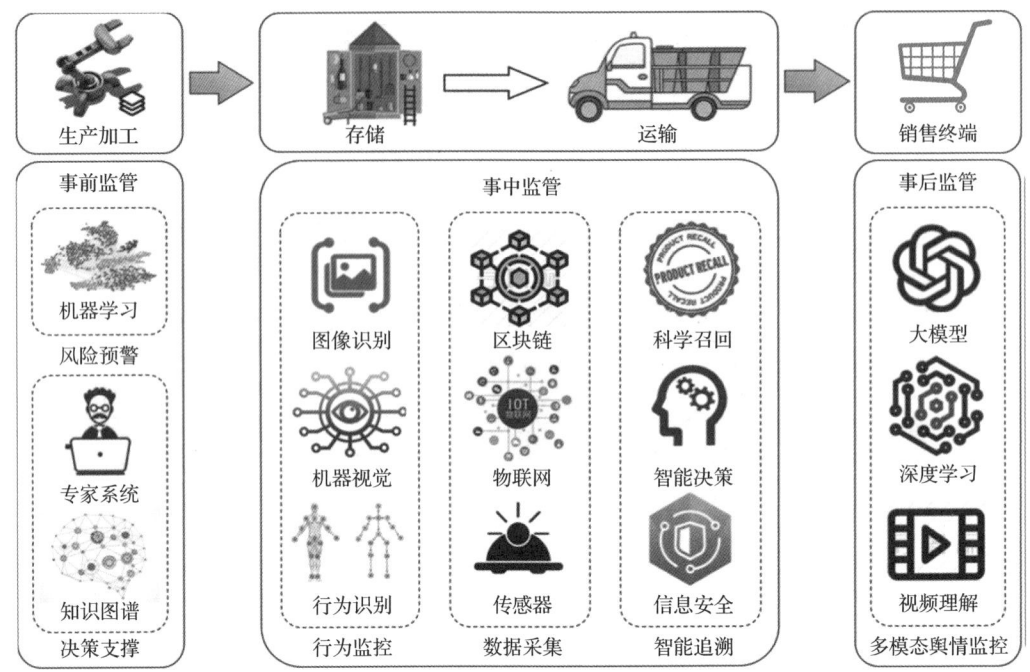

图 9-17　人工智能技术在食品供应链各环节中的应用

（1）食品生产加工环节的监管

在传统的食品生产加工过程中，原料检验不严谨、加工流程控制不精确等问题频发。而人工智能技术的引入，为这些问题提供了有效的解决方案。例如，在自动化食品加工生产线上，人工智能技术优化了液体食品的微生物检测和质量评估流程，保证了食品的安全性和品质。在肉类加工领域，光谱成像智能传感器实时监测关键参数，确保生产流程的质量可控。同时，数字孪生技术通过实时耦合传感器数据，实现对食品加工质量的全面监控。AI 技术还扩展到产业链损耗管理和供应链优化领域。例如，通过图像处理技术和模糊逻辑分析，精确控制比萨制作过程中的擀制步骤，减少人工干预并可以精确控制烤箱使用时间，提升了效率并降低了资源消耗。通过机器学习算法监测食品的化学物理变化，预测加工程度及其对健康的影响，为食品安全和健康饮食提供科学依据。物联网监测系统则可以实时监控生产过程中的原料损耗，优化生产计划和资源配置。

（2）食品存储与运输环节的监管

食品在储存和运输环节常因温度、湿度控制不当及运输路径追踪困难而面临安全风险。通过集成物联网、互联网及深度学习技术，可以优化食品存储冷藏系统，实时监测并调节温度，确保食品的新鲜度和安全性。深度学习模型可以预测温度变化，预警冷链断裂风险，保障运输过程中食品不受温度波动影响。结合物联网传感器数据、食品保鲜度等信息，使用深度学习模型可以预测生鲜食品运输风险，提前采取措施防止食品变质。这些技术的应用不仅提升了食品储运安全性，还通过实时数据采集与分析，实现了对食品质量的有效监控。

(3)食品销售环节的监管

随着食品产业增长和消费形式多样化,尤其是电商直播和网络销售的兴起,对食品销售终端的监管面临新的挑战,以次充好、虚假宣传等问题频发。自然语言处理、图像处理及视频理解等 AI 技术被广泛应用于提升监管效率能力。面对具有主题复杂性、随机性和弱连续性的食品安全视频数据,深度学习模型可以实现对食品安全主题视频的自动切割和分类。通过提取宣传视频中的关键特征,可以构建一个综合模型自动识别视频片段是否与食品安全相关。针对有关食品安全谣言的文本数据,可以构建多个评估分类器,实现对食品安全谣言的分类。

3. 其他人工智能技术

(1)物联网赋能的实时监控技术

在食品加工过程中,物联网设备遍布生产线的每一个角落,不间断地采集数据,确保每一环节都严格遵循质量标准。AI 系统可以实现对这些实时数据进行快速分析,一旦发现任何偏离预设标准的迹象,立即触发警报并自动通知相关人员,大大缩短了响应时间,有效降低了食品污染和错误操作的风险。此外,AI 驱动的自动化与机器人技术进一步优化了质量控制流程,通过减少人为干预,不仅提高了监测的精确性,还显著降低了出错率。

(2)数据驱动的决策制定

在食品加工领域,数据已成为驱动决策制定的核心力量。企业利用涵盖顾客反馈、实验室测试结果、生产记录等多维度的庞大数据资源,通过 AI 算法进行模式识别与异常检测,极大地提高了质量评估的精准度,推动质量控制体系的持续升级。通过数据驱动的决策制定,企业能够灵活应对市场变化,快速响应消费者需求。例如,AI 能够分析顾客反馈中的情感倾向,精准定位产品优缺点;实验室测试数据则用于预测潜在的质量问题,提前制定应对策略;生产记录则帮助优化生产流程,提升生产效率与产品质量。

(3)AI 与区块链融合

AI 与区块链的融合给食品供应链带来显著突破,增强了食品供应链的可追溯性和透明度。这种去中心化的账本技术被用于精细监控产品从源头到消费的全过程。通过 AI 模型对区块链数据进行分析,可以在发生食品污染或召回事件时迅速准确识别源头,从而加强追溯系统的效能,保障消费者的健康。区块链与 AI 的融合不仅赋予了供应链利益相关者实时的洞察力,还建立了更高水平的责任制和诚信力。

9.4 乐享智"住"——智能家居与智慧社区

智能家居作为人工智能技术应用的一个典型范例,在过去十年间已广泛融入人们的日常生活。随着人们对便捷与舒适生活品质追求的不断升级,这一理念日趋成熟并得到广泛认同。借助一系列先进的人工智能算法,智能家居理念使得住户利用手中的设备能够掌控家中的

家中管家

每一个细节,显著提升了生活的舒适度、便利性及整体质量。智能家居的蓬勃兴起,正稳步

推动其向更为宏大的领域——智慧社区拓展。智慧社区不仅是一个技术层面的概念，更聚焦于以居民为中心，通过智能化手段高效优化资源配置，强化社区治理效能，深度增强居民的安全感、幸福感及满足感。这一新型社区形态融合了信息技术、物联网、大数据、云计算等多种前沿技术，旨在实现社区管理、服务的全面智能化升级。

9.4.1 核心技术与框架——以智能家居为例

智能家居是指利用物联网、云计算、大数据、人工智能等先进技术，将家中的各种设备（如照明、安防、温控、娱乐等）连接到一起，形成一个智能化的系统。这个系统能够学习用户的习惯和需求，自动调整家居环境，提供个性化服务，从而提升居住体验。那么如何实现家居环境中不同设备的智能化互联呢？

2017年11月28日，"万物智能·新纪元AIoT未来峰会"上首次提出了人工智能物联网（Artificial Intelligence of Things，AIoT）的概念。这一创新理念融合了人工智能与物联网的双重优势，既增强了物联网处理复杂数据和自主决策的能力，又为人工智能提供了丰富的数据源和实际应用场景。AIoT让物联网拥有了智能的"大脑"，实现了从简单"物联"到高级"智联"的飞跃；物联网的广泛覆盖则为人工智能的深入应用提供了肥沃的土壤，推动了"人工智能"向"应用智能"的转化。AIoT模型集成了物联网设备的智能计算能力与云计算、边缘计算等IT基础设施，通过语音、视频等多元化人机交互界面，实现了对物联网设备的精准控制、深度理解和价值挖掘。AIoT作为一门跨学科的综合技术，其研究体系涵盖了信息处理、互联网、移动通信、计算机等多个领域。如图9-18所示，AIoT技术的研究体系主要围绕四大主题展开：AI与IoT感知层融合、AI与IoT操控层融合、AI与IoT应用场景融合，以及AI与IoT安全及隐私保护融合。感知层融合与操控层融合作为技术基础，分别负责数据采集与处理、资源调度与协同控制；应用场景融合则聚焦于智慧制造、智慧农业、智能家居等具体领域；安全及隐私保护融合则是保障AIoT健康发展的重要屏障。

在AIoT的赋能下，智能家居不仅是设备的简单互联，而是能够自我学习、自主决策的智能系统。偏好学习与家居设备的自适应调控成为AIoT在智能家居领域应用的核心技术。同时，优化人机交互，提升用户与家居产品、产品与平台，以及用户与平台之间的无缝互动，也是AIoT发展不可忽视的关键点。未来的智能家居系统，将从单一场景的智能适应逐步进化为多场景下的自主联动决策，真正实现居住环境的全面智能化和舒适度最大化。

数字孪生技术🔗也为智能家居的实现提供了重要的支撑。这种支撑作用在智能家居系统中具体表现为以下四大方面。

（1）设备远程控制

数字孪生技术赋予家庭用户跨越空间限制的能力，通过手机、计算机等终端设备即可轻松实现对家中设备的远程控制。无论是远程开关灯光、调节空调温度，还是一键锁门，都让日常生活变得更加便捷与高效。

> 🔗数字孪生是一种基于大数据、云计算、物联网和人工智能等技术的新兴技术，它通过对物理实体的全面感知、镜像再现，在数字世界中构建一个与物理实体高度相似的虚拟模型。这个虚拟模型能够实时反映物理实体的状态和行为，实现对其的远程控制和智能管理。

图 9-18 AIoT 技术的研究体系

（2）智能高效管理

依托数字孪生技术，家庭用户可以享受到更加智能化的家居管理体验。通过中央控制平台，用户可以轻松设置个性化规则，实现设备间的智能联动，如根据光线强弱自动调节窗帘开合，根据室内温度自动开启或关闭空调等，让生活更加智能舒适。

（3）安全与智能防护

数字孪生技术在家庭安全领域同样发挥着重要作用。它能够帮助用户实现门锁、门铃等安防设备的安全监控与即时报警，为家庭安全筑起一道坚实的防线。这种智能化的安全防护，让用户在享受便捷生活的同时，也能获得满满的安全感。

（4）生活品质提升

数字孪生技术与智能家居的深度融合，极大地提升了家庭生活的品质。智能家居设备不仅能够帮助用户更好地管理家庭事务、提高生活效率，还能通过精准的环境控制、个性化的娱乐体验等方式，为用户带来更加舒适、健康、愉悦的生活氛围。

9.4.2 应用案例介绍——智慧社区

智能家居与智慧社区紧密相连，前者通过智能设备实现家庭内部的自动化与高效管理，后者则着眼于整个社区的智能化服务与资源优化。智能家居产生的数据可以与智慧社区平台共享，促进更智能的能源使用、安防管理和邻里互动，从而提升居民的整体生活质量与社区的综合管理水平。其中，智能安防作为一种高度依赖于先进人工智能技术的现代化社区安全管理方案，正逐步成为守护居民安全的新标杆。该系统融合了高清监控摄像头、精准人脸识别、灵敏红外感应、异常事件检测等多种前沿科技手段，实现了对社区每一个角落的全时段、多维度的监控与管理。智能安防不仅强化了物理空间的安全防线，还深刻关注信息层面的安全防护，为居民构建起一道无懈可击的全方位安全屏障。以某普通住宅区为例，该区域曾频繁遭遇火灾与盗窃等安全事件的侵扰。传统安防措施，如闭路电视监控系统，虽能记录事件发生的影像，但受限于人工监控的滞后性和不连续性，往往难以迅速发现并响应异常情况。然而，随着智能安防系统的引入，这一局面得到了根本性的转变。下面来深入剖析智能安防领域的两大关键技术——人脸识别技术和异常检测技术，同时总结该领域目前面临的困难与挑战。

1. 智能安防中的人脸识别技术

在安防监控行业，深度学习算法被广泛用于对人、车、物等感兴趣目标的智能分析，如面部特征识别、车辆损坏状况评估、非机动车识别等。这些基于深度学习的智能感知算法已经成为安防领域不可或缺的利器，不仅显著减少了人工劳动强度，甚至还获得了超越人类的识别精度。目前，深度学习在智能安防中的应用已渗透到各个环节，特别是人脸识别技术。如图9-19所示，由Facebook AI Research开发的DeepFace系统[14]作为一种混合的人脸识别框架，采用了基于3D人脸模型的对齐方式，通过3D仿射变换将输入图像对齐到一个标准的面部参考框架。这样便可以处理不同角度和表情的人脸图像，从而提高识别的准确性。在此之后，DeepFace系统还集成了多种顶尖的人脸识别模型，如VGG-Face[15]和OpenFace[16]等。这些模型在大规模数据集上进行了训练，并取得了卓越的人脸识别性能，有些甚至超过了人类在面部识别任务上的准确率。在功能方面，DeepFace系统不仅能够进行高精度的人脸识别和验证，还提供了丰富的人脸属性分析功能，包括年龄、性别、种族和情感的预测。这使得DeepFace系统能够应用于多种场景，如安全监控、金融身份验证、个性化娱乐互动、社交网络智能化及人机交互等。

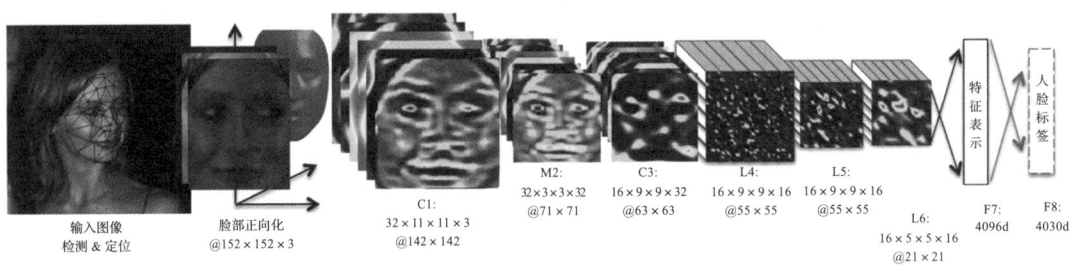

图 9-19　智能安防中的 DeepFace 人脸识别模型框架

2. 智能安防中的异常检测技术

感知智能只是人类基本能力的一部分，而为了使AI系统更加贴近人类的认知水平，期望它也能具备类似人类的认知能力。在安防应用中，当感知智能系统检测到异常情况时，认知智能模块便开始发挥作用。它负责进一步理解和解释由感知智能系统收集到的数据，并据此做出合理的决策。这一过程通常会运用到机器学习算法来识别模式和预测趋势，或是利用深度学习技术来强化系统的自我学习能力。认知智能的关键在于它能够基于从感知层获取的信息，快速而准确地做出响应，例如触发警报、通知相关人员或协调其他安防设备共同行动。

在智能安防应用中，无论是感知智能还是认知智能都具有直接的应用价值（见图9-20）。

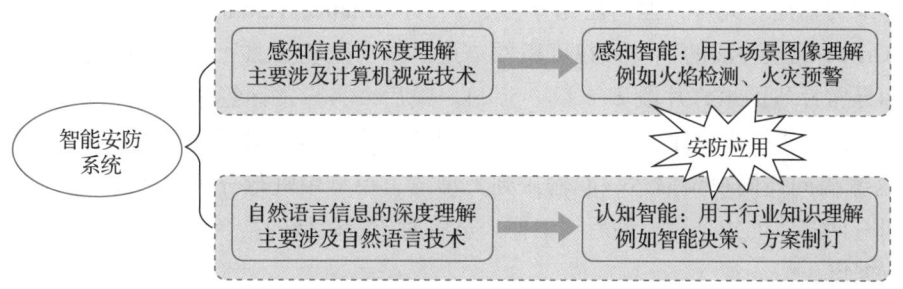

图9-20 智能安防系统中的感知智能和认知智能

在安防领域，感知信息的深度理解正引领一场变革。不同于传统安防仅聚焦于人、车、物等特定目标，智能安防正广泛应用于交通、政法、城管、校园、工地等多个泛监控场景，涵盖人群态势、安全事件、数据参量及卫生环境分析。这些应用更强调场景中目标与环境的相互关系，要求人工智能具备场景图像理解能力。例如，在交通事件中，智能安防能精准识别行人穿越、物体障碍物及非法停车；在道路安全方面，它能及时预警淹水、积雪、大雾及火焰等隐患；在市域治理中，它能有效监控人员聚集、占道经营、乱丢垃圾及黑烟车等违规行为。通过深度理解感知信息，系统能更准确地识别异常，面对复杂场景也能做出明智的判断。同时，安防领域的认知智能也在快速发展，特别是基于自然语言信息的行业知识理解。为了提供精准的行业解决方案，安防企业需要深入理解特定领域的专业知识。这些知识通常以自然语言的形式记录下来，并通过构建知识图谱来系统化存储与管理。基于这些技术，安防系统能更高效地识别关键实体，如人、物、地点、组织及虚拟身份等。依据实体属性、时间空间关系、语义关联及地理位置等因素，建立起复杂的多维度、多层次关系网络。凭借高度发达的感知与认知能力，智能安防系统能在无须频繁人工干预的情况下，自动精准识别监控范围内的异常行为和潜在隐患，显著提升社区安全防护效能，为居民创造更安全、和谐且智能化的生活环境。

在智能安防领域，通常还会使用视频异常检测（Video Anomaly Detection，VAD）技术实现监控视频的自动化分析，通过深度学习模型分析视频中的时空信息来检测和定位异常事件。这些模型能够识别物体的运动模式及其与场景间关系的变化。然而，要训练出高效、准确的VAD系统，需要大量的异常事件数据集进行训练，因此，高效地完成数据集的标注与构建成为该领域的重要研究课题。华中科技大学、百度和密歇根大学的研究团队共同构建了首个大规模多模态VAD指令微调数据引擎——VAD-Instruct50k[17]，如图9-21所示。该数据引擎采用了一种高效的时间注释方法，即仅标注涉及异常事件的随机单帧，以此来降低标注成本，从而有利于扩大标注视频的数量。基于单帧注释，首先设计了一种可靠的伪帧级标签生成方法。对于每个带有单帧注释 $G = \{g_i\}$ 的异常视频及其由现有训练好的VAD网络估计的异常评分，在标注帧附近生成多个异常事件提案。对于正常视频，则随机抽取若干正常事件提案。完成这一过程后，收集所有带有异常标签的事件片段 $E = \{s_i, e_i, y_i\}$，其中 y_i 如果来自异常视频，则设定为视频的异常类别（例如爆炸），否则设定为正常。为了充分提取事件片段中的语义信息，研究团队使用了基于视频的多模态大型语言模型来为每个事件片段生成详细的描述。此外，他们还充分利用了 Surveillance Vision 数据集，该数据集提供了对 UCF-Crime 视频片段的手动细粒度事件描述。整合这些资源后，便可以得到所有带有相应描述和异常标签的事件片段 $E = \{s_i, e_i, y_i, c_i\}$。最后，将异常标签和事件片段描述作为视频的文本信息，并进一步设计了丰富的异常内容提问，如"视频片段中是否存在意外或异常事件？"。这些提问连同视频描述一起输入到大型语言模型中进行分析和回答，从而获得"视频 – 提问 – 回答"的指令对。最后，工作人员将对质量较低的指令对进行筛查和过滤，得到最终的数据集。

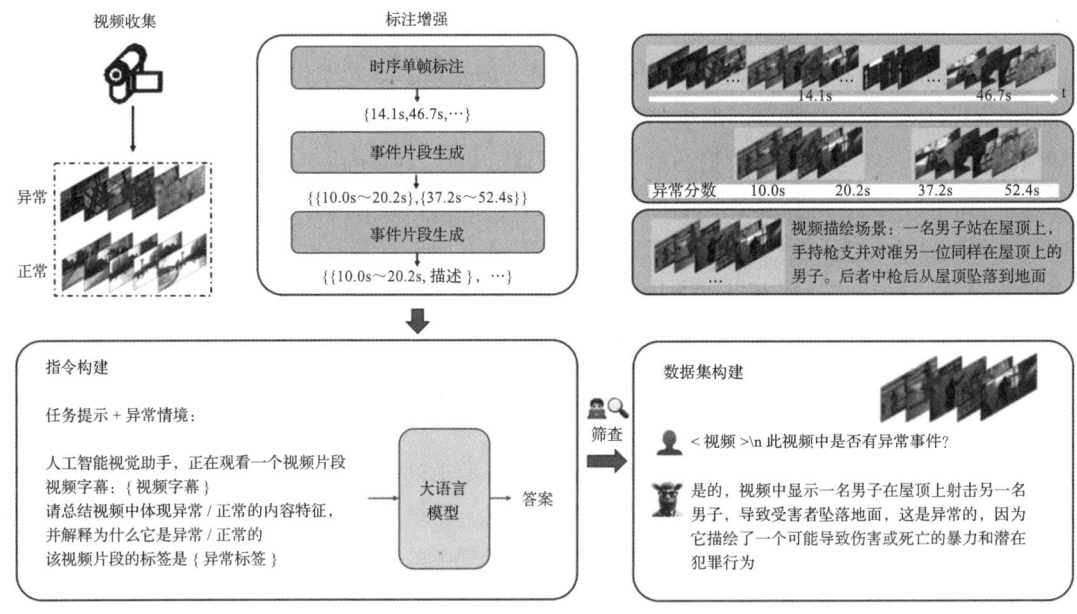

图 9-21　一种基于多模态大模型的异常数据引擎

3. 智能安防中的困难与挑战

智能安防领域在快速发展的同时，也面临着诸多难点和挑战。首先，技术层面的难点不容忽视。安防系统需要实时、准确地感知并处理大量复杂场景下的数据，但传统深度学习算法在泛化能力、鲁棒性、数据标注等方面存在局限性，难以满足高度多样化和多变性的安防需求。其次，隐私保护和安全性也是智能安防领域的重要挑战。安防系统往往涉及大量个人隐私信息，如何在保障公共安全的同时有效保护个人隐私，成为亟待解决的问题。同时，随着黑客攻击和网络犯罪手段的不断升级，安防系统的安全性也面临着严峻考验。此外，智能安防领域的碎片化问题也不容忽视。不同用户、不同场景的需求各异，导致安防设备和服务难以形成规模化效应。产品标准不统一、缺乏统一的技术规范等问题，也给系统的集成和互联互通带来了很大困难，降低了安防系统的整体效能。综上所述，智能安防领域需要在技术创新、隐私保护、安全性提升及标准化建设等方面不断努力，以克服当前的难点和挑战，推动智能安防技术的持续发展和广泛应用。

9.5 智"行"天下——交通大数据与自动驾驶

在衣食住行中,"行"是人们日常生活中必不可少的一个环节,是连接城市生活各个角落的纽带,其便捷性、安全性与效率直接影响着人们的生活质量与幸福感。而智能交通的兴起,则为这一传统领域带来了前所未有的变革与提升。首先,智能交通通过集成先进的信息技术、通信技术、控制技术及交通工程等,实现了对交通系统的全面感知、智能分析与主动管理。这将极大地提高道路通行效率,减少交通拥堵现象,让出行更加顺畅快捷。同时,智能调度系统能够优化公共交通资源配置,提升公共交通吸引力,助力绿色出行。其次,智能交通系统增强了交通安全性。通过实时监测道路状况、车辆行驶状态及驾驶员行为,智能交通系统能够及时发现并预警潜在的安全隐患,有效预防交通事故的发生。此外,智能救援系统还能在事故发生后迅速响应,为救援工作争取宝贵的时间,降低事故损失。再者,智能交通打破了传统交通信息孤岛,实现了跨部门、跨领域的数据互联互通,为政府决策、企业运营和公众出行提供了更加全面、准确的信息支持,促进了信息共享与服务创新。此外,基于大数据和人工智能技术的个性化出行服务应运而生,正不断满足人们多元化、高品质的出行需求。

萝卜快跑

9.5.1 核心技术与框架——以智能交通规划为例

随着城市化进程的加速推进,城市交通问题变得日益严峻,传统的交通规划方式已经难以应对日益增长的交通需求。智能交通规划作为一种新兴的理念和技术手段,正在受到越来越多的关注。这一规划模式依托于信息技术与网络通信技术的深度融合,旨在实现城市交通系统的信息化、智能化管理,从而提升交通系统的整体效率与安全性。特别是在交通流量预测方面,人工智能技术作为核心支撑,发挥着至关重要的作用。利用交通时空大数据,通过先进的交通流量预测模型,能够实时监测交通状况,预测未来的交通流量趋势,提前采取措施预防拥堵的发生。其目标在于综合利用先进的人工智能技术,使城市交通系统变得更加智能、灵活和可持续,进而改善市民的生活质量和城市的宜居程度。

1. 交通流预测的一般技术框架

交通流预测是指通过对历史交通数据的学习与分析来预测未来某一时间段内道路上车辆流动的状态或趋势。这一技术能够帮助城市交通管理部门及时了解交通状况,合理调配资源,预防或减轻交通拥堵,提高道路通行能力和服务水平。交通流预测的技术框架包括数据收集、预处理及用于交通流处理和预测分析的深度学习模型等部分,如图 9-22 所示。

在数据收集过程中,系统获取用于预测交通状况的输入数据,包括由道路上的传感器和探测器网络提供的时空信息、车辆 GPS 数据、天气信息、路况、活动安排、兴趣点、事故信息等外部影响因素。对收集到的非结构化、不平衡或非标准化数据进行预处理,消除噪声并按标准正态分布进行标准化处理,然后使用机器学习或者深度学习模型进行数据分析,提取关键信息。这一过程通过统一的数据集成服务,将来自多个来源的数据集合并,并利用深度学习算法处理车辆网络状态的空间和时间依赖性，学习拓扑结构节点的局部和全局特征，提高系统对交通状况预测的准确性。

2. 交通规划相关的时空大数据特征分析

在交通规划领域，时空大数据的普及应用正在逐步革新对城市交通的认知与管理方式。手机信令数据，凭借其低成本、实时性强、匿名处理及大样本量的优势，被广泛应用于提取出行特征、追踪居民出行路径链及分析人口分布特性。例如，公交 IC 卡 /AFC 数据通过记录用户的刷卡行为，反映了地面公交和地铁的客流动态，常用于出行链分析、客流预测及公交调度优化，但该数据在信息完整性上有所欠缺。浮动车数据通过车载传感器收集车辆的位置、速度等信息，具有实时性强的优点，适用于交通管理和路径诱导，但其准确性可能受驾驶行为和路况的影响。兴趣点（Point of Interest，PoI）数据能够揭示城市功能区分布和居民活动热点，帮助规划人员更好地理解出行需求并预测未来的交通模式。此外，网约车、共享单车等网络数据提供了丰富的出行者画像和需求预测信息，有助于进一步丰富交通规划的数据基础。这些不同类型的数据共同构成了城市交通规划的多维视角，推动了交通系统的智能化和优化管理。

> **PoI 数据基本包含名称、地址、坐标、类别四个属性。这些属性信息共同构成了电子地图中的一个个具体地点，为用户提供了丰富的位置参考信息。**

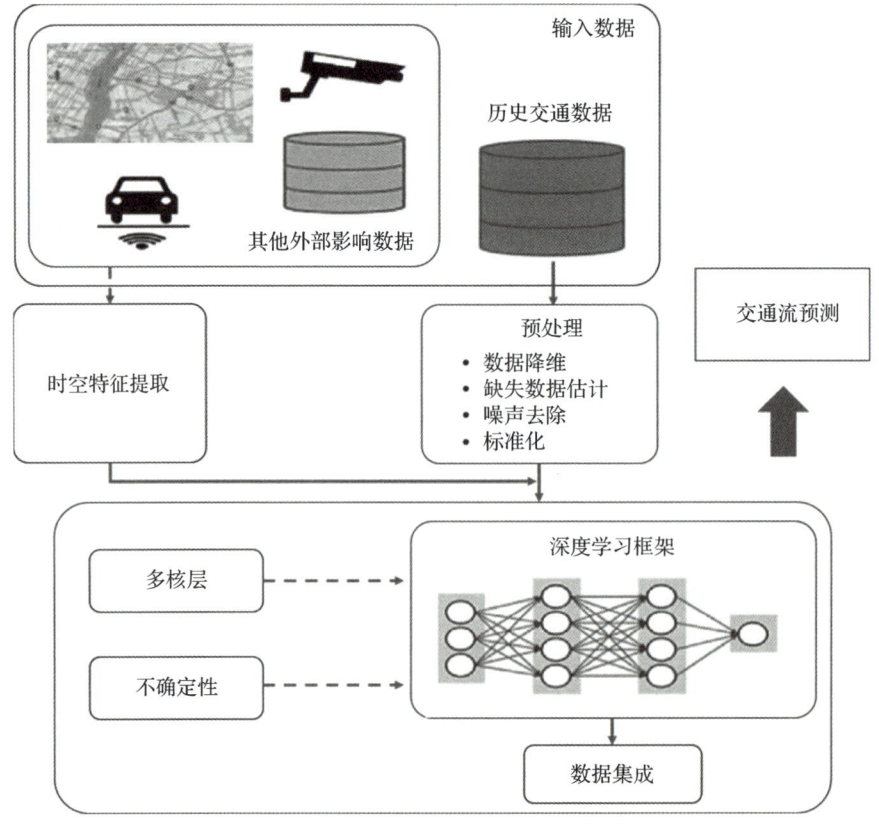

图 9-22　交通流预测的一般技术框架

3. 智能交通规划决策支持框架

相较于传统交通规划，我国新型智慧城市交通规划更加强调深刻理解城市发展诉求及居民出行需求，综合考虑居民出行的全链条服务和交通复杂系统的复合网络分析，实现"以人为本"和"统筹全局"的目标。随着交通方式的多样化和交通系统的复杂化，单一交通方式或局部网络已不足以解决城市交通问题。因此，新型智慧城市交通规划需要融合多源时空大数据，以支持更全面、精准的交通规划工作。

图 9-23 展示了一个时空大数据驱动的城市交通规划决策支持框架，旨在满足新型智慧城市交通规划的三大需求：关注城市居民出行需求、提升城市交通服务能力、建立城市交通复合网络。该框架以城市交通基础数据库为核心，整合了信令数据、卡口数据、公交 IC 卡数据，以及街景数据、PoI 数据、网约车数据等新型互联网数据，同时纳入传统地理信息数据和调查数据，形成一个全面覆盖城市交通各相关因素的综合数据库。鉴于新型智慧城市交通系统的动态性、综合性和复杂性，框架将基础数据融合为需求数据、感知数据和线网数据，以便更直接地服务于分析需求。基于规划内容及数据特点，选择深度学习、复杂网络理论和多智能体仿真等方法进行分析，这些方法围绕新型智慧城市的核心需求展开，确保规划过程的全面性、动态性和系统性，避免出现静态化、单一化和割裂化的问题。此外，新型智慧城市的建设和运行将不断产生新的时空数据，这些数据将对目标区域的规划及管理形成反馈。因此，规划决策支持框架预留了数据库接口，以便未来能够持续接收新的数据类型，实现框架的动态优化。城市交通规划决策支持框架主要涉及交通需求精准预测、出行过程全面感知及综合网络系统分析三个方面的技术内容。

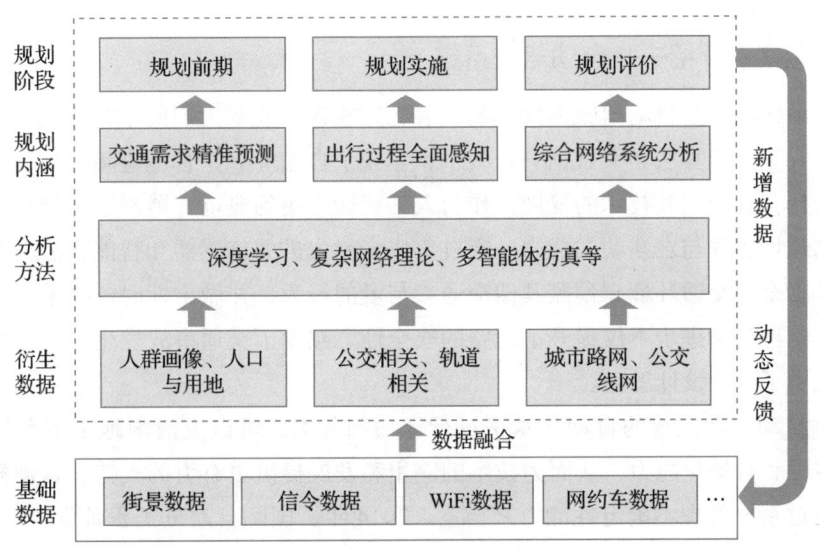

图 9-23　时空大数据驱动的城市交通规划决策支持框架

首先，交通需求精准预测技术依赖于手机信令数据、PoI 数据、公交 IC 卡、浮动车 GPS 和网约车订单数据等多源信息。在规划初期，手机信令数据可估算人口规模和分布，结合 PoI 数据揭示职住分布和出行模式，为规划提供基础。进入交通方式划分和流量分配阶段，各类交通方式的数据则帮助实现精细化的需求预测，深入了解居住与就业的空间分布、人口密度变化等关键信息。这些数据不仅关注交通流状态，更通过调控需求，促进城市空间与交通系统的协同和可达。通过融合时空大数据，还能为出行者绘制"画像"，区分不同属性和行为特征的个体，为交通规划提供科学的数据支持。

其次，出行过程全面感知依赖于多源时空大数据的融合分析。例如，浮动车 GPS 和道路卡口数据能全面监测道路运行状况，快速识别拥堵原因；公交和地铁的 IC 卡/AFC 数据则有助于了解出行分担率和居民出行偏好，指导公交线网的合理规划和调整。此外，街景、手机传感器和 WiFi 探针数据的融合应用，可以实现城市慢行交通状态的精细化感知，为慢行设施改善和街区设计提供了数据基础。

最后，综合网络系统分析是新型智慧城市交通规划的重要组成部分。城市交通系统是一个复杂的网络系统，包括城市路网、公交线网、轨道线网等多个子网络。当前的规划工作通常局限于某个单独网络，但新型智慧城市"万物互联"的特点要求综合考虑多个网络的耦合。因此，在精准预测交通需求和全面感知居民出行信息的基础上，应融合多源时空数据建立城市交通综合网络，并运用复杂网络理论开展多方面分析。以轨道网与公交网的综合网络分析为例，首先将公交站点作为网络节点，根据站点间的公交线路情况，将线路抽象为带有不同属性和权重的边，并以可接受步行距离等因素作为限制条件完成公交站点与轨道站点的关联，从而形成耦合的综合公交网络。基于此综合网络，可以开展多模式公交网络节点重要度评价等分析，识别地面公交线网和轨道公交线网的拓扑性质及客流量等要素下的重要站点，并结合客流的时变特征，分析不同时段城市公交综合系统中站点的重要度排名。

9.5.2 应用案例介绍——自动驾驶系统

武汉萝卜快跑作为自动驾驶网约车的代表，正在逐步改变人们的出行方式。它利用先进的传感器、人工智能算法和大数据分析技术，实现了自主导航、智能避障等功能，给予人们出行新的选择。自动驾驶技术的发展，作为人工智能应用的典范，展现了智能系统深入理解其所处的物理世界并与之互动的能力。通过集成多种先进的传感器和智能算法，自动驾驶汽车能够理解复杂的交通环境、预测其他交通参与者的行为，并做出即时的决策，实现安全高效的行驶。这种技术进步不仅提升了道路的安全性，减少了交通事故发生，还为未来的城市交通系统提供了新的设计思路。

通过对自动驾驶系统的自动化水平进行评估和分类，可以更清晰地了解车辆在不同情况下的自主性和自动化能力，从而为技术的应用和发展提供更有力的支持。自动驾驶的自动化程度可通过系统处理不确定性能力来衡量。2014 年，国际自动机工程师学会[18]定义了从 L0 到 L5 的 6 级自动驾驶标准。L0 级车辆完全由驾驶员手动驾驶，L1 级车辆可完成单一维度的驾驶任务，L2 级车辆可同时实现多维度辅助，L3 级车辆可在特定环境下实现自动驾驶，L4 级车辆在限定条件下无须驾驶者接管方向盘，L5 级车辆可在任何条件下完全自动行驶，完全替代人类驾驶员。自动驾驶等级示意图如图 9-24 所示。自动驾驶技术从最初的辅助驾驶功能逐步向全自动驾驶迈进的过程，不仅展现了技术创新的强大动力，更是人工智能技术在交通领域深度应用与融合的生动体现。

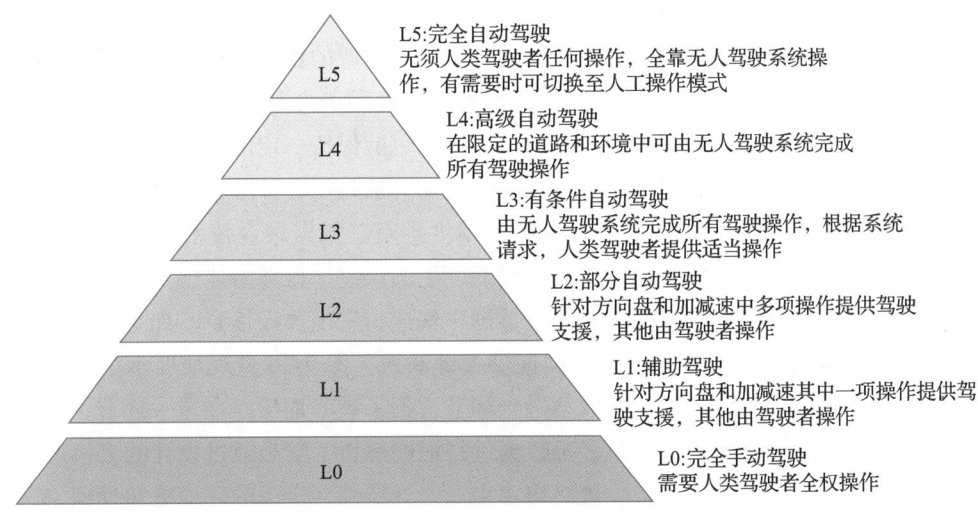

图 9-24 自动驾驶等级示意图

经典的自动驾驶系统是一个集感知、决策和控制于一体的复杂系统。感知系统犹如自动驾驶汽车的"慧眼",它通过高效整合来自多种传感器的数据为决策和路径规划模块提供可靠的环境信息。决策系统作为自动驾驶系统的"大脑",在接收感知系统传递的丰富信息后,迅速分析并制定出最优的驾驶策略,以确保车辆行驶的高效与安全。控制系统则如同自动驾驶车辆的"执行者",它紧密衔接决策系统输出的期望指令,精准调控油门、制动及方向盘,确保车辆能够无缝对接至理想的行驶状态。其中,决策系统是自动驾驶车辆智能化最直接的体现,对车辆的安全起着决定性作用,用于指导自动驾驶车辆产生合理的驾驶策略;决策与控制系统又可以统一称为自动驾驶的动作执行单元。另外值得一提的是,随着具身智能技术的蓬勃发展,智能体与环境之间的深度交互成为推动自动驾驶技术跃升的新动力。这不仅对汽车控制过程中的交互性与协同性提出了更为严苛的要求,也促使智能驾驶系统通过不断的交互学习,实现自我优化与知识积累,进而在未知或复杂场景中展现出卓越的通行能力,这一过程可被视为自动驾驶系统的"具身进化"。下面来详细介绍自动驾驶系统核心框架中的智能感知、动作执行与具身进化三个核心模块(见图 9-25)。

(1)自动驾驶系统的智能感知模块

智能感知,作为自动驾驶技术的坚实基石,其重要性不言而喻。这一模块集成了多种传感器技术和高级数据处理算法,能够实时捕捉并分析车辆行驶过程中的各类数据,为决策和控制系统提供可靠依据,确保自动驾驶车辆安全、高效地行驶。

智能感知模块的核心在于其多样化的传感器配置,包括但不限于激光雷达(LiDAR)、毫米波雷达、摄像头、超声波传感器及惯性导航系统(INS)等。激光雷达具有高精度和高分辨率特点,能够生成车辆周围环境的 3D 点云图,识别出道路、障碍物、行人、车辆等关键元素,为自动驾驶车辆提供"高清视野"。毫米波雷达则擅长长距离探测和动态物体的速度测量,即使在恶劣天气条件下也能保持稳定的性能,为紧急制动、碰撞预警等功能提供关键数据。摄像头作为视觉感知的重要工具，能够实时提供交通标志、信号灯、行人等自动驾驶场景中的关键要素信息，这也是自动驾驶系统中必备的基础传感器。超声波传感器则主要用于近距离的障碍物检测和泊车辅助，其低成本和易于集成的特点使其成为自动驾驶车辆不可或缺的一部分。惯性导航系统则通过测量车辆的加速度和角速度，结合 GPS 信息，实现车辆的精确定位和导航，即使在卫星信号不佳的区域也能保持一定的定位精度。这些传感器收集到的原始数据，经过智能感知模块内的人工智能算法处理，如数据融合、特征提取、目标检测与跟踪等，转化为对车辆周围环境的高精度理解。数据融合技术能够将来自不同传感器的信息进行有效整合，减少单一传感器可能产生的误差，提高整体感知的鲁棒性和准确性。特征提取和目标检测算法则能够从海量数据中快速识别出关键信息，如车辆、行人、道路边缘等，为后续的路径规划和决策控制提供关键输入。图 9-26 直观地展示了多模态融合的智能感知基本框架，其中，特征提取与融合环节占据了核心地位。在这一环节，系统需对来自相机、激光雷达、毫米波雷达等多源数据进行深度解析，随后通过设计的多模态融合机制，实现多维度特征的自适应融合，最终构建出一个既精确又全面的环境感知模型。这一过程不仅考验算法的设计，更对计算平台的性能提出了极高的要求。

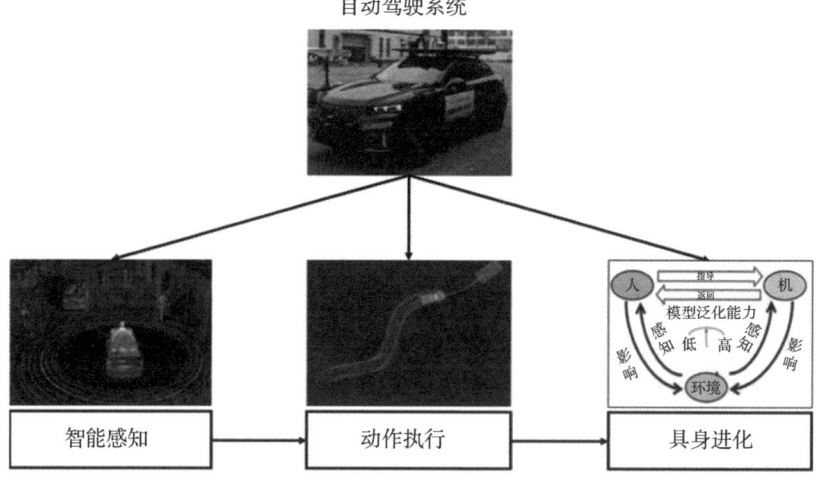

图 9-25　自动驾驶系统核心框架

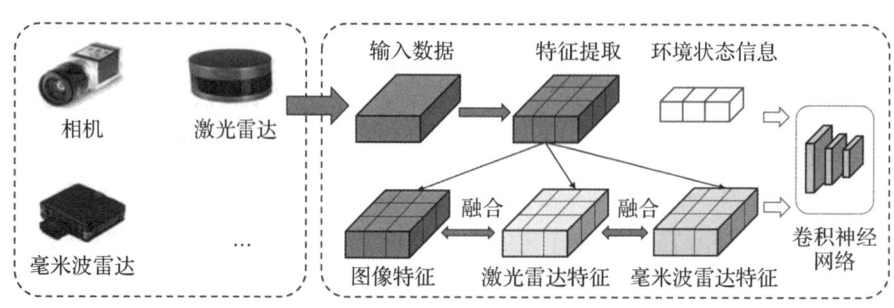

图 9-26　基于多模态融合的智能感知框架

此外，智能感知模块还需具备强大的实时处理能力，确保在毫秒级的时间内完成所有感知任务，以应对快速变化的道路环境。随着人工智能技术的不断进步，特别是深度学习在自动驾驶领域的广泛应用，智能感知模块的感知能力正在持续提升，这不仅提高了自动驾驶车辆的安全性，也使其能够更好地适应复杂多变的交通场景，为自动驾驶技术的商业化落地奠定基础。

总之，智能感知模块是自动驾驶车辆实现自主导航、环境理解、避障决策等功能的基石，其技术水平和性能直接关系到自动驾驶技术的安全性和可靠性。随着技术的不断演进，智能感知模块将更加智能化、精准化，为自动驾驶的未来发展开辟更加广阔的空间。

（2）自动驾驶系统的动作执行模块

在自动驾驶系统中，由于交通场景中不仅需要考虑路面情况和周围环境，还需要考虑其他交通参与者（如车辆、行人、骑行者等）情况，他们的行为不仅取决于自身意图，还会受周围环境和其他参与者的影响。鉴于此，智能驾驶模型被赋予了前所未有的交互智能，它需要主动融入并深刻解析这一动态交织的环境网络。通过高级的交互式理解与模拟机制，智能驾驶模型不仅要实时构建环境模型以映射周围世界，还应积极预测并验证自身行动对其他参与者可能产生的连锁反应。这一过程始于对环境的全面感知与精准建模，随后通过系统决策引擎的精密运算，不断验证并优化模型，从而确保每一步行动都基于最可靠的信息基础。深度神经网络的引入，为模拟其他交通参与者的行为模式提供了前所未有的精度与灵活性。这些网络能够捕捉并学习复杂的行为模式，使模型能够像人类驾驶员一样，在"思维"中预演多种可能发生的场景。在此基础上，结合规则导向与数据驱动的风险评估算法，智能驾驶系统便能够迅速而准确地评估当前状况下的潜在风险，并据此做出是否切换至人工驾驶模式或立即采取紧急避险措施的明智决策。这一过程不仅体现了自动驾驶技术的智能化与自主性，更彰显了其在保障道路安全、提升交通效率方面的巨大潜力。

协同自动驾驶不仅是破解交通拥堵难题的关键钥匙，也是推动智能驾驶技术跨越理论迈向实际应用的重要桥梁。如图 9-27 所示的车联协同决策模型，依据《道路机动车辆协同自动驾驶相关术语的分类和定义》（2020 年 5 月版），基于 M2M（机器对机器）通信技术对车辆动态自动驾驶任务性能和交通管理的影响，协同自动驾驶的协同功能被划分为四种：状态共享、意图共享、协同决策与协同调度。状态共享涉及发送实体向接收实体传递交通环境感知信息和环境交互信息等。通过这种方式，智能驾驶车辆可以与周围车辆分享自身与环境交互的信息，有效减少对计算能力和信息存储的需求。意图共享是指发送实体向接收实体传递计划未来的行动信息，如车道变更意图，使车辆间能够提前知晓彼此的行驶意图，从而做出相应的反应。协同决策与协同调度则涉及车辆之间相互传递协作信息，如告知对方期望的行为及自身的行动计划，以避免潜在的冲突或为紧急车辆让路。

尽管协同算法与决策控制算法已取得显著进展，但面对复杂多变的交通场景，仍存在场景泛化能力受限、过度依赖专家经验等挑战。为此，类脑学习型决策控制系统的引入为缓解这些问题提供了新思路，然而，确保系统安全性与泛化能力的全面提升仍是亟待解决的关键课题。鉴于智能驾驶系统在行驶过程中需并行处理目标检测、速度预测、行为识别、碰撞风险评估等多维度任务，采用样本梯度相似性等多任务协同学习策略，对于增强系统整体性能、提升决策效率与准确性具有重要意义。这一策略的实施,将为智能驾驶技术迈向更加智能、安全、高效的未来奠定基础。

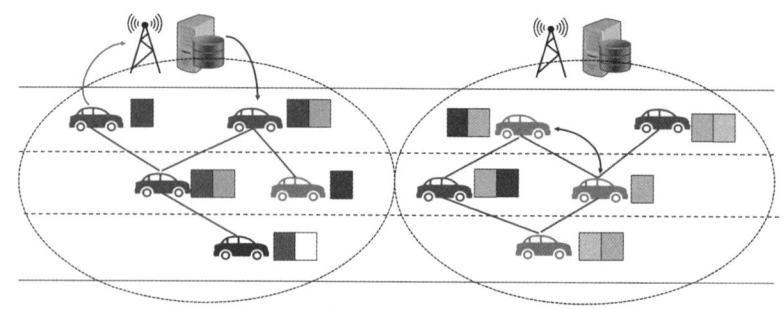

图 9-27　车联协同决策模型示例

(3)自动驾驶系统的具身进化模块

人类作为最突出的智能体,其学习和成长方式为研究人员提供了宝贵的启示,尤其是在具身智能的发展方向上。当人类驾驶车辆时,通常需要经验丰富的驾驶员来指导新手。例如,在面对陌生的地形或路面上的坑洞时,新手驾驶员可能会直接驶过,牺牲一定的舒适性与高效性;但随着时间的积累,他们会学会如何规避这些障碍,或者采用更合理的驾驶策略。这种通过环境交互和经验积累的学习方式可以启发具身智能驾驶的发展。智能驾驶系统可以通过模仿人类的学习过程,在遇到未曾经历的路况时,借助人为提示和环境交互信息进行判断。一旦学会了如何正确处理这种情况,系统便可以通过云端与其他具身智能车辆共享这些经验,实现快速学习和进化,从而提高系统的泛化能力。以蔚来等前沿自动驾驶企业为例,其创新推出的 4D 舒适领航功能,正是这一理念的生动实践。通过让车辆多次"学习"同一路段,系统能够智能调整底盘与悬挂设置,以达到最佳驾驶舒适度,这一过程无须人工干预,完全基于环境交互与经验的自主积累。

自动驾驶的自主学习指的是自动驾驶系统能够在不断行驶的过程中,通过收集环境数据、分析驾驶行为、学习新的驾驶策略和技巧,从而不断提升自身的驾驶能力。这种能力对于自动驾驶技术来说至关重要,因为它能够使自动驾驶系统更好地应对复杂多变的道路环境和交通状况,提高行驶的安全性和高效性。例如,在自动驾驶系统中,可以通过构建知识图谱,让其能够建立道路元素之间的关联关系,从而更好地理解道路结构和交通流,并通过语义理解使其能够解析交通标志、交通信号等语义信息,从而更准确地判断交通状况和行驶方向。但是,这些内容多数都是针对现有已知数据得到的,当场景中出现新的类别目标时,如何让模型能够具备持续学习的能力是一个值得关注的问题。持续学习(Continual Learning)的目的是在保障资源效率的背景下,确保适当的稳定性与可塑性权衡和充分的任务内/任务间泛化能力[19]。在智能驾驶系统中,由于自身物理结构及功耗的限制,智能车辆的算力极为有限,而对模型的泛化能力的需求又极高,因此在智能驾驶模型中引入持续学习算法变得尤为重要。

9.6 小结

本章深入探讨了人工智能技术如何深远地影响并重塑着人们的日常生活，尤其是在衣、食、住、行这四个基本生活维度上展现出的革命性变革。通过展示 AI 在智能穿戴、智慧农业、智能家居及智能交通等前沿领域的实际应用，读者可以深刻了解 AI 在人们日常生活中的赋能能力。在"衣"方面，智能穿戴设备能够实时监测人体健康状态并提供生活建议，AI 时尚助手则能够根据用户的身材特征和偏好推荐合适的服装，并通过虚拟试穿技术提供预览效果。在"食"方面，AI 技术深度赋能农业生产，从生产源头为粮食产量和质量保驾护航，还可以通过 AI 技术实现对食品安全的精准管理和溯源。在"住"方面，智能家居系统通过集成各种智能设备实现了家居环境的自动化管理，智能安防技术通过集成人工智能驱动的人脸识别、视频分析技术守护人们的住宅安全。在"行"方面，交通大数据的流量预测与规划让人们的出行变得更加高效，而自动驾驶技术则有望解放司机的双手，享受不一样的出行体验。

综上所述，人工智能已悄然成为现代生活中不可或缺的一部分，它不仅引领着生活方式的深刻变革，更为各行各业带来了前所未有的发展机遇。展望未来，随着技术的持续演进与成熟，人工智能势必在智慧生活的广阔舞台上扮演更加核心的角色，描绘出一幅幅更加便捷、高效、舒适的未来生活图景。然而，伴随这一进程的推进，我们亦需审慎应对数据安全、隐私保护等挑战，确保人工智能技术的健康发展，真正实现科技惠民、科技便民的美好愿景。

参考文献

[1] LU Z, NARAYAN A, YU H. A deep learning based end-to-end locomotion mode detection method for lower limb wearable robot control [C]//IEEE/RSJ International Conference on Intelligent Robots and Systems. New York: IEEE, 2020.

[2] CHAUDHURI T, SOH Y C, LI H, et al. Machine learning driven personal comfort prediction by wearable sensing of pulse rate and skin temperature [J]. Building and environment, 2020, 170: 106615.

[3] RUBIO-SOLIS A, PANOUTSOS G, BELTRAN-PEREZ C, et al. A multilayer interval type-2 fuzzy extreme learning machine for the recognition of walking activities and gait events using wearable sensors [J]. Neurocomputing, 2020, 389: 42-55.

[4] SAEEDI R, NORGAARD S, GEBREMEDHIN A H. A closed-loop deep learning architecture for robust activity recognition using wearable sensors [C]//IEEE International Conference on Big Data. New York: IEEE, 2017.

[5] SINGH S P, SHARMA M K, LAY-EKUAKILLE A, et al. Deep convlstm with self-attention for human activity decoding using wearable sensors [J]. IEEE sensors journal, 2020, 21(6): 8575-8582.

[6] RAKHMAN A Z, NUGROHO L E. Fall detection system using accelerometer and

gyroscope based on smartphone [C]//International Conference on Information Technology, Computer, and Electrical Engineering. New York: IEEE, 2014.

[7] ZHANG X, KOU W, ERIC I, et al. Sleep stage classification based on multi-level feature learning and recurrent neural networks via wearable device [J]. Computers in biology and medicine, 2018, 103: 71-81.

[8] LIU Z, YAN S, LUO P, et al, 2016. Fashion landmark detection in the wild [C]//Proceedings of European Conference on Computer Vision. Amsterdam: ECCV, 2016.

[9] LEE S, GU G, PARK S, et al. High-resolution virtual try-on with misalignment and occlusion-handled conditions [C]//Proceedings of European Conference on Computer Vision. Tel Aviv: ECCV, 2022.

[10] XIE Z, HUANG Z, DONG X, et al. GP-VTON: Towards general purpose virtual try-on via collaborative local-flow global-parsing learning [C]//The 2023 IEEE/CVF Conference on Computer Vision and Pattern Recognition. New York: IEEE/CVF, 2023.

[11] XU Y, GU T, CHEN W, et al OOTDiffusion: outfitting fusion based latent diffusion for controllable virtual try-on [Z]. arXiv preprint arXiv:2403.01779, 2024.

[12] CHONG Z, DONG X, LI H, et al. CatVTON: Concatenation is all you need for virtual try-on with diffusion models [Z]. arXiv preprint arXiv:2407.15886, 2024.

[13] HOU S, FENG Y, WANG Z. VegFru: A domain-specific dataset for fine-grained visual categorization[C]//Proceedings of the International Conference on Computer Vision. Venice: ICCV, 2017.

[14] TAIGMAN Y, YANG M, RANZATO M A, et al. DeepFace: Closing the gap to human-level performance in face verification [C]//The 2014 IEEE Conference on Computer Vision and Pattern Recognition. New York: IEEE, 2014.

[15] PARKHI O, VEDALDI A, ZISSERMAN A. Deep face recognition[C]// Proceedings of the British Machine Vision Conference. Swansea: BMVC, 2015.

[16] BALTRUŠAITIS T, ROBINSON P, MORENCY L P. OpenFace: an open source facial behavior analysis toolkit [C]//IEEE Winter Conference on Applications of Computer Vision. New York: IEEE, 2016.

[17] ZHANG H, XU X, WANG X, et al. Holmes-VAD: Towards unbiased and explainable video anomaly detection via multi-modal LLM [Z]. arXiv preprint arXiv:2406.12235, 2024.

[18] On-Road Automated Driving (ORAD) Committee. Taxonomy and definitions for terms related to driving automation systems for on-road motor vehicles [M]. Warrendale: SAE International, 2016.

[19] WANG L, ZHANG X, SU H, et al. A comprehensive survey of continual learning: Theory, method and application [J]. IEEE transactions on pattern analysis and machine intelligence, 2024, 46(8): 5362–5383.

第 10 章

人工智能前沿

随着科技的飞速发展，人工智能正以前所未有的速度改变着人们的生活、生产方式乃至科学探索路径。近年来，研究者们在通用人工智能（Artificial General Intelligence，AGI）方向上的探索尤为引人注目。其中，大模型（Large Model，也称为基础模型，即 Foundation Model）以其强大的表示能力和泛化能力，成为实现 AGI 的关键途径之一。OpenAI 的 GPT（Generative Pre-trained Transformer）系列模型，尤其是 GPT-3[1] 和 GPT-4，作为大模型的代表，展示了人工智能在理解和生成自然语言方面的卓越能力。这些模型通过在海量数据上进行训练，学会了丰富的知识和复杂的语言模式，能够在多种任务上展现出惊人的智能水平。大模型的崛起，不仅推动了自然语言处理领域的进步，也为人工智能技术的整体发展提供了新的思路和方法。例如，大模型的迅猛发展引领了生成式人工智能（Generative Artificial Intelligence，GAI）领域的一场革命性爆发。生成式人工智能通过算法和模型生成文本、图像、音频乃至视频内容，而大模型则为其提供了强大的生成能力和创造力。以 DALL-E[2] 和 Image[3] 为代表的图像生成模型，以及以 ChatGPT 为代表的文本生成模型，均基于大模型构建而成。这些模型能够生成高质量、多样化的内容，满足了人们对于创意和个性化的需求。

人工智能驱动的科学研究（AI for Science）等新兴领域也进一步拓展了人工智能的赋能边界，展现出了无限的潜力。此外，AI for Science 的兴起也在很大程度上依赖于大模型的支持。在科学研究中，大模型能够处理和分析海量数据，发现传统方法难以察觉的规律和模式。通过结合领域知识和专业知识库，大模型能够辅助科学家进行复杂的模拟和预测，从而加速科学发现的过程。在生物学、物理学等多个领域，大模型已经取得了显著成果，为科学研究注入了新的活力。

当前人工智能正处于快速发展阶段，从大模型的蓬勃发展到 AI for Science 的兴起及产业中的深度应用，人工智能技术正以前所未有的速度改变着世界。面对未来，我们应保持开放的心态积极拥抱变化，共同推动人工智能技术的健康、可持续发展、为人类社会的进步和繁荣贡献更大的力量。本章将围绕大模型、生成式人工智能和 AI for Science 三个方面介绍人工智能的前沿技术。

10.1 大模型的兴起与演进

玩转大模型

自 2023 年起，人工智能技术的版图迎来了新的里程碑，其中最耀眼的成就莫过于大模型的横空出世与广泛应用，它无疑成为驱动这一轮技术飞跃的核心引擎之一。本节将深入剖析大模型的精髓，从大模型的基础概念出发，逐步展开对其发展历程的阐述，同时揭示大模型所具备的显著优势及其在当前阶段所面临的挑战与考验。其次，本节也将以大语言模型为例，详细介绍其训练和优化过程中面临的问题及对应的解决策略。最后，以CLIP（Contrastive Language-Image Pre-training）[4]模型为例，详细介绍多模态大模型的技术原理以及应用场景。

10.1.1 大模型的基本概念与发展历程

在当今科技日新月异的时代，人工智能无疑是其中最引人注目的领域之一。而在大规模、高复杂度的人工智能技术探索中，"大模型"这一概念逐渐崛起，并以其强大的能力和广泛的应用前景成为研究热点。大模型，顾名思义，是指那些参数规模巨大、计算量复杂的深度学习模型。与传统的机器学习模型相比，大模型通常拥有数十亿乃至数千亿个参数，模型规模的增大不仅

以规模铸就优势：大模型的兴起与演进

带来了更强大的表示能力和泛化能力，也使得模型能够捕捉到数据中更多潜在的规律和模式，从而在多种任务上展现出惊人的性能。更为重要的是，大模型以其"全能型"选手的姿态，颠覆了传统机器学习的多模型、多任务设计模式。它能够通过单次全面训练，便精通多种相关任务，实现了真正意义上的"一站式"解决方案。

大模型的发展历程虽然可以追溯到深度学习技术的兴起，但是直到近几年，随着计算能力的提升和数据量的激增，大模型才真正开始崭露头角。2017年，谷歌提出了Transformer架构[5]，利用自注意力机制构建长程序列关系的同时，实现对模型的并行化训练，这为研发大模型提供了可以并行优化的基础模型结构。基于Transformer，Google公司进一步研发了预训练语言模型BERT（Bidirectional Encoder Representations from Transformers）[6]，通过在海量文本数据上进行预训练，模型学会了丰富的语言知识和语义表示。除此之外，OpenAI也利用Transformer架构设计了生成式语言模型GPT-1[7]，其仅采用了Transformer的解码端结构，即使用自注意力机制从左到右逐步生成文本。这意味着模型在生成每个词时，只能考虑其左侧的上下文，而无法利用右侧的上下文。从BERT和GPT-1的特点可以看出，编码器架构更适合去解决自然语言理解任务，而解码器架构更适合解决自然语言生成任务。BERT及GPT-1的成功从技术上确定了"预训练-微调"的求解范式，这类方法通常称为"预训练语言模型"（Pre-trained Language Model，PLM）。

2020年，OpenAI提出了"规模定律"（Scaling Law）[8]，表明在实际应用中，通过增加模型参数、训练数据量和计算资源，可以提升模型的性能，这为大模型的研究奠定了基础。随后，为了深入探索规模效应对模型性能的极限影响，研究者设计了更为庞大的预训练模型，如拥有惊人1750亿参数的GPT-3。实验发现，随着模型规模的增大，模型表现出一些原本在较小规模时没有明显出现的新功能或特性。这些能力往往不是通过明确的编程或者训练目标获得的，而是在模型的规模达到一定程度后自发涌现的，这个现象称为"涌现能力"（Emergent Ability）。现

阶段的研究表明，涌现能力通常是不可预测的，研究者往往在模型训练完成后才能观察到这些能力的出现。由于其不可预测性，如何控制或引导这种涌现能力成为一个研究热点。学术界将这些大型预训练语言模型命名为"大语言模型"(Large Language Model，LLM)。

2022年，OpenAI推出革命性的对话生成大模型产品——ChatGPT，成为人工智能领域的一个划时代的标志性事件。ChatGPT的发展并非一蹴而就，而是经历了长时间的积累与迭代。从最初的GPT模型开始，OpenAI团队就致力于提升模型的生成能力和语言理解能力。随着技术的不断进步，GPT-2、GPT-3等模型相继问世，每一次迭代都带来了显著的性能提升。最终，在GPT-3.5的基础上，ChatGPT应运而生。它以强大的对话生成能力和高度的语言流畅性赢得了全球用户的广泛赞誉。ChatGPT极大地提升了人机交互的便捷性和自然性，用户可以通过简单的自然语言指令与ChatGPT进行交互，获得各种信息和服务。这种交互方式不仅提高了工作效率，还为用户带来了更加愉悦的使用体验。ChatGPT的广泛应用进一步推动了AI技术的普及和商业化进程。越来越多的企业和开发者开始将ChatGPT集成到自己的产品和服务中，以提供更加智能化、个性化的解决方案。ChatGPT的提出，不仅代表了大型语言模型的新纪元，而且在全球范围内引发了对大模型技术的广泛关注和研究热潮。国内外的研究机构和企业，如谷歌、Meta、百度、华为、腾讯等，都在积极探索大模型的潜力和应用，这进一步加速了大模型技术的发展。例如，谷歌推出了Bard，Meta发布了LLaMA[9]，而百度推出了"文心一言"，科大讯飞发布"星火"大模型，阿里巴巴推出"通义千问"等，正式拉开了"百模大战"的帷幕。据统计，自ChatGPT提出以来，全球范围内发布100亿参数以上的大模型数量已经超过200个，而10亿以上的大模型更是达到了数百个，其中中国和美国在这一领域的数量占全球的九成。图10-1总结了具有影响力且参数规模超过100亿的大语言模型发展时间线。

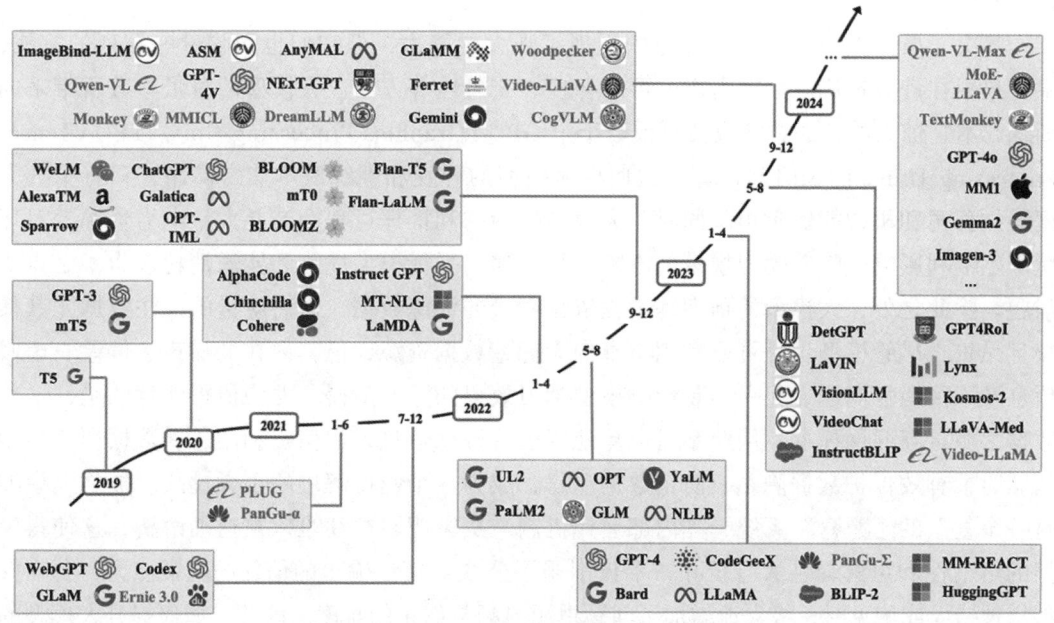

图10-1　超100亿参数规模的大语言模型发展时间线（红色字体为国产大模型，详见彩插）

随着技术的不断演进,"大语言模型"的范畴已经从最初的文本处理扩展到了包含语音、图像、视频等在内的多模态领域,形成了多模态大模型,如 OpenAI 推出的 GPT-4、DeepMind 的 Flamigo[10]、华为的盘古系列、阿里巴巴的通义系列、腾讯的混元大模型等。这些模型,尤其是视觉-语言大模型也遵循了"预训练-微调"的开发策略,但是具备了处理并理解视觉信息与语言信息之间的深层语义联系的能力。它们通过融合视觉内容和语言特征,不仅能够理解图像中的视觉元素,还能够将这些元素与相应的文本信息相联系,执行跨模态的任务,如图文匹配、图像描述的自动生成,以及基于文本描述的图像生成等。

> 预训练-微调指的是在预训练阶段,模型会在包含大量图文对的数据集上进行学习,以掌握语言和视觉的内在联系;微调阶段则是针对特定的视觉或语言任务对模型进行细化调整,以提高其在特定应用中的性能和准确性。

10.1.2 大模型的优势与挑战

大模型的优势与挑战皆根植于其"大"这一本质特征之中。首先,凭借其海量的预训练数据,大模型能够深度编码并内化广阔的世界知识,这使得它在捕捉多样化的语言模式、视觉特征等方面展现出非凡的能力,进而在多个任务与领域中实现卓越的性能与广泛的适应性。具体来说,大模型通常可以在多个任务之间迁移和共享知识,这意味着在特定任务上训练的大模型可以迅速适应其他相关任务。这种通用性降低了为每个任务从头训练模型的需求。同时,如前面所提到的,大模型展示出一些小模型所不具备的涌现能力,如理解更复杂的语言结构、在未明确训练的情况下完成新任务或者跨模态联想等。除此之外,由于大模型是对世界知识的压缩,它往往能够自动学习到有效的特征表示,从而减少对人工干预和领域知识的依赖。

其次,虽然大模型在许多任务中展现了强大的能力,但它们也面临着一系列的挑战,主要集中在计算资源、数据需求、可解释性、安全性等方面。大模型的海量参数所带来的训练成本是惊人的,通常涉及数百或数千个 GPU(Graphics Processing Unit)/TPU(Tensor Processing Unit)的长时间计算。这使得大模型的开发和训练成本非常高昂,只有少数大型科技公司和机构能够负担。同时,大模型的训练和推理过程会消耗大量电力资源,对环境产生不利影响。随着模型规模的不断扩大,如何平衡模型性能和能源消耗成为一个重要问题。除此之外,大模型的预训练过程依赖海量的训练数据,而高质量的标注数据尤其稀缺且昂贵。尽管模型训练可以利用丰富的无标签数据资源,但其内在的噪声、偏差、虚假信息及不平衡性问题,无一不是影响模型学习效果的重要障碍。尤为值得注意的是,这些数据多源自互联网抓取,因此不可避免地混杂着敏感信息,如何在利用这些数据训练模型的同时,有效保护数据隐私、防范数据泄露,成为一个亟待解决的重大挑战。加之大模型是一个复杂的"黑盒"系统,其内部运作机制与决策逻辑往往难以被透彻解析,这使得模型的可信性和可解释性大打折扣,不仅削弱了公众对模型输出的信任与验证能力,更在模型出现错误或偏见时,极大地增加了问题根源追溯与纠正的难度。因此,如何提升大模型的可解释性，确保其在关键时刻能够提供可靠且可信赖的决策支持，是当前面临的重要课题。同时，随着大模型在决策体系中的融入，如何清晰界定模型与人类决策者之间的责任界限，避免责任模糊带来的法律与伦理风险，也成为亟待解决的问题。最后，大模型容易受到对抗样本的攻击，即通过微小的输入扰动导致模型产生错误的输出，这会对自动驾驶、医疗诊断等关键应用构成严重威胁。

10.1.3 大模型的训练与优化

大模型的研发主要分为两个阶段，即预训练阶段和微调与对齐阶段。以大语言模型为例，预训练是其研发的关键阶段，其成效直接关乎模型后续能力的广度与深度。通过在大规模、多样化的语料库上进行预训练，大语言模型不仅能够构建起坚实的语言理解与生成能力，还能广泛吸收世界知识，为应对多样化的下游任务奠定坚实的性能基础。

大模型：从基础到垂域

预训练阶段首先要准备的便是大规模、高质量的训练数据。根据数据来源的不同，主要分为通用文本数据和专用文本数据两大类。通用文本数据，广泛取材于网页、书籍、日常对话等丰富多样的形式，以其庞大的规模、高度的多样性和易于获取的特性，在训练数据中占据了举足轻重的地位。而为了进一步增强大模型在特定专业领域的表现力，专用文本数据则成为不可或缺的补充，它涵盖了多语言数据（如 PaLM 模型所采纳的跨越 122 种语言的广泛语料）、科学文本（涵盖教材、学术论文等专业知识）及程序代码，这些资源共同构成了大模型专业能力的坚实后盾。值得注意的是，数据质量对于大模型性能的影响至关重要。因此，在数据收集之后，一系列精细的数据预处理步骤显得尤为关键。这一过程旨在剔除低质量数据、重复信息、有害内容及可能侵犯个人隐私的敏感信息，确保输入模型的数据既纯净又准确。典型的数据预处理流程如图 10-2 所示。

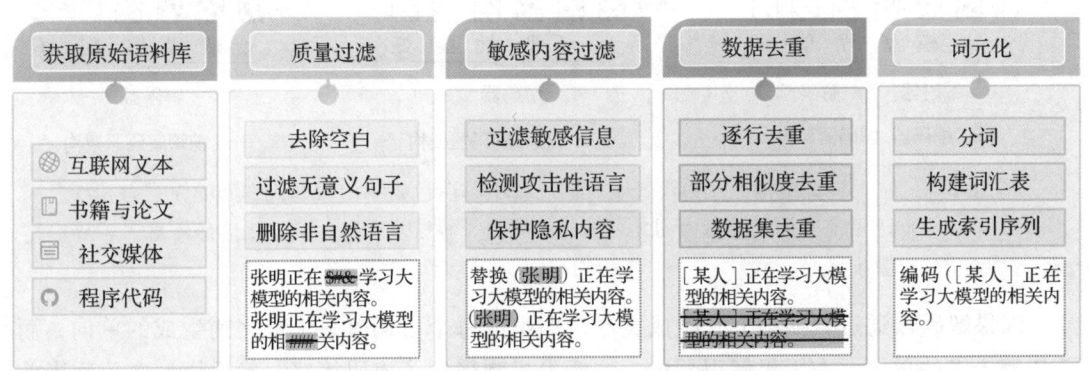

图 10-2 典型的数据预处理流程

直接收集到的文本数据往往掺杂了很多低质量的数据，因此首先需要进行质量过滤，目前代表性方法主要有基于启发式规则的方法和基于分类器的方法。此外，鉴于数据中可能潜藏的有害内容或敏感隐私信息，还需执行更为精细化的过滤与净化流程。与质量过滤类似，不同类型的数据内容往往需要采用特定的过滤规则，以确保数据的纯净度和安全性。再者，由于大语言模型具有较强的数据拟合与记忆能力，它们极易捕捉到训练数据中的重复性模式，进而可能导致过度拟合问题。为此，数据去重作为不可或缺的一环，旨在减少模型学习过程中的冗余，促进泛化能力的提升。词元化（Tokenization）是数据预处理中的一个关键步骤，旨在将原始文本分割成模型可识别和建模的词元序列，以此作为大语言模型的输入数据。在数据预处理完成后，接下来的挑战在于确定训练大语言模型时的数据混合策略与训练顺序。从本质上来说，这个过程是在探索数据来源与模型能力之间的潜在关系。在实践中，数据混合的具体方案通常是根据经验确定的。一种实用的方法是先利用小型语言模型去尝试不同候选分配策略在性能上的差异，进而从候选分配策略中选用最有效的。

在模型架构方面，目前国内外主流的大模型主要基于 Transformer 框架，具体可分为三种形式：编码器-解码器（Encoder-Decoder，ED）、因果解码器（Causal Decoder，CD）和前缀解码器（Prefix Decoder，PD）。编码器-解码器架构是自然语言处理领域里一种经典的模型结构，原始的 Transformer 模型便采用了这一架构，其中，编码器和解码器都是由多个 Transformer 模块组成（详细阐述参见 4.6 节）。如图 10-3a 所示，该架构在编码器端采用了双向自注意力机制对输入信息进行编码处理，而在解码器端则使用了交叉注意力与掩码自注意力机制，通过自回归的方式对输出进行生成。虽然基于编码器-解码器设计的预训练语言模型在众多自然语言理解和生成任务中展现出了优异的性能，但仅有少数大语言模型（如 T5、BART、FLAN-T5 等）是基于编码器-解码器架构的。

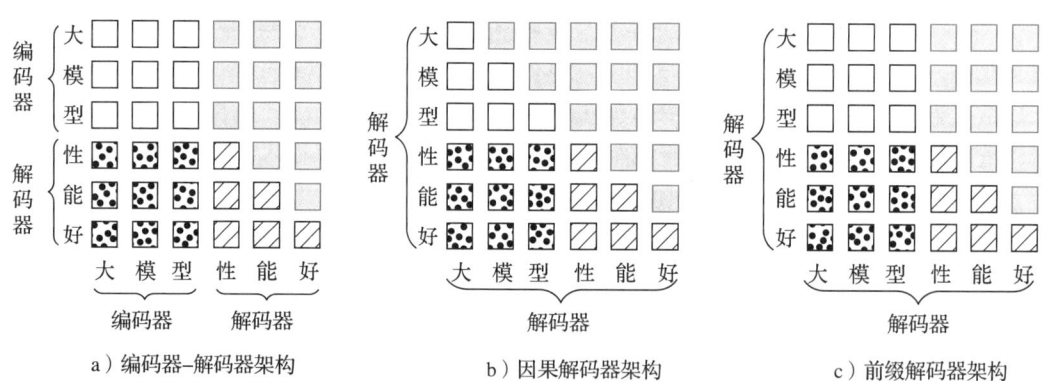

图 10-3　三种大模型架构注意力模式示意图。其中，白色表示前缀词元之间的注意力、点框表示前缀词元与目标词元之间的注意力、斜线表示目标词元之间的注意力、灰色表示掩码注意力

因果解码器通过自回归方式生成文本，即生成每个单词时只依赖之前生成的单词，而不依赖未来的单词。在因果解码器中，注意力机制采用了掩码策略，确保模型在预测当前词时无法接触到未来词的信息。通过掩码矩阵屏蔽掉未来位置的信息，该模型能够仅基于已生成的内容进行预测（见图 10-3b）。因果解码器架构特别适用于文本生成及序列预测等场景，因为它能够有效地模拟自然语言生成过程中逐字逐句的顺序依赖性。一个典型的模

型便是 GPT 系列，它在多项自然语言生成任务中展示了卓越的性能。通过使用自回归机制，GPT 模型能够在生成文本时保持连贯性和逻辑性，从而生成高质量的文本内容。随着 GPT-3 的成功，因果解码器被广泛采用于各种大语言模型中，包括 Optimus Prime 系列、BLOOM、Gopher、LLaMA、Falcon 和 Mistral 等。

前缀解码器是因果解码器的一种变体，它在生成过程中会在输入序列前添加一个固定的前缀。这意味着在生成后续内容时，前缀部分是预先给定的，模型在此基础上生成后续内容。这个前缀既可以是由人预先设定的，也可以是从具体的任务或上下文中提取出来的固定信息。与普通的因果解码器一样，前缀解码器也使用了掩码策略来确保模型在预测当前词时不会看到未来的词。不过，前缀部分的输入不会被屏蔽，这样，模型就可以在生成过程中充分利用前缀所提供的信息，如图 10-3c 所示。这种架构特别适用于提示学习（Prompt Learning）。例如，当给出一个故事的开头时，模型可以继续生成接下来的情节。此外，它也非常适用于条件文本生成等场景，即需要依据特定的条件或上下文来生成文本。通过利用前缀信息，前缀解码器能够在生成过程中更好地保持一致性与连贯性，生成更为自然和符合预期的结果。使用前缀解码器作为基础架构的大模型有 GLM-130B、PaLM 和 U-PaLM 等。

表 10-1 列举了一些典型大语言模型的配置。

表 10-1 典型大语言模型的配置

模型	解码器类别	参数量	位置编码	层数	注意力头数量	隐藏状态数量
GPT-3	CD	175B	Learned	96	96	12 288
PanGU-α	CD	207B	Learned	64	128	16 384
OPT	CD	175B	Learned	96	96	12 288
PaLM	CD	540B	RoPE	118	48	18 432
BLOOM	CD	176B	Learned	70	112	14 336
MT-NLG	CD	530B	—	105	128	20 480
Gopher	CD	280B	Relative	80	128	16 384
Chinchilla	CD	70B	Relative	80	64	8 192
Galactica	CD	120B	Learned	96	80	10 240
LaMDA	CD	137B	Relative	64	128	8 192
Baichuan-2	CD	13B	ALiBi	40	40	5 120
Qwen-1.5	CD	72B	RoPE	80	64	8 192
GLM-130B	PD	130B	RoPE	70	96	12 288
T5	ED	11B	Relative	24	128	1 028

注：Learned 表示可学习位置编码（Learned Position Embedding），RoPE 表示旋转位置编码（Rotary Position Embedding），Relative 表示相对位置编码（Relative Position Embedding），ALiBi 表示 Attention with Linear Biases 位置编码。

在进行大规模预训练时，往往需要设计合适的自监督预训练任务，这样模型能够从海量无标签数据中学习到广泛的语义知识与世界知识。目前，常用的预训练任务包括语言建模

（Language Modeling，LM）、去噪自编码器（Denoising Auto-Encoding，DAE），以及混合去噪器（Mixture-of-Denoiser，MoD）。表 10-2 对比了上述三类任务之间异同点和优缺点。

表 10-2 语言建模、去噪自编码器和混合去噪器三类预训练任务对比

	语言建模	去噪自编码器	混合去噪器
目标	学习词元序列的概率分布	学习从破坏的文本中恢复原始文本	学习从多种破坏模式中恢复原始文本
输入	完整的文本序列	被破坏的文本	被多种方式破坏的文本
输出	无	删除、替换、重排词元等	多种噪声类型（如删除、替换、重排等）
噪声强度	无	固定或可调	可调
模型结构	编码器	编码器+解码器	编码器+解码器
训练目标	最大化下一个词元的预测概率	最小化重构文本与原始文本的差异	最小化重构文本与原始文本的差异
损失函数	负对数似然	均方误差或交叉熵损失	均方误差或交叉熵损失
应用场景	序列生成、翻译、问答等	文本补全、错误纠正、文本恢复等	多种文本处理任务，增强鲁棒性和泛化能力
鲁棒性	较低	较高	更高
泛化性	中等	较强	更强
优点	学习词元间依赖关系	提高模型对抗噪声的能力	提高模型对抗多种噪声的能力
缺点	可能忽视上下文信息	只能处理特定类型的噪声	训练过程可能很复杂

语言建模专注于学习词元之间的序列依赖关系，核心在于"预测下一个词元"，经常被用于训练基于解码器的大语言模型，如 GPT-3 和 PaLM。给定一个长度为 T 的词元序列 $\boldsymbol{u}_{1:T} = \{u_i\}_{i=1}^{T}$，模型需要基于当前位置 t 之前的词元序列 $\boldsymbol{u}_{1:t-1}$，采用自回归的方式对词元 u_t 进行预测。在训练过程中，模型通常根据以下似然函数进行优化：

$$L(\boldsymbol{u}_{1:T}) = \sum_{t=1}^{T} \log P(u_t \mid \boldsymbol{u}_{1:t-1}) \tag{10-1}$$

其中，$P(u_t|\boldsymbol{u}_{1:t-1})$ 表示在给定之前所有词元的情况下生成最后一个词元的概率。实际上，在训练时，对整个序列中的每一个位置 t（从第二个词元开始到最后一个词元）进行这样的概率计算，并且最小化整个序列的负对数似然。这意味着模型试图最大化正确预测下一个词的概率，即对于每一个位置 t，模型都会根据前面的词元序列 $\boldsymbol{u}_{1:t-1}$ 来预测下一个词元 u_t，并通过优化损失函数来提高预测的准确性。

语言建模任务很好地捕捉了序列信息的内在逻辑，当预训练的数据足够丰富时，大语言模型便能学习到自然语言的生成规律与表达模式。除此之外，语言建模的预训练还可以看作一种多任务学习过程。接下来看下面的例子。

❏ "昨天，市长宣布了一项新的城市规划政策，旨在改善交通拥堵问题。"
❏ "她站在窗前，望着远方渐渐消失的夕阳，心中涌起了无限的感慨。"

在这个例子中，模型在处理新闻文章时主要学习了如何处理正式语言、识别实体、理解

政策信息等；而在处理文学作品时，则学习了如何理解比喻性语言、捕捉情感变化、分析复杂句子结构等。虽然表面上看起来模型是在做单一的语言建模任务，但实际上通过预训练过程中的多源数据输入，模型在处理多样化文本的过程中会接触到并学习多种不同的子任务，模型学习到多种语言处理的能力，从而能够在多种任务中表现出良好的性能。例如，在进行文本生成时，模型可以根据上下文选择合适的词汇和语法结构；在情感分析任务中，模型能够准确捕捉文本中的情感信息；在实体识别任务中，模型能够有效识别文本中的关键实体。这些能力共同提升了模型在不同应用场景中的表现，共同构成模型的综合语言处理能力，使得模型在面对具体下游任务时能够表现出较好的泛化性能。所以，可以认为语言建模的预训练是一个多任务学习过程。

去噪自编码器是一种通过在输入数据中引入噪声并要求模型从噪声中恢复原始数据的方式来训练模型的技术。这种方式最初在无监督学习中被广泛采用，近年来也被成功应用于自然语言处理的预训练模型。去噪自编码器的核心思想是在训练过程中接收经过随机损坏处理的文本作为输入（通常通过替换或删除操作将原始完整文本变得不完整），然后训练模型学习如何从这些受损的文本片段中恢复出原始的、未被损坏的词元和文本结构。假设有一段文本"The quick brown fox jumps over the lazy dog"，替换某些词元，如"The quick brown cat jumps over the lazy dog"，或重排词元顺序，如"quick The brown fox jumps over the lazy dog"。去噪自编码器使用编码器提取破坏后文本的特征表示，解码器根据编码器的特征表示重构原始文本。去噪自编码器的主要优势在于模型能够在处理真实世界数据时更好地应对噪声和不完整性，通过学习从噪声中恢复数据，模型可以学到更加通用的特征表示。而且，去噪自编码器不需要标签数据，换言之，它只需要原始数据即可进行训练。

混合去噪器是一种扩展的去噪自编码器，它将语言建模和去噪自编码器的目标统一为不同类型的去噪任务。具体而言，混合去噪器框架内定义了三种特定的去噪任务，即S-去噪器、R-去噪器和X-去噪器。S-去噪器的任务与前缀语言建模相似，旨在训练模型使它能够根据给定的前缀信息来预测并生成合适的后缀文本。这种任务有助于模型学习如何基于部分已知信息推断和构建连贯的文本内容。R-去噪器和X-去噪器则更接近传统的去噪自编码器任务，它们在被掩盖词元的跨度和损坏比例上有所区别。R-去噪器在序列中屏蔽大约15%的词元，每个被屏蔽的片段通常包含3～5个词元。这种设置模拟了文本中的局部损坏，要求模型在较小的文本窗口内进行准确的预测和修复。相比之下，X-去噪器则更具挑战性，它采用更长的屏蔽片段（通常超过12个词元）或更高的损坏比例（约50%）。这种设计要求模型在面对较大范围的文本损坏时仍能准确地还原信息，从而迫使模型学习到更为全面和深入的文本表示。通过这种多层次、多难度的去噪任务设计，混合去噪器不仅增强了模型对文本的理解能力，也提高了其在各种自然语言处理任务中的泛化性能。

通过前面深度学习章节的介绍可知，小批量梯度下降方法是常用的优化方案。而在大模型预训练中，通常将批量大小设置为较大的数值（如1M～4M个词元）以应对海量数据。现在很多工作都采用了动态批量调整策略，即在训练过程中逐渐增加批量大小，最终达到百万级别,该策略可以有效稳定大语言模型的训练过程。随着模型规模与数据规模的不断提升,如何高效地利用计算资源去训练大语言模型也是一个关键问题。常见的高效训练技术包括 3D 并行训练(通过结合数据并行、模型并行和流水线并行来有效利用计算资源,适合训练超大规模模型)、激活重计算(在正向传播时丢弃中间层的激活值,而不是将其保存在内存中;在反向传播时,如果需要某个中间层的激活值,就重新计算这些值,这样能够显著减少内存占用,特别适用于深度模型的训练)和混合精度训练(巧妙地结合了半精度浮点数的计算速度与单精度浮点数的数值稳定性,既提升了训练速度,又确保了训练的精度与稳定性)。

大模型在预训练阶段是模型学习知识的过程,其主要任务是将世界知识融入模型中,这一过程不仅让模型学会了语言的基本模式,还积累了丰富的常识和专业知识。然而,在特定的应用场景下,需要对大模型进一步优化,使其能够有效地应用预训练阶段获取的知识,并理解、适应人类意愿,在不同任务下表现出优秀的准确性和适用性,从而更好地服务于实际应用需求。目前,主要通过两种方法实现这一目标:一是指令微调(Instruction Tuning),二是基于人类反馈的强化学习(Reinforcement Learning from Human Feedback,RLHF)。指令微调过程需要首先收集或构建指令化的实例,然后通过有监督的方式对大语言模型的参数进行微调。这一过程显著增强了模型对指令的遵循能力,使其即便在零样本学习的情境下,也能游刃有余地应对多种下游任务。其中尤为关键的步骤就是指令数据的构造,它直接决定了微调效果的上限。实际上,在指令微调概念兴起之前,研究者们已通过汇聚来自不同自然语言处理领域(如文本分类、摘要生成等)的实例,构建了庞大的有监督多任务训练数据集。这些宝贵的数据资源,如今成为构建指令微调数据集不可或缺的基石。一种常见的做法是,通过人工精心撰写的任务描述(即指令),对原有的多任务数据集进行扩展与丰富,从而生成适用于指令微调的高质量自然语言处理任务数据集。这一过程称为指令格式化,它不仅加深了模型对人类指令的理解,也为其后续在更广泛场景下的应用奠定了坚实的基础。

通常来说,经过指令格式化的数据实例主要包括任务描述、任务输入-任务输出,以及可选的示例。例如,在中英文翻译任务中,输入"我喜欢你",对应输出为"I like you"。为了生成指令化的训练数据,一个非常重要的步骤就是为上述的"输入-输出"添加任务描述,如"请把中文翻译成英文"。在指令微调过程中,预训练模型接受指令和输入,并生成与指令匹配的输出。训练的目标是最小化预测输出与实际输出之间的损失。在自然语言处理领域,为现有任务数据集精心设计并嵌入恰当的任务描述,对于增强大型语言模型的指令遵循能力至关重要。这些描述作为任务的蓝图,指导模型理解预期的输出并据此生成响应。一旦移除这些关键的任务描述,仅依赖输入和输出数据对模型进行微调,将导致模型在理解和执行任务方面的性能显著降低。因此,任务描述不仅为模型提供了执行任务所需的上下文,还确保了模型能够准确捕捉任务的复杂性和细微差别。

由于大语言模型参数量十分庞大,当将其应用到下游任务时,微调全部参数需要相当高的算力。2021 年,微软团队与卡内基梅隆大学在研究中发现语言模型针对特定任务微调之后，权重矩阵通常具有很低的本征秩🔗。于是联合提出 LoRA（Low-Rank Adaptation）微调技术[11]，其核心思想是在不修改原有模型权重的情况下，通过引入低秩矩阵来调整模型的某些层，从而实现快速适应新任务的目的。低秩矩阵是指可以通过较小数量的行和列向量相乘来近似原矩阵的矩阵。这种矩阵的引入使得模型的调整变得更加高效，因为只需要存储和更新较少的参数。具体来说，就是固定预训练模型参数不变，在原本权重矩阵旁路添加低秩矩阵的乘积作为可训练参数，用以模拟参数的变化量。如图 10-4 所示，假设大模型的预训练权重 $W \in \mathbb{R}^{H \times H}$，LoRA 引入两个低秩矩阵 $A \in \mathbb{R}^{R \times H}$ 和 $B \in \mathbb{R}^{H \times R}$，可训练参数 $\Delta W = BA$，那么调整后的权重 $\widehat{W}$ 可以表示为 $W + \Delta W$，模型前向过程的输出为

$$y = Wx + \Delta Wx = Wx + BAx \quad (10\text{-}2)$$

> 🔗 本征秩通常是指在矩阵理论中，一个矩阵的本征值（特征值）对应的本征向量（特征向量）构成的子空间的维数。在矩阵的本征问题中，寻找非零向量，这些向量在矩阵变换下方向不变，只是长度可能改变。这些非零向量被称为本征向量，而它们对应的标量倍数变化称为本征值。

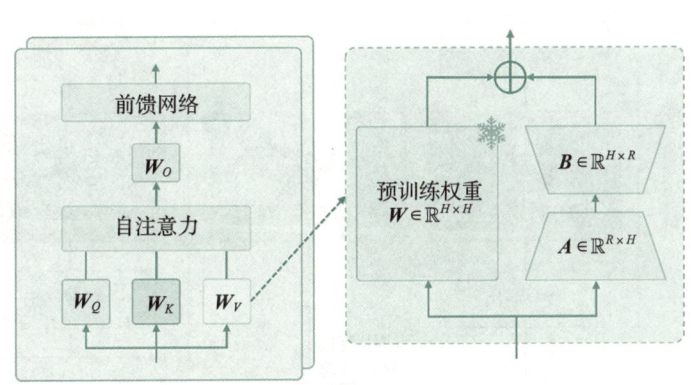

图 10-4　LoRA 算法结构

在反向传播过程中，只更新低秩矩阵 A 和 B，而不更新原有的权重矩阵 W，这种局部更新的方法使得模型能够在有限的资源下进行有效的微调，大大减少了内存消耗，使得模型可以在计算能力较小的设备（如手机、微型计算机等）上运行。此外，在微调完成后，可以保存低秩矩阵 A 和 B，而不必保存整个模型的权重，在恢复时，只需加载原有的权重矩阵和低秩矩阵 A、B，即可恢复调整后的模型。

随着 LoRA 技术的不断发展，其应用范围逐渐扩大，特别是在 Stable Diffusion[12]🔗等生成式 AI 模型中。通过将 LoRA 整合到 Stable Diffusion 中，不仅降低了训练高分辨率模型的计算资源需求，还使得在消费级 GPU 上进行模型训练成为可能。通过引入低秩矩阵来调整模型的某些层，可以在不改变原始模型参数的情况下进行快速微调，模型能够更好地适应特定任务或风格，实现高

> 🔗 Stable Diffusion 是一个开源的深度学习模型，主要用于图像生成任务。它基于扩散模型（Diffusion Model），通过逆向扩散过程（Reverse Diffusion Process）生成图像。Stable Diffusion 在图像生成任务中表现出色，可以生成高质量的图像，并且具有较好的可控制性。

质量的图像生成，提升模型的性能和实用性。

经过大规模的预训练及指令微调后，大语言模型具备了解决各种任务的通用能力和指令遵循能力，但是同时也可能生成有偏见的、冒犯的及事实错误的文本内容。因此，在大语言模型的学习过程中，如何确保大语言模型的行为与人类价值观、人类的真实意图和社会伦理相一致成为一个关键研究问题，通常称这一研究问题为人类对齐（Human Alignment）。这本身就是一个抽象的概念，一般包含三个对齐标准：有用性、诚实性和无害性。由于对齐标准难以通过形式化的优化目标进行建模，因此研究人员提出了基于人类反馈的强化学习，引入人类反馈对大语言模型的行为进行指导，具体分为三个步骤，如图10-5所示。

> **有用性**：大语言模型需要提供有用的信息，能够准确完成任务，正确理解上下文，并展现出一定的创造性与多样性。
>
> **诚实性**：模型的输出应具备真实性和客观性，不应夸大或歪曲事实，避免产生误导性陈述，并能够应对输入的多样性和复杂性。
>
> **无害性**：大语言模型应避免生成可能引发潜在负面影响或危害的内容。

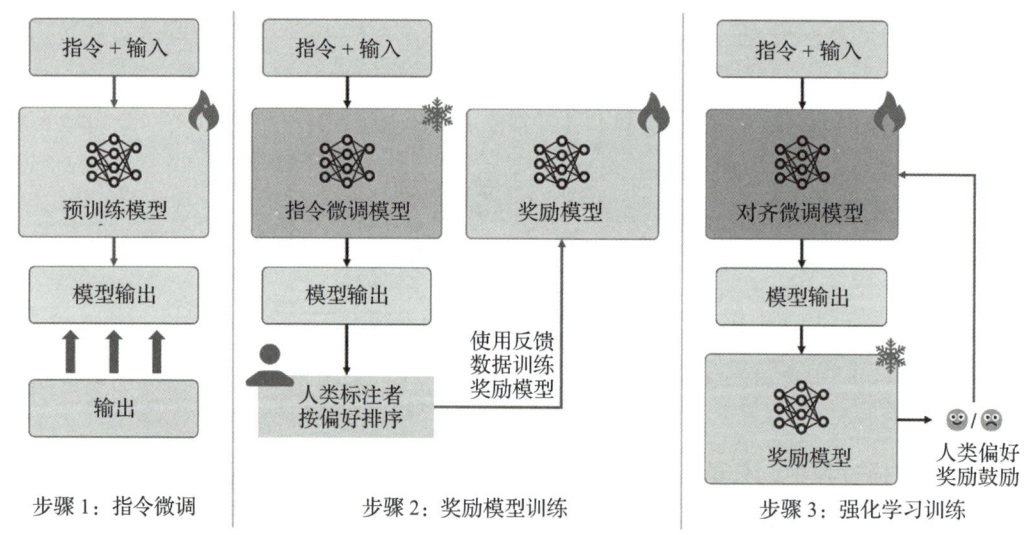

图 10-5 基于人类反馈的强化学习流程

第一步指令微调是为了让预训练模型具有较好的指令遵循能力；第二步则是利用人类反馈数据训练奖励模型。首先使用指令微调模型针对任务指令生成一定数量的候选输出。随后，人类标注者按照对齐标准对候选输出进行排序，这样可以有效减少多个标注者之间的不一致情况。然后使用人工标注的偏好数据进行奖励模型的训练，使其能够建模人类偏好。第三步是强化学习训练，待对齐的模型扮演着策略实施者的角色，也称为策略模型。该模型以提示文本为基础输入，并产生相应的输出文本。在此过程中，其动作空间由整个词汇表中的所有可用词元构成，而状态则定义为到目前为止已生成的词元序列。策略模型的优化依赖于奖励模型提供的反馈信号，这些信号通过近端策略优化（Proximal Policy Optimization，PPO）算法传递回策略模型。为了避免在训练过程中，当前语言模型与初始模型（即强化学习训练开始前的模型）产生显著偏差，通常会在模型的原始优化目标中引入一个正则化项，如 KL 散度，这样有助于维持模型在训练过程中的稳定性，确保模型输出的连贯性和一致性。通过这种方式，模型能够在学习新任务的同时，保持其原有的语言生成能力和风格。

10.1.4 多模态大模型

大语言模型虽然在处理文本数据方面表现出色，但无法直接处理图像、视频、音频等多个模态信息之间的相互作用，无法充分理解不同模态相互之间的上下文关系。这样一来，大语言模型在一些需要跨模态理解的任务中，如图像问答、视频描述等，表现得差强人意。而随着模型和数据集规模的不断扩大，传统的多模态模型

AI 新纪元的全能王者：多模态大模型

训练会产生巨大的计算成本，也无法满足实际需求。大语言模型的预训练与微调技术的突破让研究人员认识到可以利用现成的预训练模型，特别是大语言模型，与其他模态的模型连接起来，实现协同推理。于是，催生了一个新的研究领域——多模态大模型。多模态大模型通过融合多种模态的信息，能够在更广泛的场景中提供更全面和准确的理解和生成能力。这些模型通过大规模的数据训练，学习如何联合理解和生成跨多种模态的信息，被视为朝向通用人工智能的下一个步骤。多模态大模型的关键能力在于整合并理解不同的数据格式。与大语言模型相比，后者在处理和生成文本数据方面有专长，而多模态大模型则可以应用于需要理解和整合不同类型数据信息的任务。例如，多模态大模型可以分析新闻文章、相关照片和视频片段，以获得全面的理解。在训练过程中，多模态大模型需要收集和准备包括文本、图像、音频、视频等不同格式的数据。模型架构设计也更为复杂，需要整合不同类型的神经网络，如 CNN 和 RNN 或 Transformer，并有效融合这些模态。与纯粹的大语言模型有所不同，多模态大模型的预训练不仅局限于文本数据，还涵盖了其他模态的信息，这样，模型能够学习如何将文本与图像相互关联，或者理解视频中的连续序列。微调则涉及每种模态的专业数据集，以及帮助模型学习跨模态关系的数据集。

GPT-4 和 Gemini[13] 的首次亮相便展示了令人印象深刻的多模态理解和生成能力，点燃了人们对多模态大模型的研究热情。从一开始集中在多模态内容理解和文本生成（Flamingo、BLIP-2[14] 和 MiniGPT-4[15] 等），到特定模态的生成（如 Kosmos-2[16]、MiniGPT-5[17] 和 SpeechGPT[18]），以及模仿类人的任意到任意模态转换（ViperGPT[19]、AudioGPT[20] 和 NExT-GPT[21] 等），这些探索性工作都为通用人工智能的发展道路提供了线索。图 10-6 给出了多模态大模型发展的时间线 [22]。

下面以 CLIP（Contrastive Language-Image Pre-training）[4] 预训练模型为例，介绍多模态大模型的工作原理。CLIP 是 2021 年由 OpenAI 发布的多模态大模型，其探索了如何利用大规模无标签数据进行有效的多模态学习，并在图像分类、检索和生成等任务上表现出了强大的迁移能力。它是多模态领域的经典之作，后续也作为基础模型，被广泛用于 DALLE2、Stable Diffusion 等重要文生图大模型中。传统的图像分类过程输入是（图像，类别）的形式，

并通过深度模型将图像信息映射到类别空间,但是这样的设计存在两个缺陷:①若将训练过程中未见过的类别图像输入给模型,模型往往难以得到正确结果,如在动物数据集上训练的模型无法对输入的汽车图像进行分类;②如果数据出现了分布偏移,模型也可能无法正确识别,如训练使用彩色照片,预测时输入却是灰度简笔图。

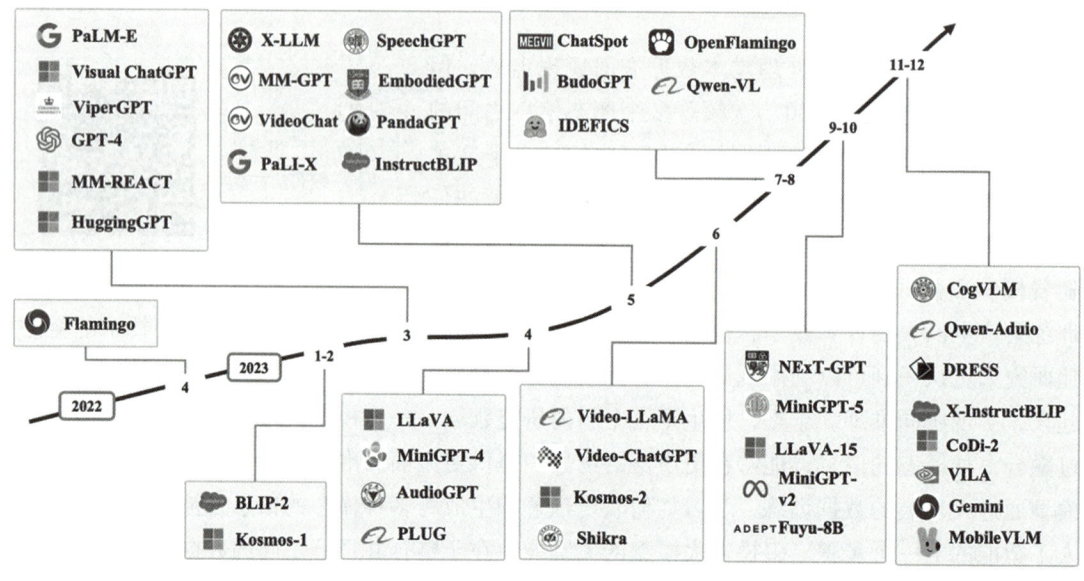

图 10-6　多模态大模型发展时间线

解决上述两个问题的传统方法就是微调。对于缺陷①,其实只要数据集足够大是可以解决的。而对于缺陷②,这就意味着模型不仅要能提炼出不同模态数据中的关键特征,还要真正掌握这些特征间的相关性。CLIP 通过对比学习的方法,将图像和文本映射到同一个高维语义空间中,使得它们能够在这个空间中相互理解和交互。这种联合嵌入表示的方式为跨模态任务提供了强有力的支持。如图 10-7 所示,CLIP 模型采用了一种双塔架构,分别是图像编码器和文本编码器,分别用于处理图像和文本数据。在文本编码器方面,CLIP 采用了 GPT-2 的架构;而在图像编码器的设计上,CLIP 经过一系列尝试,比较了不同的 ResNet 和 Transformer 架构,最终选择了 ViT-L/14@336px 模型作为其图像编码器。CLIP 模型在预训练阶段采用了自监督学习方法,通过对大量无标签的图像-文本对进行训练来学习图像和文本之间的对齐关系。这种方法不仅降低了对标签数据的依赖,还提高了模型的训练效率和泛化能力。

> 对比学习的核心思想是在一个样本集合中,通过区分正样本(Positive Sample)和负样本(Negative Sample)来学习表征。正样本是指在某个特定任务中应该被视为相似的样本对,而负样本则是指应该被视为不相似的样本对。

给定文本输入 T 和图像输入 I,分别经过文本和图像编码器便可以得到文本向量 $\boldsymbol{T}_E \in \mathbb{R}^{N \times d_T}$ 和图像向量 $\boldsymbol{I}_E \in \mathbb{R}^{N \times d_I}$(这里 $d_T = d_I$)。随后,模型计算文本和图像向量的相似度(如余弦相似度矩阵),评估二者的语义匹配程度,从而理解图像所传达的视觉信息与文本所描述的语义

信息是否一致或相关。图 10-7 中的矩阵对角线上的值代表了匹配的图像–文本对之间的相似度 S，其计算公式为

$$S = (I_E \cdot T_E^T) \times e^\varepsilon \in \mathbb{R}^{N \times d_I} \quad (10\text{-}3)$$

其中，e^ε 表示指数调整因子。CLIP 的核心技术正是利用对比学习（Contrastive Learning）最大化这些对角线上的相似度值（正确匹配），同时尽可能减小非对角线上的值（错误匹配），将文本描述与相应的图像内容准确对应起来，捕捉图像和文本之间的深层语义联系。

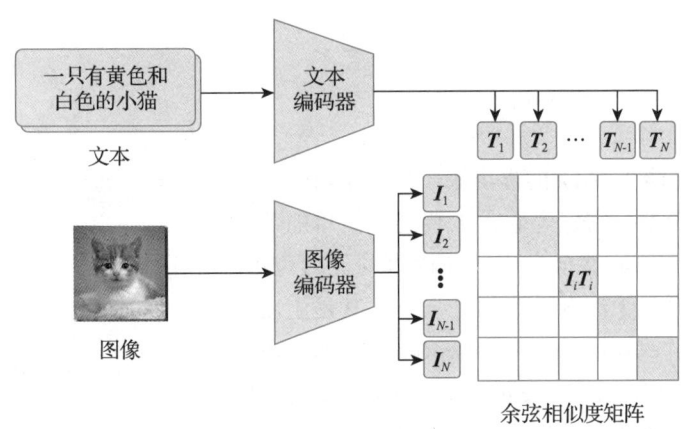

图 10-7　CLIP 模型训练

CLIP 模型在预训练阶段通过对大量无标签的图像–文本对（大约 4 亿对数据）进行训练，以此学习图像和文本之间的关联，不仅降低了对标签数据的依赖，还提高了模型的训练效率和泛化能力，使得模型在测试时可以直接使用文本描述来识别图像中的物体或场景，而不需要额外的训练。CLIP 模型计算文本和图像相似度的能力，为其在多种应用场景中提供了强有力的支持。例如，在图像分类任务中，CLIP 模型可以通过计算输入图像与预定义类别标签的相似度来进行分类；在文本–图像检索任务中，CLIP 可以根据输入的文本或图像，检索出与之最相似的图像或文本；在图像生成任务中，CLIP 可以根据输入的文本描述生成相应的图像。CLIP 模型还具备强大的零样本学习能力，即在没有针对特定任务进行微调的情况下，也能够直接应用于新的任务中实现对新任务的泛化。这种能力在很大程度上得益于其计算文本和图像相似度的能力。同时，CLIP 模型通过将图像和文本映射到一个共享向量空间来实现跨模态的信息交互与融合，让其能够灵活地处理不同模态的数据，从而实现多模态数据的联合表示学习与推理。

CLIP 模型的跨模态学习能力打破了传统模型中语言与视觉的界限，推动了计算机视觉和自然语言处理两个领域的深度融合，展示了通过跨模态学习实现两个领域协同工作的巨大潜力，为多模态大模型的发展提供了新的启示，激发了后续一系列基于 CLIP 模型的生成式人工智能的应用。如 OpenAI 的生成大模型 DALL-E 和 DALL-E2 使用 CLIP 模型来衡量生成图像与文本描述之间的相似度，从而优化了生成效果。智源研究团队开发的 EVA-CLIP 系列模型[23-24]，创造了零样本学习性能的新高度。EVA-CLIP-18B[24] 更是目前

世界最大最强的 CLIP 模型，拥有 180 亿参数，大幅突破了图像、视频和 3D 上的零样本识别能力，在多个基准测试上取得了显著优于前代模型的成绩。阿里巴巴提出的 BLIP2 采用了 EVA-CLIP[23] 作为其视觉基础模型，展示了其在多个视觉和语言任务上的强大性能。慕尼黑大学、海德堡大学和 Runway 公司提出的 Stable Diffusion 模型将 CLIP 文本编码器提取的文本特征嵌入到其 UNet 中，以此作为连接文字和图片之间的桥梁。上海交通大学与上海人工智能实验室基于 CLIP 的预训练范式提出了 PMC-CLIP 模型，成功应用于医学图像和临床报告任务中。

10.2 生成式人工智能

"AI"上创作

生成式人工智能（GAI）的提出源于机器学习领域对于创造性任务的探索，它标志着人工智能从简单的数据分析和模式识别，向能够自主生成新内容的能力迈进。这一技术的兴起得益于深度学习的进步，尤其是生成对抗网络（Generative Adversarial Networks，GAN）和变分自编码器（Variational Autoencoder，VAE）等模型的提出，它们为 GAI 的发展奠定了基础。Transformer 架构的提出，使得基于此架构的 GPT 系列模型能够生成连贯且有意义的文本内容，标志着 GAI 在文本生成领域的巨大进步。近年来，扩散模型（Diffusion Model）的出现为生成式人工智能带来了革命性的影响。扩散模型通过逐步去噪的过程生成数据，这种方法在图像、音频和文本生成等领域都取得了令人瞩目的成果。与 GAN 和 VAE 相比，扩散模型在生成样本质量、生成内容的多样性和生产效果的稳定性等方面都展现出了显著的优势。

与生成式人工智能相近的概念还有人工智能生成内容（AI-Generated Content，AIGC），两者都是与人工智能生成相关的术语，但它们的侧重点和应用领域有所不同。AIGC 指的是通过人工智能技术生成的内容。内容形式可以是文本、图像、音频、视频等。AIGC 的目标是生成具有创意和独特性的内容，通常用于社交媒体、新闻报道等领域。GAI 是指能够生成新的数据或内容的人工智能技术，更强调技术层面，专注于如何通过算法生成高质量的合成数据或内容。简而言之，GAI 是实现 AIGC 的技术手段，而 AIGC 则是 GAI 技术的一种应用表现。AIGC 技术的应用场景非常广泛，涵盖了自然语言处理、计算机视觉、语音识别等多个领域。在自然语言处理方面，AIGC 技术可以用于智能客服、文本创作等；在计算机视觉方面，它可以用于图像生成、视频制作等；在语音识别方面，它可以用于智能语音助手、语音翻译等。AIGC 技术在内容创作、个性化推荐、智能客服等领域的应用，能够有效提高生产效率、降低成本，并提升用户体验。

10.2.1 扩散模型

扩散模型在 GAI 领域占据了举足轻重的地位，它不仅显著提升了生成样本的质量和多样性，为图像、音频、文本等多模态内容的生成提供了强大工具，还极大地拓宽了 GAI 的应用领域，从艺术创作到科学研究，再到工业生产，都展现出了巨大的潜力。此外，扩散模型的研究和发展也推动了相关算法和技术的持续创新，为 GAI 未来的发展奠定了坚实的基础。因此，可以说扩散模型在推动生成式人工智能技术进步和应用拓展方面发挥了至关重要的作用。在第 4 章，已经学习了变分自编码器和生成对抗网络相关内容，考虑到扩散模型对 GAI 的重要意义和对领域的巨大推动，这里对其进行系统介绍。

扩散模型的早期研究可以追溯到 2015 年左右，最早由时任美国斯坦福大学博士后研究员的 Jascha Sohl-Dickstein 等人在"Deep unsupervised learning using nonequilibrium thermodynamics"[24] 论文中提出。该模型旨在通过模拟非平衡态热力学中的扩散过程来消除对训练图像连续应用的高斯噪声，进而实现数据生成。扩散模型基于马尔可夫链，通过将一个分布（如高斯分布）逐渐转变为另一个分布（如目标图像分布），实现数据生成。这一过程分为两个主要阶段，即前向扩散过程（加噪过程）和反向采样过程（去噪过程）。在前向过程中，模型不断对输入数据加入噪声，直到其变成纯高斯噪声；在后向过程中，模型则逐步去除噪声并恢复出原始数据。2020 年，Jonathan Ho 等人提出去噪扩散概率模型（Denoising Diffusion Probabilistic Models，DDPM）[25]，它首次证明了通过扩散过程可以生成高质量的图像，标志着扩散模型在图像生成领域的主流化。如图 10-8 所示，DDPM 模型通过逐步添加噪声将数据转化为近似高斯分布的噪声，然后训练一个神经网络（通常是 U-Net 结构）来预测并去除噪声，从而恢复出原始数据。

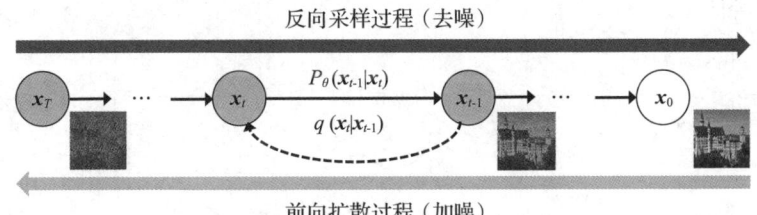

图 10-8　去噪扩散概率模型的前向与反向过程

具体地，给定一个干净的原始图像 x_0，DDPM 定义了一个马尔可夫链 $x_{0:T}$ 并以一个固定的方差周期（$\beta_1, \cdots, \beta_t, \cdots, \beta_T$）向 x_0 中添加噪声，即 $x_0 \sim q(x_0)$，该过程可以表示为

$$q(x_t | x_{t-1}) = \mathcal{N}(x_t; \sqrt{1-\beta_t} x_{t-1}, \beta_t I) \tag{10-4}$$

其中，β_t 是一个小于 1 的噪声系数，$q(x_t|x_{t-1})$ 表示在 x_{t-1} 基础上加噪得到 x_t 的概率。DDPM 的去噪过程是一个反向的参数化马尔可夫链 $x_{T:0}$，从 x_T 逐渐恢复出 x_0：

$$p_\theta(x_{t-1} | x_t) = \mathcal{N}(x_{t-1}; \mu_\theta(x_t, t), \sigma_\theta^2(x_t, t) I) \tag{10-5}$$

其中，$\sigma_\theta^2(x_t, t) = \frac{1-\bar{\alpha}_{t-1}}{1-\bar{\alpha}_t} \beta_t$ 表示方差，它是一个与时间相关的常数，且 $\alpha_t = 1-\beta_t$，$\bar{\alpha}_t = \prod_{i=0}^{t} \alpha_i$。

$\mu_\theta(x_t, t) = \frac{1}{\sqrt{\alpha_t}} \left(x_t - \frac{\beta_t}{\sqrt{1-\bar{\alpha}_t}} \varepsilon_\theta(x_t, t) \right)$ 表示由去噪网络 ε_θ 学习到的均值参数。在反向过程中，首先由 x_T 预测一个中间值 $\tilde{x}_0$，然后再根据 x_t 和 $\tilde{x}_0$ 采样得到 x_{t-1}。该过程表示如下为

$$\tilde{x}_0 = \frac{1}{\sqrt{\overline{\alpha}_t}}\Big(x_t - \sqrt{1-\overline{\alpha}_t}\varepsilon_\theta(x_t,t)\Big) \quad (10\text{-}6)$$

$$q(x_{t-1}) = \mathcal{N}(x_{t-1};\mu_t(x_t,\tilde{x}_0),\sigma_\theta^2 I) \quad (10\text{-}7)$$

DDPM 的去噪网络训练目标是最小化 x_T 与标准高斯噪声之间的差异。因此，其损失函数可以表示为

$$\mathbb{E}_{t,x_0,\varepsilon}\Big[\|\varepsilon-\varepsilon_\theta(\sqrt{\overline{\alpha}_t}x_0+\sqrt{1-\overline{\alpha}_t}\varepsilon,t)\|^2\Big] \quad (10\text{-}8)$$

其中，$\varepsilon \sim \mathcal{N}(0,I)$。DDPM 通过优化去噪过程，显著提高了生成图像的质量，为扩散模型在图像生成任务中的应用奠定了坚实基础。

传统的扩散模型是在原始图像的基础上进行加噪和去噪的，这种做法难免导致效率低下问题。一方面，如果图像的分辨率很高，则计算成本和时间成本将难以忍受；另一方面，图像本身存在很多的冗余信息，对冗余信息进行扩散操作，可能会导致模型不稳定。为了解决这一难题，2022 年，Robin Rombach 等人提出了 Stable Diffusion[12]，它将原始图像映射到低维隐空间（Latent Space）中编码向量（或特征图），进而对编码向量进行扩散和逆扩散操作，如图 10-9 所示。

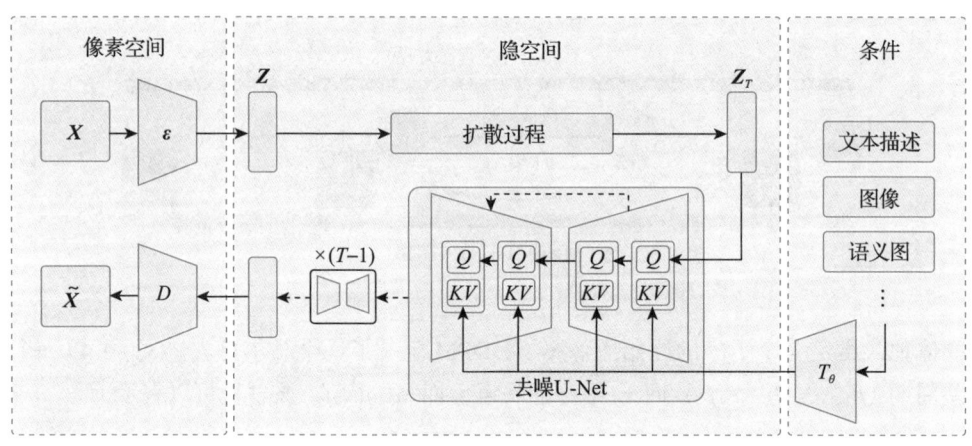

图 10-9　隐扩散模型结构

Stable Diffusion 是一个隐扩散模型（Latent Diffusion Model，LDM），加噪和去噪操作都是在隐空间中进行的。与传统扩散模型类似，其优化目标为

$$L_{\text{LDM}} = \mathbb{E}_{z_0,\varepsilon \sim \mathcal{N}(0,I),t}\Big[\|\varepsilon-\varepsilon_\theta(z_t,t)\|_2^2\Big] \quad (10\text{-}9)$$

其中，z_0 为图像编码器对原始图像进行编码得到编码向量，$\varepsilon_\theta(\cdot,t)$ 为去噪 U-Net。扩散过程是固定的，因此在训练过程中 z_t 能够很容易地从编码向量直接计算得到。与传统扩散模型类似，在逆扩散过程中，每个去噪步骤都是由包含基于时间步的 U-Net 结构完成的。从去噪完成之后的数据分布中采样，送到图像解码器 $D(\cdot)$，就能将样本从隐空间解码到像素空间，从而生成满足一定条件的图像。

Stable Diffusion 的另外一个核心技术就是条件生成。那么，该如何把条件引入扩散模型中呢？最简单的实现方式就是利用条件信息去指导去噪过程，以满足生成满足一定条件的输出。此时的优化目标为

$$L_{\text{LDM}} = \mathbb{E}_{z_0,\varepsilon\sim\mathcal{N}(0,I),t,y}\left[\|\varepsilon-\varepsilon_\theta(z_t,t,y)\|_2^2\right] \quad (10\text{-}10)$$

其中，y 就是条件，可以是文本、语义图或者是其他图生图等信息。将条件信息与扩散模型结合的策略也是当下的研究热点之一。

具体地，Stable Diffusion 利用交叉注意力（Cross Attention）机制将条件信息与去噪特征进行融合以达到特定的去噪目的。首先利用预训练的编码器 $T_\theta(\cdot)$ 将条件信息 y 编码至中间条件表征 $T_\theta(y)\in\mathbb{R}^{M\times d_T}$，随后利用交叉注意力机制将该中间条件表征融入 U-Net 的中间层特征中。以文生图为例，条件信息为文本，此时可以利用如 CLIP 中预训练的文本编码器作为条件编码器 $T_\theta(\cdot)$。最终的优化目标可以表示为

$$L_{\text{LDM}} = \mathbb{E}_{\varepsilon(x),\varepsilon\sim\mathcal{N}(0,I),t,y}\left[\|\varepsilon-\varepsilon_\theta(z_t,t,T_\theta(y))\|_2^2\right] \quad (10\text{-}11)$$

在训练过程中，去噪 U-Net 及编−解码器部分不是同时训练的，而是先训练好一个编码器和解码器，然后再训练去噪 U-Net。对于条件信息的编码，一般情况下也是利用预训练的编码器（如 CLIP）。在生成过程中，则是从高斯分布中采样 z_T，结合条件信息，利用 U-Net 逐步去噪得到 z_0，再将 z_0 通过解码器映射到像素空间得到生成的图像。

变分自编码器、生成对抗网络和扩散模型都能用作内容生成，它们有什么不同？首先，对于变分自编码器，它通过编码器输出特征分布，再利用解码器重建图像，具有较强的可解释性，但训练过程涉及复杂的数学计算，并且生成的样本可能质量较低。生成对抗网络采用生成器和判别器对抗训练的方式进行图像生成，其中生成器的目标是生成逼真的图像欺骗判别器，而判别器的目标是区分真假图像。相较于变分自编码器，生成对抗网络重建的图片更加逼真且具有更好的多样性。但是训练过程不稳定，可解释性不强。与二者不同的是，扩散模型首先是向原始数据进行加噪，然后再逆向求解进行去噪，生成的图像更加逼真，可解释性强。然而，由于扩散模型涉及多步的加噪和去噪，其训练成本较为高昂，而且速度一般比变分自编码器和生成对抗网络慢。

随着扩散模型技术的不断成熟和应用的深入拓展，越来越多的商业公司开始推出基于扩散模型的图像生成解决方案。例如，Midjourney、Stability AI 的 DreamStudio 等平台都提供了用户友好的图像生成服务，使得更多人能够享受到扩散模型带来的便利和乐趣。图 10-10 展示了一些使用扩散模型进行图片生成的有趣例子。

10.2.2 生成式设计与艺术创作

GAI 的巨大成功不仅体现在传统的文本和图像内容生成，还被用于创作音乐、视频、艺术作品等。除了前面提到的 DeepDream 与 Midjourney 等可以基于文本描述的生成图像外，全球最大的开源社区 GitHub 与 OpenAI 携手开发的 AI 编程助手 GitHub Copilot，能够根据用户的编程上下文自动补全代码片段、提供函数建议等，显著提高了开发者的编程效率，并

减少了错误；由微软开发的微软小冰不仅擅长对话生成，还能创作出符合传统格律和意境的诗词作品，引发了广泛的关注和讨论；Suno AI 推出的音乐创作大模型，极大地降低了音乐创作的门槛，用户仅需通过简单的文本输入，即可生成包含歌词、旋律和配乐的完整音乐作品，而且支持多种音乐风格和类型（如古典音乐、爵士乐、嘻哈、电子等）；文档撰写和文字润色更是众多大模型的基本功能，在新闻报道、商业提案、博客文章、营销文案等众多领域都得到了广泛应用。

提示词：a cat in winter snow　　提示词：some dogs are playing football　　提示词：an astronaut riding a horse　　提示词：a smiling woman holding a mobile phone, in an oil painting style

图 10-10　利用 Stable Diffusion 实现文字提示的图片生成

1. AI 绘画

在艺术的世界里，创造力和表达力一直是艺术家们追求的核心。随着人工智能技术的飞速发展，AI 绘画已经成为艺术与科技交汇的新领域。AI 绘画不仅是技术的展示，它正在重新定义艺术创作的边界，引发人们对于艺术本质和新型创作模式的深刻思考。AI 绘画的兴起得益于生成对抗网络和变分自编码器等深度学习技术的进步。这些技术使得 AI 能够学习大量的艺术作品，理解其中的美学元素，并创作出新的艺术作品。在扩散模型的驱动下，该模式再次升华。AI 绘画的出现，标志着艺术创作不再局限于人类，机器也能成为艺术创作的主体。

AI 绘画之所以引人入胜，首先在于其前所未有的创造力和多样性。通过深度学习算法，AI 能够学习并模拟无数艺术家的风格与技巧，从古典油画到现代抽象，从东方水墨到西方素描，无一不被其掌握。这种跨越时空的艺术融合，让 AI 绘画作品充满了无限可能。AI 绘画还具备极高的效率与灵活性。传统艺术创作往往需要艺术家长时间的构思与打磨，而 AI 则能在极短的时间内完成多幅作品的创作，甚至能够根据用户的实时反馈进行调整和优化。这种即时性与互动性，让艺术创作变得更加贴近大众，也让更多人有机会参与到艺术创作的乐趣中来。以 Stable Diffusion 为例，其官网上展示了多种不同风格的绘画作品，每一类的风格示例图片都提供了超 100 万的相关文本提示词或者短语。用户只要学会熟练地使用文本提示词或短语与 AI 沟通，完整地表达出自己的想法，模型便可快速完成绘画。如图 10-11 所示，以通过提示语"Close-up portrait of a smiling girl holding a book, oil painting in the style of Rembrandt"迅速得到一幅伦勃朗风格的带笑脸小女孩手捧书的油画。

> 伦勃朗·哈尔曼松·凡·莱因（Rembrandt Harmenszoon van Rijn）是欧洲 17 世纪最伟大的画家之一，也是荷兰历史上最伟大的画家。伦勃朗早年师从 P. 拉斯特曼，1625 年在家乡开设画室。画作体裁广泛，擅长肖像画、风景画、风俗画、宗教画、历史画等。

AI绘画的艺术性是一个复杂且有争议的话题。一些人认为，艺术是情感和思想的表达，而AI缺乏情感和意识，因此其作品不能被称为艺术。此外，由于AI绘画是基于已有数据进行创作的，因此其作品的原创性也一直存在争议。然而，另一些人则认为，艺术的价值在于创新和审美，AI绘画能够创造出人类艺术家难以想象的作品，这本身就是一种艺术价值的体现。虽然AI绘画技术已经取得了一定进展，但它仍然面临着诸多挑战。如何确保AI创作的原创性和版权问题、如何让AI更好地理解和表达人类的情感、如何降低普通用户使用的技术门槛等，都是需要解决的问题。

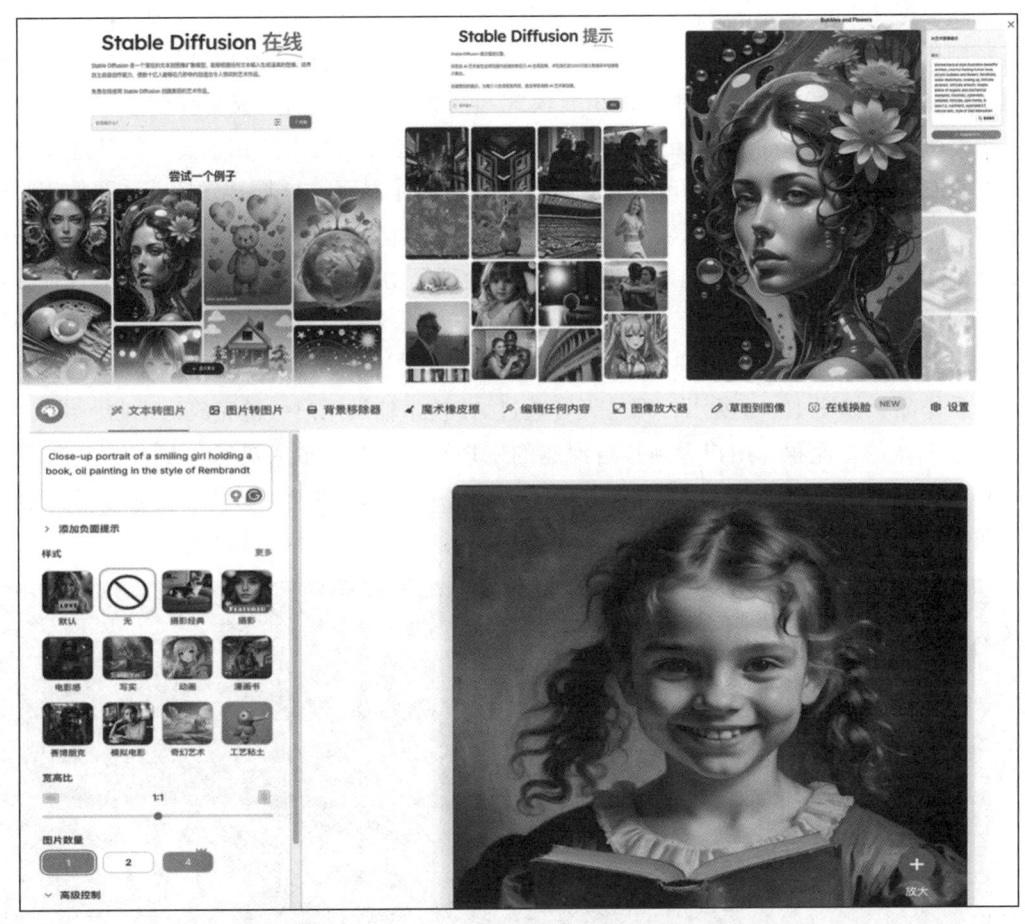

图 10-11　基于 Stable Diffusion 模型的 AI 绘画示例

2. AI 音乐创作

GAI 在音乐创作领域的应用正逐渐改变传统的音乐产业，它通过学习和分析海量的音乐作品，掌握了各种音乐风格和流派的精髓。这使得它能够根据创作者的指令或情感输入，自动生成符合要求的音乐作品。无论是古典乐的优雅旋律，还是现代电子舞曲的节奏感，它都能轻松驾驭，为作曲家提供了前所未有的创作自由和效率。作曲家们可以更专注于创意和艺术表达，而无须在技术细节上花费过多时间。例如，Amper Music 和 AIVA 等公司已成功将 GAI 技术应用于音乐创作,为用户提供个性化的音乐定制服务,降低了创作门槛,非专业人士用它也能轻松创作音乐。此外,GAI 还能模拟并再创造各种音乐风格,通过捕捉音乐流派中的独特元素,生成具有鲜明风格特征的音乐作品,满足创作者对多样性和创新性的追求。这种技术不仅丰富了音乐创作的素材库,提高了音乐制作的效率,还激发了更多新颖的音乐风格和表现形式。

在音频创作领域,GAI 同样展现出了强大的潜力。它可以生成各种声音效果,如环境声、特殊音效等,为音频作品增添层次感和表现力。对于音频制作人员来说,GAI 技术无疑是一个强大的工具,它能够帮助他们更高效地完成音频编辑和处理工作。例如,Meta 的 Audiobox 工具可以根据文本提示生成声音效果,实现语音的降噪、混响、升降调等处理,极大地提升了音频制作的质量和效率。AI 还在歌词创作上展现出巨大的潜力。利用自然语言处理技术,AI 能够分析并学习大量歌词文本中的语言模式和情感表达,进而生成富有创意和情感的歌词。虽然,目前 AI 生成的歌词在深度和复杂性上可能还无法与人类相媲美,但其速度和效率已经为音乐创作带来了显著的改变。在音乐表演与制作方面,AI 同样发挥着重要作用。通过分析乐谱和演奏技巧,AI 可以辅助音乐家进行精确的演奏,甚至自动生成演奏音频。此外,AI 还能在音乐制作过程中提供自动化混音、母带处理等功能,使音乐制作更加高效和便捷。

像网易天音、MusicHero.ai、HeyMusic.ai 等 AI 音乐创作工具,都提供了用户友好的界面和丰富的音乐风格选项,用户可以通过简单的文本描述或其他参数输入,快速生成个性化的音乐作品。如图 10-12 所示,网易天音通过 AI 技术辅助用户一键完成词、曲、编、唱、混等音乐创作的全流程。用户无须具备深厚的乐理知识,只需输入灵感,AI 便可以辅助完成创作。生成 AI 初稿后,还支持词曲协同调整。这一工具的推出,极大地降低了音乐创作的门槛,使得音乐爱好者或者歌手都能轻松创作出属于自己的音乐作品。

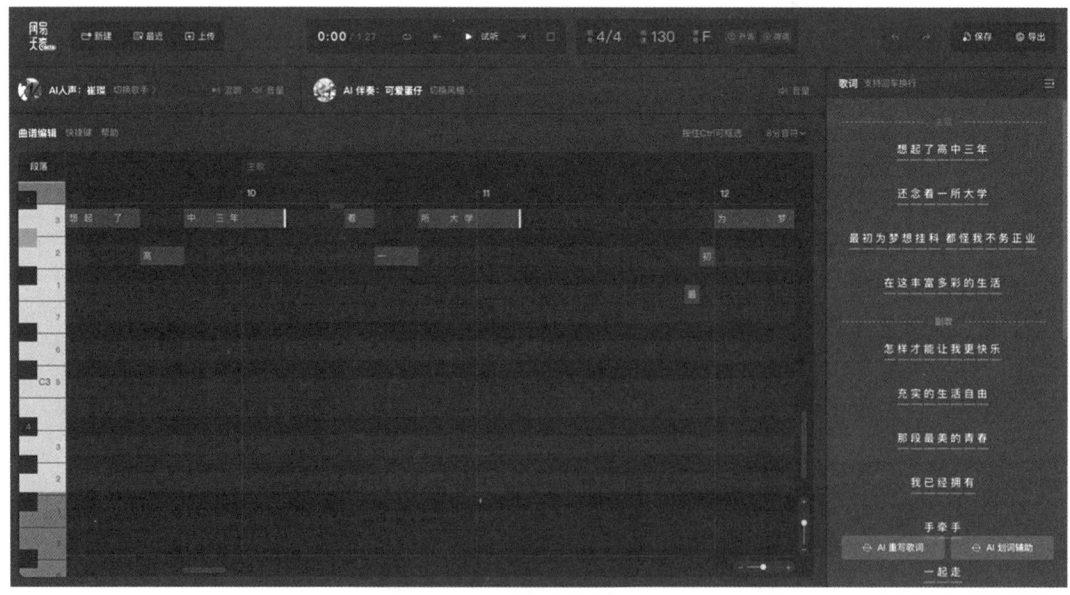

图 10-12　网易天音根据"大学生、不想挂科、丰富多彩、生活自由、青春"作为关键词,进行作词、作曲和 AI 人声模拟创作(详见彩插)

这些工具的出现在一定程度上改变了音乐创作的方式，使得音乐创作更加便捷和普及。然而，与 AI 绘画类似，AI 音乐创作也引发了一些争议和挑战。一方面，AI 生成的音乐可能涉及版权问题，尤其是当 AI 学习并模仿特定艺术家的风格时；另一方面，AI 音乐的艺术性也受到了一些艺术家和评论家的质疑。尽管如此，AI 音乐创作技术的发展仍然为音乐产业带来了新的可能性，也为音乐爱好者提供了新的创作工具和平台。

3. AI 文档撰写

GAI 已经在文档撰写、新闻稿创作及学术论文润色等多个领域展现出强大的潜力和实际应用价值。在文档撰写方面，GAI 可以辅助或自动生成各种类型的文档，包括但不限于商业提案、项目报告、市场分析报告、政策文件等。用户只需提供关键信息、主题或框架，AI 系统便能基于大量训练数据生成初步文稿，之后人们可以进一步修改和完善，以符合特定要求或风格。这种方式不仅节省了编写初稿的时间，还能提供多样化的表达方式和观点，促进创意的碰撞。据了解，从 2022 年 ChatGPT 带动大模型火爆之后，已经有多家公司对员工培训使用大模型撰写营销策划案与项目报告等。

在新闻时事方面，GAI 能够快速生成新闻稿的草稿，包括事件描述、数据点、引用等，帮助新闻工作者迅速响应突发新闻或准备日常报道。然而，由于新闻的真实性和公正性至关重要，AI 生成的新闻稿需要经过严格的人工审核和验证，以确保信息的准确性和客观性。此外，AI 还可以通过分析大量历史新闻数据，预测新闻趋势，为新闻策划提供参考。GAI 在新闻领域的应用已经十分广泛，如美联社等新闻机构的写作机器人能够自动从数据库中提取数据，生成新闻报道。它们可以快速响应突发事件，如地震、股市波动等，生成初步的新闻报道，极大地提高了新闻报道的时效性。今日头条、腾讯新闻等平台的"写作助手"利用 AI 技术实现了信息的自动抓取和新闻稿件生成，为用户提供实时、丰富的新闻内容。这些写作助手不仅提高了新闻生产效率，还通过个性化推荐系统，根据用户的兴趣和偏好推送相关内容。例如，抖音等平台通过分析用户的兴趣和行为数据，AI 算法能够为用户推荐个性化的新闻内容。这种智能推荐系统不仅提升了用户的满意度，还促进了新闻内容的广泛传播。在 2024 年全国两会期间，多家媒体机构利用 AI 技术进行了创新报道，如图 10-13 所示。人民日报制作了 AI 共创大片，以国潮风格展现 AI 视角下的大美中国；新华社推出了"AIGC 绘中国"等全媒体报道；央视新闻则推出了 AI 短视频《AI 数"读"两会》，依托海量数据快速生成报道素材。

在学术论文方面，润色是提升文章质量的关键环节。AI 可以辅助学者进行论文的语言润色、逻辑梳理和格式调整。通过识别并修正语法错误、调整句子结构、优化词汇选择，AI 能够显著提升论文的可读性和专业性。同时，AI 还能根据目标期刊或会议的规范，自动调整论文格式，降低因格式问题导致的拒稿风险。更重要的是，AI 可以基于学术数据库中的大量论文，为作者提供相似主题的研究背景、理论框架和讨论点的建议，帮助作者拓展思路、深化研究。AI 甚至已经能够代替研究者进行学术论文撰写。在 ChatGPT 问世之后，人工智能领域内的各类学术期刊与会议就迅速要求作者在投稿时表明论文是否通过 AI 进行撰写。不仅如此，AI 还能帮助快速审稿，审稿人只要将对应的论文上传到 AI 工具上，即可生成高质量的审稿意见。但是，上述操作在很多期刊和会议中是被明令禁止的。

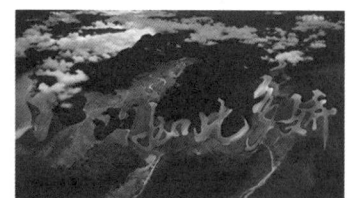
人民日报《AI共创大片｜江山如此多娇》

新华社"AIGC绘中国"

央视新闻《AI数"读"两会》

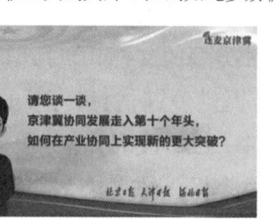
AI主播连麦京津冀

人民网"数字主持人速览两会"

图 10-13　多家媒体机构利用 AI 技术进行了创新报道

GAI 的广泛应用不仅推动了各个产业的数字化转型与智能化升级，还为人们带来了更加丰富、多样和高效的生活体验。随着技术的不断进步和应用场景的不断拓展，我们有理由相信，生成式 AI 将在未来发挥更加重要的作用，为人类社会带来更多的惊喜与变革。

10.2.3　大模型技术治理与社会影响

大模型在数据和算力的支持下得到迅速发展和完善，正以前所未有的速度渗透到社会与生活的各个领域，从艺术创作到公共管理，从社区治理到工业制造，无一不受其深刻影响，它正逐步成为推动社会治理创新、赋能行业发展的重要力量。然而，随之而来的治理挑战和社会影响也不容忽视。

大模型技术的治理不能单纯依赖技术或行政手段，而需要二者的有机结合。技术手段可以通过算法优化、数据安全防护等措施，避免大模型潜在的危害；而行政手段则通过政策法规、监管机制等手段，确保大模型技术的合规使用。例如，在数据隐私保护方面，可以通过匿名化处理、数据加密等技术手段保护用户隐私，同时辅以严格的法律法规，并进一步明确数据使用的边界和责任。大模型技术的"黑匣子"属性一直是其治理的难点之一。由于大模型内部逻辑复杂、难以解释，其决策过程和结果往往缺乏透明性。为了应对这一问题，需要加强对大模型可解释性的研究，通过模型简化、可视化等手段提高大模型的透明度。同时，建立模型审计和评估机制，对大模型的决策过程和结果进行定期审查和评估，确保其公正性和准确性。此外，大模型技术的应用通常涉及多个领域和行业，因此需要建立跨领域的协同治理机制。政府、企业、科研机构等各方应共同参与，形成合力。政府应制定相关政策和标准，引导大模型技术的健康发展；企业应积极履行社会责任，确保大模型技术的合规使用；科研机构则应加强技术研发和创新，推动大模型技术的不断进步。

大模型技术的广泛应用也带来了一系列潜在的社会问题。首先，大模型的训练和运行需要消耗大量的计算资源和能源，可能对环境造成负面影响。其次，在社会文化、伦理道德及法律等方面。生成模型可能会继承和放大训练数据中的偏见，导致生成的内容存在性别、种族、文化等方面的偏见。例如，文本生成模型可能会在生成的内容中反映出社会中固有的歧视性观念，也能够轻松生成具有欺骗性或误导性的文本、图像、视频等，增加了虚假信息传播的风险。这对新闻媒体、社交媒体平台和公众信任构成了挑战。生成的内容应当归属于模型的创造者、用户，还是数据的原始贡献者，成为讨论的焦点。

大模型技术在推动创新的同时，也带来了复杂的社会影响和治理挑战。如何平衡技术创新与社会责任，将是未来政策制定者、研究人员、企业及社会各界共同面对的重要议题。通过建立有效的监管框架、强化平台责任、增强公众教育，以及开展全球合作，可以为生成模型技术的健康发展提供保障。

10.3　AI for Science

未来，人工智能技术注定将会给科学研究领域带来变革性的影响。其结果具有潜在的深远意义，可能会极大地提高人们在差异巨大的空间和时间尺度上对自然现象进行建模和预测的能力。图灵奖获得者吉姆·盖瑞（Jim Gary）用"四种范式"描述了科学规律发现的历史演变。第一范式即经验科学（Empirical Science），于经验观察中总结规律，是基于对自然现象的直接观察。由

于没有系统性手段去理解并应用这些规律，因此往往是不具有预测能力的。第二范式即理论科学（Theoretical Science），运用数学工具，对实验现象进行描述和推演，是对经验科学的观察规律进行自然理论建模，对于特定问题在理想场景下是存在解析解的。第三范式即计算科学（Computational Science），随着现代计算机技术的发展，对于科学规律的解析与应用也被拓展到了更加广泛、更加复杂的实际场景当中。第四范式即数据驱动科学（Data-driven Science），随着互联网技术的不断发展，各种类型的数据都汇总于互联网平台，利用先进的计算工具去捕获建模数据内涵的规律，进一步推动了人类对于客观规律的发现和应用。

随着深度学习的不断发展，催生出的各种人工智能技术也为人类发现和总结规律提供了新的第五范式——科学智能（AI for Science 或 AI4Science），兼顾科学发现的速度与准确性的强大工具。为什么要强调"科学智能"，而不是"药物研究智能"或"结构生物学智能"呢？首先，AI for Science 实现了跨领域的协同作用，不仅促进了 AI 和各个具体学科之间的协同关系，还在 AI 和科学的不同子领域间搭建了桥梁（见图10-14）。这种跨学科的互动，就像给科学研究加了一把火，不断在不同领域催生交融的解决方案。其次，AI for Science 提供了一个宏观视角，将 AI 在特定科学领域的重点应用连接起来，并赋予它们更广泛的背景和意义。最后，AI for Science 汇集了面临共同挑战和方法论的各领域专家，搭建出新一代智慧共享社区。相较于单一领域的努力，"智慧共享"可能带来更加高效的解决复杂问题的策略。

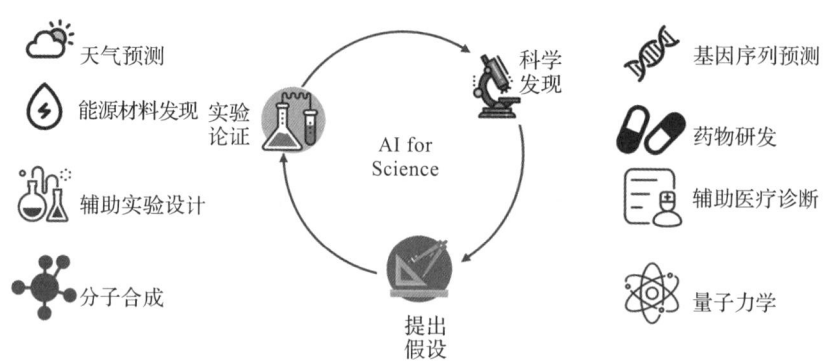

图 10-14　AI for Science 示例

10.3.1　人工智能在科学中的定义与背景

人工智能技术在科学领域的发展主要围绕其如何应用于科学研究的过程，以及它在推动科学发现中的角色。其定义可以描述为：利用机器学习、深度学习、自然语言处理和其他人工智能技术，来模拟、增强或自动化科学研究中的推理、实验和分析过程。其在科学中的目标是加速科学发现，改善实验设计，提高数据分析的效率，并揭示新的科学知识和理论。

人工智能在科学中的应用可以追溯到 20 世纪中叶，当时研究人员开始使用计算机程序来模拟人类推理和决策过程。这些早期的尝试主要集中在专家系统和逻辑推理方面。随着 20 世纪末到 21 世纪初数据科学的发展，科学家们逐渐意识到人工智能可以帮助他们处理和分析大量复杂的数据。这一时期，机器学习开始在科学研究中占据重要位置。进入 21 世纪后，深度学习和大规模并行计算的发展进一步推动了人工智能在科学中的应用，从图像分析到基因组测序，从药物发现到气候建模，它逐渐成为科学研究中的核心工具。人工智能技术在科学研究中主要有三方面的影响：首先，它能够高效处理和分析大规模的科学数据，比人类科学家更快地发现潜在的新知识或关系；其次，它能够以严格设计的自动化步骤进行实验工作，如实验设计、数据采集和分析，从而减少人为错误，并加快研究速度；最后，人工智能还引入了一些新的研究方法，如数据驱动模型，这些模型在某些情况下比基于物理定律的传统模型更有效。

随着技术的不断进步，人工智能在科学中的影响将进一步扩大。未来，AI 可能不仅是科学家的工具，还可能成为合作伙伴，参与科学发现的整个过程，甚至在某些领域超越人类科学家的能力。

10.3.2　人工智能与自然科学

自然科学可以分为两个主要分支，即非生命科学（物理科学）和生命科学。自然科学使用数学和逻辑学等，将有关自然的信息转换为测量值，这些测量值可以解释为"自然法则"的明确陈述。传统上，自然科学依赖于实验、理论分析和数学建模来解释和预测自然界的行为。人工智能在自然科学中的作用主要体现在以下几个方面。

首先,可以利用人工智能技术进行数据分析及模式识别。自然科学研究经常产生大量、复杂的实验数据。例如,天文学的天体观测、基因组学的 DNA 测序、物理实验中的粒子碰撞数据等。人工智能技术能够从这些数据中自动提取有意义的模式,发现潜在的科学规律。同时,人工智能可以用于识别自然现象中的复杂模式,如生物多样性、气候变化趋势、地质构造等。例如,深度学习在图像分析方面表现出色,可以用于识别遥感图像中的地貌特征、分类生物样本,或检测天文图像中的新天体。其次,人工智能技术也可以被用于自动化实验设计,优化实验过程。例如,人工智能可以在材料科学中自动筛选合适的实验参数,减少实验次数,节省时间和资源。在生物学和化学领域,机器人系统可以执行高通量实验,自动分析结果,并实时调整实验设计,提高研究效率。除此之外,人工智能技术能够协助相关理论的建模及新假设的提出。通过数据分析,数据驱动型模型能够在没有明确物理规律的情况下预测系统的行为,或在缺乏精确方程的情况下模拟气候系统的演变,还可以通过分析大量的科学文献和数据,生成新的科学假设,为科学家提供新的研究方向。例如,在生物学中发现潜在的基因调控网络,或在化学中提出新的反应路径。

人工智能在天文学、材料科学及生物学等领域已经出现了实际落地的应用。例如在基因组学与蛋白质结构预测领域被用来分析基因数据,预测基因功能和调控网络。著名的例子便是 AlphaFold,它利用人工智能技术精确预测了蛋白质的三维结构,这在药物开发和生物学研究中具有革命性意义。值得一提的是,AlphaFold 相关论文的作者约翰·江珀(John M. Jumper)与戴密斯·哈萨比斯(Demis Hassabis)也因此荣获了 2024 年的诺贝尔化学奖。

AlphaFold 在 2018 年的 CASP(Critical Assessment of Protein Structure Prediction)竞赛中首次亮相,并展示了其预测能力。2020 年,诺贝尔化学奖得主詹妮弗·杜德纳(Jennifer A. Doudna)教授在期刊 *Nature* 上发表了题为"Birth of protein folds and functions in the virome"的研究论文[27]。该研究利用 AlphaFold 等 AI 工具预测了近 7 万个病毒蛋白质的 3D 形状,然后将新预测的结构与功能已知的蛋白质结构进行了匹配,为蛋白质的具体作用提供了新见解,如图 10-15a 所示。同年,AlphaFold 2 在 CASP14 竞赛中取得了令人瞩目的成绩,其预测的蛋白质结构精度超过了 90%,标志着蛋白质结构预测的重大突破。AlphaFold 2 采用了更加先进的深度学习技术和神经网络架构,使得预测更加准确可靠(见图 10-15b)。AlphaFold 2 的成功引起了广泛关注,并促使 DeepMind 发布了该系统的开源版本,允许研究人员在全球范围内使用这项技术。2024 年,AlphaFold 3 继续在其前代的基础上进行改进,进一步提高了蛋白质结构预测的准确性(见图 10-15c)。除了预测单个蛋白质的结构外,AlphaFold 3 还能模拟蛋白质复合体、DNA 和 RNA 等生物大分子的结构。AlphaFold 3 的应用范围还得到进一步扩大,涉及药物研发、疾病机理研究等多个领域。

> 2024 年 10 月,瑞典皇家科学院宣布,将 2024 年诺贝尔化学奖授予三位投身于"人工智能驱动的科学研究"领域的科学家。其中,一半奖项授予大卫·贝克,另一半奖项则共同授予提出 AlphaFold 的戴密斯·哈萨比斯和约翰·江珀。

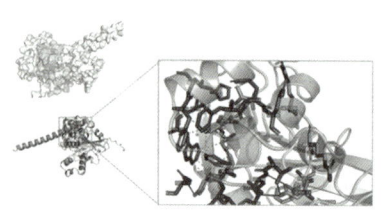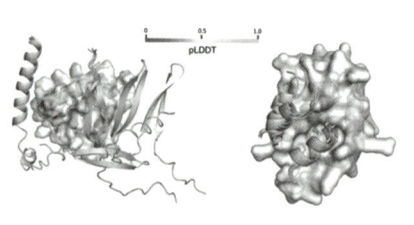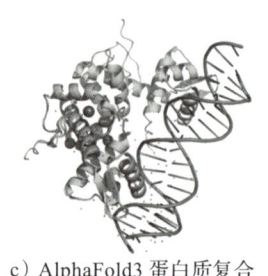

a）AlphaFold 蛋白质分子对接，分析相互作用　　b）AlphaFold2 多肽亲和力预测　　c）AlphaFold3 蛋白质复合物结构预测

图 10-15　AlphaFold 系列在蛋白质结构预测上的应用

此外，微软 AI4Science 团队也探索了大语言模型（GPT-4）对科学发现的影响。研究初步发现，GPT-4 在各种科学应用中展现出巨大的潜力，表现出处理复杂问题解决和知识整合任务的能力（见图 10-16）。在生物学和材料设计领域，GPT-4 具备广泛的领域知识，可以帮助理解生物学序列、设计生物分子和生物实验等。在药物发现等领域，GPT-4 显示出强大的属性预测能力。然而，在计算化学和偏微分方程等研究领域，虽然 GPT-4 在预测和计算方面显示出潜力，但还需要进一步努力提高其准确性。2024 年 8 月，*Nature Methods* 收录了一篇 GPT-4 与生物学进行结合的研究[26]，用翔实的实验和数据佐证了微软这篇报告的结论。研究人员发现，GPT-4 能以出人意料的精度实现了对氨基酸、多肽和蛋白质结构的建模。

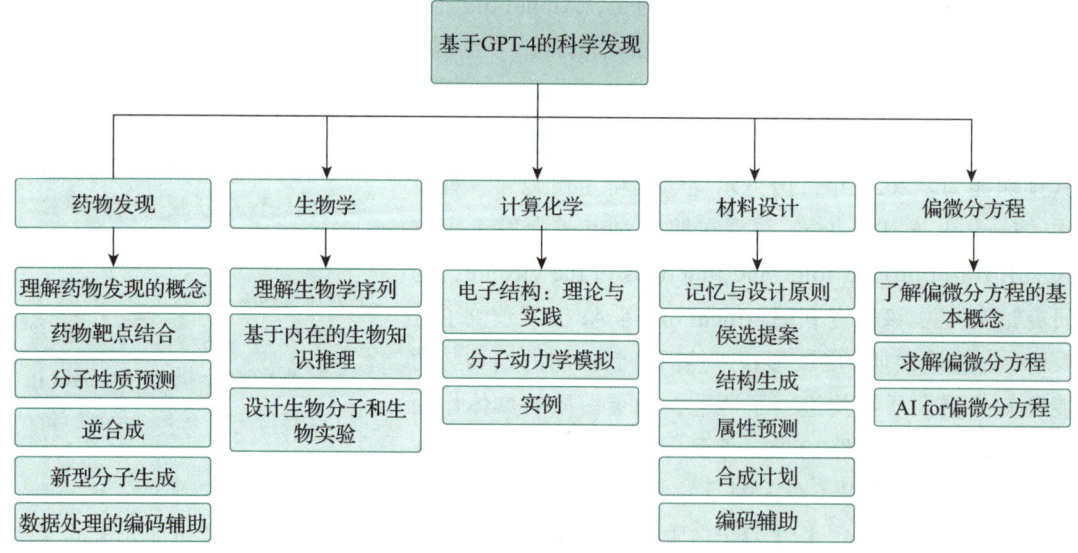

图 10-16　微软围绕 GPT-4 进行的"科学发现"探索框架

人工智能正在改变自然科学的研究方式，通过提供更强大的数据分析工具、更快的模拟能力及自动化实验流程，人工智能使科学家能够以前所未有的速度和精度进行研究。尽管目前仍面临一些挑战，但随着技术的发展，它在自然科学中的应用前景依然非常广阔，未来必将迎来更大的突破。

10.3.3 人工智能与人文社会科学

人工智能不仅在自然科学领域发挥了重要作用，它在社会科学中的应用也正逐渐改变人们理解和分析社会现象的方式。人文社会科学包括语言学、历史学、哲学、心理学、社会学、经济学、政治学、人类学等多个学科，主要研究人类文化、思想、行为、社会关系和制度的运行方式。人工智能技术通过其强大的数据分析能力、模式识别和预测功能，为社会科学研究提供了新的研究工具和方法。

首先，自然语言处理技术在语言学、文学研究中的应用尤为突出。通过文本挖掘、情感分析等手段，研究者能够快速处理大量的文献资料，揭示文本背后的深层意义。例如，使用自然语言处理技术可以分析莎士比亚作品中人物的情感变化，或是通过大数据分析归纳历史文献中的词汇演变规律，为语言的历史变迁提供新的证据。在艺术领域，图像识别技术可以帮助研究人员更准确地鉴定艺术品的年代、风格乃至作者身份。同时，通过图像分析，还能揭示作品背后的社会文化背景，为艺术史的研究提供新的视角和思路。此外，人工智能技术在文化遗产保护方面的应用也日益增多。通过三维扫描技术获取文物的数字模型，然后利用人工智能算法进行三维重建，能够高精度地还原文物的原始状态，为破损文物修复决策提供依据。例如，在2024年世界人工智能大会上，合合信息旗下的扫描全能王携手华南理工大学团队，将AIGC技术巧妙应用于古籍修复领域，成功打造了AI古籍修复模型（见图10-17a），为延续中华民族的文化瑰宝开辟了新路径。在AIGC技术的加持下，这份凋零于千年时光中的残卷，首次以完整的姿态展现在世人面前，这不仅是对古籍本身的一种拯救，更是对中华民族文化传承的一种贡献。再比如，使用图像处理技术，能够对褪色的古画进行色彩校正和修补，恢复其往昔的风采。2024年，在央视综合频道播出的《2024中国·AI盛典》节目中，山西省永乐宫壁画保护研究院院长席九龙、超威半导体公司大中华区总裁潘晓明及生数科技首席执行官唐家渝共同展示了利用大模型和GAI技术修复的永乐宫壁画（见图10-17b）。

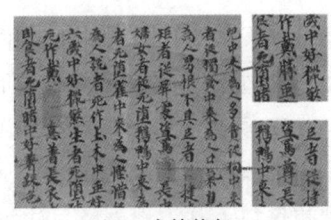

a) AI古籍修复　　　　　　　　　　b) AI永乐宫壁画修复

图 10-17　利用人工智能技术修复文物和复原古画（详见彩插）

其次，在社会科学方面，可以利用人工智能技术进行数据分析与大规模社会现象研究。现代社会活动产生了大量的数据，包括社交媒体活动、在线交易记录、政府公开数据等，可以通过人工智能技术分析这些数据，识别复杂的社会行为模式、模拟社群的形成与演化过程等。通过自然语言处理技术，可以分析公众在社交媒体、新闻评论等平台上的情感和意见，及时反映人民群众的心声。人工智能也可以为社会群体行为预测及政策制定提供技术支持。

在经济学中，AI可以预测消费者的购买行为，帮助企业制定营销策略。在政治学中，可以预测选民的投票倾向，辅助竞选策略的制定。同时，人工智能还可以模拟政策实施后的社会影响，帮助政策制定者在实施前评估政策的潜在效果。还可以通过对不同政策方案的模拟，帮助找到最优的解决方案。人工智能技术也能助力社会文化与语言研究，分析不同文化背景下人们的行为和语言模式，揭示文化差异和共性。例如，通过分析全球社交媒体的使用情况，研究人员可以了解不同文化中的语言使用习惯、情感表达方式等。自然语言处理技术可以用于分析文本数据，理解社会语言学现象，如方言、俚语的使用，或者是性别、年龄在语言使用上的差异。

随着人工智能技术的发展，人工智能与社会科学的融合将进一步深化，可能引发社会科学研究方法的变革。未来，人工智能有望在以下几个方面带来更多的突破：①跨学科研究，人工智能将进一步推动社会科学与其他学科（如自然科学、工程学）的融合，产生新的研究领域和创新成果；②增强决策支持，人工智能将更加深入地参与到社会决策中，为政策制定提供更精确和全面的数据支持；③新型社会互动，人工智能的发展可能改变人类的社交方式、工作模式和生活方式，带来新的社会挑战和研究课题。

除了利用人工智能技术推动人文社会科学的研究外，人工智能技术本身所引发的种种顾虑，也正是人文社会科学亟待深入探讨的课题。就当前的生成式人工智能而言，它能够通过对既有数据样本的学习，创造出新的内容，展现出某种程度的"创造性"。这种创造性在传统上被视为人类主体意识思考的专属，然而，现今的生成式大型模型在图像生成、文本创作等领域所表现出的卓越能力，引发了人们的深切忧虑：人工智能是否会逐步发展出与人类相仿乃至超越人类的智能水平？随着生成式人工智能技术的不断突破，这些问题的关注焦点正从理论探讨层面逐步转向更为实际的实践应用层面。

10.4 小结

本章详细探讨了人工智能前沿技术。首先，从大模型的概念及其发展历程入手，阐述了其发展的背景和技术支撑。接着，聚焦于当前主流的大语言模型，通过预训练与微调两个阶段，深入剖析了数据处理与模型训练的关键技术细节。随后，以 CLIP 模型为例，展示了多模态大模型在文本与视觉领域的具体应用实例。此外，还重点介绍了生成式人工智能的相关理论框架及其在众多艺术创作与内容生成领域的应用，并从宏观视角探讨了其治理策略与社会影响。随着人工智能在科学研究领域的日益广泛应用，AI 算法正不断加速科学研究进程，催生了"AI for Science"这个新概念。对此，先从宏观层面概述了"AI for Science"带来的变革性影响，明确了其定义，并简要回顾了其发展历程；紧接着，从自然科学与人文社会科学两个维度，分析了 AI for Science 的应用现状及其引发的挑战与问题。

综上所述，AI 技术的发展正逐步重塑多个行业的工作模式与生活方式。展望未来，人工智能技术的潜力是多方面的：从大模型的持续进化，到生成式 AI 在内容创作领域的广泛渗透，再到 AI 与科学研究、跨行业融合的深化，AI 将为各行各业带来深远的变革。然而，伴随着技术的进步，构建完善的法律框架，确保 AI 技术的健康发展，同样至关重要。AI 的未来不仅孕育着技术创新的无限可能，更需人类智慧的引领，以确保其以有益于社会的方式得到广泛应用。

参考文献

[1] MANN B, RYDER N, SUBBIAH M, et al. Language models are few-shot learners[Z]. arXiv preprint arXiv:2005.14165, 2020.

[2] RAMESH A, PAVLOV M, GOH G, et al. Zero-shot text-to-image generation[C]// Proceedings of International Conference on Machine Learning. Online: ICML, 2021.

[3] SAHARIA C, CHAN W, SAXENA S, et al. Photorealistic text-to-image diffusion models with deep language understanding[C]// Proceedings of Advances in Neural Information Processing Systems. New Orleans: NeurIPS, 2022.

[4] RADFORD A, KIM J W, HALLACY C, et al. Learning transferable visual models from natural language supervision[C]// Proceedings of International Conference on Machine Learning. Online: ICML, 2021.

[5] VASWANI A, SHAZEER N, PARMAR N, et al. Attention is all you need[C]//Proceedings of Advances in Neural Information Processing Systems. Long Beach: NeurIPS, 2017.

[6] DEVLIN J, CHANG M W, LEE K, et al. BERT: Pre-training of deep bidirectional transformers for language understanding[C]//Proceedings of Annual Conference of the North American Chapter of the Association for Computational Linguistics. Minneapolis: NAACL, 2019.

[7] RADFORD A, NARASIMHAN K, SALIMANS T, et al. Improving language understanding by generative pre-training[EB/OL]. [2024-11-26]. https://www.cs.ubc.ca/～amuham01/LING530/papers/radford2018improving.pdf.

[8] KAPLAN J, MCCANDLISH S, HENIGHAN T, et al. Scaling laws for neural language models[Z]. arXiv preprint arXiv:2001.08361, 2020.

[9] TOUVRON H, LAVRIL T, IZACARD G, et al. Llama: Open and efficient foundation language models[Z]. arXiv preprint arXiv:2302.13971, 2023.

[10] ALAYRAC J B, DONAHUE J, LUC P, et al. Flamingo: a visual language model for few-shot learning[C]//Proceedings of Advances in Neural Information Processing Systems. New Orleans: NeurIPS, 2022.

[11] HU E J, SHEN Y, WALLIS P, et al. LORA: Low-rank adaptation of large language models[Z]. arXiv preprint arXiv:2106.09685, 2021.

[12] ROMBACH R, BLATTMANN A, LORENZ D, et al. High-resolution image synthesis with latent diffusion models[C]//The 2022 IEEE/CVF Conference on Computer Vision

and Pattern Recognition. New York: IEEE/CVF, 2022.

[13] TEAM G, ANIL R, BORGEAUD S, et al. Gemini: A family of highly capable multimodal models[Z]. arXiv preprint arXiv:2312.11805, 2023.

[14] LI J, LI D, SAVARESE S, et al. Blip-2: Bootstrapping language-image pre-training with frozen image encoders and large language models[C]//Proceedings of International Conference on Machine Learning. Honolulu: ICML, 2023.

[15] ZHU D, CHEN J, SHEN X, et al. MiniGPT-4: Enhancing vision-language understanding with advanced large language models[Z]. arXiv preprint arXiv:2304.10592, 2023.

[16] PENG Z, WANG W, DONG L, et al. Kosmos-2: Grounding multimodal large language models to the world[Z]. arXiv preprint arXiv:2306.14824, 2023.

[17] ZHENG K, HE X, WANG X E. MiniGPT-5: Interleaved vision-and-language generation via generative vokens[Z]. arXiv preprint arXiv:2310.02239, 2023.

[18] ZHANG D, LI S, ZHANG X, et al. SpeechGPT: Empowering large language models with intrinsic cross-modal conversational abilities[Z]. arXiv preprint arXiv:2305.11000, 2023.

[19] SURÍS D, MENON S, VONDRICK C. ViperGPT: Visual inference via python execution for reasoning[C]//The IEEE/CVF International Conference on Computer Vision. New York: IEEE/CVF, 2023.

[20] HUANG R, LI M, YANG D, et al. AudioGPT: Understanding and generating speech, music, sound, and talking head[C]//The 2024 AAAI Conference on Artificial Intelligence. New York: AAAI, 2024.

[21] WU S, FEI H, QU L, et al. Next-GPT: Any-to-any multimodal LLM[Z]. arXiv preprint arXiv:2309.05519, 2023.

[22] SUN Q, FANG Y, WU L, et al. EVA-CLIP: Improved training techniques for CLIP at scale[Z]. arXiv preprint arXiv:2303.15389, 2023.

[23] SUN Q, WANG J, YU Q, et al. EVA-CLIP-18b: Scaling CLIP to 18 billion parameters[Z]. arXiv preprint arXiv:2402.04252, 2024.

[24] SOHL-DICKSTEIN J, WEISS E, MAHESWARANATHAN N, et al. Deep unsupervised learning using nonequilibrium thermodynamics[C]//Proceedings of International Conference on Machine Learning. Lille: ICML, 2015.

[25] HO J, JAIN A, ABBEEL P. Denoising diffusion probabilistic models[Z]//arXir preprint arXir: 2006.11239, 2006.

[26] HOU W, JI Z. Assessing GPT-4 for cell type annotation in single-cell RNA-seq analysis[J]. Nature methods, 2024, 21: 1462-1465.

[27] NOMBURG J, DOHERTY E E, PRICE N, et al. Birth of protein folds and functions in the virome[J]. Nature, 2024, 633:710-717.